21世纪高等教育

数字艺术与设计规划教材

◎ 周建国 编著

平面设计综合教程
(Photoshop+Illustrator+CorelDRAW+InDesign)

人民邮电出版社

北京

图书在版编目（C I P）数据

平面设计综合教程 : Photoshop+Illustrator+CorelDRAW+InDesign / 周建国编著. -- 北京 : 人民邮电出版社, 2013.9（2019.6 重印）
21世纪高等教育数字艺术与设计规划教材
ISBN 978-7-115-31730-8

Ⅰ. ①平… Ⅱ. ①周… Ⅲ. ①平面设计－图形软件－高等学校－教材 Ⅳ. ①TP391.41

中国版本图书馆CIP数据核字(2013)第177204号

内 容 提 要

Photoshop、Illustrator、CorelDRAW 和 InDesign 是当今流行的图像处理、矢量图形编辑和排版设计软件，被广泛应用于平面设计、包装装潢、彩色出版等诸多领域。

本书根据高职院校教师和学生的实际需求，以平面设计的典型应用为主线，通过多个精彩实用的案例，全面细致地讲解如何利用 Photoshop、Illustrator、CorelDRAW 和 InDesign 来完成专业的平面设计项目，使学生能够在掌握软件功能和制作技巧的基础上，启发设计灵感，开拓设计思路，提高设计能力。

本书适合作为高等职业院校“数字媒体艺术”专业课程的教材，也可以供 Photoshop、Illustrator、CorelDRAW 和 InDesign 的初学者及有一定平面设计经验的读者阅读，同时适合培训班选作平面设计课程的教材。

◆ 编　　著　周建国
责任编辑　王　威
责任印制　杨林杰

◆ 人民邮电出版社出版发行　　北京市丰台区成寿寺路 11 号
邮编　100164　　电子邮件　315@ptpress.com.cn
网址　http://www.ptpress.com.cn
北京捷迅佳彩印刷有限公司印刷

◆ 开本：787×1092　1/16　　彩插：2
印张：20　　2013 年 9 月第 1 版
字数：511 千字　　2019 年 6 月北京第 13 次印刷

定价：49.80 元（附光盘）

读者服务热线：(010) 81055256　印装质量热线：(010) 81055316
反盗版热线：(010) 81055315
广告经营许可证：京东工商广登字 20170147 号

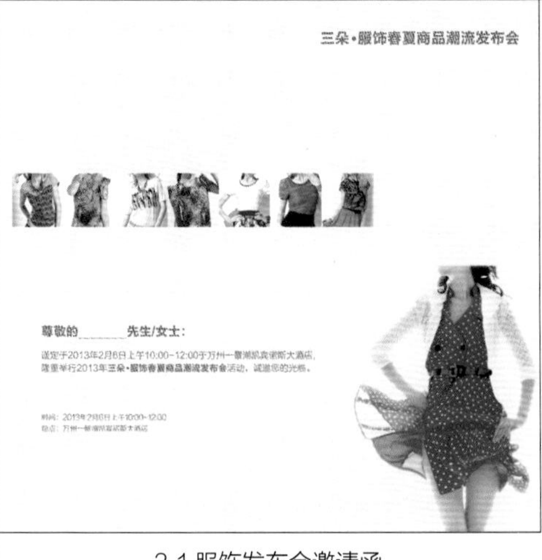

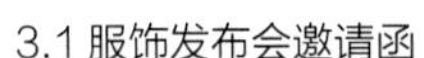

3.1 服饰发布会邀请函

5.1 汽车广告

5.2 电脑广告

6.1 茶艺海报

6.2 啤酒招贴

8.1 唱片封面设计

8.1 唱片内页设计

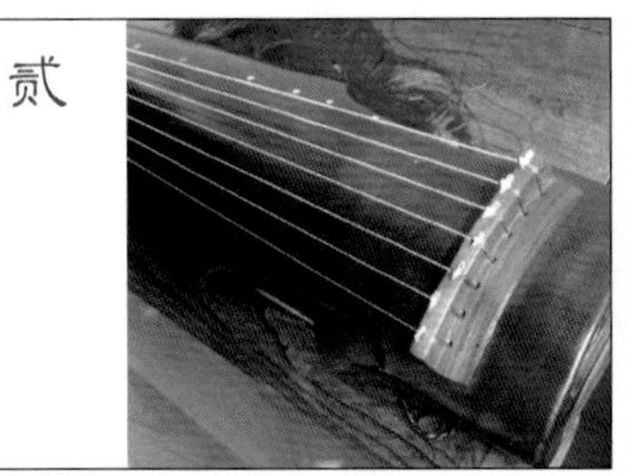

8.1 唱片内页设计 2

8.1 唱片内页设计 3

9.1 房地产宣传册内页

9.1 房地产宣传册内页 2

9.1 房地产宣传册内页 3

9.1 房地产宣传册内页 4

9.2 美发画册封面

9.2 美发画册内页

9.2 美发画册内页 2

9.2 美发画册内页 3

10.1 美食杂志封面

10.1 美食杂志内页

10.1 美食杂志内页 2

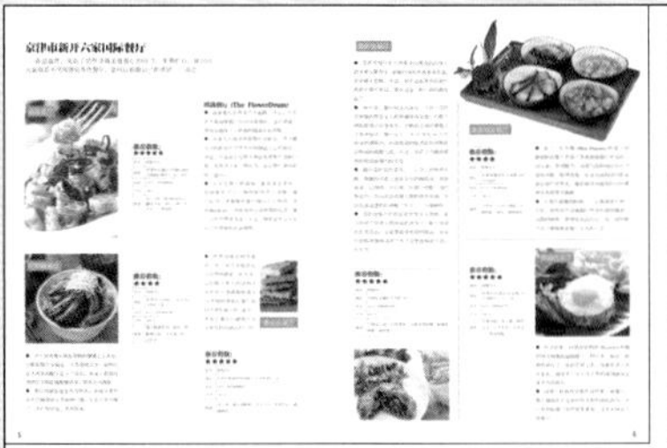

10.1 美食杂志内页 3

10.1 美食杂志内页 4

10.2 摄影杂志封面

10.2 摄影杂志内页

10.2 摄影杂志内页 2

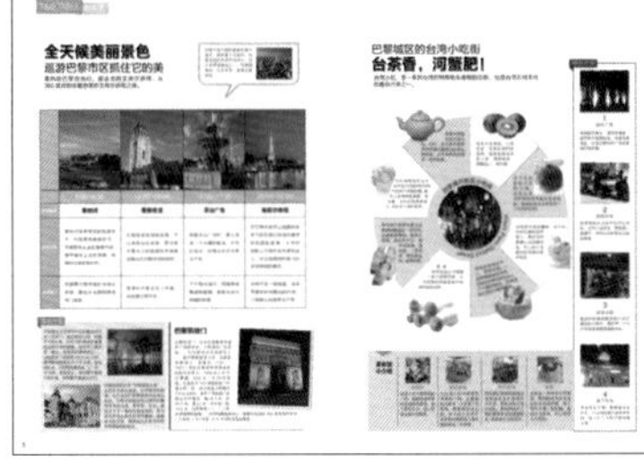

10.2 摄影杂志内页 3

11.1 旅游书籍封面设计

11.1 旅游书籍内页设计

11.1 旅游书籍内页设计 2

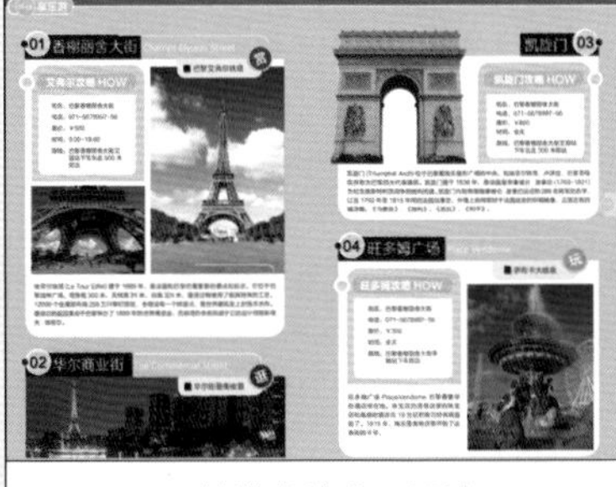

11.1 旅游书籍内页设计 3

11.1 旅游书籍内页设计 4

11.2 古董书籍封面

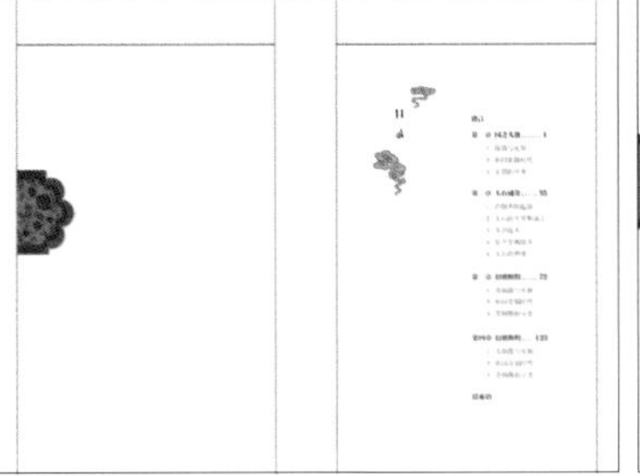

11.2 制作古董书籍内页

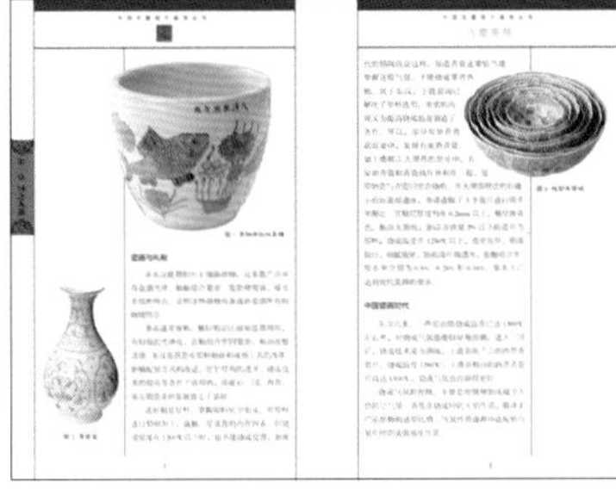

11.2 制作古董书籍内页 2

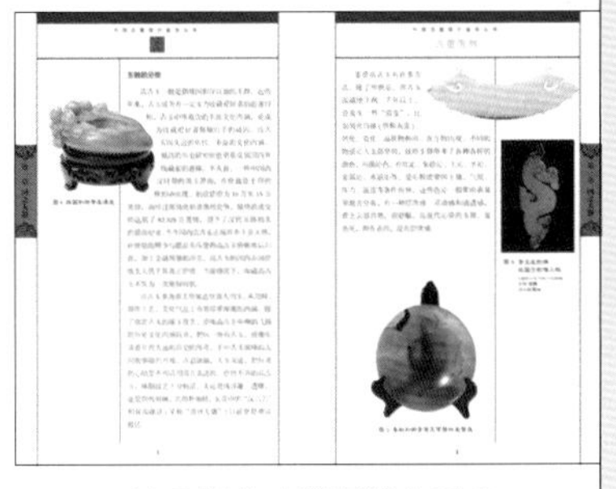

11.2 制作古董书籍内页 3

12.1 天鸿达 VI 标志墨稿与反白应用规范

12.1 天鸿达 VI 标志设计

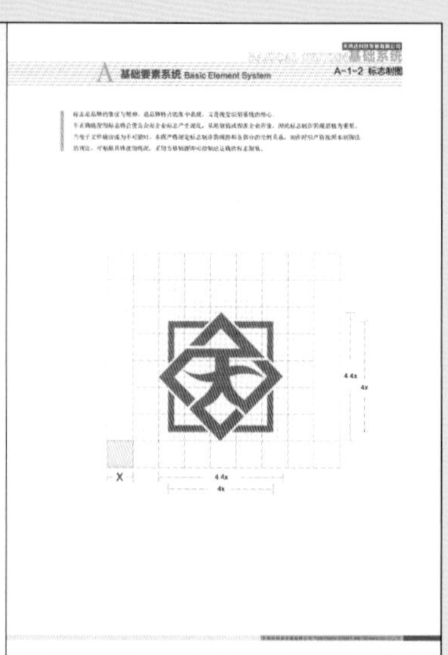

12.1 天鸿达 VI 标志制图

12.1 天鸿达 VI 标志组合规范

12.1 天鸿达 VI 标准色

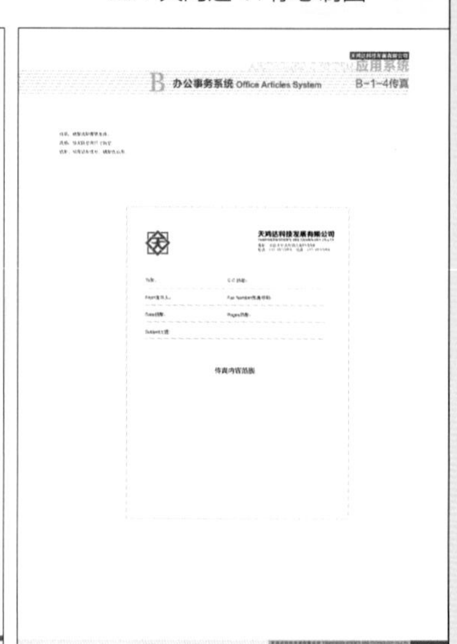

12.1 天鸿达 VI 传真

12.1 天鸿达 VI 公司名片

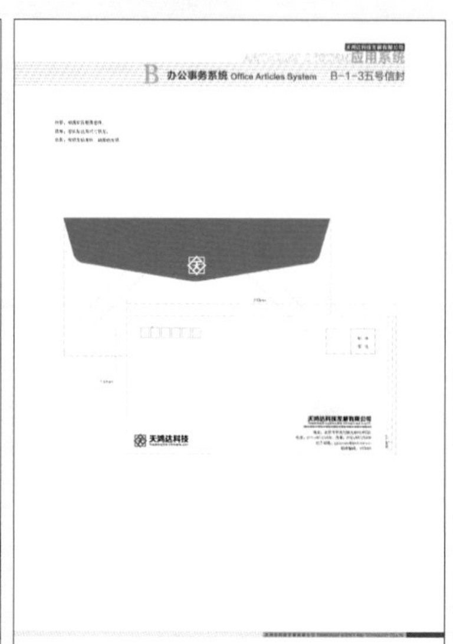

12.1 天鸿达 VI 信封

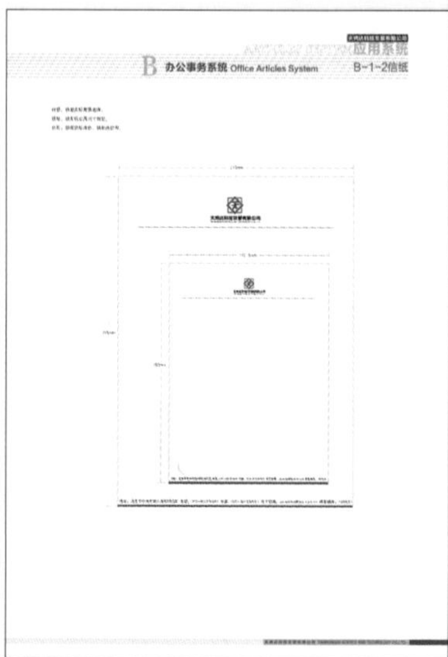

12.1 天鸿达 VI 信纸

前 言

Photoshop、Illustrator、CorelDRAW 和 InDesign 自推出之日起就深受平面设计人员的喜爱，是当今最流行的图像处理、矢量图形编辑和排版设计软件。它们被广泛应用于平面设计、包装装潢、彩色出版等诸多领域。在实际的平面设计和制作工作中，是很少用单一软件来完成工作的，要想出色地完成一件平面设计作品，需利用不同软件的优势，再将其巧妙地结合使用。

本书根据高职院校教师和学生的实际需求，以平面设计的典型应用为主线，通过多个精彩实用的案例，全面细致地讲解如何利用这 4 个软件来完成专业的平面设计项目。

本书共分为 12 章，分别详细讲解了平面设计的基础知识、设计软件的基础知识、卡片设计、宣传单设计、广告设计、海报设计、包装设计、唱片设计、宣传册设计、杂志设计、书籍装帧设计、VI 设计等内容。

本书利用来自专业的平面设计公司的商业案例，详细地讲解了运用这 4 个软件制作这些案例的流程和技法，并在此过程中融入了实践经验以及相关知识，努力做到操作步骤清晰准确，使学生能够在掌握软件功能和制作技巧的基础上，启发设计灵感，开拓设计思路，提高设计能力。

本书配套光盘中包含了书中所有案例的素材及效果文件。另外，为方便教师教学，本书配备了详尽的课后习题的操作步骤以及 PPT 课件、教学大纲等丰富的教学资源，任课教师可到人民邮电出版社教学服务与资源网（www.ptpedu.com.cn）免费下载使用。本书的参考学时为 73 学时，其中实训环节为 34 学时，各章的参考学时参见下面的学时分配表。

章　节	课 程 内 容	学 时 分 配	
		讲　授	实　训
第 1 章	平面设计的基础知识	1	
第 2 章	设计软件的基础知识	3	
第 3 章	卡片设计	2	2
第 4 章	宣传单设计	2	2
第 5 章	广告设计	2	2
第 6 章	海报设计	2	2
第 7 章	包装设计	4	3
第 8 章	唱片设计	4	4
第 9 章	宣传册设计	3	3
第 10 章	杂志设计	6	6
第 11 章	书籍装帧设计	4	4
第 12 章	VI 设计	6	6
	课 时 总 计	39	34

由于编者水平有限，书中难免存在疏漏和不妥之处，敬请广大读者批评指正。

编　者

2013 年 3 月

平面设计综合教程教学辅助资源及配套教辅

素材类型	名称或数量	素材类型	名称或数量
教学大纲	1套	课堂实例	10个
电子教案	12单元	课后实例	10个
PPT课件	12个	课后答案	10个
第3章 卡片设计	制作服饰发布会邀请函	第8章 唱片设计	制作古琴唱片
	制作新年贺卡		制作手风琴唱片
第4章 宣传单设计	制作食品宣传单	第9章 宣传册设计	制作房地产宣传册
	制作旅游宣传单		制作美发画册
第5章 广告设计	制作汽车广告	第10章 杂志设计	制作美食杂志
	制作电脑广告		制作摄影杂志
第6章 海报设计	制作茶艺海报	第11章 书籍装帧设计	制作旅游书籍
	制作啤酒招贴		制作古董书籍
第7章 包装设计	制作咖啡包装	第12章 VI设计	制作天鸿达VI手册
	制作酒盒包装		制作晨东百货VI手册

目录

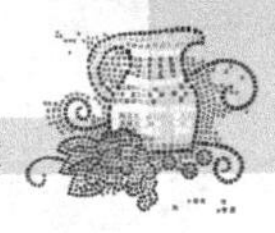

第 9 章 宣传册设计……………………169

第 10 章 杂志设计……………………197

第 11 章 书籍装帧设计………………239

第 12 章 VI 设计……………………274

第1章 平面设计的基础知识

本章主要介绍了平面设计的基础知识，其中包括平面设计的专业理论知识、平面设计的行业制作规范以及平面设计的软件应用知识和技巧等内容。作为一个平面设计师只有对平面设计的基础知识进行全面的了解和掌握，才能更好地完成平面设计的创意和设计制作任务。

课堂学习目标

- 平面设计的基本概念
- 平面设计的项目分类
- 平面设计的基本要素
- 平面设计的常用尺寸
- 平面设计软件的应用
- 平面设计的工作流程

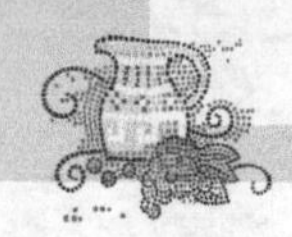

1.1 平面设计的基本概念

1922 年，美国人威廉·阿迪逊·德威金斯最早提出和使用了“平面设计（graphic design）”这个词语。20 世纪 70 年代，设计艺术得到了充分的发展，“平面设计”成为国际设计界认可的术语。

平面设计是一个包含经济学、信息学、心理学和设计学等领域的创造性视觉艺术学科。它通过二维空间进行表现，通过图形、文字、色彩等元素的编排和设计来进行视觉沟通和信息传达。平面设计的形式表现和媒介使用主要是印刷或平面的。平面设计师可以利用专业知识和技术来完成创作计划。

1.2 平面设计的项目分类

目前常见的平面设计项目，可以归纳为七大类：广告设计、书籍设计、刊物设计、包装设计、网页设计、标志设计、VI 设计。

1.2.1 广告设计

现代社会中，信息传递的速度日益加快，传播方式多种多样。广告凭借着各种信息传递媒介充斥着人们日常生活的方方面面，已成为社会生活中不可缺少的一部分。与此同时，广告艺术也凭借着异彩纷呈的表现形式、丰富多彩的内容信息以及快捷便利的传播条件，强有力地冲击着我们的视听神经。

广告英语译文为 Advertisement，最早从拉丁文 Adverture 演化而来，其含义是“吸引人注意”。通俗意义上讲，广告即广而告之。不仅如此，广告还同时包含两方面的含义，从广义上讲是指向公众通知某一件事并最终达到广而告之的目的；从狭义上讲，广告主要指盈利性的广告，即广告主为了某种特定的需要，通过一定形式的媒介，耗费一定的费用，公开而广泛地向公众传递某种信息并最终从中获利的宣传手段。

广告设计是通过图像、文字、色彩、版面、图形等视觉元素，结合广告媒体的使用特征构成的艺术表现形式，是为了实现传达广告目的和意图的艺术创意设计。

平面广告的类别主要包括有 DM 直邮广告、POP 广告、杂志广告、报纸广告、招贴广告、网络广告和户外广告等。广告设计的效果如图 1-1 所示。

图 1-1

1.2.2　书籍设计

书籍，是人类思想交流、知识传播、经验宣传、文化积累的重要依托，承载着古今中外的智慧结晶，而书籍设计的艺术领域，更是丰富多彩。

书籍设计（book design），又称书籍装帧设计，是指书籍的整体策划及造型设计。策划和设计过程包含了印前、印中、印后对书的形态与传达效果的分析。它包括的内容很多，指开本、封面、扉页、字体、版面、插图、护封以及纸张、印刷、装订和材料的艺术设计。书籍设计属平面设计范畴。

关于书籍的分类，有许多种方法，但由于标准不同，分类也就不同。一般而言，我们按书籍的内容涉及的范围来分类，可分为文学艺术类、少儿动漫类、生活休闲类、人文科学类、科学技术类、经营管理类、医疗教育类等。书籍设计的效果如图 1-2 所示。

图 1-2

1.2.3　刊物设计

作为定期出版物，刊物是经过装订、带有封面的期刊杂志，同时刊物也是大众类印刷媒体之一。这种媒体形式最早出现在德国，但在当时，期刊杂志与报纸并无太大区别，随着科技发展和生活水平的不断提高，期刊杂志开始与报纸越来越不一样，其内容也愈加偏重专题、质量、深度，而非时效性。

期刊杂志的读者群体有其特定性和固定性，所以期刊杂志媒体对特定的人群更具有针对性，例如进行专业性较强的行业信息交流，正是由于这种特点，期刊杂志内容的传播效率相对比较精准。同时，由于期刊杂志大多为月刊和半月刊，注重内容质量的打造，所以比报纸的保存时间要长很多。

期刊杂志在设计时所依据的规格主要是参照杂志的样本和开本进行版面划分，其设计的艺术风格、设计元素和设计色彩都要和刊物本身的定位相呼应。由于期刊杂志一般会选用质量较好的纸张进行印刷，所以图片印刷质量高、细腻光滑，画面图像的印刷工艺精美、还原效果好、视觉形象清晰。

期刊杂志类媒体分为消费者期刊杂志、专业性期刊杂志、行业性期刊杂志等不同类别。具体包括财经杂志、IT 杂志、动漫杂志、家居杂志、健康杂志、教育杂志、旅游杂志、美食杂志、汽车杂志、人物杂志、时尚杂志、数码杂志等。刊物设计的效果如图 1-3 所示。

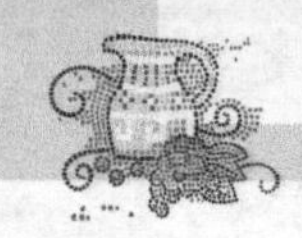

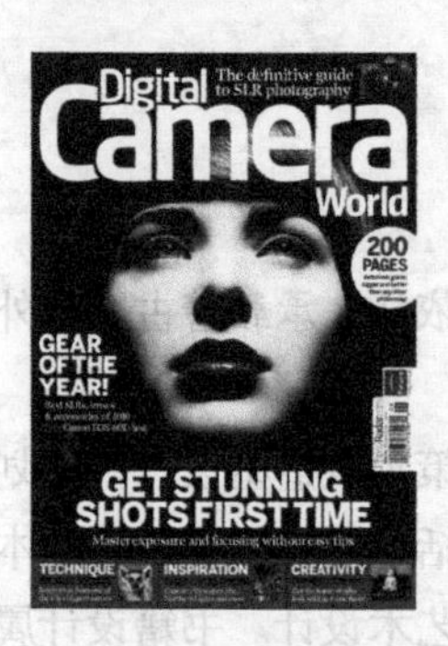

图 1-3

1.2.4 包装设计

包装设计是艺术设计与科学技术相结合的设计，是技术、艺术、设计、材料、经济、管理、心理、市场等多功能综合要素的体现，是多学科融会贯通的一门综合学科。

包装设计的广义概念，是指包装的整体策划工程，其主要内容包括，包装方法的设计、包装材料的设计、视觉传达设计、包装机械的设计与应用、包装试验、包装成本的设计及包装的管理等。

包装设计的狭义概念，是指选用适合商品的包装材料，运用巧妙的制造工艺手段，为商品进行的容器结构功能化设计和形象化视觉造型设计，使之利于整合容纳、保护产品、方便储运、优化形象、传达属性和促进销售之功效。

包装设计按商品内容分类，可以分为日用品包装、食品包装、烟酒包装、化妆品包装、医药包装、文体包装、工艺品包装、化学品包装、五金家电包装、纺织品包装、儿童玩具包装、土特产包装等。包装设计的效果如图 1-4 所示。

图 1-4

1.2.5 网页设计

网页设计是根据网站所要表达的主旨，将网站信息进行整合归纳后，进行的版面编排和美化设计。通过网页设计，让网页信息更有条理，页面更具有美感，从而提高网页的信息传达和阅读效率。对于网页设计者来说，要掌握平面设计的基础理论和设计技巧、熟悉网页配色、网站风格、网页制作技术等网页设计知识，创造出符合项目设计需求的艺术化和人性化的网页。

根据网页的不同属性，可将网页分为商业性网页、综合性网页、娱乐性网页、文化性网页、

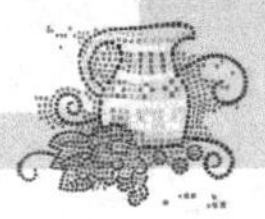

行业性网页、区域性网页等类型。网页设计的效果如图 1-5 所示。

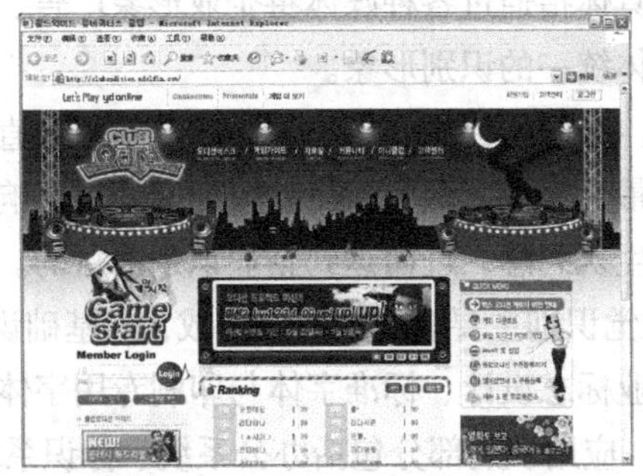

图 1-5

1.2.6　标志设计

标志是具有象征意义的视觉符号。它借助图形和文字的巧妙设计组合，艺术地传递出某种信息，表达某种特殊的含义。标志设计是将具体的事物和抽象的精神通过特定的图形和符号固定下来，使人们在看到标志设计的同时，自然地产生联想，从而对企业产生认同。对于一个企业而言，标志渗透到了企业运营的各个环节，例如日常经营活动、广告宣传、对外交流、文化建设等。作为企业的无形资产，它的价值随同企业的增值不断累积壮大。

标志按功能分类，可以分为政府标志、机构标志、城市标志、商业标志、纪念标志、文化标志、环境标志、交通标志等。标志设计的效果如图 1-6 所示。

图 1-6

1.2.7　VI 设计

VI 设计即（Visual Identity）企业视觉识别，企业视觉识别是指以建立企业的理念识别为基础，

将企业理念、企业使命、企业价值观经营概念变为静态的具体识别符号，并进行具体化、视觉化的传播。具体指通过各种媒体将企业形象广告、标志、产品包装等有计划地传递给社会公众，树立企业整体统一的识别形象。

VI 是 CI 中项目最多、层面最广、效果最直接的向社会传递信息的部分，最具有传播力和感染力，也最容易被公众所接受，短期内获得影响也最明显。社会公众可以一目了然地掌握企业的信息，产生认同感，进而达到企业识别的目的。VI 能使企业及产品在市场中获得较强的竞争力。

VI 视觉识别主要有两大部分组成，即基础识别部分和应用识别部分。其中，基础识别部分主要包括企业标志设计、标准字体与印刷专用字体设计、色彩系统设计、辅助图形、品牌角色（吉祥物）等。应用识别部分包括办公系统、标识系统、广告系统、旗帜系统、服饰系统、交通系列、展示系统等。VI 视觉识别设计效果如图 1-7 所示。

图 1-7

1.3 平面设计的基本要素

平面设计作品的基本要素主要包括图形、文字及色彩 3 个要素，这 3 个要素的组合组成了一组完整的平面设计作品。每个要素在平面设计作品中都起到了举足轻重的作用，3 个要素之间的相互影响和各种不同变化都会使平面设计作品产生更加丰富的视觉效果。

1.3.1　图形

通常，人们在阅读一则平面设计作品的时候，首先注意到的是图片，其次是标题，最后才是正文。如果说标题和正文作为符号化的文字受地域和语言背景限制的话，那么图形信息的传递则不受国家、民族、种族语言的限制，它是一种通行于世界的语言，具有广泛的传播性。因此，图形创意策划的选择直接关系到平面设计作品的成败。图形的设计也是整个设计内容最直观的体现，它最大限度地表现了作品的主题和内涵，效果如图 1-8 所示。

图 1-8

1.3.2　文字

文字是最基本的信息传递符号。在平面设计工作中，相对于图形而言，文字的设计安排也占有相当重要的地位，是体现内容传播功能最直接的形式。在平面设计作品中，文字的字体造型和构图编排恰当与否都直接影响到作品的诉求效果和视觉表现力，效果如图 1-9 所示。

图 1-9

1.3.3　色彩

平面设计作品给人的整体感受取决于作品画面的整体色彩。色彩作为平面设计组成的重要因素之一，色彩的色调与搭配受宣传主题、企业形象、推广地域等因素的共同影响。因此，在平面设计中要考虑消费者对颜色的一些固定心理感受以及相关的地域文化，效果如图 1-10 所示。

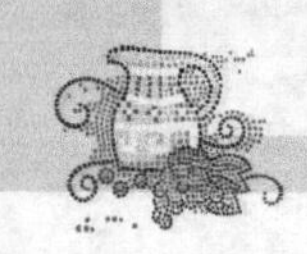

图 1-10

1.4 平面设计的常用尺寸

在设计制作平面设计作品之前，平面设计师一定要了解并掌握印刷常用纸张开数和常见开本尺寸，还要熟悉使用常用的平面设计作品尺寸。下面通过表格来介绍相关内容。

1.4.1 印刷常用纸张开数

正度纸张：787mm×1092mm		大度纸张：889mm×1194mm	
开数（正）	尺寸单位（mm）	开数（大）	尺寸单位（mm）
全开	781×1086	全开	844×1162
2 开	530×760	2 开	581×844
3 开	362×781	3 开	387×844
4 开	390×543	4 开	422×581
6 开	362×390	6 开	387×422
8 开	271×390	8 开	290×422
16 开	195×271	16 开	211×290
32 开	135×195	32 开	211×145
64 开	97×135	64 开	105×145

1.4.2 印刷常见开本尺寸

正度开本：787mm×1092mm		大度开本：889mm×1194mm	
开数（正）	尺寸单位（mm）	开数（大）	尺寸单位（mm）
2 开	520×740	2 开	570×840
4 开	370×520	4 开	420×570
8 开	260×370	8 开	285×420
16 开	185×260	16 开	210×285
32 开	185×130	32 开	220×142
64 开	92×130	64 开	110×142

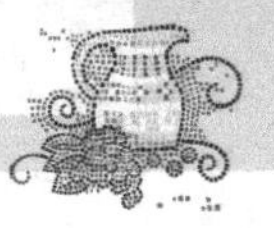

1.4.3　名片设计的常用尺寸

类别	方角	圆角
横版	90×55	85×54
竖版	50×90	54×85
方版	90×90	90×95

1.4.4　其他常用的设计尺寸

类别	标准尺寸	4 开	8 开	16 开
招贴画	540×380			
普通宣传册				210×285
三折页广告				210×285
手提袋	400×285×80			
文件封套	220×305			
信纸、便条	185×260			210×285
挂旗		540×380	376×265	
IC 卡	85×54			

1.5　平面设计软件的应用

目前在平面设计工作中，经常使用的主流软件有 Photoshop、Illustator、InDesign 和 CorelDRAW，这 4 款软件每一款都有鲜明的功能特色。要想根据创意制作出完美的平面设计作品，就需要熟练使用这 4 款软件，并能很好的利用不同软件的优势，将其巧妙地结合使用。

1.5.1　Adobe Photoshop

Photoshop 是 Adobe 公司出品的最强大的图像处理软件之一，是集编辑修饰、制作处理、创意编排，图像输入与输出于一体的图形图像处理软件，深受平面设计人员、电脑艺术和摄影爱好者的喜爱。Photoshop 通过软件版本升级，使功能不断完善，已经成为迄今为止世界上最畅销的图像处理软件，已成为许多涉及图像处理行业的标准。Photoshop 软件启动界面如图 1-11 所示。

图 1-11

Photoshop 的主要功能包括绘制和编辑选区、绘制和修饰图像、绘制图形及路径、调整图像的色彩和色调、图层的应用、文字的使用、通道和蒙版的使用、滤镜及动作的应用。这些功能可以全面的辅助平面设计作品的创意与制作。

Photoshop 适合完成的平面设计任务：图像抠像、图像调色、图像特效、文字特效、插图设计等。

1.5.2 Adobe Illustrator

Illustrator 是美国 Adobe 公司推出的专业矢量绘图工具，是出版、多媒体和在线图像的工业标准矢量插画软件。Adobe Illustrator 的应用人群主要包括印刷出版线稿的设计者和专业插画家、多媒体图像的艺术家和互联网页或在线内容的制作者。Illustrator 软件启动界面如图 1-12 所示。

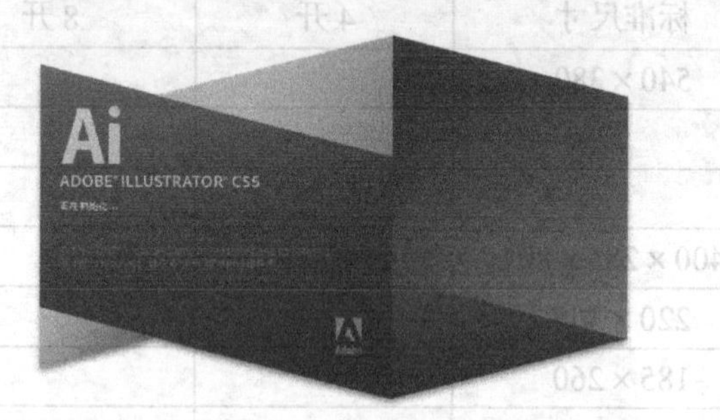

图 1-12

Illustrator 的主要功能包括图形的绘制和编辑、路径的绘制和编辑、图像对象的组织、颜色填充与描边编辑、文本的编辑、图表的编辑、图层和蒙版的使用、使用混合与封套效果、滤镜效果的使用、样式外观与效果的使用。这些功能可以全面地辅助平面设计作品的创意与制作。

Illustrator 适合完成的平面设计任务包括插图设计、标志设计、字体设计、图表设计、单页设计排版、折页设计排版等。

1.5.3 Adobe Indesign

InDesign 是由 Adobe 公司开发的专业排版设计软件，是专业出版方案的新平台。它功能强大、易学易用，能够使读者通过内置的创意工具和精确的排版控制为打印或数字出版物设计出极具吸引力的页面版式，深受版式编排人员和平面设计师的喜爱，已经成为图文排版领域最流行的软件之一。InDesign 软件启动界面如图 1-13 所示。

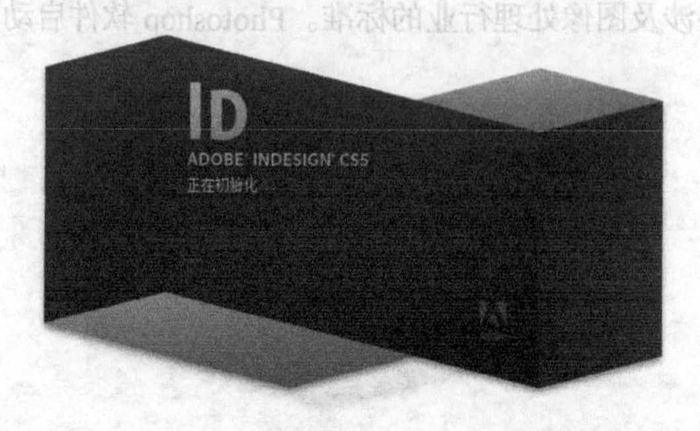

图 1-13

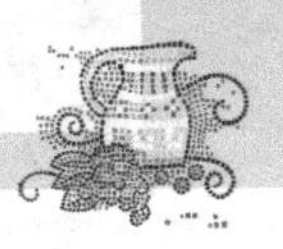

InDesign 的主要功能包括绘制和编辑图形对象、路径的绘制与编辑、编辑描边与填充、编辑文本、处理图像、版式编排、表格与图层、页面编排、编辑书籍和目录。这些功能可以全面地辅助平面设计作品的创意与排版制作。

InDesign 适合完成的平面设计任务包括图表设计、单页排版、折页排版、广告设计、报纸设计、杂志设计、书籍设计等。

1.5.4　CorelDRAW

CorelDRAW 是由加拿大的 Corel 公司开发的集矢量图形设计、印刷排版、文字编辑处理和图形输出于一体的平面设计软件。CorelDRAW 软件是丰富的创作力与强大功能的完美结合，它深受平面设计师、插画师和版式编排人员的喜爱，已经成为设计师的必备工具。CorelDRAW 软件启动界面如图 1-14 所示。

图 1-14

CorelDRAW 的主要功能包括绘制和编辑图形、绘制和编辑曲线、编辑轮廓线与填充颜色、排列和组合对象、编辑文本、编辑位图和应用特殊效果。这些功能可以全面地辅助平面设计作品的创意与制作。

CorelDRAW 适合完成的平面设计任务包括标志设计、图表设计、模型绘制、插图设计、单页设计排版、折页设计排版、分色输出等。

1.6　平面设计的工作流程

平面设计的工作流程是一个有明确目标、有正确理念、有负责态度、有周密计划、有清晰步骤、有具体方法的工作过程，好的设计作品都是在完美的工作流程中产生的。

1.6.1　信息交流

客户提出设计项目的构想和工作要求，并提供项目相关文本和图片资料，包括公司介绍、项目描述、基本要求等。

1.6.2 调研分析

根据客户提出的设计构想和要求，运用客户的相关文本和图片资料，对客户的设计需求进行分析，并对客户同行业或同类型的设计产品进行市场调研。

1.6.3 草稿讨论

根据已经做好的分析和调研，组织设计团队，依据创意构想设计出项目的创意草稿并制作出样稿。拜访客户，双方就设计的草稿内容，进行沟通讨论；就双方的设想，根据需要补充相关资料，达成设计构想上的共识。

1.6.4 签订合同

在双方就设计草稿达成共识后，双方确认设计的具体细节、设计报价和完成时间，双方签订《设计协议书》，客户支付项目预付款，设计工作正式展开。

1.6.5 提案讨论

由设计师团队根据前期的市场调研和客户需求，结合双方草稿讨论的意见，开始设计方案的策划、设计和制作工作。一般要完成三个设计方案，提交给客户选择。拜访客户，与客户开会讨论提案，客户根据提案作品，提出修改建议。

1.6.6 修改完善

根据提案会议的讨论内容和修改意见，设计师团队对客户基本满意的方案进行修改调整，进一步完善整体设计，并提交客户进行确认，对客户提出的细节修改进行更细致的调整，使方案顺利完成。

1.6.7 验收完成

在设计项目完成后，和客户一起对完成的设计项目进行验收，并由客户在设计合格确认书上签字。客户按协议书规定支付项目设计余款，设计方将项目制作文件提交客户，整个项目执行完成。

1.6.8 后期制作

在设计项目完成后，客户可能需要设计方进行设计项目的印刷包装等后期制作工作，如果设计方承接了后期制作工作，需要和客户签订详细的后期制作合同，并执行好后期的制作工作，给客户提供出满意的印刷和包装成品。

第2章 设计软件的基础知识

本章主要介绍了设计软件的基础知识，其中包括位图和矢量图、分辨率、图像的色彩模式和文件格式、页面设置和图片大小、出血、文字转换、印前检查和小样等内容。通过本章的学习，可以快速掌握设计软件的基础知识和操作技巧，有助于更好地帮助读者完成平面设计作品的创意设计与制作。

课堂学习目标

- 位图和矢量图
- 分辨率
- 色彩模式
- 文件格式
- 页面设置
- 图片大小
- 出血
- 文字转换
- 印前检查
- 小样

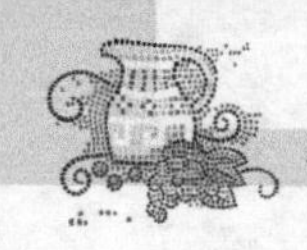

2.1 位图和矢量图

图像文件可以分为两大类：位图图像和矢量图形。在绘图或处理图像过程中，这两种类型的图像可以相互交叉使用。

2.1.1 位图

位图图像也称为点阵图像，它是由许多单独的小方块组成的，这些小方块又称为像素，每个像素都有特定的位置和颜色值，位图图像的显示效果与像素是紧密联系在一起的，不同排列和着色的像素在一起组成了一幅色彩丰富的图像。像素越多，图像的分辨率越高，相应地，图像的文件所占存储空间也会随之增大。

图像的原始效果如图 2-1 所示。使用放大工具放大后，可以清晰地看到像素的小方块形状与不同的颜色，效果如图 2-2 所示。

图 2-1

图 2-2

位图与分辨率有关，如果在屏幕上以较大的倍数放大显示图像，或以低于创建时的分辨率打印图像，图像就会出现锯齿状的边缘，并且会丢失细节。

2.1.2 矢量图

矢量图也称为向量图，它是一种基于图形的几何特性来描述的图像。矢量图中的各种图形元素称之为对象，每一个对象都是独立的个体，都具有大小、颜色、形状、轮廓等特性。

矢量图与分辨率无关，可以将它缩放到任意大小，其清晰度不变，也不会出现锯齿状的边缘。在任何分辨率下显示或打印矢量图都不会损失细节。图形的原始效果如图 2-3 所示。使用放大工具放大后，其清晰度不变，效果如图 2-4 所示。

图 2-3

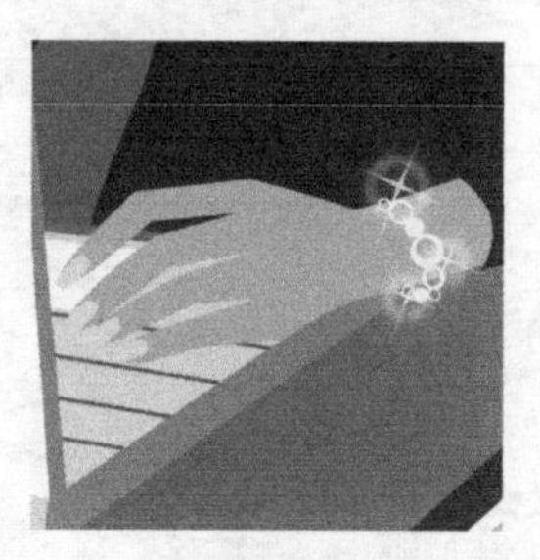

图 2-4

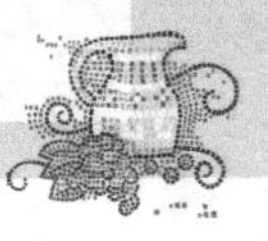

矢量图文件所占的容量较少，但这种图形的缺点是不易制作色调丰富的图像，而且绘制出来的图形无法像位图那样精确地描绘各种绚丽的景象。

2.2 分辨率

分辨率是用于描述图像文件信息的术语。分辨率分为图像分辨率、屏幕分辨率和输出分辨率。下面将分别进行讲解。

2.2.1 图像分辨率

在 Photoshop CS5 中，图像中每单位长度上的像素数目，称为图像的分辨率，其单位为像素/英寸或是像素/厘米。

在相同尺寸的两幅图像中，高分辨率的图像包含的像素比低分辨率的图像包含的像素多。例如，一幅尺寸为 1×1 英寸的图像，其分辨率为 72 像素/英寸，这幅图像包含 5 184 个像素（72×72 = 5 184）。同样尺寸，分辨率为 300 像素/英寸的图像，图像包含 90 000 个像素。相同尺寸下，分辨率为 72 像素/英寸的图像效果如图 2-5 所示，分辨率为 200 像素/英寸的图像效果如图 2-6 所示。由此可见，在相同尺寸下，高分辨率的图像将能更清晰地表现图像内容。

图 2-5

图 2-6

提示　如果一幅图像所包含的像素是固定的，增加图像尺寸，会降低图像的分辨率。

2.2.2 屏幕分辨率

屏幕分辨率是显示器上每单位长度显示的像素数目。屏幕分辨率取决于显示器大小加上其像素设置。PC 显示器的分辨率一般约为 96 像素/英寸，Mac 显示器的分辨率一般约为 72 像素/英寸。在 Photoshop CS5 中，图像像素被直接转换成显示器像素，当图像分辨率高于显示器分辨率时，屏幕中显示出的图像比实际尺寸大。

2.2.3 输出分辨率

输出分辨率是照排机或打印机等输出设备产生的每英寸的油墨点数（dpi）。打印机的分辨率在 720 dpi 以上的，可以使图像获得比较好的效果。

2.3 色彩模式

Photoshop 和 CorelDRAW 提供了多种色彩模式，这些色彩模式正是作品能够在屏幕和印刷品上成功表现的重要保障。在这里重点介绍几种经常使用到的色彩模式，包括 CMYK 模式、RGB 模式、灰度模式及 Lab 模式。每种色彩模式都有不同的色域，并且各个模式之间可以相互转换。

2.3.1 CMYK 模式

CMYK 代表了印刷上用的 4 种油墨色：C 代表青色，M 代表洋红色，Y 代表黄色，K 代表黑色。CMYK 模式在印刷时应用了色彩学中的减法混合原理，即减色色彩模式，它是图片、插图和其他作品中最常用的一种印刷方式。这是因为在印刷中通常都要进行四色分色，出四色胶片，然后再进行印刷。

在 Photoshop 中，CMYK 颜色控制面板如图 2-7 所示。在 Illustrator 中，CMYK 颜色控制面板如图 2-8 所示。在 CorelDRAW 中要通过均匀填充对话框中选择 CMYK 模式，如图 2-9 所示。在 InDesign 中，CMYK 颜色控制面板如图 2-10 所示。在以上这些面板和对话框中可以设置 CMYK 颜色。

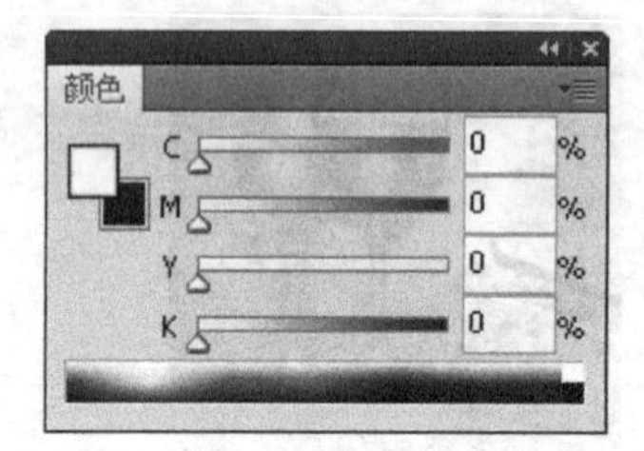

图 2-7

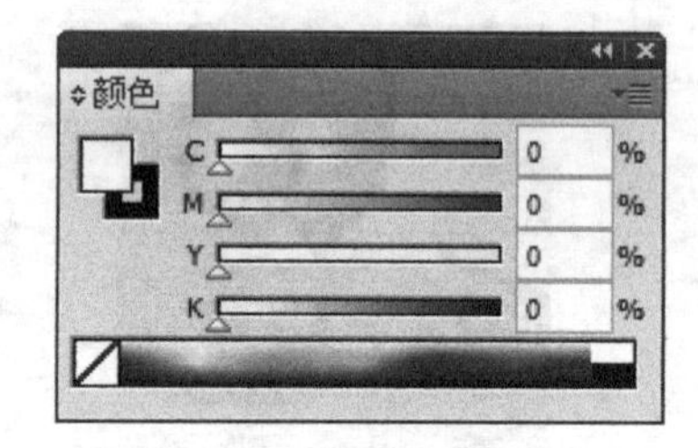

图 2-8

图 2-9

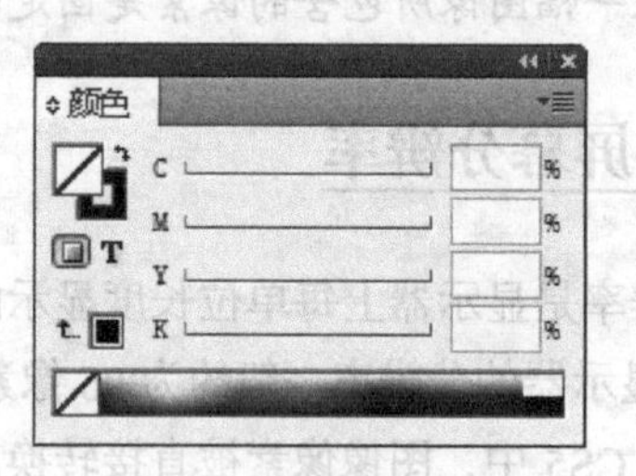

图 2-10

提示 在建立新的 Photoshop 文件时，就选择 CMYK 4 色印刷模式。这种方式的优点是防止最后的颜色失真，因为在整个作品的制作过程中，所制作的图像都在可印刷的色域中。

在 Photoshop 中，可以选择“图像 > 模式 > CMYK 颜色”命令，将图像转换成 CMYK 模式。

但是一定要注意，在图像转换为 CMYK 模式后，就无法再变回原来图像的 RGB 色彩了。因为 RGB 的色彩模式在转换成 CMYK 模式时，色域外的颜色会变暗，这样才会使整个色彩成为可以印刷的文件。因此，在将 RGB 模式转换成 CMYK 模式之前，可以选择“视图 > 校样设置 > 工作中的 CMYK”命令，预览一下转换成 CMYK 模式后的图像效果，如果不满意 CMYK 模式的效果，图像还可以根据需要进行调整。

2.3.2 RGB 模式

RGB 模式是一种加色模式，它通过红、绿、蓝 3 种色光相叠加而形成更多的颜色。RGB 是色光的彩色模式，一幅 24 位色彩范围的 RGB 图像有 3 个色彩信息通道：红色（R）、绿色（G）和蓝色（B）。在 Photoshop 中，RGB 颜色控制面板如图 2-11 所示。在 Illustrator 中，RGB 颜色控制面板如图 2-12 所示。在 CorelDRAW 中的均匀填充对话框中选择 RGB 色彩模式，如图 2-13 所示。在 InDesign 中，RGB 颜色控制面板如图 2-14 所示。在以上这些面板和对话框中可以设置 RGB 颜色。

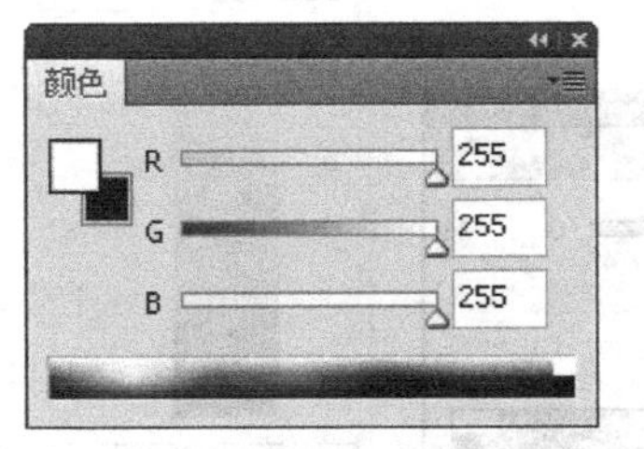

图 2-11

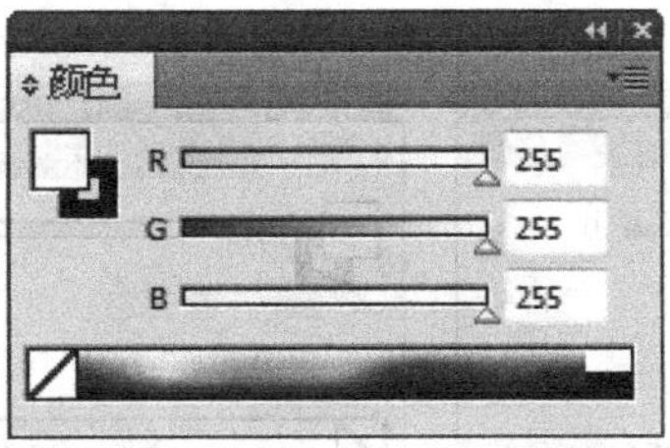

颜色
R 255
G 255
B 255

图 2-12

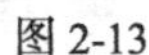

图 2-13

图 2-14

每个通道都有 8 位的色彩信息，即一个 0～255 的亮度值色域。也就是说，每一种色彩都有 256 个亮度水平级。3 种色彩相叠加，可以有 256×256×256≈1 670 万种可能的颜色。这近 1 670 万种颜色足以表现出绚丽多彩的世界。

在 Photoshop CS5 中编辑图像时，RGB 色彩模式应是最佳的选择。因为它可以提供全屏幕的多达 24 位的色彩范围，一些计算机领域的色彩专家称之为“True Color”真彩显示。

一般在视频编辑和设计过程中，使用 RGB 模式来编辑和处理图像。

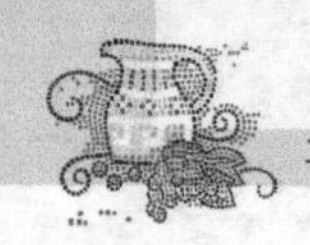

2.3.3 灰度模式

灰度模式，灰度图又称为8bit深度图。每个像素用8个二进制数表示，能产生2的8次方即256级灰色调。当一个彩色文件被转换为灰度模式文件时，所有的颜色信息都将从文件中丢失。尽管Photoshop允许将一个灰度文件转换为彩色模式文件，但不可能将原来的颜色完全还原。所以，当要转换灰度模式时，应先做好图像的备份。

像黑白照片一样，一个灰度模式的图像只有明暗值，没有色相和饱和度这两种颜色信息。0%代表白，100%代表黑，其中的K值用于衡量黑色油墨用量。在Photoshop中，颜色控制面板如图2-15所示。在Illustrator中，灰度颜色控制面板如图2-16所示。在CorelDRAW中的均匀填充对话框中选择灰度色彩模式，如图2-17所示。在上述这些面板和对话框中可以设置灰度颜色，但在InDesign中没有灰度模式。

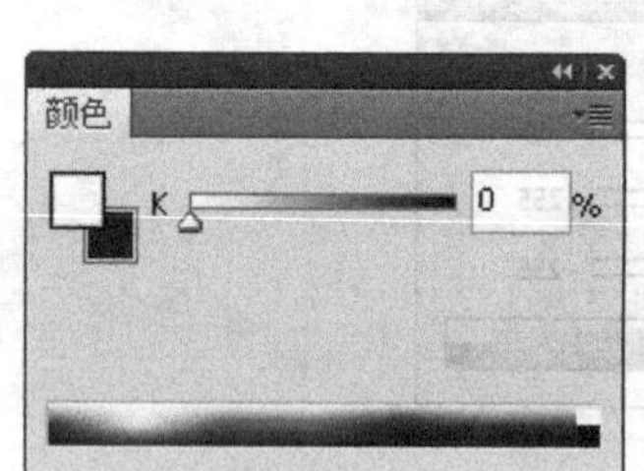

图2-15

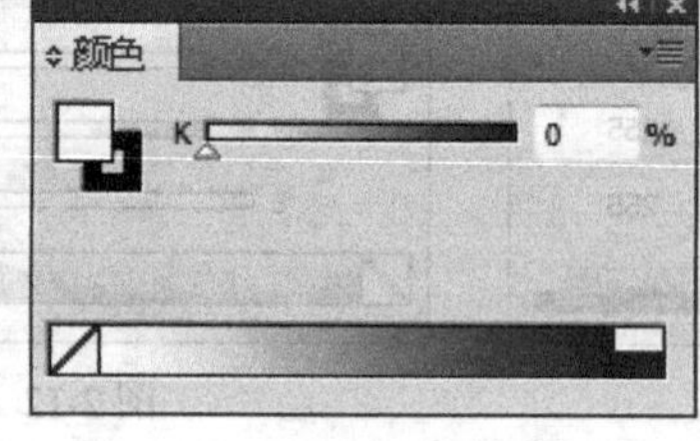

图2-16

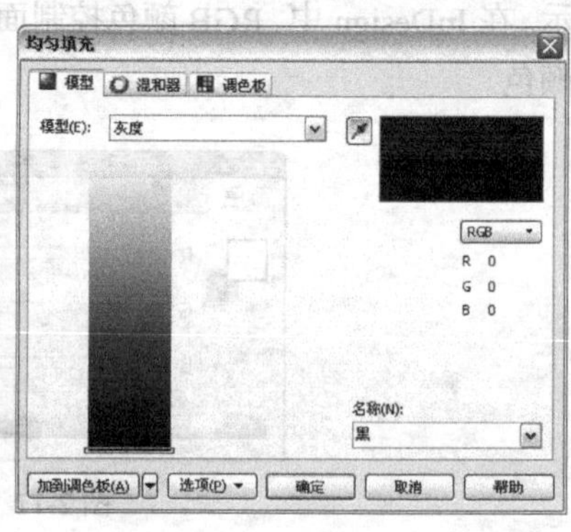

图2-17

2.3.4 Lab模式

Lab模式是Photoshop中的一种国际色彩标准模式，它由3个通道组成：一个通道是透明度，即L；其他两个是色彩通道，即色相和饱和度，用a和b表示。a通道包括的颜色值从深绿到灰，再到亮粉红色；b通道是从亮蓝色到灰，再到焦黄色。这种色彩混合后将产生明亮的色彩。Lab颜色控制面板如图2-18所示。

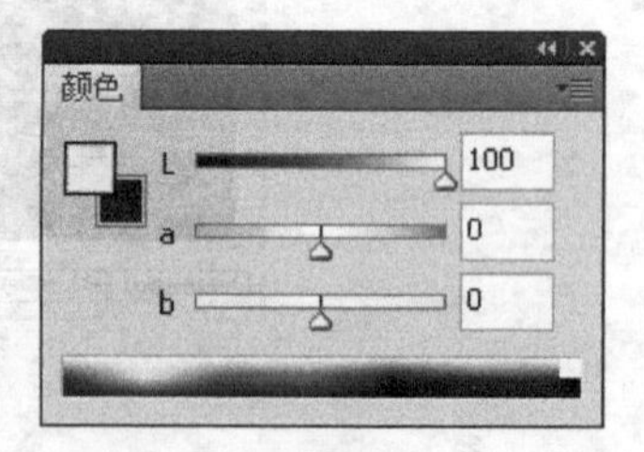

图2-18

Lab模式在理论上包括了人眼可见的所有色彩，它弥补了CMYK模式和RGB模式的不足。在这种模式下，图像的处理速度比在CMYK模式下快数倍，与RGB模式的速度相仿。在把Lab模式转换成CMYK模式的过程中，所有的色彩不会丢失或被替换。

提示 在Photoshop中将RGB模式转换成CMYK模式时，可以先将RGB模式转换成Lab模式，然后再从Lab模式转成CMYK模式，这样会减少图片的颜色损失。

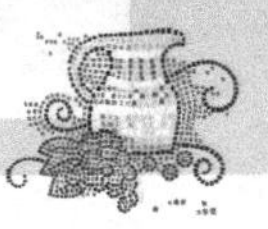

2.4 文件格式

当平面设计作品制作完成后，需要进行存储。这时，选择一种合适的文件格式就显得十分重要。在 Photoshop、Illustrator、CorelDRAW 和 InDesign 中有 20 多种文件格式可供选择。在这些文件格式中，既有 4 个软件的专用格式，也有用于应用程序交换的文件格式，还有一些比较特殊的格式。下面重点讲解几种平面设计中常用的文件存储格式。

2.4.1 PSD 格式

PSD 格式是 Photoshop 软件自身的专用文件格式，PSD 格式能够保存图像数据的细小部分，如图层、蒙版、通道等 Photoshop 对图像进行特殊处理的信息。在没有最终决定图像的存储格式前，最好先以这种格式存储。另外，Photoshop 打开和存储这种格式的文件较其他格式更快。

2.4.2 AI 格式

AI 是一种矢量图片格式，是 Adobe 公司的 Illustrator 软件的专用格式。它的兼容度比较高，可以在 CorelDRAW 中打开，也可以将 CDR 格式的文件导出为 AI 格式。

2.4.3 CDR 格式

CDR 格式是 CorelDRAW 的专用图形文件格式。由于 CorelDRAW 是矢量图形绘制软件，所以 CDR 可以记录文件的属性、位置、分页等。但它在兼容度上比较差，在所有 CorelDRAW 应用程序中均能够使用，而在其他图像编辑软件上却无法打开此类文件。

2.4.4 Indd 和 Indb 格式

Indd 格式是 InDesign 的专用文件格式。由于 InDesign 是专业的排版软件，所以 Indd 格式可以记录排版文件的版面编排、文字处理等内容。但它在兼容性上比较差，一般不为其它软件所用。Indb 格式是 InDesign 的书籍格式，它只是一个容器，把多个 Indd 文件通过这个容器集合在一起。

2.4.5 TIF（TIFF）格式

TIF 也称 TIFF，是标签图像格式。TIF 格式对于色彩通道图像来说具有很强的可移植性，它可以用于 PC、Macintosh 和 UNIX 工作站三大平台，是这三大平台上使用最广泛的绘图格式。

用 TIF 格式存储时应考虑到文件的大小，因为 TIF 格式的结构要比其他格式更大更复杂。TIF 格式支持 24 个通道，能存储多于 4 个通道的文件。TIF 格式还允许使用 Photoshop 中的复杂工具和滤镜特效。

提示 TIF 格式非常适合于印刷和输出。在 Photoshop 中编辑处理完成的图片文件一般都会存储为 TIF 格式，然后导入到其他 3 个平面设计文件中进行编辑处理。

2.4.6 JPEG 格式

JPEG 格式（Joint Photographic Experts Group 联合图片专家组）既是 Photoshop 支持的一种文件格式，也是一种压缩方案。它是 Macintosh 上常用的一种存储类型。JPEG 格式是压缩格式中的“佼佼者”，与 TIF 文件格式采用的 LIW 无损失压缩相比，它的压缩比例更大。但它使用的有损失压缩会丢失部分数据。用户可以在存储前选择图像的最后质量，这就能控制数据的损失程度。

在 Photoshop 中，可以选择低、中、高和最高 4 种图像压缩品质。以高质量保存图像比其他质量的保存形式占用更大的磁盘空间，而选择低质量保存图像则损失的数据较多，但占用的磁盘空间较少。

2.5 页面设置

在设计制作平面作品之前，要根据客户的要求在 Photoshop、Illustrator、CorelDRAW 和 InDesign 中设置页面文件的尺寸。下面讲解如何根据制作标准或客户要求来设置页面文件的尺寸。

2.5.1 在 Photoshop 中设置页面

选择“文件 > 新建”命令，弹出“新建”对话框，如图 2-19 所示。在对话框中，“名称”选项后的文本框中可以输入新建图像的文件名；“预设”选项后的下拉列表用于自定义或选择其他固定格式文件的大小；在“宽度”和“高度”选项后的数值框中可以输入需要设置的宽度和高度的数值；在“分辨率”选项后的数值框中可以输入需要设置的分辨率。

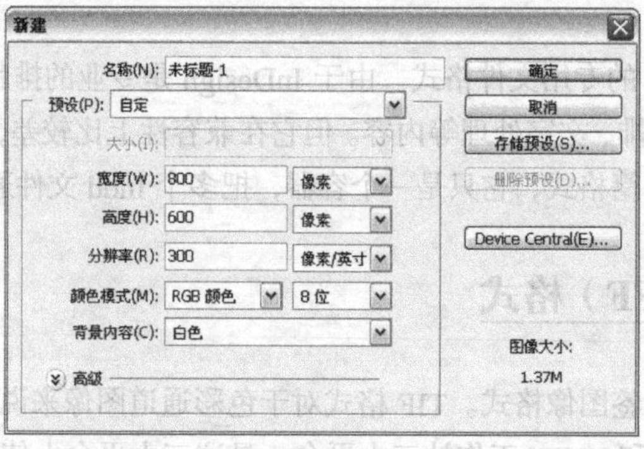

图 2-19

图像的宽度和高度可以设定为像素或厘米，单击“宽度”和“高度”选项下拉列表框右边的黑色三角按钮，弹出计量单位下拉列表，可以选择计量单位。

“分辨率”选项可以设定每英寸的像素数或每厘米的像素数，一般在进行屏幕练习时，设定为

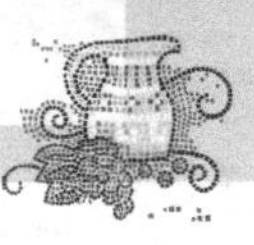

72 像素/英寸；在进行平面设计时，设定为输出设备的半调网屏频率的 2.5 ~ 2 倍，一般为 300 像素/英寸。单击“确定”按钮，新建页面。

2.5.2　在 Illustrator 中设置页面

选择“文件 > 新建”命令（组合键为 Ctrl+N），弹出“新建文档”对话框，如图 2-20 所示。设置相应的选项后，单击“确定”按钮，即可建立一个新的文档。

图 2-20

“名称”选项：可以在选项中输入新建文件的名称，默认状态下为“未标题-1”。

“新建文档配置文件”选项：主要是基于所需的输出文件来选择新的文档配置以启动新文档。其中包括“打印”、“Web”、“移动设备”、“视频和胶片”、“基本 CMYK”、“基本 RGB”和“Flash Catalyst”，每种配置都包含大小、颜色模式、单位、方向、透明度以及分辨率的预设值。

“画板数量”选项：画板表示可以包含可打印图稿的区域。可以设置画板的数量及排列方式，每个文档可以有 1 到 100 个画板。默认状态下为 1 个画板。

“间距”和“列数”选项：设置多个画板之间的间距和列数。

“大小”选项：可以在下拉列表中选择系统预先设置的文件尺寸，也可以在右边的“宽度”和“高度”选项中自定义文件尺寸。

“宽度”和“高度”选项：用于设置文件的宽度和高度的数值。

“单位”选项：设置文件所采用的单位，默认状态下为“毫米”。

“取向”选项：用于设置新建页面竖向或横向排列。

“出血”选项：用于设置文档中上、下、左、右四方的出血标志的位置。可以设置的最大出血值为 72 点，最小出血值为 0 点。

2.5.3　在 CorelDRAW 中设置页面

在实际工作中，往往要利用像 CorelDRAW 这样的优秀平面设计软件来完成印前的制作任务，随后才是出胶片、送印厂。因此，这就要求我们在设计制作前，设置好作品的尺寸。为了方便广大用户使用，CorelDRAW X5 预设了 50 多种页面样式供用户选择。

在新建的 CorelDRAW 文档窗口中，属性栏可以设置纸张的类型大小、纸张的高度和宽度、

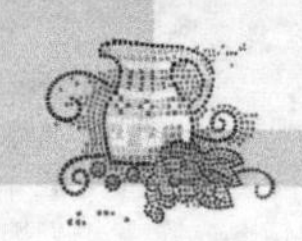

纸张的放置方向等，如图 2-21 所示。

图 2-21

选择“布局 >页面设置”命令，可以进行更广泛深入的设置。选择“布局 >页面设置”命令，弹出“选项”对话框，如图 2-22 所示。

在“页面尺寸”的选项框中，除了可对版面纸张的大小、放置方向等进行设置外，还可设置页面出血、分辨率等选项。

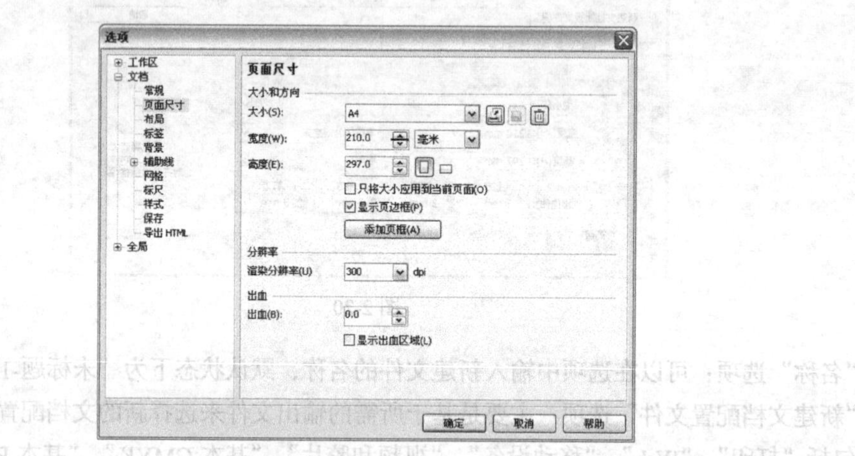

图 2-22

2.5.4 在 InDesign 中设置页面

新建文档是设计制作的第一步，可以根据自己的设计需要新建文档。

选择“文件 > 新建 > 文档”命令，弹出“新建文档”对话框，如图 2-23 所示。

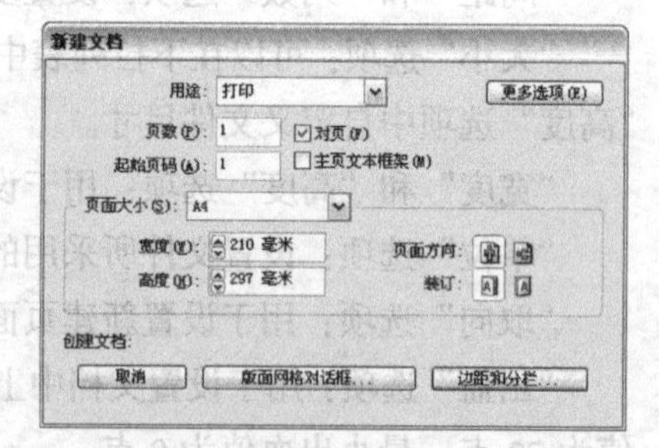

图 2-23

“用途”选项：可以根据需要设置文档输出后适用于的格式。

“页数”选项：可以根据需要输入文档的总页数。

“对页”复选框：选取此项可以在多页文档中建立左右页以对页形式显示的版面格式，就是通常所说的对开页。不选取此项，新建文档的页面格式都以单面单页形成显示。

“起始页码”选项：可以设置文档的起始页码。

“主页文本框架”复选框：可以为多页文档创建常规的主页面。选取此项后，InDesign CS5 会自动在所有页面上加上一个文本框。

“页面大小”选项：可以从选项的下拉菜单中选择标准的页面设置，其中有 A3、A4、信纸等一系列固定的标准尺寸。也可以在“宽度”和“高度”选项中输入宽和高的值。页面大小代表页

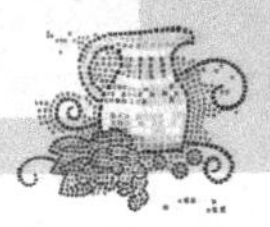

面外出血和其他标记被裁掉以后的成品尺寸。

“页面方向”选项：单击“纵向”按钮或“横向”按钮，页面方向会发生纵向或横向的变化。

“装订”选项：两种装订方式可供选择：向左翻或向右翻。单击“从左到右”按钮将按照左边装订的方式装订；单击“从右到左”按钮将按照右边装订的方式装订。文本横排的版面选择左边装订；文本竖排的版面选择右边装订。

单击“边距和分栏”按钮，弹出“新建边距和分栏”对话框。在对话框中，可以在“边距”设置区中设置页面边空的尺寸，设置完成后，单击“确定”按钮，新建文档。

2.6 图片大小

在完成平面设计任务的过程中，为了更好地编辑图像或图形，经常需要调整图像或者图形的大小。下面将讲解图像或图形大小的调整方法。

2.6.1 在 Photoshop 中调整图像大小

打开光盘中的“Ch02 > 素材 > 04”文件，如图 2-24 所示。选择“图像 > 图像大小”命令，弹出“图像大小”对话框，如图 2-25 所示。

“像素大小”选项组：以像素为单位来改变宽度和高度的数值，图像的尺寸也相应改变。

“文档大小”选项组：以厘米为单位来改变宽度和高度的数值，以像素/英寸为单位来改变分辨率的数值，图像的文档大小被改变，图像的尺寸也相应改变。

“缩放样式”选项：若对文档中的图层添加了图层样式，勾选此复选框后，可在调整图像大小时自动缩放样式效果。

“约束比例”选项：选中该复选框，在宽度和高度的选项后出现“锁链”标志，表示改变其中一项设置时，两项会成比例地同时改变。

“重定图像像素”选项：不选中该复选框，像素大小将不发生变化。“文档大小”选项组中的宽度、高度和分辨率的选项后将出现“锁链”标志。发生改变时 3 项会同时改变，如图 2-26 所示。

图 2-24

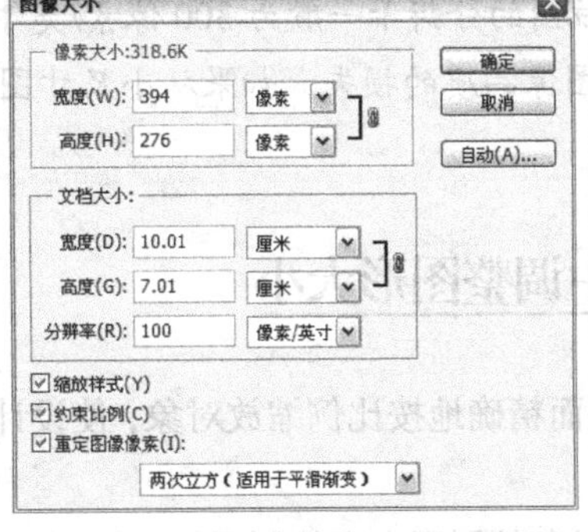

图 2-25

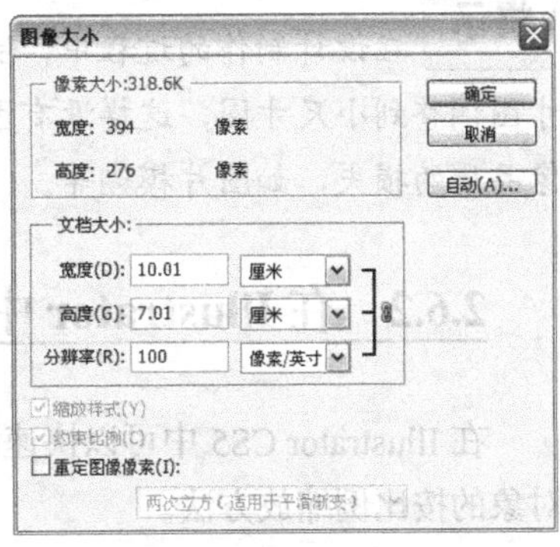

图 2-26

用鼠标单击“自动”按钮，弹出“自动分辨率”对话框，系统将自动调整图像的分辨率和品

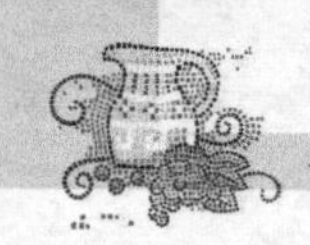

质效果，也可以根据需要自主调节图像的分辨率和品质效果，如图 2-27 所示。

在“图像大小”对话框中，也可以改变数值的计量单位，有多种数值的计量单位可以选择，如图 2-28 所示。

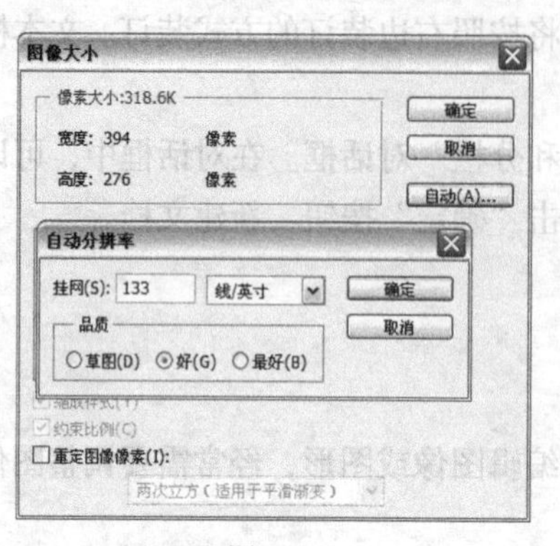

图 2-27

图 2-28

在“图像大小”对话框中，改变“文档大小”选项组中的宽度数值，如图 2-29 所示，图像将变小，效果如图 2-30 所示。

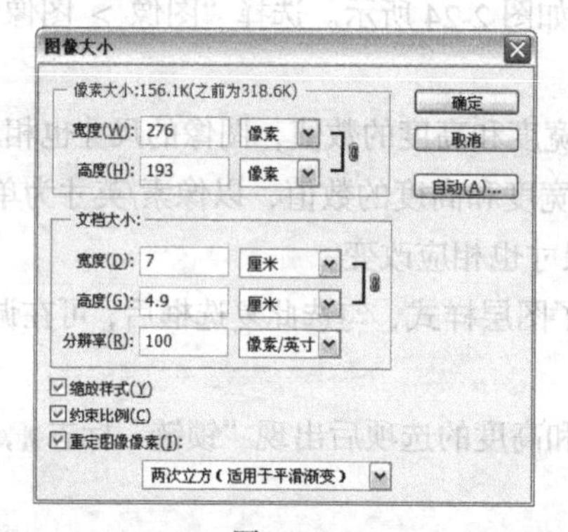

图 2-29

图 2-30

提示 在设计制作的过程中，位图的分辨率一般为 300 像素/英寸，编辑位图的尺寸可以从大尺寸图调整到小尺寸图，这样没有图像品质的损失。如果从小尺寸图调整到大尺寸图，就会造成图像品质的损失，如图片模糊等。

2.6.2 在 Illustrator 中调整图形大小

在 Illustrator CS5 中可以快速而精确地按比例缩放对象，使设计工作变得更轻松。下面就介绍对象的按比例缩放方法。

选取要按比例缩放的对象，对象的周围出现控制手柄，如图 2-31 所示，用鼠标拖曳各个控制手柄可以缩放对象。拖曳对角线上的控制手柄缩放对象，如图 2-32 所示。成比例缩放对象的效果如图 2-33 所示。

图 2-31

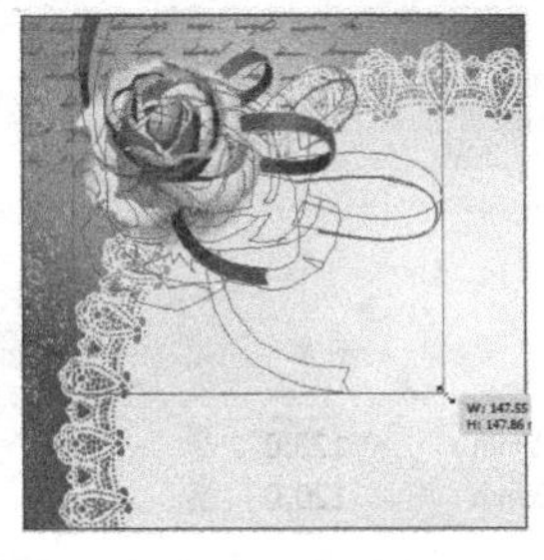

图 2-32

图 2-33

注意 拖曳对角线上的控制手柄时，按住 Shift 键，对象会成比例缩放。按住 Shift+Alt 组合键，对象会成比例地从对象中心缩放。

2.6.3　在 CorelDRAW 中调整图形大小

打开光盘中的“Ch02 > 素材 > 02”文件。选择“选择”工具，选取要缩放的对象，对象的周围出现控制手柄，如图 2-34 所示。用鼠标拖曳控制手柄可以缩小或放大对象，如图 2-35 所示。

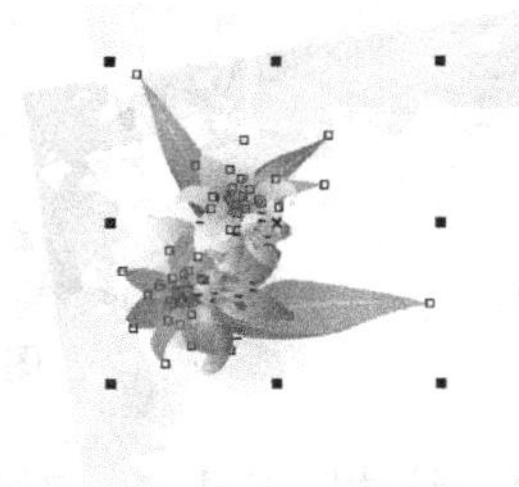

图 2-34

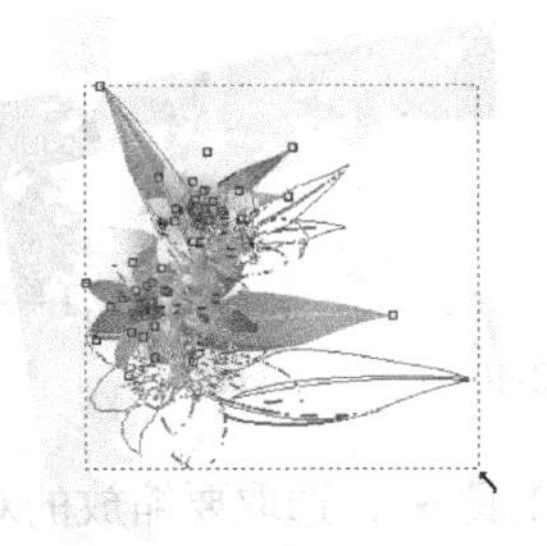

图 2-35

选择“选择”工具，并选取要缩放的对象，对象的周围出现控制手柄，如图 2-36 所示。这时的属性栏如图 2-37 所示。在属性栏的“对象的大小”选项中根据设计需要调整宽度和高度的数值，如图 2-38 所示，按 Enter 键确认，完成对象的缩放如图 2-39 所示。

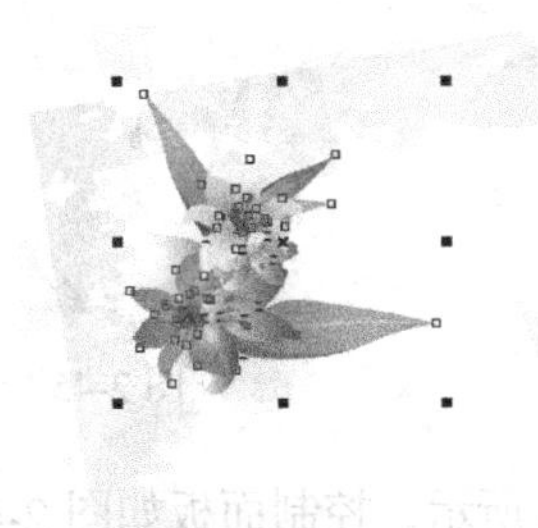

图 2-36

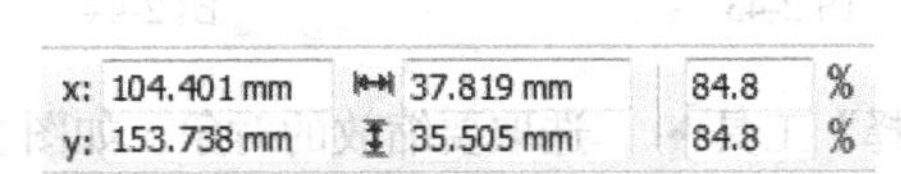

图 2-37

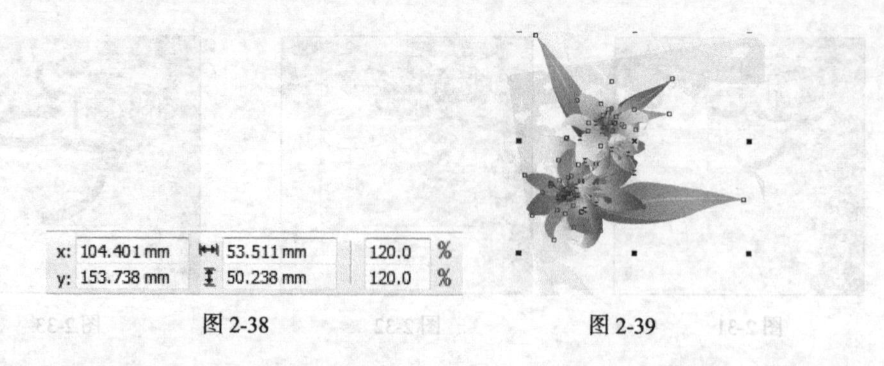

图 2-38　　　　图 2-39

2.6.4　在 InDesign 中调整图形大小

选择“选择”工具，选取要缩放的对象，对象的周围出现限位框，如图 2-40 所示。选择“自由变换”工具，拖曳对象右上角的控制手柄，如图 2-41 所示。松开鼠标，对象的缩放效果如图 2-42 所示。

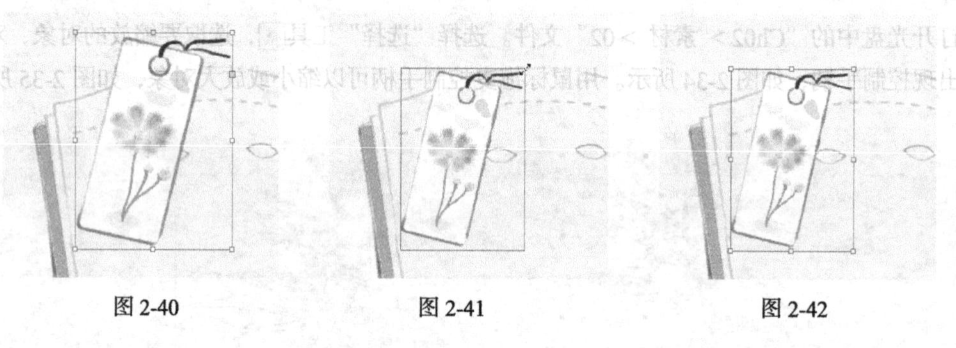

图 2-40　　　　图 2-41　　　　图 2-42

选择“选择”工具，选取要缩放的对象，选择“缩放”工具，对象的中心会出现缩放对象的中心控制点，单击并拖曳中心控制点到适当的位置，如图 2-43 所示，再拖曳对角线上的控制手柄到适当的位置，如图 2-44 所示，松开鼠标，对象的缩放效果如图 2-45 所示。

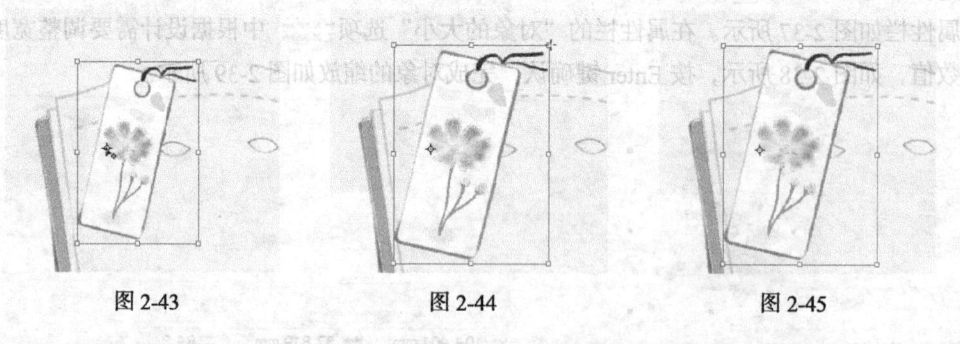

图 2-43　　　　图 2-44　　　　图 2-45

选择“选择”工具，选取要缩放的对象，如图 2-46 所示，控制面板如图 2-47 所示。在控制面板中，若单击“约束宽度和高度的比例”按钮，可以按比例缩放对象的限位框。其他选项的设置与“变换”面板中的相同，故这里不再赘述。

设置需要的数值，如图 2-48 所示，按<Enter>键，确定操作，效果如图 2-49 所示。

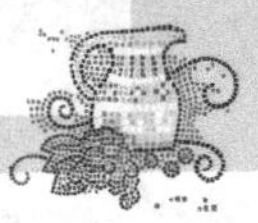

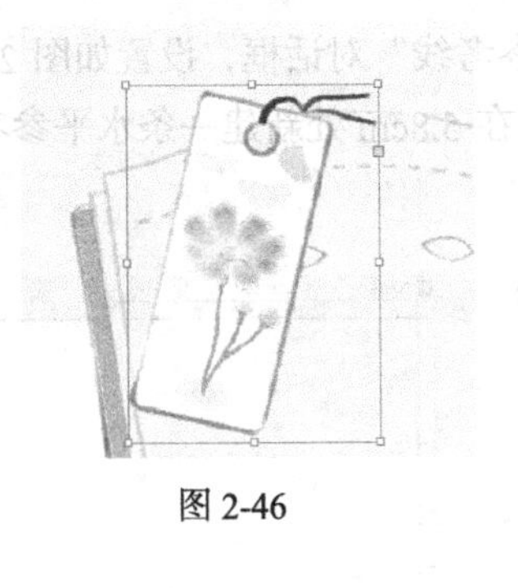

图 2-46

图 2-47

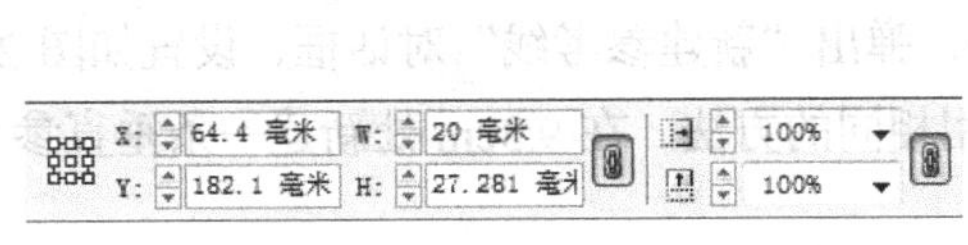

图 2-48

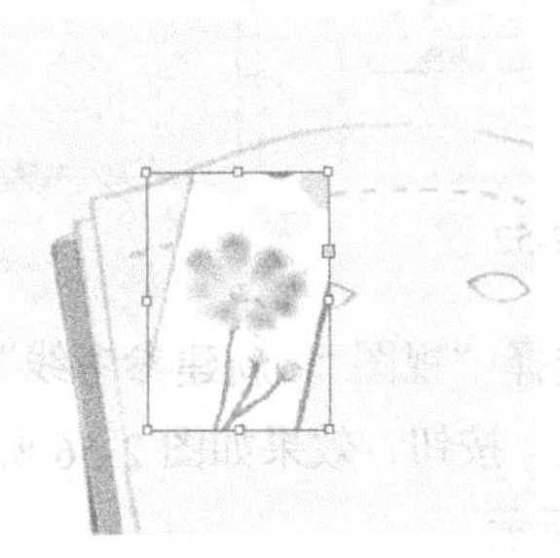

图 2-49

2.7 出血

印刷装订工艺要求接触到页面边缘的线条、图片或色块，需跨出页面边缘的成品裁切线 3mm，称为出血。出血是防止裁刀裁切到成品尺寸里面的图文或出现白边。下面将以宣传卡的制作为例，详细讲解如何在 Photoshop、Illustrator、CorelDRAW、InDesign 中设置出血。

2.7.1 在 Photoshop 中设置出血

（1）要求制作的宣传卡的成品尺寸是 90mm × 55mm，如果宣传卡有底色或花纹，则需要将底色或花纹跨出页面边缘的成品裁切线 3mm。因此，在 Photoshop 中，新建文件的页面尺寸需要设置为 96mm × 61mm。

（2）按 Ctrl+N 组合键，弹出“新建”对话框，选项的设置如图 2-50 所示，单击“确定”按钮，效果如图 2-51 所示。

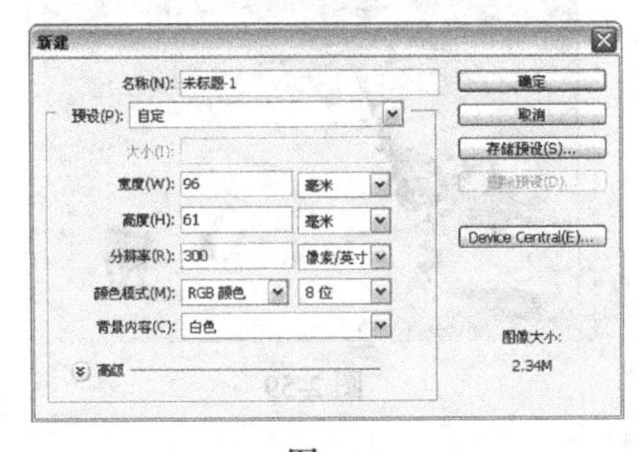

图 2-50

图 2-51

（3）选择“视图 > 新建参考线”命令，弹出“新建参考线”对话框，设置如图 2-52 所示，单击“确定”按钮，效果如图 2-53 所示。用相同的方法，在 5.8cm 处新建一条水平参考线，效果如图 2-54 所示。

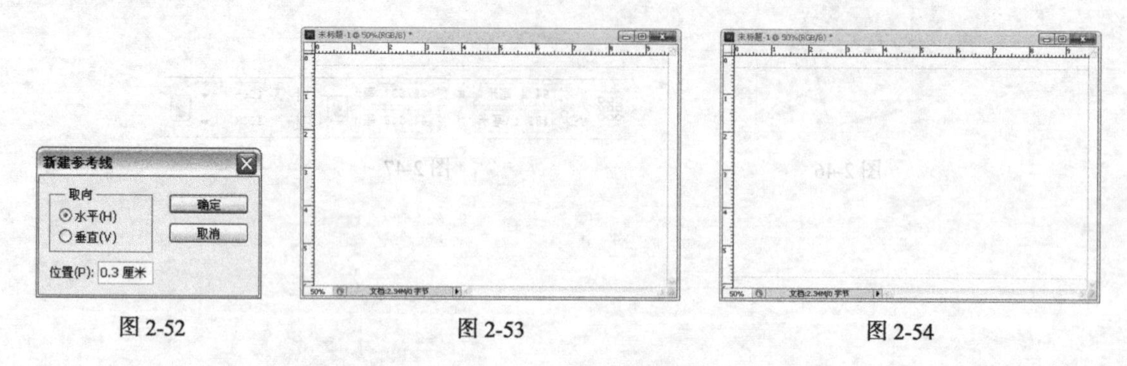

图 2-52　　图 2-53　　图 2-54

（4）选择“视图 > 新建参考线”命令，弹出“新建参考线”对话框，设置如图 2-55 所示，单击“确定”按钮，效果如图 2-56 所示。用相同的方法，在 9.3cm 处新建一条垂直参考线，效果如图 2-57 所示。

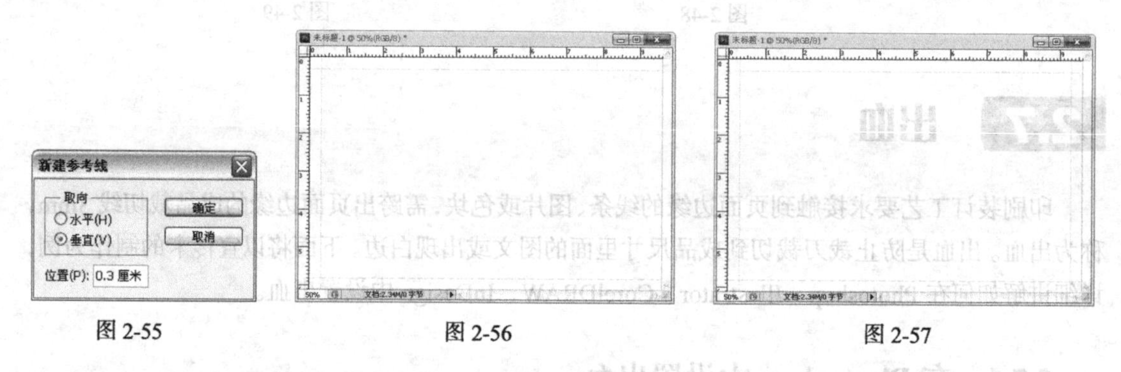

图 2-55　　图 2-56　　图 2-57

（5）按 Ctrl+O 组合键，打开光盘中的“Ch02 > 素材 > 03”文件，效果如图 2-58 所示。选择“移动”工具，将其拖曳到新建的未标题-1 文件窗口中，如图 2-59 所示，在“图层”控制面板中生成新的图层“底图”。按 Ctrl+E 组合键，合并可见图层。按 Ctrl+S 组合键，弹出“存储为”对话框，将其命名为“宣传卡底图”，保存为 TIFF 格式。单击“保存”按钮，弹出“TIFF 选项”对话框，再单击“确定”按钮将图像保存。

图 2-58

图 2-59

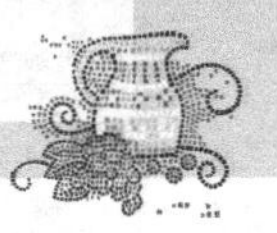

2.7.2　在 Illustrator 中设置出血

（1）要求制作宣传卡的成品尺寸是 90mm × 55mm，需要设置的出血是 3 mm。

（2）按 Ctrl+N 组合键，弹出“新建”对话框，将“高度”选项设为 90mm，“宽度”选项设为 55mm，“出血”选项设为 3mm，如图 2-60 所示，单击“确定”按钮，效果如图 2-61 所示。在页面中，实线框为宣传卡的成品尺寸 90mm × 55mm，红色框为出血尺寸，在红色框和实线框四边之间的空白区域是 3mm 的出血设置。

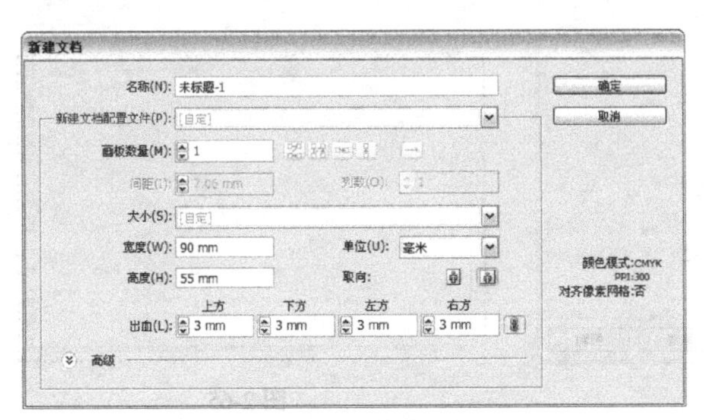

图 2-60

图 2-61

（3）选择“文件 > 置入”命令，弹出“置入”对话框，选择光盘中的“Ch02 > 效果 > 宣传卡底图”文件，单击“置入”按钮，置入图片，单击属性栏中的“嵌入”按钮，弹出对话框，单击“确定”按钮，嵌入图片，效果如图 2-62 所示。选择“文本”工具 T，在页面中分别输入需要的文字。

（4）选择“选择”工具，分别在属性栏中选择合适的字体并设置文字大小，设置适当的角度及颜色，效果如图 2-63 所示。按 Ctrl+S 组合键，弹出“存储为”对话框，将其命名为“宣传卡”，保存为 AI 格式，单击“保存”按钮，将图像保存。

图 2-62

图 2-63

2.7.3　在 CorelDRAW 中设置出血

（1）要求制作宣传卡的成品尺寸是 90mm × 55mm，需要设置的出血是 3 mm。

（2）按 Ctrl+N 组合键，新建一个文档。选择“布局 > 页面设置”命令，弹出“选项”对话框，在“文档”设置区的“页面尺寸”选项框中，设置“宽度”选项的数值为 90mm，设置“高

度”选项的数值为 55mm，设置出血选项的数值为 3mm，在设置区中勾选“显示出血区域”复选框，如图 2-64 所示，单击“确定”按钮，页面效果如图 2-65 所示。在页面中，实线框为宣传卡的成品尺寸 90mm × 55mm，虚线框为出血尺寸，在虚线框和实线框四边之间的空白区域是 3mm 的出血设置。

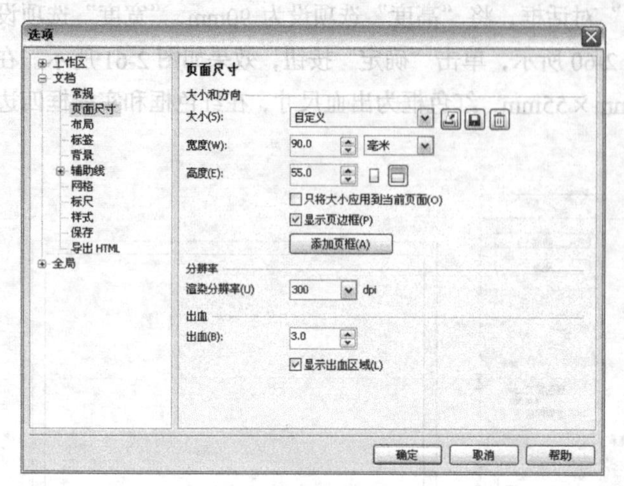

图 2-64

图 2-65

（3）按 Ctrl+I 组合键，弹出“导入”对话框，打开光盘中的“Ch02 > 效果 > 宣传卡背景”文件，并单击“导入”按钮。在页面中单击导入的图片，按 P 键，使图片与页面居中对齐，效果如图 2-66 所示。

（4）选择“文本”工具字，在页面中分别输入需要的文字。选择“选择”工具，分别在属性栏中选择合适的字体并设置文字大小，效果如图 2-67 所示。选择“视图 > 显示 > 出血”命令，将出血线隐藏。按 Ctrl+S 组合键，弹出“保存图形”对话框，将其命名为“宣传卡”，保存为 CDR 格式，单击“保存”按钮将图像保存。

图 2-66

图 2-67

导入的图像是位图，所以导入图像之后，页边框被图像遮挡在下面，不能显示。

2.7.4 在 InDesign 中设置出血

（1）要求制作宣传卡的成品尺寸是 90mm × 55mm，需要设置的出血是 3 mm。

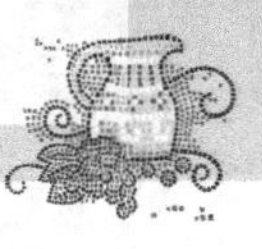

（2）按 Ctrl+N 组合键，弹出“新建文档”对话框，单击“更多选项”按钮，将“宽度”选项设为 90mm，“高度”选项设为 55mm，“出血”选项设为 3mm，如图 2-68 所示。单击“边距和分栏”按钮，弹出“新建边距和分栏”对话框，设置如图 2-69 所示，单击“确定”按钮，新建页面，如图 2-70 所示。在页面中，实线框为宣传卡的成品尺寸 90mm × 55mm，红线框为出血尺寸，在红线框和实线框四边之间的空白区域是 3mm 的出血设置。选择“视图 > 其他 > 隐藏框架边缘”命令，将所绘制图形的框架边缘隐藏。

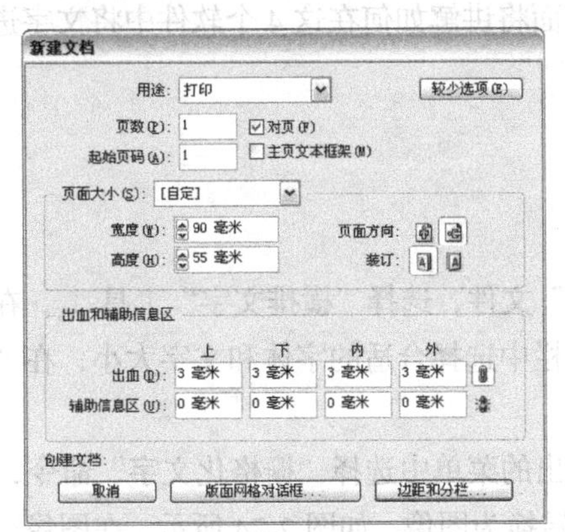

图 2-68

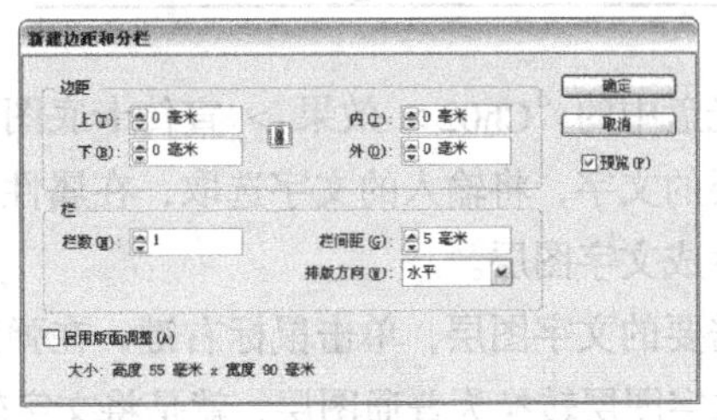

图 2-69

图 2-70

（3）按 Ctrl+D 组合键，弹出“置入”对话框，打开光盘中的“Ch02 > 效果 > 宣传卡底图”文件，并单击“打开”按钮。在页面中单击导入的图片，效果如图 2-71 所示。选择“文字”工具 T，在页面中分别拖曳文本框，输入需要的文字，并分别填充适当的颜色，效果如图 2-72 所示。

图 2-71

图 2-72

（4）按 Ctrl+S 组合键，弹出“存储为”对话框，将其命名为“宣传卡”，保存为 Indd 格式，单击“保存”按钮，将图像保存。

2.8 文字转换

在 Photoshop、Illustrator、CorelDRAW 和 InDesign 中输入文字时，都需要选择文字的字体。文字的字体安装在计算机、打印机或照排机的文件中。字体就是文字的外在形态，当设计师选择的字体与输出中心的字体不匹配时，或者根本就没有设计师选择的字体时，出来的胶片上的文字就不是设计师选择的字体，也可能出现乱码。下面将讲解如何在这 4 个软件中将文字进行转换以避免出现这样的问题。

2.8.1 在 Photoshop 中转换文字

打开光盘中的“Ch02 > 效果 > 宣传卡底图”文件，选择“横排文字”工具 T，在页面中分别输入需要的文字，将输入的文字选取，在属性栏中选择合适的字体和文字大小，在“图层”控制面板中生成文字图层。

选中需要的文字图层，单击鼠标右键，在弹出的菜单中选择“栅格化文字”命令，如图 2-73 所示。将文字图层转换为普通图层，就是将文字转换为图像，如图 2-74 所示。在图像窗口中的文字效果如图 2-75 所示。转换为普通图层后，出片文件将不会出现字体的匹配问题。

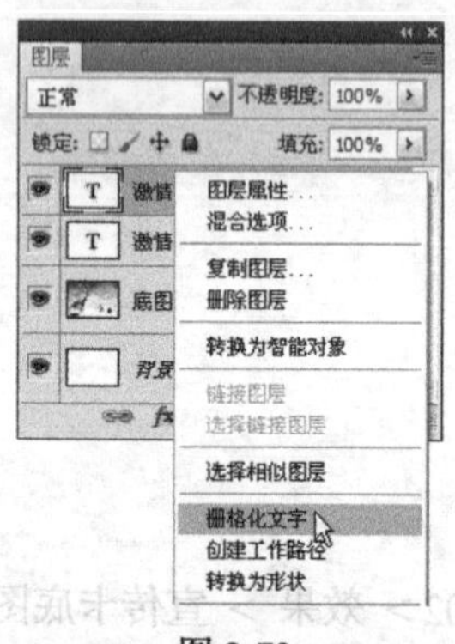

图 2-73

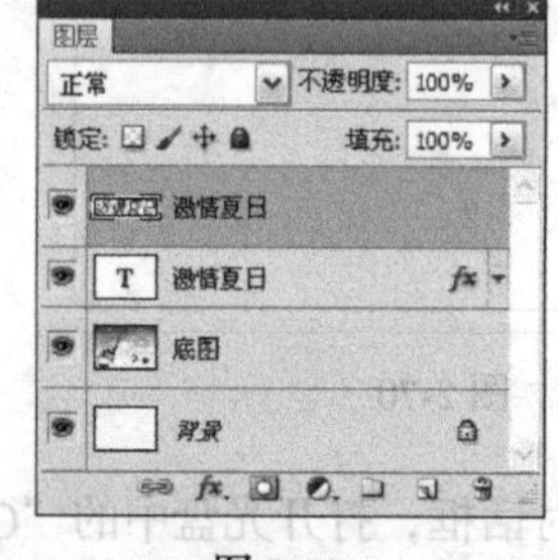

图 2-74

图 2-75

2.8.2 在 Illustrator 中转换文字

打开光盘中的“Ch02 > 效果 > 宣传卡.ai”文件。选中需要的文本，如图 2-76 所示。选择“文字 > 创建轮廓”命令（组合键为 Shift +Ctrl+ O），创建文本轮廓，如图 2-77 所示。文本转化为轮廓后，可以对文本进行渐变填充，还可以对文本应用效果，如图 2-78 所示。

图 2-76

图 2-77

图 2-78

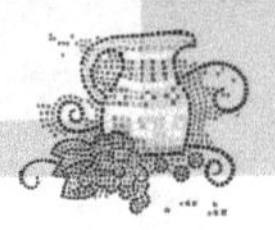

提示 文本转化为轮廓后，将不再具有文本的一些属性，这就需要在文本转化成轮廓之前先按需要调整文本的字体大小。而且将文本转化为轮廓时，会把文本块中的文本全部转化为路径。不能在一行文本内转化单个文字，要想转化一个单独的文字为轮廓时，可以创建只包括该字的文本，然后再进行转化。

2.8.3　在 CorelDRAW 中转换文字

打开光盘中的“Ch02 > 效果 > 宣传卡.cdr”文件。选择“选择”工具，选取需要的文字，如图 2-79 所示。选择“排列 > 转换为曲线”命令，将文字转换为曲线，如图 2-80 所示。

图 2-79 　　　　图 2-80

2.8.4　在 InDesign 中转换文字

选择“选择”工具，选取需要的文本框，如图 2-81 所示。选择“文字 > 创建轮廓”命令，或按<Ctrl>+<Shift>+<O>组合键，文本会转为轮廓，效果如图 2-82 所示。将文本转化为轮廓后，可以对其进行像图形一样的编辑和操作。

图 2-81 　　　　图 2-82

2.9　印前检查

2.9.1　在 Illustrator 中的印前检查

在 Illustrator 中，可以对设计制作好的宣传卡在印刷前进行常规的检查。

打开光盘中的“Ch02 > 效果 > 宣传卡.ai”文件，效果如图 2-83 所示。选择“窗口 > 文档信息”命令，弹出“文档信息”面板，如图 2-84 所示，单击右上方的图标，在弹出的下拉菜单中可查看各个项目，如图 2-85 所示。

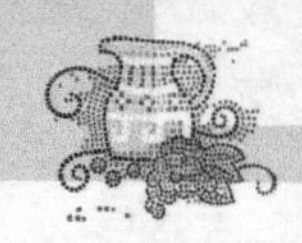

图 2-83

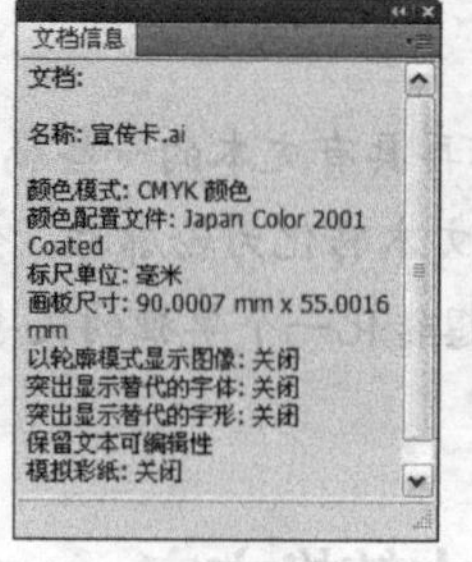

图 2-84

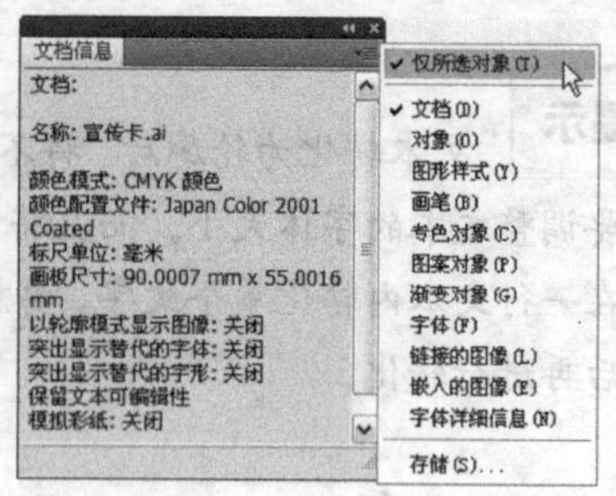

图 2-85

在“文档信息”面板中无法反映图片丢失、修改后未更新、有多余的通道或路径的问题。选择“窗口 > 链接”命令，弹出“链接”面板，可以警告丢图或未更新，如图 2-86 所示。

在“文档信息”中发现的不适合出片的字体，如果要改成别的字体，可通过“文字 > 查找字体”命令，弹出“查找字体”对话框来操作，如图 2-87 所示。

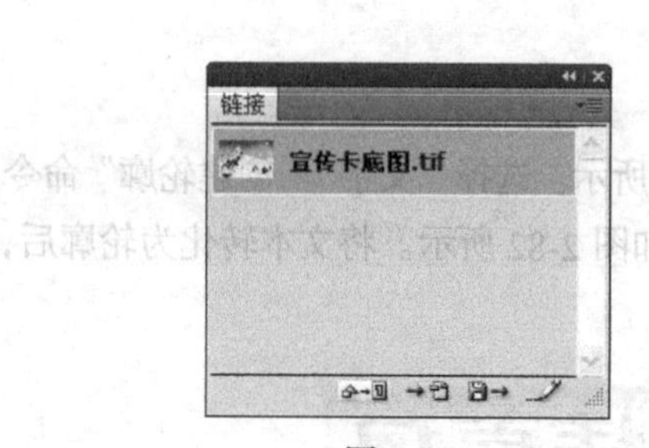

图 2-86

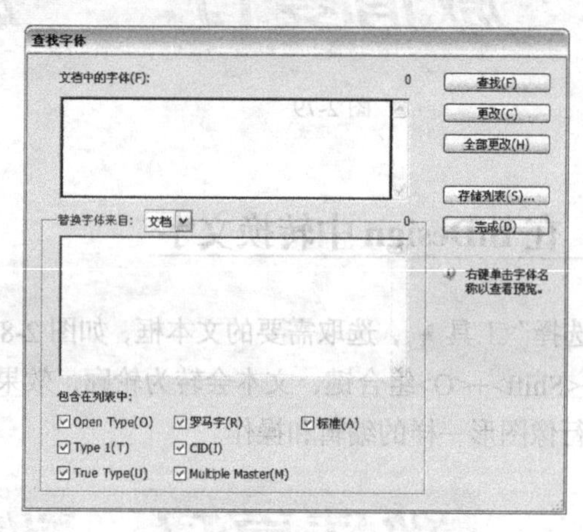

图 2-87

注意 在 Illustrator 中，如果已经将设计作品中的文字转成轮廓，在“查找字体”对话框中将无任何可替换字体。

2.9.2 在 CorelDRAW 中的印前检查

在 CorelDRAW 中，可以对设计制作好的宣传卡进行印前的常规检查。

打开光盘中的“Ch02 > 效果 > 宣传卡.cdr”文件，效果如图 2-88 所示。选择“文件 > 文档属性”命令，在弹出的对话框中可查看文件、文档、颜色、图形对象、文本统计、位图对象、样式、效果、填充、轮廓等多方面的信息，如图 2-89 所示。

在“文件”信息组中可查看文件的名称和位置、大小、创建和修改日期、属性等信息。

在“文档”信息组中可查看文件的页码、图层、页面大小、方向及分辨率等信息。

在“颜色”信息组中可查看 RGB 预置文件、CMYK 预置文件、灰度的预置文件、原色模式和匹配类型等信息。

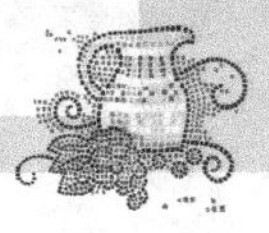

在“图形对象”信息组中可查看对象的数目、点数、群组、曲线等信息。

在“文本统计”信息组中可查看文档中的文本对象信息。

在“位图对象”信息组中可查看文档中导入位图的色彩模式、文件大小等信息。

在“样式”信息组中可查看文档中图形的样式等信息。

在“效果”信息组中可查看文档中图形的效果等信息。

在“填充”信息组中可查看未填充、均匀、对象和颜色模型等信息。

在“轮廓”信息组中可查看无轮廓、均匀、按图像大小缩放、对象和颜色模型等信息。

图 2-88

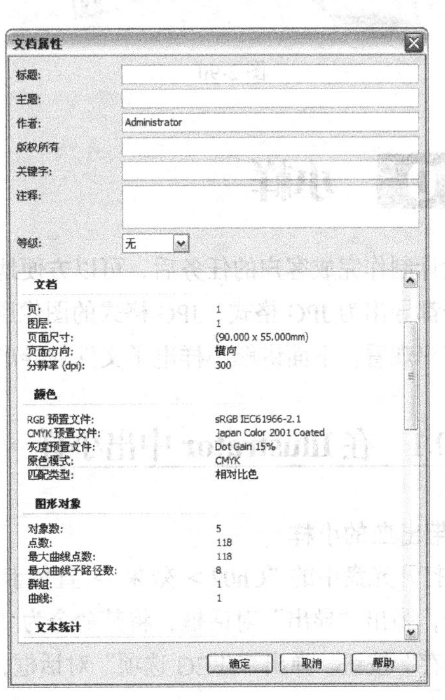

图 2-89

注意　如果在 CorelDRAW 中，已经将设计作品中的文字转成曲线，那么在“文本统计”信息组中，将显示“文档中无文本对象”信息。

2.9.3　在 InDesign 中的印前检查

在 InDesign 中，可以对设计制作好的宣传卡进行印前的常规检查。

打开光盘中的“Ch02 > 效果 > 宣传卡.Indd”文件，效果如图 2-90 所示。选择“窗口 > 输出 > 印前检查”命令，弹出“印前检查”面板，如图 2-91 所示。默认情况下左上方的“开”复选框为勾选状态，若文档中有错误，在“错误”框中会显示错误内容及相关页面，左下角也会亮出红灯显示错误。若文档中没有错误，则左下角显示绿灯。

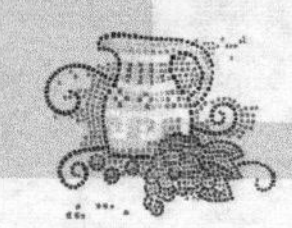

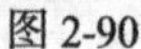

图 2-90

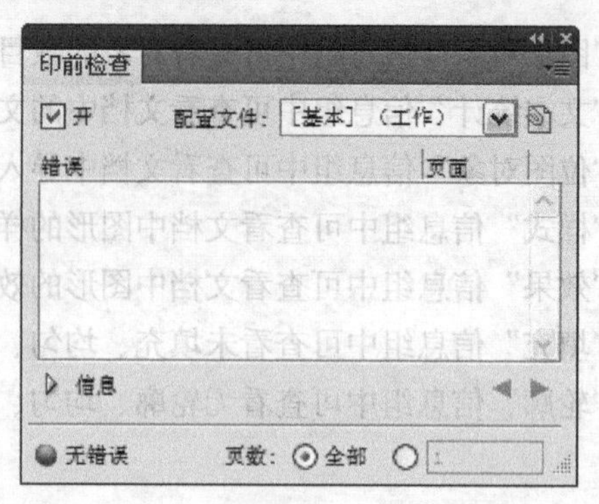

图 2-91

2.10 小样

在设计制作完成客户的任务后，可以方便地给客户看设计完成稿的小样。一般给客户观看的作品小样都导出为 JPG 格式，JPG 格式的图像压缩比例大、文件量小，有利于通过电子邮件的方式发给客户观看。下面讲解小样电子文件的导出方法。

2.10.1 在 Illustrator 中出小样

1 带出血的小样

（1）打开光盘中的“Ch02 > 效果 > 宣传卡.ai”文件，效果如图 2-92 所示。选择“文件 > 导出”命令，弹出“导出”对话框，将其命令为“宣传卡-ai”，导出为 JPG 格式，如图 2-93 所示，单击“保存”按钮。弹出“JPEG 选项”对话框，选项的设置如图 2-94 所示，单击“确定”按钮，导出图形。

图 2-92

图 2-93

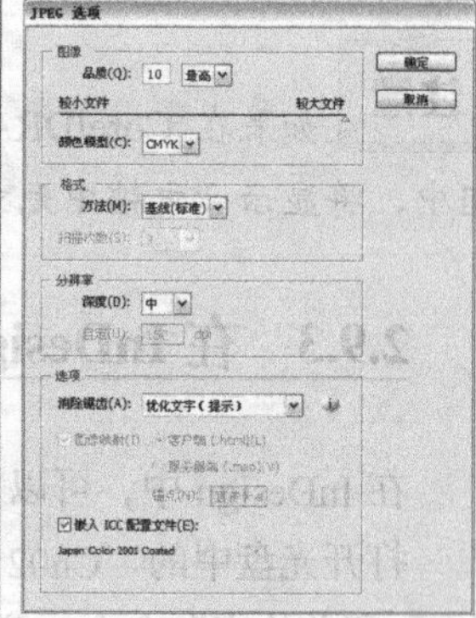

图 2-94

（2）导出图形的图标如图 2-95 所示。可以通过电子邮件的方式把导出的 JPG 格式小样发给客户观看，客户可以在看图软件中打开观看，效果如图 2-96 所示。

图 2-95

图 2-96

2　成品尺寸的小样

（1）打开光盘中的“Ch02 > 效果 > 宣传卡.ai”文件，效果如图 2-97 所示。选择“选择”工具，按<Ctrl>+<A>组合键，将页面中的所有图形同时选取；按<Ctrl>+<G>组合键，将其群组，效果如图 2-98 所示。

图 2-97

图 2-98

（2）选择“矩形”工具，绘制一个与页面大小相等的矩形，绘制的矩形就是宣传卡成品尺寸的大小，如图 2-99 所示。选择“选择”工具，将矩形和群组后的图形同时选取，按<Ctrl>+<7>组合键，创建剪切蒙版，效果如图 2-100 所示。

图 2-99

图 2-100

（3）选择“文件 > 导出”命令，弹出“导出”对话框，将其命名为“宣传卡-ai-成品尺寸”，导出为 JPG 格式，如图 2-101 所示，单击“保存”按钮。弹出“JPEG 选项”对话框，选项的设置如图 2-102 所示，单击“确定”按钮，导出成品尺寸的宣传卡图像。可以通过电子邮件的方式把导出的 JPG 格式小样发给客户观看，客户可以在看图软件中打开观看，效果如图 2-103 所示。

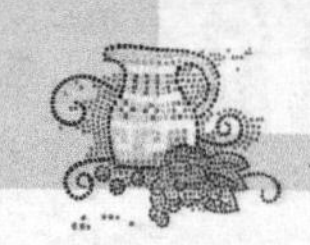

图 2-101

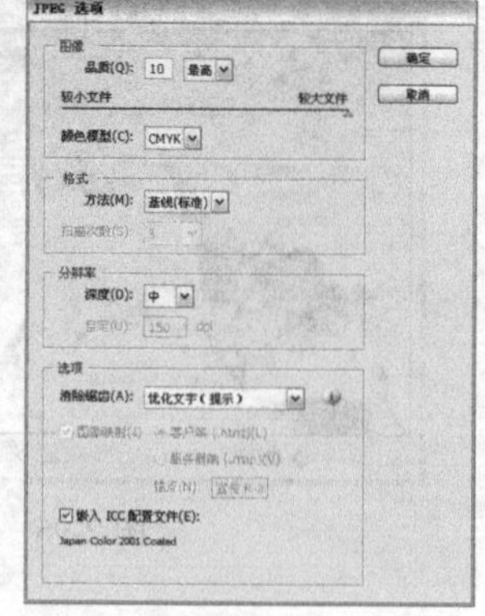

图 2-102

图 2-103

2.10.2 在 CorelDRAW 中出小样

1 带出血的小样

（1）打开光盘中的“Ch02 > 效果 > 宣传卡.cdr”文件，效果如图 2-104 所示。选择“文件 > 导出”命令，弹出“导出”对话框，将其命名为“宣传卡-cd”，导出为 JPG 格式，如图 2-105 所示。单击“导出”按钮，弹出“导出到 JPEG”对话框，选项的设置如图 2-106 所示，单击“确定”按钮导出图形。

图 2-104

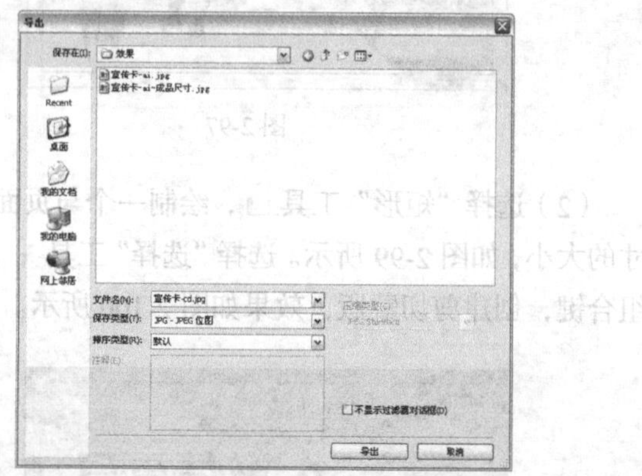

图 2-105

图 2-106

（2）导出图形的图标如图2-107所示。可以通过电子邮件的方式把导出的JPG格式小样发给客户观看，客户可以在看图软件中打开观看，效果如图2-108所示。

宣传卡-cd.jpg

图2-107

图2-108

2　成品尺寸的小样

（1）打开光盘中的“Ch02 > 效果 > 宣传卡.cdr”文件，效果如图2-109所示。双击“选择”工具，将页面中的所有图形同时选取，按Ctrl+G组合键将其群组，效果如图2-110所示。

图2-109

图2-110

（2）双击“矩形”工具，系统自动绘制一个与页面大小相等的矩形，绘制的矩形大小就是宣传卡成品尺寸的大小。按Shift+PageUp组合键，将其置于最上层，效果如图2-111所示。选择“选择”工具，选取群组后的图形，如图2-112所示。

图2-111

图2-112

（3）选择“效果 > 图框精确剪裁 > 放置在容器中”命令，鼠标指针变为黑色箭头形状，在矩形框上单击，如图2-113所示。将宣传卡置入矩形中，并去掉矩形的轮廓线，效果如图2-114所示。

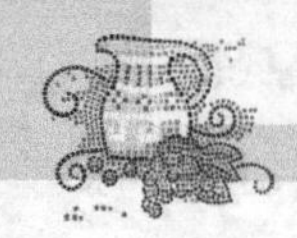

图 2-113

图 2-114

（4）选择“文件 > 导出”命令，弹出“导出”对话框，将其命名为“宣传卡-cd-成品尺寸”，导出为 JPG 格式，如图 2-115 所示。单击“导出”按钮，弹出“导出到 JPEG”对话框，选项的设置如图 2-116 所示，单击“确定”按钮，导出成品尺寸的宣传卡图像。可以通过电子邮件的方式把导出的 JPG 格式小样发给客户，客户可以在看图软件中打开观看，效果如图 2-117 所示。

图 2-115

图 2-116

图 2-117

2.10.3 在 InDesign 中出小样

1 带出血的小样

（1）打开光盘中的“Ch02 > 效果 > 宣传卡.ai”文件，效果如图 2-118 所示。选择“文件 > 导

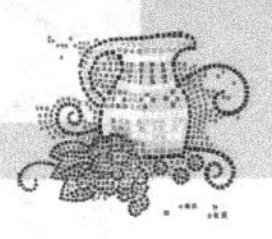

出”命令，弹出“导出”对话框，将其命令为“宣传卡-Indd”，导出为 JPG 格式，如图 2-119 所示，单击“保存”按钮。弹出“导出 JPEG”对话框，勾选“使用文档出血设置”复选框，其他选项的设置如图 2-120 所示，单击“导出”按钮，导出图形。

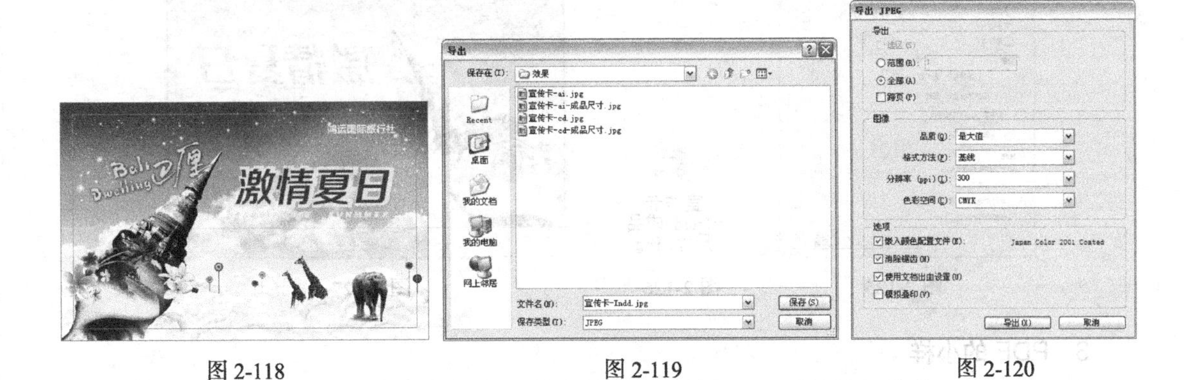

图 2-118　　　　图 2-119　　　　图 2-120

（2）导出图形的图标如图 2-121 所示。可以通过电子邮件的方式把导出的 JPG 格式小样发给客户观看，客户可以在看图软件中打开观看，效果如图 2-122 所示。

宣传卡
-Indd.jpg

图 2-121　　　　图 2-122

2　**成品尺寸的小样**

（1）打开光盘中的“Ch02 > 效果 > 宣传卡.ai”文件，效果如图 2-123 所示。选择“文件 > 导出”命令，弹出“导出”对话框，将其命令为“宣传卡-Indd-成品尺寸”，导出为 JPG 格式，如图 2-124 所示，单击“保存”按钮。

图 2-123　　　　图 2-124

（2）弹出“导出 JPEG”对话框，取消勾选“使用文档出血设置”复选框，其他选项的设置

如图 2-125 所示，单击“导出”按钮，导出图形。导出图形的图标如图 2-126 所示。可以通过电子邮件的方式把导出的小样发给客户观看，客户在看图软件中的观看效果如图 2-127 所示。

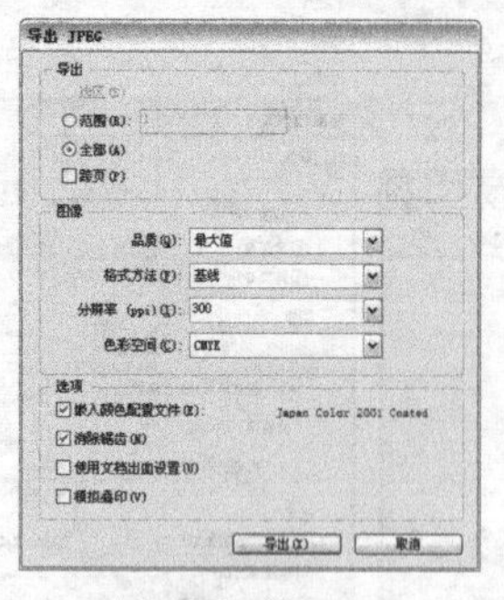

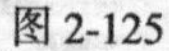

图 2-125

图 2-126

图 2-127

3 PDF 的小样

由于 InDesign 软件的特殊性，一般的排版文件会导出为带出血和印刷标记的 PDF 文件，具体的操作方法如下。

（1）打开光盘中的“Ch02 > 效果 > 宣传卡.Indd”文件，如图 2-128 所示。选择“文件 > Adobe PDF 预设”命令下的预设选项导出文件，此例以“高质量打印”为例进行讲解。弹出“导出”对话框，将其命令为“宣传卡-PDF”，导出为 PDF 格式，如图 2-129 所示，单击“保存”按钮。

图 2-128

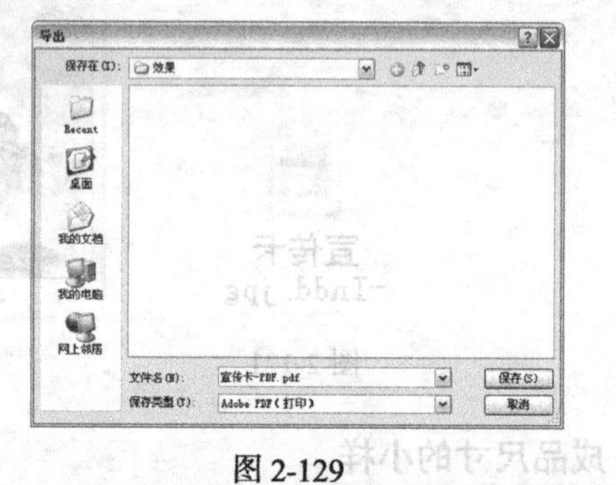

图 2-129

（2）弹出“导出 Adobe PDF”对话框，如图 2-130 所示。单击左侧的“标记和出血”选项，勾选需要的复选框，如图 2-131 所示，单击“导出”按钮，导出图片。

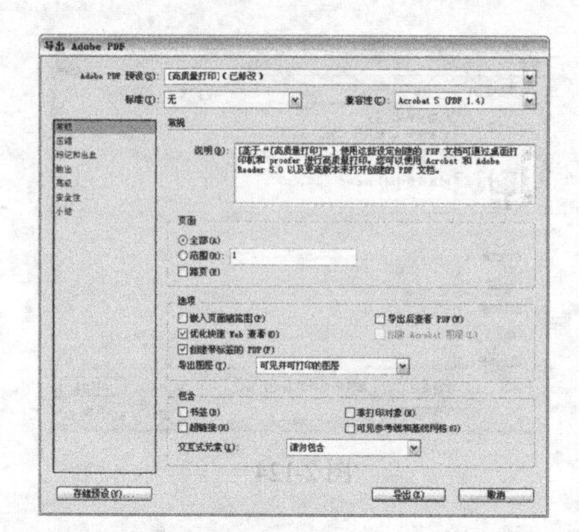

图 2-130

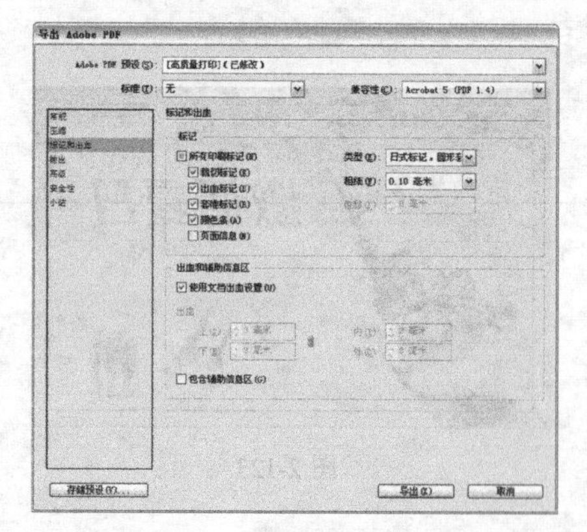

图 2-131

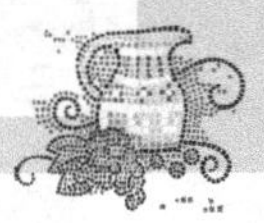

（3）导出图形的图标如图 2-132 所示。可以通过电子邮件的方式把导出的 PDF 格式小样发给客户观看，客户可以在看图软件中打开观看，效果如图 2-133 所示。

宣传卡
-PDF.pdf

图 2-132　　图 2-133

第3章 卡片设计

卡片，是人们增进交流的一种载体，是传递信息，交流情感的一种方式。卡片的种类繁多，有邀请卡、祝福卡、生日卡、圣诞卡、新年贺卡等。本章以制作服饰发布会邀请函为例，讲解邀请函正面和背面的设计方法和制作技巧。

课堂学习目标

- 在 Photoshop 软件中制作卡片底图
- 在 Illustrator 软件中添加装饰图形和卡片内容

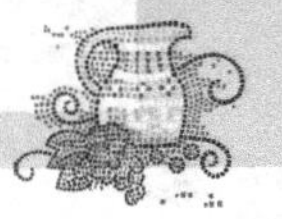

3.1 制作服饰发布会邀请函

案例学习目标：在Photoshop中，使用参考线分割页面，使用滤镜命令、图层的混合模式制作发布会邀请函底图；在Illustrator中，使用参考线分割页面，使用绘制图形工具制作标志，使用文字工具添加需要的文字，使用剪贴蒙版命令编辑图片。

案例知识要点：在 Photoshop 中，使用新建参考线命令分割页面，使用高斯模糊命令、图层的混合模式和不透明度选项制作人物效果；在 Illustrator 中，使用文字工具添加需要的文字，使用矩形工具、多边形工具绘制图形，使用路径查找器面板制作标志图形，使用复合路径命令编辑标志图形，使用剪贴蒙版命令编辑图片。服饰发布会邀请函效果如图 3-1 所示。

效果所在位置：光盘/Ch03/效果/制作服饰发布会邀请函/服饰发布会邀请函.ai。

图 3-1

Photoshop 应用

3.1.1　添加参考线

（1）按 Ctrl+N 组合键，新建一个文件：宽度为 21.6cm，高度为 20.6cm，分辨率为 300 像素/英寸，颜色模式为 RGB，背景内容为白色。选择“视图 > 新建参考线”命令，弹出“新建参考线”对话框，选项的设置如图 3-2 所示，单击“确定”按钮，效果如图 3-3 所示。用相同的方法，在 10.3cm、20.3cm 处分别新建水平参考线，效果如图 3-4 所示。

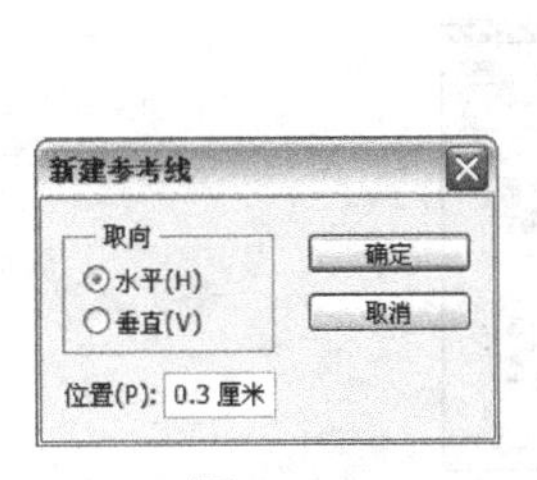

图 3-2

图 3-3

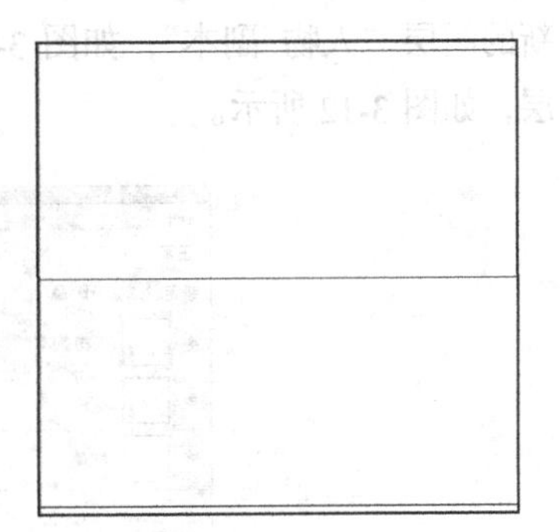

图 3-4

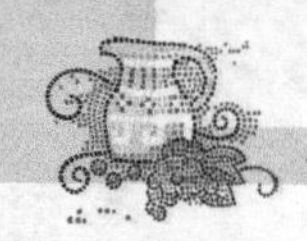

（2）选择“视图 > 新建参考线”命令，弹出“新建参考线”对话框，选项的设置如图 3-5 所示，单击“确定”按钮，效果如图 3-6 所示。用相同的方法，在 21.3cm 处新建一条垂直参考线，效果如图 3-7 所示。

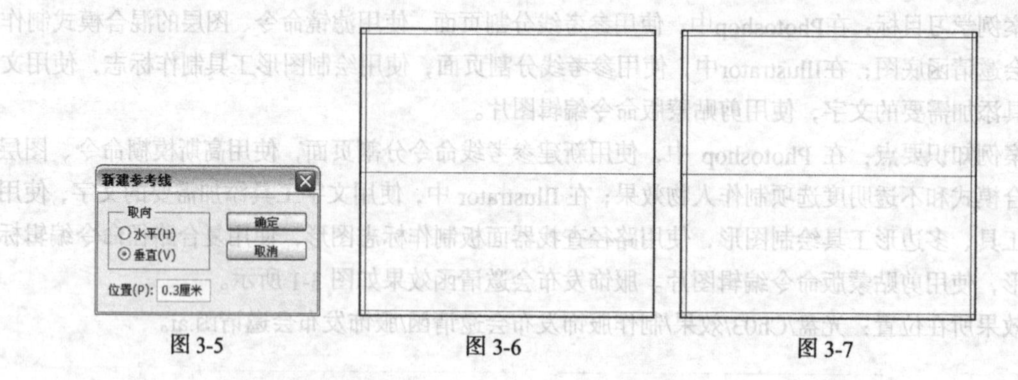

图 3-5　图 3-6　图 3-7

3.1.2　置入并编辑图片

（1）将前景色设为浅黄色（其 R、G、B 的值分别为 248、239、232），按 Alt+Delete 组合键，用前景色填充背景图层，效果如图 3-8 所示。

（2）按 Ctrl+O 组合键，打开光盘中的“Ch03 > 素材 > 制作服饰发布会邀请函 > 01”文件，选择“移动”工具，将图片拖曳到图像窗口中适当的位置，如图 3-9 所示。在“图层”控制面板中生成新的图层并将其命名为“人物”，如图 3-10 所示。

图 3-8　图 3-9　图 3-10

（3）将“人物”图层拖曳到“图层”控制面板下方的“创建新图层”按钮上进行复制，生成新的图层“人物 副本”，如图 3-11 所示。单击“人物 副本”图层左侧的眼睛图标，隐藏该图层，如图 3-12 所示。

图 3-11

图 3-12

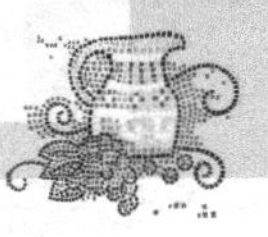

（4）选中“人物”图层。选择“滤镜 > 模糊 > 高斯模糊”命令，在弹出的对话框中进行设置，如图3-13所示，单击“确定”按钮，效果如图3-14所示。

（5）在“图层”控制面板上方，将“人物”图层的混合模式设为“正片叠底”，将“不透明度”选项设为50%，如图3-15所示，效果如图3-16所示。

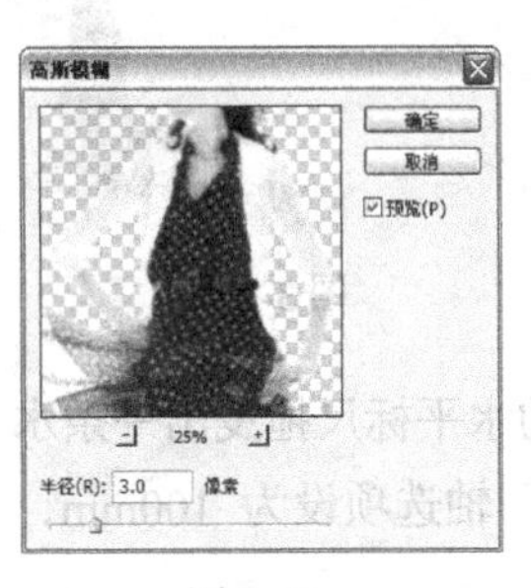

图3-13

图3-14

图3-15

图3-16

（6）选中“人物 副本”图层，单击左侧的▢图标，显示该图层，如图3-17所示。在控制面板上方，将该图层的混合模式设为“正片叠底”，效果如图3-18所示。

（7）邀请函底图效果制作完成，如图3-19所示。按Ctrl+；组合键，隐藏参考线。按Ctrl+S组合键，弹出“存储为”对话框，将其命名为“邀请函 底图”，保存为JPEG格式，单击“保存”按钮，弹出“JPEG选项”对话框，单击“确定”按钮，将图像保存。

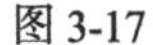

图3-17

图3-18

图3-19

Illustrator 应用

3.1.3 制作邀请函正面

（1）打开Illustrator CS5软件，按Ctrl+N组合键，弹出“新建文档”对话框，选项的设置如图3-20所示，单击“确定”按钮，新建一个文档。

（2）选择“文件 > 置入”命令，弹出“置入”对话框，选择光盘中的“Ch03 > 效果 > 制作服饰发布会邀请函 > 邀请函底图”文件，单击“置入”按钮，将图片置入到页面中。在属性栏中单击“嵌入”按钮，嵌入图片。选择“窗口 > 对齐”命令，弹出“对齐”控制面板，将对齐方式设为“对齐画板”，如图3-21所示。分别单击“对齐”控制面板中的“水平居中对齐”按

钮 和“垂直居中对齐”按钮 ，图片与页面居中对齐，效果如图 3-22 所示。

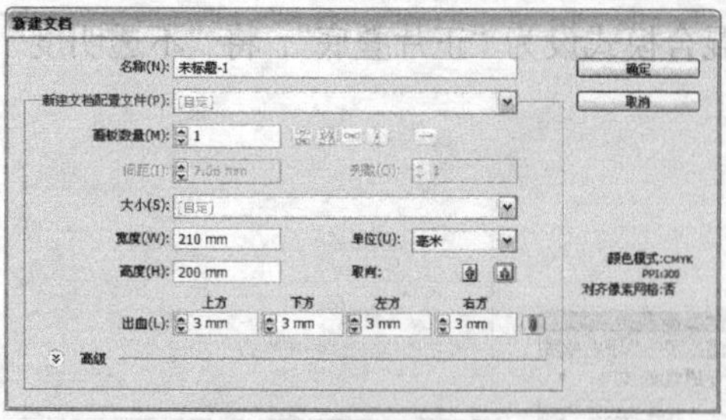

图 3-20

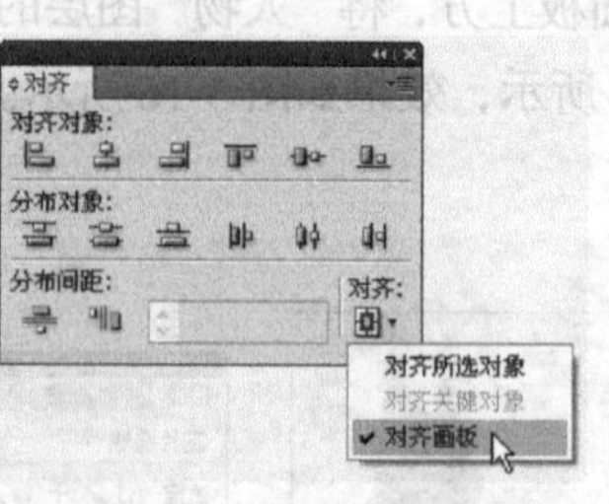

图 3-21

图 3-22

（3）按 Ctrl+R 组合键，显示标尺。选择“选择”工具 ，从页面中的水平标尺拖曳出一条水平参考线。选择“窗口 > 变换”命令，弹出“变换”控制面板，将“Y”轴选项设为 100mm，如图 3-23 所示，按 Enter 键，效果如图 3-24 所示。

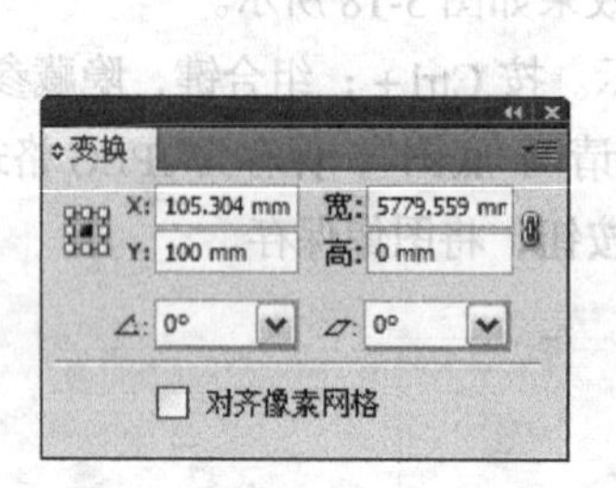

图 3-23

图 3-24

（4）选择“文字”工具 ，在页面中适当的位置输入需要的文字。选择“选择”工具 ，在属性栏中选择合适的字体并设置文字大小，效果如图 3-25 所示。设置文字颜色为橘红色（其 C、M、Y、K 的值分别为 15、90、100、0），填充文字，效果如图 3-26 所示。

图 3-25

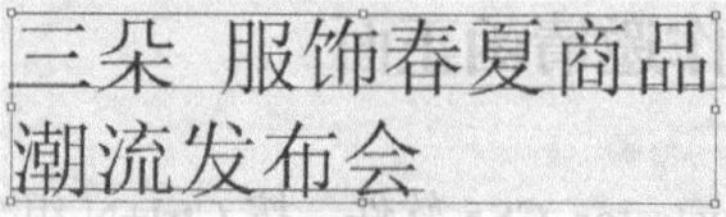

三朵 服饰春夏商品
潮流发布会

图 3-26

（5）选择“文字”工具 ，选取文字“春夏商品”，如图 3-27 所示，在属性栏中选择合适的字体，取消文字的选取状态，效果如图 3-28 所示。选取文字“潮流发布会”，在属性栏中选择合适的字体，取消文字的选取状态，效果如图 3-29 所示。

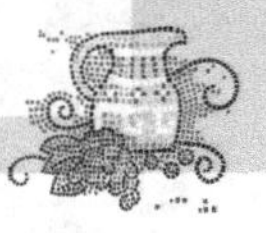

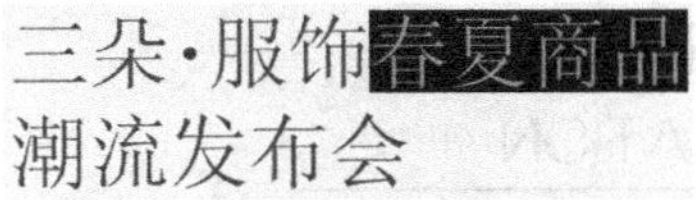

三朵·服饰春夏商品
潮流发布会

图 3-27

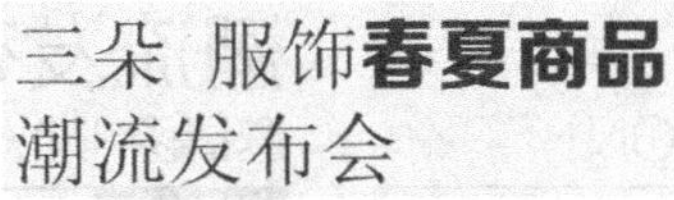

三朵 服饰春夏商品
潮流发布会

图 3-28

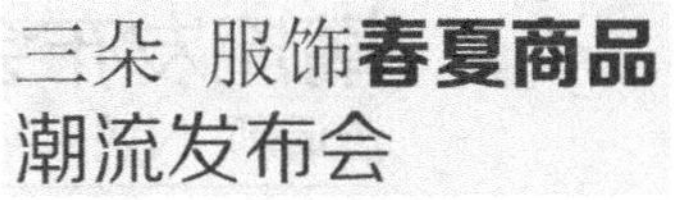

三朵 服饰春夏商品
潮流发布会

图 3-29

（6）选择“文字”工具T，分别在适当的位置输入需要的文字。选择“选择”工具，在属性栏中选择合适的字体并设置文字大小，效果如图 3-30 所示。按住 Shift 键的同时，单击需要的文字将其同时选取，设置文字填充色为橘红色（其 C、M、Y、K 的值分别为 15、90、100、0），填充文字，效果如图 3-31 所示。

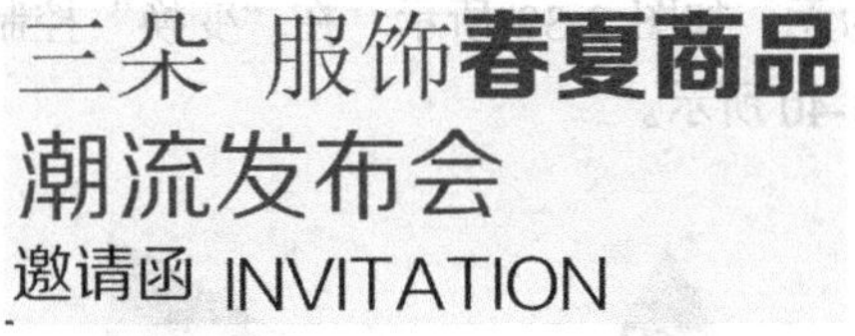

三朵 服饰春夏商品
潮流发布会
邀请函 INVITATION

图 3-30

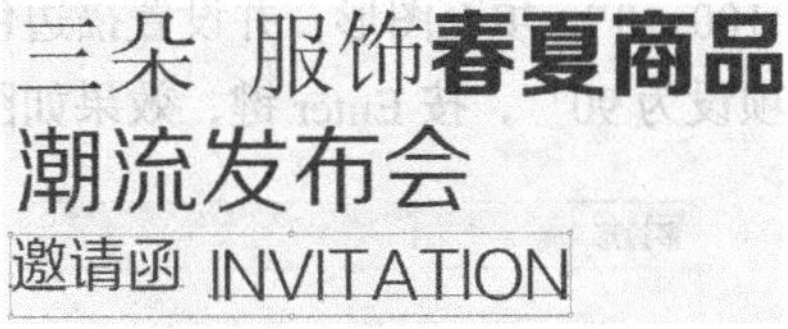

三朵 服饰春夏商品
潮流发布会
邀请函 INVITATION

图 3-31

（7）选择“椭圆”工具，按住 Shift 键的同时，在适当的位置绘制一个圆形，如图 3-32 所示。设置图形填充色为橘红色（其 C、M、Y、K 的值分别为 15、90、100、0），填充图形，并设置描边色为无，效果如图 3-33 所示。

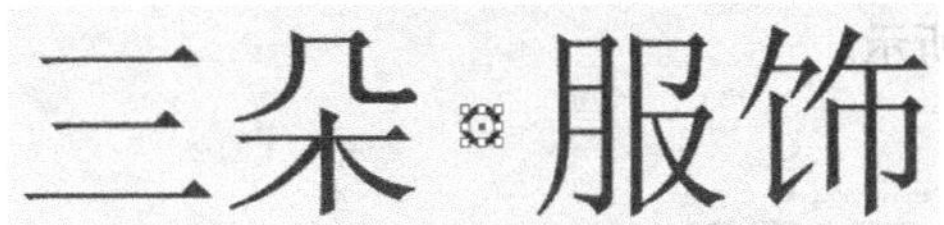

三朵 服饰

图 3-32

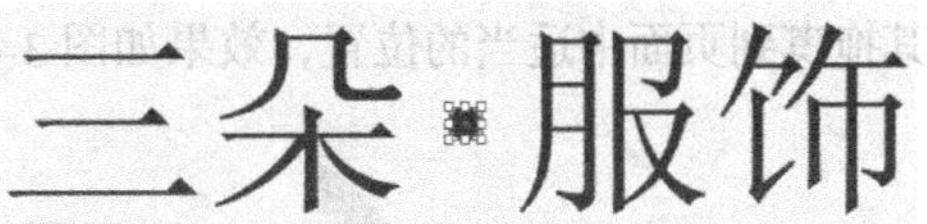

三朵 服饰

图 3-33

（8）在“对齐”控制面板中单击“对齐画板”按钮，在弹出的下拉列表中选择“对齐所选对象”命令，如图 3-34 所示。单击控制面板中的“垂直顶对齐”按钮，对齐文字，效果如图 3-35 所示。

对齐
对齐对象:
分布对象:
分布间距:
对齐:
对齐所选对象
对齐关键对象
对齐画板

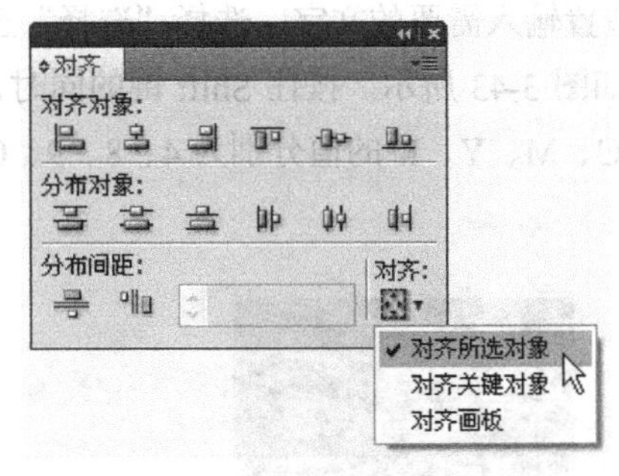

图 3-34

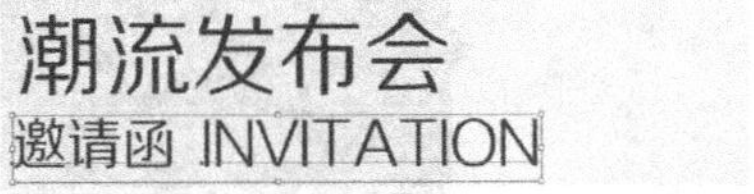

潮流发布会
邀请函 INVITATION

图 3-35

（9）选择“矩形”工具，在页面中绘制一个矩形，设置填充色无，设置描边色为橘红色（其 C、M、Y、K 的值分别为 0、90、100、0），填充描边，效果如图 3-36 所示。再绘制一个矩形，设置填充色为橘红色（其 C、M、Y、K 的值分别为 0、90、100、0），填充图形，并设置描边色为无，效果如图 3-37 所示。

图 3-36　　图 3-37

（10）选择“多边形”工具，在页面中单击鼠标，弹出“多边形”对话框，设置如图 3-38 所示，单击“确定”按钮，得到一个三角形，设置填充色为橘红色（其 C、M、Y、K 的值分别为 0、90、100、0），填充图形，并设置描边色为无，如图 3-39 所示。在“变换”控制面板中将“旋转”选项设为 90°，按 Enter 键，效果如图 3-40 所示。

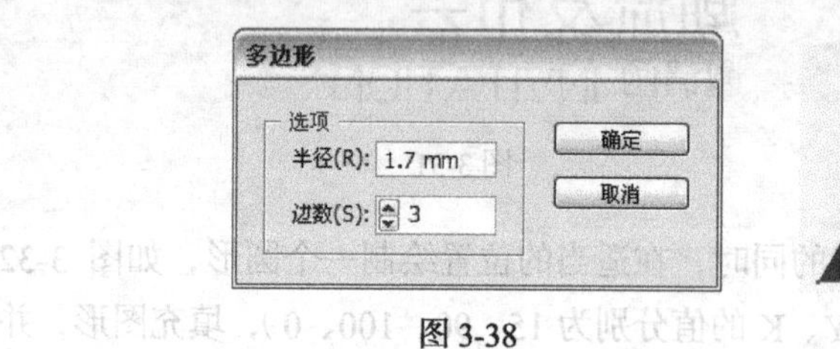

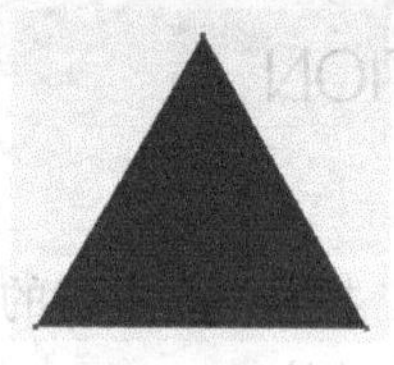

图 3-38　　图 3-39　　图 3-40

（11）选择“选择”工具，向右拖曳左侧中间的控制手柄调整其大小，效果如图 3-41 所示，并将其拖曳到页面中适当的位置，效果如图 3-42 所示。

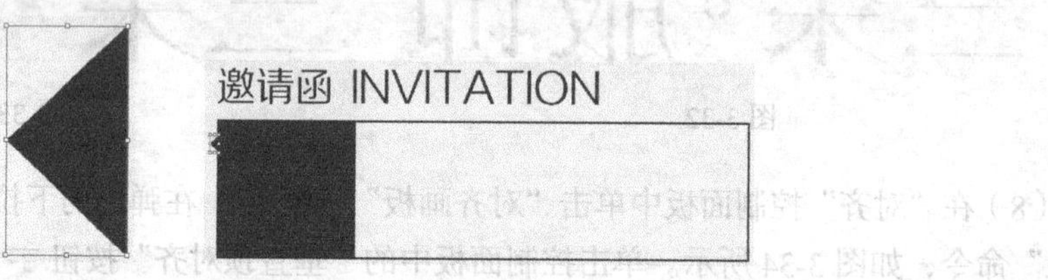

图 3-41　　图 3-42

（12）选择“文字”工具，分别在适当的位置输入需要的文字。选择“选择”工具，在属性栏中选择合适的字体并设置文字大小，效果如图 3-43 所示。按住 Shift 键的同时，单击需要的文字将其同时选取，设置填充色为浅黄色（其 C、M、Y、K 的值分别为 4、8、9、0），填充文字，效果如图 3-44 所示。

图 3-43　　图 3-44

（13）在“对齐”控制面板中单击“水平左对齐”按钮，如图 3-45 所示，对齐文字，效果如图 3-46 所示。

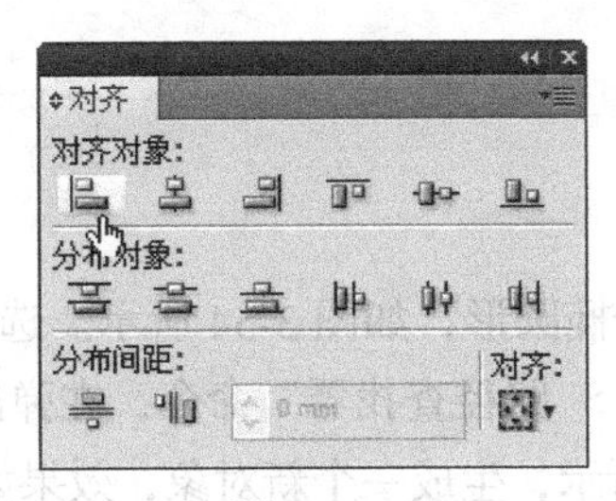

图 3-45

图 3-46

（14）选择“文件 > 置入”命令，弹出“置入”对话框，选择光盘中的“Ch03 > 素材 > 制作服饰发布会邀请函 > 02”文件，单击“置入”按钮，将图片置入到页面中。在属性中单击“嵌入”按钮，嵌入图片。选择“选择”工具，调整图片大小并将其拖曳到适当的位置，效果如图 3-47 所示。

（15）选择“文件 > 置入”命令，弹出“置入”对话框，选择光盘中的“Ch03 > 素材 > 制作服饰发布会邀请函 > 03”文件，单击“置入”按钮，将图片置入到页面中。在属性中单击“嵌入”按钮，嵌入图片。选择“选择”工具，调整图片大小并将其拖曳到适当的位置，效果如图 3-48 所示。

图 3-47

图 3-48

（16）按住 Shift 键的同时，将置入的图形同时选取，如图 3-49 所示。单击“对齐”控制面板中的“垂直居中对齐”按钮，如图 3-50 所示，对齐图片，效果如图 3-51 所示。

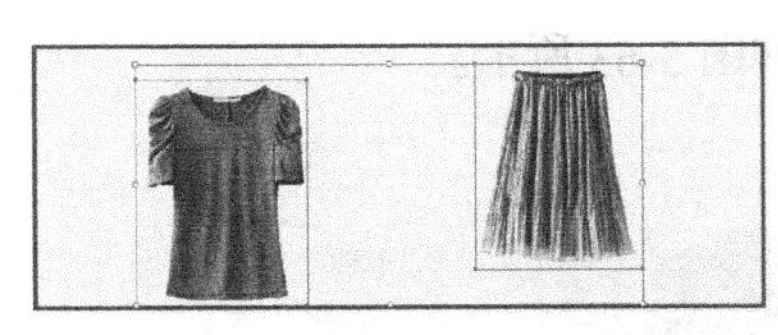
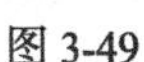
图 3-49

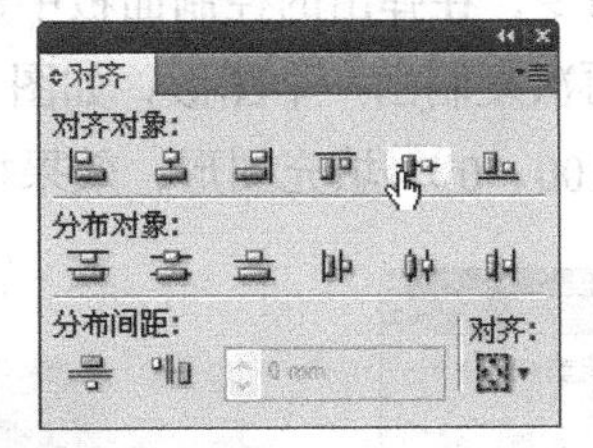

图 3-50

图 3-51

（17）选择“矩形”工具，在页面中绘制一个矩形，设置填充色为橘红色（其 C、M、Y、K 的值分别为 0、90、100、0），填充图形，并设置描边色为无，效果如图 3-52 所示。按 Ctrl+C 组合键，复制矩形，按 Shift+Ctrl+V 组合键，在原地粘贴图形。在“变换”控制面板中将“旋转”选项设为 90°，按 Enter 键，效果如图 3-53 所示。

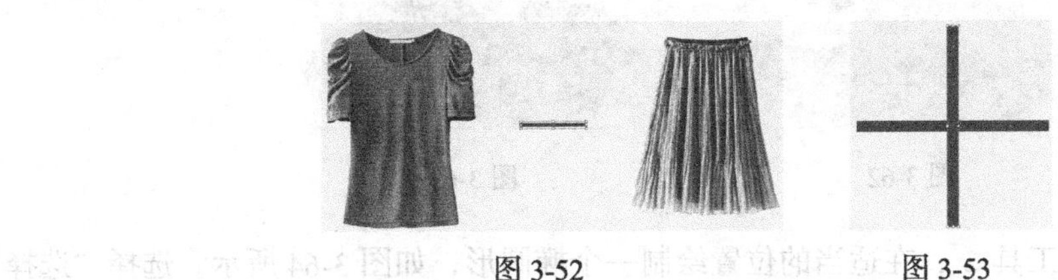
图 3-52　　图 3-53

3.1.4　制作标志图形

（1）选择“椭圆”工具，分别绘制三个椭圆形，如图 3-54 所示。选择“选择”工具，用圈选的方法将椭圆形全部选取。选择“窗口 > 路径查找器”命令，在弹出的“路径查找器”控制面板中单击“联集”按钮，如图 3-55 所示，生成一个新对象，效果如图 3-56 所示。

图 3-54

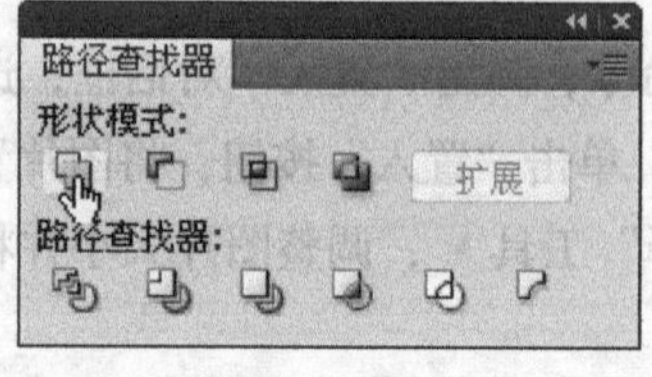

图 3-55

图 3-56

（2）选择“选择”工具，设置填充色为淡黄色（其 C、M、Y、K 的值分别为 0、40、100、0），填充图形，并设置描边色为无，效果如图 3-57 所示。按住 Alt 键的同时，向右拖曳图形到适当的位置，复制图形，如图 3-58 所示。设置填充色为橘红色（其 C、M、Y、K 的值分别为 0、60、100、0），填充图形，效果如图 3-59 所示。

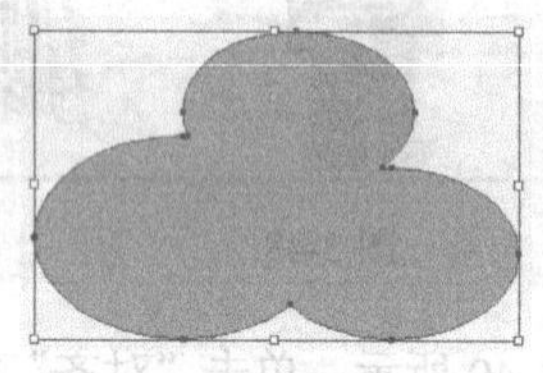
图 3-57

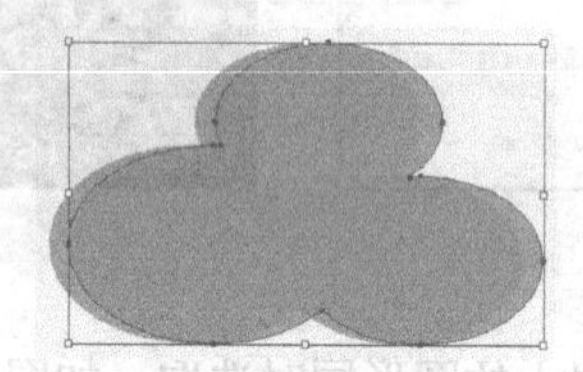
图 3-58

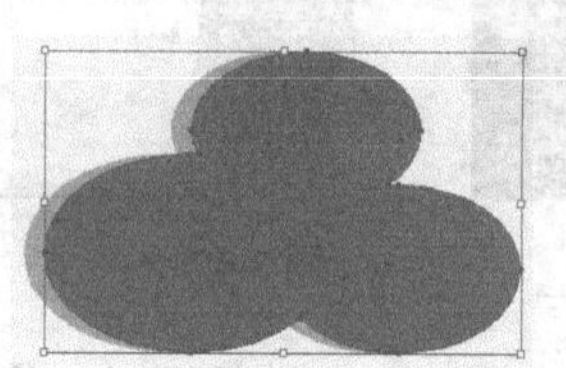
图 3-59

（3）选择“窗口 > 透明度”命令，在弹出的控制面板中进行设置，如图 3-60 所示，效果如图 3-61 所示。按 Ctrl+D 组合键，再次复制出一个图形，如图 3-62 所示。设置填充色为红色（其 C、M、Y、K 的值分别为 0、90、100、0），填充图形，效果如图 3-63 所示。

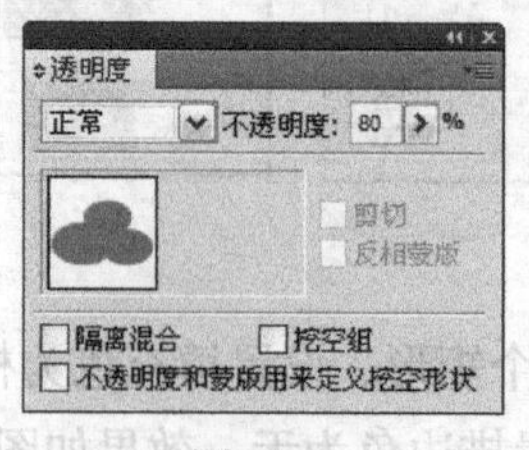

图 3-60

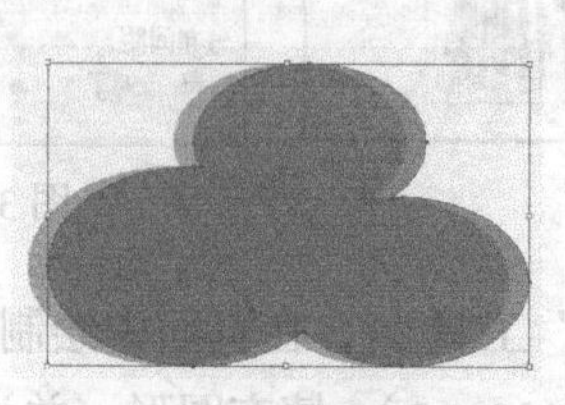
图 3-61

图 3-62

图 3-63

（4）选择“椭圆”工具，在适当的位置绘制一个椭圆形，如图 3-64 所示。选择“选择”

工具，按住 Shift 键的同时，将椭圆形和花图形同时选取，如图 3-65 所示。选择“对象 > 复合路径 > 建立”命令，创建复合路径，效果如图 3-66 所示。

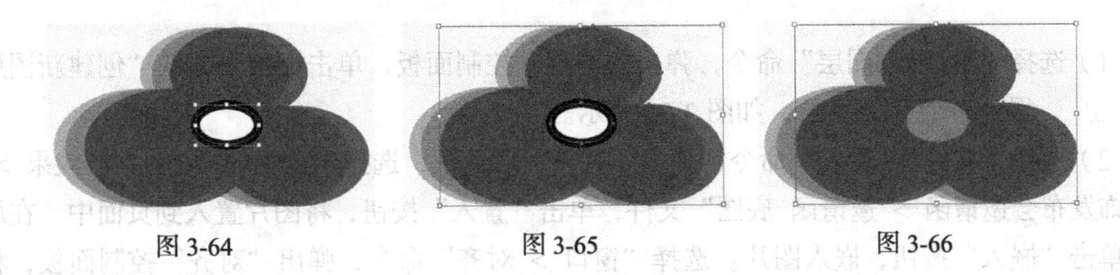

图 3-64　　图 3-65　　图 3-66

（5）选择“文字”工具，在页面中适当的位置输入需要的文字。选择“选择”工具，在属性栏中选择合适的字体并设置文字大小，设置填充颜色为红色（其 C、M、Y、K 的值分别为 0、90、100、0），填充文字，效果如图 3-67 所示。

（6）选择“椭圆”工具，在适当的位置绘制一个椭圆形，设置填充色为红色（其 C、M、Y、K 的值分别为 0、90、100、0），填充图形，并设置描边色为无，效果如图 3-68 所示。

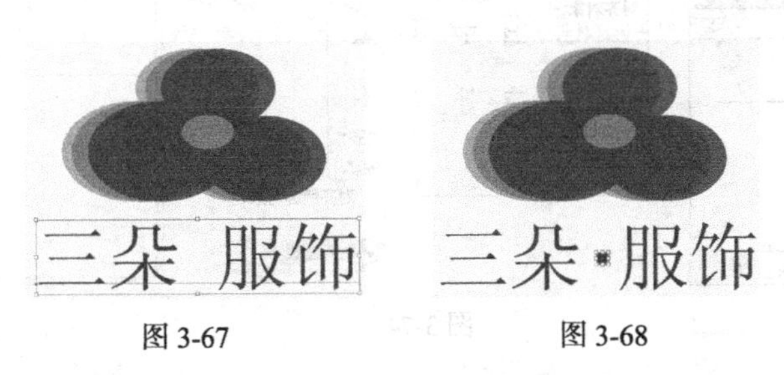

图 3-67　　图 3-68

（7）选择“选择”工具，用圈选的方法选取绘制好的图形与文字，按 Ctrl+G 组合键，将其编组，如图 3-69 所示，并拖曳到适当的位置，效果如图 3-70 所示。

图 3-69

图 3-70

（8）在“变换”控制面板中，将“旋转”选项设为 180°，如图 3-71 所示，按 Enter 键，旋转图形，效果如图 3-72 所示。

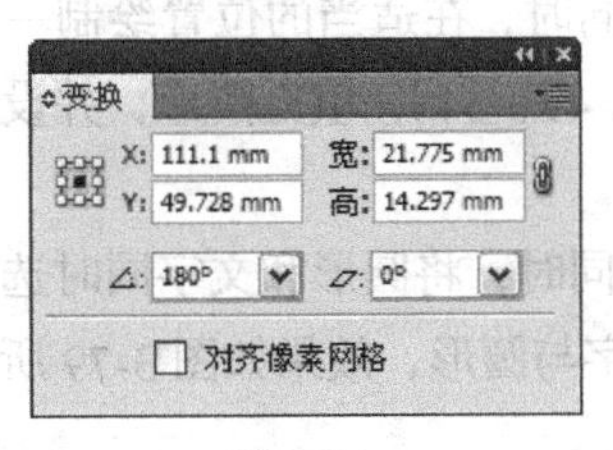

图 3-71

图 3-72

3.1.5 制作邀请函内页

（1）选择“窗口 > 图层”命令，弹出“图层”控制面板，单击面板下方的“创建新图层”按钮，得到一个“图层 2”，如图 3-73 所示。

（2）选择“文件 > 置入”命令，弹出“置入”对话框，选择光盘中的“Ch03 > 效果 > 制作服饰发布会邀请函 > 邀请函 底图”文件，单击“置入”按钮，将图片置入到页面中。在属性栏中单击“嵌入”按钮，嵌入图片。选择“窗口 > 对齐”命令，弹出“对齐”控制面板，将对齐方式设为“对齐画板”，如图 3-74 所示。分别单击“水平居中对齐”按钮和“垂直居中对齐”按钮，图片与页面对齐，效果如图 3-75 所示。

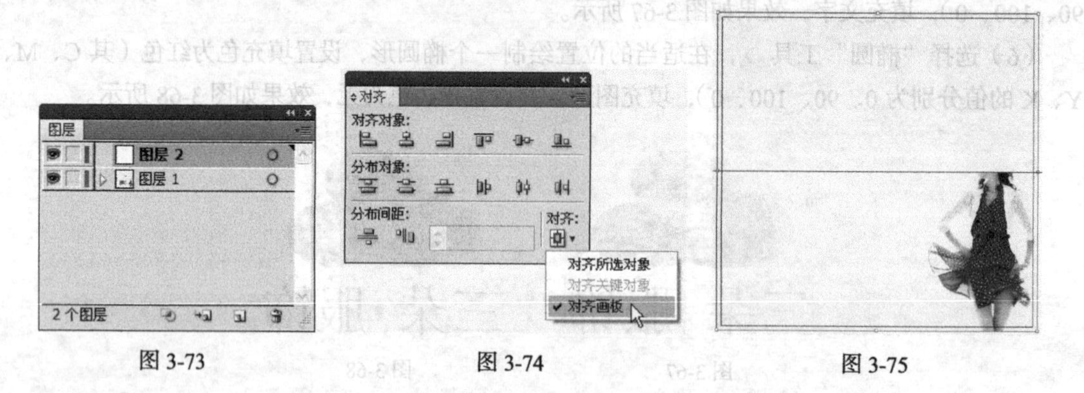

图 3-73　　图 3-74　　图 3-75

（3）选择“文字”工具T，在页面中适当的位置输入需要的文字。选择“选择”工具，在属性栏中选择合适的字体并设置文字大小，效果如图 3-76 所示。设置填充色为浅棕色（其 C、M、Y、K 的值分别为 0、38、49、34），填充文字，效果如图 3-77 所示。

图 3-76

三朵 服饰春夏商品潮流发布会

图 3-77

（4）选择“椭圆”工具，按住 Shift 键的同时，在适当的位置绘制一个圆形，设置填充色为浅棕色（其 C、M、Y、K 的值分别为 0、38、49、34），填充图形，并设置描边色为无，效果如图 3-78 所示。

（5）选择“选择”工具，按住 Shift 键的同时，将圆形和文字同时选取。单击“对齐”控制面板中的“垂直居中对齐”按钮，对齐文字与圆形，效果如图 3-79 所示。

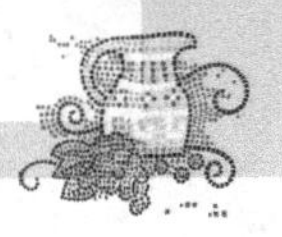

图 3-78　　　　图 3-79

（6）选择“矩形”工具▭，按住 Shift 键的同时，在适当的位置绘制一个正方形，如图 3-80 所示。选择“选择”工具▶，按住 Shift+Alt 组合键的同时，将其水平向右拖曳到适当的位置，复制图形，如图 3-81 所示。按住 Ctrl 键的同时，连续点按 D 键，按需要再制出多个正方形，效果如图 3-82 所示。

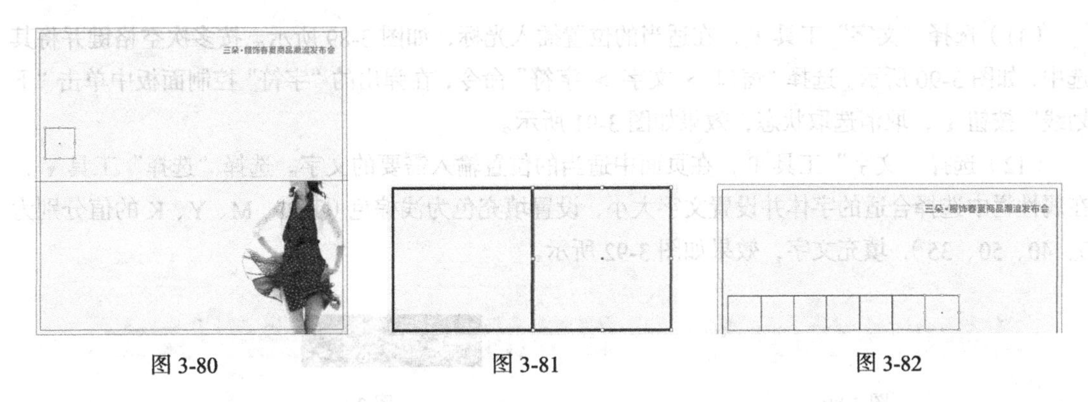

图 3-80　　　　图 3-81　　　　图 3-82

（7）选择“文件 > 置入”命令，弹出“置入”对话框，选择光盘中的“Ch03 > 素材 > 制作服饰发布会邀请函 > 04”文件，单击“置入”按钮，将图片置入到页面中。在属性中单击“嵌入”按钮，嵌入图片。选择“选择”工具▶，将其拖曳到适当的位置并调整其大小，效果如图 3-83 所示。

（8）按多次 Ctrl+[组合键，将图片后移到适当的位置，如图 3-84 所示。选择“选择”工具▶，按住 Shift 键的同时，将图片与上方的图形同时选取，如图 3-85 所示。选择“对象 > 剪贴蒙版 > 建立”命令，制作出蒙版效果，如图 3-86 所示。

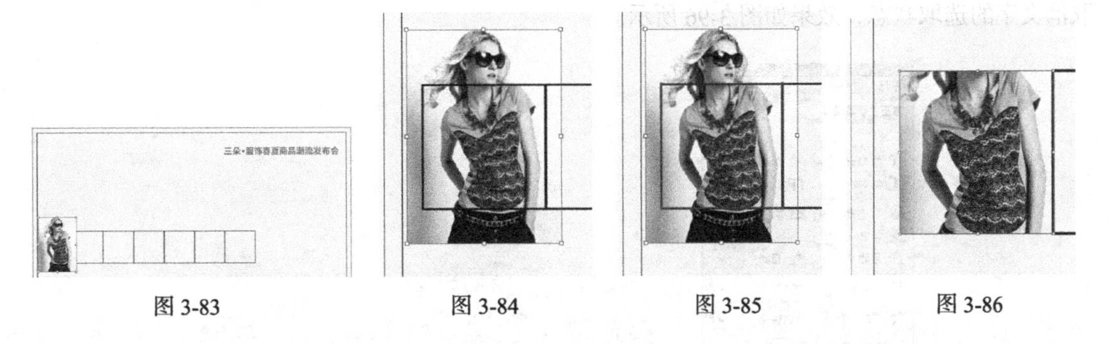

图 3-83　　　　图 3-84　　　　图 3-85　　　　图 3-86

（9）用相同方法置入“05”、“06”、“07”、“08”、“09”、“10”文件，分别调整其大小与位置，并制作剪贴蒙版，效果如图 3-87 所示。

（10）选择“文字”工具T，在页面中适当的位置输入需要的文字。选择“选择”工具▶，在属性栏中选择合适的字体并设置文字大小，设置填充色为浅棕色（其 C、M、Y、K 的值分别为 0、40、50、35），填充文字，效果如图 3-88 所示。

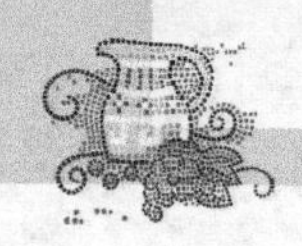

图 3-87

图 3-88

（11）选择“文字”工具T，在适当的位置插入光标，如图 3-89 所示。按多次空格键并将其选中，如图 3-90 所示。选择“窗口 > 文字 > 字符”命令，在弹出的“字符”控制面板中单击“下划线”按钮T，取消选取状态，效果如图 3-91 所示。

（12）选择“文字”工具T，在页面中适当的位置输入需要的文字。选择“选择”工具，在属性栏中选择合适的字体并设置文字大小，设置填充色为浅棕色（其 C、M、Y、K 的值分别为 0、40、50、35），填充文字，效果如图 3-92 所示。

尊敬的先生/女士：

图 3-89

尊敬的　　　　先生/女士：

图 3-90

尊敬的＿＿＿＿＿先生/女士：

图 3-91

尊敬的＿＿＿＿先生/女士：

谨定于2013年2月6日上午10:00–12:00于万州一景湖凯宾诺斯大酒店，隆重举行2013年三朵 服饰春夏商品潮流发布会活动，诚邀您的光临。

图 3-92

（13）在“字符”控制面板中将“设置行距”选项设为 14pt，如图 3-93 所示，效果如图 3-94 所示。选择“文字”工具T，选取需要的文字，如图 3-95 所示。在属性栏中选择合适的字体，取消文字的选取状态，效果如图 3-96 所示。

图 3-93

尊敬的＿＿＿＿先生/女士：

谨定于2013年2月6日上午10:00–12:00于万州一景湖凯宾诺斯大酒店，隆重举行2013年三朵 服饰春夏商品潮流发布会活动，诚邀您的光临。

图 3-94

尊敬的＿＿＿＿先生/女士：

谨定于2013年2月6日上午10:00–12:00于万州一景湖凯宾诺斯大酒店，隆重举行2013年三朵 服饰春夏商品潮流发布会活动，诚邀您的光临。

图 3-95

尊敬的＿＿＿＿先生/女士：

谨定于2013年2月6日上午10:00–12:00于万州一景湖凯宾诺斯大酒店，隆重举行2013年**三朵 服饰春夏商品潮流发布会**活动，诚邀您的光临。

图 3-96

（14）选择“文字”工具T，分别在适当的位置输入需要的文字。选择“选择”工具，在属性栏中选择合适的字体并设置文字大小，效果如图 3-97 所示。按住 Shift 键的同时，单击需要的文字将其同时选取，设置文字填充色为浅棕色（其 C、M、Y、K 的值分别为 0、40、50、35），填充文字，效果如图 3-98 所示。

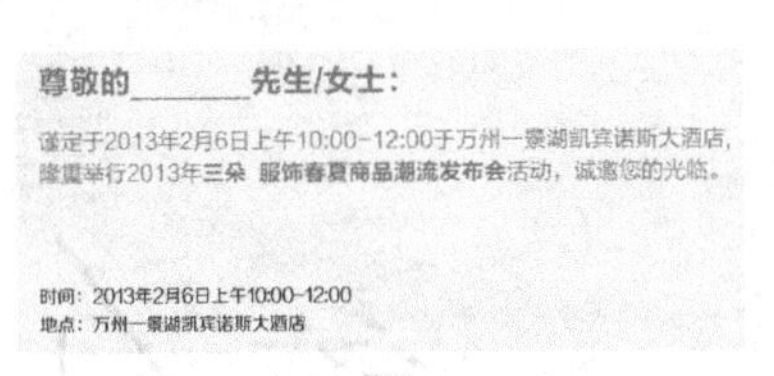

图 3-97

图 3-98

（15）按 Ctrl+R 组合键，隐藏标尺。按 Ctrl+；组合键，隐藏参考线。服饰发布会邀请函制作完成，效果如图 3-99、图 3-100 所示。按 Ctrl+S 组合键，弹出“存储为”对话框，将其命名为“服饰发布会邀请函”，保存文件为 AI 格式，单击“保存”按钮，保存文件。

图 3-99

图 3-100

3.2 课后习题——制作新年贺卡

习题知识要点：在 Photoshop 中，使用新建参考线命令分割页面，使用矩形工具盒动作面板制作背景发光效果，使用画笔工具制作装饰图形；在 CorelDRAW 中，使用文本工具添加祝福语，使用椭圆形工具盒透明度工具制作装饰图形效果，使用封套工具对祝福型文字进行扭曲变形，使用调和工具制作两个正方形的调和效果。新年贺卡效果如图 3-101 所示。

效果所在位置：光盘/Ch03/效果/制作新年贺卡/新年贺卡.ai。

图 3-101

第4章 宣传单设计

宣传单是直销广告的一种，对宣传活动和促销商品有着重要的作用。宣传单通过派送、邮递等形式，可以有效的将信息传达给目标受众。众多的企业和商家都希望通过宣传单来宣传自己的产品，传播自己的文化。本章以制作食品宣传单为例，讲解宣传单的设计方法和制作技巧。

课堂学习目标

- 在 Photoshop 软件中制作食品宣传单的底图
- 在 CorelDRAW 软件中添加产品及相关信息

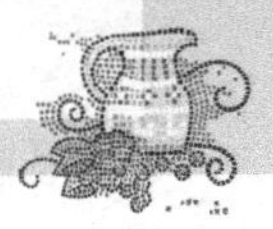

4.1 制作食品宣传单

案例学习目标：在 Photoshop 中，学习使用新建参考线命令添加参考线，使用图层面板、滤镜命令和填充工具制作背景图像；在 CorelDRAW 中，学习使用导入命令、文本工具、交互式工具和制表位命令添加产品及相关信息。

案例知识要点：在 Photoshop 中，使用渐变工具和图层混合模式选项为图片添加合成效果，使用羽化命令、添加图层样式按钮为图片添加阴影效果，使用高斯模糊滤镜命令制作图片的模糊效果；在 CorelDRAW 中，使用导入命令、轮廓图工具、填充工具制作标题文字，使用椭圆形工具、矩形工具添加装饰图形，使用文本工具、制表位命令添加产品信息。食品宣传单效果如图 4-1 所示。

效果所在位置：光盘/Ch04/效果/制作食品宣传单/食品宣传单.cdr。

图 4-1

Photoshop 应用

4.1.1 制作背景图像

（1）按 Ctrl+N 组合键，新建一个文件：宽度为 10.1cm，高度为 21.6cm，分辨率为 300 像素/英寸，颜色模式为 RGB，背景内容为白色，单击“确定”按钮，新建一个文件。选择“视图 > 新建参考线”命令，弹出“新建参考线”对话框，设置如图 4-2 所示，单击“确定”按钮，效果如图 4-3 所示。用相同的方法，在 21.3cm 处新建一条水平参考线，效果如图 4-4 所示。

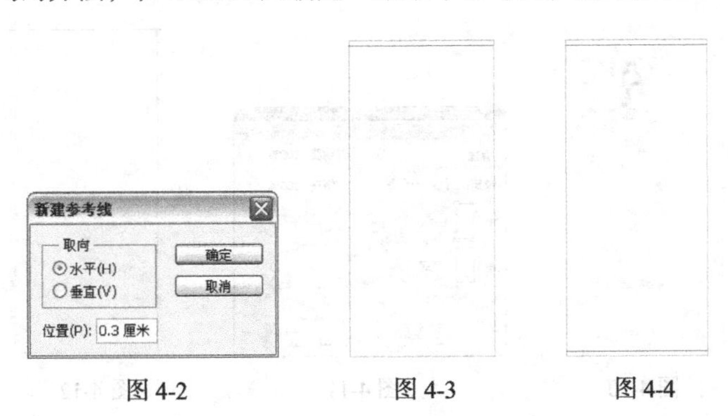

图 4-2　　图 4-3　　图 4-4

（2）选择“视图 > 新建参考线”命令，弹出“新建参考线”对话框，设置如图4-5所示，单击“确定”按钮，效果如图4-6所示。用相同的方法，在9.8cm处新建一条垂直参考线，效果如图4-7所示。

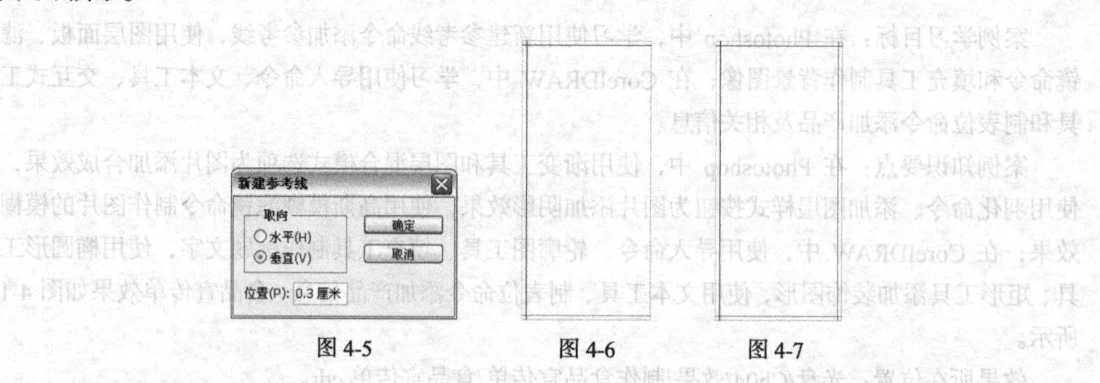

图4-5　　图4-6　　图4-7

（3）选择“渐变”工具，单击属性栏中的“点按可编辑渐变”按钮，弹出“渐变编辑器”对话框，将渐变色设为绿色（其R、G、B的值分别为224、238、209）到浅绿色（其R、G、B的值分别为232、245、222），如图4-8所示，单击“确定”按钮。单击属性栏中的“径向渐变”按钮，按住Shift键的同时，在背景图层上拖曳渐变色，效果如图4-9所示。

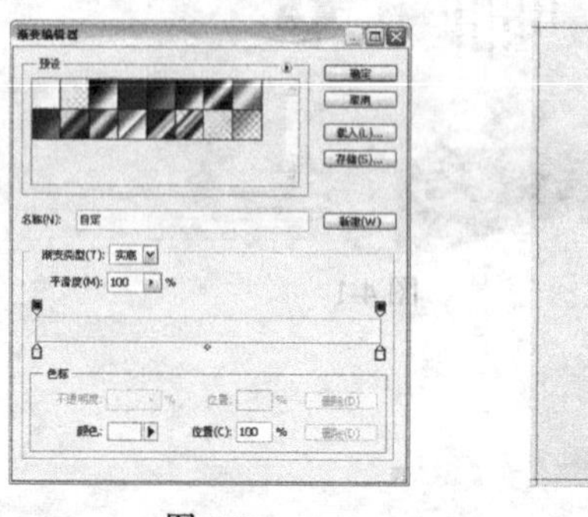

图4-8　　图4-9

（4）按Ctrl+O组合键，打开光盘中的“Ch04 > 素材 > 制作食品宣传单 > 01”文件，选择“移动”工具，将山水图片拖曳到图像窗口中适当的位置，如图4-10所示，在“图层”控制面板中生成新的图层并将其命名为“山水”。

（5）在“图层”控制面板上方，将“山水”图层的混合模式选项设为“叠加”，如图4-11所示，图像效果如图4-12所示。

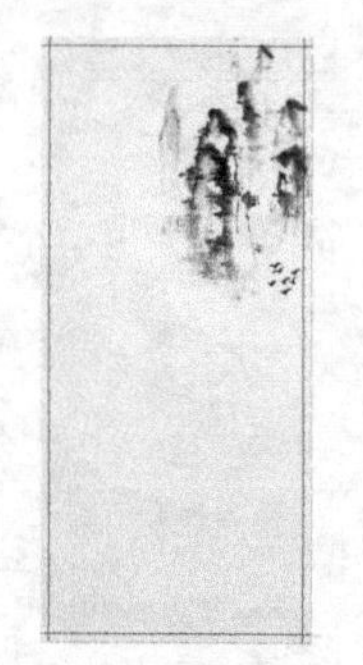

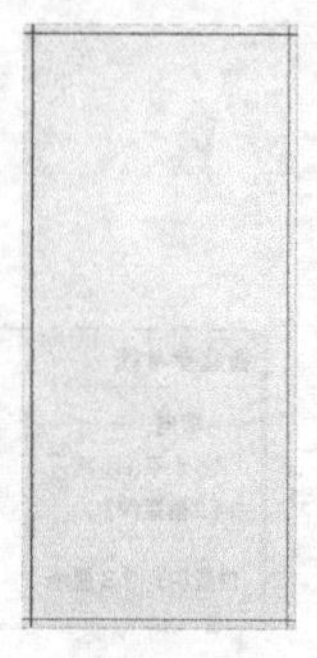

图4-10　　图4-11　　图4-12

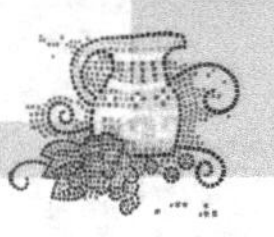

（6）按 Ctrl+O 组合键，打开光盘中的“Ch04 > 素材 > 制作食品宣传单 > 02”文件，选择“移动”工具，将粽子图片拖曳到图像窗口中适当的位置，如图 4-13 所示，在“图层”控制面板中生成新的图层并将其命名为“粽子”。

（7）按住 Ctrl 键的同时，单击“粽子”图层的缩览图，图像周围生成选区，如图 4-14 所示。选择“选择 > 变换选区”命令，在选区周围出现控制手柄，向下拖曳上边中间的控制手柄到适当的位置，调整选区的大小，按 Enter 键确定操作，如图 4-15 所示。

图 4-13

图 4-14

图 4-15

（8）新建图层并将其命名为“阴影”。将前景色设为深绿色（其 R、G、B 的值分别为 17、47、3）。按 Shift+F6 组合键，弹出“羽化选区”对话框，选项的设置如图 4-16 所示，单击“确定”按钮，羽化选区。按 Alt+Delete 组合键，用前景色填充选区，按 Ctrl+D 组合键取消选区，效果如图 4-17 所示。在“图层”控制面板中，将“阴影”图层拖曳到“粽子”图层的下方，效果如图 4-18 所示。

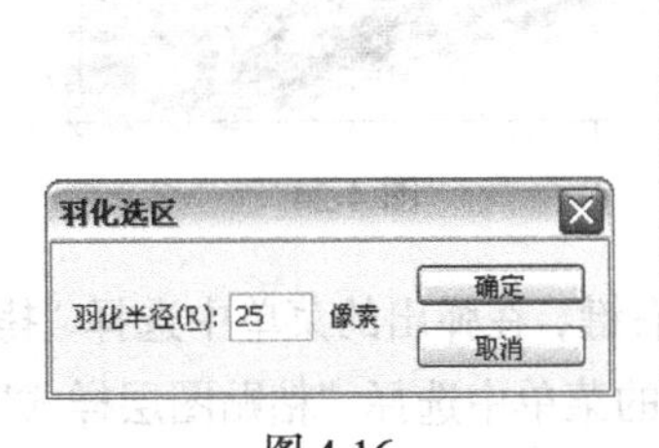

图 4-16

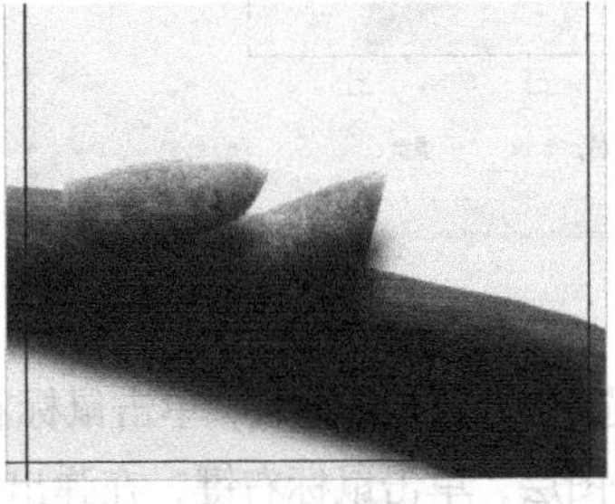

图 4-17

图 4-18

（9）按 Ctrl+O 组合键，打开光盘中的“Ch04 > 素材 > 制作食品宣传单 > 03”文件，选择“移动”工具，将粽子图片拖曳到图像窗口中适当的位置，如图 4-19 所示，在“图层”控制面板中生成新的图层并将其命名为“粽子 2”。

（10）单击“图层”控制面板下方的“添加图层样式”按钮 fx，在弹出的菜单中选择“投影”命令，弹出对话框，将投影颜色设为深绿色（其 R、G、B 的值分别为 34、56、2），其他选项的设置如图 4-20 所示，单击“确定”按钮，效果如图 4-21 所示。

图 4-19

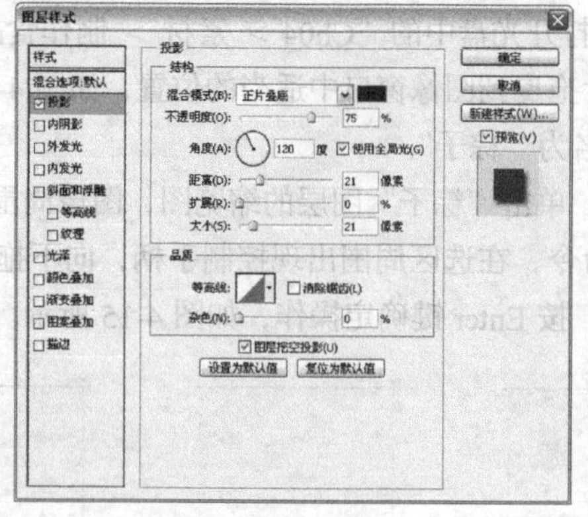

图 4-20

图 4-21

（11）按 Ctrl+O 组合键，打开光盘中的“Ch04 > 素材 > 制作食品宣传单 > 04”文件，选择“移动”工具，将粽子图片拖曳到图像窗口中适当的位置，如图 4-22 所示，在“图层”控制面板中生成新的图层并将其命名为“粽子 3”。

（12）选择“滤镜 > 模糊 > 高斯模糊”命令，弹出“高斯模糊”对话框，选项的设置如图 4-23 所示，单击“确定”按钮，效果如图 4-24 所示。

图 4-22

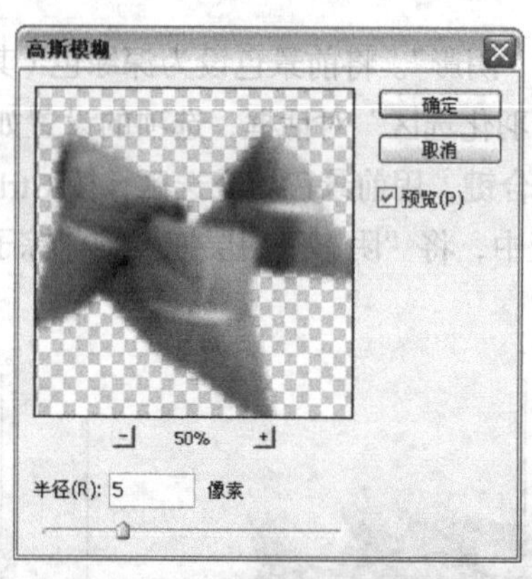

图 4-23

图 4-24

（13）在“图层”控制面板中，选中“粽子 2”图层，单击鼠标右键，在弹出的菜单中选择“拷贝图层样式”命令；选中“粽子 3”图层，单击鼠标右键，在弹出的菜单中选择“粘贴图层样式”命令，效果如图 4-25 所示。将“粽子 3”图层拖曳到“阴影”图层的下方，如图 4-26 所示，图像效果如图 4-27 所示。

图 4-25

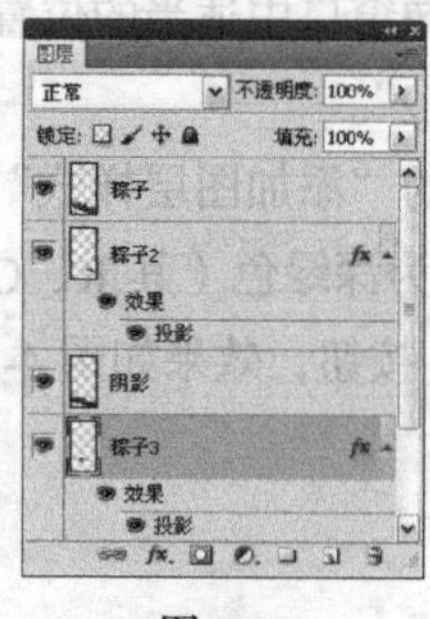

图 4-26

图 4-27

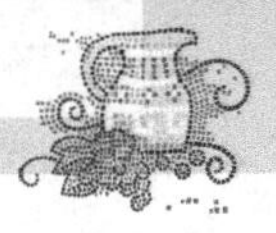

（14）在“图层”控制面板中，将“粽子 2”图层拖曳到“阴影”图层的下方，如图 4-28 所示，图像效果如图 4-29 所示。

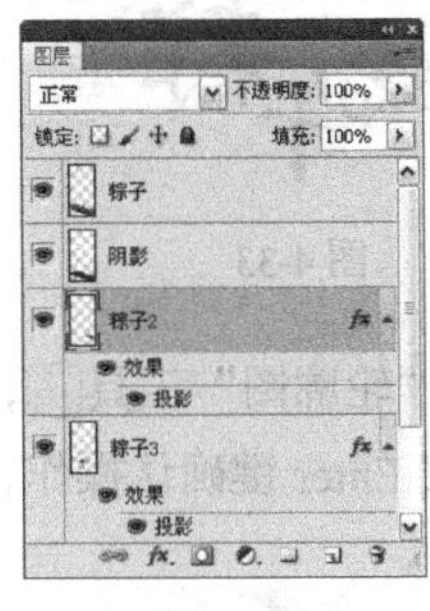

图 4-28

图 4-29

（15）按 Ctrl+；组合键，隐藏参考线。按 Shift+Ctrl+E 组合键，合并可见图层。按 Ctrl+S 组合键，弹出“存储为”对话框，将其命名为“食品宣传单底图”，保存为 JPEG 格式，单击“保存”按钮，弹出“JPEG 选项”对话框，单击“确定”按钮，将图像保存。

CorelDRAW 应用

4.1.2 导入图片并制作标题文字

（1）打开 CorelDRAW X5 软件，按 Ctrl+N 组合键，新建页面。在属性栏中的“页面度量”选项中分别设置宽度为 95mm，高度为 210mm，按 Enter 键，页面尺寸显示为设置的大小。选择“视图 > 显示 > 出血”命令，显示出血线。

（2）按 Ctrl+I 组合键，弹出“导入”对话框，选择光盘中的“Ch04 > 效果 > 制作食品宣传单 > 食品宣传单底图”文件，单击“导入”按钮，在页面中单击导入图片，如图 4-30 所示。按 P 键，图片在页面中居中对齐，效果如图 4-31 所示。

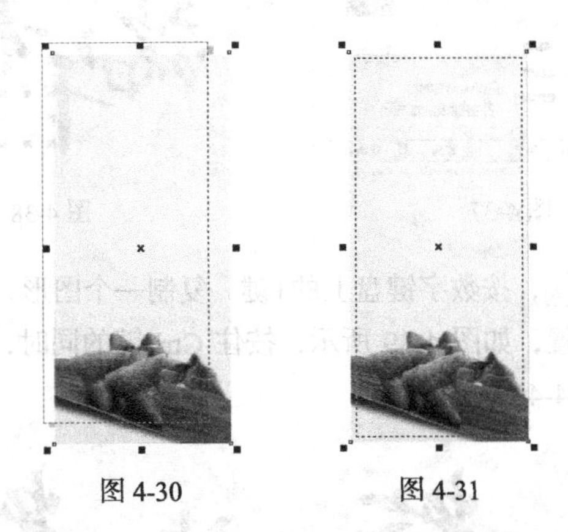

图 4-30　　图 4-31

（3）选择“文本”工具，在页面中适当的位置分别输入需要的文字，选择“选择”工具，在属性栏中选择合适的字体并设置文字大小，效果如图 4-32 所示。将输入的文字同时选取，设置文字颜色的 CMYK 值为 0、100、100、20，填充文字，按 Esc 键，取消选取状态，效果如图 4-33 所示。

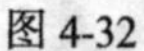

图 4-32

图 4-33

（4）选择“选择”工具，选取文字“端”。选择“轮廓图”工具，在属性栏中将“填充色”选项设为白色，其他选项的设置如图 4-34 所示，按 Enter 键确认操作，效果如图 4-35 所示。使用相同的方法制作其他文字，效果如图 4-36 所示。

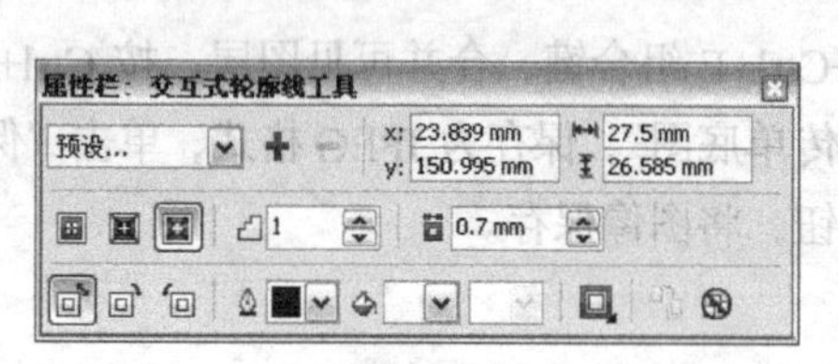

图 4-34

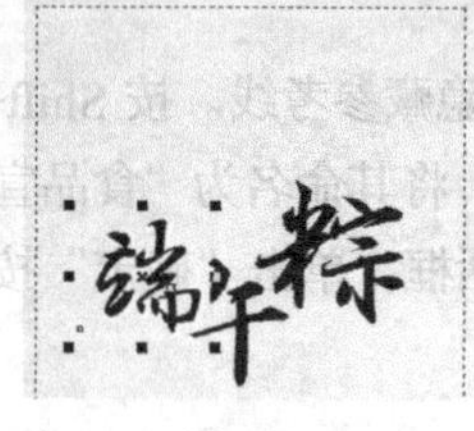

图 4-35

图 4-36

（5）选择“椭圆形”工具，按住 Ctrl 键的同时，在适当的位置绘制一个圆形。按 F12 键，弹出“轮廓笔”对话框，在“颜色”选项中设置轮廓线颜色的 CMYK 值为 0、100、100、20，其他选项的设置如图 4-37 所示，单击“确定”按钮，效果如图 4-38 所示。

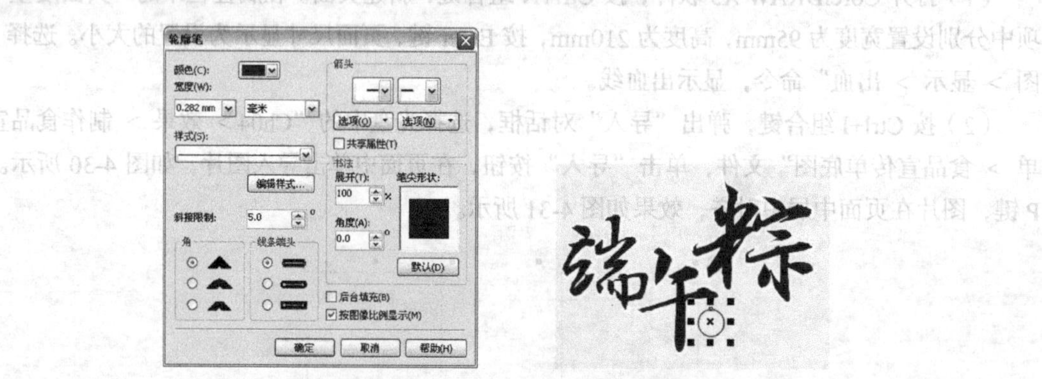

图 4-37

图 4-38

（6）选择“选择”工具，按数字键盘上的+键，复制一个图形，按住 Shift 键的同时，向右拖曳复制的图形到适当的位置，如图 4-39 所示，按住 Ctrl 键的同时，再连续点按 D 键，按需要再制出多个图形，效果如图 4-40 所示。

图 4-39

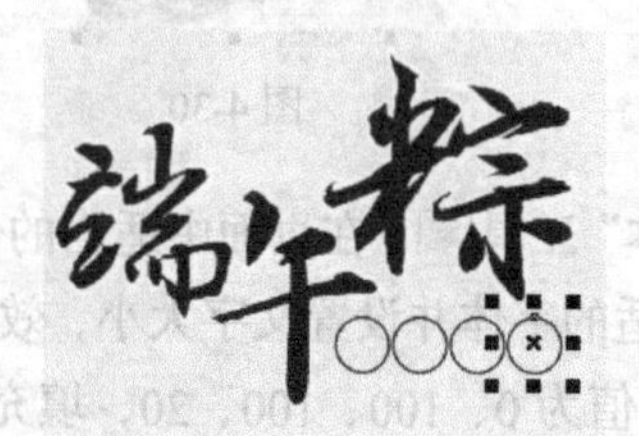

图 4-40

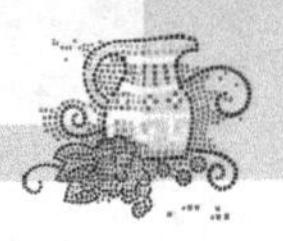

（7）选择“文本”工具[字]，在页面中适当的位置分别输入需要的文字，选择“选择”工具[↖]，在属性栏中选择合适的字体并设置文字大小，设置文字颜色的 CMYK 值为 0、100、100、20，填充文字，效果如图 4-41 所示。选择“形状”工具[✎]，向右拖曳文字下方的图标，调整文字的间距，效果如图 4-42 所示。

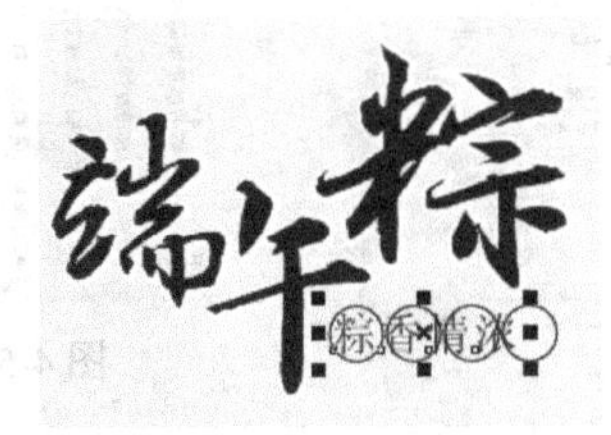

图 4-41

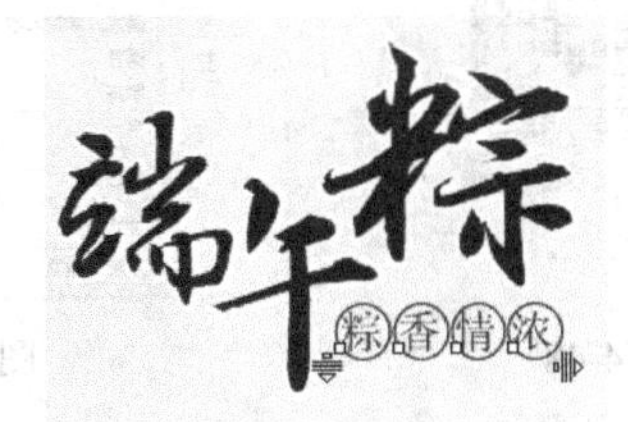

图 4-42

（8）选择“文本”工具[字]，在页面中适当的位置输入需要的文字，选择“选择”工具[↖]，在属性栏中选择合适的字体并设置文字大小，效果如图 4-43 所示。在“CMYK 调色板”中的“70%黑”色块上单击鼠标左键，填充文字，效果如图 4-44 所示。

图 4-43　　图 4-44

（9）按 Ctrl+I 组合键，弹出“导入”对话框，选择光盘中的“Ch04 > 素材 > 制作食品宣传单 > 05”文件，单击“导入”按钮，在页面中单击导入图片，将其拖曳到适当的位置并调整其大小，效果如图 4-45 所示。

（10）设置图形颜色的 CMYK 值为 0、100、100、20，填充图形，效果如图 4-46 所示。选择“选择”工具[↖]，按数字键盘上的+键，复制一个图形，向左拖曳复制的图形到适当的位置并调整其大小，效果如图 4-47 所示。

图 4-45　　图 4-46　　图 4-47

4.1.3　添加宣传语

（1）选择“文本”工具[字]，单击属性栏中的“将文本更改为垂直方向”按钮[Ⅲ]，在页面适当位置输入需要的文字，选择“选择”工具[↖]，在属性栏中选取适当的字体并设置文字大小，效果如图 4-48 所示。选择“文本 > 段落格式化”命令，弹出“段落格式化”面板，选项的设置如图 4-49 所示，按 Enter 键确认操作，效果如图 4-50 所示。

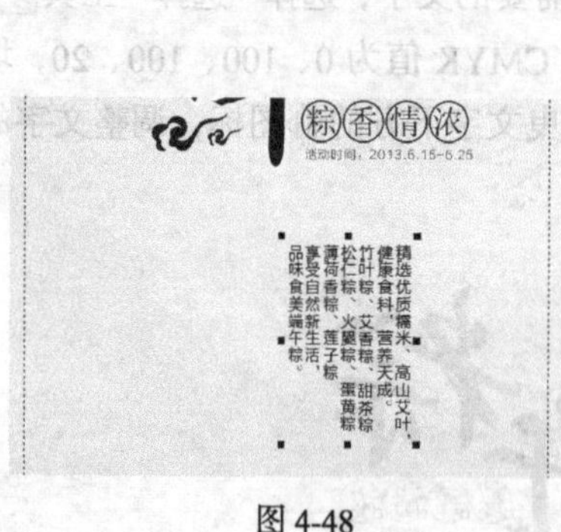

图 4-48

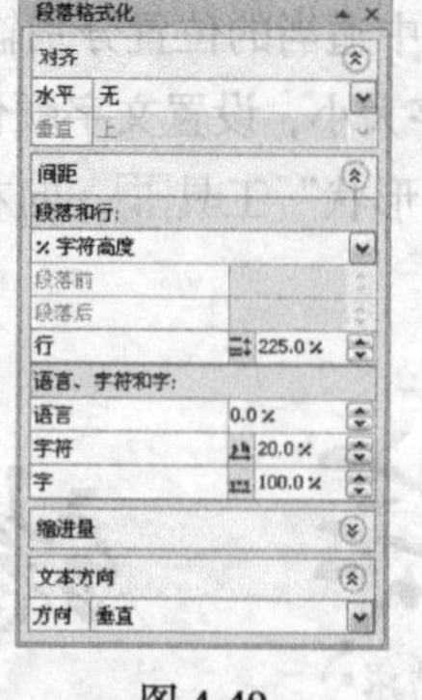

图 4-49

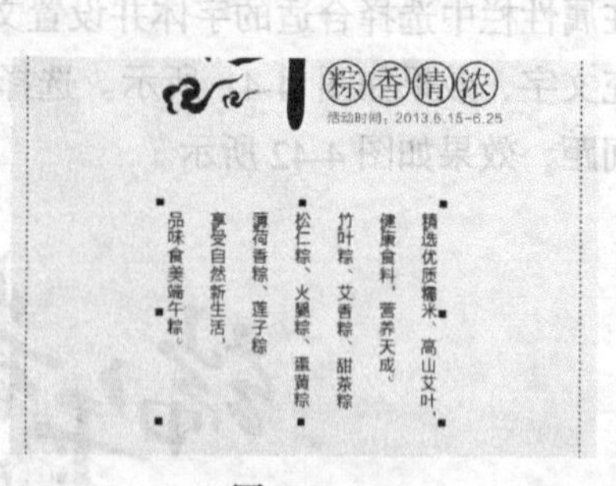

图 4-50

（2）选择“手绘”工具，按住 Ctrl 键的同时，在页面中适当的位置绘制一条直线，在属性栏中的“轮廓宽度” .2 mm 框中设置数值为 0.24mm，设置直线颜色的 CMYK 值为 25、0、38、0，填充直线，效果如图 4-51 所示。

（3）选择“选择”工具，按数字键盘上的+键，复制一条直线，按住 Shift 键的同时，向右拖曳复制的直线到适当的位置，如图 4-52 所示，按住 Ctrl 键的同时，再连续点按 D 键，按需要再制出多个图形，效果如图 4-53 所示。

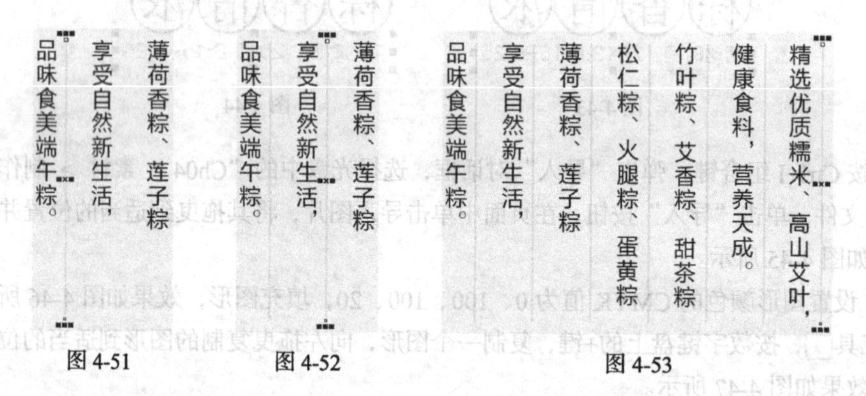

图 4-51　图 4-52　图 4-53

4.1.4　制作标志图形

（1）选择“矩形”工具，在属性栏中的设置如图 4-54 所示，在页面外适当的位置绘制一个圆角矩形，如图 4-55 所示，设置矩形颜色的 CMYK 值为 25、0、38、0，填充矩形，并去除图形的轮廓线，效果如图 4-56 所示。

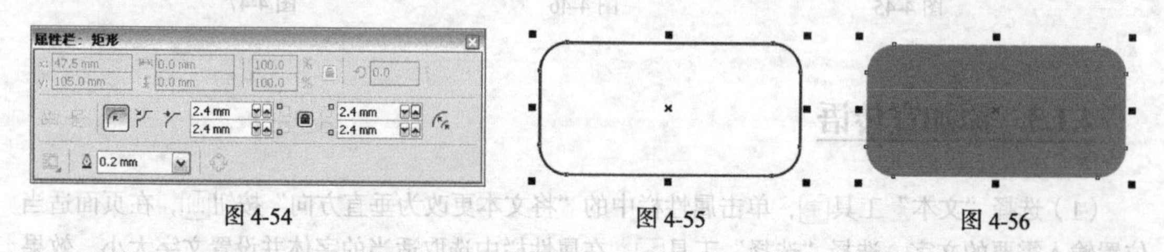

图 4-54　图 4-55　图 4-56

（2）选择“文本”工具，单击属性栏中的“将文本更改为水平方向”按钮，在矩形上输入需要的文字，选择“选择”工具，在属性栏中选取适当的字体并设置文字大小，填充文字为

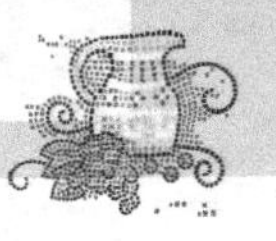

白色，效果如图 4-57 所示。选择“形状”工具，向左拖曳文字下方的图标，调整文字的间距，效果如图 4-58 所示。

图 4-57　　　　图 4-58

（3）使用相同的方法再次输入需要的白色文字，效果如图 4-59 所示。选择“选择”工具，使用圈选的方法将刚绘制的图形和文字全部选取，按 Ctrl+G 组合键，将其群组，拖曳群组图形到页面中适当的位置，效果如图 4-60 所示。

图 4-59　　　　图 4-60

4.1.5　插入页面并添加标题和产品图片

（1）选择“布局 > 插入页面”命令，弹出“插入页面”对话框，选项的设置如图 4-61 所示，单击“确定”按钮，插入页面。

（2）双击“矩形”工具，绘制一个与页面大小相等的矩形，如图 4-62 所示，在属性栏中的“对象大小”选项中分别设置宽度为 101mm，高度为 216mm，按 Enter 键，矩形显示为设置的大小，按 P 键，矩形在页面中居中对齐，效果如图 4-63 所示。设置矩形颜色的 CMYK 值为 13、0、20、0，填充图形，并去除图形的轮廓线，效果如图 4-64 所示。

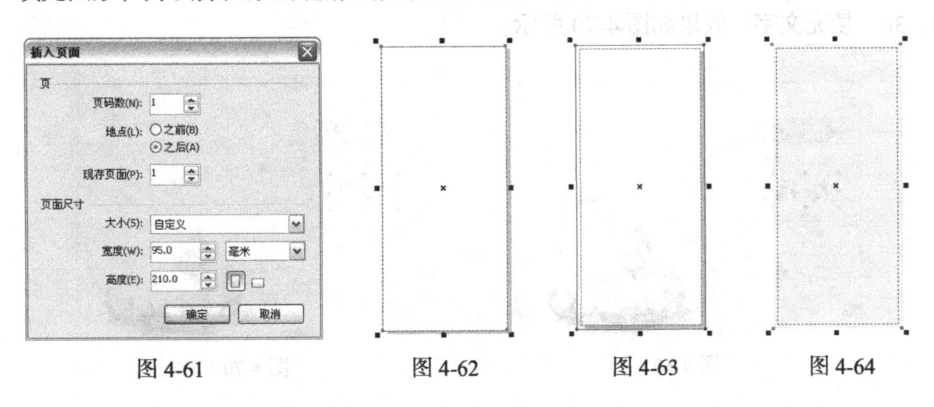

图 4-61　　图 4-62　　图 4-63　　图 4-64

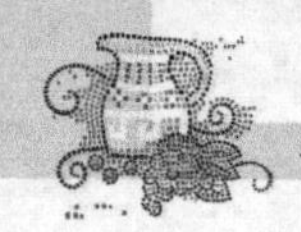

（3）选择“矩形”工具，在属性栏中的设置如图 4-65 所示，在页面中适当的位置绘制一个矩形，设置图形颜色的 CMYK 值为 40、0、100、30，填充矩形，并去除图形的轮廓线，效果如图 4-66 所示。

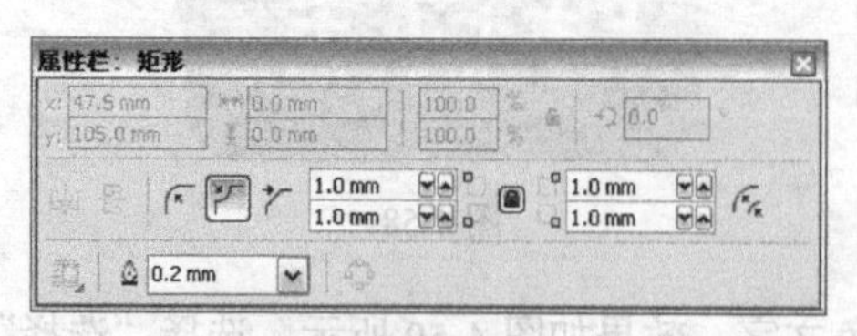

图 4-65

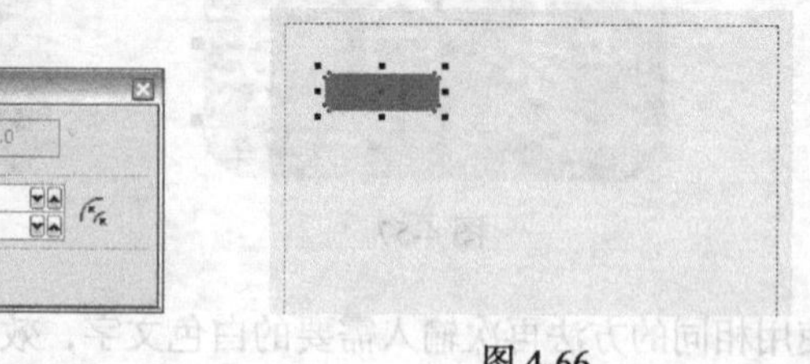
图 4-66

（4）选择“文本”工具，在矩形上输入需要的文字，选择“选择”工具，在属性栏中选取适当的字体并设置文字大小，填充文字为白色，效果如图 4-67 所示。

（5）按 Ctrl+I 组合键，弹出“导入”对话框，分别选择光盘中的“Ch04 > 素材 > 制作食品宣传单 > 06、07、08”文件，单击“导入”按钮，在页面中分别单击导入图片，分别拖曳到适当的位置并调整其大小，效果如图 4-68 所示。

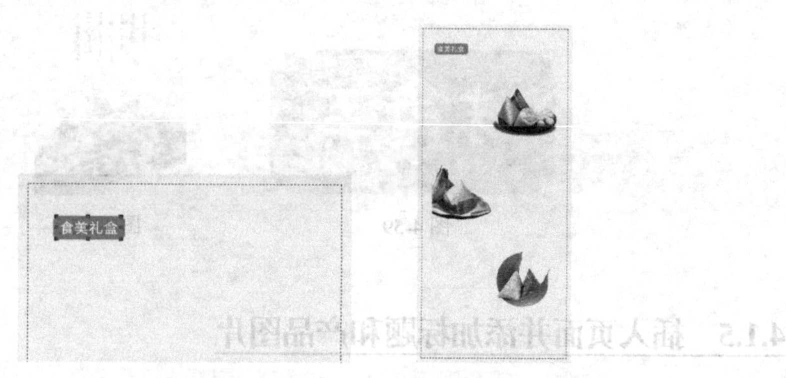

图 4-67　　图 4-68

4.1.6 添加介绍性文字

（1）选择“文本”工具，在页面中适当的位置输入需要的文字，选择“选择”工具，在属性栏中选取适当的字体并设置文字大小，效果如图 4-69 所示。设置文字颜色的 CMYK 值为 40、0、100、30，填充文字，效果如图 4-70 所示。

图 4-69

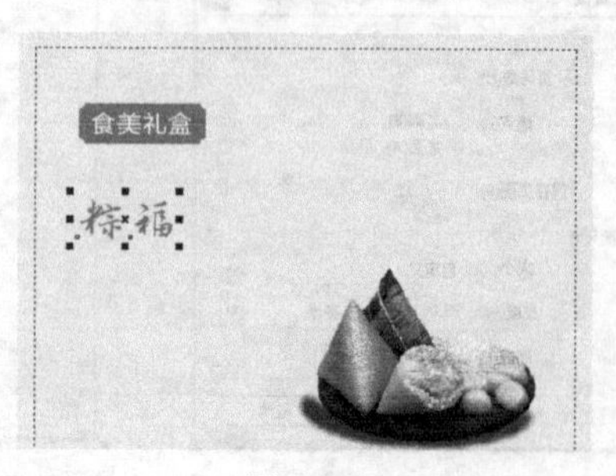

图 4-70

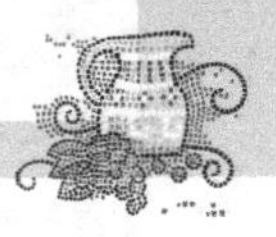

（2）选择“文本”工具字，在文字下方输入需要的文字，选择“选择”工具，在属性栏中选取适当的字体并设置文字大小，效果如图 4-71 所示。选择“椭圆形”工具，按住 Ctrl 键的同时，在适当的位置绘制一个圆形，填充圆形为黑色，取消选取状态，效果如图 4-72 所示。

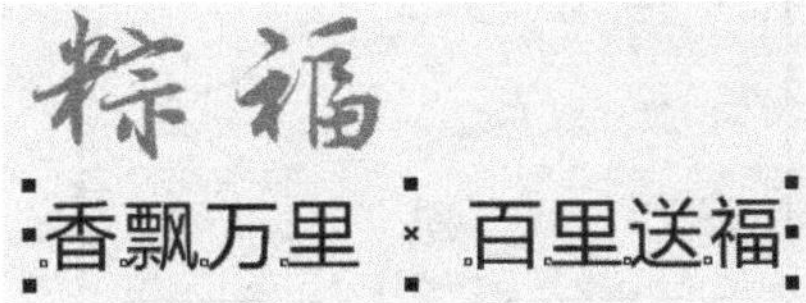

图 4-71

图 4-72

（3）选择“文本”工具字，在页面中适当的位置输入需要的文字，选择“选择”工具，在属性栏中选取适当的字体并设置文字大小，效果如图 4-73 所示。设置文字颜色的 CMYK 值为 0、100、100、20，填充文字，效果如图 4-74 所示。

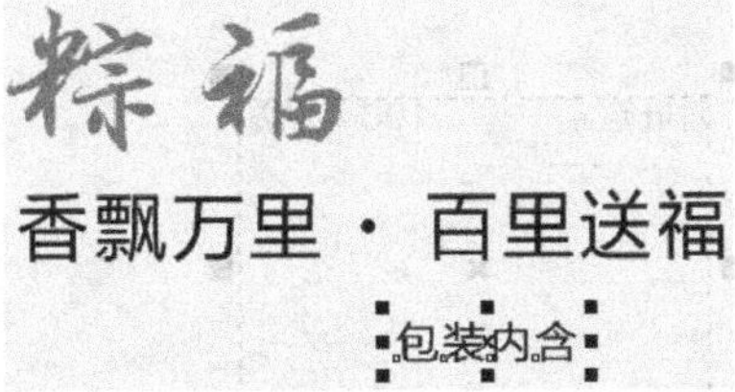

图 4-73

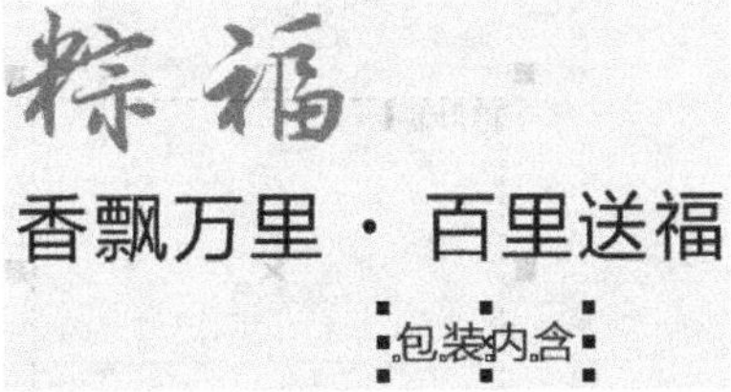

图 4-74

（4）选择“文本”工具字，在页面外适当的位置按住鼠标左键不放，拖曳出一个文本框，在属性栏中选取适当的字体并设置文字大小，如图 4-75 所示。选择“文本 > 制表位”命令，弹出“制表位设置”对话框，如图 4-76 所示。

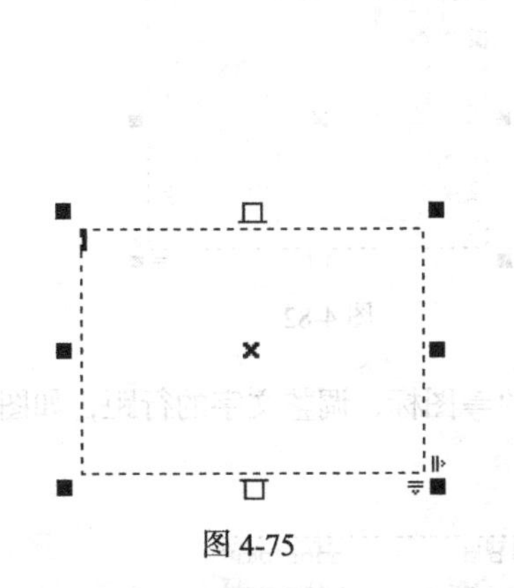

图 4-75

图 4-76

（5）单击对话框左下角的“全部移除”按钮，清空所有的制表位位置点，如图 4-77 所示。在对话框中的“制表位位置”选项中输入数值 16.5，按 1 次对话框上面的“添加”按钮，添加 1 个位置点，如图 4-78 所示，用相同的方法再连续按 7 次“添加”按钮，添加 7 个位置点，单击“确定”按钮。

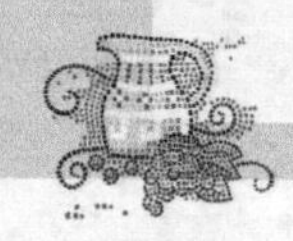

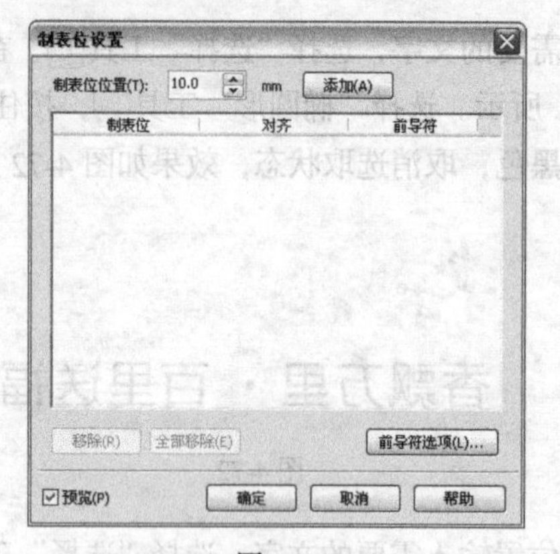

图 4-77

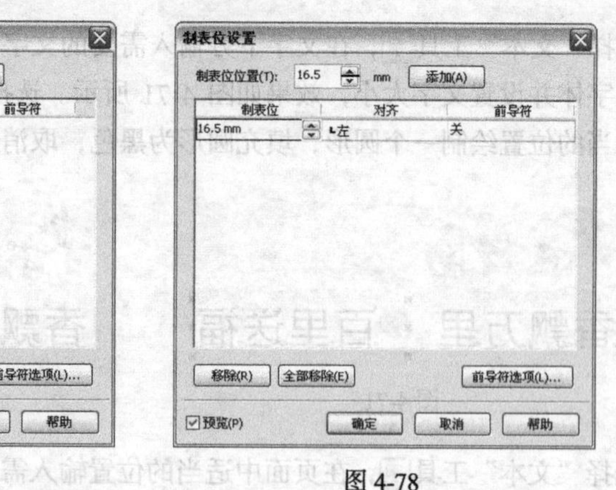

图 4-78

（6）将光标置于段落文本框中，输入文字“竹叶粽”，如图 4-79 所示。按一下 Tab 键，光标跳到下一个制表位处，输入文字“100×2/袋”，效果如图 4-80 所示。

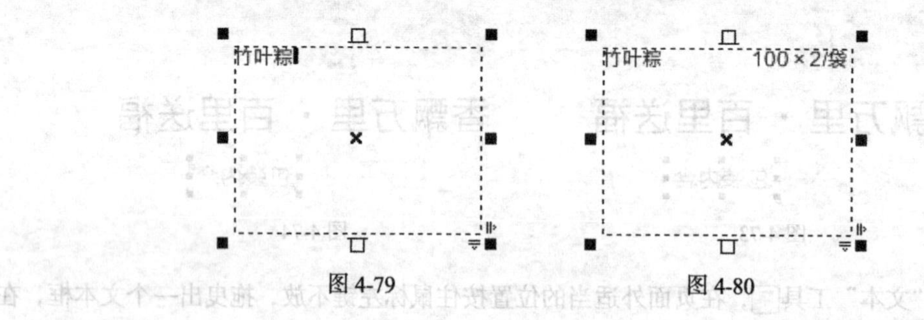

图 4-79　　图 4-80

（7）按 Enter 键，将光标换到下一行，输入需要的文字，如图 4-81 所示。用相同的方法依次输入其他需要的文字，效果如图 4-82 所示。

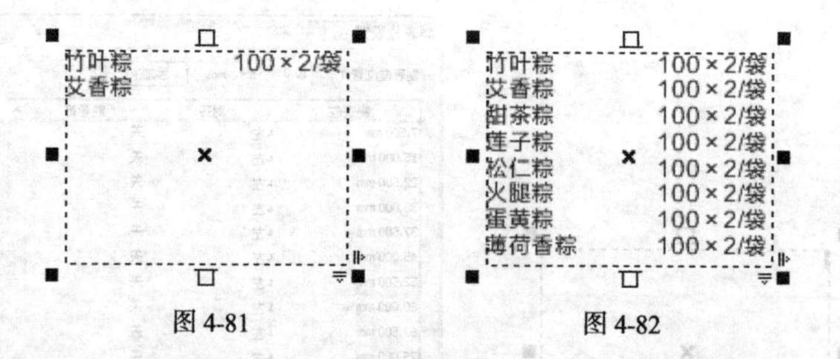

图 4-81　　图 4-82

（8）选择“形状”工具，向下拖曳文字下方的图标，调整文字的行距，如图 4-83 所示，松开鼠标，效果如图 4-84 所示。

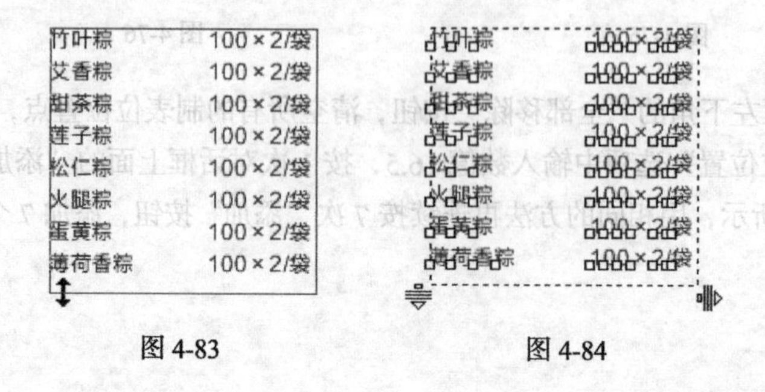

图 4-83　　图 4-84

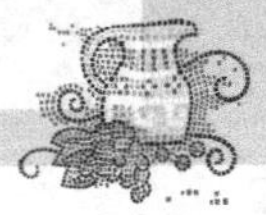

（9）选择“选择”工具，拖曳文字到页面中适当的位置，效果如图 4-85 所示。在“CMYK 调色板”中的“70%黑”色块上单击鼠标左键，填充文字，效果如图 4-86 所示。

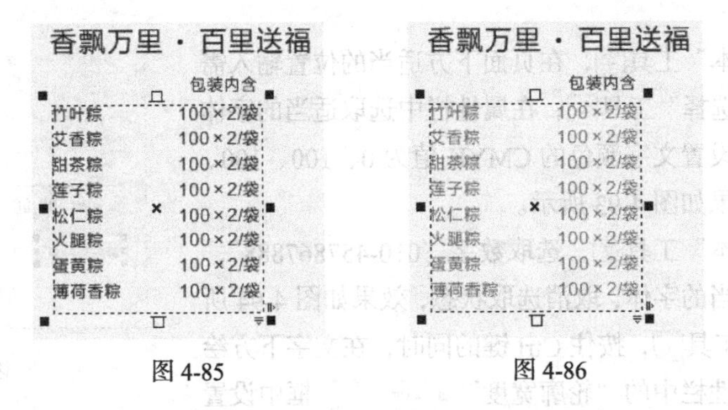

图 4-85　　　　图 4-86

（10）选择“手绘”工具，按住 Ctrl 键的同时，在页面中适当的位置绘制一条直线，在属性栏中的“轮廓宽度” .2 mm 框中设置数值为 0.15mm，按 Enter 键，效果如图 4-87 所示。选择“选择”工具，按数字键盘上的+键，复制一条直线，按住 Shift 键的同时，向下拖曳复制的直线到适当的位置，效果如图 4-88 所示。

图 4-87　　　　图 4-88

（11）选择“文本”工具，在页面中适当的位置输入需要的文字，选择“选择”工具，在属性栏中选取适当的字体并设置文字大小，效果如图 4-89 所示。选择“文本”工具，选取数字“208.00”，在属性栏中选取适当的字体并设置文字大小，效果如图 4-90 所示。设置文字颜色的 CMYK 值为 0、100、100、20，填充文字，取消选取状态，效果如图 4-91 所示。使用上述方法制作出如图 4-92 所示的效果。

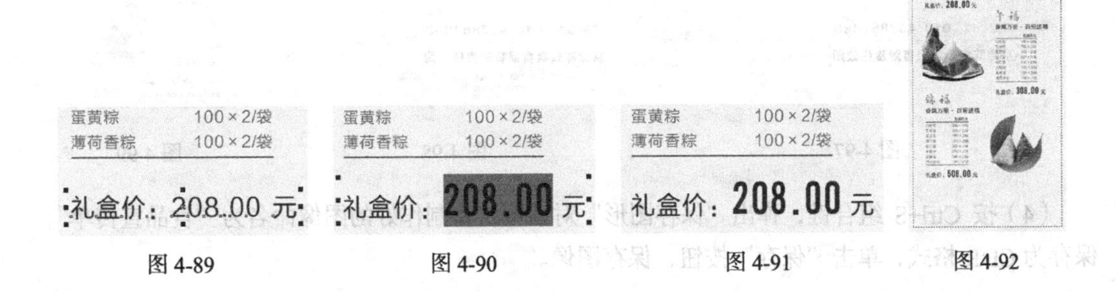

图 4-89　　图 4-90　　图 4-91　　图 4-92

4.1.7 添加其他相关信息

（1）选择“文本”工具字，在页面下方适当的位置输入需要的文字，选择“选择”工具，在属性栏中选取适当的字体并设置文字大小，设置文字颜色的 CMYK 值为 0、100、100、20，填充文字，效果如图 4-93 所示。

图 4-93

（2）选择“文本”工具字，选取数字“010-457867888”，在属性栏中选取适当的字体，取消选取状态，效果如图 4-94 所示。选择“手绘”工具，按住 Ctrl 键的同时，在文字下方绘制一条直线，在属性栏中的“轮廓宽度” .2 mm 框中设置数值为 0.1mm，在“线条样式”选项的下拉列表中选择需要的线条样式，如图 4-95 所示，直线效果如图 4-96 所示。

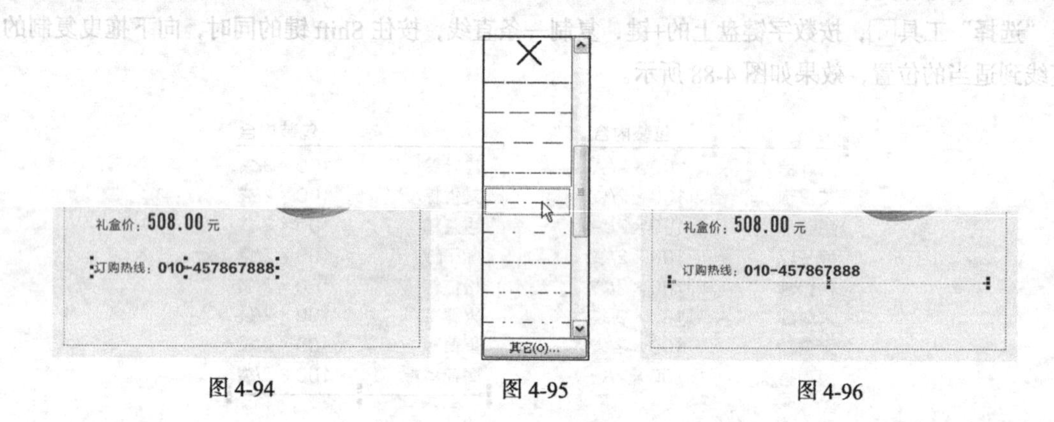

图 4-94　　图 4-95　　图 4-96

（3）选择“文本”工具字，在页面下方适当的位置输入需要的文字，选择“选择”工具，在属性栏中选取适当的字体并设置文字大小，效果如图 4-97 所示。使用相同的方法再次输入需要的文字，效果如图 4-98 所示。食品宣传单制作完成，效果如图 4-99 所示。

图 4-97　　图 4-98　　图 4-99

（4）按 Ctrl+S 组合键，弹出“保存图形”对话框，将制作好的图像命名为“食品宣传单”，保存为 CDR 格式，单击“保存”按钮，保存图像。

4.2 课后习题——制作旅游宣传单

习题知识要点：在 Photoshop 中，学习使用新建参考线命令添加参考线，使用图层面板、滤镜命令和填充工具制作背景图像；在 Illustrator 中，使用文字工具、填充工具、旋转工具制作标题文字，使用置入命令置入需要的图片，使用建立剪切蒙版命令制作宣传图片，使用投影命令为图形添加投影效果。旅游宣传单效果如图 4-100 所示。

效果所在位置：光盘/Ch04/效果/制作旅游宣传单/旅游宣传单.ai。

图 4-100

广告以多样的形式出现在城市中，是城市商业发展的写照，广告通过电视、报纸和霓虹灯等媒介来发布。好的广告要强化视觉冲击力，抓住观众的视线。广告是重要的宣传媒体之一，具有实效性强、受众广泛、宣传力度大的特点。本章以制作汽车广告为例，讲解广告的设计方法和制作技巧。

课堂学习目标

- 在 Photoshop 软件中制作汽车广告背景图和主体图片
- 在 Illustrator 软件中添加汽车广告的相关信息

5.1 制作汽车广告

案例学习目标：学习在 Photoshop 中使用填充工具、图层蒙版和滤镜命令制作广告背景；在 Illustrator 中使用文字工具添加需要的文字，使用绘制图形工具制作标志，使用剪贴蒙版命令编辑图片。

案例知识要点：在 Photoshop 中，使用蒙版命令和渐变工具为背景和图片添加渐隐效果，使用变形命令制作车倒影效果，使用钢笔工具和高斯模糊命令制作阴影效果，使用光晕滤镜命令制作光晕效果；在 Illustrator 中，使用椭圆工具、文字工具、星形工具、倾斜工具、渐变工具、路径查找器面板制作汽车标志，使用文字工具添加需要的文字，使用剪贴蒙版命令编辑图片。汽车广告效果如图 5-1 所示。

效果所在位置：光盘/Ch05/效果/制作汽车广告/汽车广告.ai。

图 5-1

Photoshop 应用

5.1.1 制作背景效果

（1）按 Ctrl+N 组合键，新建一个文件：宽度为 70.6cm、高度为 50.6cm，分辨率为 150 像素/英寸，颜色模式为 RGB，背景内容为白色。单击“图层”控制面板下方的“创建新图层”按钮，生成新的图层并将其命名为“天空”，如图 5-2 所示。

（2）选择“渐变”工具，单击属性栏中的“点按可编辑渐变”按钮，弹出“渐变编辑器”对话框，在“位置”选项中分别输入 0、15、30、50 几个位置点，并分别设置这几个位置点颜色的 RGB 值为 0（69、83、128）、15（113、152、180）、30（175、205、217）、50（255、255、255），如图 5-3 所示，单击“确定”按钮。按住 Shift 键的同时，在图像窗口中从上向下拖曳渐变色，效果如图 5-4 所示。

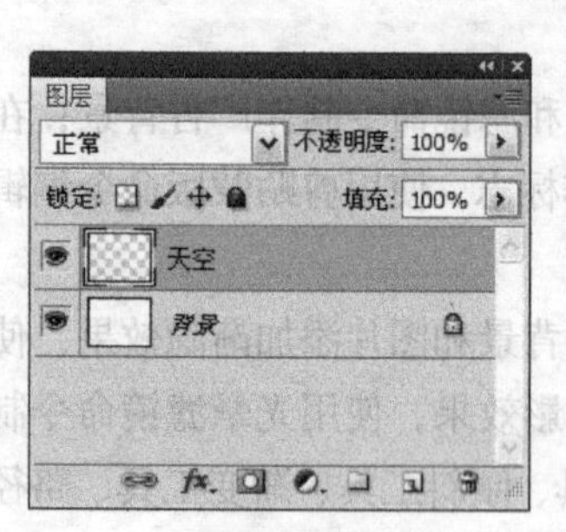

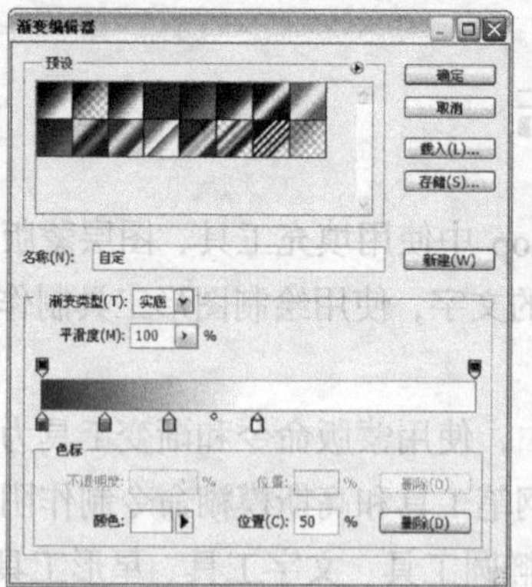

图 5-2　　图 5-3　　图 5-4

（3）单击“图层”控制面板下方的“添加图层蒙版”按钮，为“天空”图层添加蒙版，如图 5-5 所示。选择“渐变”工具，单击属性栏中的“点按可编辑渐变”按钮，弹出“渐变编辑器”对话框，将渐变色设为从黑色到白色，如图 5-6 所示，单击“确定”按钮，在图像窗口中由左上方至右下方拖曳渐变色，编辑状态如图 5-7 所示，松开鼠标，效果如图 5-8 所示。

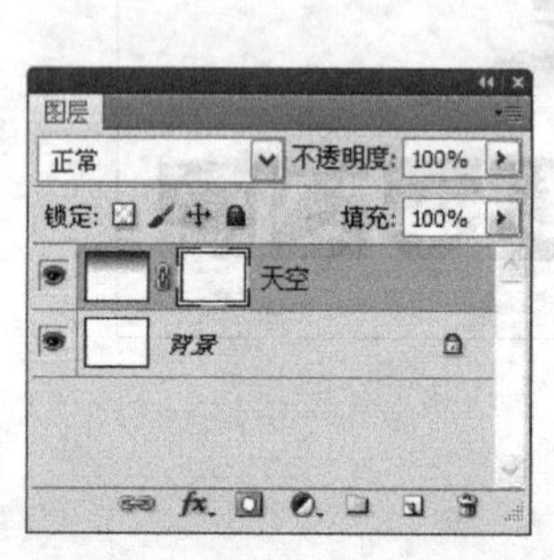

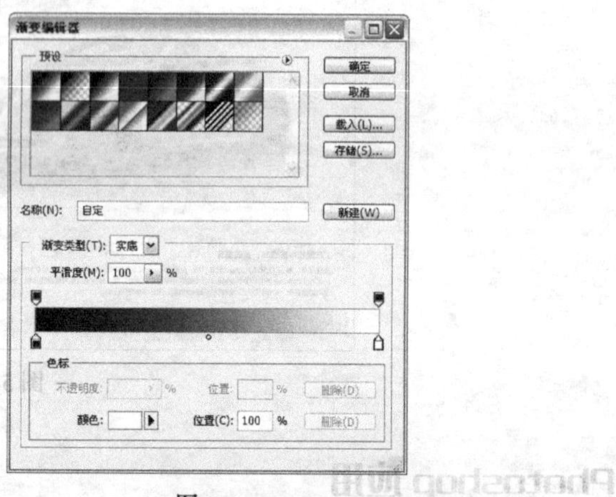

图 5-5　　图 5-6

图 5-7　　图 5-8

（4）按 Ctrl + O 组合键，打开光盘中的“Ch05 > 素材 > 制作汽车广告 > 01”文件，选择“移动”工具，将图片拖曳到图像窗口中的适当位置，在“图层”控制面板中生成新的图层

并将其命名为“云”，如图5-9所示。按Ctrl+T组合键，图像周围出现控制手柄，拖曳鼠标调整图像的大小，按Enter键确认操作，效果如图5-10所示。

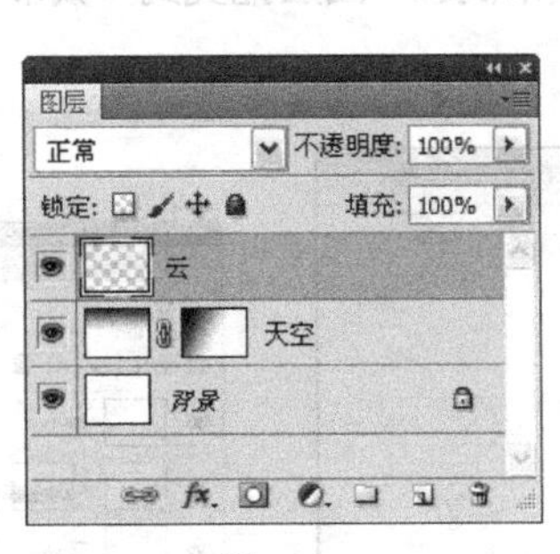

图5-9

图5-10

5.1.2　置入图片并制作倒影效果

（1）按Ctrl + O组合键，打开光盘中的“Ch05 > 素材 > 制作汽车广告 > 02”文件，选择“移动”工具，将图片拖曳到图像窗口中的适当位置，在“图层”控制面板中生成新的图层并将其命名为“城市”，如图5-11所示。按Ctrl+T组合键，图像周围出现控制手柄，拖曳鼠标调整图像的大小，按Enter键确认操作，效果如图5-12所示。

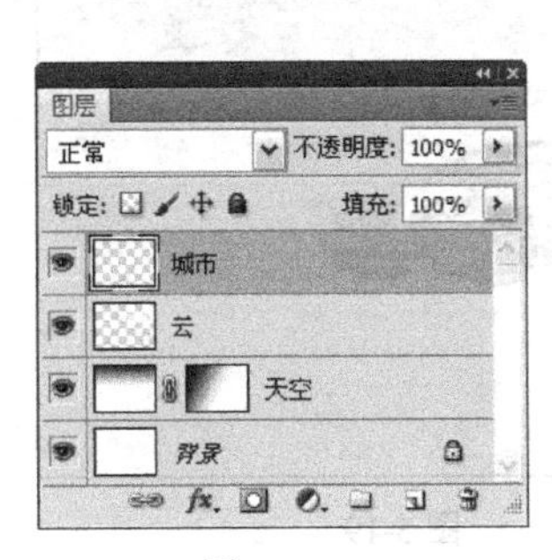

图5-11

图5-12

（2）将“城市”图层拖曳到控制面板下方的“创建新图层”按钮上进行复制，生成新的图层并将其命名为“城市倒影”，如图5-13所示。选择“编辑 > 变换 > 垂直翻转”命令，翻转图像。按住Shift键的同时，将其垂直向下拖曳到适当的位置，效果如图5-14所示。

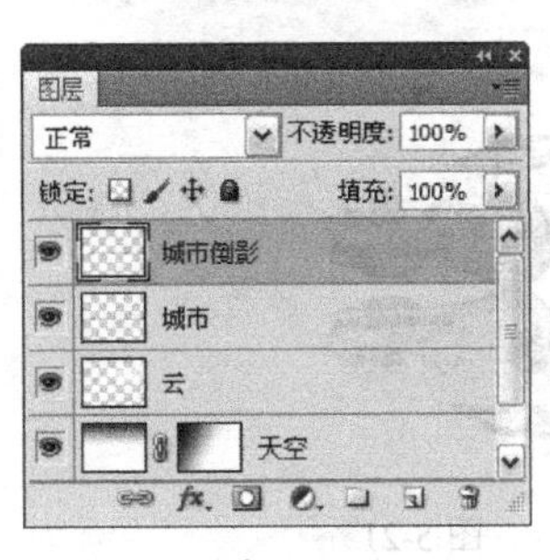

图5-13

图5-14

（3）单击“图层”控制面板下方的“添加图层蒙版”按钮，为“城市倒影”图层添加蒙版，如图 5-15 所示。选择“渐变”工具，按住 Shift 键的同时，在图像窗口中由下至上拖曳渐变，效果如图 5-16 所示。在“图层”控制面板中将“城市倒影”图层拖曳到“城市”图层的下方，如图 5-17 所示。

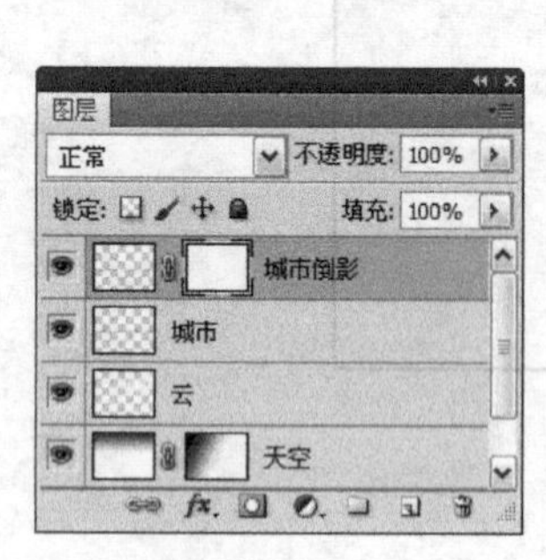

图 5-15

图 5-16

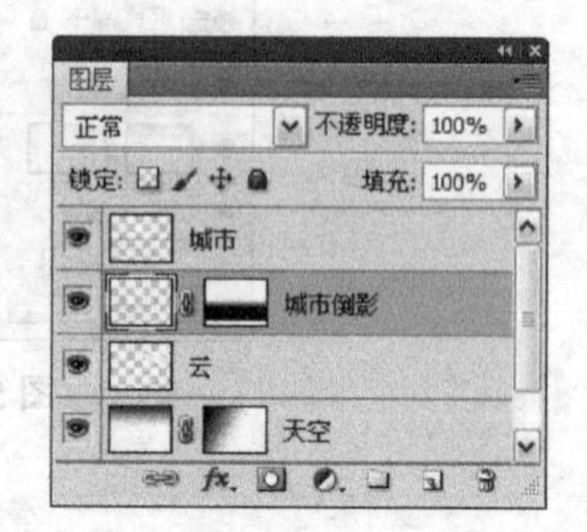

图 5-17

（4）选中“城市”图层。按 Ctrl + O 组合键，打开光盘中的“Ch05 >素材 > 制作汽车广告 > 02”文件，选择“移动”工具，将图片拖曳到图像窗口中的适当位置，在“图层”控制面板中生成新的图层并将其命名为“车”，如图 5-18 所示。按 Ctrl+T 组合键，图像周围出现控制手柄，拖曳鼠标调整图像的大小，按 Enter 键确认操作，效果如图 5-19 所示。

图 5-18

图 5-19

（5）将“城市”图层拖曳到控制面板下方的“创建新图层”按钮上进行复制，生成新的图层并将其命名为“车倒影”，如图 5-20 所示。选择“编辑 > 变换 > 垂直翻转”命令，翻转图像，按住 Shift 键的同时，将其垂直向下拖曳到适当的位置，效果如图 5-21 所示。

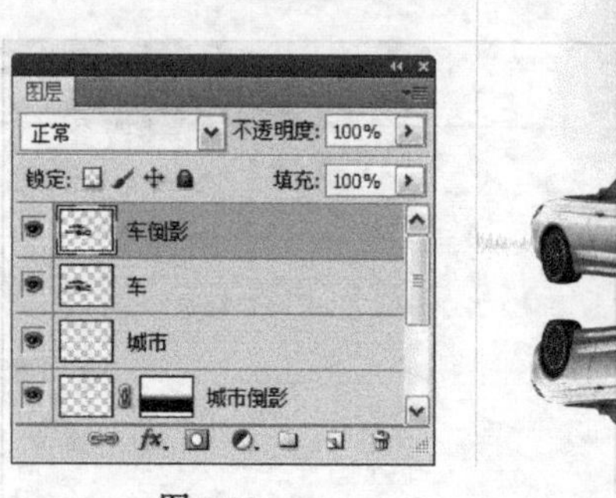

图 5-20

图 5-21

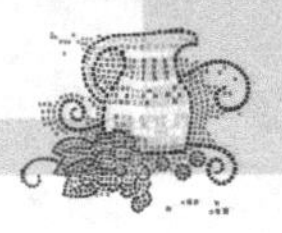

（6）按 Ctrl+T 组合键，图像周围出现控制手柄，在图像窗口中单击鼠标右键，在弹出的菜单中选择“变形”命令，图像周围出现控制节点，分别将其拖曳到适当的位置，如图 5-22 所示，按 Enter 键确认操作，效果如图 5-23 所示。

图 5-22

图 5-23

（7）单击“图层”控制面板下方的“添加图层蒙版”按钮，为“车倒影”图层添加蒙版，如图 5-24 所示。选择“渐变”工具，按住 Shift 键的同时，在图像窗口中由下至上拖曳渐变色，效果如图 5-25 所示。

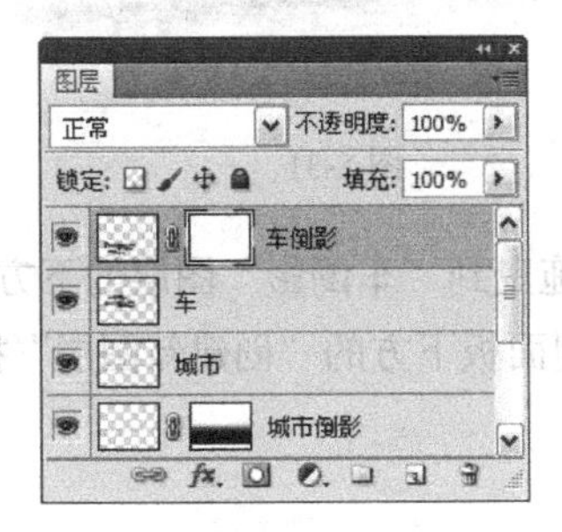

图 5-24

图 5-25

（8）在“图层”控制面板中将“车倒影”图层拖曳到“车”图层的下方，如图 5-26 所示，效果如图 5-27 所示。

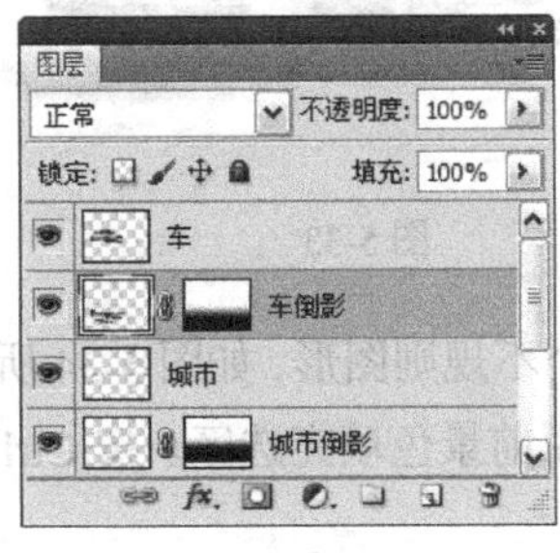

图 5-26

图 5-27

（9）选中“车”图层。单击控制面板下方的“创建新图层”按钮，生成新的图层并将其命名为“阴影 1”。选择“钢笔”工具，在图像窗口中绘制一个不规则图形，如图 5-28 所示。

（10）按 Ctrl+Enter 组合键，将路径转换为选区，按 Alt+Delete 组合键，用前景色填充选区。按 Ctrl+D 组合键，取消选区，效果如图 5-29 所示。

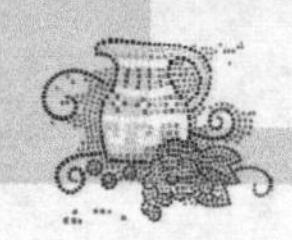

图 5-28

图 5-29

（11）选择“滤镜 > 模糊 > 高斯模糊”命令，在弹出的对话框中进行设置，如图 5-30 所示，单击“确定”按钮，效果如图 5-31 所示。

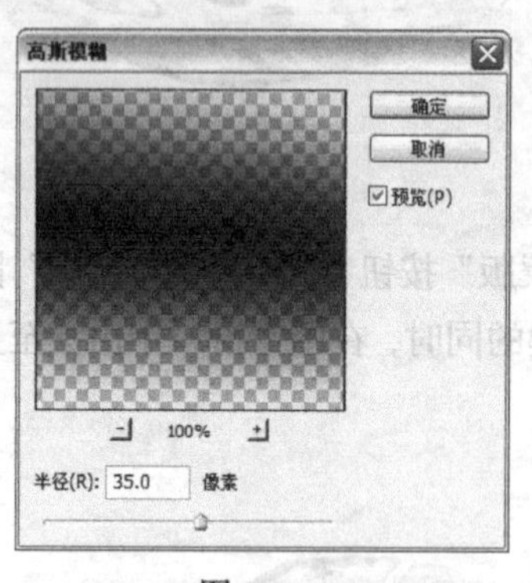

图 5-30

图 5-31

（12）在“图层”控制面板中将“阴影 1”图层拖曳到“车倒影”图层的下方，如图 5-32 所示，效果如图 5-33 所示。选中“车”图层，单击控制面板下方的“创建新图层”按钮，生成新的图层并将其命名为“阴影 2”。

图 5-32

图 5-33

（13）选择“钢笔”工具，在图像窗口中绘制一个不规则图形，如图 5-34 所示。按 Ctrl+Enter 组合键，将路径转换为选区，按 Alt+Delete 组合键，用前景色填充选区。按 Ctrl+D 组合键，取消选区，效果如图 5-35 所示。

图 5-34

图 5-35

（14）选择“滤镜 > 模糊 > 高斯模糊”命令，在弹出的对话框中进行设置，如图 5-36 所示，单击“确定”按钮，效果如图 5-37 所示。

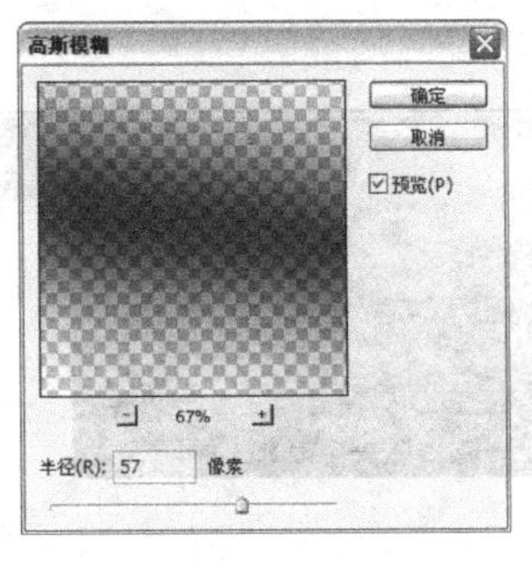

图 5-36

图 5-37

（15）在“图层”控制面板中将“阴影 2”图层拖曳到“阴影 1”图层的下方，如图 5-38 所示，效果如图 5-39 所示。

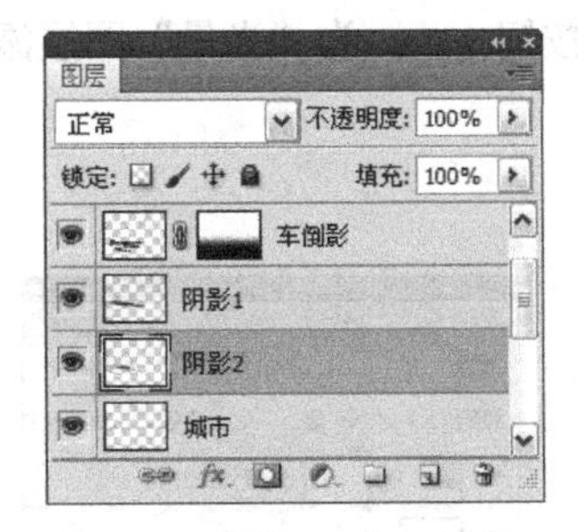

图 5-38

图 5-39

5.1.3 制作光晕效果

（1）单击“图层”控制面板下方的“创建新图层”按钮 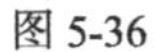，生成新的图层并将其命名为“光晕”。选择“矩形选框”工具，在图像窗口中绘制一个矩形选区，如图 5-40 所示。按 Alt+Delete 组合键，用前景色填充选区，按 Ctrl+D 组合键，取消选区，效果如图 5-41 所示。

图 5-40

图 5-41

（2）选择“滤镜 > 渲染 > 光晕”命令，弹出对话框，在左侧的示例框中拖曳十字图标到适当的位置，光晕选项的设置如图 5-42 所示，单击“确定”按钮，效果如图 5-43 所示。

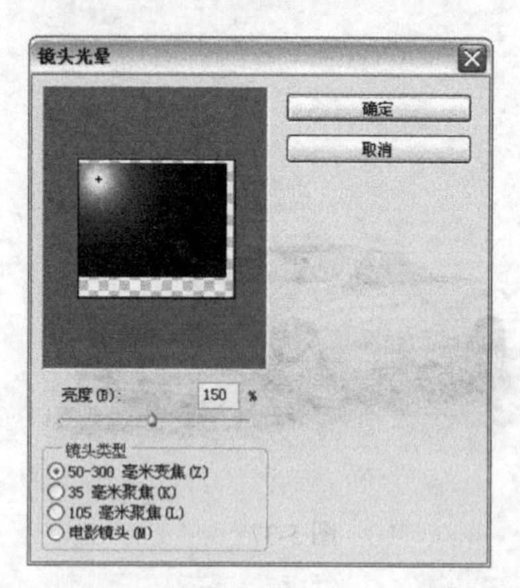

图 5-42

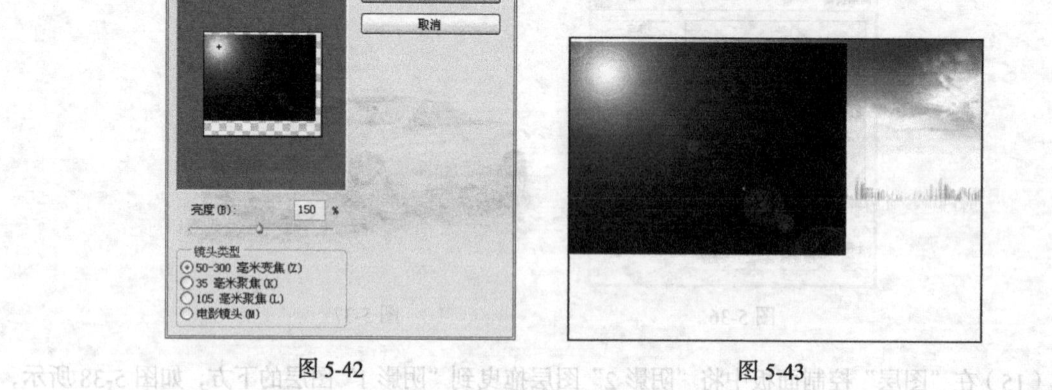

图 5-43

（3）在“图层”控制面板上方，将“光晕”图层的混合模式设为“滤色”，效果如图 5-44 所示。单击“图层”控制面板下方的“添加图层蒙版”按钮，为“光晕”图层添加蒙版，如图 5-45 所示。

图 5-44

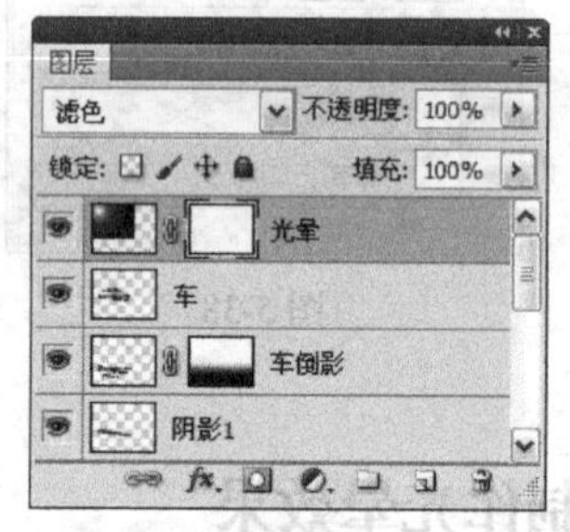

图 5-45

（4）选择“渐变”工具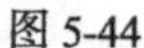，按住 Shift 键的同时，在图像窗口中由下至上拖曳渐变色，编辑状态如图 5-46 所示，松开鼠标，效果如图 5-47 所示。邀请函底图效果制作完成。按 Ctrl + ; 组合键，隐藏参考线。按 Ctrl+S 组合键，弹出“存储为”对话框，将其命名为“汽车广告背景”，保存为 JPEG 格式，单击“保存”按钮，弹出“JPEG 选项”对话框，单击“确定”按钮，将图像保存。

图 5-46

图 5-47

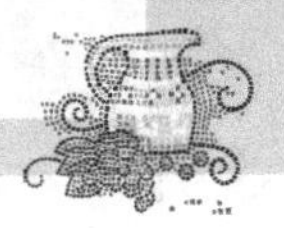

Illustrator 应用

5.1.4 制作汽车标志

（1）打开 Illustrator CS5 软件，按 Ctrl+N 组合键，弹出“新建文档”对话框，选项的设置如图 5-48 所示，单击“确定”按钮，新建一个文档。

（2）选择“文件 > 置入”命令，弹出“置入”对话框，选择光盘中的“Ch05 > 效果 > 制作汽车广告 > 汽车广告背景”文件，单击“置入”按钮，将图片置入页面中。在属性中单击“嵌入”按钮，嵌入图片。选择“窗口 > 对齐”命令，弹出“对齐”控制面板，将对齐方式设为“对齐画板”，如图 5-49 所示。分别单击 “水平居中对齐”按钮 和“垂直居中对齐”按钮，图片与页面居中对齐，效果如图 5-50 所示。

图 5-48

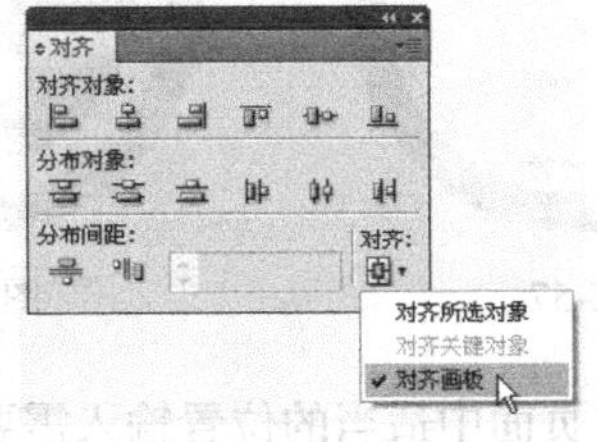

图 5-49

图 5-50

（3）选择“椭圆”工具，按住 Shift 键的同时，在页面空白处绘制一个圆形，如图 5-51 所示。双击“渐变”工具，弹出“渐变”控制面板，在色带上设置 3 个渐变滑块，分别将渐变滑块的位置设为 0、84、100，并设置 CMYK 的值分别为 0（0、50、100、0）、84（15、80、100、0）、100（19、88、100、20），如图 5-52 所示。设置描边色为无，效果如图 5-53 所示。在圆形中从左上方至右下方拖曳渐变，效果如图 5-54 所示。

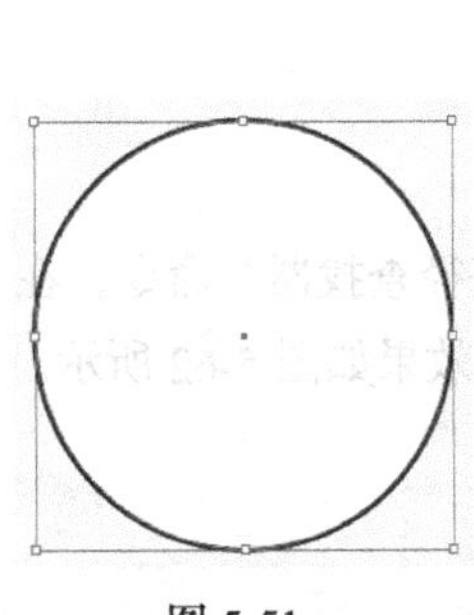

图 5-51

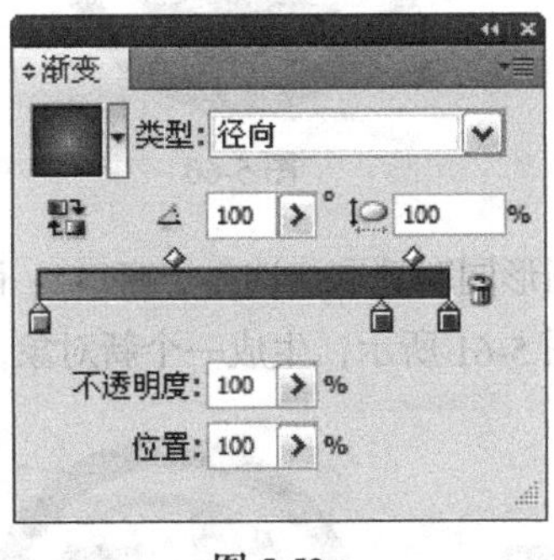

图 5-52

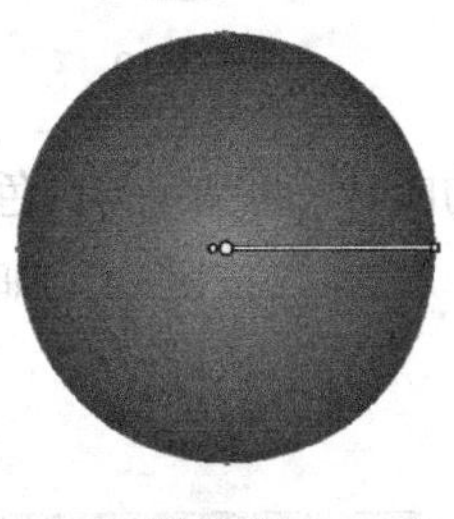

图 5-53

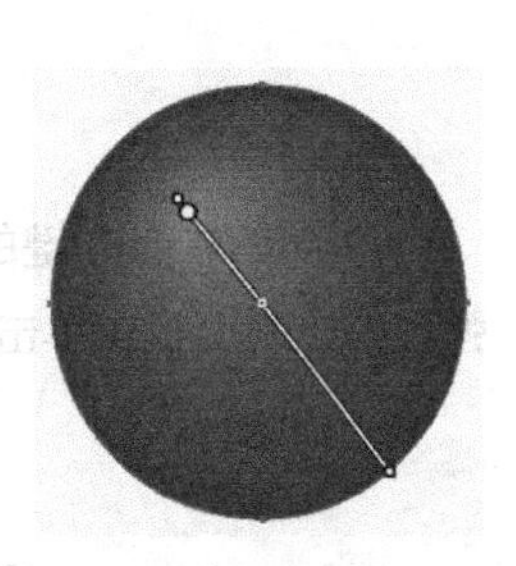

图 5-54

（4）选择“选择”工具，选择“对象 > 变换 > 缩放”命令，在弹出的“比例缩放”对话框中进行设置，如图 5-55 所示。单击“复制”按钮，复制出一个圆形，填充图形为白色，效果如图 5-56 所示。

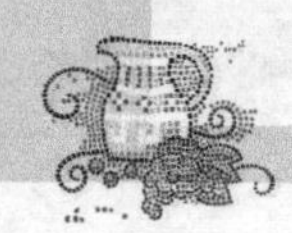

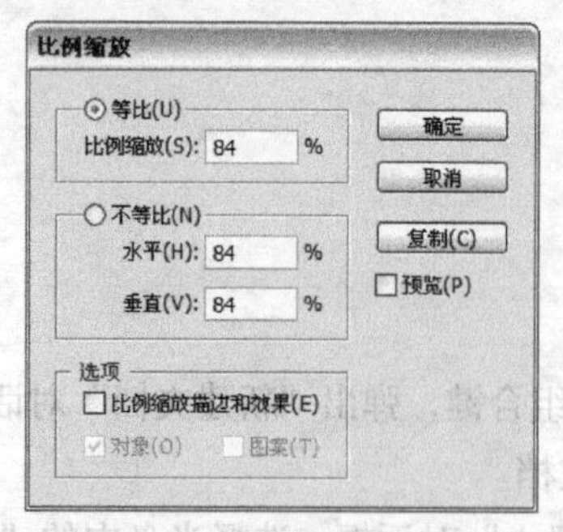

图 5-55

图 5-56

（5）按 Ctrl+D 组合键，再复制出一个圆形，按住 Shift 键的同时，将两个白色圆形同时选取，如图 5-57 所示。选择“对象 > 复合路径 > 建立”命令，创建复合路径，效果如图 5-58 所示。

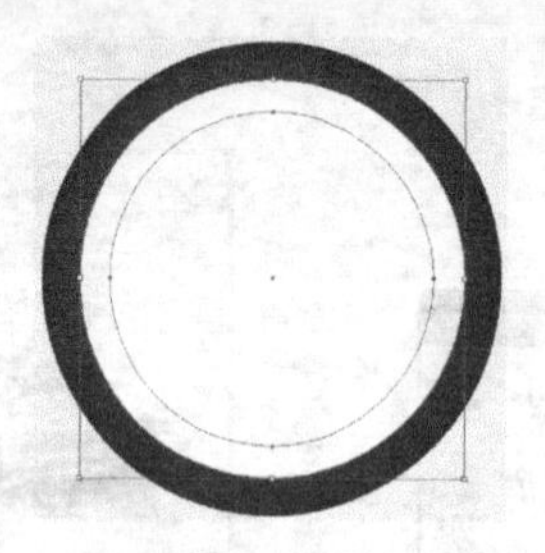

图 5-57

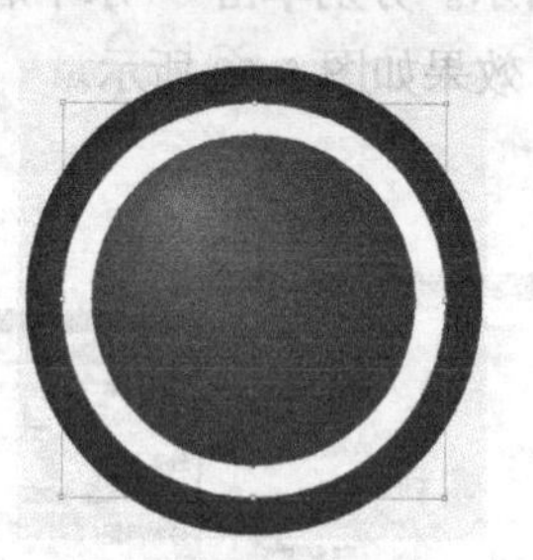

图 5-58

（6）选择“文字”工具T，在页面中适当的位置输入需要的文字。选择“选择”工具，在属性栏中选择合适的字体并设置文字大小，填充文字为白色，效果如图 5-59 所示。按 Shift+Ctrl+O 组合键，创建轮廓，如图 5-60 所示。

图 5-59

图 5-60

（7）按住 Shift 键的同时，将文字与白色圆形同时选取。选择“窗口 > 路径查找器”命令，在弹出的控制面板中单击“联集”按钮，如图 5-61 所示，生成一个新对象，效果如图 5-62 所示。

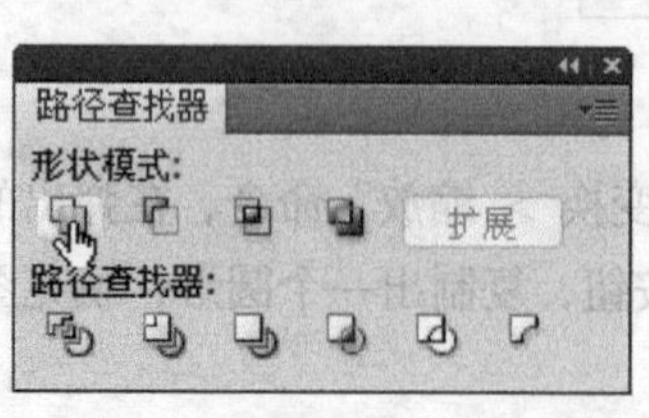

图 5-61

图 5-62

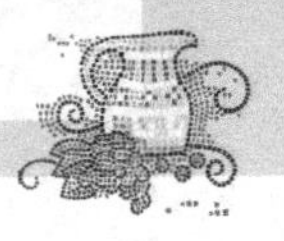

（8）选择“星形”工具，在页面中单击鼠标左键，在弹出的对话框中进行设置，如图5-63所示，单击“确定”按钮，得到一个星形。选择“选择”工具，填充图形为白色，并将其拖曳到适当的位置，效果如图5-64所示。

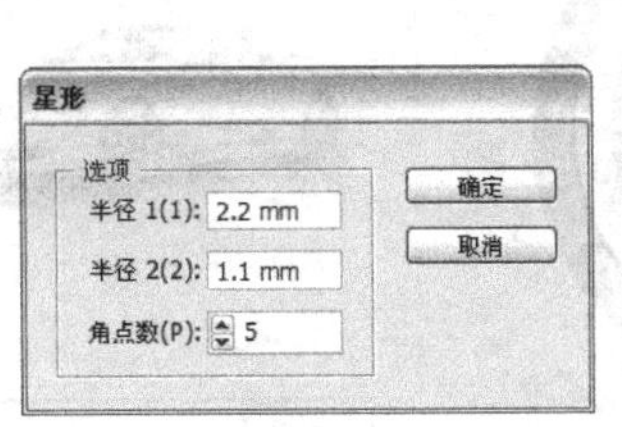

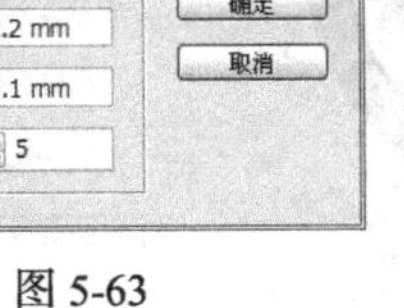

图5-63　　图5-64

（9）选择“对象 > 变换 > 倾斜”命令，在弹出的对话框中进行设置，如图5-65所示，单击“确定”按钮，效果如图5-66所示。按住Alt键的同时，向右上方拖曳鼠标，复制一个星形，调整其大小，效果如图5-67所示。用相同方法再复制两个星形，并分别调整其大小与位置，效果如图5-68所示。

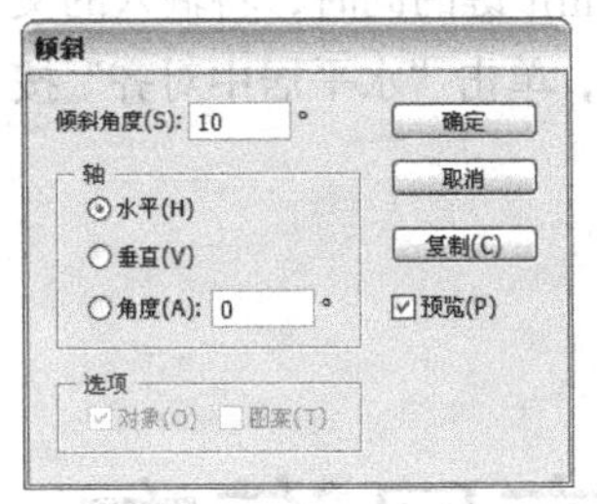

图5-65　　图5-66　　图5-67　　图5-68

（10）选择“选择”工具，按住Shift键的同时，将需要的图形同时选取，如图5-69所示，按Ctrl+G组合键，将其编组。在“渐变”控制面板中，将渐变色设为从白色到浅灰色（0、0、0、30），其他选项的设置如图5-70所示，填充渐变色，效果如图5-71所示。选择“渐变”工具，在圆形中从左上方至右下方拖曳渐变色，效果如图5-72所示。

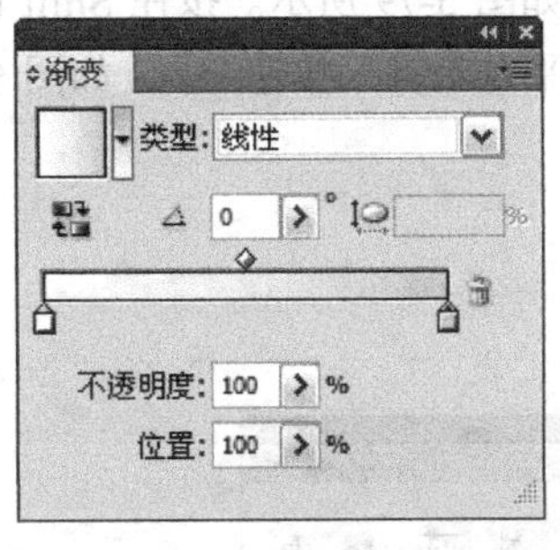

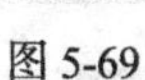
图5-69　　图5-70　　图5-71　　图5-72

（11）选择“选择”工具，按Ctrl+C组合键，复制选取的图形，按Shift+Ctrl+V组合键，就地粘贴选取的图形，并填充图形为黑色，效果如图5-73所示。按Ctrl+[组合键，将图形后移

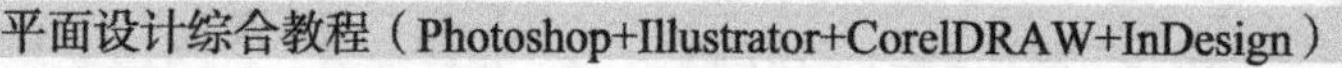

一层，并拖曳上方的渐变图形到适当的位置，效果如图 5-74 所示。用圈选的方法选取标志图形，将其拖曳到页面中的适当位置，效果如图 5-75 所示。

图 5-73

图 5-74

图 5-75

5.1.5 添加内容文字

（1）选择“文字”工具T，分别在适当的位置输入需要的文字。选择“选择”工具，在属性栏中选择合适的字体并设置文字大小，效果如图 5-76 所示。按住 Shift 键的同时，将输入的文字同时选取，在“对齐”控制面板中将对齐方式设为“对齐所选对象”，单击“水平居中对齐”按钮，如图 5-77 所示，效果如图 5-78 所示。

图 5-76

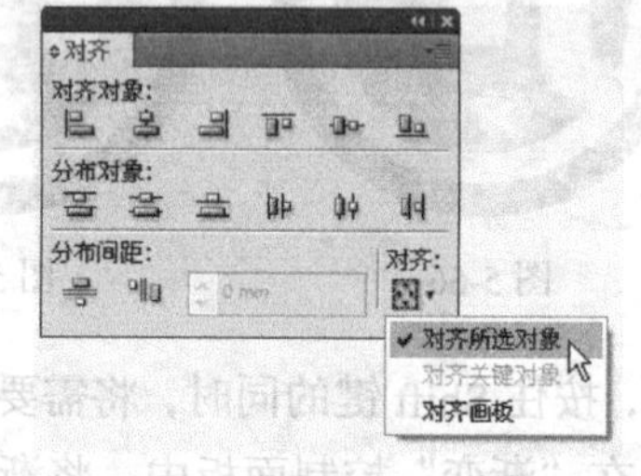

图 5-77

疾风汽车
Gale car

图 5-78

（2）选择“文字”工具T，分别在适当的位置输入需要的文字。选择“选择”工具，在属性栏中选择合适的字体并设置文字大小，效果如图 5-79 所示。按住 Shift 键的同时，将输入的文字同时选取，在“对齐”控制面板中单击“水平左对齐”按钮，如图 5-80 所示，对齐文字，效果如图 5-81 所示。

图 5-79

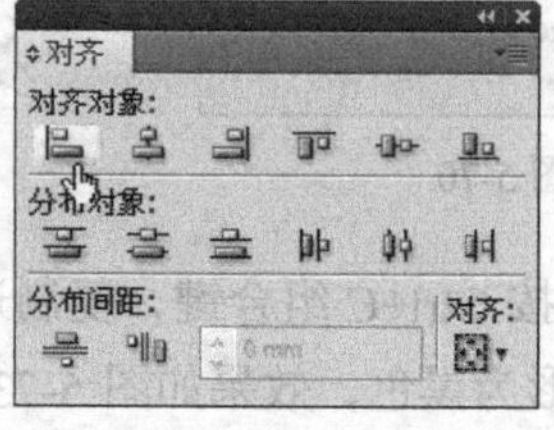

图 5-80

全新HWX 508Li
激活城市本色

图 5-81

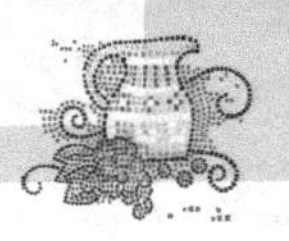

（3）选择“文字”工具T，在页面中适当的位置输入需要的文字。选择“选择”工具，在属性栏中选择合适的字体并设置文字大小，效果如图 5-82 所示。选择“文字”工具T，在页面中适当的位置拖曳出一个文本框，输入需要的文字，选择“选择”工具，在属性栏中选择合适的字体并设置文字大小，效果如图 5-83 所示。

图 5-82

图 5-83

（4）选择“窗口 > 文字 > 字符”命令，在弹出的“字符”控制面板中，将“行距”选项设为 32pt，如图 5-84 所示，效果如图 5-85 所示。

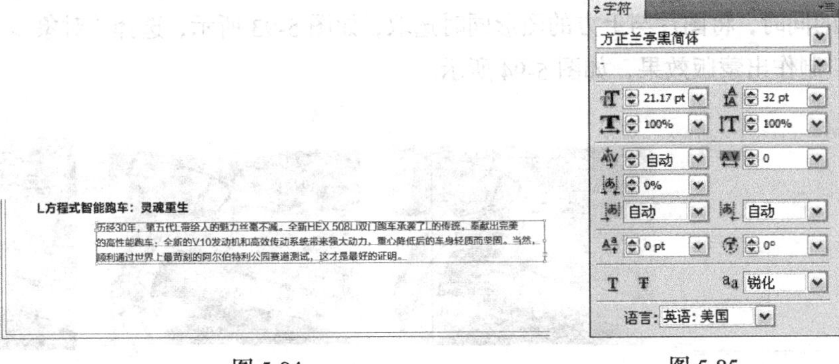

图 5-84

图 5-85

（5）选择“选择”工具，按住 Shift 键的同时，将需要的文字同时选取，单击“对齐”控制面板中的“水平左对齐”按钮，如图 5-86 所示，效果如图 5-87 所示。

图 5-86

图 5-87

5.1.6 添加并编辑图片

（1）选择“矩形”工具，按住 Shift 键的同时，在适当的位置绘制一个正方形，如图 5-88 所示。选择“选择”工具，按住 Shift+Alt 组合键的同时，将其水平向右拖曳到适当的位置，

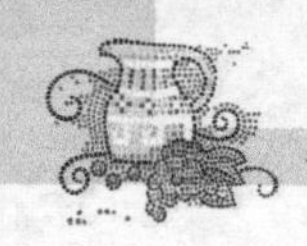

如图 5-89 所示。按住 Ctrl 键的同时，连续点按 D 键，按需要再制出多个正方形，效果如图 5-90 所示。

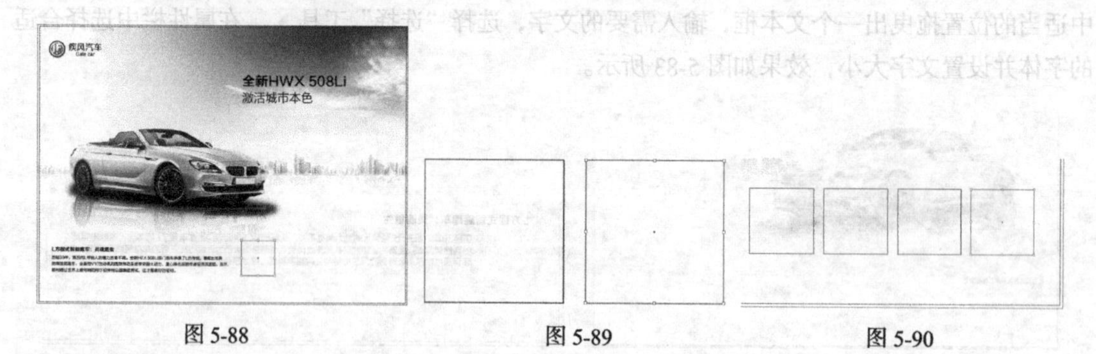

图 5-88　图 5-89　图 5-90

（2）选择“文件 > 置入”命令，弹出“置入”对话框，选择光盘中的“Ch05 > 素材 > 制作汽车广告 > 04”文件，单击“置入”按钮，将图片置入到页面中。在属性中单击“嵌入”按钮，嵌入图片。选择“选择”工具，将其拖曳到适当的位置并调整其大小，效果如图 5-91 所示。

（3）按多次 Ctrl+[组合键，将图片后移到适当的位置，如图 5-92 所示。选择“选择”工具，按住 Shift 键的同时，将图片与上方的图形同时选取，如图 5-93 所示，选择“对象 > 剪贴蒙版 > 建立”命令，制作出蒙版效果，如图 5-94 所示。

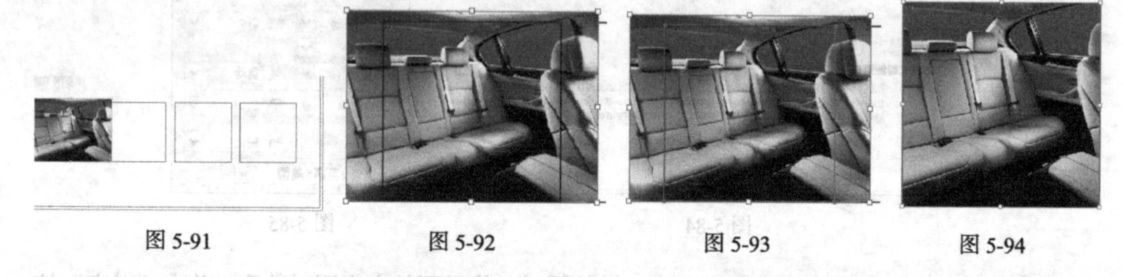

图 5-91　图 5-92　图 5-93　图 5-94

（4）选择“文字”工具T，在页面中适当的位置输入需要的文字。选择“选择”工具，在属性栏中选择合适的字体并设置文字大小，效果如图 5-95 所示。用相同的方法置入其他图片并制作剪贴蒙版，在图片下方分别添加适当的文字，效果如图 5-96 所示。

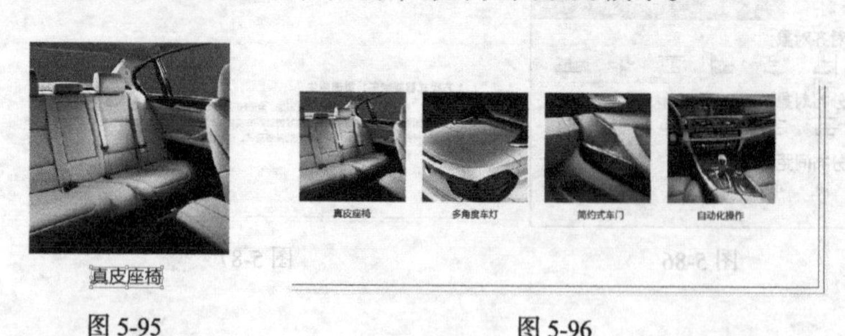

图 5-95　图 5-96

5.1.7　添加其他相关信息

（1）选择“矩形”工具，在适当的位置绘制一个矩形，设置填充色为灰色（其 C、M、Y、

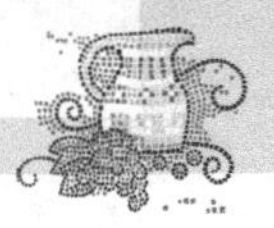

K 的值分别为 22、20、23、20），填充图形，并设置描边色为无，效果如图 5-97 所示。

（2）选择“文字”工具 T，分别在适当的位置输入需要的文字。选择“选择”工具，在属性栏中选择合适的字体并设置文字大小，效果如图 5-98 所示。

图 5-97

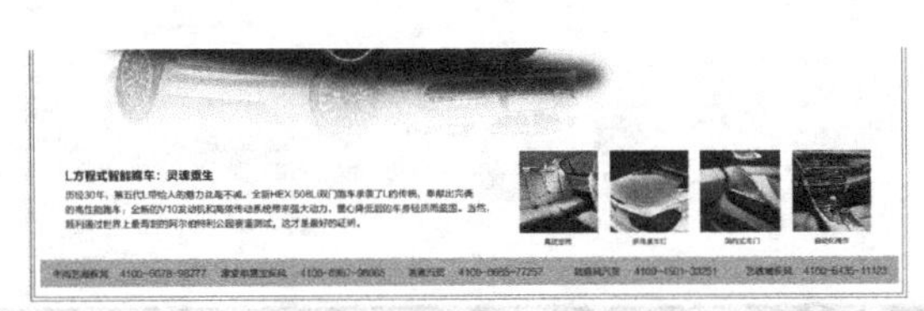

图 5-98

（3）汽车广告制作完成，效果如图 5-99 所示。按 Ctrl+S 组合键，弹出“存储为”对话框，将其命名为“汽车广告”，保存文件为 AI 格式，单击“保存”按钮，将文件保存。

图 5-99

5.2 课后习题——制作电脑广告

习题知识要点：在 Photoshop 中，使用新建参考线命令分割页面，使用图层样式命令制作电脑阴影，使用钢笔工具、渐变工具、不透明度选项和羽化命令制作装饰图形，使用自定义画笔工具绘制音符；在 Illustrator 中，使用路径查找器面板和矩形工具制作标志图形，使文字工具添加需要的文字，使用字形面板添加字形。电脑广告效果如图 5-100 所示。

效果所在位置：光盘/Ch05/效果/制作电脑广告/电脑广告.ai。

图 5-100

第6章 海报设计

海报是广告艺术中的一种大众化载体，又名“招贴”或“宣传画”。一般都张贴在公共场所。由于海报具有尺寸大，远视强、艺术性高的特点，因此，海报在宣传媒介中占有很重要的位置。本章通过制作茶艺海报为例，讲解海报的设计方法和制作技巧。

课堂学习目标

- 在 Photoshop 软件中制作海报背景图
- 在 CorelDRAW 软件中添加标题及相关信息

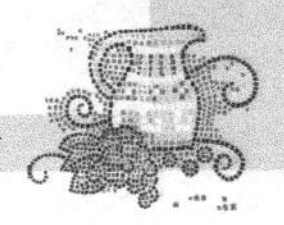

6.1 制作茶艺海报

案例学习目标：学习在 Photoshop 中使用图层控制面板、填充工具和滤镜命令制作茶艺海报底图；在 CorelDRAW 中使用图形的绘制工具、使文本适合路径命令和文本工具添加产品相关信息。

案例知识要点：在 Photoshop 中，使用添加图层蒙版按钮和渐变工具为图形添加透明渐变，使用图层混合模式选项和高斯模糊滤镜命令制作背景底图；在 CorelDRAW 中，使用导入命令和黑白命令编辑标题文字，使用矩形形工具、文本工具和填充工具制作印章效果，使用贝塞尔工具、文本工具和使文本适合路径命令添加展览标志图形，使用插入符号字符命令插入需要的字符图形。茶艺海报效果如图 6-1 所示。

图 6-1

效果所在位置：光盘/Ch06/效果/制作茶艺海报/茶艺海报.cdr。

Photoshop 应用

6.1.1 制作背景图像

（1）按 Ctrl+N 组合键，新建一个文件：宽度为 50.6cm，高度为 70.6cm，分辨率为 150 像素/英寸，颜色模式为 RGB，背景内容为白色，单击“确定”按钮，新建一个文件。选择“视图 > 新建参考线”命令，弹出“新建参考线”对话框，设置如图 6-2 所示，单击“确定”按钮，效果如图 6-3 所示。用相同的方法，在 70.3cm 处新建一条水平参考线，效果如图 6-4 所示。

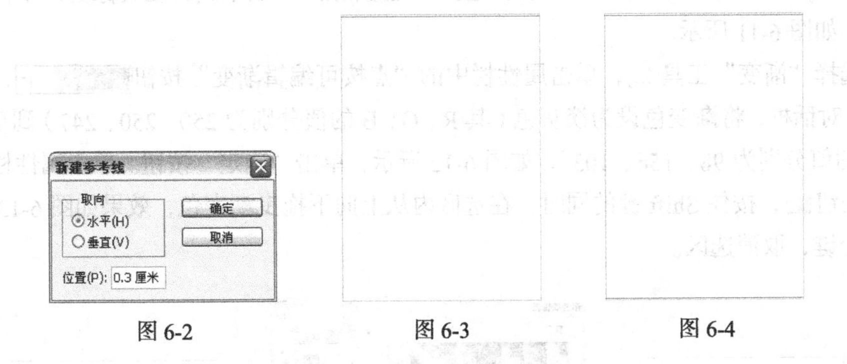

图 6-2　　图 6-3　　图 6-4

（2）选择“视图 > 新建参考线”命令，弹出“新建参考线”对话框，设置如图 6-5 所示，单击“确定”按钮，效果如图 6-6 所示。用相同的方法，在 50.3cm 处新建一条垂直参考线，效果如图 6-7 所示。

（3）新建图层并将其命名为“底图”。选择“矩形选框”工具，在图像窗口中绘制一个矩形选区，如图 6-8 所示。

（4）选择“渐变”工具，单击属性栏中的“点按可编辑渐变”按钮，弹出“渐变编辑器”对话框，将渐变色设为浅黄色（其 R、G、B 的值分别为 230、217、176）到土黄色（其 R、G、B 的值分别为 183、155、94），如图 6-9 所示，单击“确定”按钮。单击属性栏中的“径

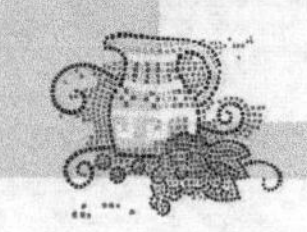

向渐变”按钮▣，按住 Shift 键的同时，在选区内从中间向右拖曳渐变色，效果如图 6-10 所示。按 Ctrl+D 组合键，取消选区。

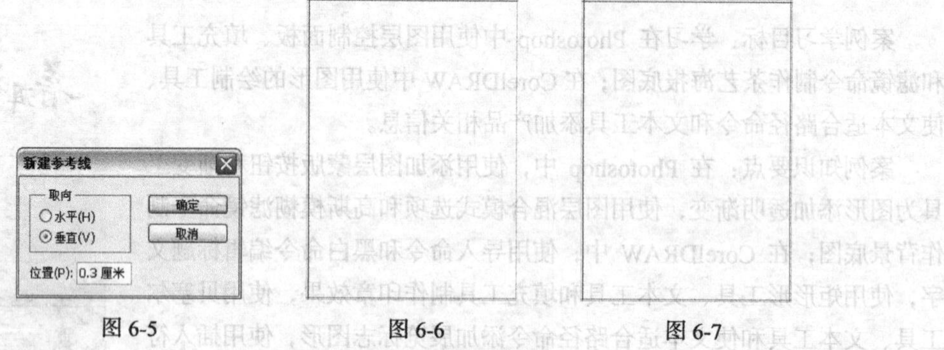

图 6-5　　图 6-6　　图 6-7

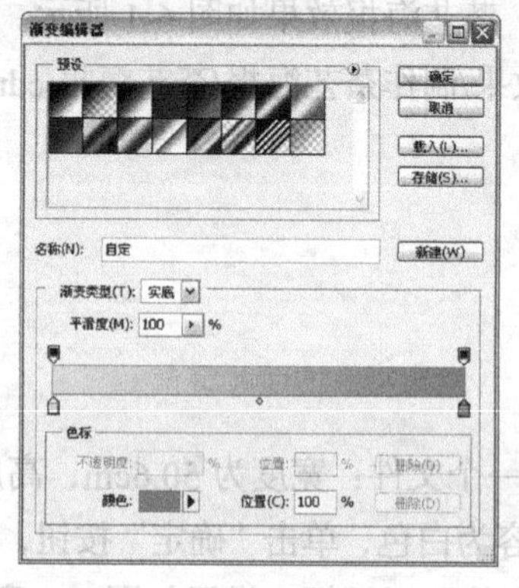

图 6-8　　图 6-9　　图 6-10

（5）新建图层并将其命名为“渐变”。选择“矩形选框”工具▢，在图像窗口中再绘制一个矩形选区，如图 6-11 所示。

（6）选择“渐变”工具▣，单击属性栏中的“点按可编辑渐变”按钮▬▾，弹出“渐变编辑器”对话框，将渐变色设为淡灰色（其 R、G、B 的值分别为 250、250、247）到草绿色（其 R、G、B 的值分别为 98、156、103），如图 6-12 所示，单击“确定”按钮。单击属性栏中的“线性渐变”按钮▣，按住 Shift 键的同时，在选区内从上向下拖曳渐变色，效果如图 6-13 所示。按 Ctrl+D 组合键，取消选区。

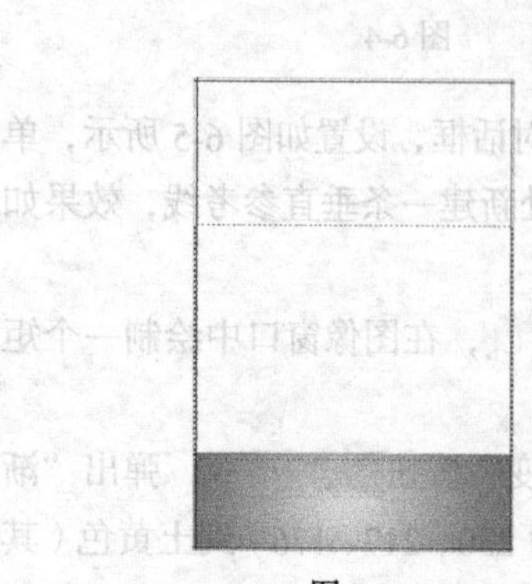

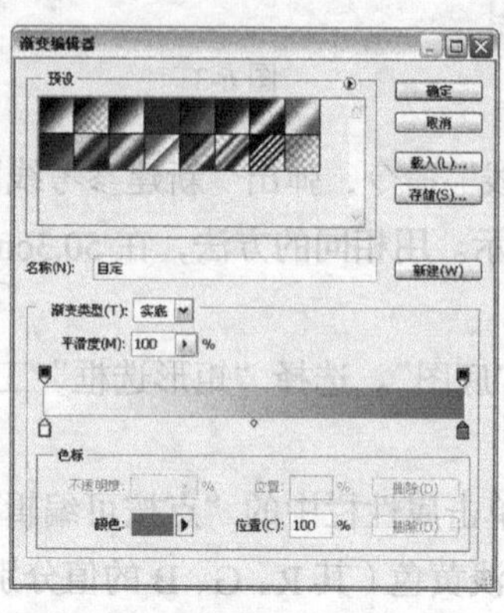

图 6-11　　图 6-12　　图 6-13

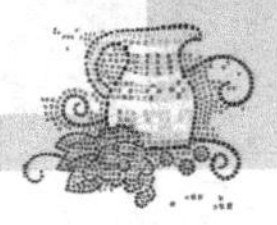

（7）单击“图层”控制面板下方的“添加图层蒙版”按钮，为“渐变”图层添加蒙版，如图6-14所示。选择“渐变”工具，单击属性栏中的“点按可编辑渐变”按钮，弹出“渐变编辑器”对话框，将渐变色设为黑色到白色，并在图像窗口中拖曳渐变色，如图6-15所示，松开鼠标左键，效果如图6-16所示。

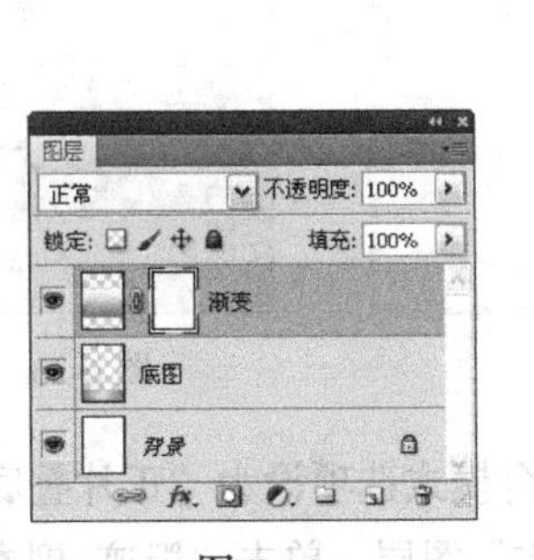

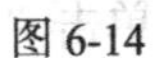

图6-14

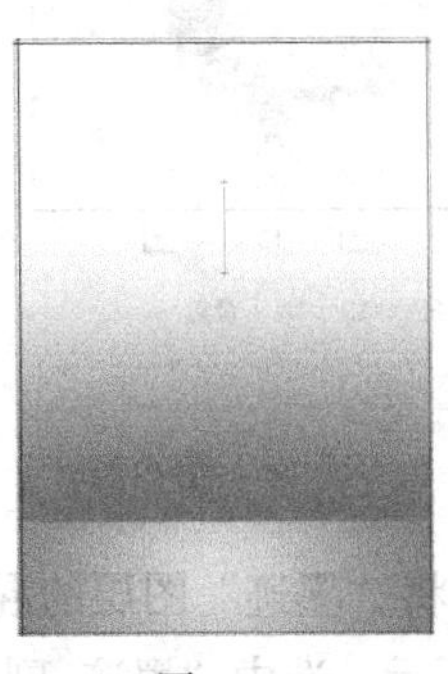

图6-15

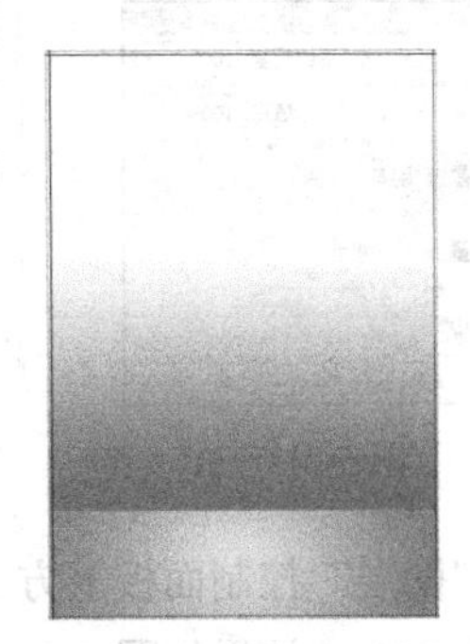

图6-16

6.1.2 添加并编辑图片

（1）按Ctrl+O组合键，打开光盘中的“Ch06 > 素材 > 制作茶艺海报 > 01”文件，选择“移动”工具，将“山”图片拖曳到图像窗口中适当的位置，如图6-17所示，在“图层”控制面板中生成新的图层并将其命名为“山”。

（2）在“图层”控制面板上方，将“山”图层的混合模式选项设为“强光”，“不透明度”选项设为30%，如图6-18所示，图像效果如图6-19所示。

图6-17

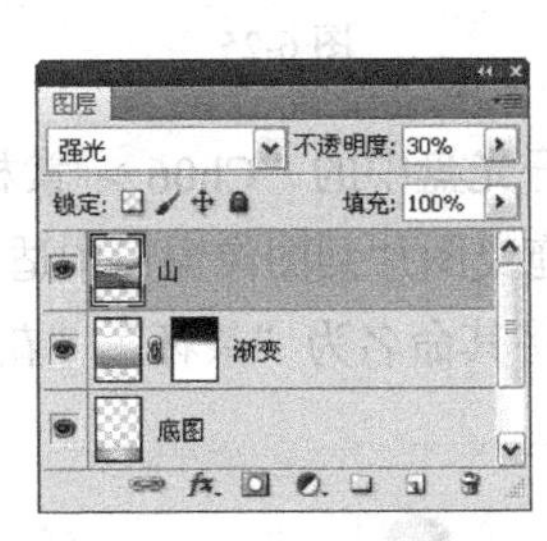

图6-18

图6-19

（3）按Ctrl+O组合键，打开光盘中的“Ch06 > 素材 > 制作茶艺海报 > 02”文件，选择“移动”工具，将“墨迹”图片拖曳到图像窗口中适当的位置，如图6-20所示，在“图层”控制面板中生成新的图层并将其命名为“墨迹”。按Ctrl+J组合键，复制“墨迹”图层，生成新的图层“墨迹 副本”，如图6-21所示。单击“墨迹 副本”图层左边的眼睛图标，隐藏该图层。

图6-20

（4）选中“墨迹”图层，选择“滤镜 > 模糊 > 高斯模糊”命令，弹出“高斯模糊”对话框，选项的设置如图6-22所示，单击“确定”按钮，效果如图6-23所示。

图 6-21

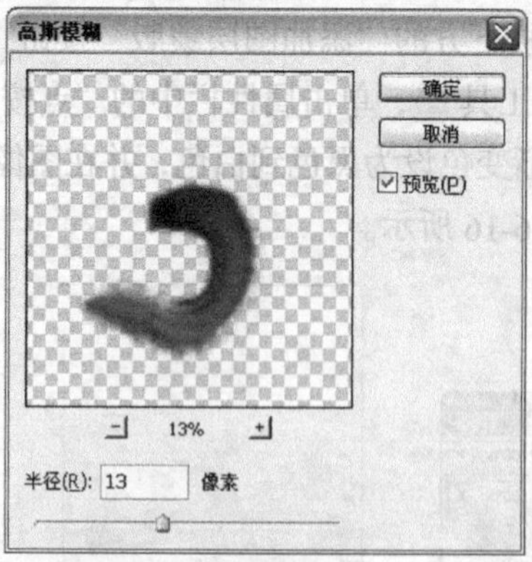

图 6-22

图 6-23

（5）在“图层”控制面板上方，将“墨迹”图层的混合模式选项设为“正片叠底”，“不透明度”选项设为80%，效果如图6-24所示。选中“墨迹 副本”图层，单击“墨迹 副本”图层左边的空白图标，显示该图层。将“墨迹 副本”图层的混合模式选项设为“正片叠底”，“不透明度”选项设为80%，如图6-25所示，图像效果如图6-26所示。

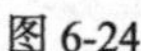
图 6-24

图 6-25

图 6-26

（6）按Ctrl+O组合键，分别打开光盘中的“Ch06 > 素材 > 制作茶艺海报 > 03、04、05”文件，选择“移动”工具，分别拖曳图片到图像窗口中适当的位置，效果如图6-27所示，在“图层”控制面板中生成新的图层并将其命名为“茶杯”、“花”、“屋檐”，如图6-28所示。

图 6-27

图 6-28

（7）按住Ctrl键的同时，单击“屋檐”图层的缩览图，图像周围生成选区，如图6-29所示。选择“选择 > 变换选区”命令，在选区周围出现控制手柄，按向下方向键微调选区到适当的位

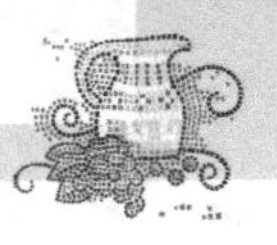

置，按 Enter 键确认操作，效果如图 6-30 所示。

图 6-29　　图 6-30

（8）新建图层并将其命名为“阴影”，填充选区为黑色。按 Ctrl+D 组合键，取消选区，效果如图 6-31 所示。在“图层”控制面板中，将“阴影”图层的“不透明度”选项设为 36%，效果如图 6-32 所示，将“阴影”图层拖曳到“屋檐”图层的下方，效果如图 6-33 所示。

图 6-31　　图 6-32　　图 6-33

（9）按 Ctrl+O 组合键，打开光盘中的“Ch06 > 素材 > 制作茶艺海报 > 06”文件，选择“移动”工具，将装饰图片拖曳到图像窗口中适当的位置，如图 6-34 所示，在“图层”控制面板中生成新的图层并将其命名为“装饰条”。

（10）将“装饰条”图层的混合模式选项设为“柔光”，效果如图 6-35 所示，将其拖曳到“阴影”图层的下方，如图 6-36 所示，图像效果如图 6-37 所示。茶艺海报背景图制作完成。

图 6-34　　图 6-35　　图 6-36　　图 6-37

（11）按 Ctrl+; 组合键，隐藏参考线。按 Shift+Ctrl+E 组合键，合并可见图层。按 Ctrl+S 组合键，弹出“存储为”对话框，将制作好的图像命名为“茶艺海报背景图”，保存为 TIFF 格式，

单击“保存”按钮，弹出“TIFF 选项”对话框，单击“确定”按钮，将图像保存。

CorelDRAW 应用

6.1.3 导入并编辑宣传语

（1）打开 CorelDRAW X5 软件，按 Ctrl+N 组合键，新建一个页面。在属性栏中的“页面度量”选项中分别设置宽度为 500mm，高度为 700mm，按 Enter 键，页面尺寸显示为设置的大小。选择“视图 > 显示 > 出血”命令，显示出血线。

（2）按 Ctrl+I 组合键，弹出“导入”对话框，选择光盘中的“Ch06 > 效果 > 制作茶艺海报 > 茶艺海报背景图”文件，单击“导入”按钮，在页面中单击导入图片，如图 6-38 所示。按 P 键，图片在页面中居中对齐，效果如图 6-39 所示。

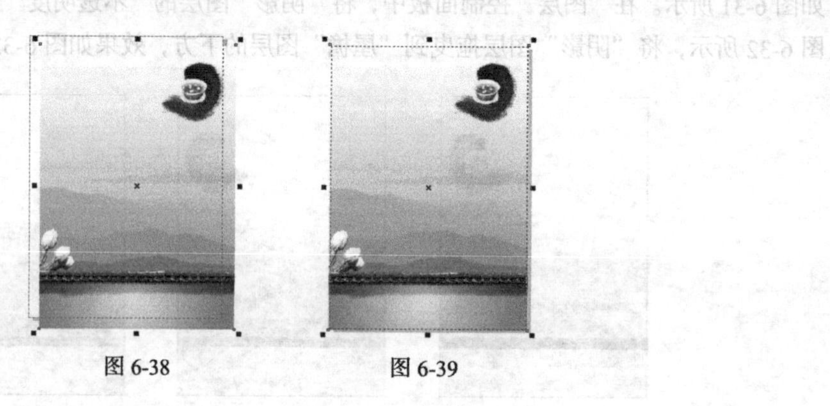

图 6-38　　图 6-39

（3）按 Ctrl+I 组合键，弹出“导入”对话框，分别选择光盘中的“Ch06 > 素材 > 制作茶艺海报 > 07、08”文件，单击“导入”按钮，在页面中分别单击导入图片，分别拖曳到适当的位置并调整其大小，效果如图 6-40 所示。

（4）选择“选择”工具，选取文字“普”，设置文字颜色的 CMYK 值为 0、100、100、10，填充文字，效果如图 6-41 所示。

（5）按 Ctrl+I 组合键，弹出“导入”对话框，分别选择光盘中的“Ch06 > 素材 > 制作茶艺海报 > 09、10”文件，单击“导入”按钮，在页面中分别单击导入图片，分别拖曳到适当的位置并调整其大小，效果如图 6-42 所示。

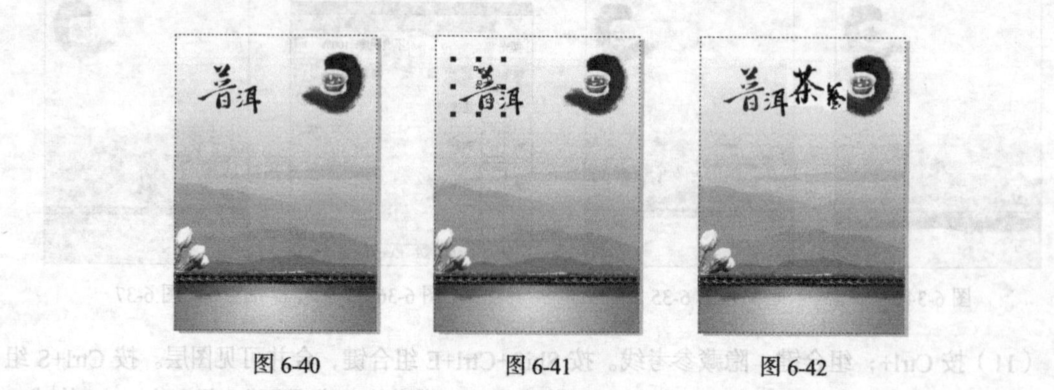

图 6-40　　图 6-41　　图 6-42

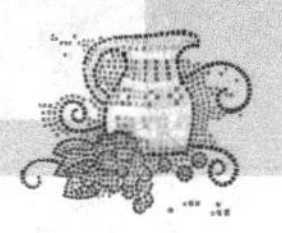

（6）选择“选择”工具，选取文字“茶”。选择“位图 > 模式 > 黑白”命令，弹出“转换为 1 位”对话框，选项的设置如图 6-43 所示，单击“确定”按钮，效果如图 6-44 所示。

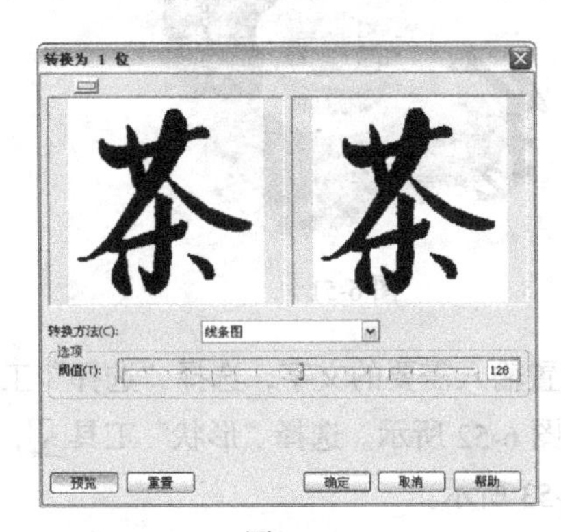

图 6-43

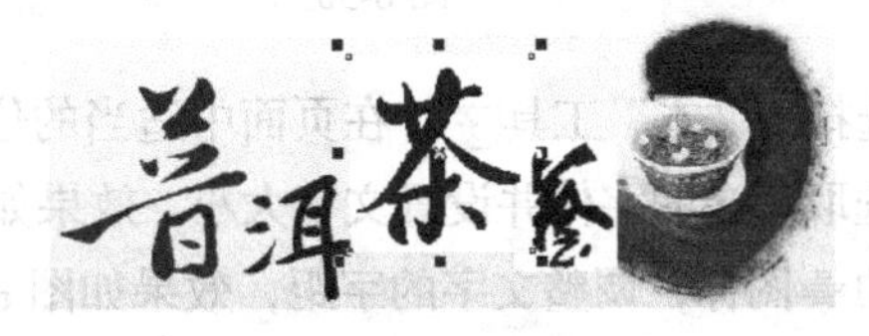

图 6-44

（7）保持图形选取状态，在“CMYK 调色板”中的“无填充”按钮上单击鼠标左键，取消图形填充，效果如图 6-45 所示。选择“选择”工具，选取文字“艺”，使用相同的方法转换文字图形，效果如图 6-46 所示。

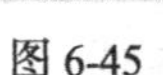

图 6-45

图 6-46

6.1.4 添加印章及活动信息

（1）选择“矩形”工具，在属性栏中的设置如图 6-47 所示，在页面中适当的位置绘制一个矩形，如图 6-48 所示，设置图形颜色的 CMYK 值为 0、100、100、10，填充图形，并去除图形的轮廓线，效果如图 6-49 所示。

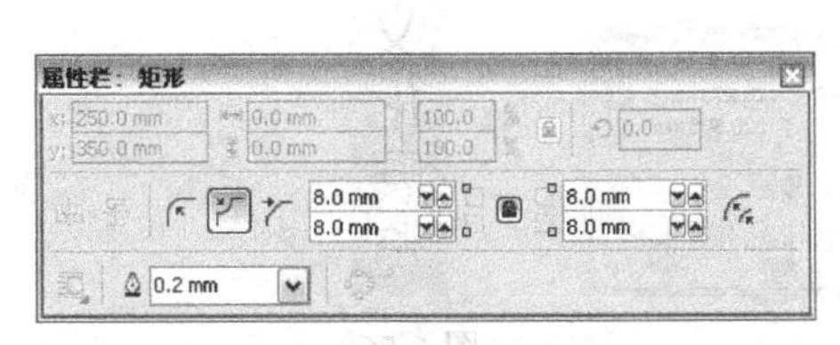

图 6-47

图 6-48

图 6-49

（2）选择“文本”工具，单击属性栏中的“将文本更改为垂直方向”按钮，在矩形上输入需要的文字，选择“选择”工具，在属性栏中选取适当的字体并设置文字大小，填充文字为白色，效果如图 6-50 所示。选择“形状”工具，向上拖曳文字下方的图标，调整文字的字距，效果如图 6-51 所示。

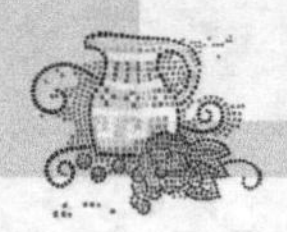

图 6-50

图 6-51

（3）选择“文本”工具字，在页面中适当的位置输入需要的文字，选择“选择”工具，在属性栏中选取适当的字体并设置文字大小，效果如图 6-52 所示。选择“形状”工具，向下拖曳文字下方的图标，调整文字的字距，效果如图 6-53 所示。

图 6-52

图 6-53

（4）选择“选择”工具，设置文字颜色的 CMYK 值为 0、100、100、10，填充文字，效果如图 6-54 所示。选择“轮廓图”工具，在属性栏中将“填充色”选项设为白色，其他选项的设置如图 6-55 所示，按 Enter 键确认操作，效果如图 6-56 所示。

普洱茶艺文化展览

图 6-54

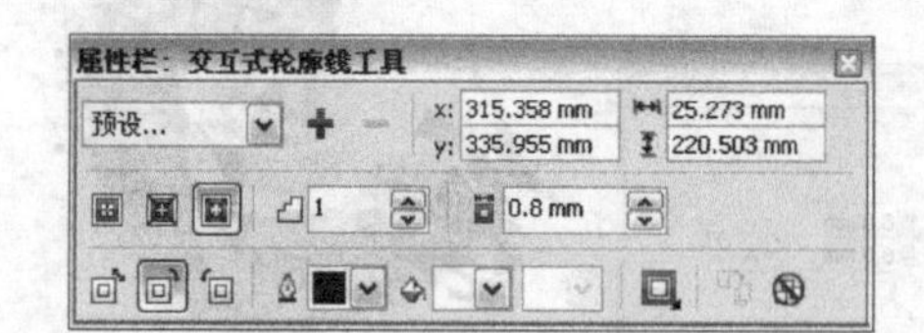

图 6-55

普洱茶艺文化展览

图 6-56

（5）选择“文本”工具字，在页面中适当的位置输入需要的文字，选择“选择”工具，在属性栏中选取适当的字体并设置文字大小，效果如图 6-57 所示。选择“形状”工具，向下拖曳文字下方的图标，调整文字的字距，效果如图 6-58 所示。使用相同的方法再次输入需要的文字，效果如图 6-59 所示。

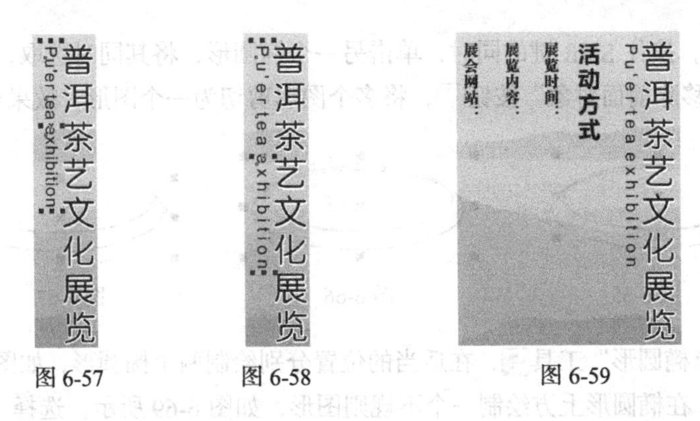

图 6-57　　图 6-58　　图 6-59

（6）选择“文本”工具字，在页面中适当的位置按住鼠标左键不放，拖曳出一个文本框，如图 6-60 所示，输入需要的文字，选择“选择”工具，在属性栏中选取适当的字体并设置文字大小，效果如图 6-61 所示。

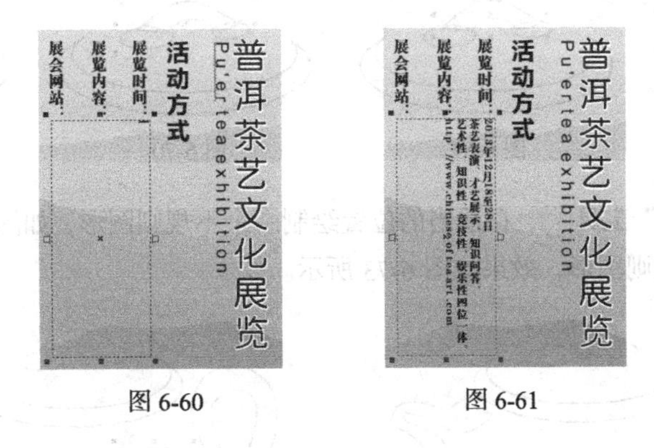

图 6-60　　图 6-61

（7）选择“文本 > 段落格式化”命令，弹出“段落格式化”面板，选项的设置如图 6-62 所示，按 Enter 键确认操作，效果如图 6-63 所示。

（8）选择“手绘”工具，按住 Ctrl 键的同时，在页面中适当的位置绘制一条直线，在属性栏中的“轮廓宽度” .2 mm 框中设置数值为 0.25mm，按 Enter 键，效果如图 6-64 所示。

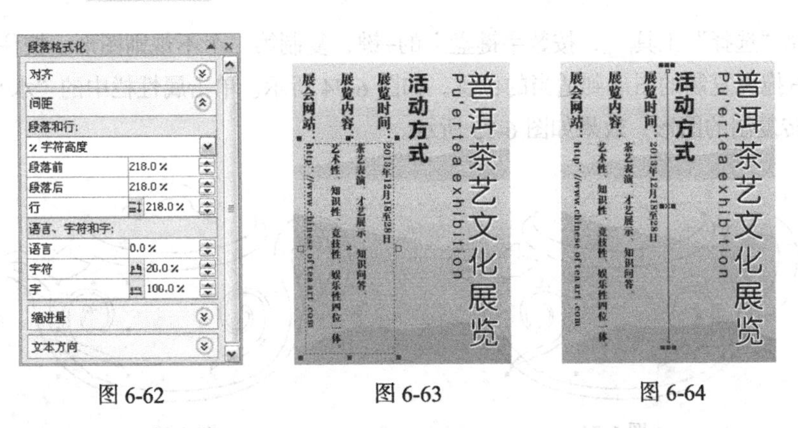

图 6-62　　图 6-63　　图 6-64

6.1.5　制作展览标志图形

（1）选择“椭圆形”工具，在页面外适当的位置分别绘制两个椭圆形，如图 6-65 所示。选择“选择”工具，按住 Shift 键的同时，单击另一个椭圆形，将其同时选取，如图 6-66 所示。单击属性栏中的“移除前面对象”按钮，将多个图形剪切为一个图形，效果如图 6-67 所示。

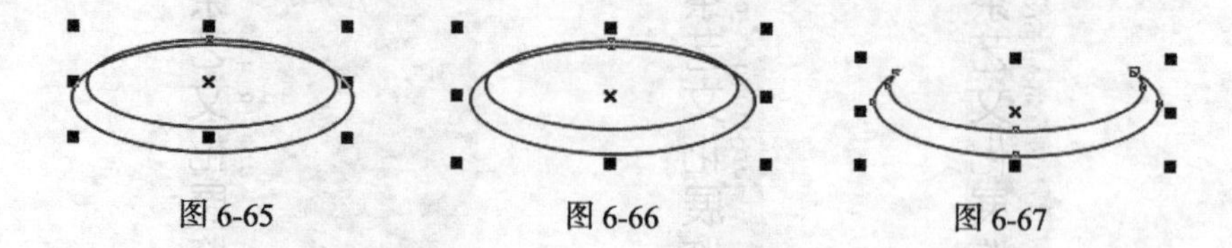

图 6-65　　图 6-66　　图 6-67

（2）选择“3 点椭圆形”工具，在适当的位置分别绘制两个椭圆形，如图 6-68 所示。选择“贝塞尔”工具，在椭圆形上方绘制一个不规则图形，如图 6-69 所示。选择“选择”工具，用圈选的方法将椭圆形和不规则图形同时选取，如图 6-70 所示。单击属性栏中的“合并”按钮，将多个图形合并成一个图形，效果如图 6-71 所示。

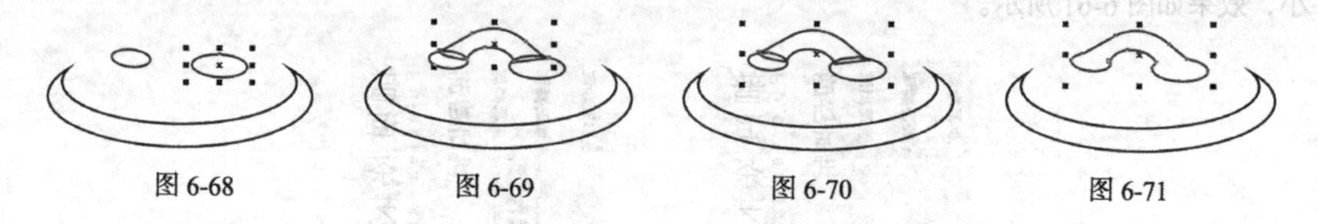

图 6-68　　图 6-69　　图 6-70　　图 6-71

（3）选择“贝塞尔”工具，在适当的位置绘制一个不规则图形，如图 6-72 所示。使用相同的方法再绘制一个不规则图形，效果如图 6-73 所示。

图 6-72　　图 6-73

（4）选择“选择”工具，按数字键盘上的+键，复制第二个不规则图形。按住 Shift 键的同时，水平向右拖曳复制的图形到适当的位置，如图 6-74 所示。单击属性栏中的“水平镜像”按钮，水平翻转复制的图形，效果如图 6-75 所示。

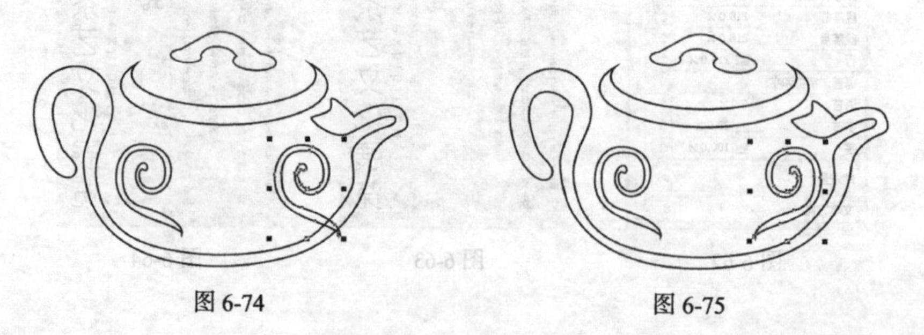

图 6-74　　图 6-75

（5）选择“文本”工具，单击属性栏中的“将文本更改为水平方向”按钮，在适当的位置输入需要的文字，选择“选择”工具，在属性栏中选择合适的字体并设置文字大小，效果如图 6-76 所示。使用圈选的方法将刚绘制的图形全部选取，按 Ctrl+G 组合键，将其群组，效果如

图 6-77 所示。拖曳群组图形到页面中适当的位置，填充图形为白色，并去除图形的轮廓线，效果如图 6-78 所示。

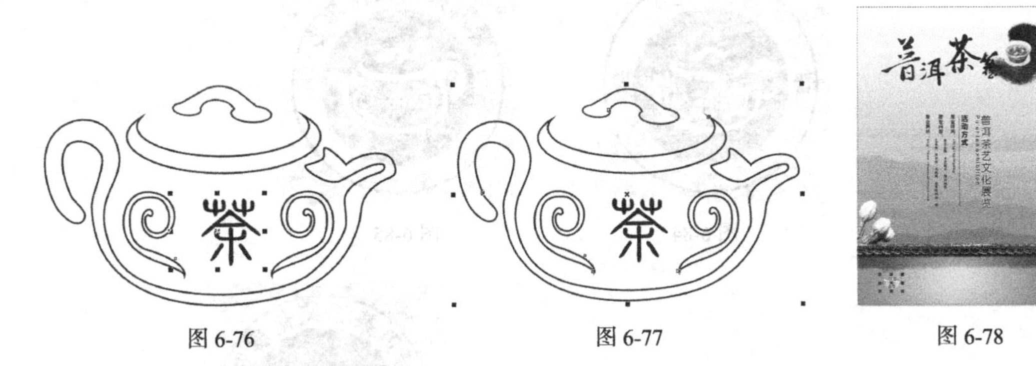

图 6-76　　图 6-77　　图 6-78

（6）选择“椭圆形”工具，按住 Ctrl 键的同时，在茶壶图形上绘制一个圆形，设置图形颜色的 CMYK 值为 0、100、100、50，填充图形；设置轮廓线颜色的 CMYK 值为 0、100、100、40，填充图形轮廓线，并在属性栏中设置适当的轮廓宽度，效果如图 6-79 所示。

（7）按 Ctrl+PageDown 组合键，将图形向后移动一层，如图 6-80 所示。选择“选择”工具，按住 Shift 键的同时，单击茶壶图形，将其同时选取，按 C 键，进行垂直居中对齐，效果如图 6-81 所示。

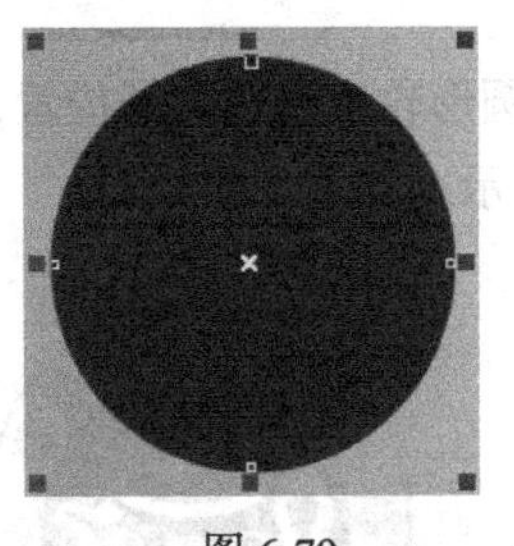

图 6-79

图 6-80

图 6-81

（8）选择“椭圆形”工具，按住 Ctrl 键的同时，在页面中绘制一个圆形，设置轮廓线颜色的 CMYK 值为 0、100、100、40，在属性栏中设置适当的轮廓宽度，效果如图 6-82 所示。

（9）选择“文本”工具，在页面中输入需要的文字。选择“选择”工具，在属性栏中选择合适的字体并设置文字大小，效果如图 6-83 所示。

图 6-82

图 6-83

（10）保持文字的选取状态，选择“文本 > 使文本适合路径”命令，将光标置于圆形轮廓线上，如图 6-84 所示，单击鼠标左键，文本自动绕路径排列，效果如图 6-85 所示。在属性栏中的

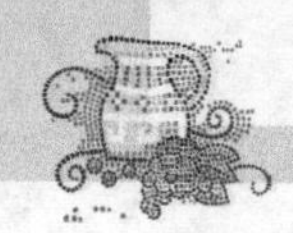

设置如图 6-86 所示，按 Enter 键确认操作，效果如图 6-87 所示。

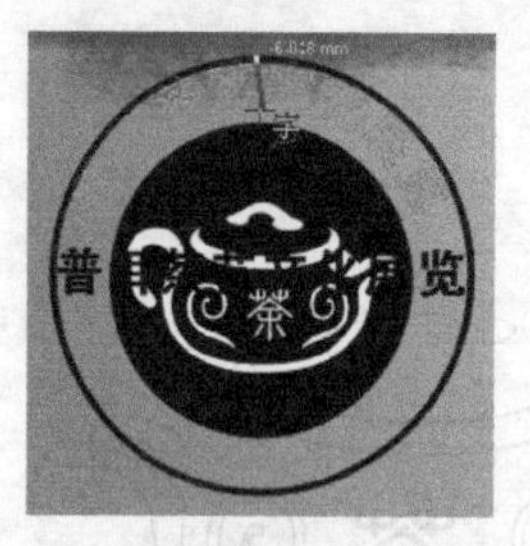

图 6-84

图 6-85

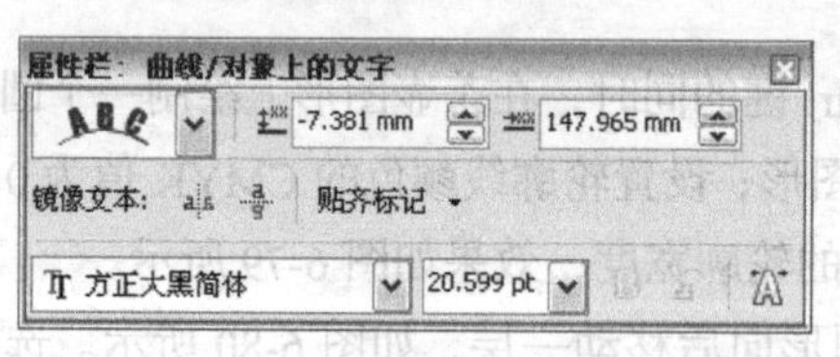

图 6-86

图 6-87

（11）选择“文本”工具，在页面中输入需要的英文。选择“选择”工具，在属性栏中选择合适的字体并设置文字大小，效果如图 6-88 所示。

（12）选择“文本 > 使文本适合路径”命令，将光标置于圆形轮廓线适当的位置，如图 6-89 所示，单击鼠标左键，文本自动绕路径排列，效果如图 6-90 所示。

图 6-88

图 6-89

图 6-90

（13）在属性栏中单击“水平镜像文本”按钮和“垂直镜像文本”按钮，其他选项的设置如图 6-91 所示，按 Enter 键确认操作，效果如图 6-92 所示。选择“形状”工具，向右拖曳文字下方的图标，调整文字的间距，效果如图 6-93 所示。

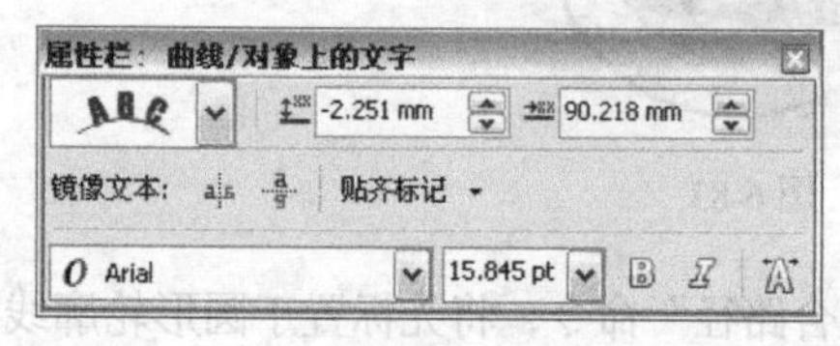

图 6-91

图 6-92

图 6-93

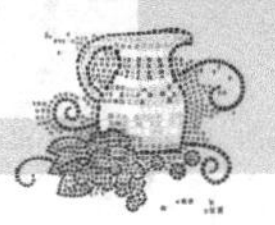

6.1.6　添加介绍性文字

（1）选择“文本”工具字，在页面中分别输入需要的文字。选择“选择”工具，在属性栏中选择合适的字体并设置文字大小，效果如图 6-94 所示。

（2）选择“文本 > 插入符号字符”命令，弹出“插入字符”泊坞窗，选择需要的字符，其他选项的设置如图 6-95 所示，拖曳字符到页面中适当的位置并调整其大小，效果如图 6-96 所示。

图 6-94

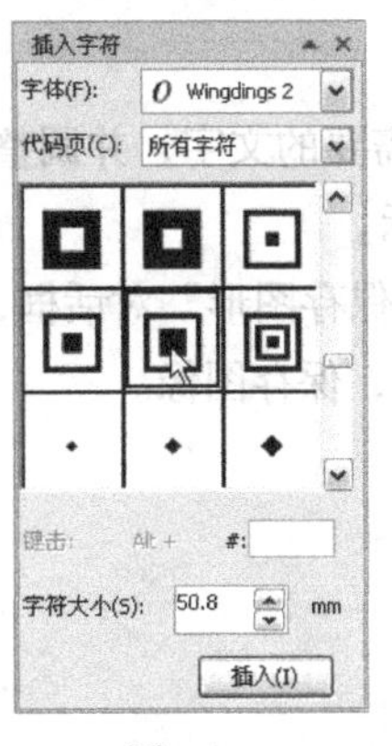

图 6-95

图 6-96

（3）选择“选择”工具，选取字符图形，设置字符颜色的 CMYK 值为 0、100、100、10，填充字符，效果如图 6-97 所示。按数字键盘上的 + 键，复制字符图形，按住 Shift 键的同时，水平向右拖曳复制的字符图形到页面中适当的位置，效果如图 6-98 所示。

图 6-97

图 6-98

（4）选择“文本”工具字，在页面中适当的位置按住鼠标左键不放，拖曳出一个文本框，如图 6-99 所示，输入需要的文字，选择“选择”工具，在属性栏中选取适当的字体并设置文字大小，效果如图 6-100 所示。

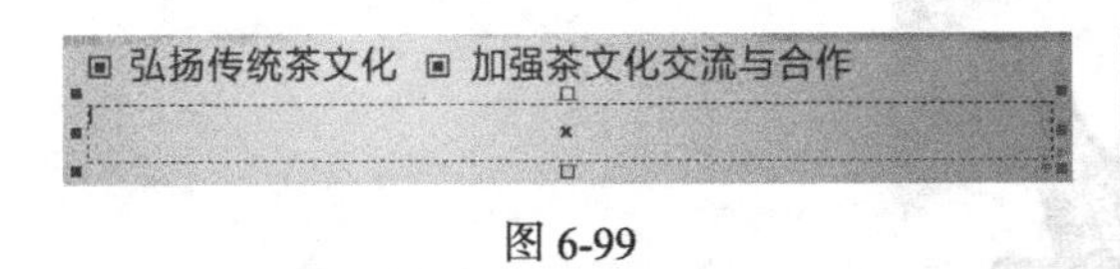

图 6-99

图 6-100

（5）选择“文本 > 段落格式化”命令，弹出“段落格式化”面板，选项的设置如图 6-101 所示，按 Enter 键确认操作，效果如图 6-102 所示。

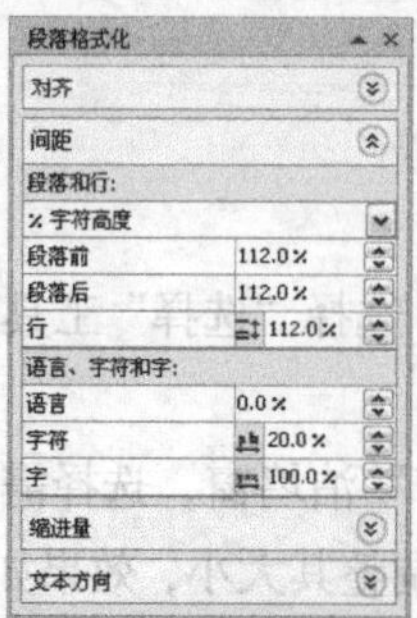

图 6-101

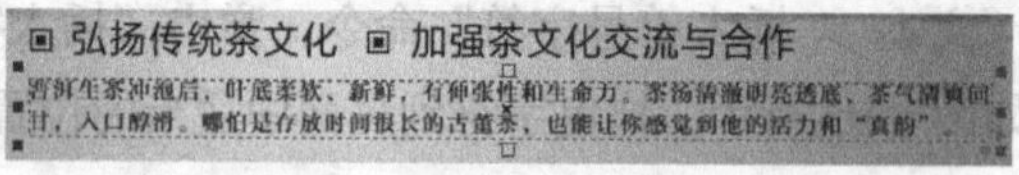

图 6-102

（6）使用相同的方法再次输入需要的文字，并调整适当的行距，效果如图 6-103 所示。茶艺海报制作完成，效果如图 6-104 所示。

（7）按 Ctrl+S 组合键，弹出“保存图形”对话框，将制作好的图像命名为“茶艺海报”，保存为 CDR 格式，单击“保存”按钮，保存图像。

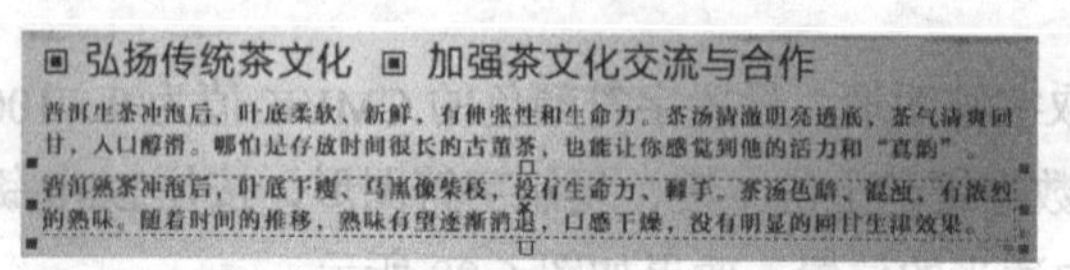

图 6-103

图 6-104

6.2 课后习题——制作啤酒招贴

习题知识要点：在 Photoshop 中，学习使用新建参考线命令添加参考线，使用文字工具和图层样式命令添加并编辑宣传语；在 CorelDRAW 中，使用图形的绘制工具、移除前面对象命令、文本工具和使文本适合路径命令制作标志图形，使用文字工具和旋转命令添加介绍性文字。啤酒招贴效果如图 6-105 所示。

效果所在位置：光盘/Ch06/效果/制作啤酒招贴/啤酒招贴.cdr。

图 6-105

第7章 包装设计

包装代表着一个商品的品牌形象。好的包装可以让商品在同类产品中脱颖而出，吸引消费者的注意力并引发其购买行为。包装可以起到保护、美化商品及传达商品信息的作用。好的包装更可以极大地提高商品的价值。本章以制作咖啡包装为例，讲解包装的设计方法和制作技巧。

课堂学习目标

- 在 Photoshop 软件中制作包装背景图和立体效果图
- 在 CorelDRAW 软件中制作包装平面展开图

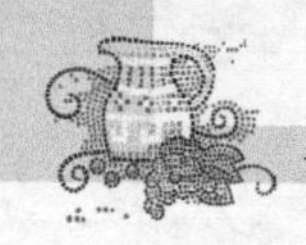

7.1 制作咖啡包装

案例学习目标：在 Photoshop 中，使用参考线分割页面，使用滤镜命令、图层蒙版、图层的混合模式制作包装背景图，使用编辑图片命令制作立体效果；在 CorelDRAW 中添加辅助线制作包装结构图并使用绘图工具和文字工具添加包装内容及相关信息。

案例知识要点：在 Photoshop 中，使用渐变工具制作背景效果，使用动感模糊命令、图层的混合模式和不透明度选项制作图片效果。使用色彩平衡命令调整咖啡豆图片的颜色，使用图层蒙版、画笔工具和渐变工具制作图片渐隐效果，使用变换命令制作立体图效果，使用垂直翻转命令、图层蒙版、渐变工具和变换命令制作立体图倒影效果；在 CorelDRAW 中，使用选项命令添加辅助线，使用矩形工具绘制结构图并将矩形转换为曲线，再使用形状工具编辑需要的节点，使用合并命令将所有的图形合并，使用文本工具，矩形工具、椭圆形工具、钢笔工具、合并命令和渐变工具制作包装正面，使用表格工具添加产品的营养含量指标。咖啡包装效果如图 7-1 所示。

效果所在位置：光盘/Ch07 效果/制作咖啡包装/咖啡包装展开图.cdr、咖啡包装立体图.tif。

图 7-1

Photoshop 应用

7.1.1 制作背景图

（1）按 Ctrl+N 组合键，新建一个文件：宽度为 54cm，高度为 14.9cm，分辨率为 300 像素/英寸，颜色模式为 RGB，背景内容为白色，单击“确定”按钮，新建一个文件。选择“视图 > 新建参考线”命令，弹出“新建参考线”对话框，选项的设置如图 7-2 所示，单击“确定”按钮，效果如图 7-3 所示。用相同的方法，在 27cm、49.4cm 处分别新建垂直参考线，效果如图 7-4 所示。

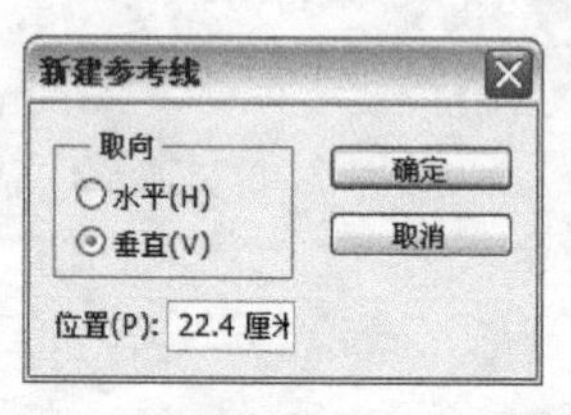

图 7-2

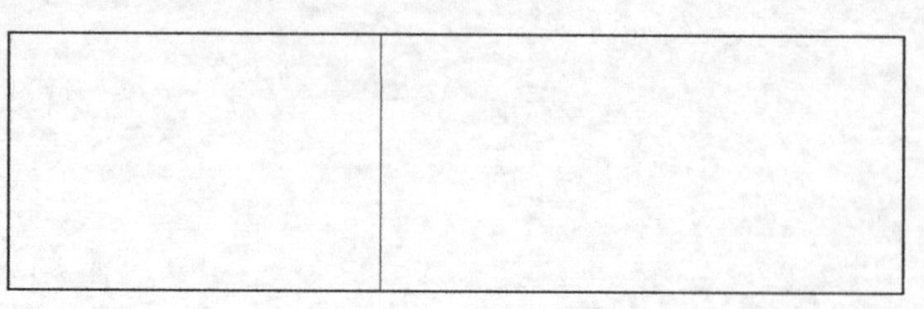

图 7-3

图 7-4

（2）选择“渐变”工具，单击属性栏中的“点按可编辑渐变”按钮，弹出“渐变编辑器”对话框，在“位置”选项中分别输入 0、29、100 几个位置点，并分别设置这几个位置点颜色的 RGB 值为 0（28、0、0）、29（58、16、16）、100（131、33、11），如图 7-5 所示，单击“确定”按钮。按住 Shift 键的同时，在图像窗口中从下至上拖曳渐变色，填充“背景”图层，效果如图 7-6 所示。

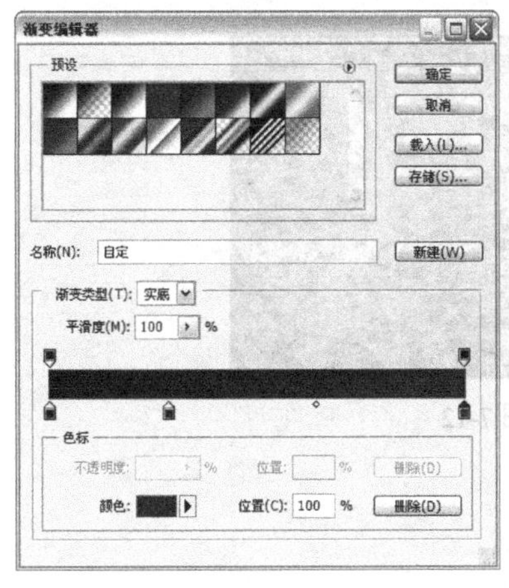

图 7-5

图 7-6

（3）按 Ctrl＋O 组合键，打开光盘中的“Ch07 > 素材 > 制作咖啡包装 > 01”文件，选择“移动”工具，将图片拖曳到图像窗口中的适当位置，如图 7-7 所示。在“图层”控制面板中生成新的图层并将其命名为“底图”，如图 7-8 所示。

图 7-7

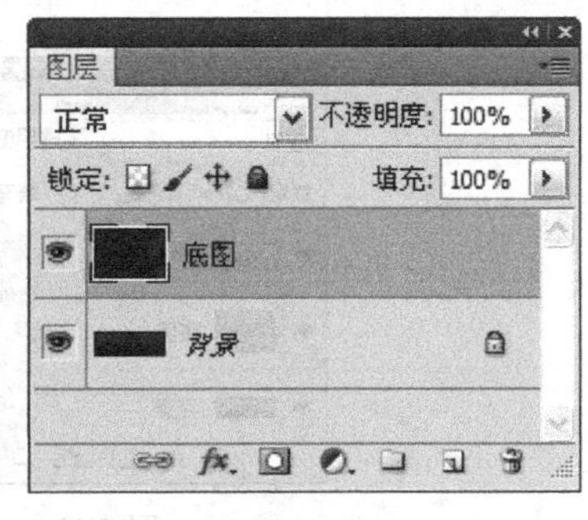

图 7-8

（4）选择“滤镜 > 模糊 > 动感模糊”命令，在弹出的对话框中进行设置，如图 7-9 所示，单击“确定”按钮，效果如图 7-10 所示。

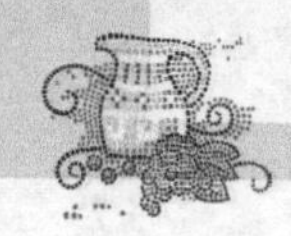

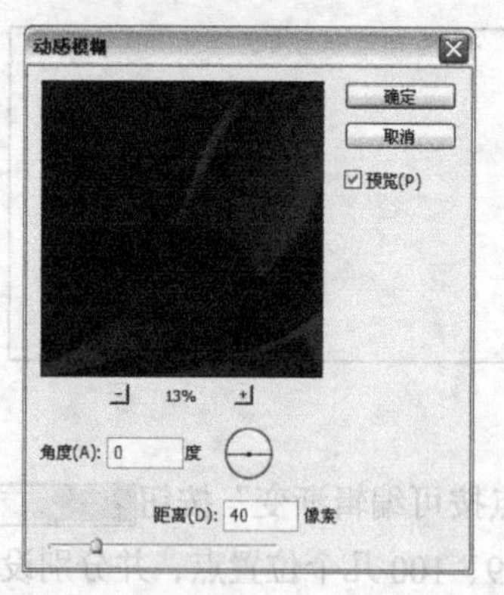

图 7-9

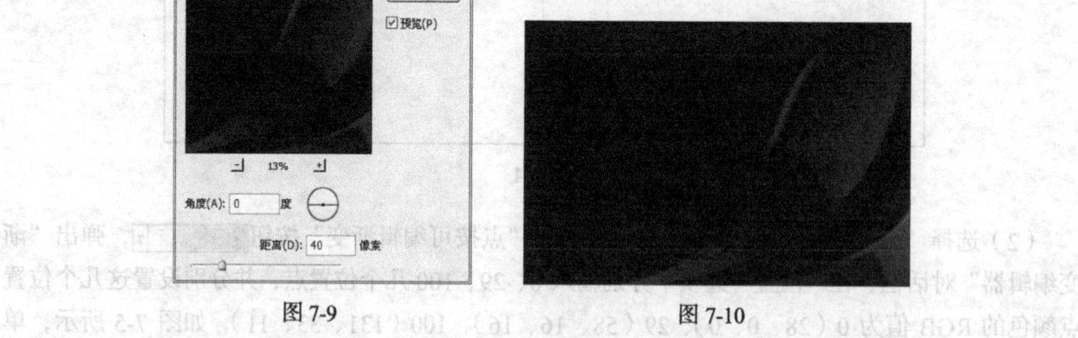

图 7-10

（5）在“图层”控制面板上方，将“底图”图层的混合模式选项设为“柔光”，“不透明度”选项设为 60%，如图 7-11 所示，效果如图 7-12 所示。

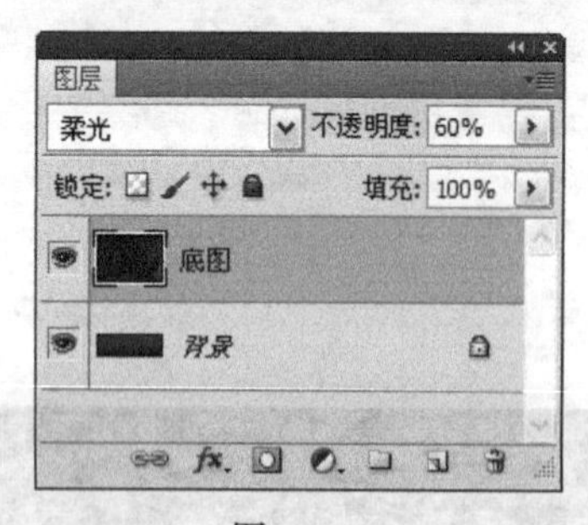

图 7-11

图 7-12

7.1.2　添加并编辑图片

（1）按 Ctrl + O 组合键，打开光盘中的“Ch07 > 素材 > 制作咖啡包装 > 02”文件，选择“移动”工具，将图片拖曳到图像窗口中的适当位置。在“图层”控制面板中生成新的图层并将其命名为“咖啡豆”，如图 7-13 所示。按 Ctrl+T 组合键，图像周围出现控制手柄，拖曳鼠标调整图像的大小，按 Enter 键确认操作，效果如图 7-14 所示。

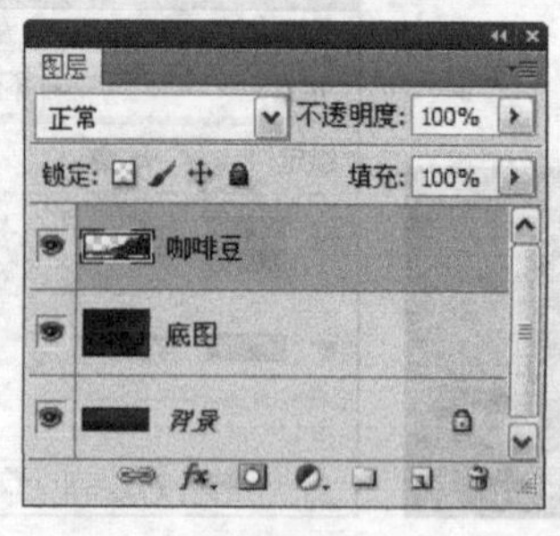

图 7-13

图 7-14

（2）选择“图像 > 调整> 色彩平衡”命令，在弹出的对话框中进行设置，如图 7-15 所示，单击“确定”按钮，效果如图 7-16 所示。

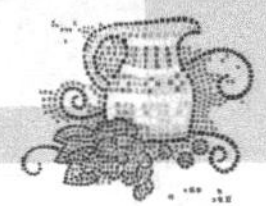

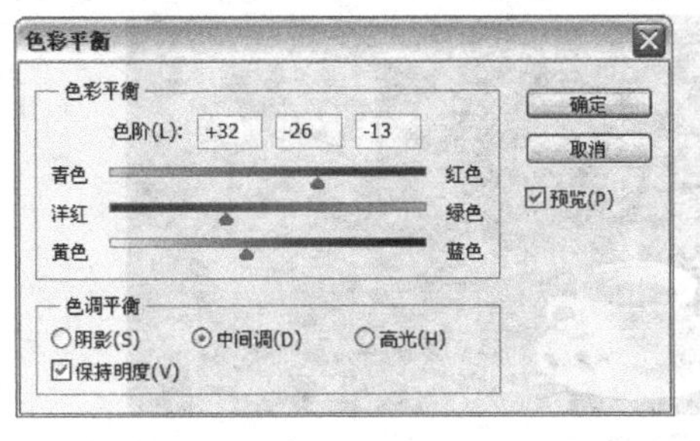

图 7-15

图 7-16

（3）在“图层”控制面板中将“咖啡豆”图层的“不透明度”选项设为60%，如图7-17所示，效果如图7-18所示。单击控制面板下方的“添加图层蒙版”按钮 ，为“咖啡豆”图层添加蒙版，如图7-19所示。

图 7-17

图 7-18

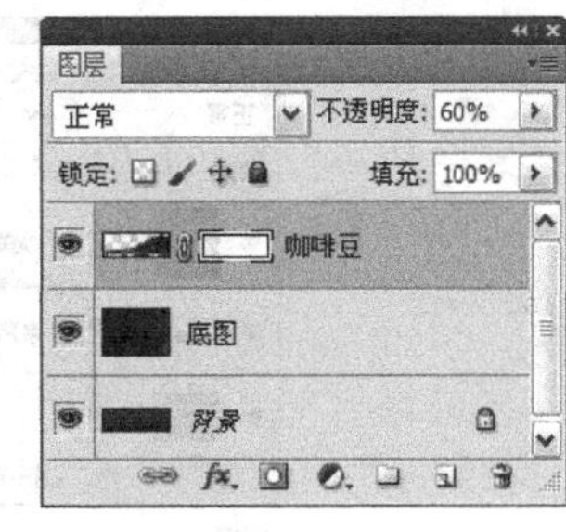

图 7-19

（4）选择“渐变”工具 ，单击属性栏中的“点按可编辑渐变”按钮 ，弹出“渐变编辑器”对话框，将渐变色设为从黑色到白色，如图7-20所示，单击“确定”按钮。在图像窗口中上从左下方至右上方拖曳渐变色，编辑状态如图7-21所示，松开鼠标，效果如图7-22所示。

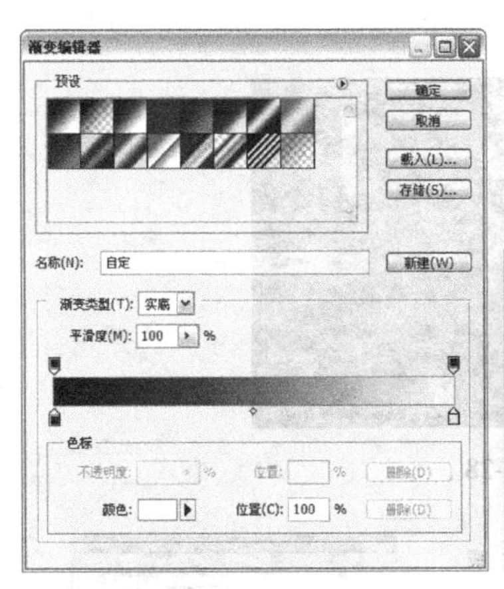

图 7-20

图 7-21

图 7-22

（5）按Ctrl + O组合键，打开光盘中的“Ch07 > 素材 > 制作咖啡包装 > 03”文件，选择“移动”工具 ，将图片拖曳到图像窗口中的适当位置。在“图层”控制面板中生成新的图层并将其命名为“咖啡”，如图7-23所示。按Ctrl+T组合键，图像周围出现控制手柄，拖曳鼠标调整图像的大小，按Enter键确认操作，效果如图7-24所示。

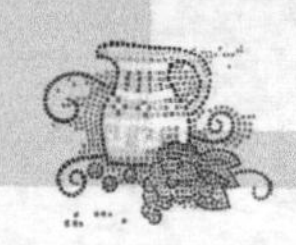

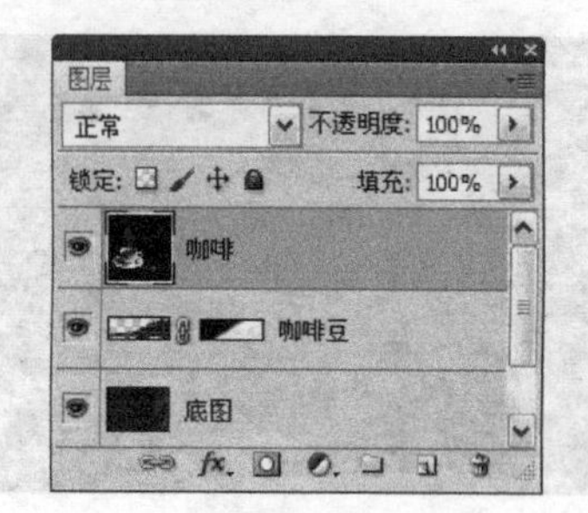

图 7-23

图 7-24

（6）单击“图层”控制面板下方的“添加图层蒙版”按钮，为“咖啡”图层添加蒙版，如图 7-25 所示。选择“渐变”工具，在图像窗口中从右上方至左下方拖曳渐变色，效果如图 7-26 所示。

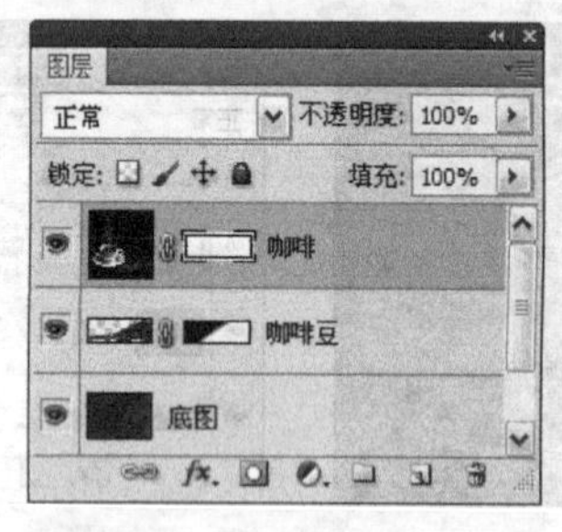

图 7-25

图 7-26

（7）选择“画笔”工具，在属性栏中单击“画笔”选项右侧的按钮，在面板中选择需要的画笔形状，其他选项的设置如图 7-27 所示，在属性栏中将“不透明度”选项设置 80%，在图像窗口中进行涂抹，擦除不需要的部分，效果如图 7-28 所示。

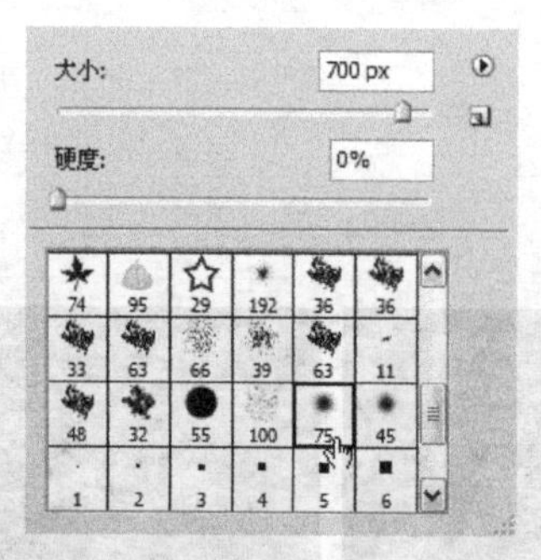

图 7-27

图 7-28

（8）在“图层”控制面板中，按住 Shift 键的同时，单击“底图”图层，将需要的图层同时选取，如图 7-29 所示。将选取的图层拖曳到控制面板下方的“创建新图层”按钮上进行复制，生成新的副本图层，如图 7-30 所示。选择“移动”工具，按住 Shift 键的同时，在图像窗口中将副本图层拖曳到适当的位置，如图 7-31 所示。

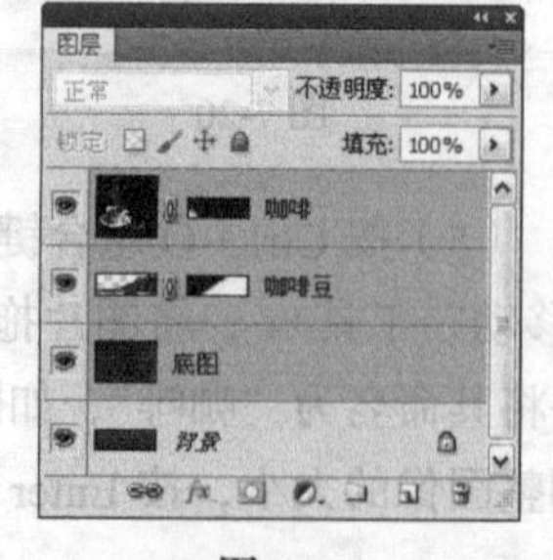

图 7-29

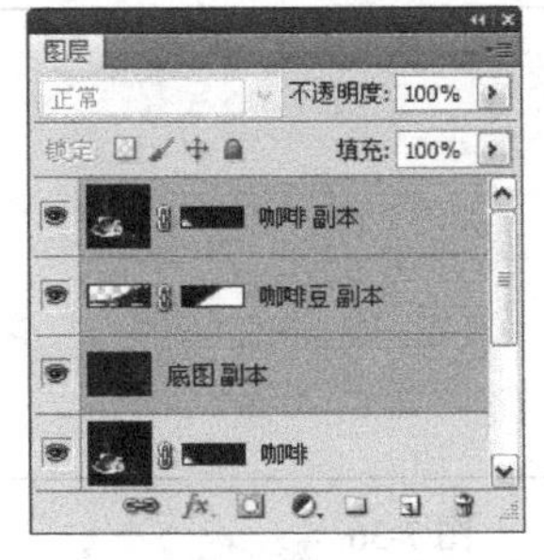

图 7-30

图 7-31

（9）选取“咖啡 副本”图层。选择“矩形选框”工具，在图像窗口中拖曳鼠标绘制一个矩形选区，如图 7-32 所示，按 Delete 键，删除选区内的图像，按 Ctrl+D 组合键，取消选区，效果如图 7-33 所示。

图 7-32

图 7-33

（10）按 Ctrl+；组合键，将参考线隐藏。制作咖啡包装制作完成，效果如图 7-34 所示。按 Ctrl+Shift+S 组合键，弹出“存储为”对话框，将制作好的图像命名为“咖啡包装背景图”，保存为 TIFF 格式，单击“保存”按钮，弹出“TIFF 选项”对话框，单击“确定”按钮，将图像保存。

图 7-34

CorelDRAW 应用

7.1.3 绘制包装平面展开结构图

（1）打开 CorelDRAW X5 软件，按 Ctrl+N 组合键，新建一个页面。在属性栏的“页面度量”选项中分别设置宽度为 600mm，高度为 300mm，如图 7-35 所示。按 Enter 键确认，页面尺寸显示为设置的大小，如图 7-36 所示。

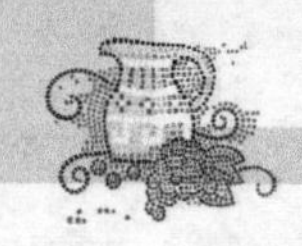

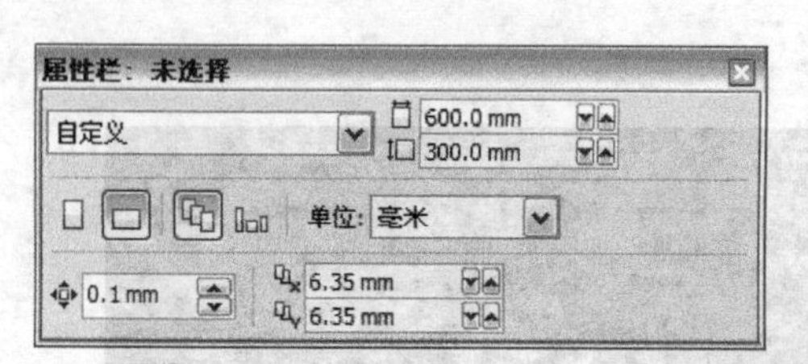

图 7-35

图 7-36

（2）按 Ctrl+J 组合键，弹出“选项”对话框，选择“辅助线/水平”选项，在文字框中设置数值为 19.5，如图 7-37 所示，单击“添加”按钮，在页面中添加一条水平辅助线。再添加 75.5mm、224.5mm、280.5mm 的水平辅助线，单击“确定”按钮，效果如图 7-38 所示。

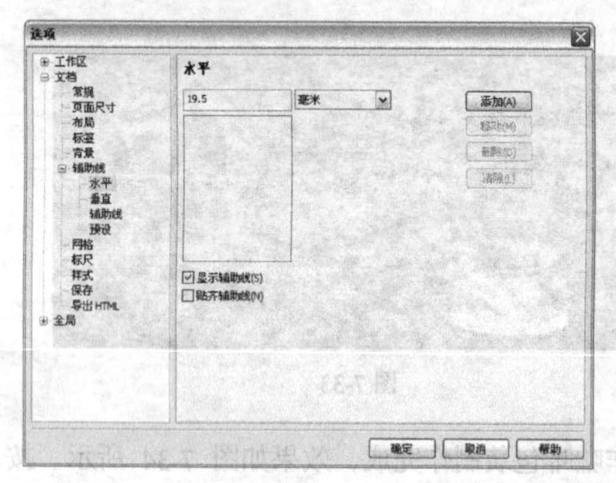

图 7-37

图 7-38

（3）按 Ctrl+J 组合键，弹出“选项”对话框，选择“辅助线/垂直”选项，在文字框中设置数值为 21，如图 7-39 所示，单击“添加”按钮，在页面中添加一条垂直辅助线。再添加 39mm、263mm、309mm、533mm、579mm 的垂直辅助线，单击“确定”按钮，效果如图 7-40 所示。

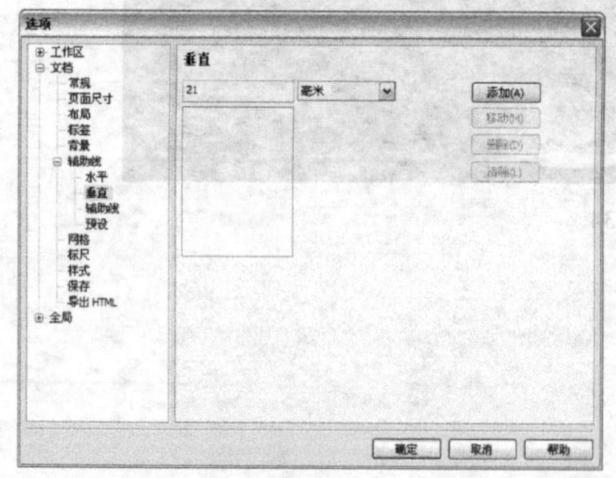

图 7-39

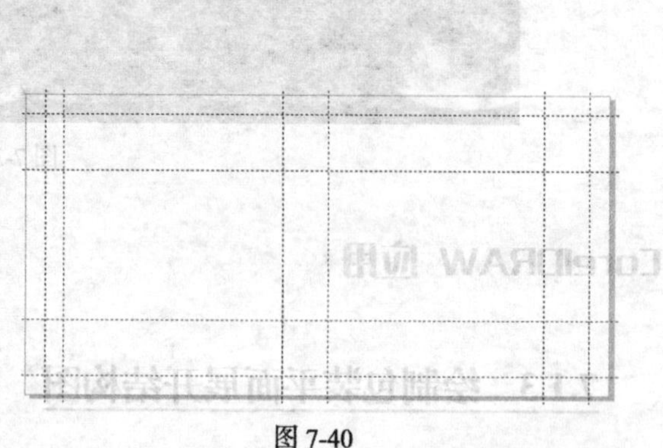

图 7-40

（4）选择“矩形”工具，在页面中绘制一个矩形，效果如图 7-41 所示。按 Ctrl+Q 组合键，将矩形转换为曲线，选择“形状”工具，在适当的位置用鼠标双击添加节点，如图 7-42 所示。选取需要的节点并将其到适当的位置，松开鼠标左键，效果如图 7-43 所示。用相同方法编辑下方

的节点，效果如图 7-44 所示。

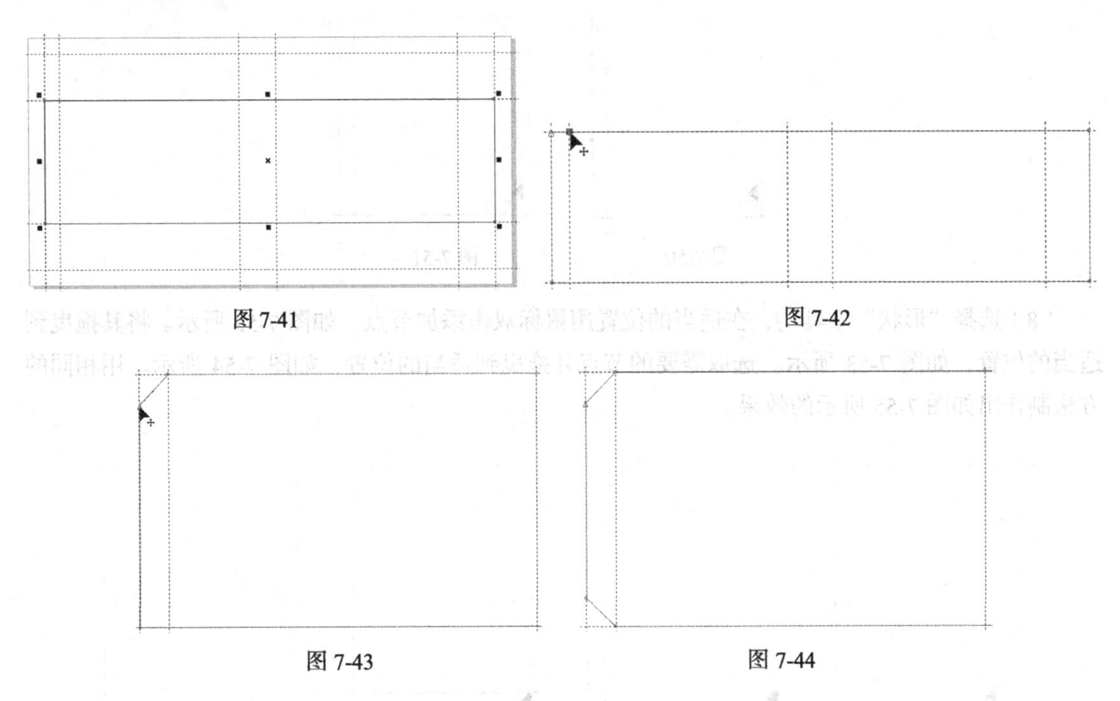

图 7-41　图 7-42

图 7-43　图 7-44

（5）选择"矩形"工具，在页面上再绘制一个矩形，如图 7-45 所示。在属性栏中的"圆角半径"框中进行设置，如图 7-46 所示，按 Enter 键，效果如图 7-47 所示。

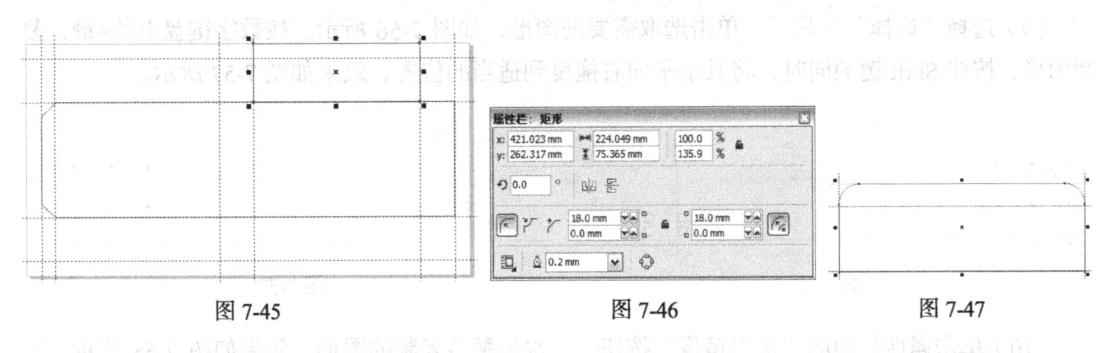

图 7-45　图 7-46　图 7-47

（6）选择"矩形"工具，在页面中绘制矩形，在属性栏中的"圆角半径"框中进行设置，如图 7-48 所示。按 Enter 键，效果如图 7-49 所示。

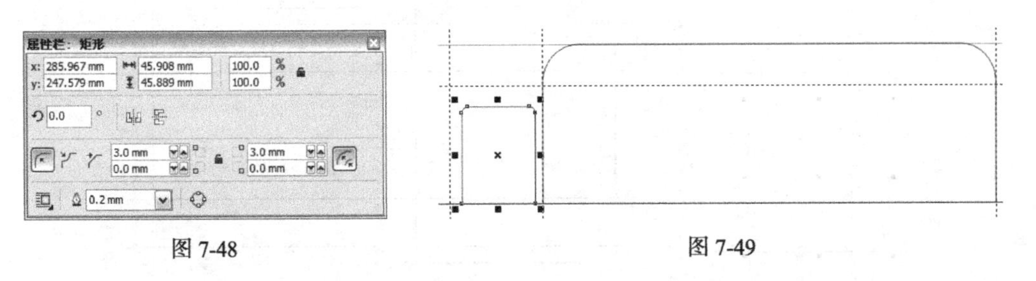

图 7-48　图 7-49

（7）按 Ctrl+Q 组合键，将图形转换为曲线。选择"形状"工具，在适当的位置用鼠标双击添加节点，如图 7-50 所示，将其拖曳到适当的位置，如图 7-51 所示。

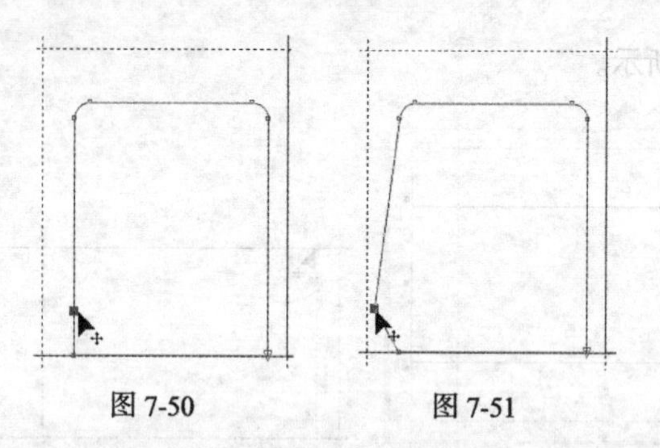

图 7-50　　图 7-51

（8）选择“形状”工具，在适当的位置用鼠标双击添加节点，如图 7-52 所示。将其拖曳到适当的位置，如图 7-53 所示。选取需要的节点并拖曳到适当的位置，如图 7-54 所示。用相同的方法制作出如图 7-55 所示的效果。

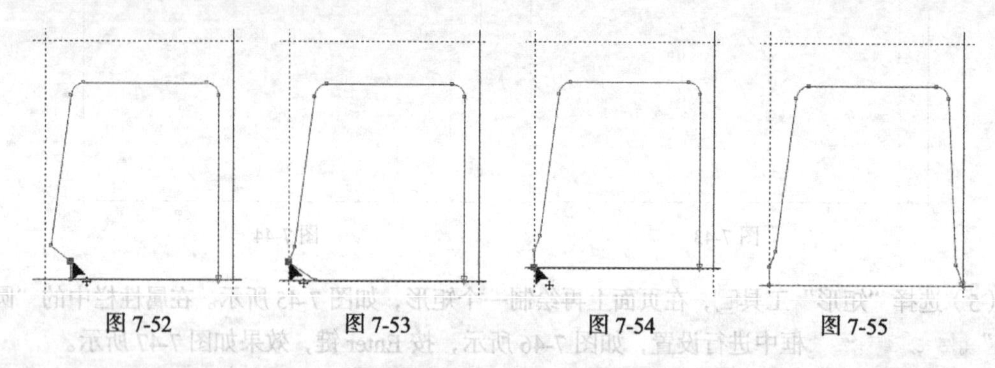

图 7-52　　图 7-53　　图 7-54　　图 7-55

（9）选择“选择”工具，单击选取需要的图形，如图 7-56 所示。按数字键盘上的+键，复制图形，按住 Shift 键的同时，将其水平向右拖曳到适当的位置，效果如图 7-57 所示。

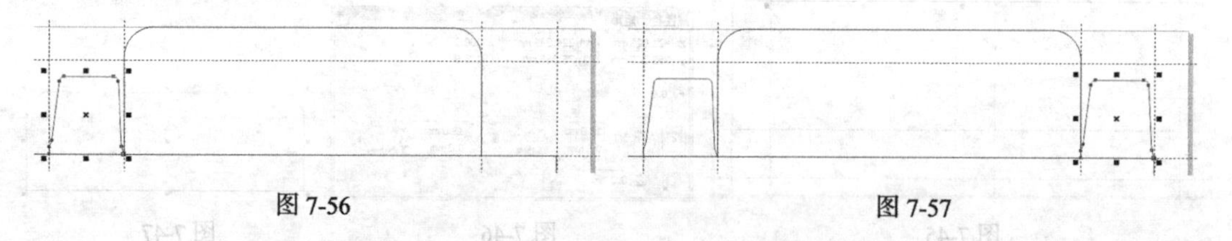

图 7-56　　图 7-57

（10）单击属性栏中的“水平镜像”按钮，水平翻转复制的图形，效果如图 7-58 所示。用相同方法制作其他图形，效果如图 7-59 所示。

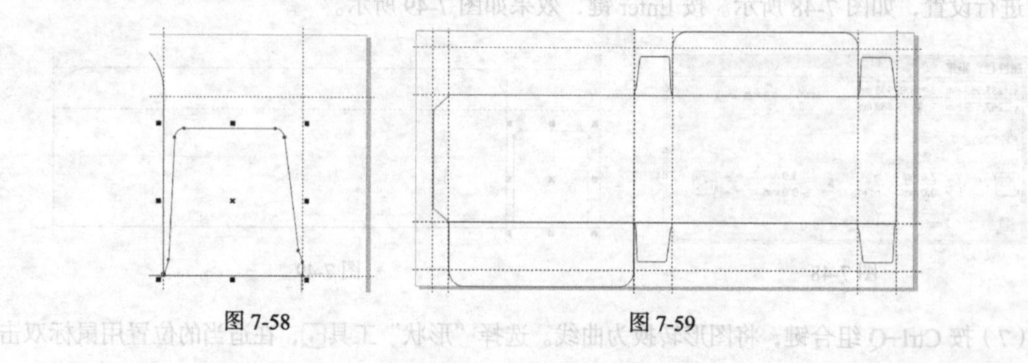

图 7-58　　图 7-59

（11）选择“选择”工具，用圈选的方法将所有的图形同时选取，如图 7-60 所示。单击属

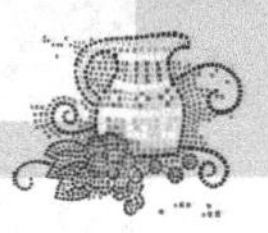

性栏中的“合并”按钮，将所有的图形合并成一个图形对象，设置图形颜色的 CMYK 值为 57、97、100、50，填充图形，并去除图形的轮廓线，效果如图 7-61 所示。

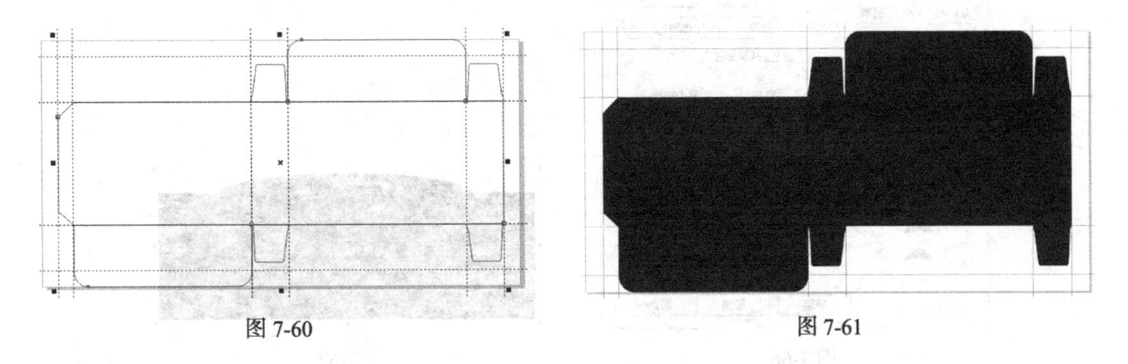

图 7-60　　图 7-61

7.1.4 制作产品名称

（1）选择“文件 > 导入”命令，弹出“导入”对话框。选择光盘中的“Ch07 > 效果 > 咖啡包装设置 > 咖啡包装背景图”文件，单击“导入”按钮，在页面中单击导入图片，将其拖曳到适当的位置，如图 7-62 所示。

（2）选择“矩形”工具，在页面空白处绘制一个矩形，如图 7-63 所示。选择“椭圆形”工具，在适当的位置绘制一个椭圆形，如图 7-64 所示。选择“选择”工具，按住 Shift 键的同时，选取刚刚绘制的矩形和椭圆形，单击属性栏中的“合并”按钮，选取的图形合并成一个图形对象，效果如图 7-65 所示。

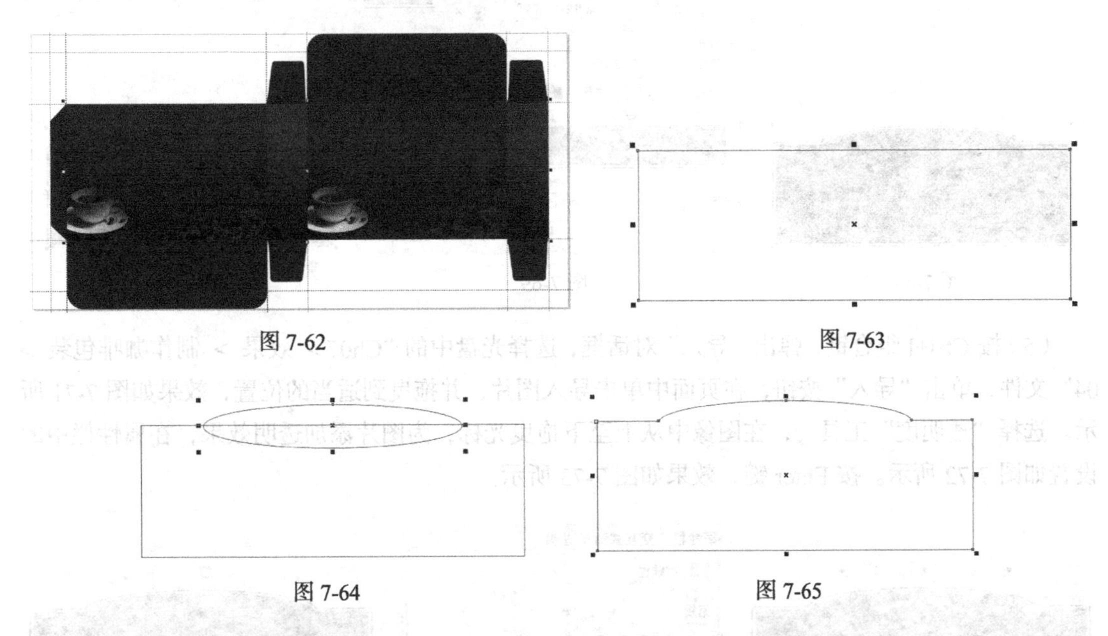

图 7-62　　图 7-63

图 7-64　　图 7-65

（3）按 F12 键，弹出“轮廓笔”对话框，在“颜色”选项中设置轮廓线颜色的 CMYK 值为 0、0、20、0，其他选项的设置如图 7-66 所示，单击“确定”按钮。设置图形颜色的 CMYK 值为 100、100、0、60，填充图形，效果如图 7-67 所示。

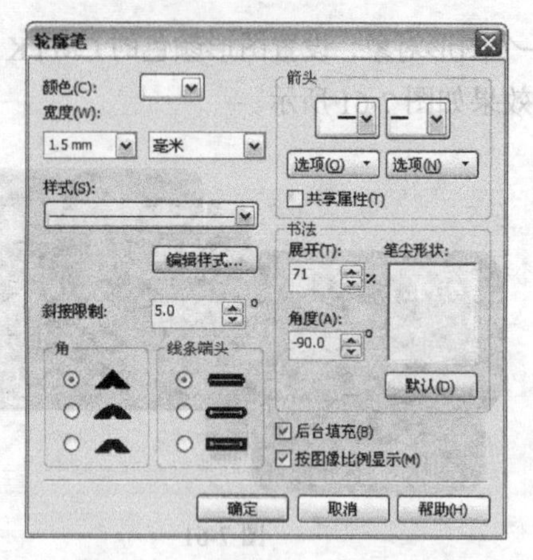

图 7-66

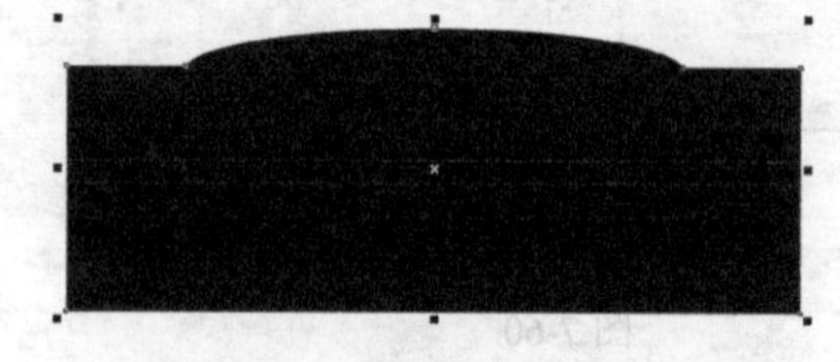

图 7-67

（4）选择“选择”工具，按数字键盘上的+键，复制图形。按住 Shift+Alt 组合键的同时，向内拖曳到适当的位置，将其等比例缩小，效果如图 7-68 所示。选择“渐变填充”工具，弹出“渐变填充”对话框，点选“自定义”单选框，在“位置”选项中分别添加并输入：0、50、100 几个位置点，单击右下角的“其它”按钮，分别设置几个位置点颜色的 CMYK 值为 0（100、100、30、0）、50（90、56、0、0）、100（100、100、30、0），其他选项的设置如图 7-69 所示，单击“确定”按钮，填充图形，效果如图 7-70 所示。

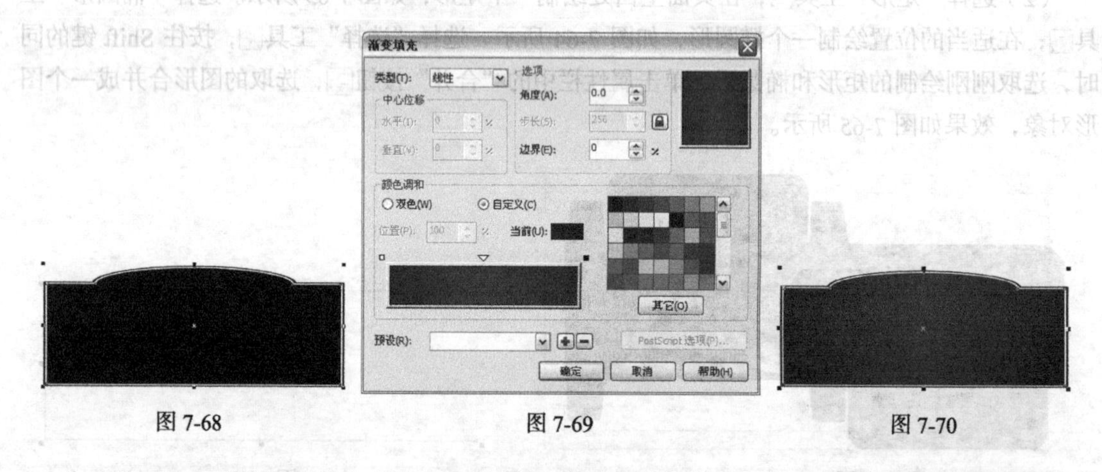

图 7-68　　图 7-69　　图 7-70

（5）按 Ctrl+I 组合键，弹出“导入”对话框，选择光盘中的“Ch07 > 效果 > 制作咖啡包装 > 04”文件，单击“导入”按钮，在页面中单击导入图片，并拖曳到适当的位置，效果如图 7-71 所示。选择“透明度”工具，在图像中从上至下拖曳光标，为图片添加透明效果，在属性栏中的设置如图 7-72 所示。按 Enter 键，效果如图 7-73 所示。

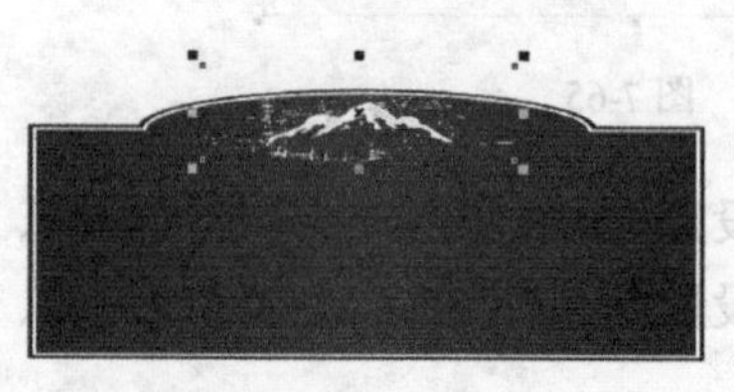

图 7-71

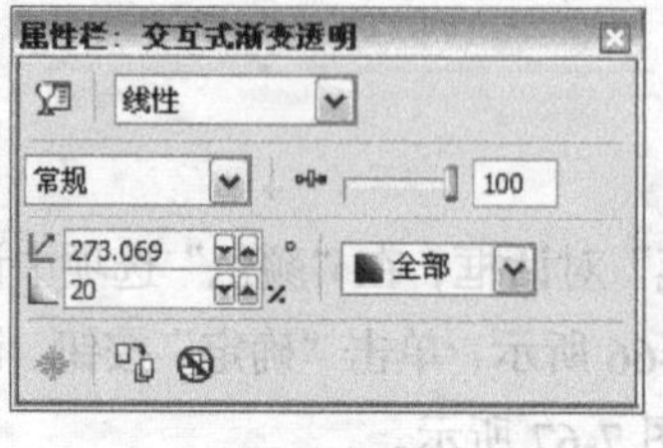

图 7-72

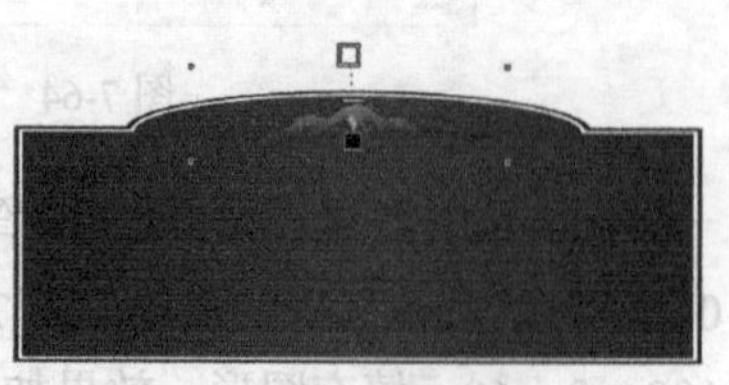

图 7-73

（6）选择“文本”工具，在页面中输入需要的文字。选择“选择”工具，在属性栏中选择合适的字体并设置文字大小，效果如图 7-74 所示。在“CMYK 调色板”中的“白”色块上单击鼠标，填充文字。选择“形状”工具，向左拖曳文字下方的图标，适当调整字间距，效果如图 7-75 所示。

图 7-74

图 7-75

（7）选择“封套”工具，分别拖曳节点到适当的位置，将文字变形，效果如图 7-76 所示。选择“贝塞尔”工具，在适当的位置绘制一个不规则图形，如图 7-77 所示。

图 7-76

图 7-77

（8）选择“渐变填充”工具，弹出“渐变填充”对话框，点选“自定义”单选框，在“位置”选项中分别添加并输入：0、20、36、51、64、86、100 几个位置点，单击右下角的“其它”按钮，分别设置几个位置点颜色的 CMYK 值为 0（20、60、100、0）、20（10、18、50、0）、36（15、50、80、0）、51（16、42、82、0）、64（15、50、80、0）、86（10、18、50、0）、100（20、65、100、0），其他选项的设置如图 7-78 所示，单击“确定”按钮，填充图形，并去除图形的轮廓线，效果如图 7-79 所示。

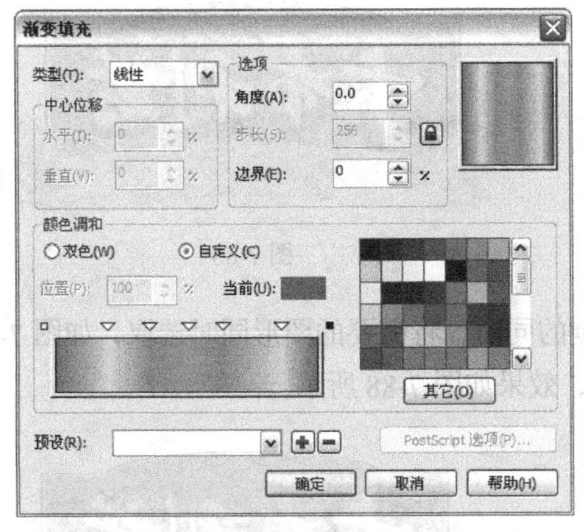

图 7-78

图 7-79

（9）选择“阴影”工具，在图像中从上至下拖曳光标，为图片添加投影效果，属性栏中的设置如图 7-80 所示。按 Enter 键，效果如图 7-81 所示。

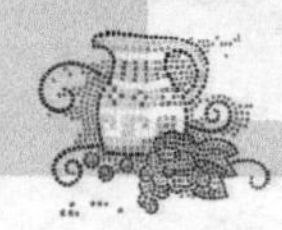

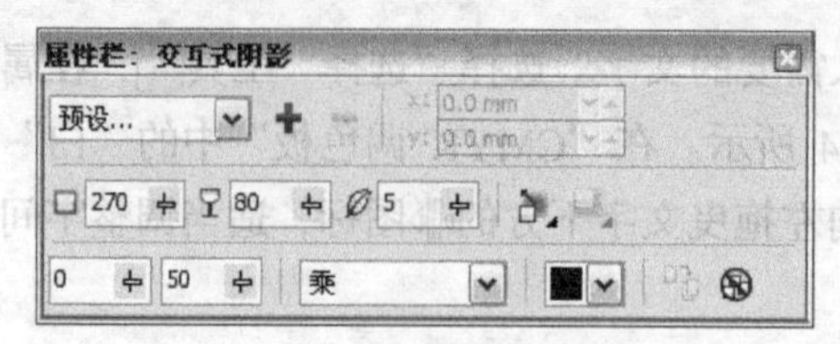

图 7-80

图 7-81

（10）选择“贝塞尔”工具，在适当的位置绘制一个不规则图形，如图 7-82 所示。选择“渐变填充”工具，弹出“渐变填充”对话框，点选“自定义”单选框，在“位置”选项中分别添加并输入：0、30、100 几个位置点，单击右下角的“其他”按钮，分别设置几个位置点颜色的 CMYK 值为 0（10、40、75、0）、30（10、20、50、0）、100（10、60、100、30），其他选项的设置如图 7-83 所示，单击“确定”按钮，填充图形，并去除图形的轮廓线，效果如图 7-84 所示。

图 7-82

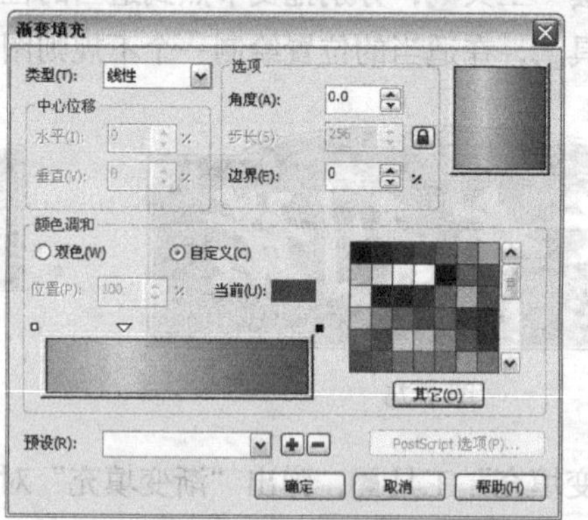

图 7-83

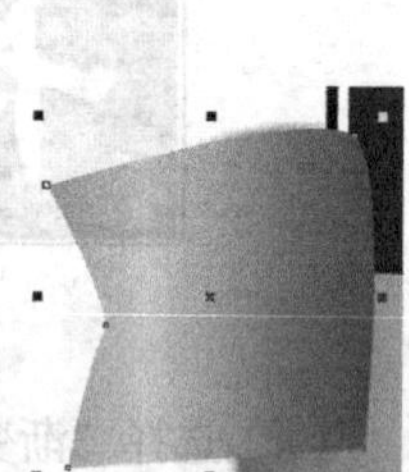

图 7-84

（11）选择“选择”工具，按数字键盘上的+键，复制图形，按住 Shift 键的同时，将其水平向右拖曳到适当的位置，如图 7-85 所示。单击属性栏中的“水平镜像”按钮，将图形进行水平翻转，效果如图 7-86 所示。

图 7-85

图 7-86

（12）选择“选择”工具，按住 Shift 键的同时，将需要的图形同时选取，如图 7-87 所示，按 Ctrl+End 组合键，将选取的图形置于底层，效果如图 7-88 所示。

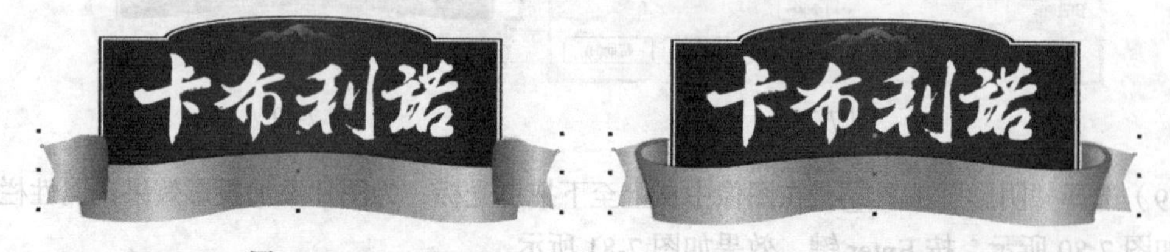

图 7-87

图 7-88

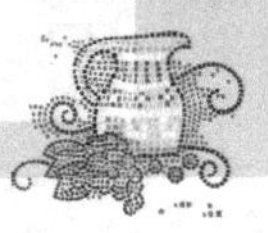

（13）选择“文本”工具字，在页面中输入需要的文字。选择“选择”工具，在属性栏中选择合适的字体并设置文字大小，设置文字的 CMYK 值为 100、100、0、0，并填充文字，效果如图 7-89 所示。选择“封套”工具，分别拖曳节点到适当的位置，变形文字，效果如图 7-90 所示。

图 7-89

图 7-90

（14）选择“贝塞尔”工具，在适当的位置绘制一个不规则图形，如图 7-91 所示。选择“渐变填充”工具，弹出“渐变填充”对话框，点选“自定义”单选框，在“位置”选项中分别添加并输入：0、18、49、88、100 几个位置点，单击右下角的“其他”按钮，分别设置几个位置点颜色的 CMYK 值为 0（0、100、100、80）、18（0、100、100、60）、49（0、90、100、0）、88（0、100、100、60）、100（0、100、100、80），其他选项的设置如图 7-92 所示，单击“确定”按钮，填充图形，效果如图 7-93 所示。

图 7-91

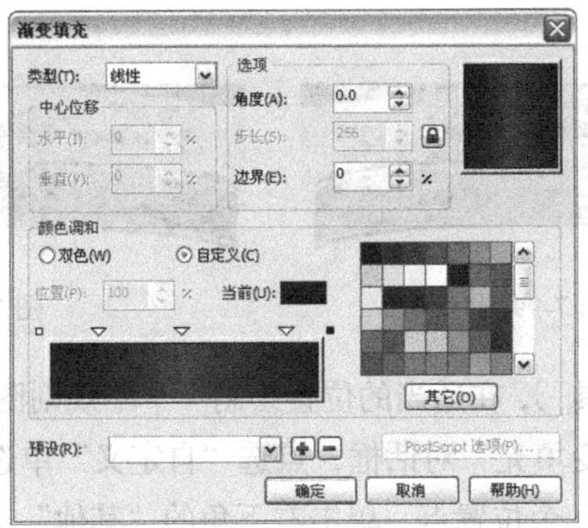

图 7-92

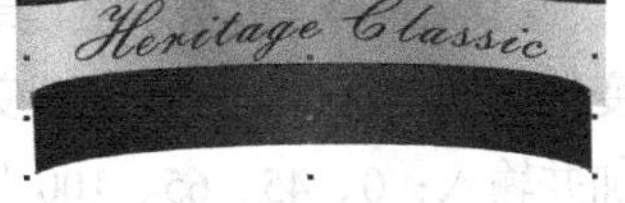

图 7-93

（15）按 F12 键，弹出“轮廓笔”对话框，在“颜色”选项中设置轮廓线颜色的 CMYK 值为 0、60、60、0，其他选项的设置如图 7-94 所示，单击“确定”按钮，效果如图 7-95 所示。

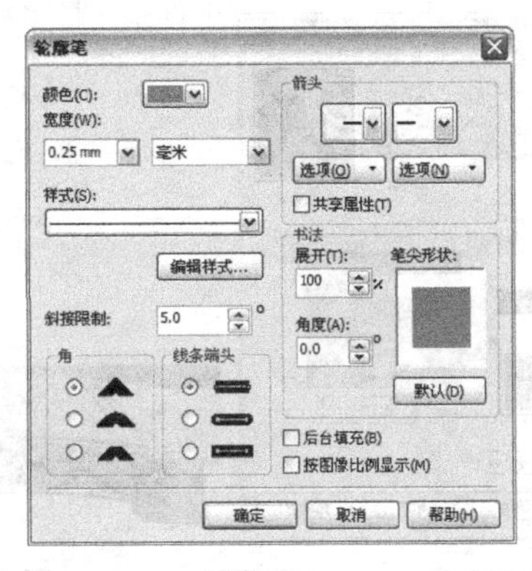

图 7-94

图 7-95

（16）选择“贝塞尔”工具，在适当的位置分别绘制两条曲线，选择“选择”工具，按住Shift键的同时，将两条曲线同时选取，如图7-96所示。按F12键，弹出“轮廓笔”对话框，在“颜色”选项中设置轮廓线颜色的CMYK值为0、60、60、0，其他选项的设置如图7-97所示，单击“确定”按钮，效果如图7-98所示。

图7-96

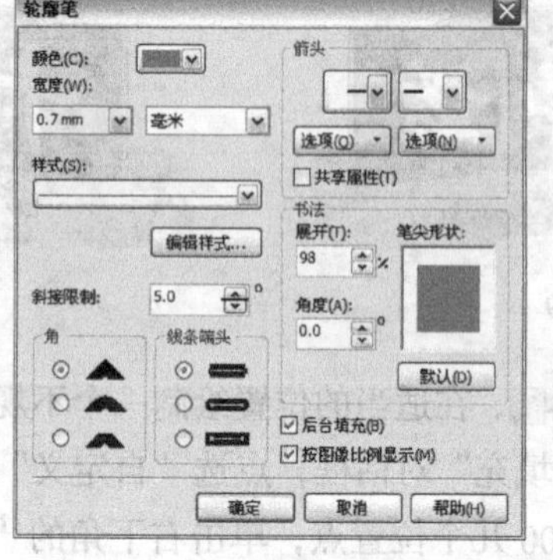

图7-97

图7-98

（17）保持图形选取状态，选择“效果 > 图框精确剪裁 > 放置在容器中”命令，鼠标光标变成黑色箭头，在需要的图形上单击鼠标，如图7-99所示。将选取的图形置入到图形中，效果如图7-100所示。

图7-99

图7-100

（18）选择“贝塞尔”工具，在适当的位置绘制一个不规则图形，如图7-101所示。选择“渐变填充”工具，弹出“渐变填充”对话框，点选“自定义”单选框，在“位置”选项中分别添加并输入：0、45、65、100几个位置点，单击右下角的“其他”按钮，分别设置几个位置点颜色的CMYK值为0（0、100、100、60）、45（0、90、100、0）、65（0、100、100、80）、100（0、100、100、100），其他选项的设置如图7-102所示，单击“确定”按钮，填充图形，效果如图7-103所示。

图7-101

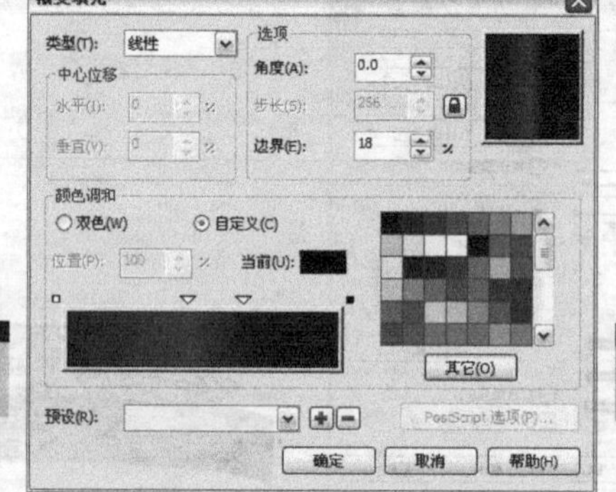

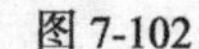
图7-102

图7-103

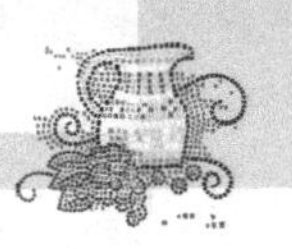

（19）按 F12 键，弹出“轮廓笔”对话框，在“颜色”选项中设置轮廓线颜色的 CMYK 值为 0、60、60、0，其他选项的设置如图 7-104 所示，单击“确定”按钮，效果如图 7-105 所示。选择“选择”工具，按数字键盘上的+键，复制图形，按住 Shift 键的同时，将其水平向右拖曳到适当的位置，单击属性栏中的“水平镜像”按钮，水平翻转复制的图形，效果如图 7-106 所示。

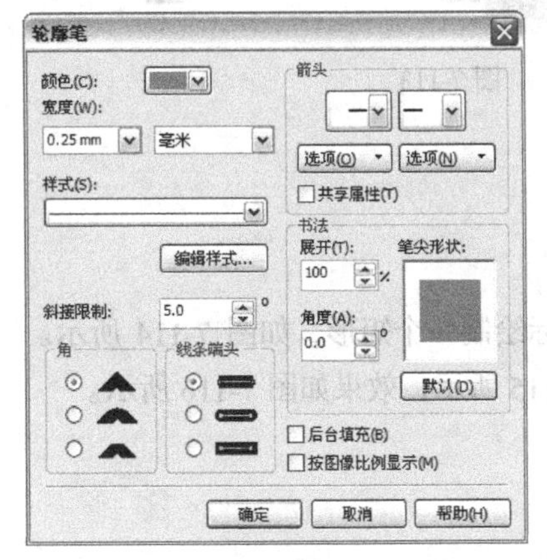

图 7-104

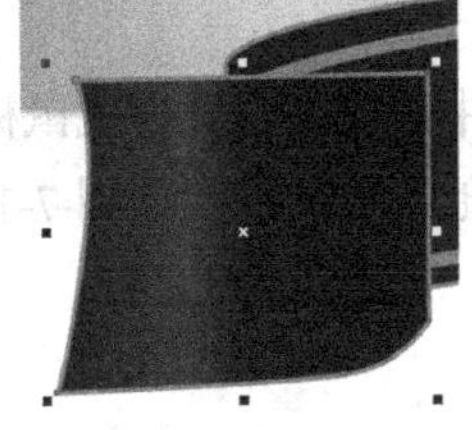

图 7-105

图 7-106

（20）选择“选择”工具，按住 Shift 键的同时，将需要的图形同时选取，如图 7-107 所示，按多次 Ctrl+PageDown 组合键，将选取的图形后移到适当的位置，效果如图 7-108 所示。

图 7-107

图 7-108

（21）选择“贝塞尔”工具，在适当的位置绘制一条曲线，如图 7-109 所示。选择“文本”工具，在曲线上单击鼠标左键，插入光标，如图 7-110 所示，输入需要的文字。选择“选择”工具，在属性栏中选择合适的字体并设置文字大小，填充文字为白色，效果如图 7-111 所示。

图 7-109　　图 7-110　　图 7-111

（22）选择“选择”工具，用圈选的方法选取所有图形与文字，如图 7-112 所示。按 Ctrl+G 组合键，将其群组，并拖曳到适当的位置，效果如图 7-113 所示。

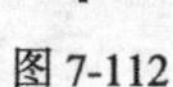

图 7-112

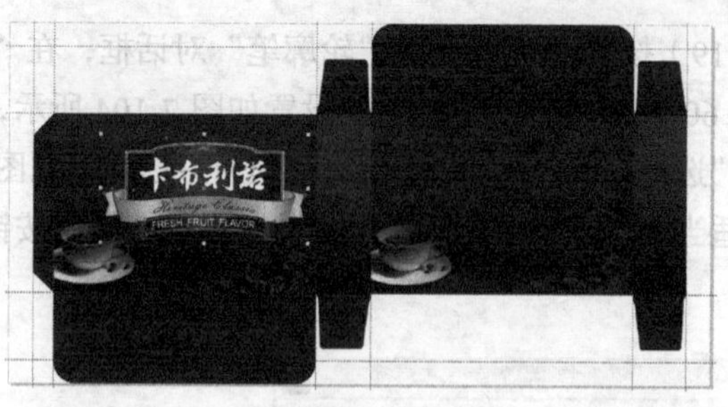

图 7-113

7.1.5 制作标志及其他相关信息

（1）选择“矩形”工具□，在页面中适当的位置拖曳鼠标绘制一个矩形，如图 7-114 所示。在属性栏中单击“扇形角”按钮，其他选项的设置如图 7-115 所示，效果如图 7-116 所示。

图 7-114

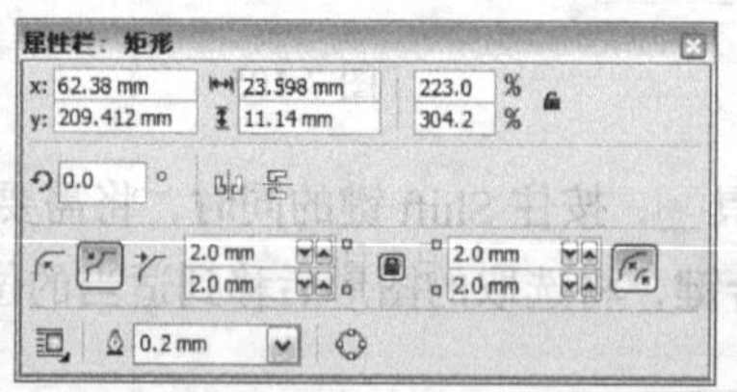

图 7-115

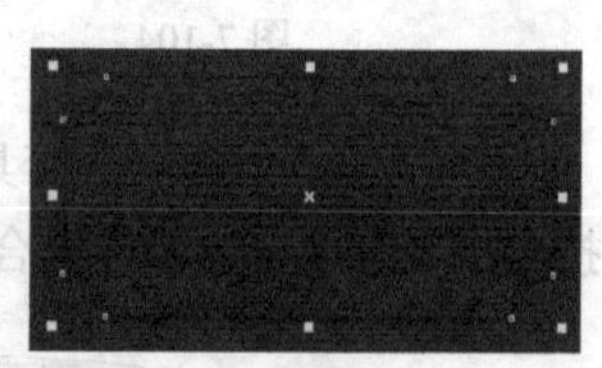

图 7-116

（2）选择“渐变填充”工具，弹出“渐变填充”对话框，点选“自定义”单选框，在“位置”选项中分别添加并输入：0、18、49、88、100 几个位置点，单击右下角的“其它”按钮，分别设置几个位置点颜色的 CMYK 值为 0（0、100、100、80）、18（0、100、100、60）、49（0、90、100、0）、88（0、100、100、60）、100（0、100、100、80），其他选项的设置如图 7-117 所示，单击“确定”按钮，填充图形，并设置轮廓线颜色的 CMYK 值为 0、40、40、0，填充轮廓线，效果如图 7-118 所示。

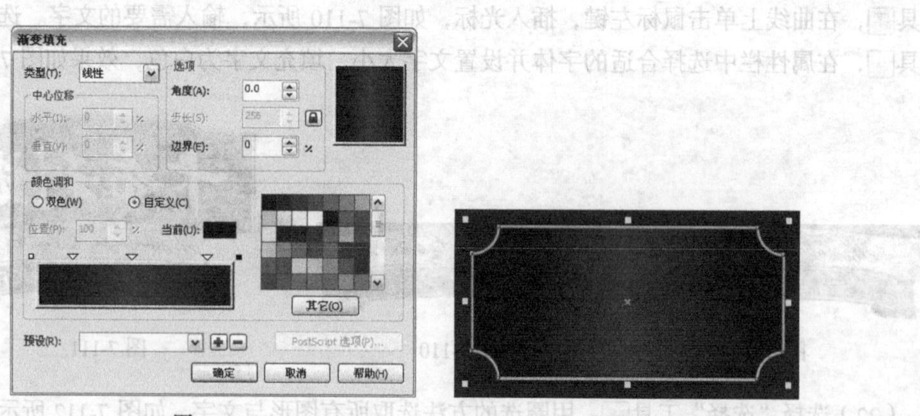

图 7-117

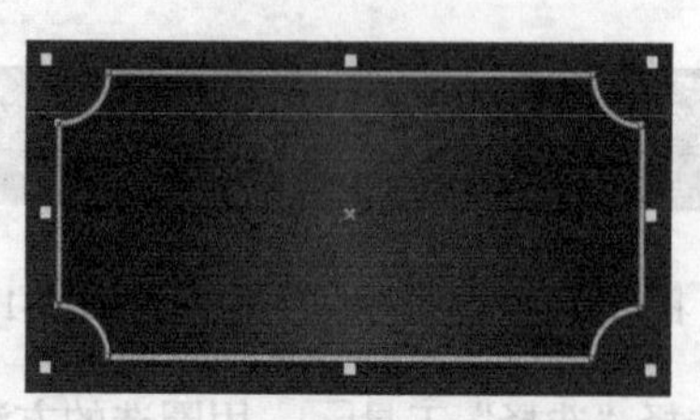

图 7-118

（3）选择“矩形”工具□，在适当的位置拖曳鼠标绘制一个矩形，在属性栏中单击“倒棱角”

按钮，其他选项的设置如图 7-119 所示，效果如图 7-120 所示。

图 7-119

图 7-120

（4）选择“渐变填充”工具，弹出“渐变填充”对话框，点选“自定义”单选框，在“位置”选项中分别添加并输入：0、50、100 几个位置点，单击右下角的“其它”按钮，分别设置几个位置点颜色的 CMYK 值为 0（100、100、30、0）、50（90、56、0、0）、100（100、100、30、0），其他选项的设置如图 7-121 所示，单击“确定”按钮，填充图形，并设置轮廓线颜色的 CMYK 值为 0、40、40、0，填充轮廓线，效果如图 7-122 所示。

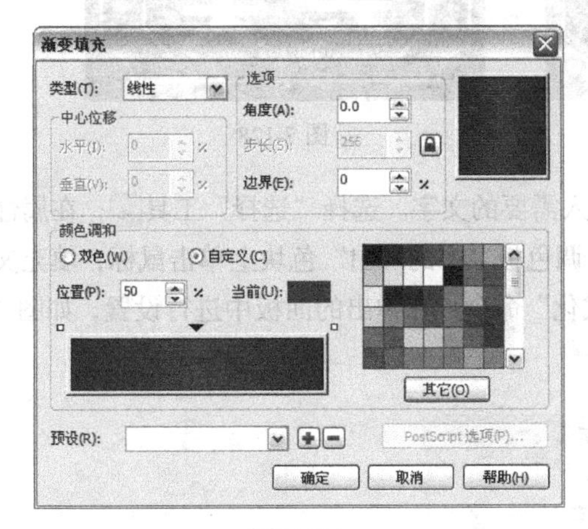

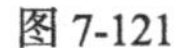

图 7-121

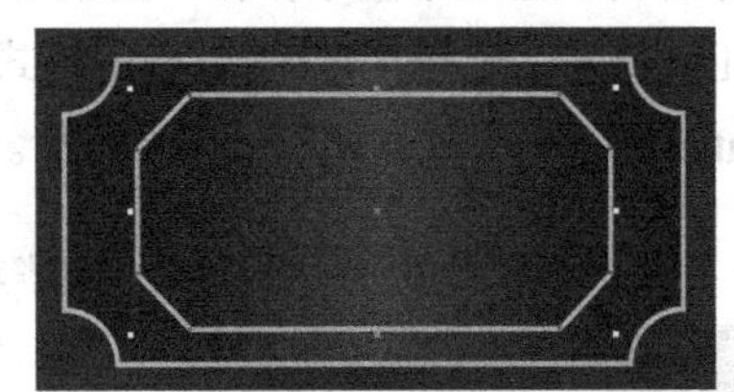

图 7-122

（5）选择“文本”工具，在页面中输入需要的文字。选择“选择”工具，在属性栏中选择合适的字体并设置文字大小，在“CMYK 调色板”中的“白”色块上单击鼠标，填充文字，效果如图 7-123 所示。选择“形状”工具，向左拖曳文字下方的图标，适当调整字间距，效果如图 7-124 所示。

图 7-123

图 7-124

（6）选择“文本”工具，在页面中输入需要的文字。选择“选择”工具，在属性栏中选择合适的字体并设置文字大小，在“CMYK 调色板”中的“白”色块上单击鼠标，填充文字，效

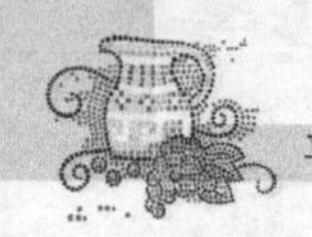

果如图 7-125 所示。向右拖曳右侧中间的控制手柄到适当的位置，如图 7-126 所示。

图 7-125

图 7-126

（7）选择“形状”工具，向右拖曳文字下方的图标，适当调整字间距，效果如图 7-127 所示。选择“选择”工具，按住 Shift 键的同时，将需要的图形与文字同时选取，如图 7-128 所示，按 Ctrl+G 组合键，将其群组。

图 7-127

图 7-128

（8）选择“文本”工具，在页面中输入需要的文字。选择“选择”工具，在属性栏中选择合适的字体并设置文字大小，在“CMYK 调色板”中的“白”色块上单击鼠标，填充文字，效果如图 7-129 所示。选择“文本 > 段落格式化”命令，在弹出的面板中进行设置，如图 7-130 所示，按 Enter 键，文字效果如图 7-131 所示。

图 7-129

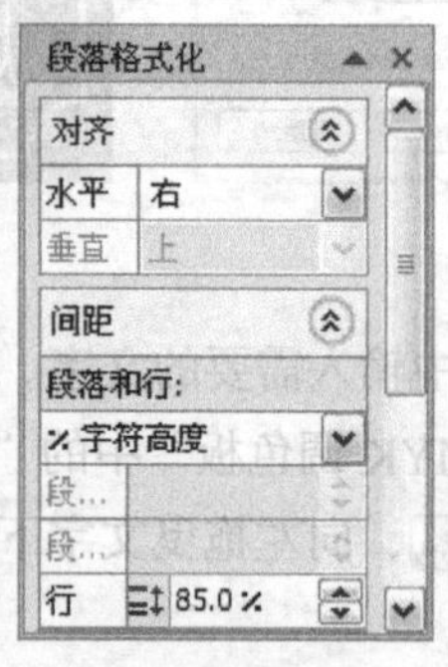

图 7-130

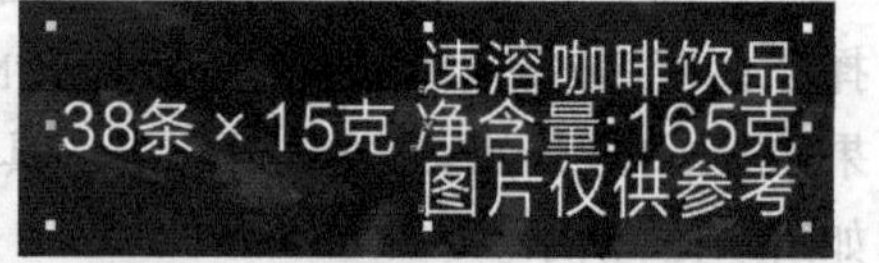

图 7-131

（9）选择“文本”工具，选取需要的文字，如图 7-132 所示，在属性栏中选择合适的字体并设置文字大小，取消文字的选取状态，效果如图 7-133 所示。

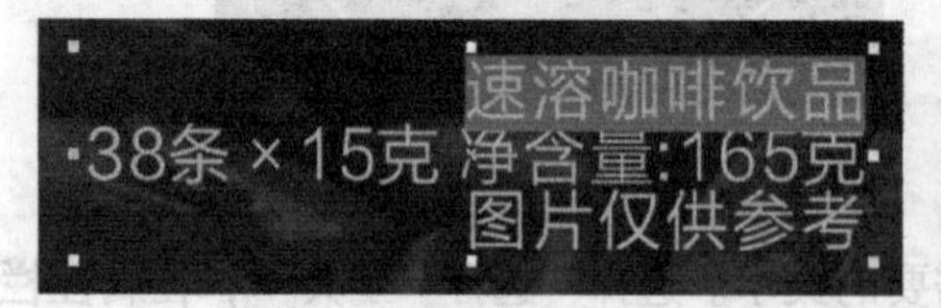

图 7-132

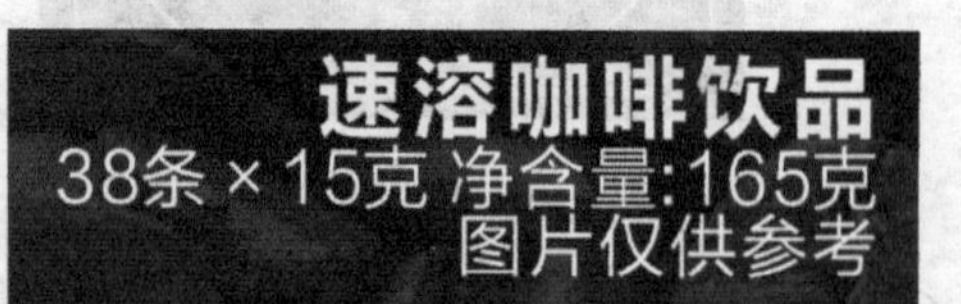

图 7-133

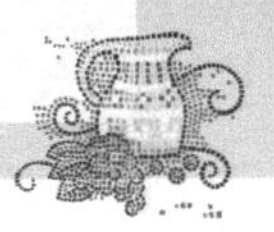

（10）选择“文本”工具[字]，选取数字“38”，如图 7-134 所示，在属性栏中选择合适的字体并设置文字大小，取消文字的选取状态，效果如图 7-135 所示。

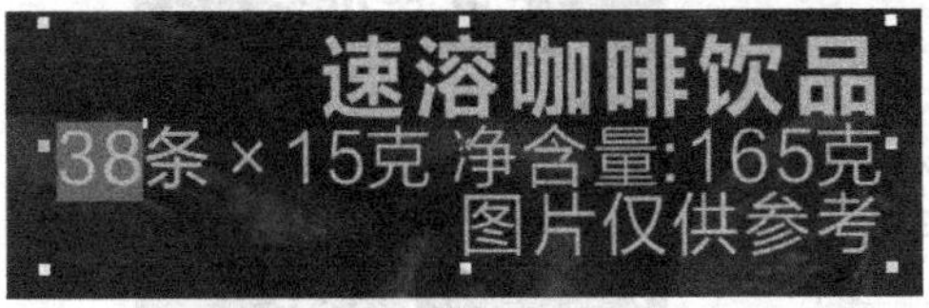

速溶咖啡饮品
38条×15克 净含量:165克
图片仅供参考

图 7-134

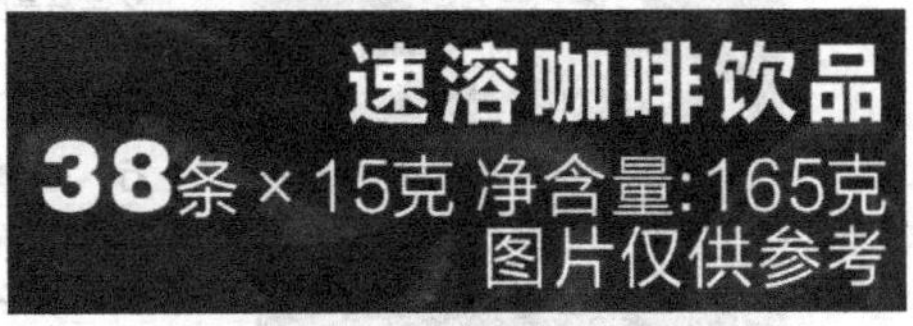

速溶咖啡饮品
38条×15克 净含量:165克
图片仅供参考

图 7-135

（11）选择“选择”工具，按住 Shift 键的同时，将需要的图形同时选取，如图 7-136 所示。按数字键盘上的+键，复制图形，按住 Shift 键的同时，将其水平向右拖曳到适当的位置，效果如图 7-137 所示。

图 7-136

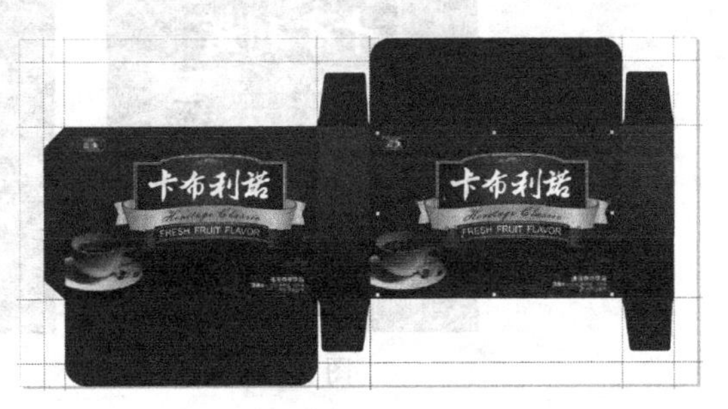

图 7-137

7.1.6 制作包装侧立面效果

（1）选择“选择”工具，单击选取需要的图形，如图 7-138 所示。按数字键盘上的+键，复制图形，将其拖曳到适当的位置并调整其大小，效果如图 7-139 所示。

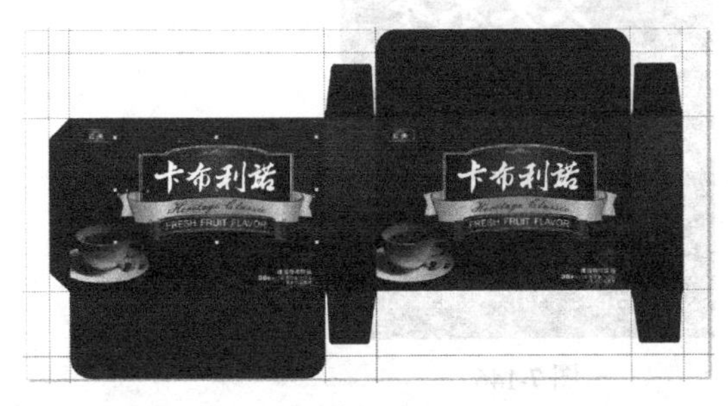

图 7-138

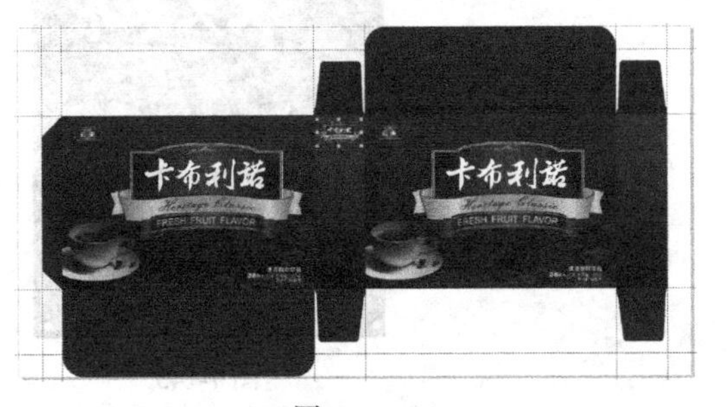

图 7-139

（2）选择“文本”工具[字]，在页面中输入需要的文字。选择“选择”工具，在属性栏中选择合适的字体并设置文字大小，在“CMYK 调色板”中的“白”色块上单击鼠标，填充文字，效果如图 7-140 所示。选择“文本 > 段落格式化”命令，在弹出的面板中进行设置，如图 7-141 所示，按 Enter 键，效果如图 7-142 所示。

（3）选择“形状”工具，用圈选的方法选取需要的文字节点，如图 7-143 所示，将其向右拖曳到适当的位置，效果如图 7-144 所示。

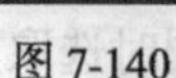
图 7-140

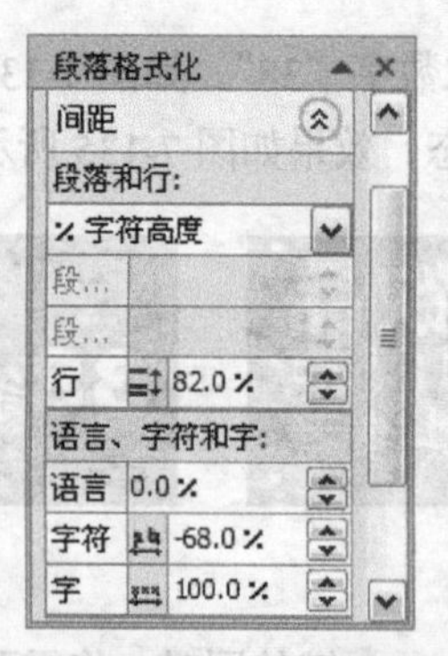

图 7-141

图 7-142

图 7-143

图 7-144

（4）选择“文本”工具字，在页面的适当位置拖曳鼠标绘制一个矩形文本框，输入需要的文字。选择“选择”工具，在属性栏中选择合适的字体并设置文字大小，在“CMYK 调色板”中的“白”色块上单击鼠标，填充文字，效果如图 7-145 所示。选择“形状”工具，向下拖曳文字下方的图标，适当调整字行距，效果如图 7-146 所示。

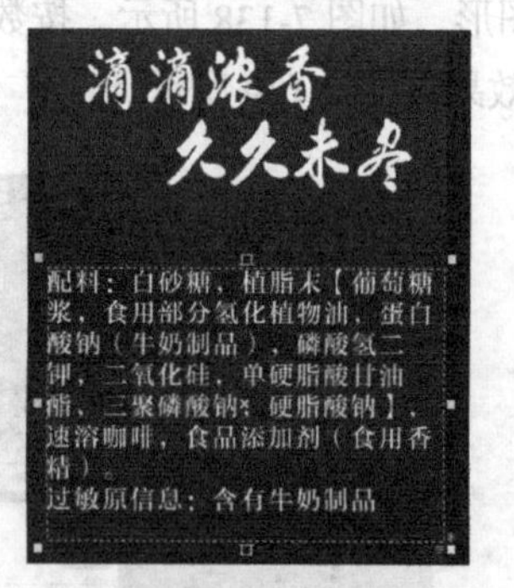

图 7-145

图 7-146

（5）选择“文本”工具字，在页面中输入需要的文字。选择“选择”工具，在属性栏中选择合适的字体并设置文字大小，在“CMYK 调色板”中的“白”色块上单击鼠标，填充文字，效果如图 7-147 所示。

（6）选择“文本”工具字，在页面中的适当位置拖曳鼠标绘制一个矩形文本框，输入需要的文字。选择“选择”工具，在属性栏中选择合适的字体并设置文字大小，在“CMYK 调色板”中的“白”色块上单击鼠标，填充文字，效果如图 7-148 所示。选择“文本”工具字，选取需要的文字，如图 7-149 所示。

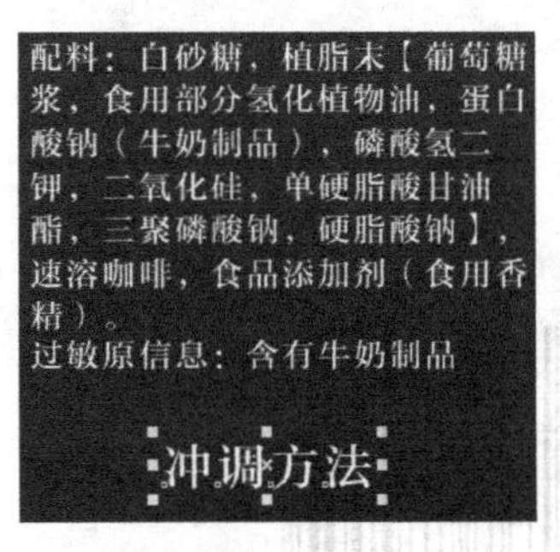

图 7-147

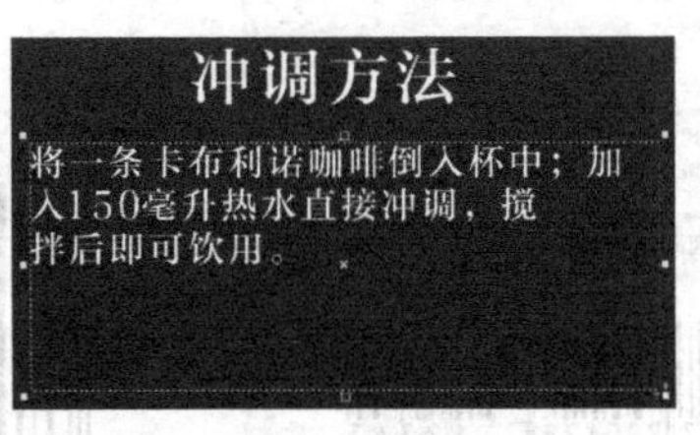

图 7-148

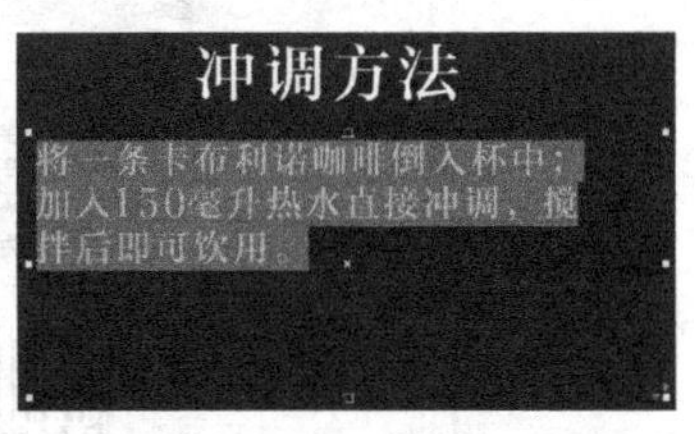

图 7-149

（7）选择"文本 > 项目符号"命令，在弹出的对话框中勾选"使用项目符号"单选项，选择需要的符号，其他选项的设置如图 7-150 所示，单击"确定"按钮，取消文字的选取状态，效果如图 7-151 所示。

（8）选择"文本"工具字，在页面中输入需要的文字。选择"选择"工具，在属性栏中选择合适的字体并设置文字大小，在"CMYK 调色板"中的"白"色块上单击鼠标，填充文字，效果如图 7-152 所示。

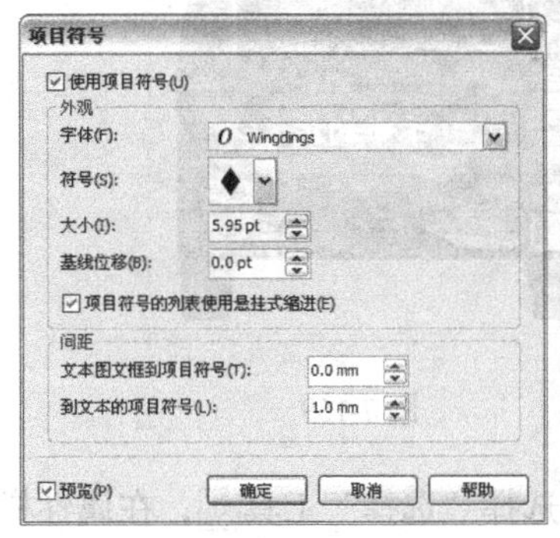

图 7-150

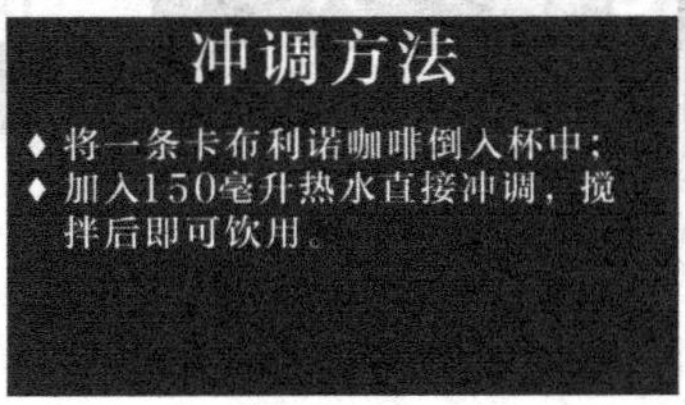

冲调方法
◆ 将一条卡布利诺咖啡倒入杯中；
◆ 加入150毫升热水直接冲调，搅拌后即可饮用。

图 7-151

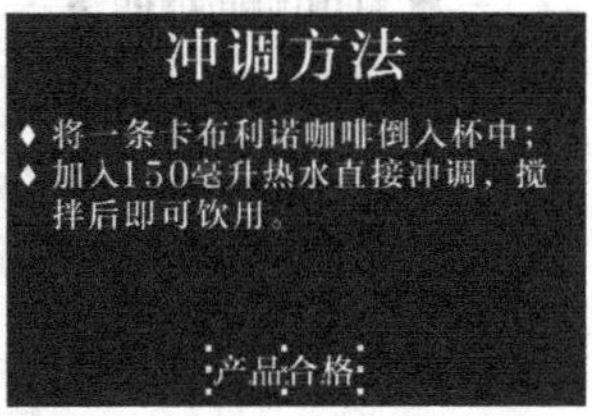

冲调方法
◆ 将一条卡布利诺咖啡倒入杯中；
◆ 加入150毫升热水直接冲调，搅拌后即可饮用。
产品合格

图 7-152

（9）选择"编辑 > 插入条码"命令，弹出"条码向导"对话框，在各选项中按需要进行设置，如图 7-153 所示。设置好后，单击"下一步"按钮，在设置区内按需要进行设置，如图 7-154 所示。设置好后，单击"下一步"按钮，在设置区内按需要进行各项设置，如图 7-155 所示。设置好后，单击"完成"按钮，效果如图 7-156 所示。

图 7-153

图 7-154

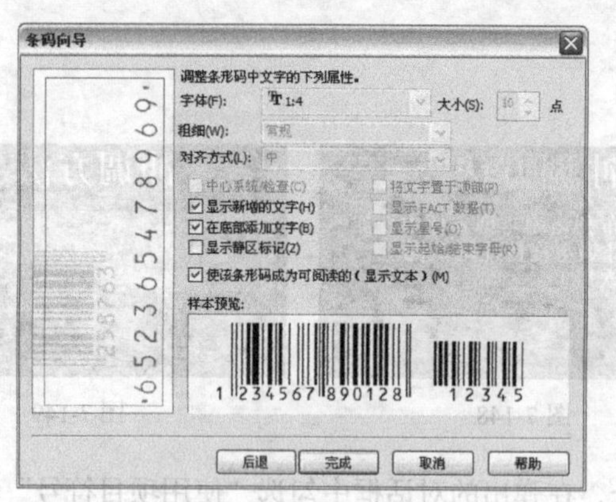

图 7-155

图 7-156

（10）选择“选择”工具，选取需要的图形，将其拖曳到适当的位置并适当调整其大小，效果如图 7-157 所示。按住 Shift 键的同时，单击选取需要的图形，如图 7-158 所示。按数字键盘上的+键，复制图形，按住 Shift 键的同时，将其水平向右拖曳到适当的位置，效果如图 7-159 所示。

图 7-157

图 7-158

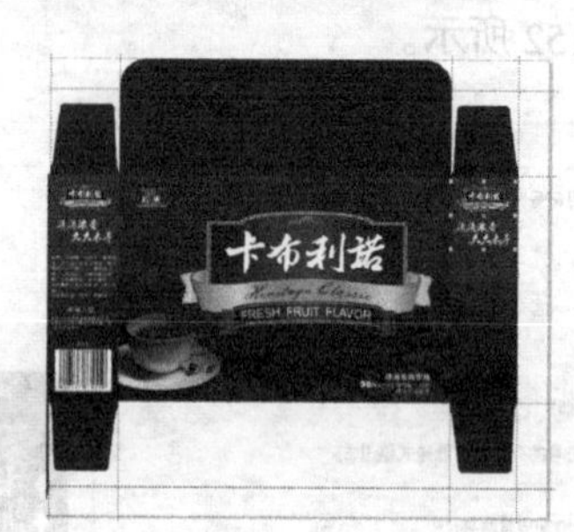

图 7-159

（11）选择“文本”工具，在页面中输入需要的文字。选择“选择”工具，在属性栏中选择合适的字体并设置文字大小，在“CMYK 调色板”中的“白”色块上单击鼠标，填充文字，效果如图 7-160 所示。单击属性栏中的“文本对齐”按钮，在弹出的菜单中选择“居中”命令，如图 7-161 所示，文字的效果如图 7-162 所示。

图 7-160

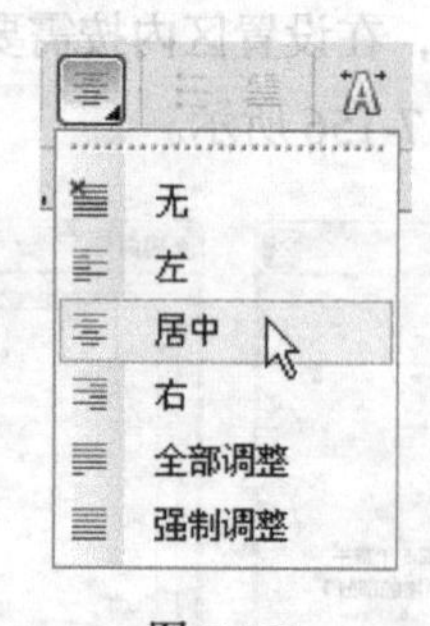

图 7-161

图 7-162

7.1.7 添加营养成分表

（1）选择“表格”工具，在属性栏中进行设置，如图 7-163 所示，在页面中拖曳光标绘制

表格，如图 7-164 所示。

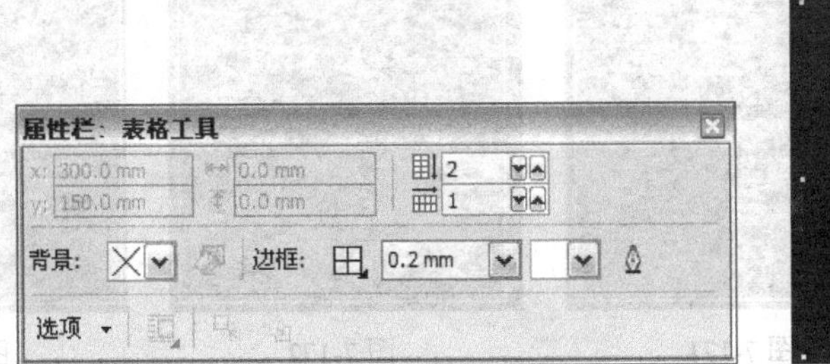

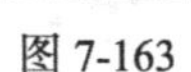
图 7-163

图 7-164

（2）单击属性栏中的“边框”按钮，在弹出的菜单中选择“全部”命令，如图 7-165 所示，填充轮廓线为白色，效果如图 7-166 所示。

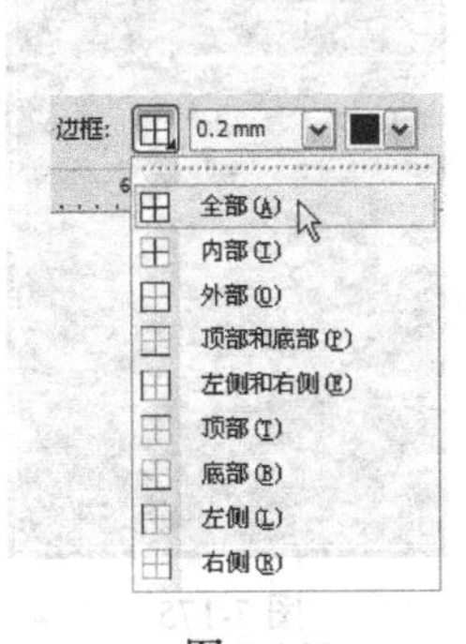

图 7-165

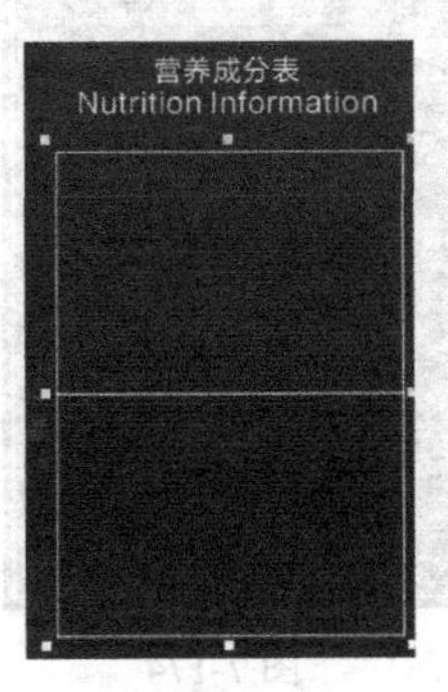

图 7-166

（3）选择“表格”工具，将光标置于第一行的边框线上，光标变为↕图标，如图 7-167 所示，向上拖曳边框线到适当的位置，如图 7-168 所示，松开鼠标，效果如图 7-169 所示。

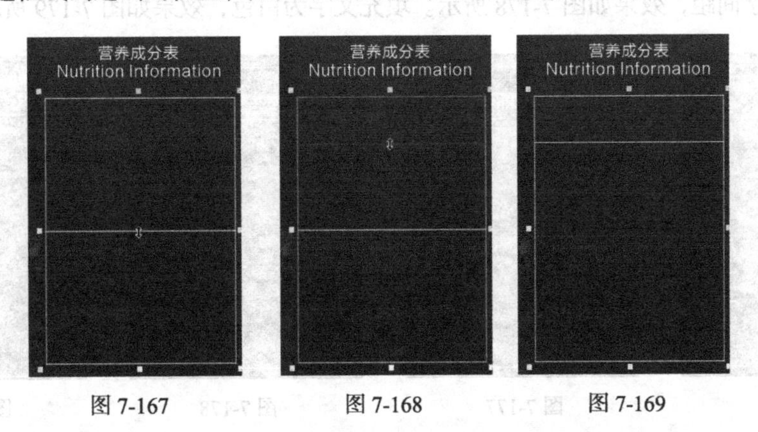

图 7-167　　图 7-168　　图 7-169

（4）选择“文本”工具，在属性栏中设置适当的字体和文字大小。选择“文本 > 段落格式化”命令，弹出“段落格式化”面板，设置如图 7-170 所示。将文字工具置于表格第一行，出现绿色线时，如图 7-171 所示，单击插入光标，如图 7-172 所示，输入需要的文字，如图 7-173 所示。

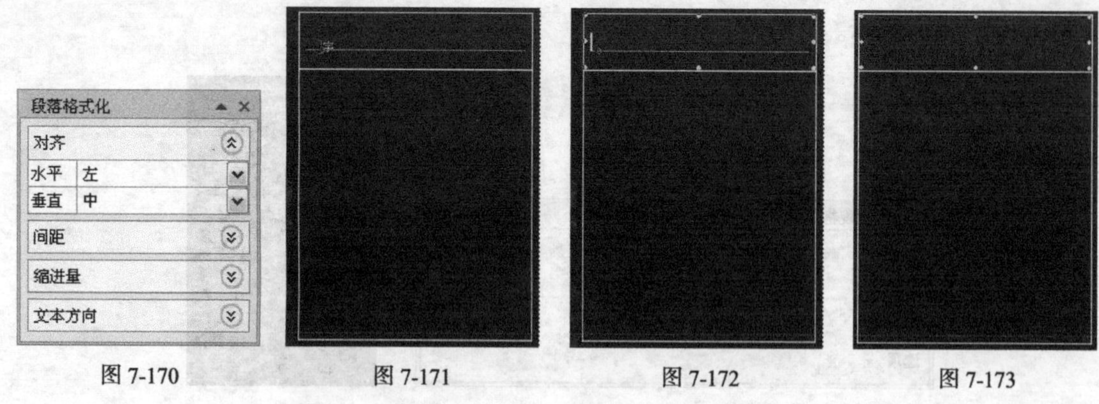

图 7-170　　图 7-171　　图 7-172　　图 7-173

（5）选择“文本”工具字，选取需要的文字，如图 7-174 所示，按多次 Ctrl+Shift+<组合键，适当调整字间距，效果如图 7-175 所示。

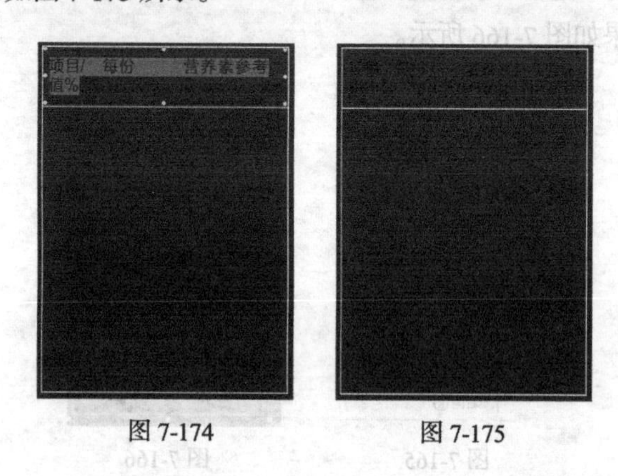

图 7-174　　图 7-175

（6）选择“文本”工具字，选取文字“营养素参考值%”，按多次 Ctrl+Shift+<组合键，适当调整字间距，效果如图 7-176 所示。选取需要的文字，如图 7-177 所示，按多次 Ctrl+Shift+<组合键，适当调整字间距，效果如图 7-178 所示。填充文字为白色，效果如图 7-179 所示。

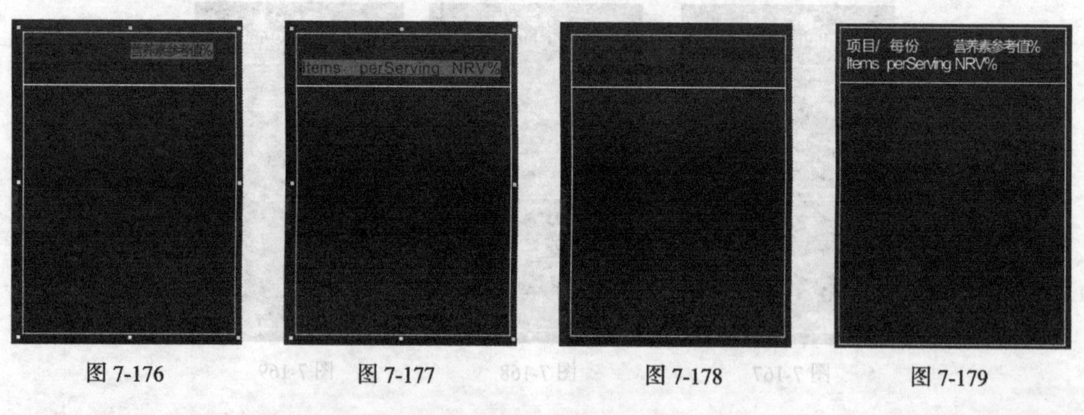

图 7-176　　图 7-177　　图 7-178　　图 7-179

（7）选择“文本”工具字，将光标置于第二行单击，插入光标，如图 7-180 所示，输入需要的文字，并填充文字为白色，效果如图 7-181 所示。

（8）选择“文本”工具字，在页面中适当的位置拖曳鼠标绘制一个矩形文本框，输入需要的文字。选择“选择”工具，在属性栏中选择合适的字体并设置文字大小，在“CMYK 调色板”

中的“白”色块上单击鼠标，填充文字，效果如图 7-182 所示。

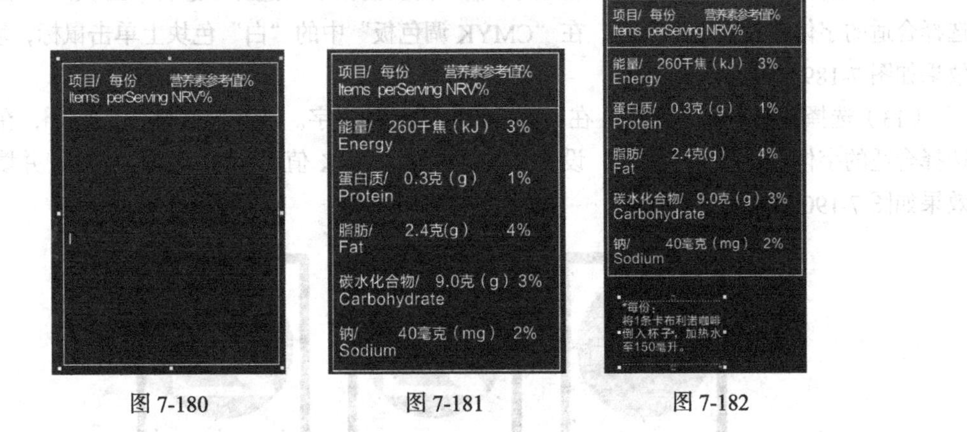

图 7-180　　图 7-181　　图 7-182

（9）选择“文本 > 段落格式化”命令，在弹出的面板中进行设置，如图 7-183 所示，按 Enter 键，效果如图 7-184 所示。

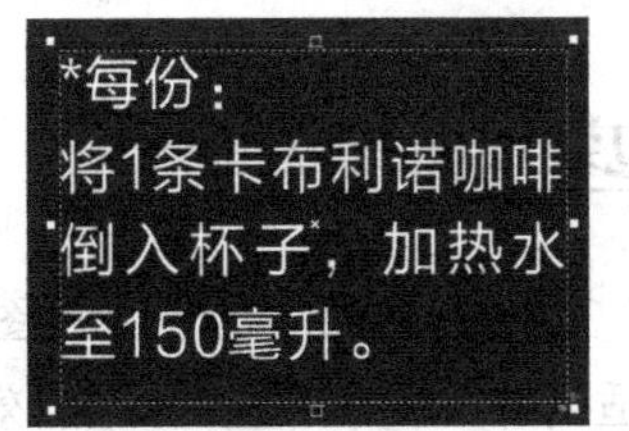

图 7-183　　图 7-184

（10）选择“矩形”工具，在适当的位置拖曳鼠标绘制一个矩形，填充图形为白色，效果如图 7-185 所示。按 F12 键，弹出“轮廓笔”对话框，在“颜色”选项中设置轮廓线颜色的 CMYK 值设置为 100、60、20、0，其他选项的设置如图 7-186 所示，单击“确定”按钮，效果如图 7-187 所示。

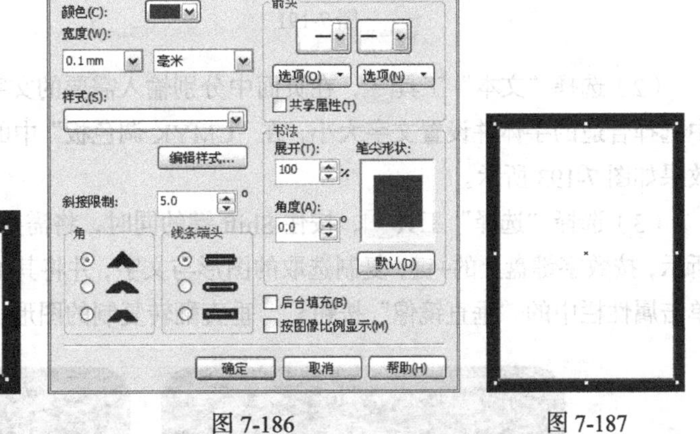

图 7-185　　图 7-186　　图 7-187

（11）选择“椭圆形”工具，按住 Ctrl 键的同时，在适当的位置拖曳鼠标绘制一个圆形，设置图形颜色的 CMYK 值为 100、60、20、0，填充图形，并去除图形的轮廓线，如图 7-188 所示。

（12）选择“文本”工具字，在页面中输入需要的文字。选择“选择”工具，在属性栏中选择合适的字体并设置文字大小，在“CMYK 调色板”中的“白”色块上单击鼠标，填充文字，效果如图 7-189 所示。

（13）选择“文本”工具字，在页面中输入需要的文字。选择“选择”工具，在属性栏中选择合适的字体并设置文字大小，设置文字颜色的 CMYK 值为 100、60、20、0，并填充文字，效果如图 7-190 所示。

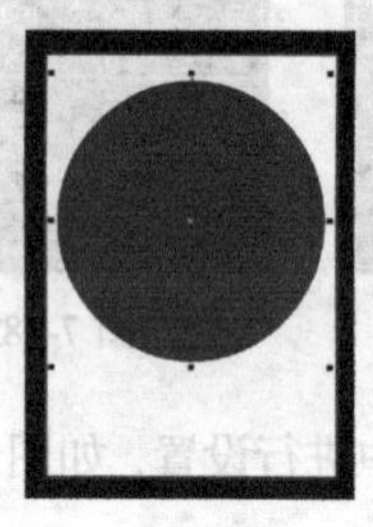
图 7-188

图 7-189

图 7-190

7.1.8 制作包装顶面与底面效果

（1）选择“选择”工具，单击选取需要的图形，如图 7-191 所示，按数字键盘上的+键，复制图形，将其拖曳到适当的位置并调整其大小，效果如图 7-192 所示。

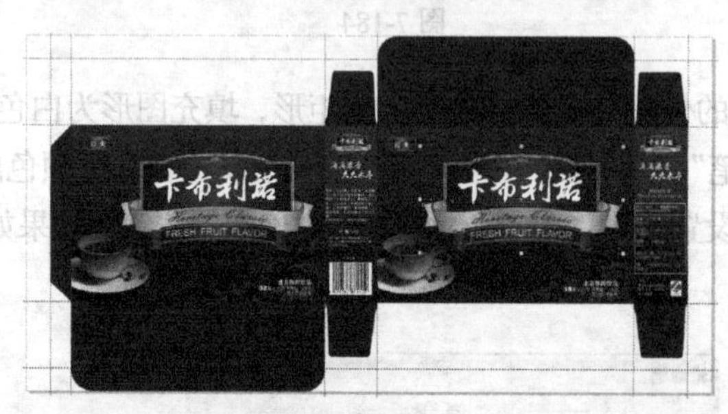

图 7-191

图 7-192

（2）选择“文本”工具字，在页面中分别输入需要的文字。选择“选择”工具，在属性栏中选择合适的字体并设置文字大小，在“CMYK 调色板”中的“白”色块上单击鼠标，填充文字，效果如图 7-193 所示。

（3）选择“选择”工具，按住 Shift 键的同时，将需要的图形与文字同时选取，如图 7-194 所示，按数字键盘上的+键，复制选取的图形与文字，并将其拖曳到适当的位置，如图 7-195 所示。单击属性栏中的“垂直镜像”按钮，垂直翻转复制的图形，效果如图 7-196 所示。

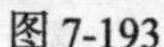
图 7-193

图 7-194

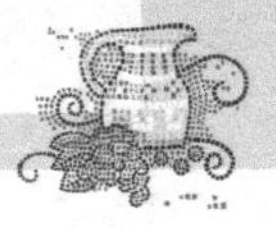

图 7-195

图 7-196

（4）按 Esc 键取消选取状态，立体包装展开图绘制完成，效果如图 7-197 所示。按 Ctrl+E 组合键，弹出“导出”对话框，将制作好的图像命名为“咖啡包装展开图”，保存为 PSD 格式，单击“导出”按钮，弹出“转换为位图”对话框，单击“确定”按钮，导出为 PSD 格式。

图 7-197

Photoshop 应用

7.1.9 制作包装立体效果

（1）打开 Photoshop CS5 软件，按 Ctrl+N 组合键，新建一个文件：宽度为 50cm，高度为 30cm，分辨率为 150 像素/英寸，颜色模式为 RGB，背景内容为白色，单击“确定”按钮，新建一个文件。

（2）选择“渐变”工具，单击属性栏中的“点按可编辑渐变”按钮，弹出“渐变编辑器”对话框，将渐变色设为由白色到黑色，如图 7-198 所示，单击“确定”按钮。在属性栏中单击“径向渐变”按钮，在图像窗口中由右上方至左下方拖曳渐变色，效果如图 7-199 所示。

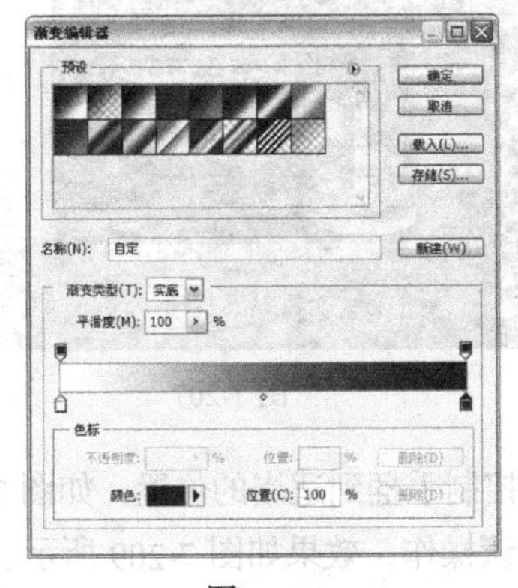

图 7-198

图 7-199

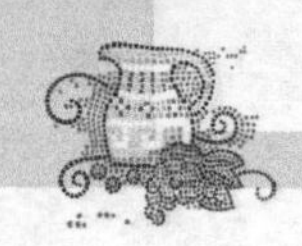

（3）按 Ctrl+O 组合键，打开光盘中的“Ch07 > 效果 > 制作咖啡包装 > 咖啡包装展开图”文件。选择“视图 > 新建参考线”命令，弹出“新建参考线”对话框，选项的设置如图 7-200 所示，单击“确定”按钮，效果如图 7-201 所示。用相同的方法在 24.2cm、28.8cm、51.2cm 处分别新建垂直参考线，效果如图 7-202 所示。

图 7-200　　图 7-201　　图 7-202

（4）选择“视图 > 新建参考线”命令，弹出“新建参考线”对话框，选项的设置如图 7-203 所示，单击“确定”按钮，效果如图 7-204 所示。用相同的方法在 7.55cm、22.45cm、28.05cm 处分别新建水平参考线，效果如图 7-205 所示。

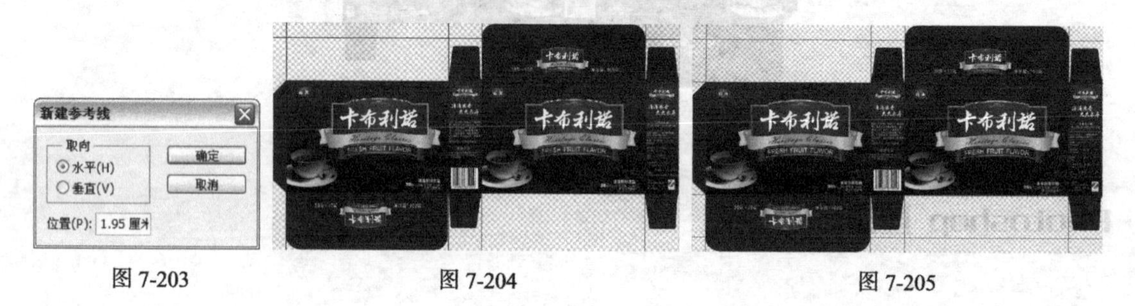

图 7-203　　图 7-204　　图 7-205

（5）选择“矩形选框”工具，在图像窗口中绘制出需要的选区，如图 7-206 所示。选择“移动”工具，将选区中的图像拖曳到新建的图像窗口中，在“图层”控制面板中生成新的图层并将其命名为“正面”。按 Ctrl+T 组合键，图像周围出现控制手柄，拖曳控制手柄改变图像的大小，如图 7-207 所示。

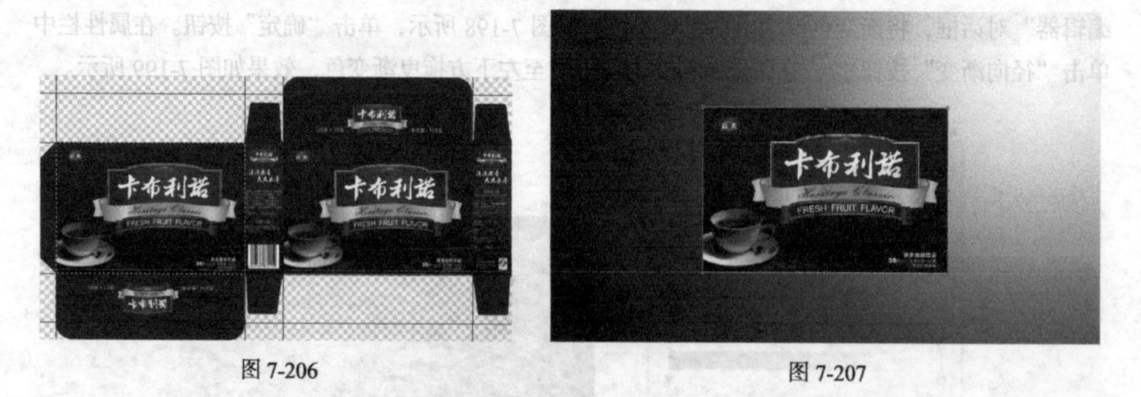

图 7-206　　图 7-207

（6）按住 Ctrl+Shift 组合键的同时，拖曳右上角的控制手柄到适当的位置，如图 7-208 所示，再拖曳右下角的控制手柄到适当的位置，按 Enter 键确认操作，效果如图 7-209 所示。

图 7-208

图 7-209

（7）选择“矩形选框”工具[]，在“立体包装展开图”的侧面拖曳鼠标绘制一个矩形选区，如图 7-210 所示。选择“移动”工具▶+，将选区中的图像拖曳到新建的图像窗口中，在“图层”控制面板中生成新的图层并将其命名为“侧面”。按 Ctrl+T 组合键，图像周围出现控制手柄，拖曳控制手柄来改变图像的大小，如图 7-211 所示。

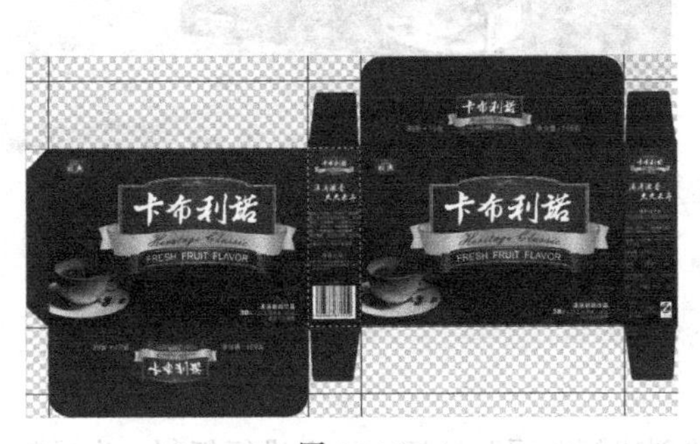

图 7-210

图 7-211

（8）按住 Ctrl 键的同时，拖曳右上角的控制手柄到适当的位置，如图 7-212 所示，再拖曳右下角的控制手柄到适当的位置，按 Enter 键确认操作，效果如图 7-213 所示。

图 7-212

图 7-213

（9）选择“矩形选框”工具[]，在“立体包装展开图”的顶面绘制一个矩形选区，如图 7-214 所示。选择“移动”工具▶+，将选区中的图像拖曳到新建的图像窗口中，在“图层”控制面板中生成新的图层并将其命名为“盒顶”。按 Ctrl+T 组合键，图像周围出现控制手柄，拖曳控制手柄改变图像的大小，如图 7-215 所示。按住 Ctrl 键的同时，拖曳左上角的控制手柄到适当的位置，如图 7-216 所示，再拖曳其他控制手柄到适当的位置，按 Enter 键确认操作，效果如图 7-217 所示。

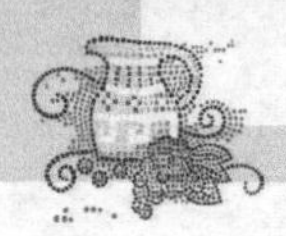

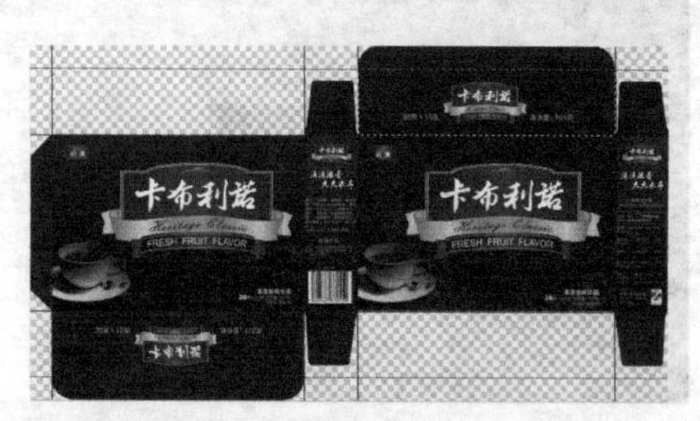

图 7-214

图 7-215

图 7-216

图 7-217

7.1.10 制作立体效果倒影

（1）将“正面”图层拖曳到控制面板下方的“创建新图层”按钮上进行复制，生成新的图层“正面 副本”。选择“移动”工具，将副本图像拖曳到适当的位置，如图 7-218 所示。按 Ctrl+T 组合键，图像周围出现控制手柄，单击鼠标右键，在弹出的菜单中选择“垂直翻转”命令，垂直翻转图像，如图 7-219 所示。

图 7-218

图 7-219

（2）按住 Ctrl 键的同时，分别拖曳控制手柄到适当的位置，效果如图 7-220 所示。单击“图层”控制面板下方的“添加图层蒙版”按钮，为“正面 副本”图层添加蒙版，如图 7-221 所示。

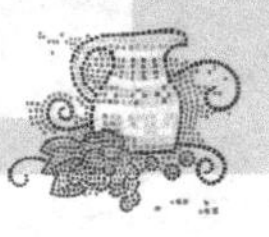

图 7-220

图 7-221

（3）选择“渐变”工具，单击属性栏中的“点按可编辑渐变”按钮，弹出“渐变编辑器”对话框，将渐变色设为由白色到黑色，单击“确定”按钮。在属性栏中选择“线性渐变”按钮，在图像中由上至下拖曳渐变色，效果如图 7-222 所示。

（4）在“图层”控制面板中将“正面 副本”拖曳到“正面”图层的下方，如图 7-223 所示，效果如图 7-224 所示。用相同的方法制作出侧面图像的投影效果，效果如图 7-225 所示。

图 7-222

图 7-223

图 7-224

图 7-225

（5）酒盒包装制作完成。选择“图像 > 模式 > CMYK 颜色”命令，弹出提示对话框，单击“拼合”按钮，拼合图像。按 Ctrl+S 组合键，弹出“存储为”对话框，将制作好的图像命名为“咖啡包装立体图”，保存为 TIFF 格式。单击“保存”按钮，弹出“TIFF 选项”对话框，再单击“确定”按钮将图像保存。

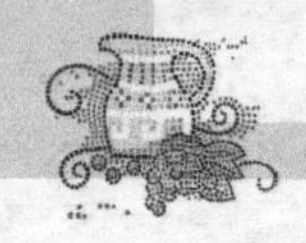

7.2 课后习题——制作酒盒包装

习题知识要点：在 Photoshop 中，使用渐变工具制作背景效果，使用图层蒙版、高斯模糊命令、画笔工具、渐变工具、图层的混合模式和不透明度选项制作图片效果，使用变换命令制作立体图效果，使用垂直翻转命令、图层蒙版、渐变工具和变换命令制作立体图倒影效果；在 CorelDRAW 中，选择标尺命令，拖曳出辅助线作为包装的结构线；将矩形转换为曲线，使用形状工具选取需要的节点进行编辑，使用移除前面对象命令将两个图形剪切为一个图形，使用合并命令将所有的图形结合使用文本工具，矩形工具、椭圆形工具、贝塞尔工具和手绘工具制作包装正面。酒盒包装效果如图 7-226 所示。

效果所在位置：光盘/Ch07/效果/制作酒盒包装/酒盒包装展开图.psd、酒盒包装立体图.tif。

图 7-226

第8章 唱片设计

唱片设计是应用设计的一个重要门类。唱片是音乐的外貌，不仅要体现出唱片的内容和性质，还要表现出美感。本章以制作古琴唱片封面、盘面、内页设计为例，讲解唱片的设计方法和制作技巧。

课堂学习目标

- 在 Photoshop 软件中制作唱片设计背景图
- 在 Illustrator 软件中制作唱片封面及盘面
- 在 CorelDRAW 软件中制作条形码
- 在 InDesign 软件中制作唱片内页

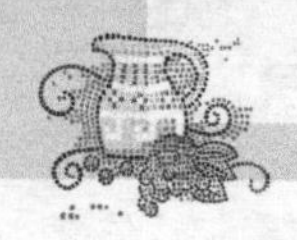

8.1 制作古琴唱片

案例学习目标：在 Photoshop 中，学习使用新建参考线命令添加参考线，使用图层面板、调色命令、绘图工具和滤镜命令制作唱片设计背景图；在 Illustrator 中使用编辑位图命令、填充工具、文字工具和绘图工具添加标题及相关信息，使用插入字形命令、符号面板添加需要的字形和符号；在 CorelDRAW 中，使用插入条形码命令插入条形码；在 InDesign 中使用置入命令、版面命令、文字工具和图形的绘制工具制作唱片内页的设计。

案例知识要点：在 Photoshop 中，使用不透明度选项和色相饱和度命令调整图片的色调，使用渐变工具、添加图层蒙版按钮和画笔工具制作图片渐隐效果，使用强化的边缘滤镜命令制作古琴素材高光效果；在 Illustrator 中使用置入命令、文字工具和填充工具添加标题及相关信息，使用插入字形命令插入需要的字形，使用符号面板添加眼睛和立方图形，使用矩形工具、直接选择工具和创建剪切蒙版命令制作符号图形的剪切蒙版，使用椭圆工具、缩放命令和减去顶层命令制作唱片盘面；在 CorelDRAW 中，使用插入条形码命令插入条形码；在 InDesign 中使用页码和章节选项命令更改起始页码，使用置入命令、文字工具、直排文字工具和图形的绘制工具添加标题及相关信息，使用不透明度命令制作图片半透明效果，使用矩形工具、混合模式选项、贴入内部命令制作图片剪切效果。唱片封面、盘面、内页效果如图 8-1 所示。

效果所在位置：光盘/Ch08/效果/制作古琴唱片/唱片封面设计.ai、唱片盘面设计.ai、唱片内页设计.indd。

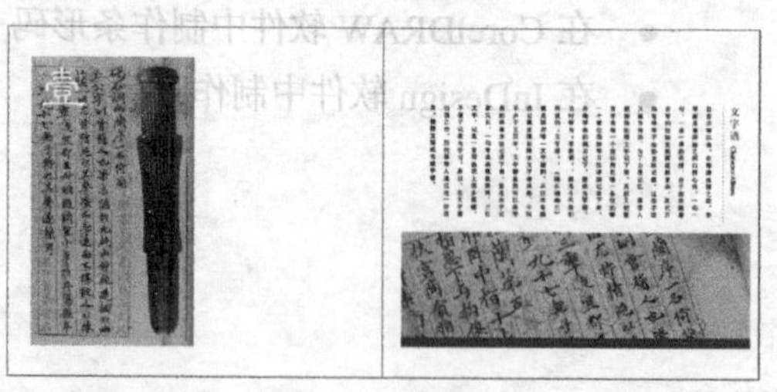

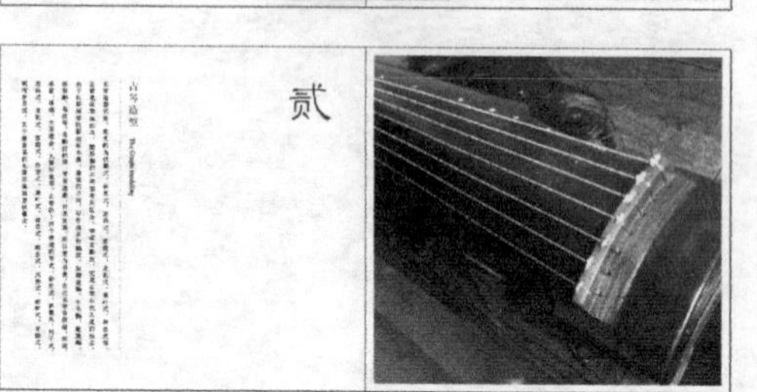

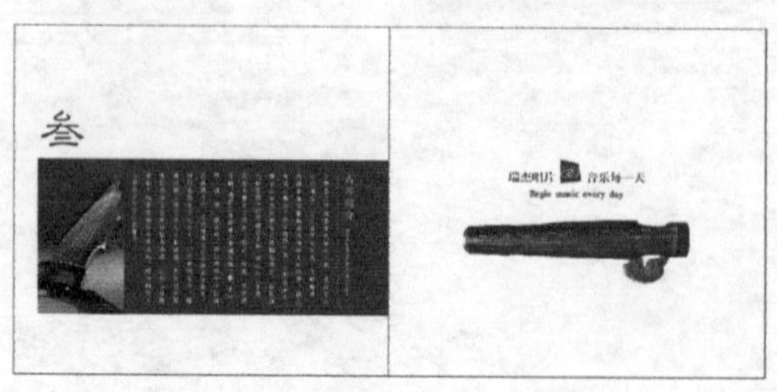

图 8-1

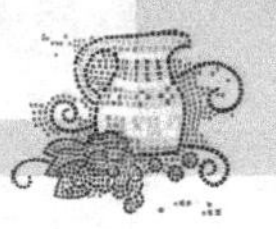

Photoshop 应用

8.1.1 处理背景图片

（1）按 Ctrl+N 组合键，新建一个文件：宽度为 30.45cm，高度为 13.2cm，分辨率为 300 像素/英寸，颜色模式为 RGB，背景内容为白色，单击“确定”按钮，新建一个文件。选择“视图 > 新建参考线”命令，弹出“新建参考线”对话框，设置如图 8-2 所示，单击“确定”按钮，效果如图 8-3 所示。用相同的方法，在 12.9cm 处新建一条水平参考线，效果如图 8-4 所示。

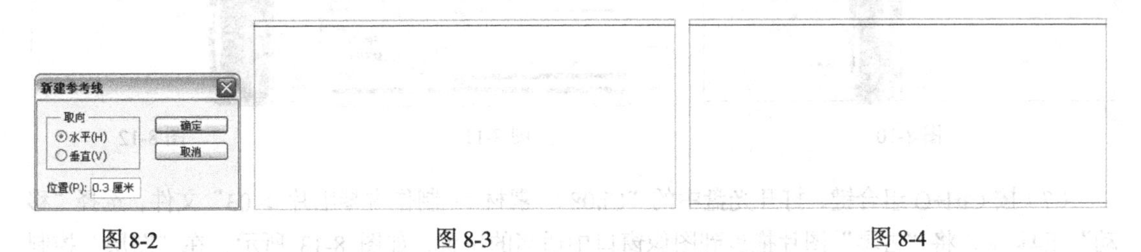

图 8-2　图 8-3　图 8-4

（2）选择“视图 > 新建参考线”命令，弹出“新建参考线”对话框，设置如图 8-5 所示，单击“确定”按钮，效果如图 8-6 所示。用相同的方法，分别在 14.6cm、15.85cm、30.15cm 处新建垂直参考线，效果如图 8-7 所示。

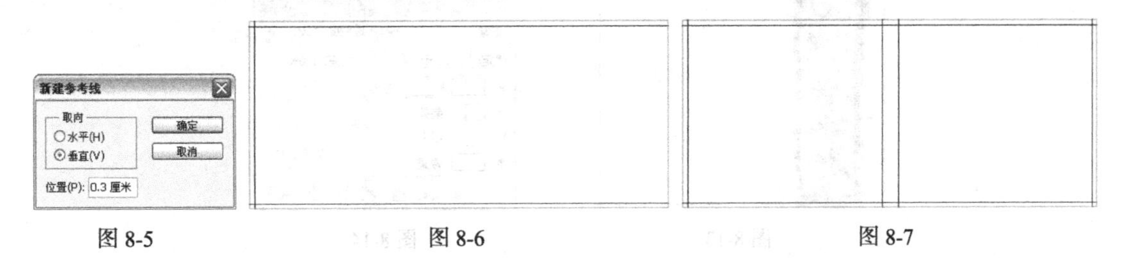

图 8-5　图 8-6　图 8-7

（3）按 Ctrl+O 组合键，打开光盘中的“Ch08 > 素材 > 制作古琴唱片 > 01”文件，选择“移动”工具，将“山水”图片拖曳到图像窗口中适当的位置并调整其大小，如图 8-8 所示，在“图层”控制面板中生成新的图层并将其命名为“山水”。

（4）在“图层”控制面板上方，将“山水”图层的“不透明度”选项设为 25%，图像效果如图 8-9 所示。

图 8-8　图 8-9

（5）按 Ctrl+O 组合键，打开光盘中的“Ch08 > 素材 > 制作古琴唱片 > 02”文件，选择“移

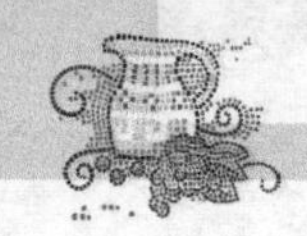

动”工具，将“墨条”图片拖曳到图像窗口中适当的位置并调整其大小，如图 8-10 所示，在“图层”控制面板中生成新的图层并将其命名为“墨条”。

（6）选择“图像 > 调整 > 色相/饱和度”命令，在弹出的对话框中进行设置，如图 8-11 所示，单击“确定”按钮，效果如图 8-12 所示。

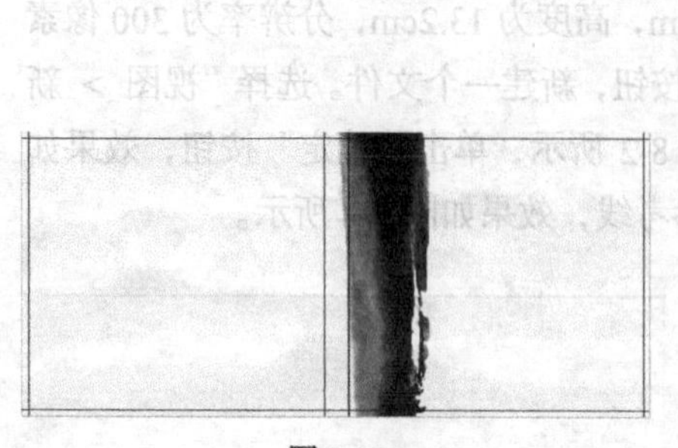
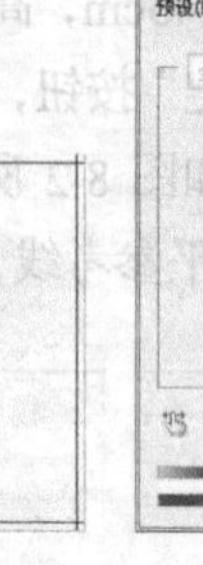

图 8-10

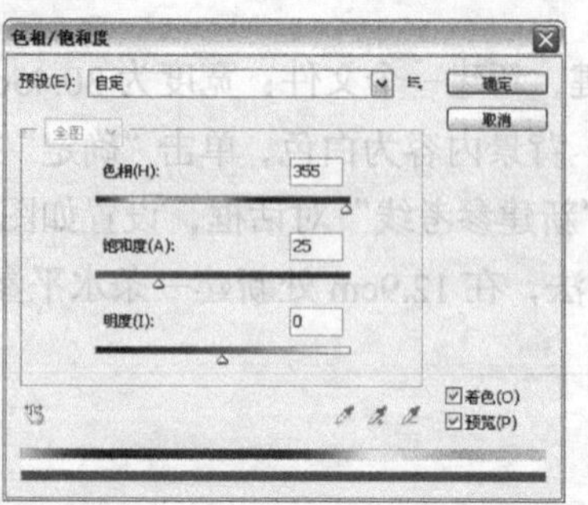

图 8-11

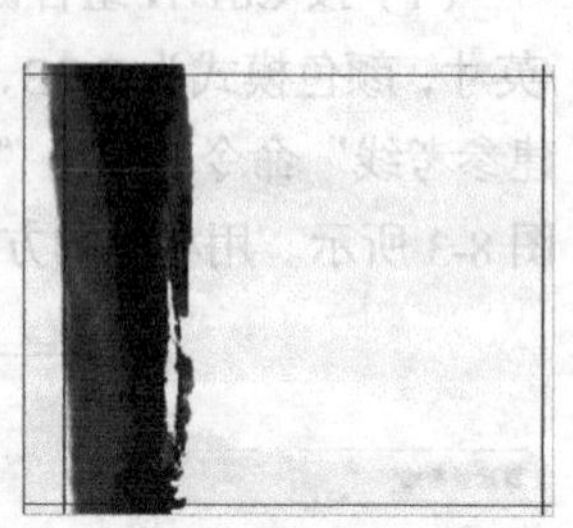

图 8-12

（7）按 Ctrl+O 组合键，打开光盘中的“Ch08 > 素材 > 制作古琴唱片 > 03”文件，选择“移动”工具，将“古琴”图片拖曳到图像窗口中适当的位置，如图 8-13 所示，在“图层”控制面板中生成新的图层并将其命名为“古琴”。单击“图层”控制面板下方的“添加图层蒙版”按钮，为“古琴”图层添加蒙版，如图 8-14 所示。

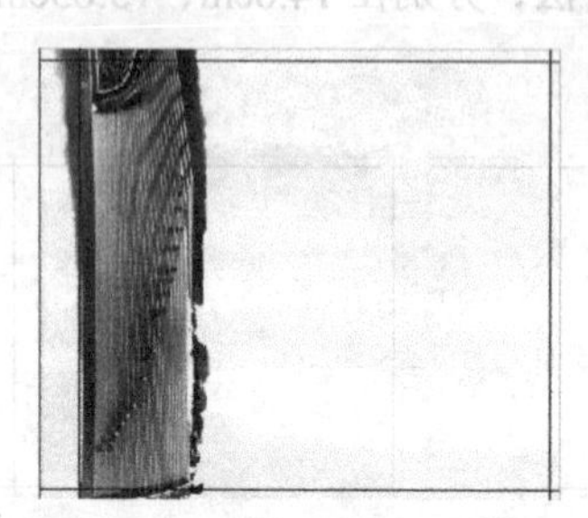

图 8-13

图 8-14

（8）选择“渐变”工具，单击属性栏中的“点按可编辑渐变”按钮，弹出“渐变编辑器”对话框，将渐变色设为黑色到白色，在图像窗口中拖曳渐变色，如图 8-15 所示，松开鼠标左键，效果如图 8-16 所示。

图 8-15

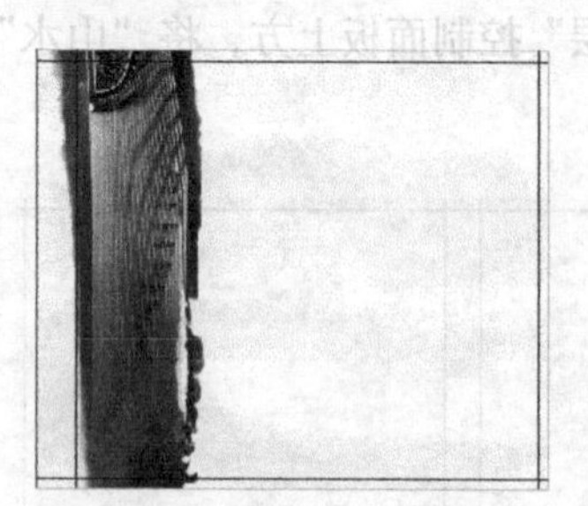

图 8-16

（9）按 Ctrl+O 组合键，打开光盘中的“Ch08 > 素材 > 制作古琴唱片 > 04”文件，选择“移动”工具，将“竹叶”图片拖曳到图像窗口中适当的位置并调整其大小，如图 8-17 所示，在

“图层”控制面板中生成新的图层并将其命名为“竹叶”。

（10）按 Ctrl+J 组合键，复制“竹叶”图层，生成新的图层“竹叶 副本”，单击“竹叶 副本”图层左边的眼睛图标，隐藏该图层，如图 8-18 所示。

图 8-17

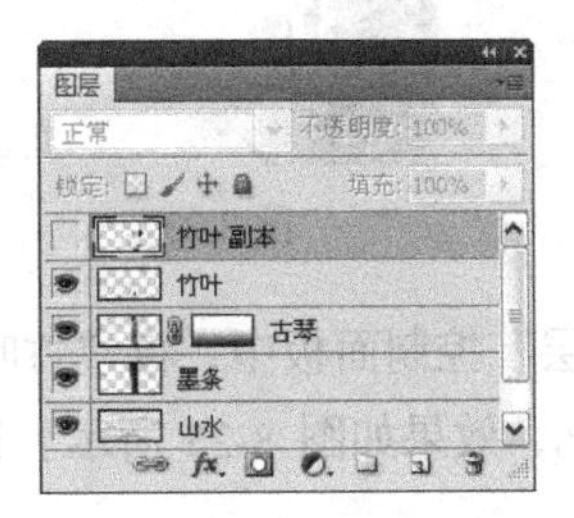

图 8-18

（11）选中“竹叶”图层，单击“图层”控制面板下方的“添加图层蒙版”按钮，为“竹叶”图层添加蒙版，如图 8-19 所示。将“竹叶”图层的“不透明度”选项设为 62%，图像效果如图 8-20 所示。

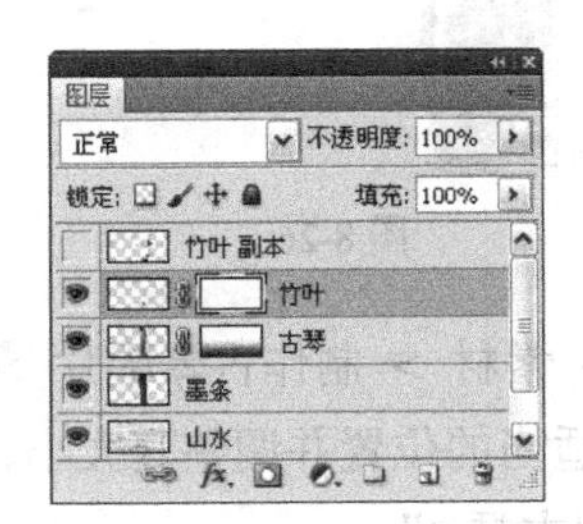

图 8-19

图 8-20

（12）选择“画笔”工具，在属性栏中单击“画笔”选项右侧的按钮，弹出画笔选择面板，在面板中选择需要的画笔形状，如图 8-21 所示，在图像窗口中进行涂抹，擦除不需要的部分，效果如图 8-22 所示。

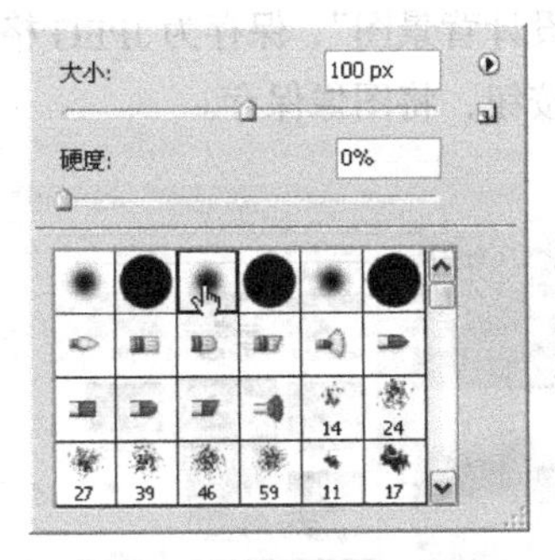

图 8-21

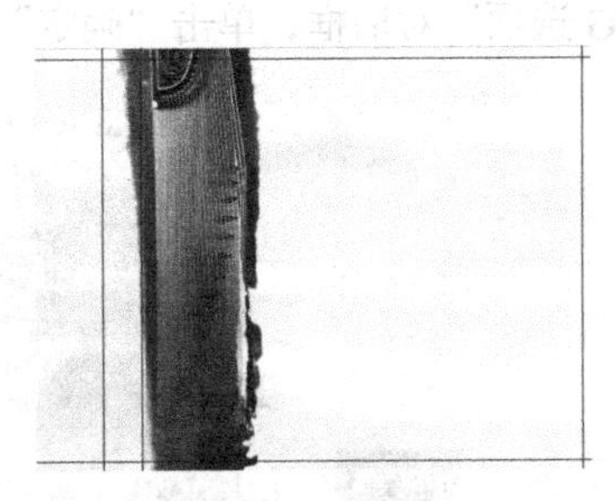

图 8-22

（13）选中“竹叶 副本”图层，单击“竹叶 副本”图层左边的空白图标，显示该图层。选择“移动”工具，将竹叶图片向上拖曳到图像窗口中适当的位置，效果如图 8-23 所示。单击“图层”控制面板下方的“添加图层蒙版”按钮，为“竹叶 副本”图层添加蒙版，如图 8-24 所示。

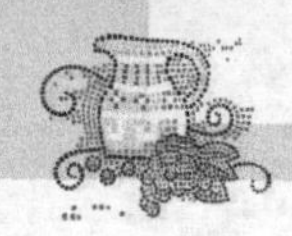

图 8-23

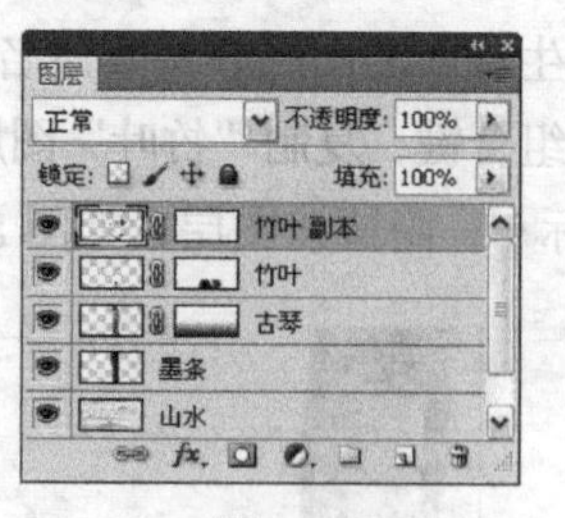

图 8-24

（14）在“图层”控制面板中，将“竹叶 副本”图层的混合模式选项设为“滤色”，“不透明度”选项设为 61%，效果如图 8-25 所示。选择“画笔”工具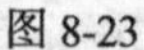，擦除图片中不需要的图像，效果如图 8-26 所示。

图 8-25

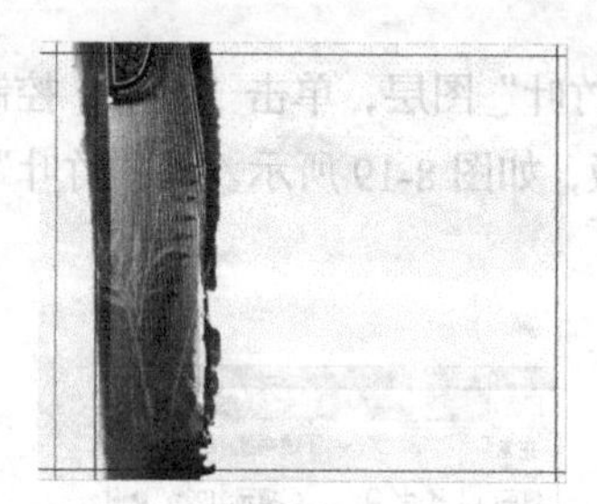

图 8-26

（15）按 Ctrl+O 组合键，打开光盘中的“Ch08 > 素材 > 制作古琴唱片 > 05”文件，选择“移动”工具，将“古琴”图片拖曳到图像窗口中适当的位置并调整其大小，如图 8-27 所示，在“图层”控制面板中生成新的图层并将其命名为“古琴 2”。

（16）选择“滤镜 > 画笔的描边 > 强化的边缘”命令，弹出“强化的边缘”对话框，选项的设置如图 8-28 所示，单击“确定”按钮，效果如图 8-29 所示。唱片设计背景图制作完成，效果如图 8-30 所示。

（17）按 Ctrl+; 组合键，隐藏参考线。按 Shift+Ctrl+E 组合键，合并可见图层。按 Ctrl+S 组合键，弹出“存储为”对话框，将其命名为“唱片设计背景图”，保存为 JPEG 格式，单击“保存”按钮，弹出“JPEG 选项”对话框，单击“确定”按钮，将图像保存。

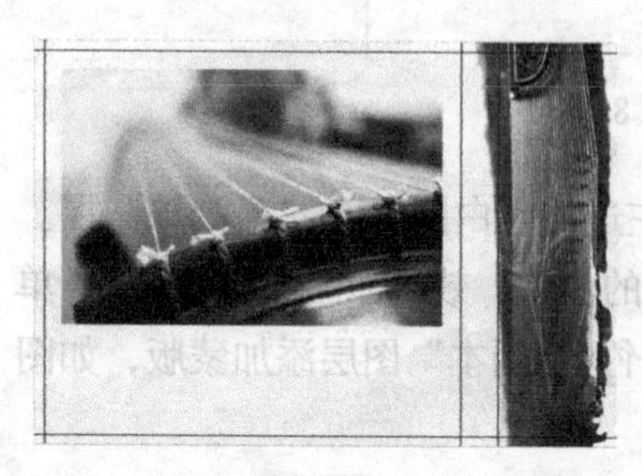

图 8-27

图 8-28

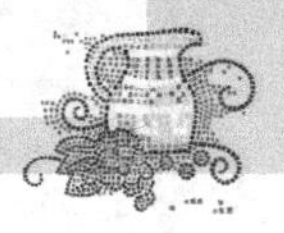

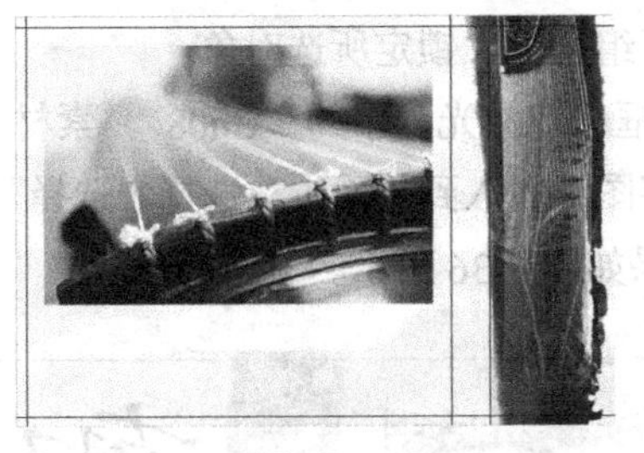

图 8-29

图 8-30

Illustrator 应用

8.1.2　添加并编辑素材文字

（1）打开 Illustrator CS5 软件，按 Ctrl+N 组合键，新建一个文档，宽度为 298.5mm，高度为 126mm，取向为横向，颜色模式为 CMYK，其他选项的设置如图 8-31 所示，单击“确定”按钮，新建一个文档。

（2）按 Ctrl+R 组合键，显示标尺。选择“选择”工具，在页面中拖曳一条垂直参考线，选择“窗口 > 变换”命令，弹出“变换”面板，将“X”轴选项设为 143mm，如图 8-32 所示，按 Enter 键确认操作，效果如图 8-33 所示。保持参考线的选取状态，在“变换”面板中将“X”轴选项设为 155.5mm，按 Alt+Enter 组合键，确认操作，效果如图 8-34 所示。

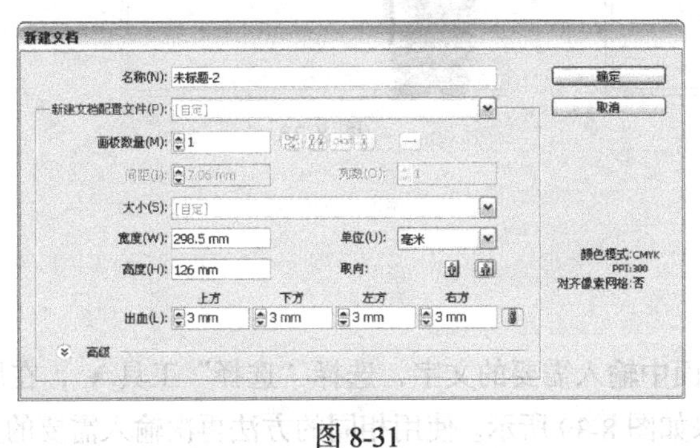

图 8-31

图 8-32

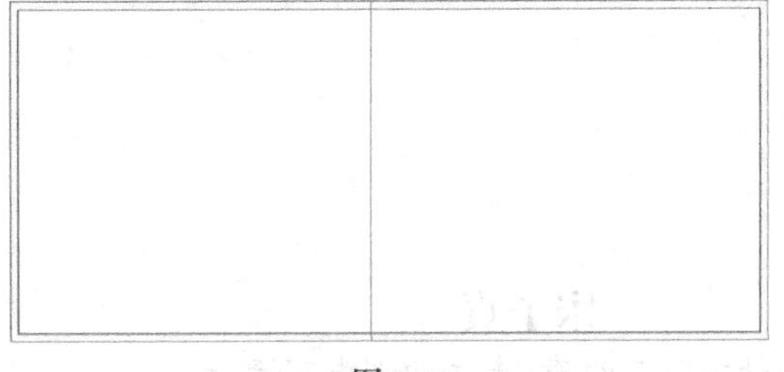

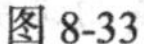

图 8-33

图 8-34

（3）选择“文件 > 置入”命令，弹出“置入”对话框，选择光盘中的“Ch08 > 效果 > 制作古琴唱片 > 唱片设计背景图”文件，单击“置入”按钮，将图片置入到页面中，单击属性栏中的“嵌入”按钮，嵌入图片。选择“选择”工具，拖曳图片到适当的位置，效果如图 8-35

所示。用圈选的方法将图片和参考线同时选取，按 Ctrl+2 组合键，锁定所选对象。

（4）选择“文件 > 置入”命令，弹出“置入”对话框，选择光盘中的“Ch08 > 素材 > 制作古琴唱片 > 06、07”文件，单击“置入”按钮，将文字图形置入到页面中，选择“选择”工具，分别拖曳文字图形到适当的位置并调整其大小，效果如图 8-36 所示。

图 8-35

图 8-36

（5）选择“选择”工具，使用圈选的方法将文字同时选取，如图 8-37 所示。设置文字填充颜色为褐色（其 C、M、Y、K 的值分别为 0、60、100、65），填充文字，取消选取状态，效果如图 8-38 所示。

图 8-37

图 8-38

8.1.3 添加介绍性文字

（1）选择“文字”工具T，在页面中输入需要的文字，选择“选择”工具，在属性栏中选择合适的字体并设置文字大小，效果如图 8-39 所示。使用相同的方法再次输入需要的文字，并分别设置适当的字体和文字大小，效果如图 8-40 所示。

图 8-39

宋子真

转轴拨弦三两声　未成曲调先有情

笛箫伍伦　　鼓李子明

图 8-40

（2）选择“文字”工具T，在适当的位置单击插入光标，如图 8-41 所示。选择“文字 > 字

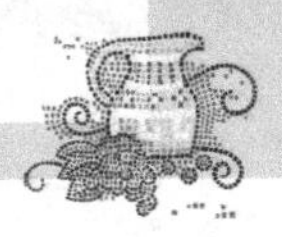

形”命令，在弹出的“字形”面板中按需要进行设置并选择需要的字形，如图 8-42 所示，双击鼠标左键插入字形，效果如图 8-43 所示。用相同的方法在适当的位置再次插入字形，效果如图 8-44 所示。

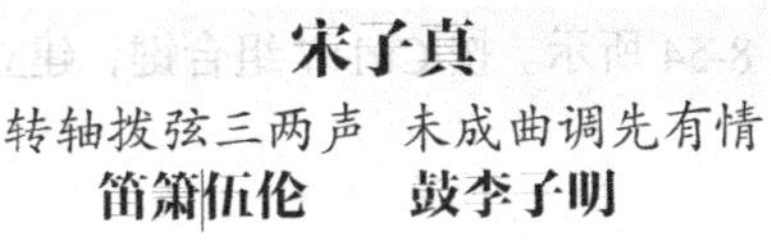

宋子真
转轴拨弦三两声　未成曲调先有情
笛箫伍伦　　鼓李子明

图 8-41

字形
显示: 完整字体
U+25ce
方正风雅宋简体

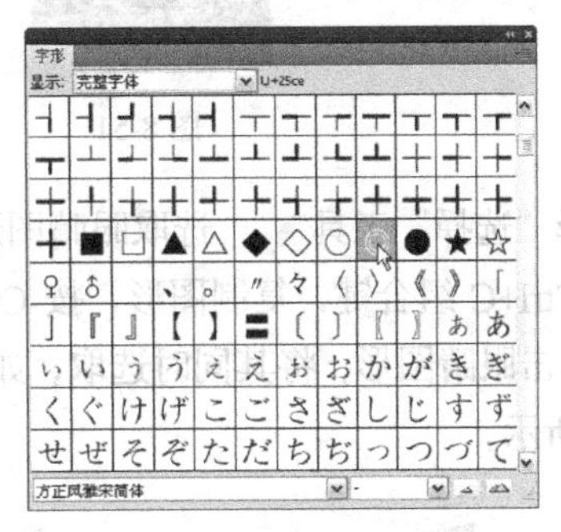

图 8-42

宋子真
转轴拨弦三两声　未成曲调先有情
笛箫◎伍伦　鼓李子明

图 8-43

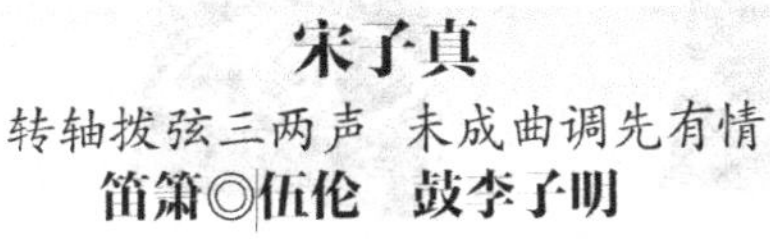

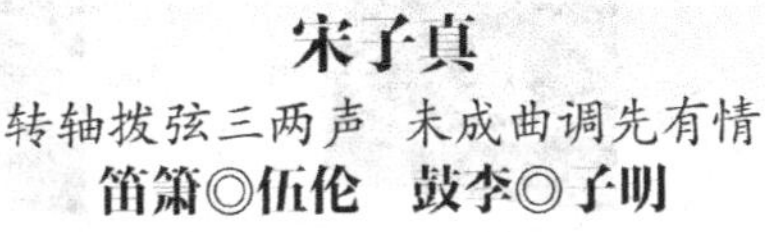

宋子真
转轴拨弦三两声　未成曲调先有情
笛箫◎伍伦　鼓李◎子明

图 8-44

（3）选择“矩形”工具▭，按 Shift 键的同时，绘制一个正方形，设置图形填充颜色为褐色（其 C、M、Y、K 值分别为 0、60、100、65），填充图形，并设置描边色为无，效果如图 8-45 所示。选择“直接选择”工具，选取需要的节点，将其拖曳到适当的位置，如图 8-46 所示。使用相同的方法选取并调整其他节点，效果如图 8-47 所示。

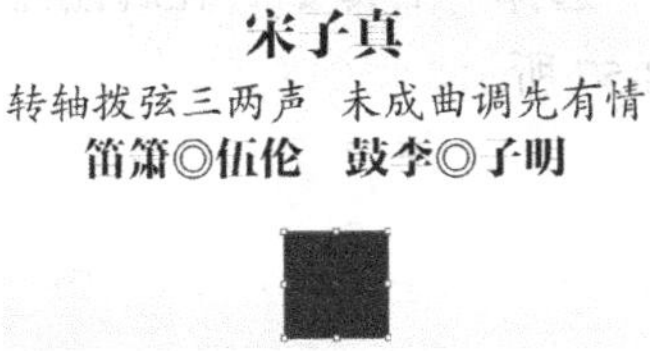

宋子真
转轴拨弦三两声　未成曲调先有情
笛箫◎伍伦　鼓李◎子明

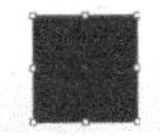

图 8-45

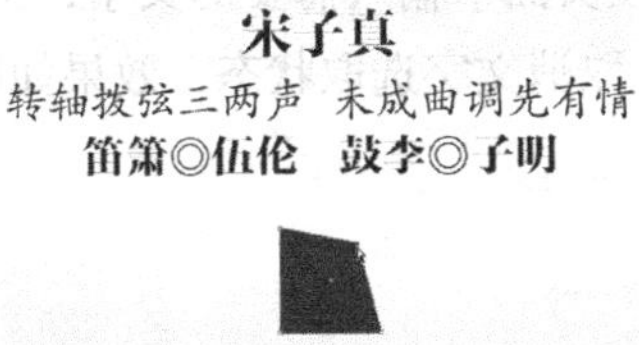

宋子真
转轴拨弦三两声　未成曲调先有情
笛箫◎伍伦　鼓李◎子明

图 8-46

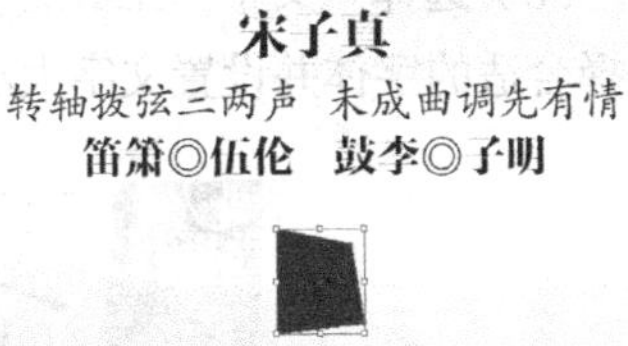

宋子真
转轴拨弦三两声　未成曲调先有情
笛箫◎伍伦　鼓李◎子明

图 8-47

（4）选择“窗口 > 符号”命令，弹出“符号”控制面板，选择需要的符号，如图 8-48 所示，拖曳符号到适当的位置并调整其大小，效果如图 8-49 所示。在符号图形上单击鼠标右键，在弹出的菜单中选择“断开符号链接”命令，效果如图 8-50 所示。

符号

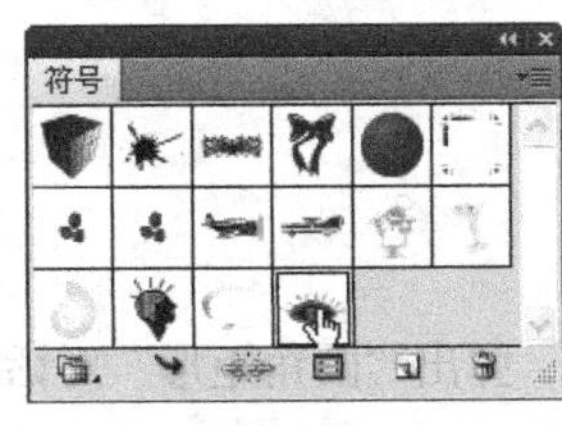

图 8-48

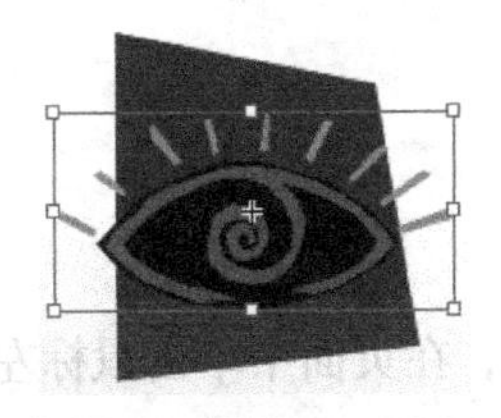

图 8-49

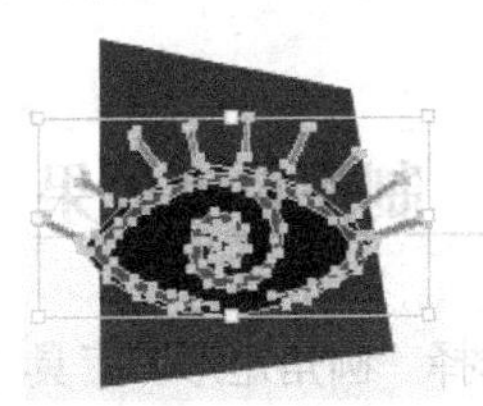

图 8-50

（5）选择“直接选择”工具，选取不需要的图形，如图 8-51 所示。按 Delete 键，将其删除，效果如图 8-52 所示。

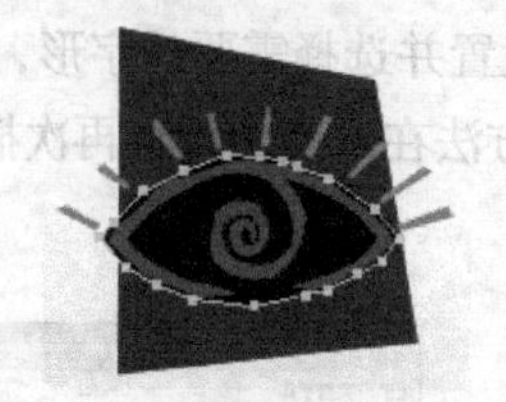
图 8-51

图 8-52

（6）选择“选择”工具，选取眼睛图形，填充图形为白色，效果如图 8-53 所示。选取背景图形，按 Ctrl+C 组合键，复制图形，按 Ctrl+F 组合键，将复制的图形粘贴在前面，按住 Shift 键的同时，单击眼睛图形，将其同时选取，如图 8-54 所示。按 Ctrl+7 组合键，建立剪切蒙版，效果如图 8-55 所示。

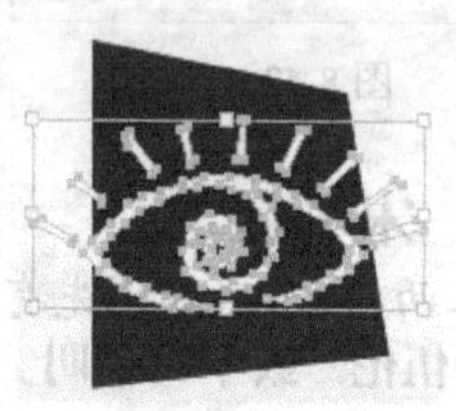
图 8-53

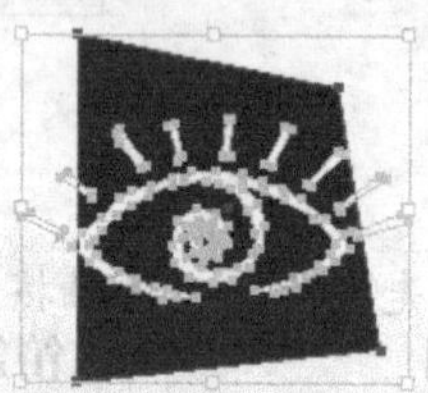
图 8-54

图 8-55

（7）选择“文件 > 置入”命令，弹出“置入”对话框，选择光盘中的“Ch08 > 素材 > 制作古琴唱片 > 08”文件，单击“置入”按钮，将文字图形置入到页面中，单击属性栏中的“嵌入”按钮，嵌入图片。选择“选择”工具，拖曳图片到适当的位置并调整其大小，效果如图 8-56 所示。

（8）选择“文字”工具，在页面中输入需要的文字，选择“选择”工具，在属性栏中选择合适的字体并设置文字大小，取消文字选取状态，效果如图 8-57 所示。

图 8-56

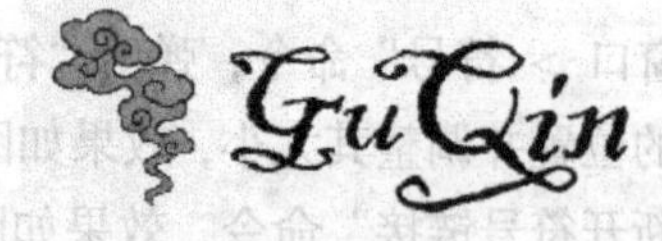

图 8-57

8.1.4 制作封底效果

（1）选择“圆角矩形”工具，在页面中单击鼠标左键，弹出“圆角矩形”对话框，选项的设置如图 8-58 所示，单击“确定”按钮，出现一个圆角矩形。选择“选择”工具，拖曳矩形到页面中适当的位置，填充图形为白色，效果如图 8-59 所示。在属性栏中将“不透明度”选项设为 30%，效果如图 8-60 所示。

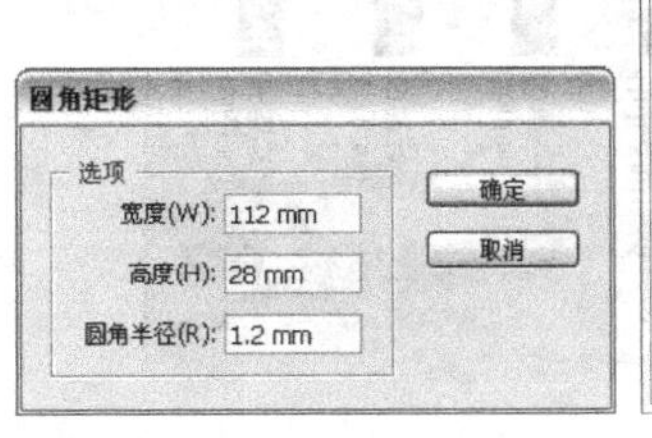

图 8-58

图 8-59

图 8-60

（2）选择“矩形”工具，绘制一个矩形，设置图形填充颜色为褐色（其 C、M、Y、K 值分别为 0、60、100、65），填充图形，并设置描边色为无，效果如图 8-61 所示。按住 Alt+Shift 组合键的同时，用鼠标水平向右拖曳图形到适当位置，复制图形，如图 8-62 所示。按住 Ctrl 键的同时，再连续点按 D 键，按需要再制出多个图形，效果如图 8-63 所示。

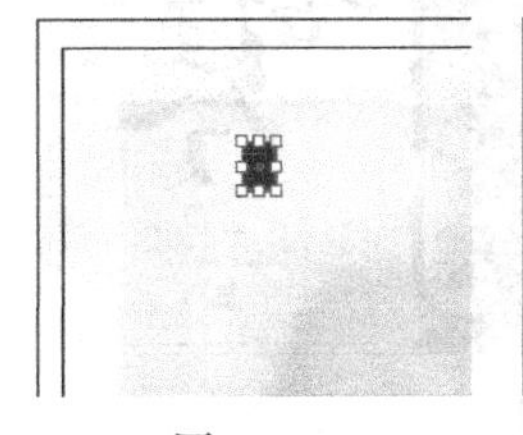

图 8-61

图 8-62

图 8-63

（3）选择“文字”工具，在页面中输入需要的文字，选择“选择”工具，在属性栏中选择合适的字体并设置文字大小，填充文字为白色，效果如图 8-64 所示。

（4）选择“直排文字”工具，在页面中输入需要的文字，选择“选择”工具，在属性栏中选择合适的字体并设置文字大小，效果如图 8-65 所示。按 Ctrl+T 组合键，弹出“字符”控制面板，将“设置所选字符的字距调整”选项设置为 160，其他选项的设置如图 8-66 所示，按 Enter 键，效果如图 8-67 所示。

图 8-64

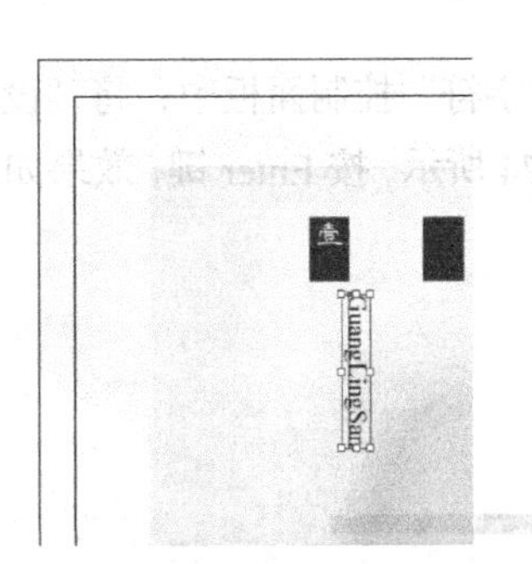

图 8-65

图 8-66

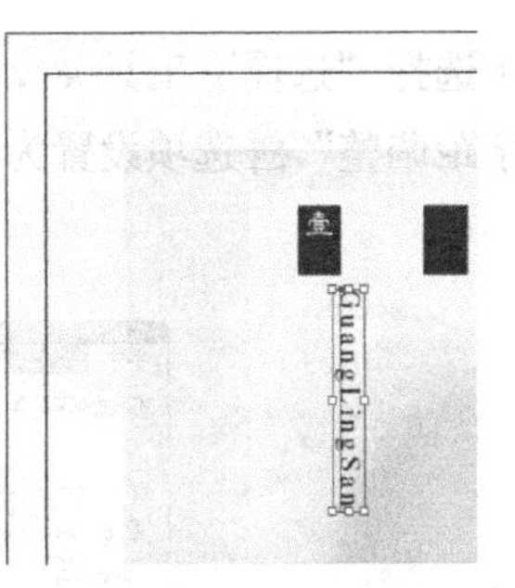

图 8-67

（5）选择“直排文字”工具，在页面中输入需要的文字，选择“选择”工具，在属性栏中选择合适的字体并设置文字大小，效果如图 8-68 所示。使用相同的方法在适当的位置分别输入需要的文字并调整文字的字距，效果如图 8-69 所示。

图 8-68　　图 8-69

（6）选择“选择”工具，选取封面中需要的图形，按 Ctrl+G 组合键，将其编组，如图 8-70 所示。按住 Alt 键的同时，用鼠标向左拖曳图形到封底上适当的位置，复制图形，效果如图 8-71 所示。

图 8-70

图 8-71

（7）选择“文字”工具，在页面中分别输入需要的文字，选择“选择”工具，在属性栏中分别选择合适的字体并设置文字大小，效果如图 8-72 所示。将输入的文字同时选取，设置文字填充颜色为褐色（其 C、M、Y、K 的值分别为 0、60、100、65），填充文字，取消文字选取状态，效果如图 8-73 所示。

图 8-72　　图 8-73

（8）选择“选择”工具，选取文字“夫杰音乐”，在“字符”控制面板中，将“设置所选字符的字距调整”选项设置为 140，其他选项的设置如图 8-74 所示，按 Enter 键，效果如图 8-75 所示。

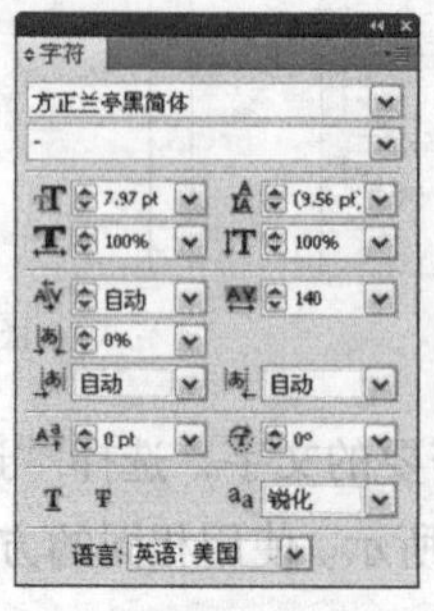

图 8-74

图 8-75

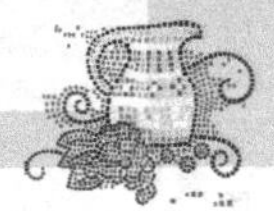

（9）使用相同的方法再次输入需要的文字，填充文字相同的颜色，按 Alt+ →组合键，调整文字的字距，效果如图 8-76 所示。选择“直线”工具，按 Shift 键的同时，在适当的位置绘制一条直线，设置描边色为褐色（其 C、M、Y、K 的值分别为 0、60、100、65），填充直线，在属性栏中将“描边粗细”选项设为 0.5 pt，取消直线选取状态，效果如图 8-77 所示。

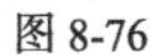
图 8-76

图 8-77

8.1.5 添加出版信息

（1）选择“圆角矩形”工具，在页面中单击鼠标左键，弹出“圆角矩形”对话框，选项的设置如图 8-78 所示，单击“确定”按钮，出现一个圆角矩形。选择“选择”工具，拖曳矩形到适当的位置，在属性栏中将“描边粗细”选项设为 0.5 pt，按 Enter 键，效果如图 8-79 所示。

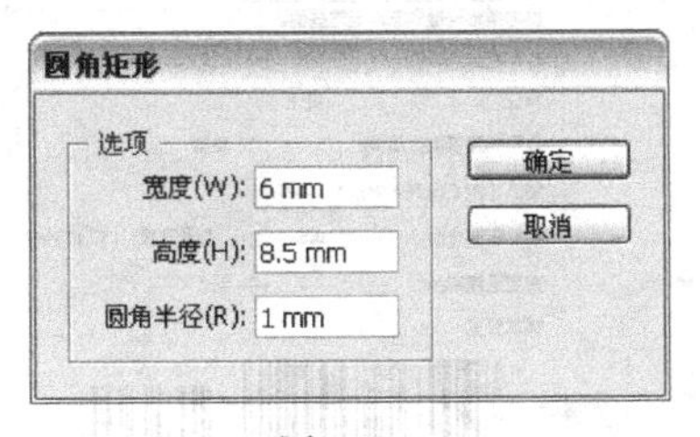

图 8-78

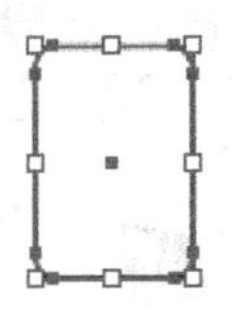

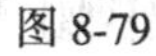
图 8-79

（2）选择“窗口 > 符号”命令，弹出“符号”控制面板，选择需要的符号，如图 8-80 所示，拖曳符号到适当的位置并调整其大小，效果如图 8-81 所示。选择“文字”工具，在页面中输入需要的文字，选择“选择”工具，在属性栏中选择合适的字体并设置文字大小，效果如图 8-82 所示。

图 8-80

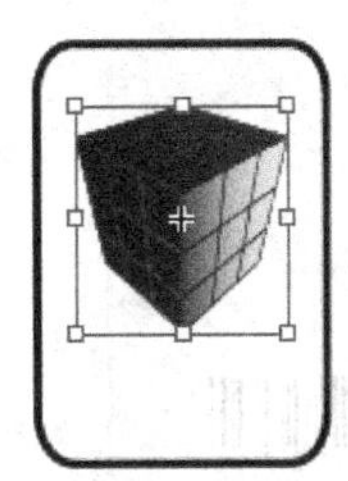

图 8-81

图 8-82

（3）选择“文字”工具，在页面中分别输入需要的文字，选择“选择”工具，在属性栏中分别选择合适的字体并设置文字大小，效果如图 8-83 所示。使用相同的方法再次输入需要的文字，效果如图 8-84 所示。

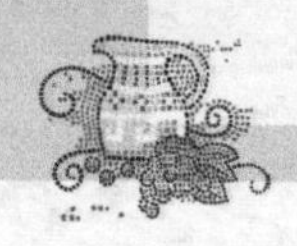

图 8-83

图 8-84

CorelDRAW 应用

8.1.6 制作条形码

（1）打开 CorelDRAW X5 软件，按 Ctrl+N 组合键，新建一个 A4 页面。选择“编辑 > 插入条码”命令，弹出“条码向导”对话框，在各选项中进行设置，如图 8-85 所示。设置好后，单击“下一步”按钮，在设置区内按需要进行各项设置，如图 8-86 所示。设置好后，单击“下一步”按钮，在设置区内按需要进行各项设置，如图 8-87 所示，设置好后，单击“完成”按钮，效果如图 8-88 所示。

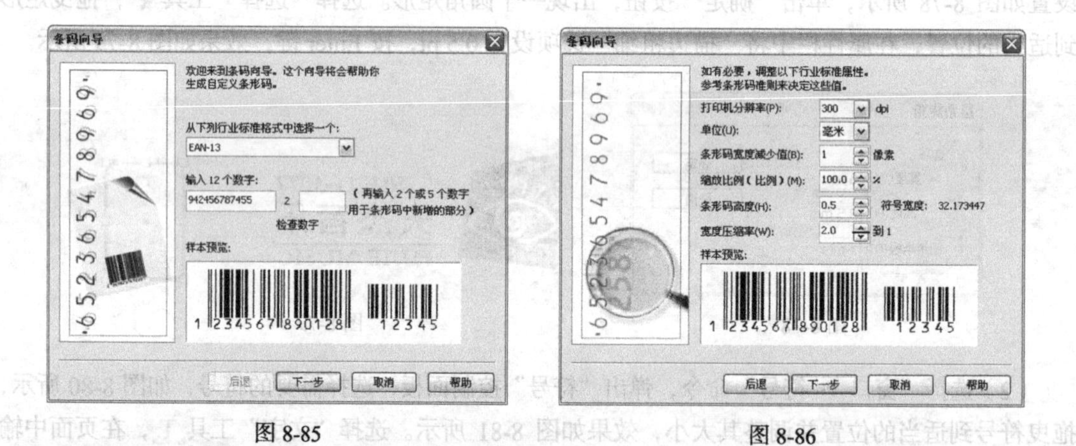

图 8-85　　图 8-86

图 8-87

图 8-88

（2）选择“选择”工具，选取条形码，按 Ctrl+C 组合键，复制条形码，选择正在编辑的 Illustrator 页面，按 Ctrl+V 组合键，将其粘贴到页面中，拖曳复制的图形到适当的位置，效果如

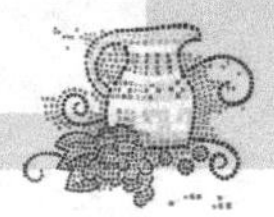

图 8-89 所示。

（3）选择“直接选择”工具，选取不需要的图形，如图 8-90 所示。按 Delete 键，将其删除，效果如图 8-91 所示。

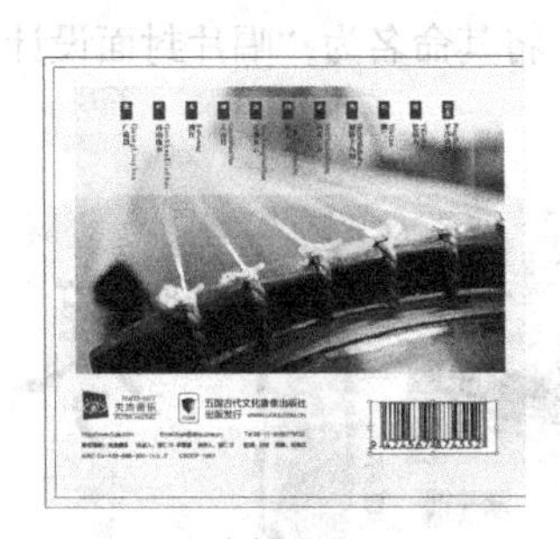
图 8-89

图 8-90

图 8-91

（4）选择“文字”工具，在页面中输入需要的文字，选择“选择”工具，在属性栏中选择合适的字体并设置文字大小，效果如图 8-92 所示。在“字符”控制面板中，将“设置所选字符的字距调整”选项设置为 260，其他选项的设置如图 8-93 所示，按 Enter 键，效果如图 8-94 所示。

图 8-92

图 8-93

图 8-94

8.1.7　制作书脊

（1）选择“选择”工具，选取封面中需要的图形，如图 8-95 所示。按住 Alt 键的同时，用鼠标向左拖曳到书脊上，复制图形，调整大小并将其填充为黑色，取消选取状态，效果如图 8-96 所示。

图 8-95

图 8-96

（2）使用相同的方法分别复制封面中其余需要的文字和图形，并分别调整其位置和大小，效

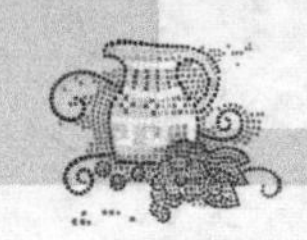

果如图 8-97 所示。选择“文字”工具 T，在书脊上输入需要的文字，选择“选择”工具 ，在属性栏中选择合适的字体并设置文字大小，效果如图 8-98 所示。

（3）按 Ctrl+R 组合键，隐藏标尺。按 Ctrl+; 组合键，隐藏参考线。唱片封面设计制作完成，效果如图 8-99 所示。按 Ctrl+S 组合键，弹出“存储为”对话框，将其命名为“唱片封面设计”，保存为 AI 格式，单击“保存”按钮，将文件保存。

图 8-97　　图 8-98　　图 8-99

8.1.8 制作唱片盘面

（1）按 Ctrl+N 组合键，新建一个文档，宽度为 116mm，高度为 116mm，取向为横向，颜色模式为 CMYK，其他选项的设置如图 8-100 所示，单击“确定”按钮，新建一个文档。

（2）按 Ctrl+R 组合键，显示标尺。选择“选择”工具 ，在页面中拖曳一条水平参考线，选择“窗口 > 变换”命令，弹出“变换”面板，将“Y”轴选项设为 58mm，如图 8-101 所示，按 Enter 键确认操作，效果如图 8-102 所示。

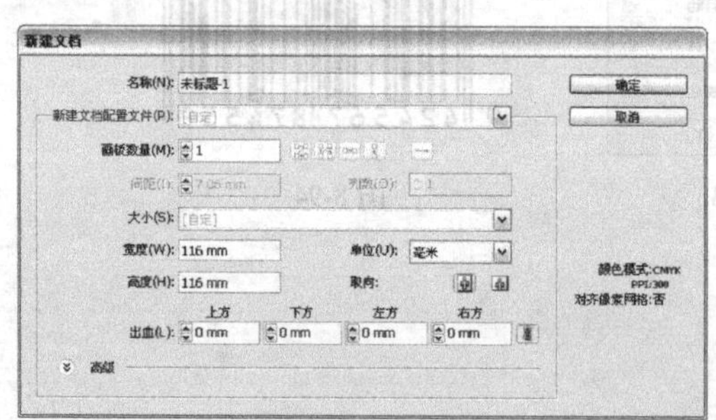

图 8-100

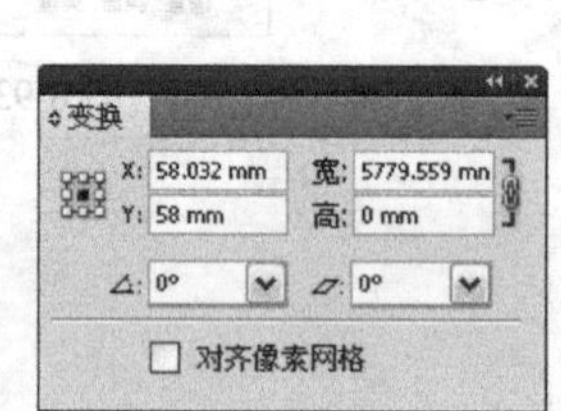

图 8-101

图 8-102

（3）选择“选择”工具 ，在页面中拖曳一条垂直参考线，并在“变换”面板中将“X”轴选项设为 58mm，如图 8-103 所示，按 Enter 键确认操作，效果如图 8-104 所示。

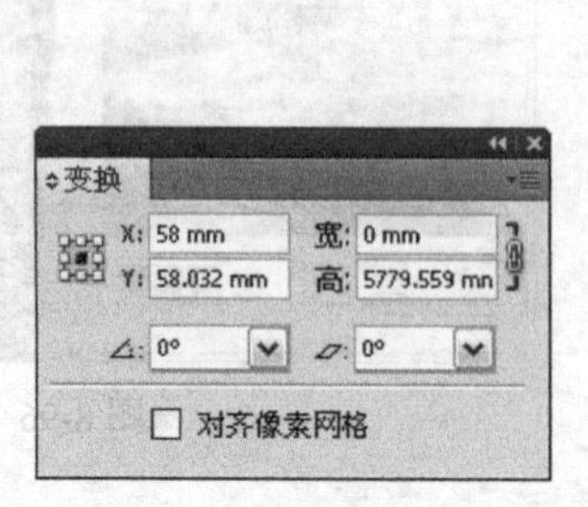

图 8-103

图 8-104

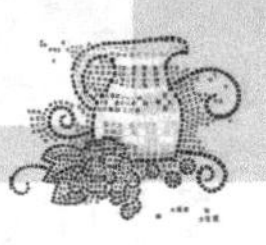

（4）选择“椭圆”工具，按住 Alt+Shift 组合键的同时，以参考线的中心为中点绘制一个圆形，如图 8-105 所示，选择“选择”工具，选取圆形，选择“对象 > 变换 > 缩放”命令，在弹出的“比例缩放”对话框中进行设置，如图 8-106 所示，单击“复制”按钮，复制一个圆形，效果如图 8-107 所示。

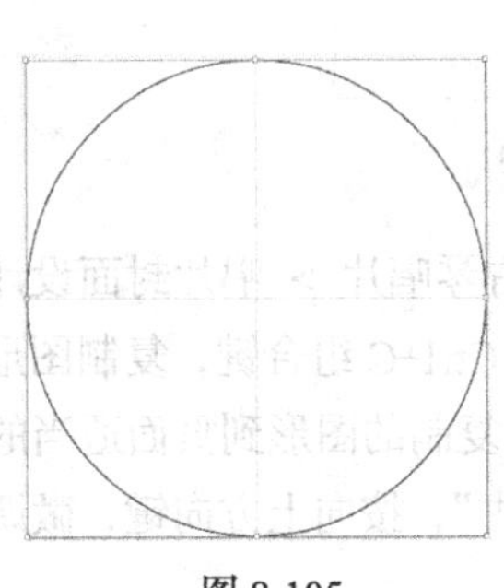

图 8-105

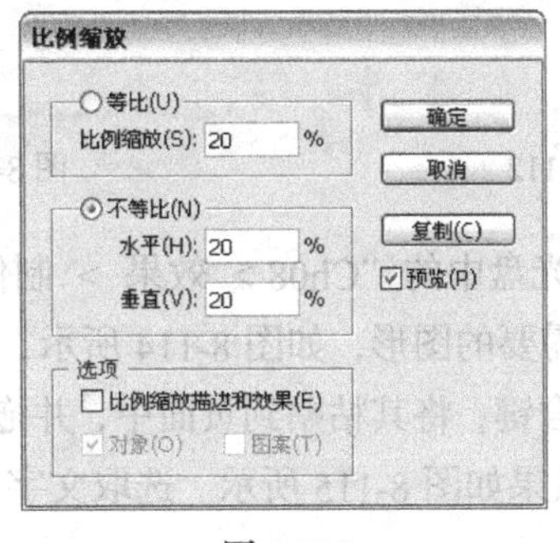

图 8-106

图 8-107

（5）选择“选择”工具，按住 Shift 键的同时，单击大圆形，将其同时选取。选择“窗口 > 路径查找器”命令，弹出“路径查找器”控制面板，单击“减去顶层”按钮，如图 8-108 所示，生成新的对象，效果如图 8-109 所示。

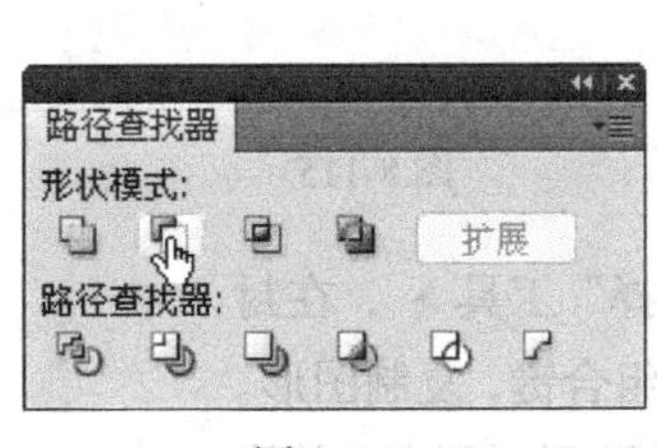

图 8-108

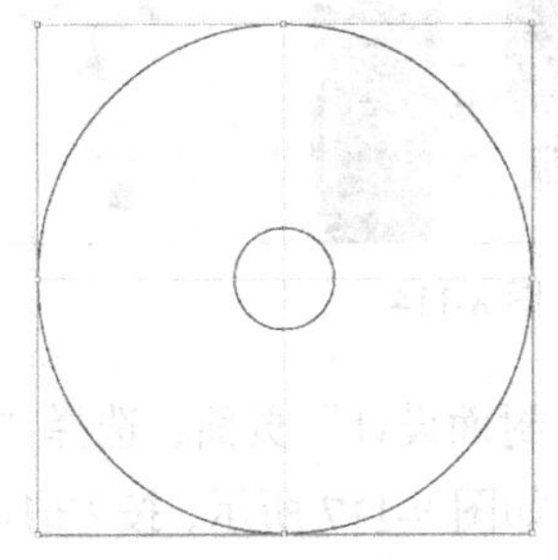

图 8-109

（6）选择“文件 > 置入”命令，弹出“置入”对话框，选择光盘中的“Ch08 > 素材 > 制作古琴唱片 > 01”文件，单击“置入”按钮，将图片置入到页面中，单击属性栏中的“嵌入”按钮，嵌入图片。选择“选择”工具，拖曳图片到适当的位置并调整其大小，效果如图 8-110 所示。按 Ctrl+Shift+[组合键，将图形置于底层。使用圈选的方法将图片和图形同时选取，如图 8-111 所示。

图 8-110

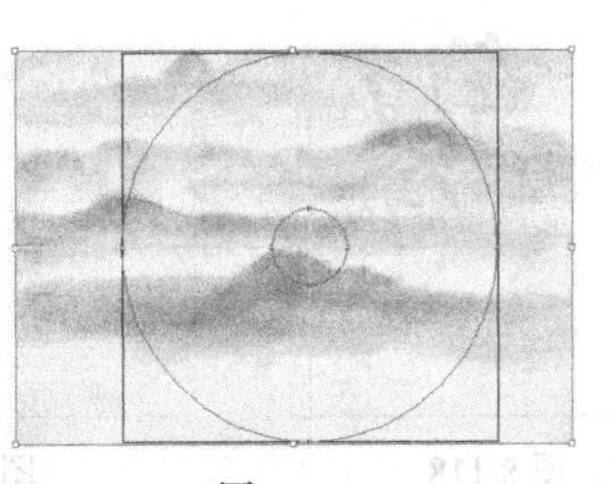

图 8-111

（7）选择“对象 > 剪切蒙版 > 建立”命令，建立剪切蒙版，效果如图 8-112 所示。在属性栏中将“不透明度”选项设为 50%，按 Enter 键，效果如图 8-113 所示。

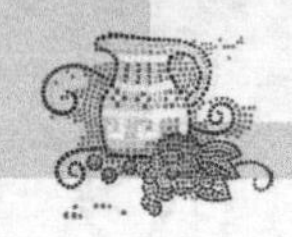

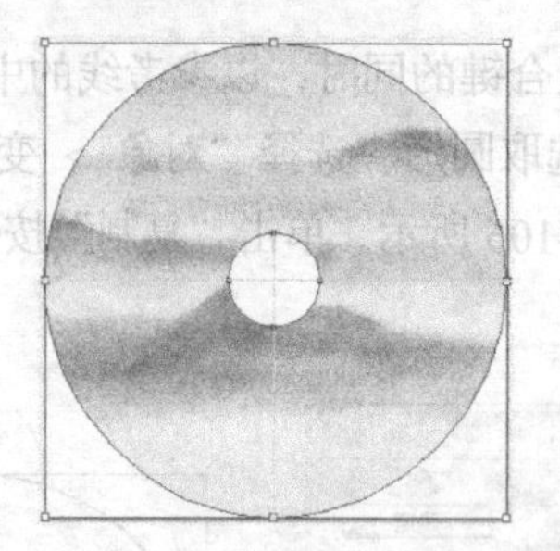

图 8-112

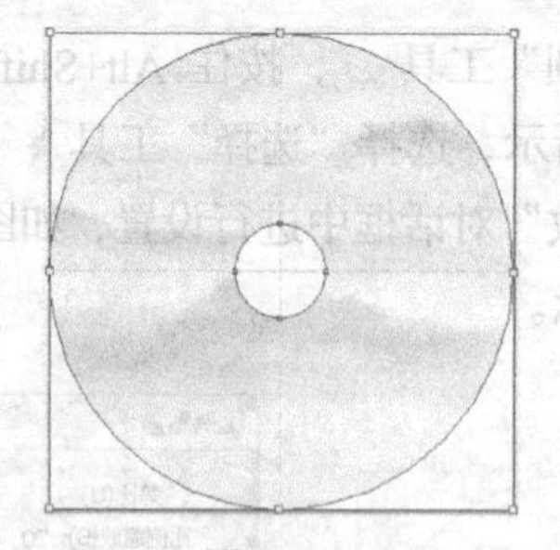

图 8-113

（8）按 Ctrl+O 组合键，打开光盘中的“Ch08 > 效果 > 制作古琴唱片 > 唱片封面设计”文件，选择“选择”工具，选取需要的图形，如图 8-114 所示，按 Ctrl+C 组合键，复制图形。选择正在编辑的页面，按 Ctrl+V 组合键，将其粘贴到页面中，并拖曳复制的图形到页面适当的位置并调整其大小，取消选取状态，效果如图 8-115 所示。选取文字“古”，按向上方向键，微调文字到适当的位置，效果如图 8-116 所示。

图 8-114

图 8-115

图 8-116

（9）选择“唱片封面设计”页面，选择“选择”工具，在封底选取需要的图形，如图 8-117 所示，按 Ctrl+C 组合键，复制图形。选择正在编辑的页面，按 Ctrl+V 组合键，将其粘贴到页面中，并拖曳到页面适当的位置，效果如图 8-118 所示。

图 8-117

（10）选择“选择”工具，选取需要的图形，如图 8-119 所示，按向左方向键，微调文字到适当的位置，效果如图 8-120 所示。

图 8-118

图 8-119

图 8-120

（11）使用相同的方法分别复制“封面、封底”中其余需要的文字和图片，将其拖曳到正在编辑的页面中适当的位置，效果如图 8-121 所示。按 Ctrl+R 组合键，隐藏标尺。按 Ctrl+; 组合键，

隐藏参考线。唱片盘面制作完成，效果如图 8-122 所示。

（12）按 Ctrl+S 组合键，弹出“存储为”对话框，将其命名为“唱片盘面设计”，保存为 AI 格式，单击“保存”按钮，将文件保存。

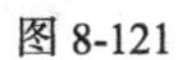

图 8-121

图 8-122

InDesign 应用

8.1.9　添加装饰图片和文字

（1）选择“文件 > 新建 > 文档”命令，弹出“新建文档”对话框，如图 8-123 所示。单击“边距和分栏”按钮，弹出“新建边距和分栏”对话框，选项的设置如图 8-124 所示，单击“确定”按钮，新建一个页面。选择“视图 > 其他 > 隐藏框架边缘”命令，将所绘制图形的框架边缘隐藏。

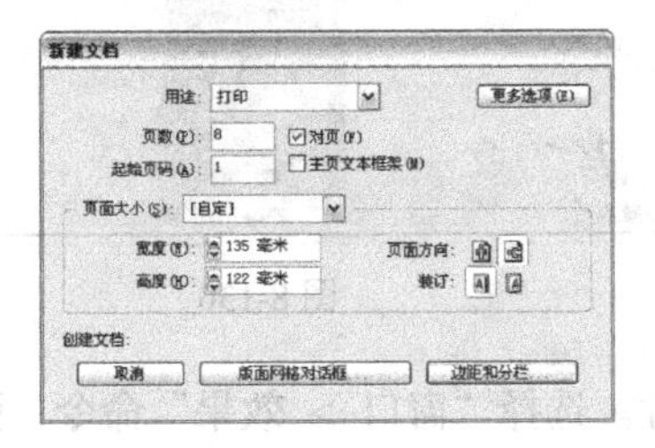

图 8-123

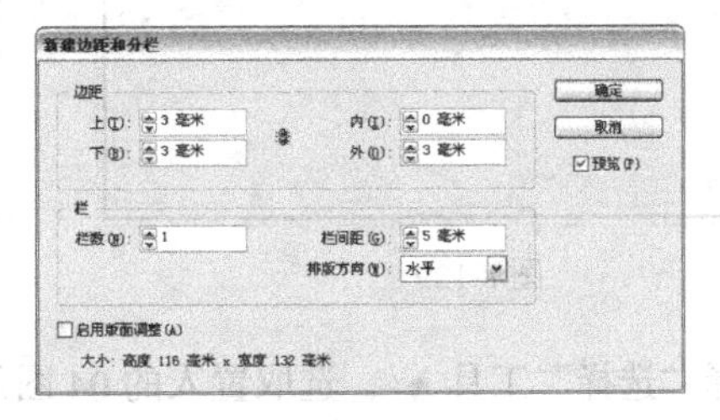

图 8-124

（2）选择“版面 > 页码和章节选项”命令，弹出“页码和章节选项”对话框，将“起始页码”选项设为 2，如图 8-125 所示，单击“确定”按钮，页面中将以跨页显示，页面面板如图 8-126 所示。

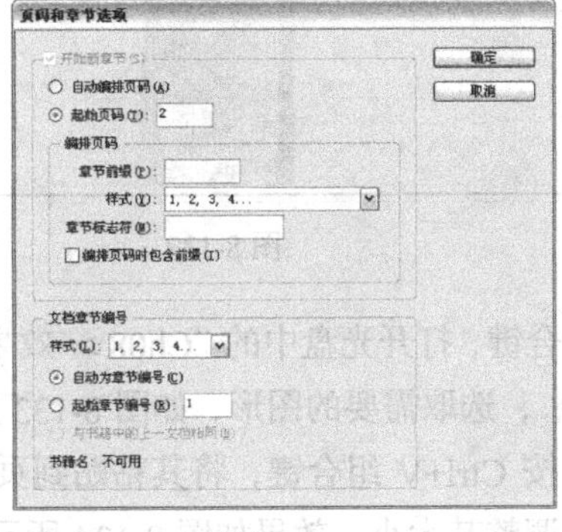

图 8-125

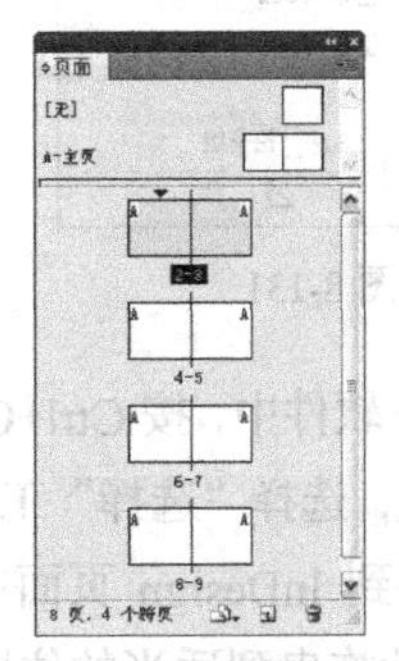

图 8-126

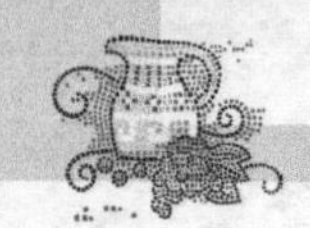

（3）选择“文件 > 置入”命令，弹出“置入”对话框，选择光盘中的“Ch08 > 素材 > 制作古琴唱片 > 01”文件，单击“打开”按钮，在页面空白处单击鼠标左键置入图片。选择“自由变换”工具，将图片拖曳到适当的位置并调整其大小，效果如图 8-127 所示。

（4）保持图片选取状态。选择“选择”工具，选中下方限位框中间的控制手柄，并将其向上拖曳到适当的位置，裁剪图片，效果如图 8-128 所示。

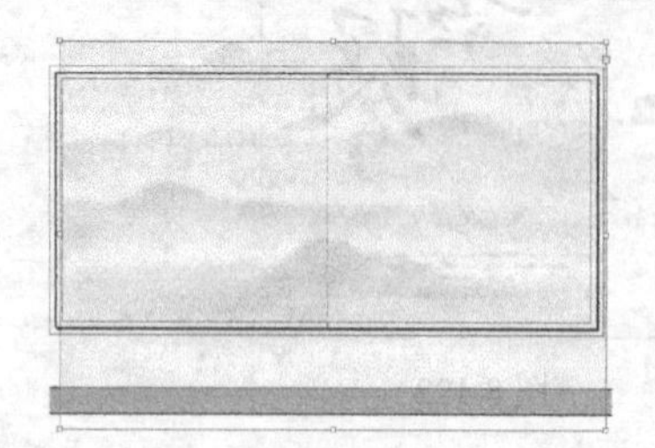

图 8-127

图 8-128

（5）使用相同的方法对其他三边进行裁切，效果如图 8-129 所示。按 Ctrl+D 组合键，弹出“置入”对话框，分别选择光盘中的“Ch08 > 素材 > 制作古琴唱片 > 03、04”文件，单击“打开”按钮，在页面空白处单击鼠标左键置入图片。选择“自由变换”工具，分别将图片拖曳到适当的位置并调整其大小，用上述所讲的方法裁切图片，效果如图 8-130 所示。

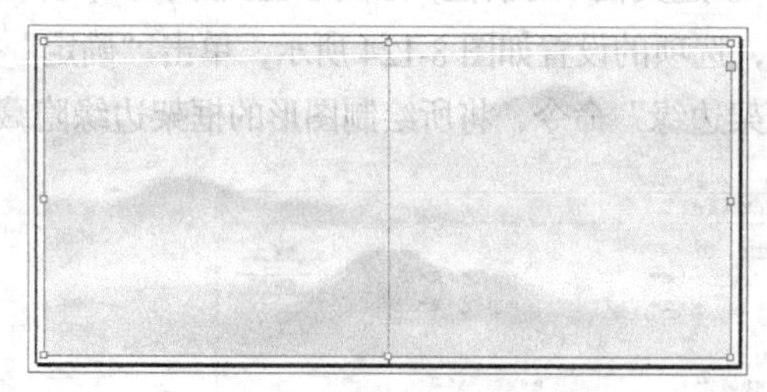

图 8-129

图 8-130

（6）选择“选择”工具，选取置入的 04 图片。选择“窗口 > 效果”命令，弹出“效果”面板，将混合模式选项设置为“色相”，将“不透明度”选项设置为 50%，如图 8-131 所示，按 Enter 键，效果如图 8-132 所示。

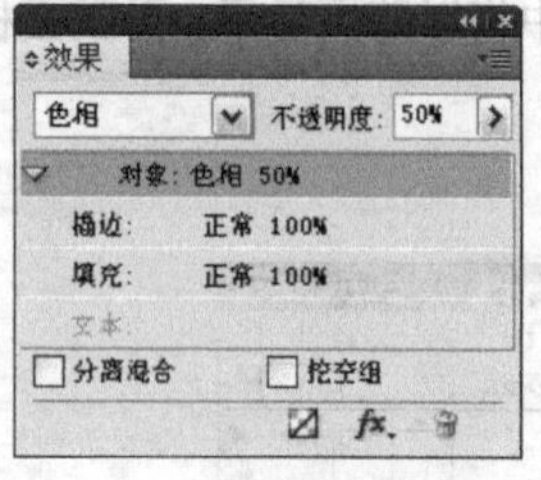

图 8-131

图 8-132

（7）在 Illustrator 软件中，按 Ctrl+O 组合键，打开光盘中的“Ch08 > 效果 > 制作古琴唱片 > 唱片封面设计”文件，选择“选择”工具，选取需要的图形，如图 8-133 所示，按 Ctrl+C 组合键，复制图形。返回到 InDesign 页面中，按 Ctrl+V 组合键，将其粘贴到页面中。选择“自由变换”工具，将图片拖曳到适当的位置并调整其大小，效果如图 8-134 所示。

图 8-133

图 8-134

8.1.10　制作内页“壹”的内容

（1）在“状态栏”中单击“文档所属页面”选项右侧的按钮，在弹出的页码中选择“04”。选择“矩形”工具，在页面中绘制一个矩形，填充矩形为白色，取消选取状态，效果如图 8-135 所示。

（2）选择“文件 > 置入”命令，弹出“置入”对话框，选择光盘中的“Ch08 > 素材 > 制作古琴唱片 > 09”文件，单击“打开”按钮，在页面空白处单击鼠标左键置入图片。选择“自由变换”工具，将图片拖曳到适当的位置并调整其大小，效果如图 8-136 所示。

图 8-135

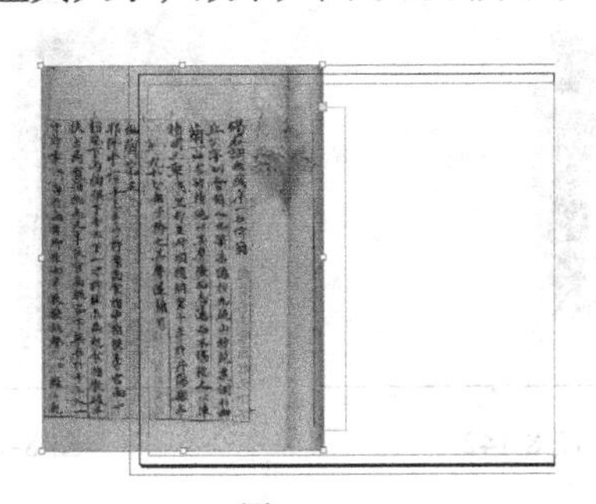

图 8-136

（3）选择“选择”工具，按住 Shift 键的同时，单击白色矩形，将其同时选取，单击“控制面板”中的“右对齐”按钮，对齐效果如图 8-137 所示。选取置入的图片，在“效果”面板中，将混合模式选项设置为“亮度”，如图 8-138 所示，效果如图 8-139 所示。

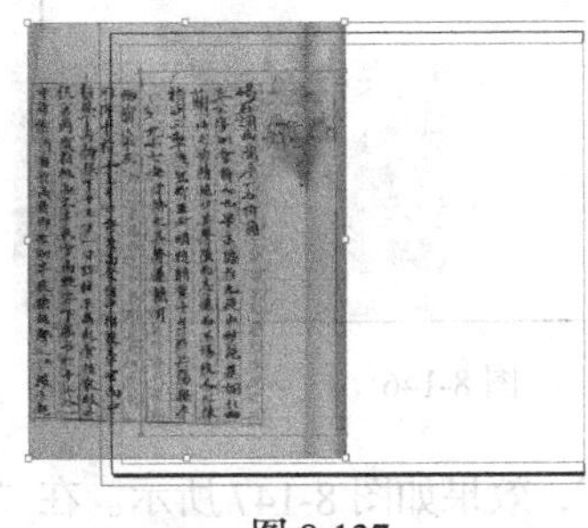

图 8-137

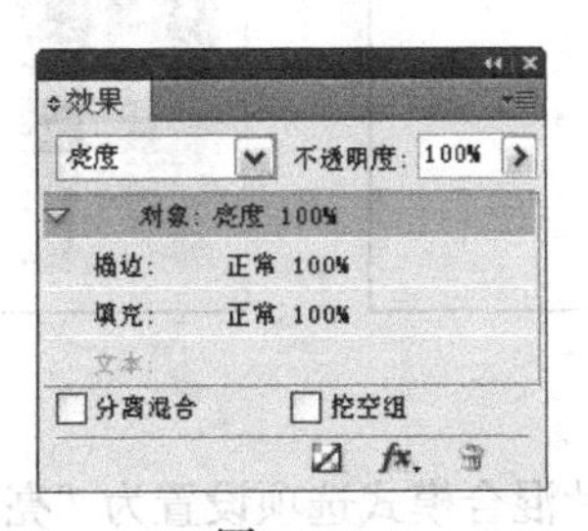

图 8-138

图 8-139

（4）按 Ctrl+X 组合键，剪切选取的图片。选择“选择”工具，选中下方矩形，如图 8-140 所示。选择“编辑 > 贴入内部”命令，将剪切图片贴入内部，并设置描边颜色为无，效果如图 8-141 所示。

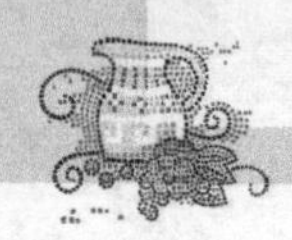

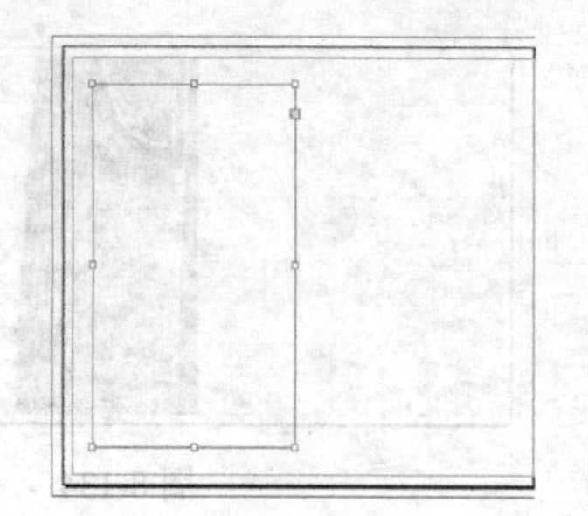

图 8-140

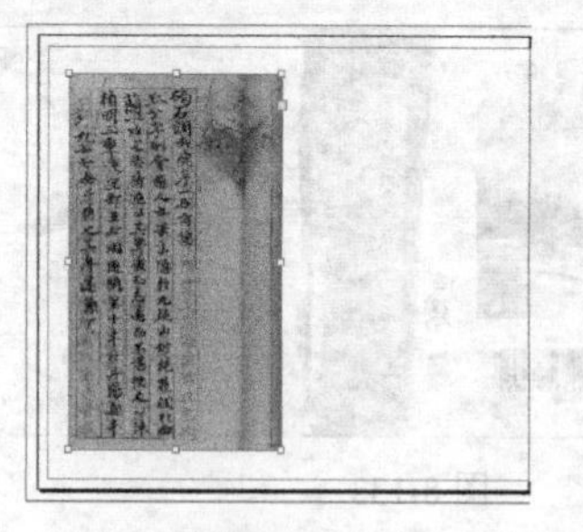

图 8-141

（5）选择“文件 > 置入”命令，弹出“置入”对话框，选择光盘中的“Ch08 > 素材 > 制作古琴唱片 > 10”文件，单击“打开”按钮，在页面空白处单击鼠标左键置入图片。单击“控制面板”中的“顺时针旋转 90°”按钮，将图形顺时针旋转 90°。选择“自由变换”工具，将图片拖曳到适当的位置并调整其大小，效果如图 8-142 所示。

（6）选择“文字”工具T，在页面中拖曳一个文本框，在文本框中输入需要的文字并选取文字，在“控制面板”中选择合适的字体和文字大小，填充文字为白色，效果如图 8-143 所示。选择“对象 > 适合 > 使框架适合内容”命令，使文本框适合文字，如图 8-144 所示。

图 8-142

图 8-143

图 8-144

（7）选择“矩形”工具，在页面中适当的位置绘制一个矩形，填充为白色，取消选取状态，效果如图 8-145 所示。使用相同的方法置入并裁切图片，拖曳图片到适当的位置，效果如图 8-146 所示。

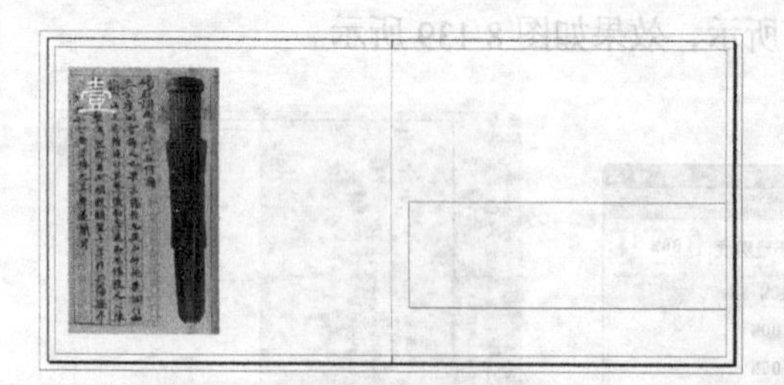

图 8-145

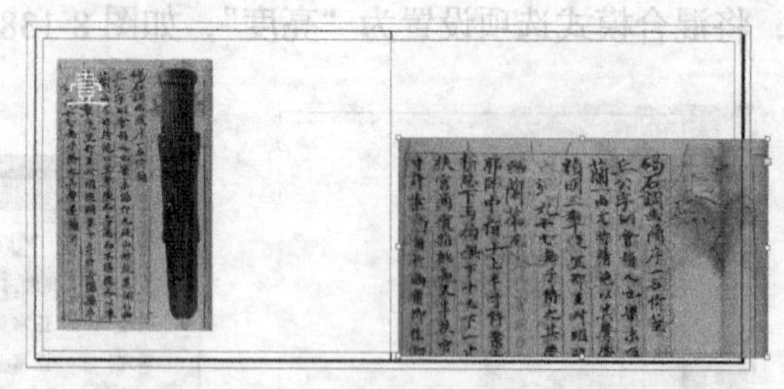

图 8-146

（8）在“效果”面板中，将图片混合模式选项设置为“亮度”，效果如图 8-147 所示。在“控制面板”中将“旋转角度”选项设置为 18.5°，按 Enter 键，效果如图 8-148 所示。

（9）按 Ctrl+X 组合键，剪切选取的图片。选择“选择”工具，选中下方矩形，如图 8-149 所示。选择“编辑 > 贴入内部”命令，将剪切图形贴入内部，并设置描边颜色为无，效果如图 8-150 所示。选择“矩形”工具，在页面中绘制一个矩形，设置填充色的 CMYK 值为 0、60、

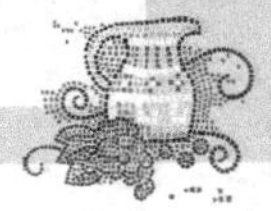

100、65，填充图形，并设置描边色为无，效果如图 8-151 所示。

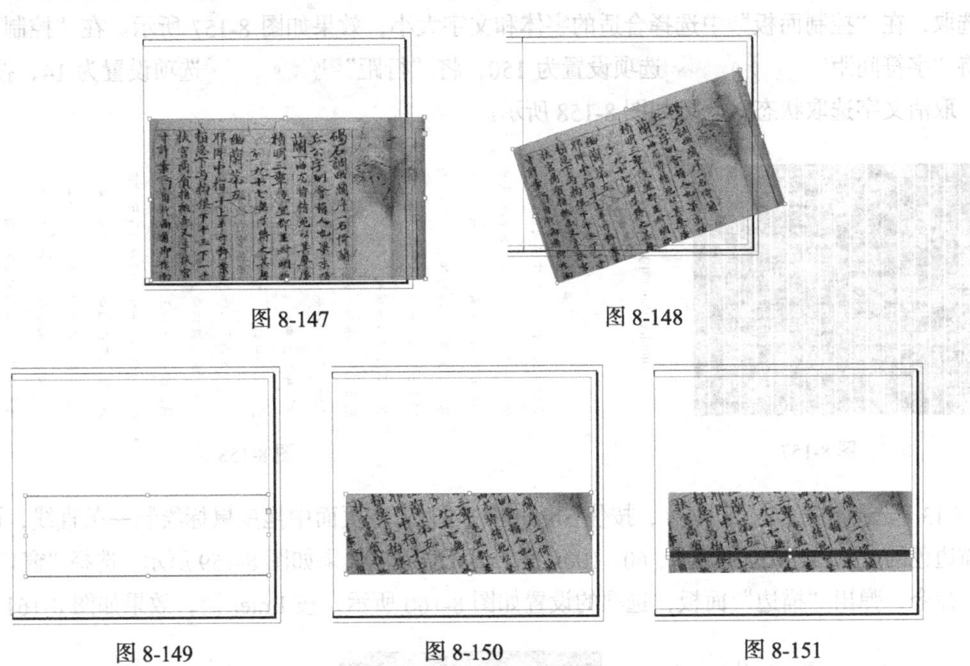

图 8-147　　图 8-148

图 8-149　　图 8-150　　图 8-151

（10）选择“选择”工具，按住 Shift 键的同时，在对页中单击需要的图形，将其同时选取，如图 8-152 所示。单击“控制面板”中的“底对齐”按钮，对齐效果如图 8-153 所示。

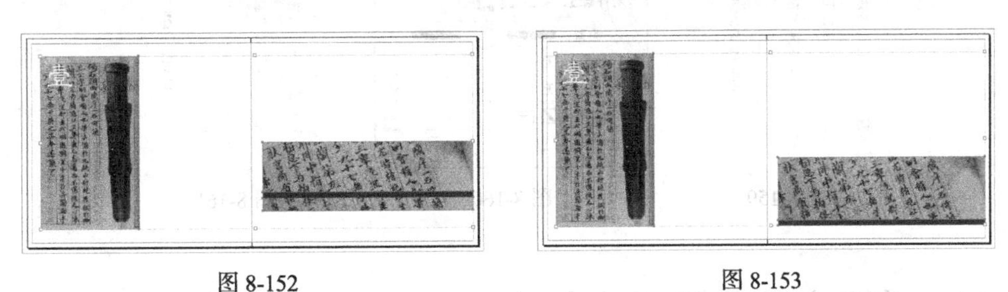

图 8-152　　图 8-153

（11）选择“直排文字”工具，在页面中分别拖曳文本框，输入需要的文字。分别将输入的文字选取，在“控制面板”中选择合适的字体和文字大小，效果如图 8-154 所示。选取文字“文字谱”，在“控制面板”中将“字符间距”选项设置为 200，按 Enter 键，效果如图 8-155 所示。设置文字填充色的 CMYK 值为 0、60、100、65，填充文字，取消文字选取状态，效果如图 8-156 所示。

图 8-154　　图 8-155　　图 8-156

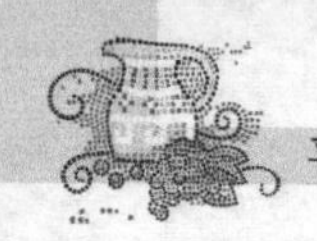

（12）选择“直排文字”工具[IT]，在页面中拖曳一个文本框，输入需要的文字。将输入的文字选取，在“控制面板”中选择合适的字体和文字大小，效果如图 8-157 所示。在“控制面板”中将“字符间距”[AV 0]选项设置为 150，将“行距”[IA 0]选项设置为 14，按 Enter 键，取消文字选取状态，效果如图 8-158 所示。

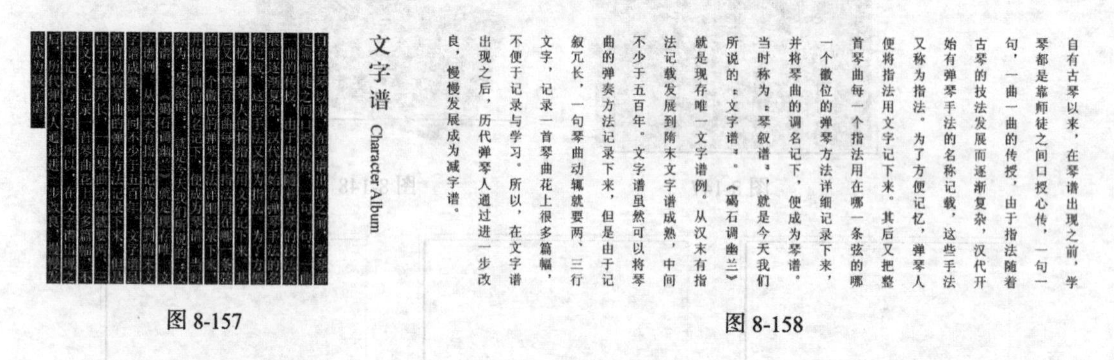

图 8-157　　图 8-158

（13）选择“直线”工具[╲]，按住 Shift 键的同时，在页面中拖曳鼠标绘制一条直线，设置直线描边色的 CMYK 值分别为 0、60、100、65，填充直线，效果如图 8-159 所示。选择“窗口 > 描边”命令，弹出“描边”面板，选项的设置如图 8-160 所示，按 Enter 键，效果如图 8-161 所示。

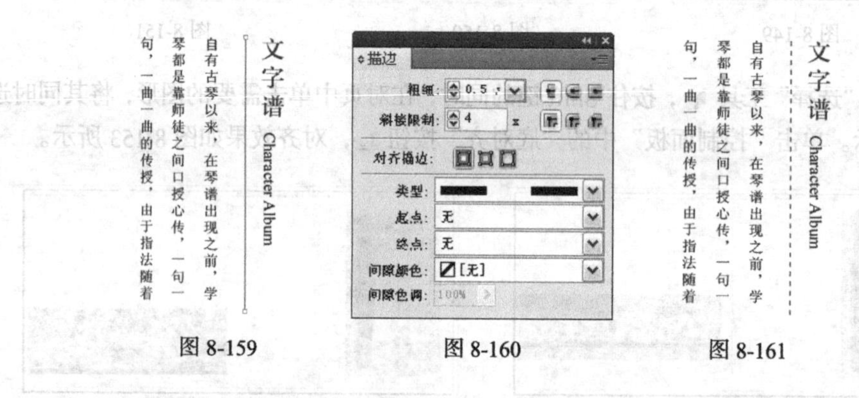

图 8-159　　图 8-160　　图 8-161

8.1.11　制作内页“贰”的内容

（1）在“状态栏”中单击“文档所属页面”选项右侧的按钮[∨]，在弹出的页码中选择“06”。选择“文字”工具[T]，在页面中拖曳一个文本框，在文本框中输入需要的文字并选取文字，在“控制面板”中选择合适的字体和文字大小，效果如图 8-162 所示。设置文字填充色的 CMYK 值为 0、60、100、65，填充文字，取消文字选取状态，效果如图 8-163 所示。

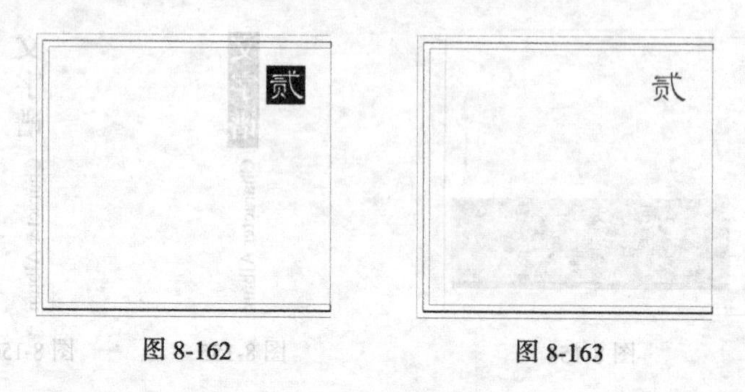

图 8-162　　图 8-163

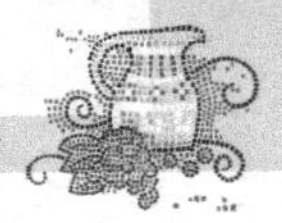

（2）选择“直排文字”工具 ，在页面中分别拖曳文本框，输入需要的文字。分别将输入的文字选取，在“控制面板”中选择合适的字体和文字大小，效果如图 8-164 所示。选取文字“古琴造型”，在“控制面板”中将“字符间距” 选项设置为 200，按 Enter 键，效果如图 8-165 所示。设置文字填充色的 CMYK 值为 0、60、100、65，填充文字，取消文字选取状态，效果如图 8-166 所示。

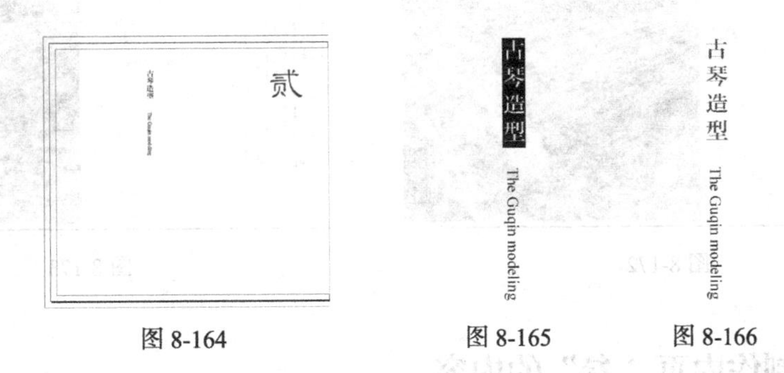

图 8-164　　图 8-165　　图 8-166

（3）选择“直排文字”工具 ，在页面中拖曳一个文本框，输入需要的文字。将输入的文字选取，在“控制面板”中选择合适的字体和文字大小，效果如图 8-167 所示。在“控制面板”中将“字符间距” 选项设置为 150，将“行距” 选项设置为 14，按 Enter 键，在空白处单击，取消文字选取状态，效果如图 8-168 所示。

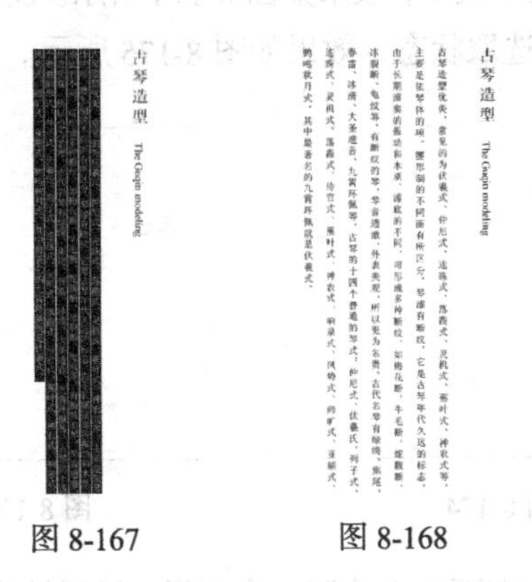

图 8-167　　图 8-168

（4）选择“直线”工具 ，按住 Shift 键的同时，在页面中拖曳鼠标绘制一条直线，设置直线描边色的 CMYK 值分别为 0、60、100、65，填充直线，效果如图 8-169 所示。选择“窗口 > 描边”命令，弹出“描边”面板，选项的设置如图 8-170 所示，按 Enter 键，效果如图 8-171 所示。

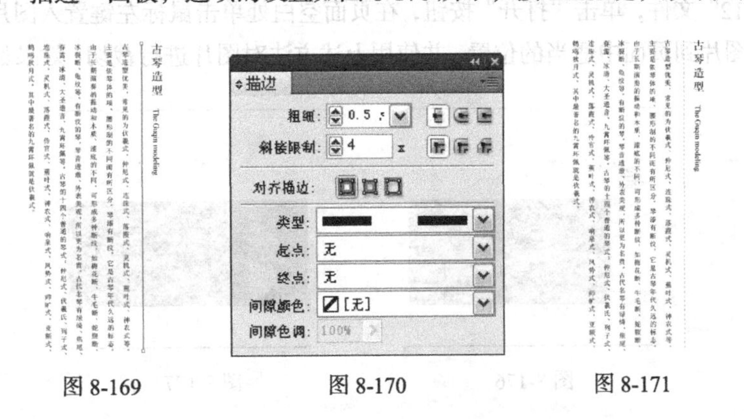

图 8-169　　图 8-170　　图 8-171

（5）选择“文件 > 置入”命令，弹出“置入”对话框，选择光盘中的“Ch08 > 素材 > 制作古琴唱片 > 11”文件，单击“打开”按钮，在页面空白处单击鼠标左键置入图片。选择“自由变换”工具，将图片拖曳到适当的位置并调整其大小，效果如图 8-172 所示。使用上述所讲的方法对图片进行裁切，效果如图 8-173 所示。

图 8-172

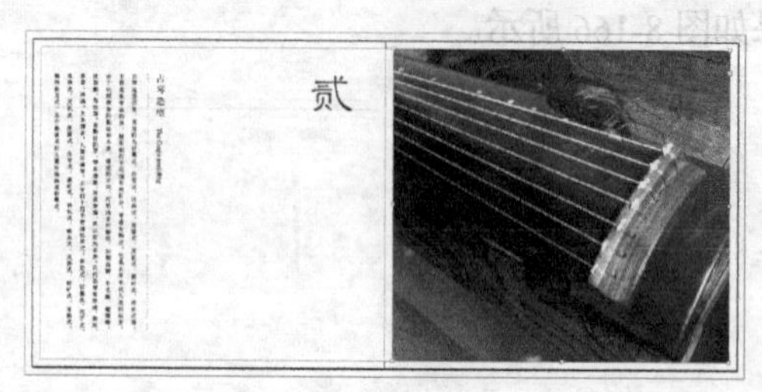

图 8-173

8.1.12 制作内页“叁”的内容

（1）在“状态栏”中单击“文档所属页面”选项右侧的按钮，在弹出的页码中选择“08”。选择“文字”工具 T，在页面中拖曳一个文本框，在文本框中输入需要的文字并选取文字，在“控制面板”中选择合适的字体和文字大小，效果如图 8-174 所示。设置文字填充色的 CMYK 值为 0、60、100、65，填充文字，取消选取状态，效果如图 8-175 所示。

图 8-174

图 8-175

（2）选择“矩形”工具，在页面中绘制一个矩形，设置填充色的 CMYK 值为 0、60、100、65，填充图形，并设置描边色为无，效果如图 8-176 所示。

（3）选择“文件 > 置入”命令，弹出“置入”对话框，选择光盘中的“Ch08 > 素材 > 制作古琴唱片 > 12”文件，单击“打开”按钮，在页面空白处单击鼠标左键置入图片，选择“选择”工具，拖曳图片到页面中适当的位置，并使用上述方法对图片进行裁切，效果如图 8-177 所示。

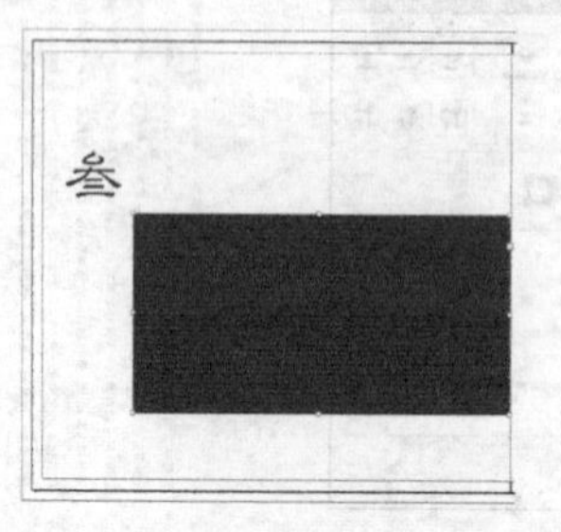

图 8-176

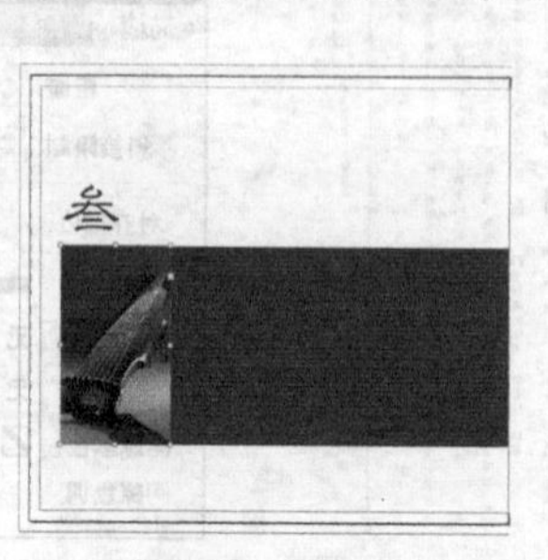

图 8-177

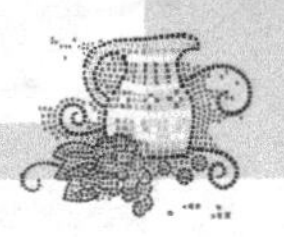

（4）选择“直排文字”工具，在页面中分别拖曳文本框，输入需要的文字。分别将输入的文字选取，在“控制面板”中选择合适的字体和文字大小，填充文字为白色，效果如图 8-178 所示。选取文字“古琴简介”，在“控制面板”中将“字符间距”选项设置为 200，按 Enter 键，效果如图 8-179 所示。

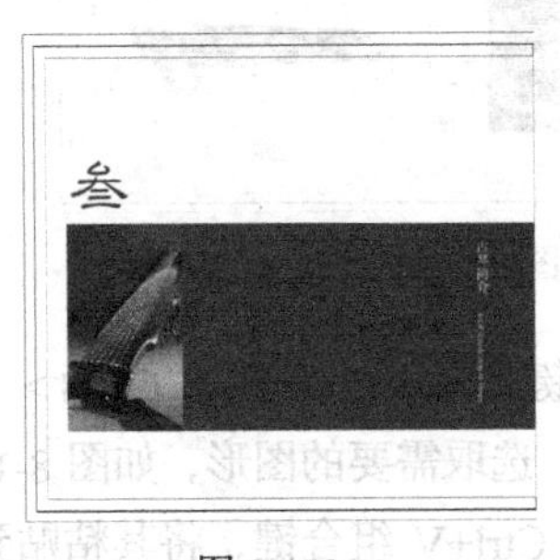

图 8-178

图 8-179

（5）选择“直排文字”工具，在页面中拖曳一个文本框，输入需要的文字。将输入的文字选取，在“控制面板”中选择合适的字体和文字大小，填充文字为白色，效果如图 8-180 所示。在“控制面板”中将“字符间距”选项设置为 150，将“行距”选项设置为 14，按 Enter 键，在空白处单击，取消文字选取状态，效果如图 8-181 所示。

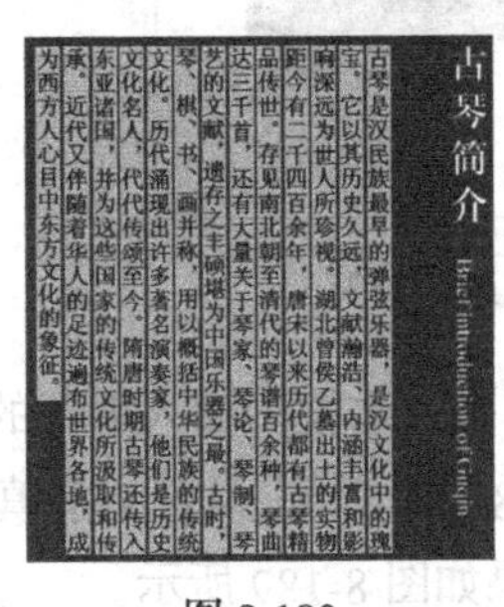

图 8-180

图 8-181

（6）选择“直线”工具，按住 Shift 键的同时，在页面中拖曳鼠标绘制一条直线，设置直线描边色的 CMYK 值分别为 0、60、100、65，填充直线，效果如图 8-182 所示。选择“窗口 > 描边”命令，弹出“描边”面板，选项的设置如图 8-183 所示，按 Enter 键，效果如图 8-184 所示。

图 8-182

图 8-183

图 8-184

（7）选择“文件 > 置入”命令，弹出“置入”对话框，选择光盘中的“Ch08 > 素材 > 制作古琴唱片 > 13”文件，单击“打开”按钮，在页面空白处单击鼠标左键置入图片。选择“选择”

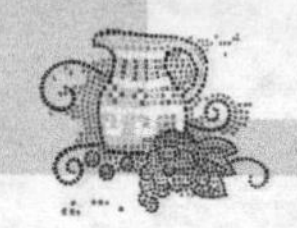

工具，将图片拖曳到适当的位置并调整其大小，效果如图 8-185 所示。

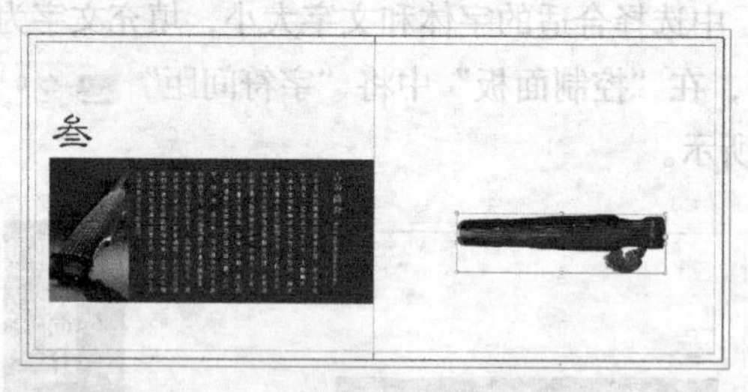

图 8-185

（8）在 Illustrator 软件中，按 Ctrl+O 组合键，打开光盘中的“Ch08 > 效果 > 制作古琴唱片 > 唱片盘面设计”文件。选择“选择”工具，选取需要的图形，如图 8-186 所示，按 Ctrl+C 组合键，复制图形。返回到 InDesign 页面中，按 Ctrl+V 组合键，将其粘贴到页面中。选择“选择”工具，拖曳图片到页面中适当的位置，效果如图 8-187 所示。

图 8-186　　图 8-187

（9）选择“文字”工具T，在页面中拖曳一个文本框，在文本框中输入需要的文字并选取文字，在“控制面板”中选择合适的字体和文字大小，效果如图 8-188 所示。设置文字填充色的 CMYK 值为 0、60、100、65，填充文字，取消文字选取状态，效果如图 8-189 所示。

图 8-188　　图 8-189

（10）选择“选择”工具，选取需要的文字和图形，按 Ctrl+G 组合键，将其编组，效果如图 8-190 所示。选择“文字”工具T，在页面中拖曳一个文本框，输入需要的文字并选取文字，在“控制面板”中选择合适的字体和文字大小，效果如图 8-191 所示。

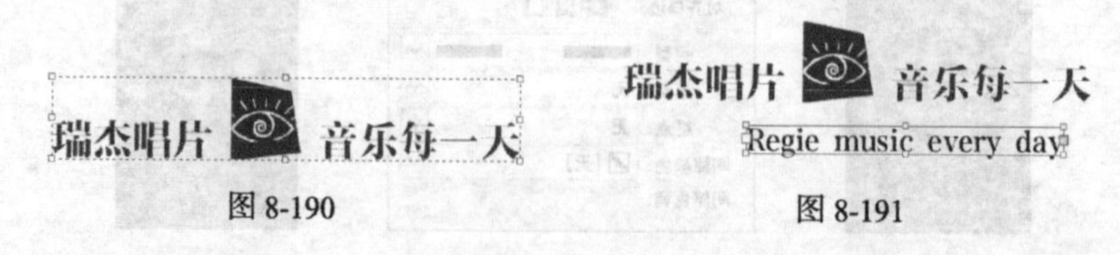

图 8-190　　图 8-191

（11）选择“选择”工具，使用圈选的方法选取需要的文字和图形，如图 8-192 所示，选择“窗口 > 对象和版面 > 对齐”命令，弹出“对齐”控制面板，在“对齐”面板中的“分布对象”选项组中，选择“对齐页面”选项，再单击“水平居中对齐”按钮，如图 8-193 所示，对

齐效果如图 8-194 所示。

图 8-192

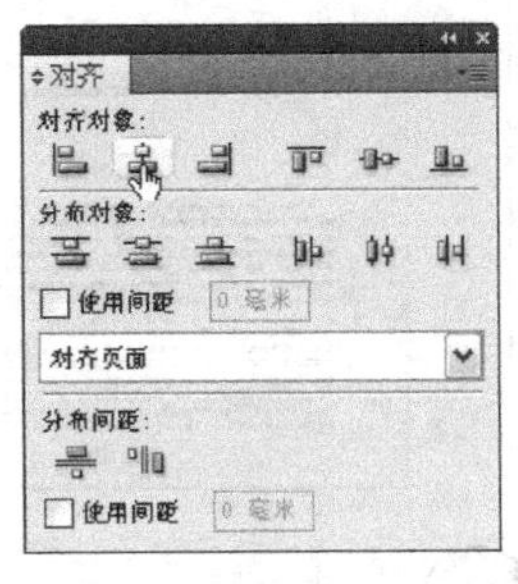

图 8-193

图 8-194

（12）唱片内页制作完成，效果如图 8-195 所示。按 Ctrl+S 组合键，弹出“存储为”对话框，将其命名为“唱片内页设计”，单击“保存”按钮，将其存储。

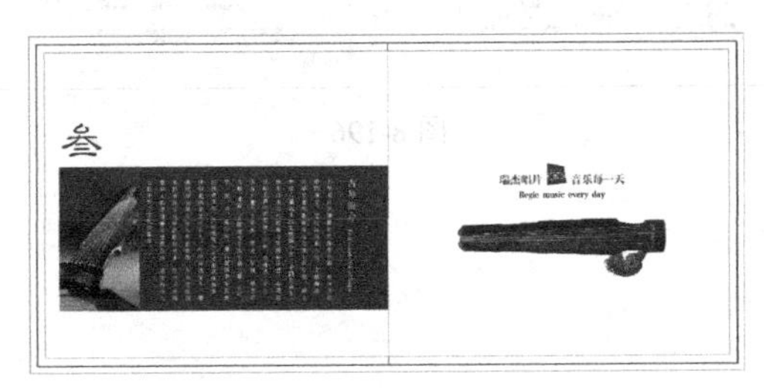

图 8-195

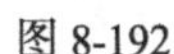

8.2 课后习题——制作手风琴唱片

习题知识要点：在 Photoshop 中，使用渐变工具和添加图层蒙版命令制作背景图片的融合效果，使用矩形工具、橡皮擦工具和用画笔描边路径命令制作邮票；在 Illustrator 中使用矩形工具、倾斜工具和重复复制命令制作装饰边框，使用椭圆工具、喷溅滤镜命令、文字工具和旋转工具制作标志图形，使用文字工具添加标题及相关信息，使用插入字形命令插入需要的字形，使用符号面板添加眼睛和立方图，使用椭圆工具、缩放命令和减去顶层命令制作唱片盘面；在 CorelDRAW 中，使用插入条码命令插入条码；在 InDesign 中使用页码和章节选项命令更改起始页码，使用置入命令置入素材图片，使用文字工具和填充工具添加标题及相关信息，使用不透明度命令制作图片的半透明效果，使用渐变羽化命令制作图片的渐隐效果。手风琴唱片封面、盘面、内页效果如图 8-196 所示。

效果所在位置：光盘/Ch08/效果/制作手风琴唱片/手风琴唱片封面.ai、手风琴唱片盘面.ai、手风琴唱片内页.indd。

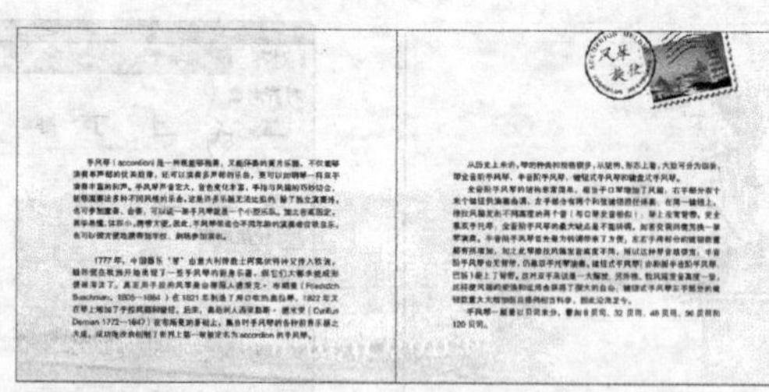

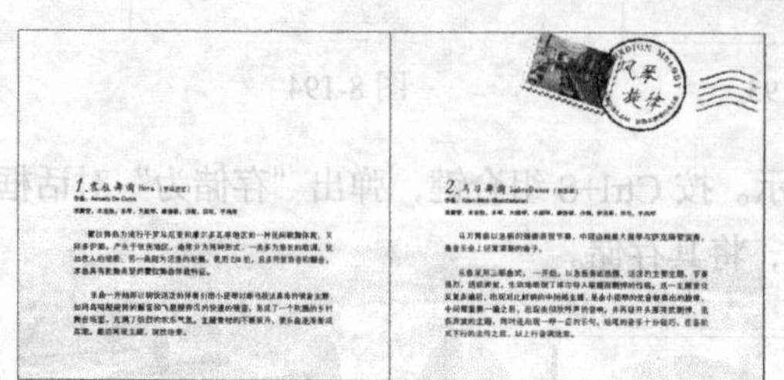

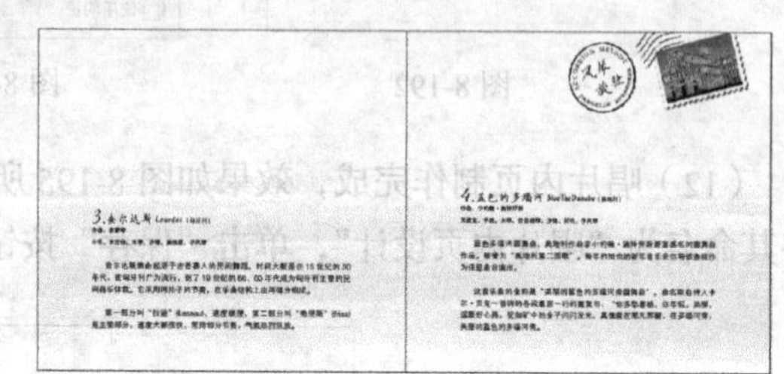

图 8-196

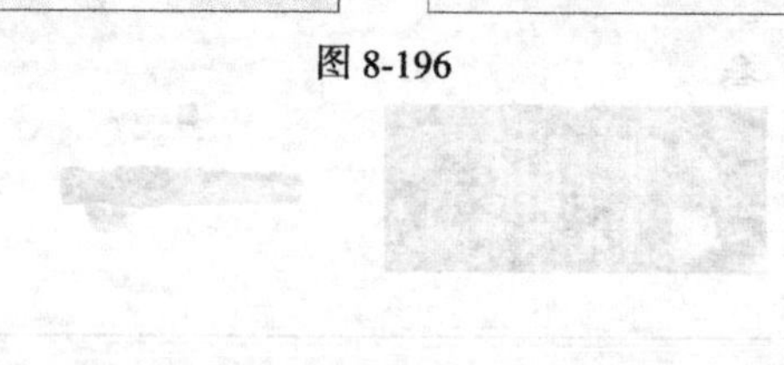

第9章 宣传册设计

宣传册可以起到有效宣传企业或产品的作用，能够提高企业的知名度和产品的认知度。本章通过房地产宣传册的封面及内页设计流程，介绍如何把握整体风格，设定设计细节，并详细地讲解了宣传册设计的制作方法和设计技巧。

课堂学习目标

- 在 Illustrator 软件中制作房地产宣传册封面
- 在 InDesign 软件中编辑内页页面并添加页面内容

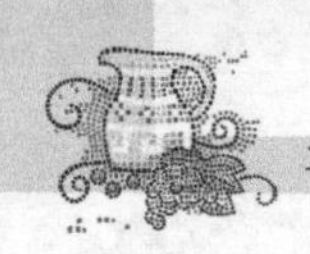

9.1 制作房地产宣传册

案例学习目标：在 Illustrator 中，学习使用色板控制面板定义图案，使用路径查找器命令、填充工具、文字工具和图形的绘制工具制作房地产宣传册封面；在 InDesign 中使用置入命令、页码和章节选项命令、文字工具、效果面板和图形的绘制工具制作房地产宣传册内页。

案例知识要点：在 Illustrator 中，使用矩形工具、旋转工具、色板命令、填充工具和不透明度选项制作宣传册封面底图，使用矩形工具、路径查找器命令制作楼层缩影，使用文字工具添加标题及相关信息；在 InDesign 中使用当前页码命令添加自动页码，使用页码和章节选项命令更改起始页码，使用置入命令和效果面板置入并编辑图片，使用直线工具、钢笔工具和描边面板绘制虚线，使用不透明度选项制作图形半透明效果，使用矩形工具、混合模式选项和贴入内部命令制作图片剪切效果，使用投影命令制作图片的投影效果，使用文字工具和绘图工具添加标题及相关信息。房地产宣传册封面、内页效果如图 9-1 所示。

效果所在位置：光盘/Ch09/效果/制作房地产宣传册/房地产宣传册封面.ai、房地产宣传册内页.indd。

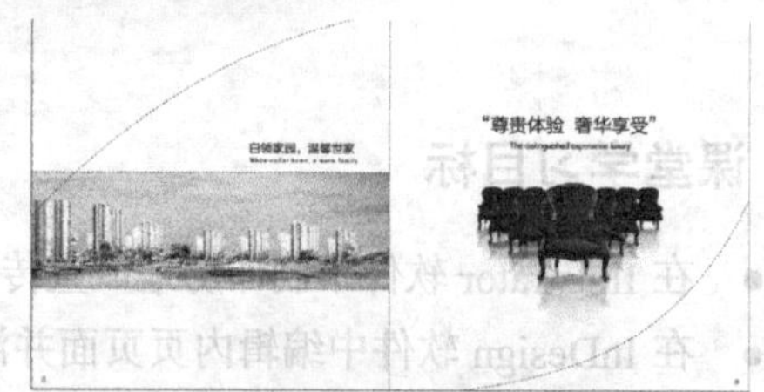

图 9-1

Illustrator 应用

9.1.1 制作宣传册封面底图

（1）打开 Illustrator CS5 软件，按 Ctrl+N 组合键，新建一个文档，宽度为 500mm，高度为

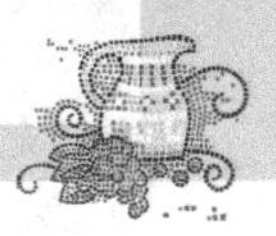

250mm，取向为横向，颜色模式为 CMYK，选项的设置如图 9-2 所示，单击“确定”按钮，新建一个文档。

（2）按 Ctrl+R 组合键，显示标尺。选择“选择”工具，在页面中拖曳一条垂直参考线，选择“窗口 > 变换”命令，弹出“变换”面板，将“X”轴选项设为 250mm，如图 9-3 所示，按 Enter 键确认操作，效果如图 9-4 所示。

图 9-2

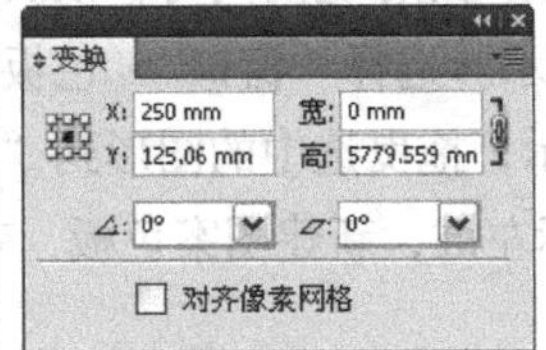

图 9-3

图 9-4

（3）选择“矩形”工具，在页面中单击鼠标左键，弹出“矩形”对话框，选项的设置如图 9-5 所示，单击“确定”按钮，出现一个矩形。选择“选择”工具，拖曳矩形到页面中适当的位置，效果如图 9-6 所示。设置图形填充色为褐色（其 C、M、Y、K 值分别为 0、85、0、90），填充图形，并设置描边色为无，效果如图 9-7 所示。

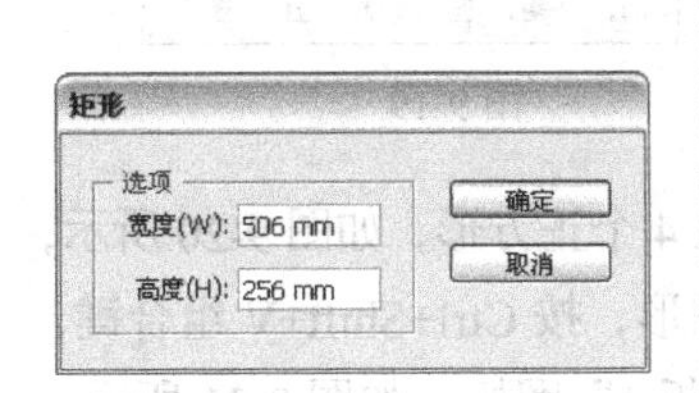

图 9-5

图 9-6

图 9-7

（4）选择“矩形”工具，按住 Shift 键的同时，绘制一个正方形，填充图形为白色，并设置描边色为无，效果如图 9-8 所示。选择“旋转”工具，按住 Alt 键的同时，将图形的中心点拖曳到图形右下方节点上，如图 9-9 所示，同时弹出“旋转”对话框，在对话框中进行设置，如图 9-10 所示，单击“复制”按钮，图形被复制并旋转了-180° ，效果如图 9-11 所示。

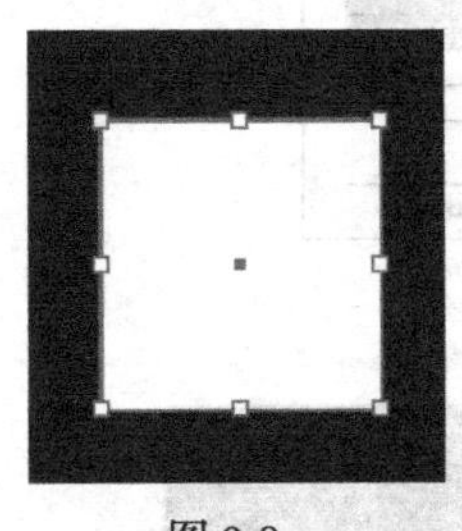

图 9-8

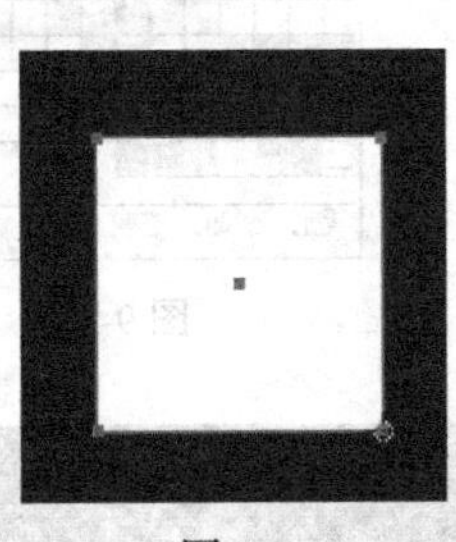

图 9-9

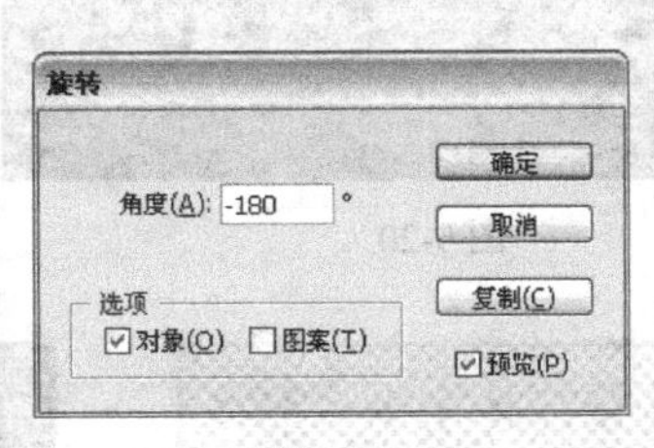

图 9-10

图 9-11

（5）选择“选择”工具，按住 Shift 键的同时，单击白色矩形将其同时选取，如图 9-12 所示。双击“旋转”工具，弹出“旋转”对话框，选项的设置如图 9-13 所示，单击“复制”按钮，图形被复制并旋转了 90° ，如图 9-14 所示，设置填充色为无，效果如图 9-15 所示。

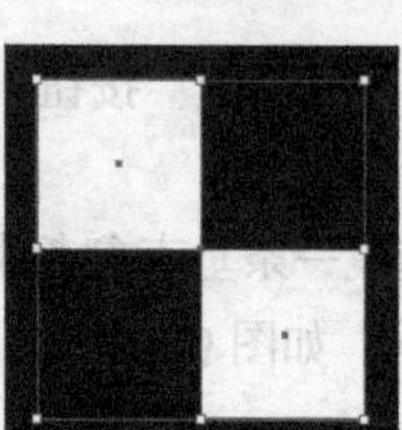
图 9-12

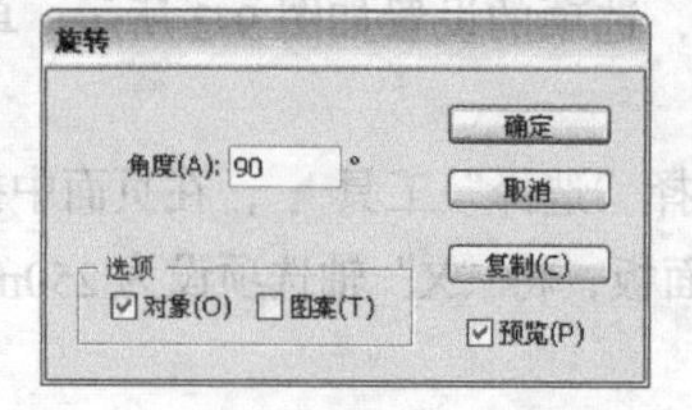

图 9-13

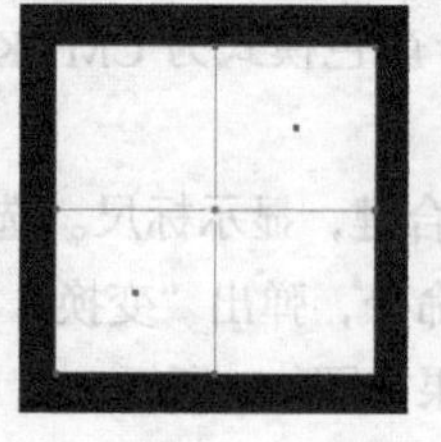
图 9-14

图 9-15

（6）选择“选择”工具，按 Shift 键的同时，依次单击白色矩形将其同时选取，效果如图 9-16 所示。选择“窗口 > 色板”命令，弹出“色板”控制面板，如图 9-17 所示，拖曳选中的图形到“色板”控制面板中，如图 9-18 所示，松开鼠标左键，新建图案色板，效果如图 9-19 所示。

图 9-16

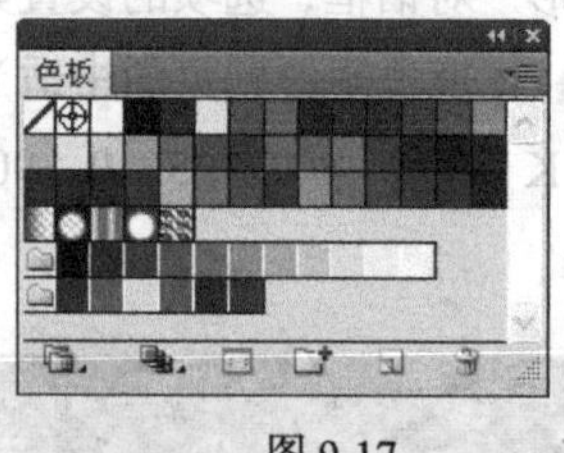

图 9-17

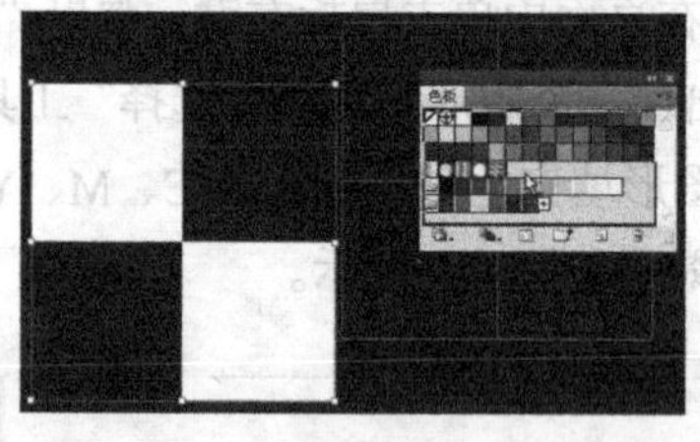
图 9-18

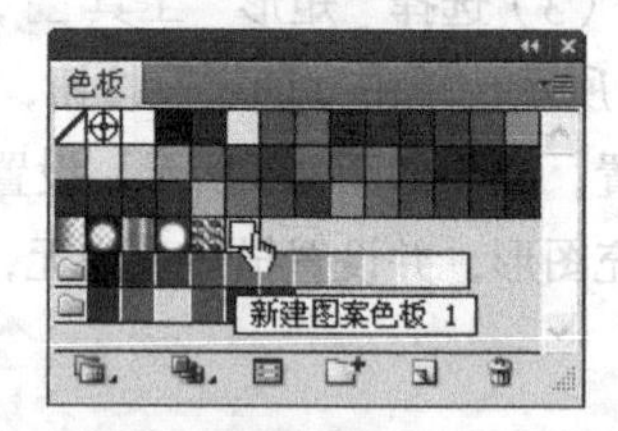

图 9-19

（7）选择“选择”工具，按住 Shift 键的同时，依次单击选取 4 个正方形，如图 9-20 所示，按 Delete 键，将其删除。选中背景矩形，按 Ctrl+C 组合键，复制图形，按 Ctrl+Shift+V 组合键，将复制的图形就地粘贴。单击“色板”控制面板中的“新建图案色板 1”图标，如图 9-21 所示，为矩形填充新建的图案色板，效果如图 9-22 所示。在属性栏中将“不透明度”选项设置为 5%，按 Enter 键，效果如图 9-23 所示。

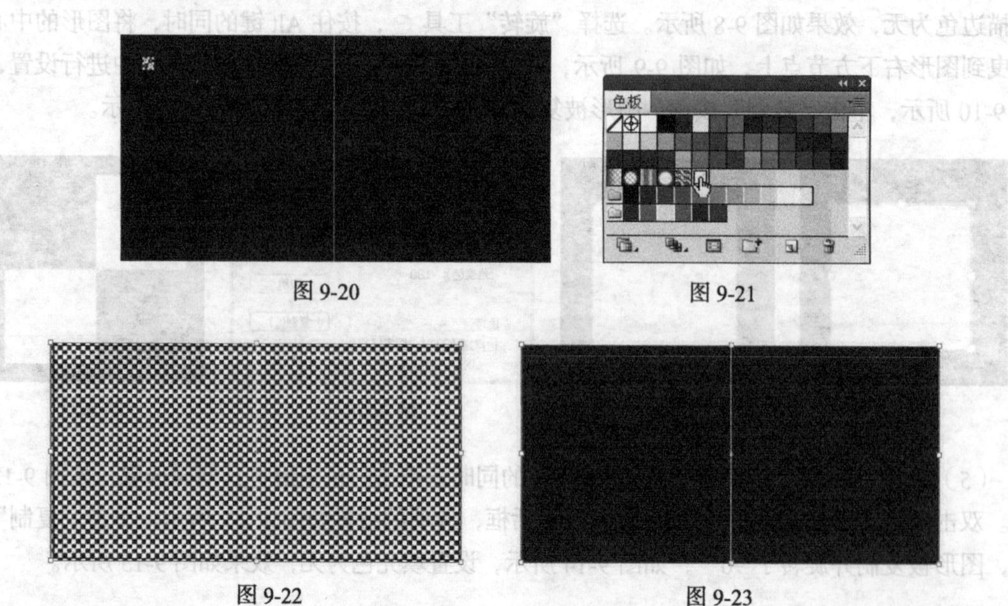

图 9-20
图 9-21
图 9-22
图 9-23

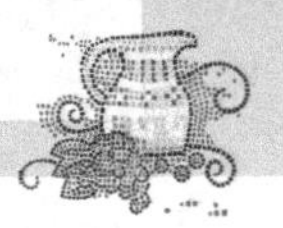

9.1.2　添加标题文字和装饰图形

（1）选择“文字”工具 T，在页面中分别输入需要的文字，选择“选择”工具，在属性栏中分别选择合适的字体并设置文字大小，填充文字为白色，效果如图 9-24 所示。选取下方的英文，按 Ctrl+T 组合键，弹出“字符”控制面板，将“设置所选字符的字距调整”选项设置为 100，其他选项的设置如图 9-25 所示，按 Enter 键，效果如图 9-26 所示。

图 9-24

图 9-25

图 9-26

（2）选择“文字”工具 T，在页面中分别输入需要的文字，选择“选择”工具，在属性栏中分别选择合适的字体并设置文字大小。将输入的文字同时选取，设置文字填充色为浅灰色（其 C、M、Y、K 的值分别为 0、0、0、20），填充文字，效果如图 9-27 所示。

（3）选择“选择”工具，选取下方英文，在“字符”控制面板中，将“设置所选字符的字距调整”选项设置为 240，其他选项的设置如图 9-28 所示，按 Enter 键，效果如图 9-29 所示。

图 9-27

图 9-28

图 9-29

（4）选择“矩形”工具，在页面外绘制一个矩形，填充图形为黑色，并设置描边色为无，效果如图 9-30 所示。再次绘制一个矩形，如图 9-31 所示，使用相同的方法再绘制多个矩形，如图 9-32 所示。

图 9-30

图 9-31

图 9-32

（5）选择“选择”工具，使用圈选的方法将刚绘制的矩形同时选取。选择“窗口 > 路径查找器”命令，弹出“路径查找器”控制面板，单击“减去顶层”按钮，如图 9-33 所示，生成新的对象，效果如图 9-34 所示。

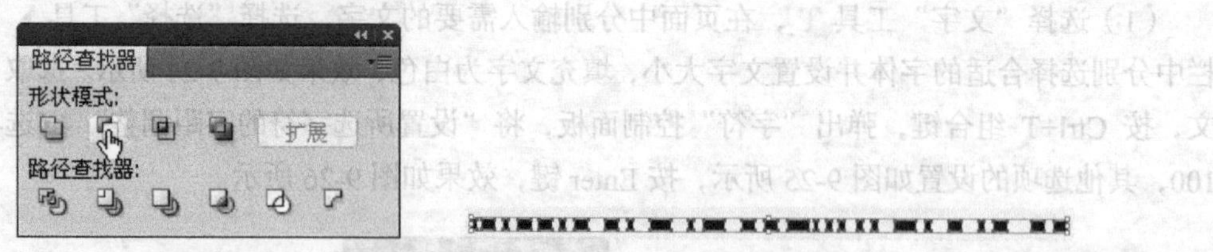

图 9-33　　图 9-34

（6）选择“矩形”工具，在适当的位置绘制一个矩形，填充图形为黑色，并设置描边色为无，效果如图 9-35 所示。再次绘制一个矩形，填充图形为白色，并设置描边颜色为无，如图 9-36 所示。

图 9-35　　图 9-36

（7）选择“选择”工具，按 Shift 键的同时，单击黑色矩形，将其同时选取，如图 9-37 所示。在“路径查找器”控制面板中，单击“减去顶层”按钮，如图 9-38 所示，生成新的对象，效果如图 9-39 所示。

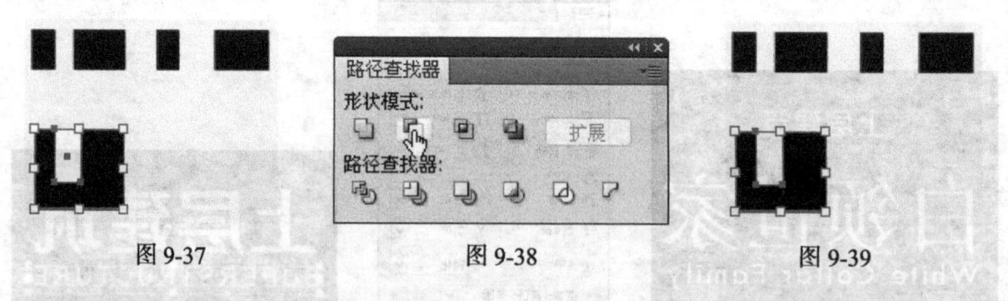

图 9-37　　图 9-38　　图 9-39

（8）选择“矩形”工具，在适当的位置分别绘制多个矩形并填充相应的颜色，效果如图 9-40 所示。选择“直接选择”工具，选取需要的节点，将其拖曳到适当的位置，效果如图 9-41 所示。

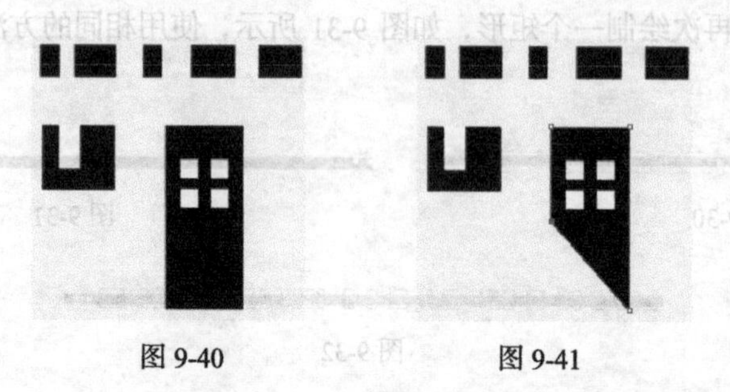

图 9-40　　图 9-41

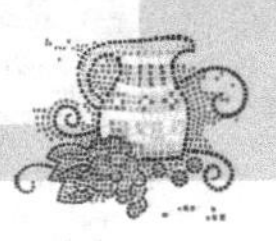

（9）选择"选择"工具，使用圈选的方法选取需要的图形，如图 9-42 所示。在"路径查找器"控制面板中，单击"减去顶层"按钮，生成新的对象，效果如图 9-43 所示。使用上述的方法制作如图 9-44 所示的效果。

图 9-42　　图 9-43　　图 9-44

（10）选择"选择"工具，使用圈选的方法将刚绘制的所有图形同时选取，按 Ctrl+G 组合键，将其编组，如图 9-45 所示。填充群组图形为白色，并拖曳到页面中适当的位置，调整其大小，效果如图 9-46 所示。

图 9-45

图 9-46

（11）选择"选择"工具，按住 Shift 键的同时，依次单击上方的文字，将其同时选取，如图 9-47 所示，在属性栏中单击"水平居中对齐"按钮，将文字与编组图形水平居中对齐，按 Ctrl+G 组合键，将其编组，效果如图 9-48 所示。

图 9-47

图 9-48

（12）选择"矩形"工具，在页面外分别绘制三个矩形，选择"选择"工具，将 3 个矩形同时选取，如图 9-49 所示。在"路径查找器"控制面板中，单击"联集"按钮，如图 9-50 所示，生成新的对象，效果如图 9-51 所示。

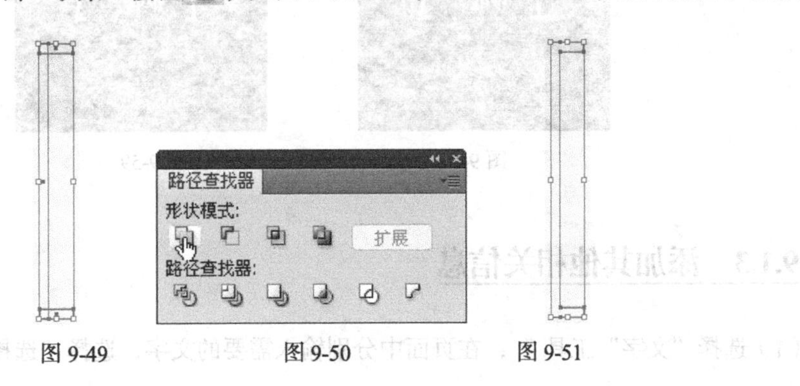

图 9-49　　图 9-50　　图 9-51

（13）双击“倾斜”工具，弹出“倾斜”对话框，选项的设置如图 9-52 所示，单击“确定”按钮，效果如图 9-53 所示。选择“选择”工具，拖曳图形到页面中适当的位置并调整其大小，设置图形填充颜色为浅灰色（其 C、M、Y、K 值分别为 0、0、0、20），填充图形，并设置描边色为无，效果如图 9-54 所示。

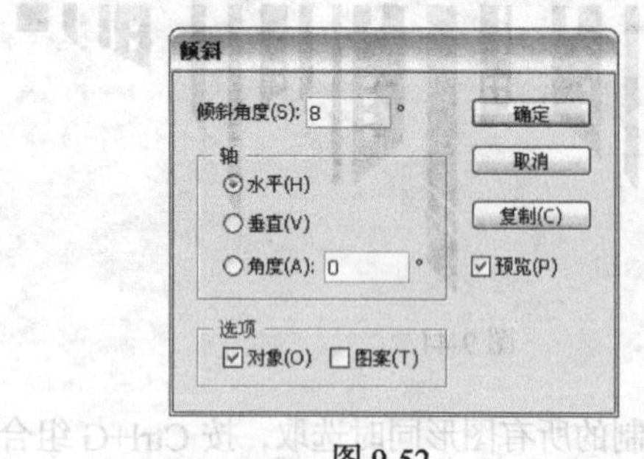

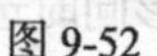
图 9-52

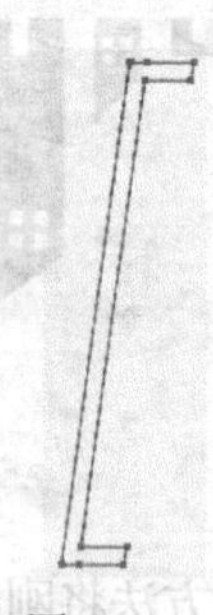
图 9-53

图 9-54

（14）双击“镜像”工具，弹出“镜像”对话框，选项的设置如图 9-55 所示，单击“复制”按钮，复制并镜像图形，效果如图 9-56 所示。选择“选择”工具，按住 Shift 键的同时，水平向右拖曳复制的图形到适当的位置，效果如图 9-57 所示。

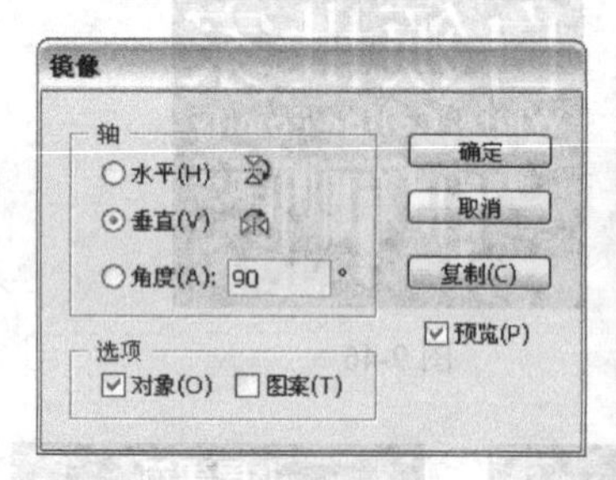

图 9-55

图 9-56

图 9-57

（15）选择“选择”工具，选取需要的文字和图形，如图 9-58 所示，在属性栏中单击“垂直居中对齐”按钮，将文字与图形垂直居中对齐，按 Ctrl+G 组合键，将其编组，效果如图 9-59 所示。

图 9-58

图 9-59

9.1.3 添加其他相关信息

（1）选择“文字”工具T，在页面中分别输入需要的文字，选择“选择”工具，在属性

栏中分别选择合适的字体并设置文字大小，填充文字为白色，效果如图 9-60 所示。选取下方的英文，在“字符”控制面板中，将“设置所选字符的字距调整”选项设置为-40，其他选项的设置如图 9-61 所示，按 Enter 键，效果如图 9-62 所示。

图 9-60

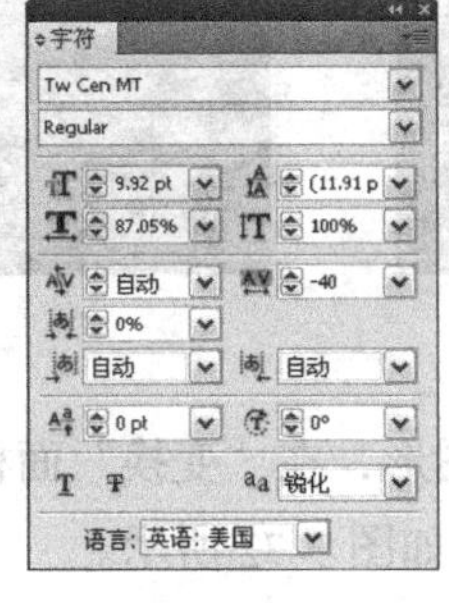

图 9-61

图 9-62

（2）选择“文字”工具，在页面中输入需要的文字，选择“选择”工具，在属性栏中选择合适的字体并设置文字大小，填充文字为白色，效果如图 9-63 所示。按 Alt+← 组合键，调整文字的字距，效果如图 9-64 所示。

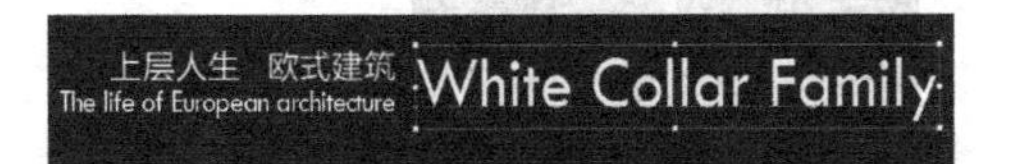

图 9-63

图 9-64

（3）选择“直线”工具，按 Shift 键的同时，在适当的位置绘制一条直线，填充直线为白色，效果如图 9-65 所示。选择“选择”工具，按住 Shift 键的同时，依次单击刚输入的文字，将其同时选取，按 Ctrl+G 组合键，将其编组，效果如图 9-66 所示。

图 9-65

图 9-66

（4）选择“选择”工具，按 Shift 键的同时，单击上方的编组图形，将其同时选取，如图 9-67 所示，在属性栏中单击“水平居中对齐”按钮，将文字与图形水平居中对齐，按 Ctrl+G 组合键，将其编组，效果如图 9-68 所示。

图 9-67

图 9-68

（5）选择“选择”工具，将鼠标光标放置在水平标尺和垂直标尺交叉位置上，如图 9-69

所示，按住鼠标左键不放并向右拖曳到适当的位置，松开鼠标左键，如图 9-70 所示。

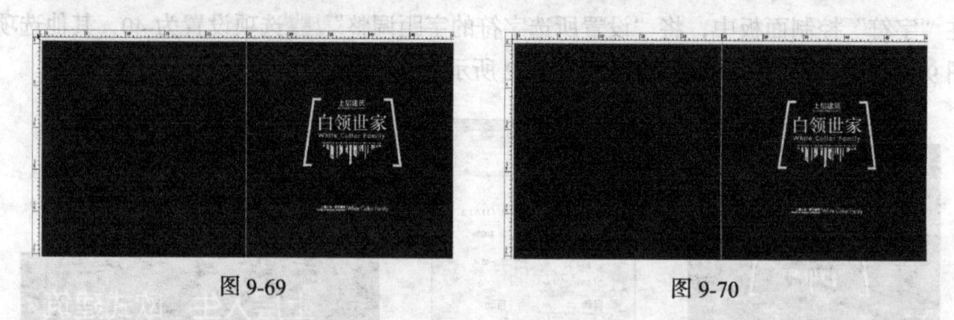

图 9-69　　图 9-70

（6）选择“选择”工具，选取编组图形，在“变换”面板中将“X”轴选项设为 125mm，如图 9-71 所示，按 Enter 键确认操作，效果如图 9-72 所示。

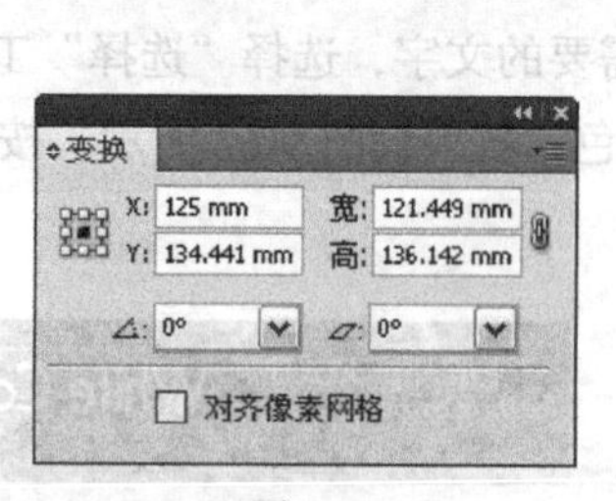

图 9-71

图 9-72

（7）选择“文字”工具，在页面中输入需要的文字，选择“选择”工具，在属性栏中选择合适的字体并设置文字大小，填充文字为白色，效果如图 9-73 所示。选取文字“电话：2310-”，在属性栏中选择合适的字体并设置文字大小，效果如图 9-74 所示。

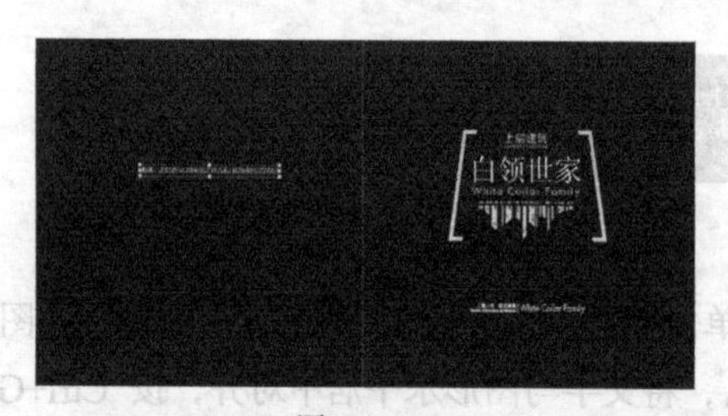

图 9-73

图 9-74

（8）选择“文字”工具，在页面中分别输入需要的文字，选择“选择”工具，在属性栏中分别选择合适的字体并设置文字大小，填充文字为白色，效果如图 9-75 所示。选取英文“SUPERSTRUCTURE”，按 Alt+ → 组合键，调整文字的字距，效果如图 9-76 所示。

图 9-75 　　图 9-76

（9）选择“选择”工具，选取封面中需要的图形，如图 9-77 所示。按 Shift+Ctrl+G 组合

键，取消图形编组，选中需要的文字，如图 9-78 所示，按住 Alt 键的同时，用鼠标向左拖曳到封底的适当位置，复制图形，效果如图 9-79 所示。

图 9-77

图 9-78

图 9-79

（10）选择“文字”工具 T，选取需要的文字，如图 9-80 所示，设置文字填充颜色为橘黄色（其 C、M、Y、K 的值分别为 0、49、100、0），填充文字，取消文字选取状态，效果如图 9-81 所示。使用相同的方法选取其他文字并填充相同的颜色，效果如图 9-82 所示。

图 9-80

上层人生　欧式建筑
The life of European architecture
White Collar Family

图 9-81

图 9-82

（11）选择“编组选择”工具，选取直线图形，如图 9-83 所示，设置填充颜色为灰色（其 C、M、Y、K 的值分别为 0、0、0、50），填充直线，取消选取状态，效果如图 9-84 所示。

图 9-83

图 9-84

（12）选择“选择”工具，按住 Shift 键的同时，依次单击上方的文字，将其同时选取，按 Ctrl+G 组合键，将其编组，效果如图 9-85 所示。在“变换”面板中，将“X”轴选项设为-125mm，如图 9-86 所示，按 Enter 键确认操作，效果如图 9-87 所示。

图 9-85

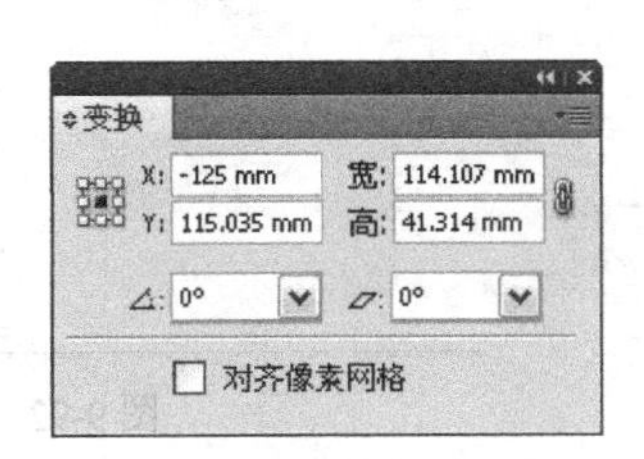

图 9-86

图 9-87

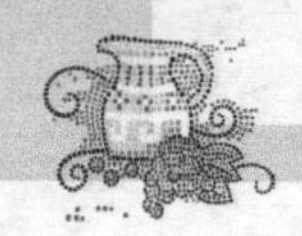

（13）按 Ctrl+R 组合键，隐藏标尺。按 Ctrl+；组合键，隐藏参考线。房地产宣传册封面制作完成，效果如图 9-88 所示。按 Ctrl+S 组合键，弹出“存储为”对话框，将其命名为“唱片封面设计”，保存为 AI 格式，单击“保存”按钮，将文件保存。

图 9-88

InDesign 应用

9.1.4 制作主页内容

（1）选择“文件 > 新建 > 文档”命令，弹出“新建文档”对话框，如图 9-89 所示。单击“边距和分栏”按钮，弹出“新建边距和分栏”对话框，选项的设置如图 9-90 所示，单击“确定”按钮，新建一个页面。选择“视图 > 其他 > 隐藏框架边缘”命令，将所绘制图形的框架边缘隐藏。

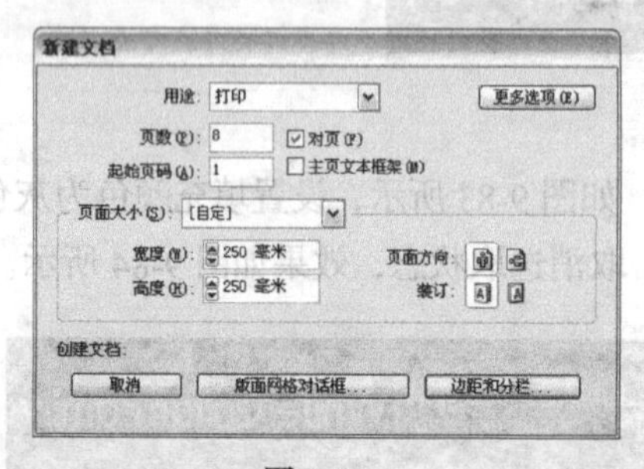

图 9-89

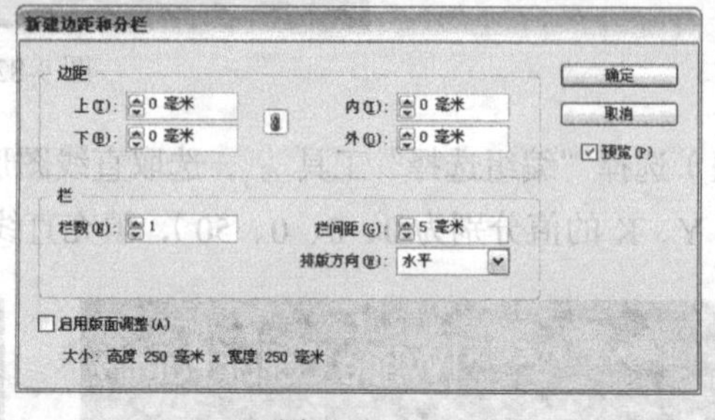

图 9-90

（2）在“状态栏”中单击“文档所属页面”选项右侧的按钮，在弹出的页码中选择“A-主页”。选择“选择”工具，在页面中拖曳一条水平参考线，在“控制面板”中将“Y”轴选项设为 245mm，如图 9-91 所示，按 Enter 键确认操作，效果如图 9-92 所示。

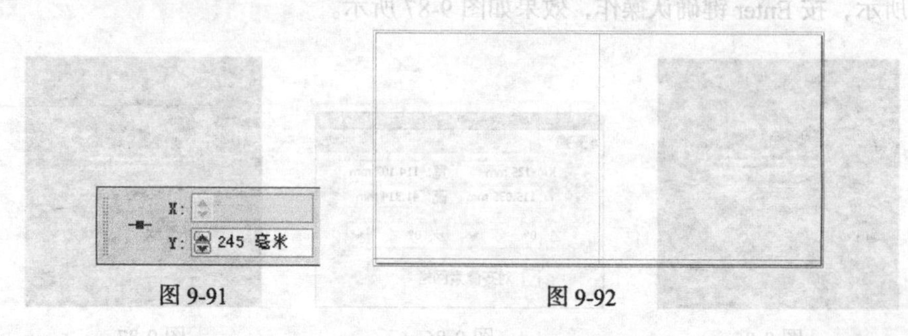

图 9-91　　图 9-92

（3）选择“选择”工具，在页面中拖曳一条垂直参考线，在“控制面板”中将“X”轴选

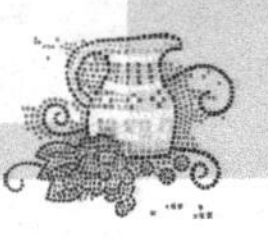

项设为 8mm，如图 9-93 所示，按 Enter 键确认操作，效果如图 9-94 所示。保持参考线的选取状态，并在“变换”面板中将“X”轴选项设为 492mm，按 Alt+Enter 组合键，确认操作，效果如图 9-95 所示。选择“视图 > 网格和参考线 > 锁定参考线”命令，将参考线锁定。

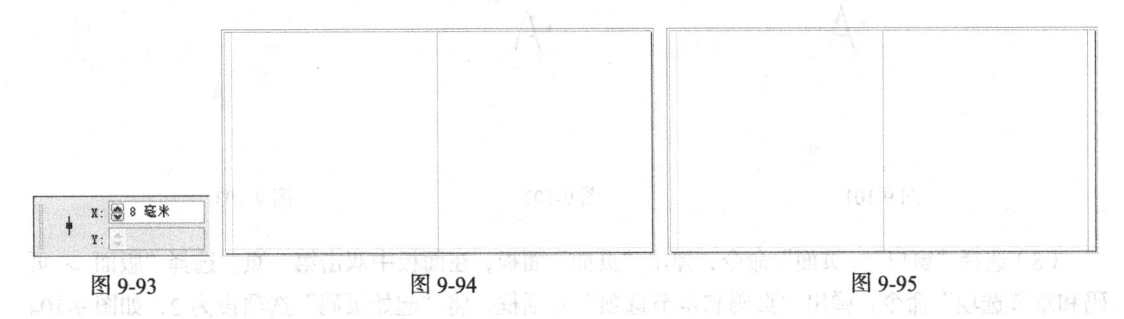

图 9-93　　图 9-94　　图 9-95

（4）选择“矩形”工具，在页面中单击鼠标左键，弹出“矩形”对话框，选项的设置如图 9-96 所示，单击“确定”按钮，出现一个矩形。选择“选择”工具，拖曳矩形到页面中适当的位置，设置填充色的 CMYK 值为 0、5、5、0，填充图形，并设置描边色为无，效果如图 9-97 所示。

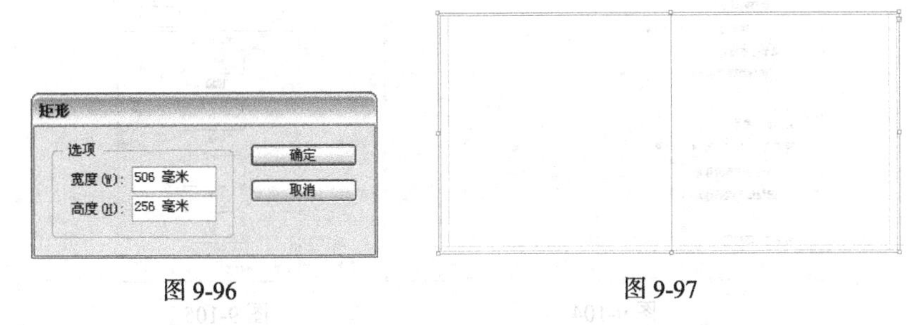

图 9-96　　图 9-97

（5）选择“文件 > 置入”命令，弹出“置入”对话框，选择光盘中的“Ch09 > 素材 > 制作房地产宣传册 > 20”文件，单击“打开”按钮，在页面空白处单击鼠标左键置入图片。选择“自由变换”工具，将图片拖曳到适当的位置并调整其大小，效果如图 9-98 所示。

（6）选择“文字”工具，在页面中拖曳一个文本框，按 Ctrl+Shift+Alt+N 组合键，在文本框中添加自动页码，如图 9-99 所示。将添加的文字选取，在“控制面板”中选择合适的字体和文字大小，效果如图 9-100 所示。

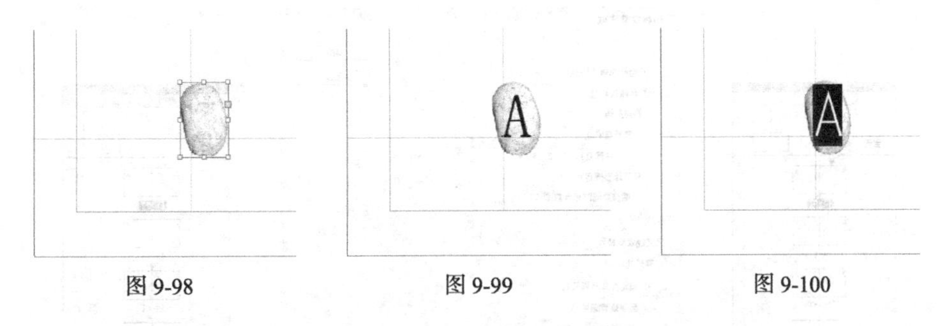

图 9-98　　图 9-99　　图 9-100

（7）选择“选择”工具，选择“对象 > 适合 > 使框架适合内容”命令，使文本框适合文字，如图 9-101 所示。按住 Shift 键的同时，单击下方图片，将其同时选取，按 Ctrl+G 组合键，将其编组，如图 9-102 所示。按住 Alt+Shift 组合键的同时，用鼠标向左拖曳图形到跨页上适当的

位置，复制图形，效果如图 9-103 所示。

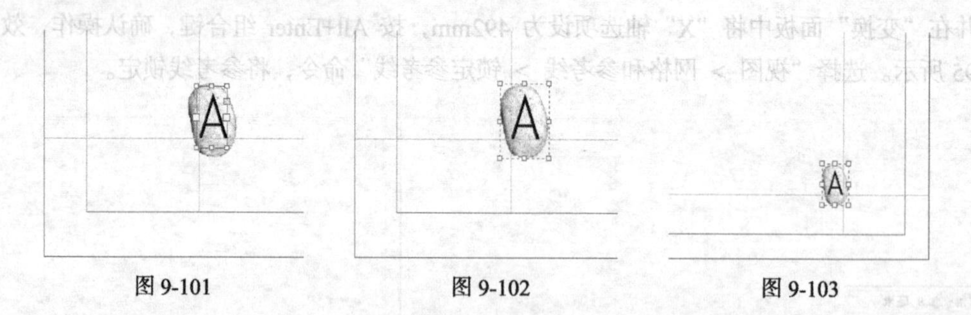

图 9-101　　图 9-102　　图 9-103

（8）选择“窗口 > 页面”命令，弹出“页面”面板，在面板中双击第一页，选择“版面 > 页码和章节选项”命令，弹出“页码和章节选项”对话框，将“起始页码”选项设为 2，如图 9-104 所示，单击“确定”按钮，页面中将以跨页显示，页面面板如图 9-105 所示。

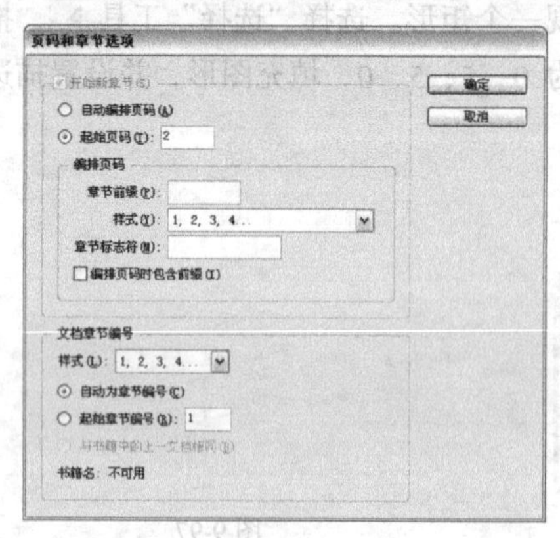

图 9-104

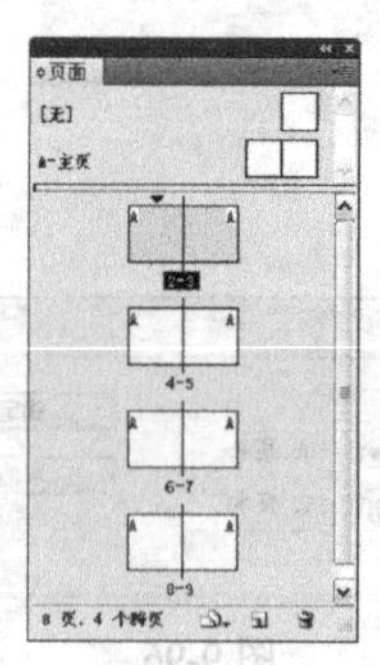

图 9-105

（9）在“页面”面板中，按住 Shift 键的同时，单击最后一页的页面图标，将其全部选取，单击面板右上方的图标，在弹出的菜单中取消勾选“允许选定的跨页随机排布”命令，如图 9-106 所示。双击第 2 页的页面图标，选择“版面 > 页码和章节选项”命令，弹出“页码和章节选项”对话框，将“起始页码”选项设为 1，如图 9-107 所示，单击“确定”按钮，页面中将以第一页开始显示，页面面板如图 9-108 所示。

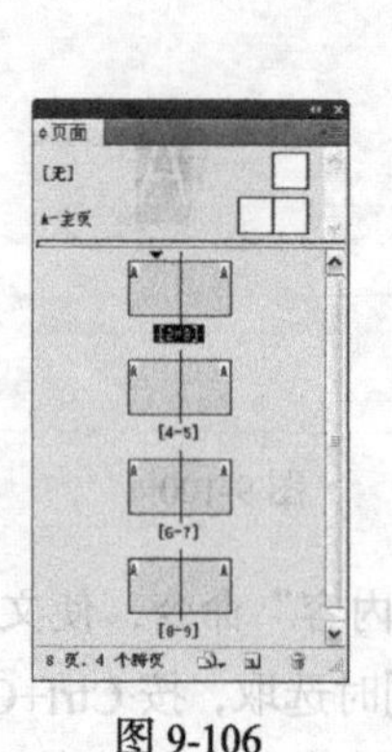

图 9-106

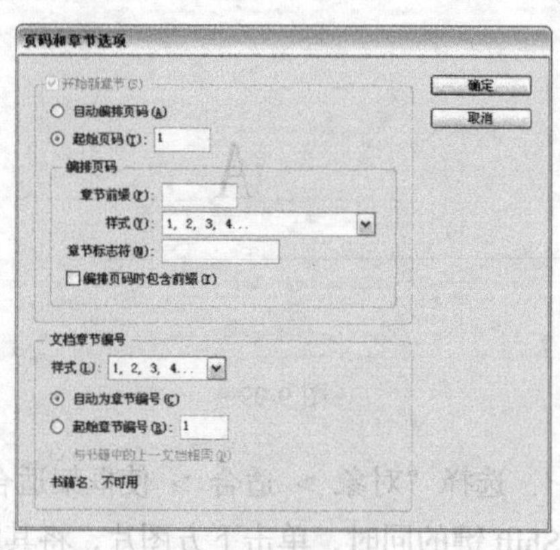

图 9-107

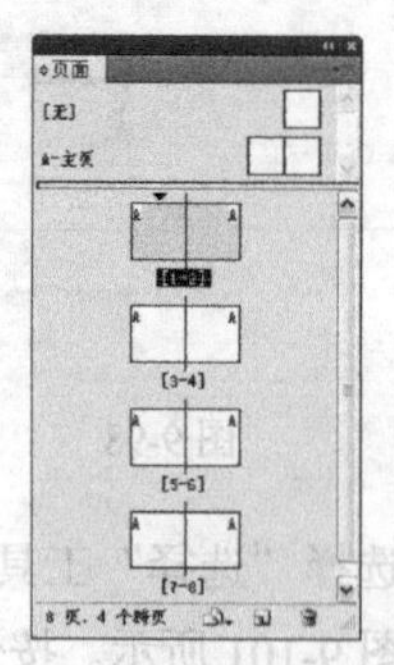

图 9-108

9.1.5　制作内页 01 和 02

（1）选择“文件 > 置入”命令，弹出“置入”对话框，分别选择光盘中的“Ch09 > 素材 > 制作房地产宣传册 > 01、02”文件，单击“打开”按钮，在页面空白处单击鼠标左键置入图片。选择“自由变换”工具，分别将图片拖曳到适当的位置并调整其大小。选择“选择”工具，裁剪图片，效果如图 9-109 示。

（2）选择“选择”工具，选取置入的 02 图片，选择“窗口 > 效果”命令，弹出“效果”面板，将混合模式选项设置为“正片叠底”，如图 9-110 所示，图像效果如图 9-111 所示。

图 9-109

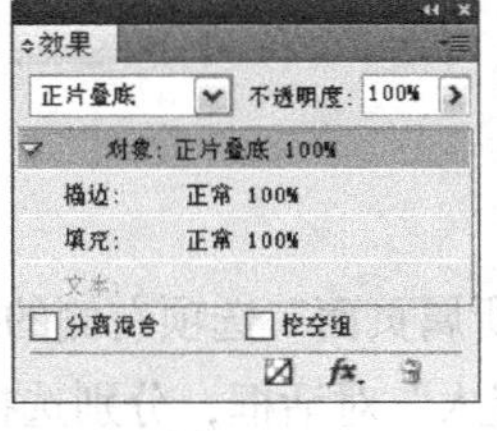

图 9-110

图 9-111

（3）选择“文件 > 置入”命令，弹出“置入”对话框，选择光盘中的“Ch09 > 素材 >制作房地产宣传册 > 03”文件，单击“打开”按钮，在页面空白处单击鼠标左键置入图片。选择“选择”工具，将图片拖曳到适当的位置，效果如图 9-112 所示。在“效果”面板中，将混合模式选项设置为“正片叠底”，如图 9-113 所示，图像效果如图 9-114 所示。

图 9-112

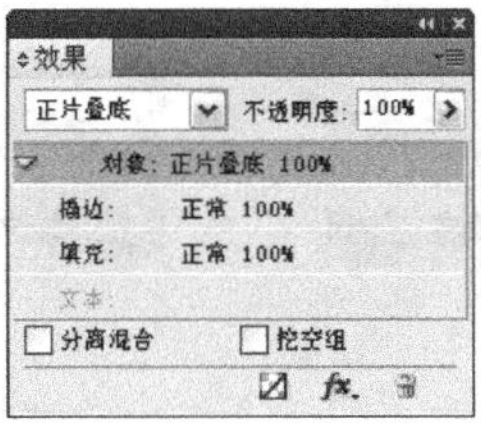

图 9-113

图 9-114

（4）选择“文字”工具，在页面中拖曳一个文本框，输入需要的文字并选取文字，在“控制面板”中选择合适的字体和文字大小，效果如图 9-115 所示。选择“选择”工具，选择“对象 > 适合 > 使框架适合内容”命令，使文本框适合文字，如图 9-116 所示。

图 9-115

图 9-116

（5）选择“文字”工具，在页面中拖曳一个文本框，输入需要的文字并选取文字，在“控

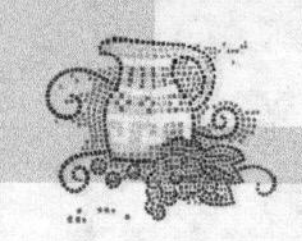

制面板”中选择合适的字体和文字大小，效果如图 9-117 所示。在“控制面板”中将“行距”选项设置为 20，按 Enter 键，取消文字的选取状态，效果如图 9-118 所示。

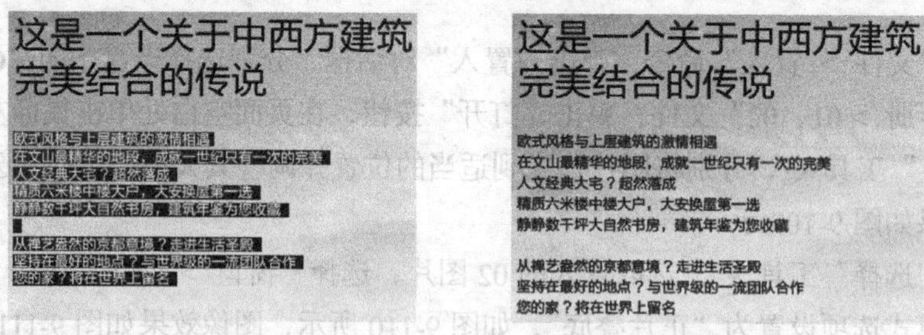

图 9-117　　图 9-118

9.1.6 制作内页 03 和 04

（1）在“状态栏”中单击“文档所属页面”选项右侧的按钮，在弹出的页码中选择“03”。选择“文件 > 置入”命令，弹出“置入”对话框，分别选择光盘中的“Ch09 > 素材 >制作房地产宣传册 > 04、05”文件，单击“打开”按钮，在页面空白处单击鼠标左键置入图片。选择“自由变换”工具，分别将图片拖曳到适当的位置并调整其大小。

（2）选择“选择”工具，裁剪图片，效果如图 9-119 所示。使用圈选的方法将刚刚置入的图片同时选取，单击“控制面板”中的“底对齐”按钮，对齐效果如图 9-120 所示。

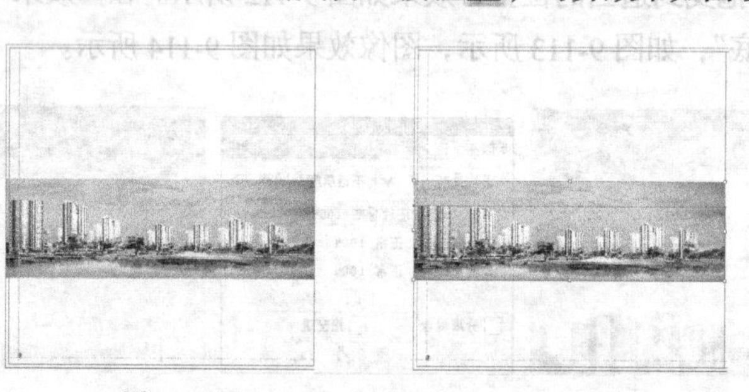

图 9-119　　图 9-120

（3）选择“矩形”工具，在页面中适当位置绘制一个与 04 图片大小相等的矩形，设置填充色的 CMYK 值为 0、100、100、0，填充图形，并设置描边色为无，如图 9-121 所示。在“效果”面板中，将混合模式选项设置为“颜色”，“不透明度”选项设置为 30%，如图 9-122 所示，按 Enter 键，效果如图 9-123 所示。

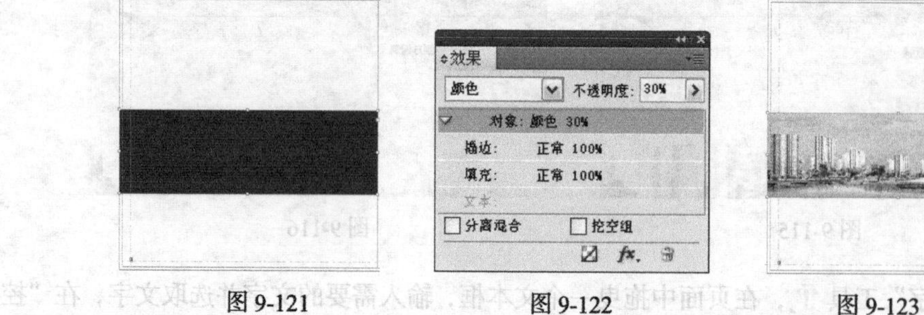

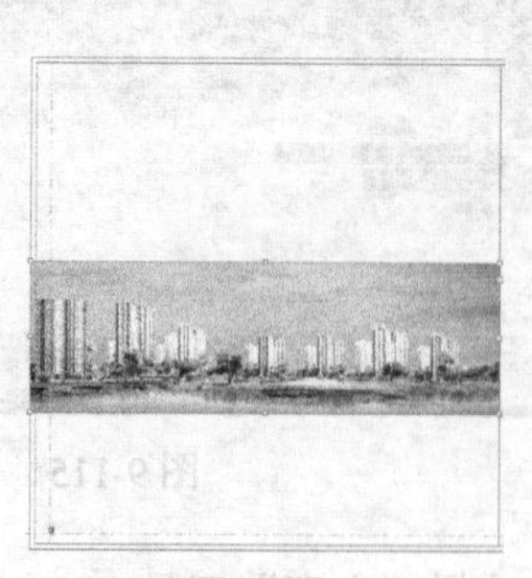

图 9-121　　图 9-122　　图 9-123

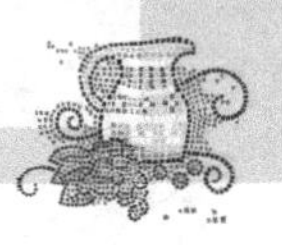

（4）选择“文字”工具 T，在页面中分别拖曳文本框，输入需要的文字。分别将输入的文字选取，在“控制面板”中选择合适的字体和文字大小，效果如图 9-124 所示。选取下方英文，在“控制面板”中将“字符间距”选项设置为 160，按 Enter 键，效果如图 9-125 所示。

图 9-124

白领家园，温馨世家
White-collar home, a warm family

图 9-125

（5）选择“直线”工具，按住 Shift 键的同时，在页面中拖曳鼠标绘制一条直线，设置直线颜色的 CMYK 值分别为 0、35、100、85，填充直线，效果如图 9-126 所示。选择“窗口 > 描边”命令，弹出“描边”面板，选项的设置如图 9-127 所示，按 Enter 键，效果如图 9-128 所示。按住 Alt+Shift 组合键的同时，垂直向下拖曳虚线到适当的位置，复制一条虚线，取消选取状态，效果如图 9-129 所示。

图 9-126

图 9-127

图 9-128

图 9-129

（6）选择“文件 > 置入”命令，弹出“置入”对话框，选择光盘中的“Ch09 > 素材 >制作房地产宣传册 > 06”文件，单击“打开”按钮，在页面空白处单击鼠标左键置入图片。选择“自由变换”工具，将图片拖曳到适当的位置并调整其大小，效果如图 9-130 所示。

（7）选择“文字”工具 T，在页面中分别拖曳文本框，输入需要的文字。分别将输入的文字选取，在“控制面板”中选择合适的字体和文字大小，在页面空白处单击，取消文字选取状态，效果如图 9-131 所示。

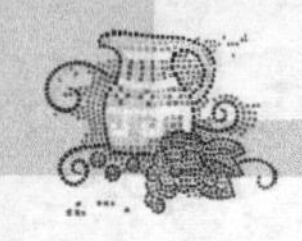

图 9-130

图 9-131

（8）选择“选择”工具，使用圈选的方法将图片和文字同时选取，如图 9-132 所示，单击“控制面板”中的“水平居中对齐”按钮，对齐效果如图 9-133 所示。保持图形选取状态，按 Ctrl+G 组合键，将其编组，效果如图 9-134 所示。

图 9-132

图 9-133

图 9-134

（9）选择“窗口 > 对象和版面 > 对齐”命令，弹出“对齐”面板，在“对齐”面板中的“分布对象”选项组中，选择“对齐页面”选项，再单击“水平居中对齐”按钮，如图 9-135 所示，对齐效果如图 9-136 所示。

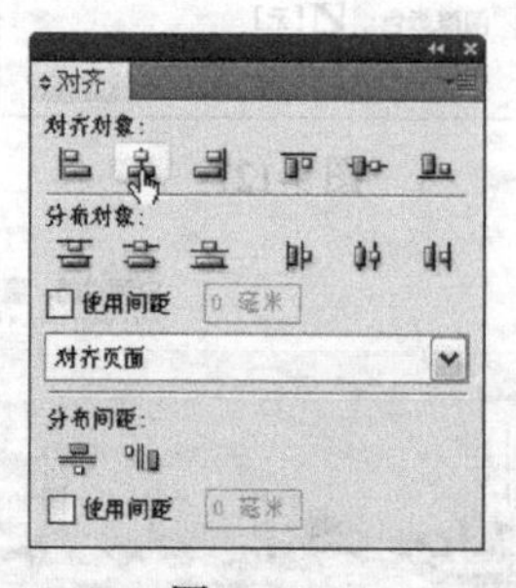

图 9-135

图 9-136

（10）选择“钢笔”工具，在页面中绘制一条路径，设置填充颜色的 CMYK 值为 0、35、100、85，填充路径，效果如图 9-137 所示。在“描边”面板中，单击“类型”选项右侧的按钮，在弹出的下拉菜单中选择“虚线（4 和 4）”命令，其他选项的设置如图 9-138 所示，按 Enter 键，效果如图 9-139 所示。使用相同的方法再绘制一条路径并设置相同的描边，效果如图 9-140 所示。

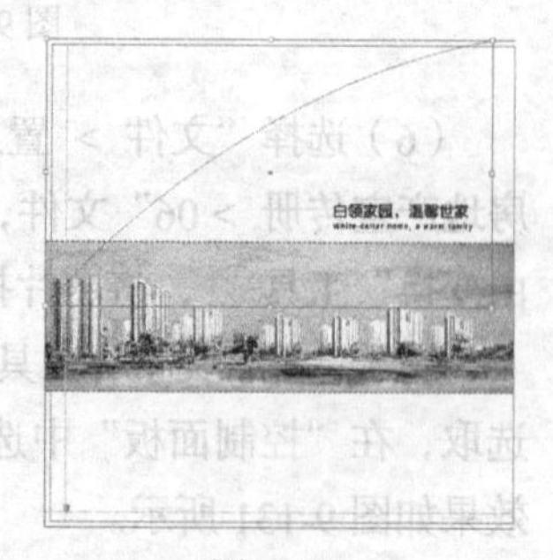

图 9-137

图 9-138

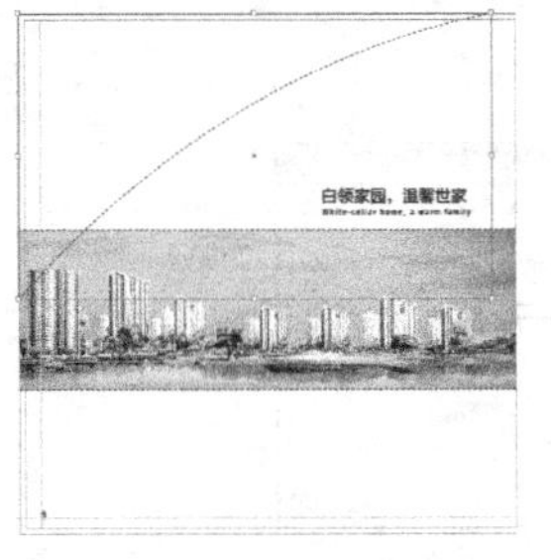

图 9-139

图 9-140

9.1.7 制作内页 05 和 06

（1）在“状态栏”中单击“文档所属页面”选项右侧的按钮，在弹出的页码中选择“05”。选择“直线”工具，按住 Shift 键的同时，在页面中拖曳鼠标绘制一条直线，设置直线颜色的CMYK值分别为0、0、0、50，填充直线，效果如图 9-141 所示。

图 9-141

（2）选择“选择”工具，选取直线，按住 Alt+Shift 组合键的同时，垂直向下拖曳直线到适当的位置，复制一条直线，效果如图 9-142 所示。连续按 Ctrl+Alt+4 组合键，按需要再制出多条直线，效果如图 9-143 所示。

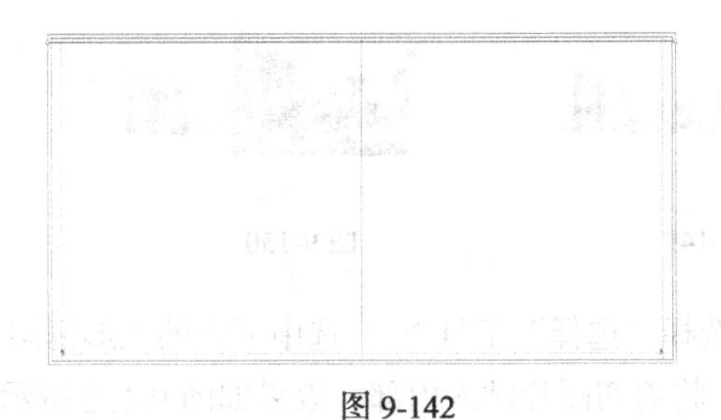

图 9-142

图 9-143

（3）使用上述所讲的方法，分别绘制多条直线，效果如图 9-144 所示。选择“选择”工具，使用圈选的方法将绘制的直线同时选取，按 Ctrl+G 组合键，将其编组，效果如图 9-145 所示。

图 9-144

图 9-145

（4）单击“控制面板”中的“向选定的目标添加对象效果”按钮，在弹出的菜单中选择“渐变羽化”命令，弹出“效果”对话框，选项的设置如图 9-146 所示，单击“确定”按钮，效果如

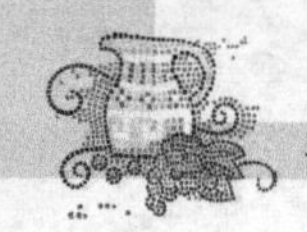

图 9-147 所示。

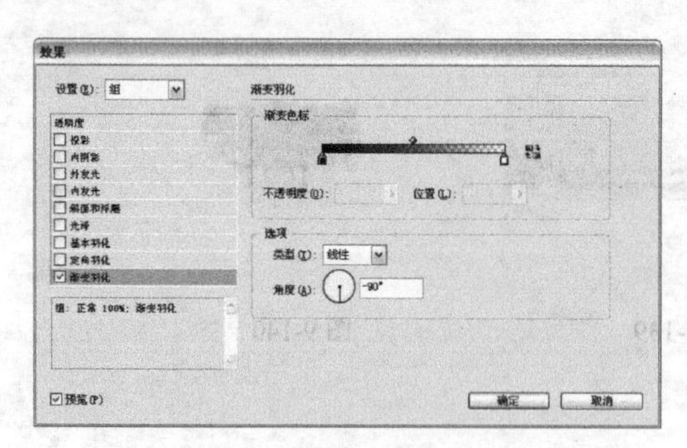

图 9-146

图 9-147

（5）选择“文件 > 置入”命令，弹出“置入”对话框，分别选择光盘中的“Ch09 > 素材 > 制作房地产宣传册 > 07、11”文件，单击“打开”按钮，在页面空白处单击鼠标左键置入图片。选择“自由变换”工具，分别将图片拖曳到适当的位置并调整其大小。选择“选择”工具，裁剪图片，效果如图 9-148 所示。

（6）选择“矩形框架”工具，在页面中绘制一个矩形框架，如图 9-149 所示。使用相同的方法置入并调整图片大小，拖曳图片到适当的位置，效果如图 9-150 所示。

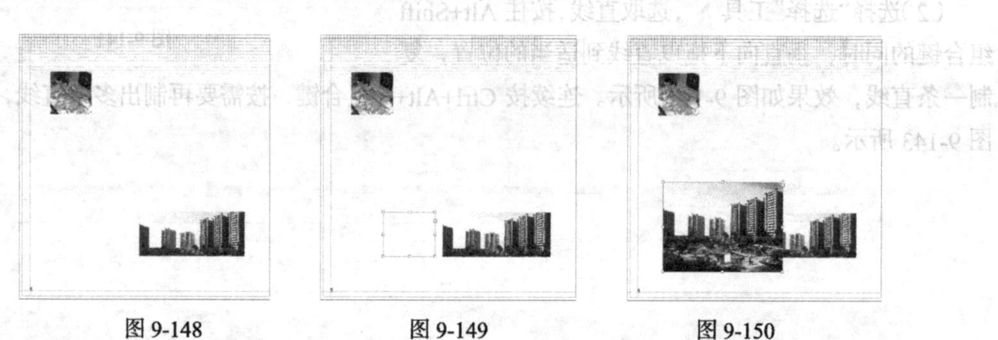

图 9-148　　图 9-149　　图 9-150

（7）按 Ctrl+X 组合键，剪切选取的图片，选择“选择”工具，选中下方的矩形框架，如图 9-151 所示。选择“编辑 > 贴入内部”命令，将剪切图片贴入内部，效果如图 9-152 所示。

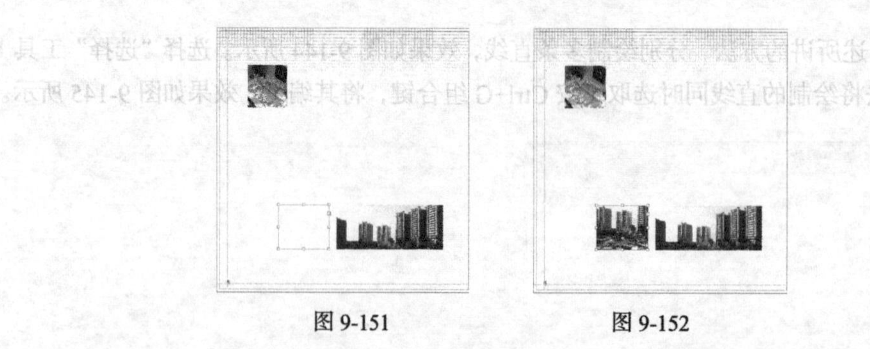

图 9-151　　图 9-152

（8）选择“文字”工具，在页面中分别拖曳文本框，输入需要的文字。分别将输入的文字选取，在“控制面板”中选择合适的字体和文字大小，效果如图 9-153 所示。选取中间的文字，在“控制面板”中将“行距”选项设置为 18，按 Enter 键，效果如图 9-154 所示。

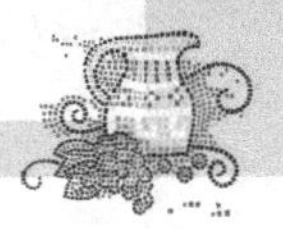

图 9-153

图 9-154

（9）选择“选择”工具，按住 Shift 键的同时，单击需要的文字和图片，将其同时选取，如图 9-155 所示，单击“控制面板”中的“左对齐”按钮，对齐效果如图 9-156 所示。

图 9-155

图 9-156

（10）选择“矩形”工具，在页面中适当的位置绘制一个矩形，如图 9-157 所示。选择“文件 > 置入”命令，弹出“置入”对话框，选择光盘中的“Ch09 > 素材 >制作房地产宣传册 > 10”文件，单击“打开”按钮，在页面空白处单击鼠标左键置入图片。选择“自由变换”工具，将图片拖曳到适当的位置并调整其大小，效果如图 9-158 示。

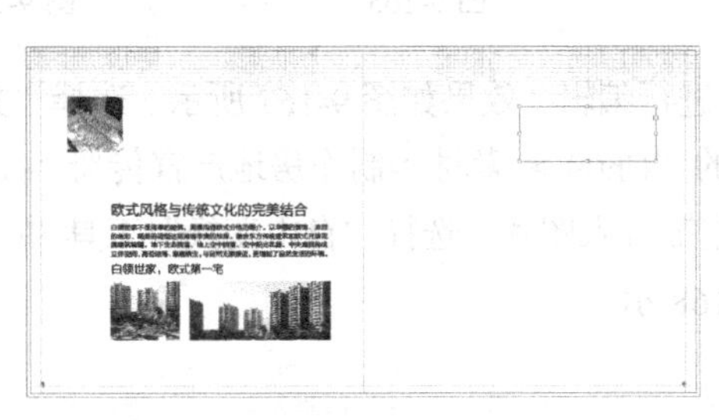

图 9-157

图 9-158

（11）按 Ctrl+X 组合键，剪切选取的图片。选择“选择”工具，选中下方的矩形，如图 9-159 所示，选择“编辑 > 贴入内部”命令，将剪切图片贴入内部，效果如图 9-160 所示。

图 9-159

图 9-160

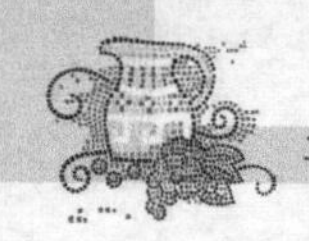

（12）选择“选择”工具，按住 Shift 键的同时，在对页中单击需要的图片，将其同时选取，如图 9-161 所示。单击“控制面板”中的“顶对齐”按钮，对齐效果如图 9-162 所示。

图 9-161

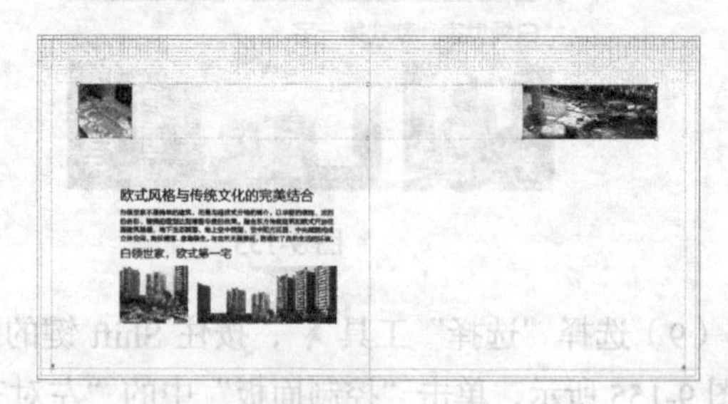

图 9-162

（13）选择“矩形”工具，在页面中适当的位置绘制一个矩形，如图 9-163 所示。选择“添加锚点”工具，分别在矩形左上角的适当位置单击鼠标左键添加两个锚点，效果如图 9-164 所示。选择“删除锚点”工具，将光标移动到左上角的锚点上，如图 9-165 所示，单击鼠标左键，删除锚点，效果如图 9-166 所示。

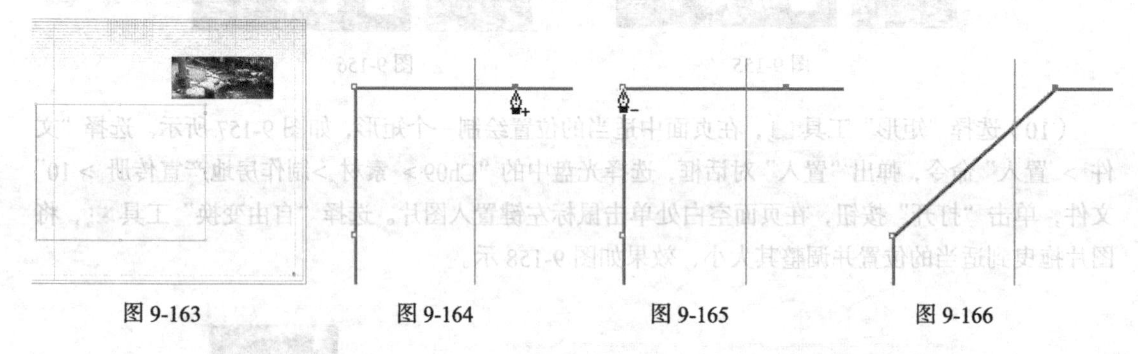

图 9-163　　图 9-164　　图 9-165　　图 9-166

（14）使用相同的方法对右下角的锚点进行编辑，效果如图 9-167 所示。选择“文件 > 置入”命令，弹出“置入”对话框，选择光盘中的“Ch09 > 素材 >制作房地产宣传册 > 08”文件，单击“打开”按钮，在页面空白处单击鼠标左键置入图片。选择“自由变换”工具，将图片拖曳到适当的位置并调整其大小，效果如图 9-168 示。

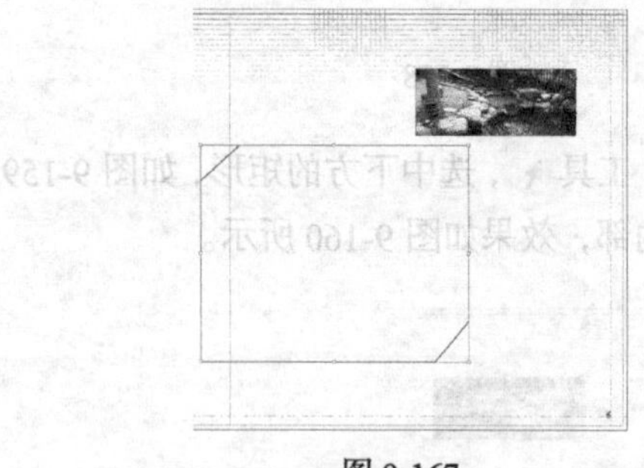

图 9-167

图 9-168

（15）按 Ctrl+X 组合键，剪切选取的图片。选择“选择”工具，选中下方矩形，如图 9-169 所示。选择“编辑 > 贴入内部”命令，将剪切图片贴入内部，并设置描边颜色为无，效果如图 9-170 所示。

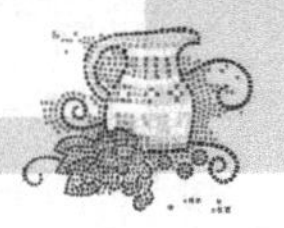

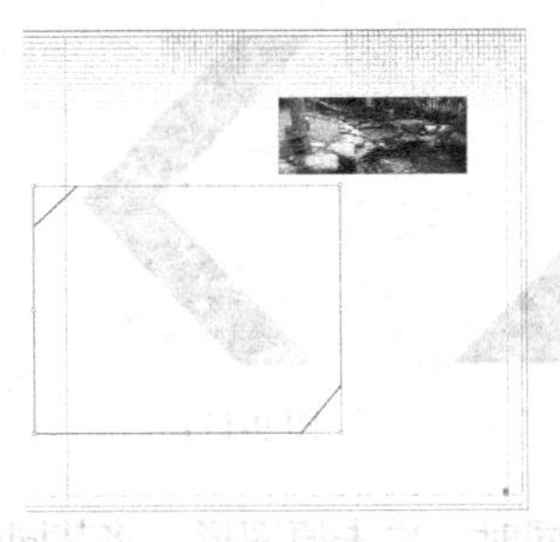

图 9-169

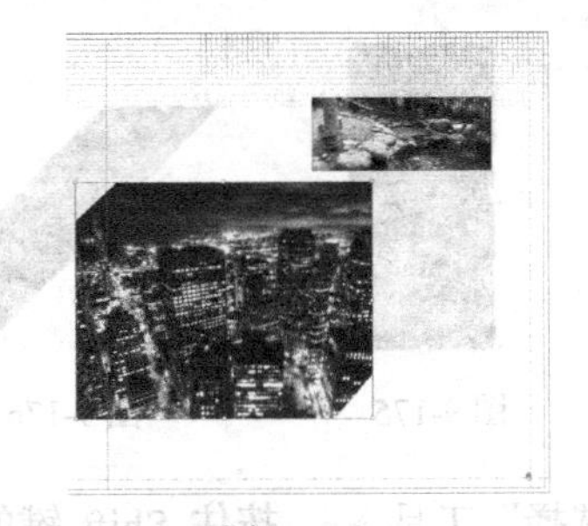

图 9-170

（16）选择“选择”工具，按住 Shift 键的同时，在对页中单击需要的图片，将其同时选取，如图 9-171 所示。单击“控制面板”中的“底对齐”按钮，对齐效果如图 9-172 所示。

图 9-171

图 9-172

（17）选择“文件 > 置入”命令，弹出“置入”对话框，选择光盘中的“Ch09 > 素材 >制作房地产宣传册 > 09”文件，单击“打开”按钮，在页面空白处单击鼠标左键置入图片。选择“自由变换”工具，将图片拖曳到适当的位置并调整其大小。使用上述所讲的方法，制作出如图 9-173 所示的效果。

（18）选择“文字”工具，在页面中分别拖曳文本框，输入需要的文字。分别将输入的文字选取，在“控制面板”中选择合适的字体和文字大小，在页面空白处单击，取消文字选取状态，效果如图 9-174 所示。

图 9-173

图 9-174

（19）选择“矩形”工具，在页面外绘制一个矩形，填充图形为黑色，并设置描边颜色为无，效果如图 9-175 所示。选择“选择”工具，在“控制面板”中将“X 切变角度” 0° 选项设置为-45°，按 Enter 键，图形倾斜变形，效果如图 9-176 所示。

（20）保持图形选取状态，按 Ctrl+C 组合键，复制图形，选择“编辑 > 原位粘贴”命令，将图形原位粘贴，单击“控制面板”中的“垂直翻转”按钮，将图形垂直翻转。按住 Shift 键的同时，向下拖曳翻转的图片到适当的位置，效果如图 9-177 所示。

图 9-175　　图 9-176　　图 9-177

（21）选择“选择”工具，按住 Shift 键的同时，单击原图形，将其同时选取，按 Ctrl+G 组合键，将其编组，效果如图 9-178 所示。拖曳编组图形到页面中适当的位置并调整其大小，效果如图 9-179 所示。

图 9-178　　图 9-179

（22）保持图形选取状态，按住 Alt 键的同时，拖曳编组图形到页面下方适当的位置，如图 9-180 所示。在“控制面板”中将“旋转角度”选项设置为 90°，按 Enter 键，效果如图 9-181 所示。再次复制编组图形并拖曳到适当的位置，单击“控制面板”中的“水平翻转”按钮，将图形水平翻转，效果如图 9-182 所示。

图 9-180　　图 9-181　　图 9-182

9.1.8　制作内页 07 和 08

（1）选择“选择”工具，选取需要的图形，如图 9-183 所示，按 Ctrl+C 组合键，复制图形，在“状态栏”中单击“文档所属页面”选项右侧的按钮，在弹出的页码中选择“07”，选择“编辑 > 原位粘贴”命令，将图形原位粘贴，效果如图 9-184 所示。

（2）选择“矩形”工具，在页面中适当位置绘制一个矩形，设置填充色的 CMYK 值为 33、37、50、0，填充图形，并设置描边色为无，效果如图 9-185 所示。选择“文件 > 置入”命令，弹出“置入”对话框，分别选择光盘中的“Ch09 > 素材 >制作房地产宣传册 > 13、14”文件，单击“打开”按钮，在页面空白处单击鼠标左键置入图片。分别调整其大小和位置，效果如图 9-186 所示。

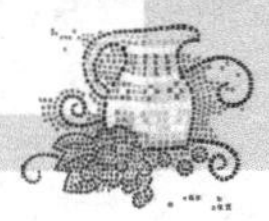

图 9-183

图 9-184

图 9-185

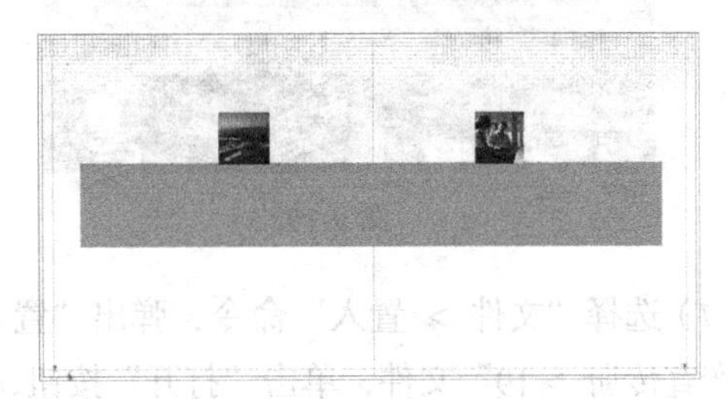

图 9-186

（3）使用相同的方法置入图片，并调整其大小、位置及前后顺序，效果如图 9-187 所示。选择“选择”工具 ，选取下方的矩形，按 Ctrl+Shift+]组合键，将图形置于顶层，效果如图 9-188 所示。

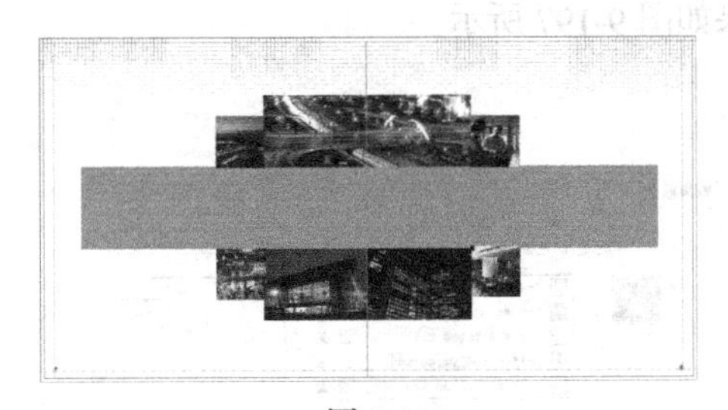

图 9-187

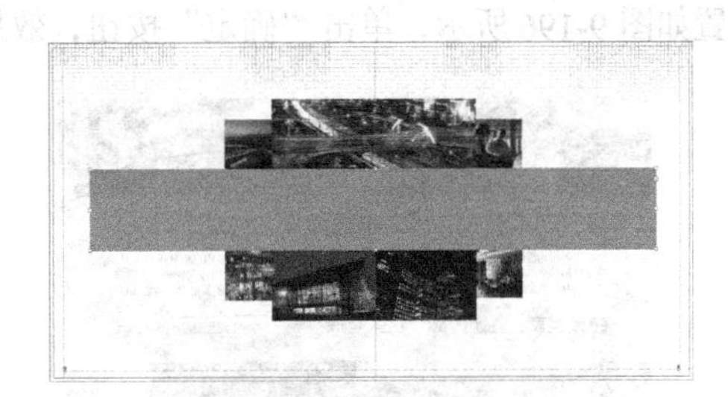

图 9-188

（4）选择“文件 > 置入”命令，弹出“置入”对话框，分别选择光盘中的“Ch09 > 素材 > 制作房地产宣传册 > 15、16”文件，单击“打开”按钮，在页面空白处单击鼠标左键置入图片。用上述方法调整图片，效果如图 9-189 所示。

（5）选择“选择”工具 ，按住 Shift 键的同时，将刚置入的图片同时选取，在“对齐”面板中，单击“顶对齐”按钮 ，如图 9-190 所示，对齐效果如图 9-191 所示。

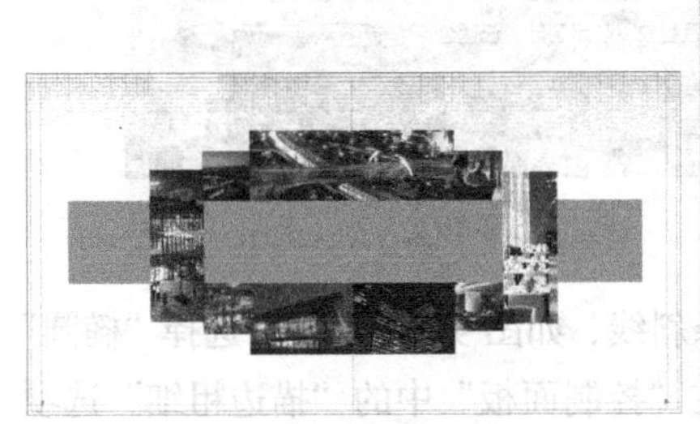

图 9-189

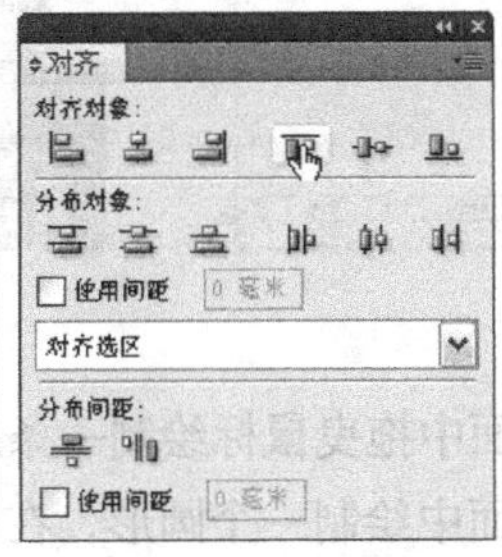

图 9-190

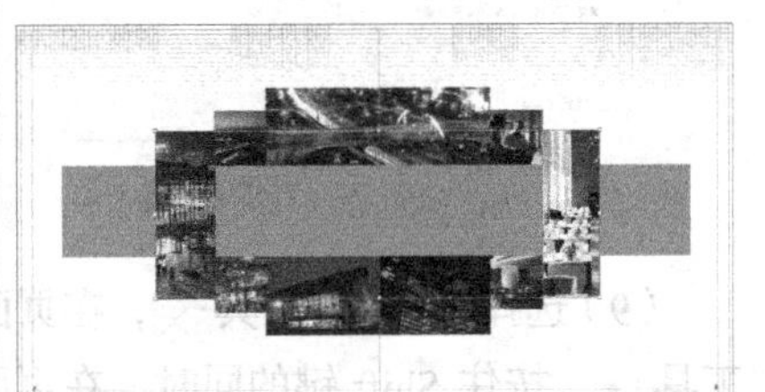

图 9-191

（6）选择“文字”工具 T，在页面中分别拖曳文本框，输入需要的文字。分别将输入的文字

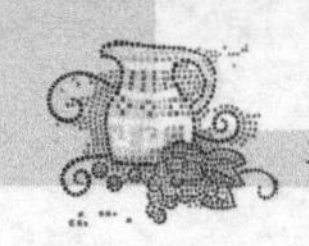

选取，在“控制面板”中选择合适的字体和文字大小，在页面空白处单击，取消文字选取状态，效果如图 9-192 所示。选择“选择”工具，按住 Shift 键的同时，将刚输入的文字同时选取，在“控制面板”中单击“左对齐”按钮，对齐效果如图 9-193 所示。

图 9-192

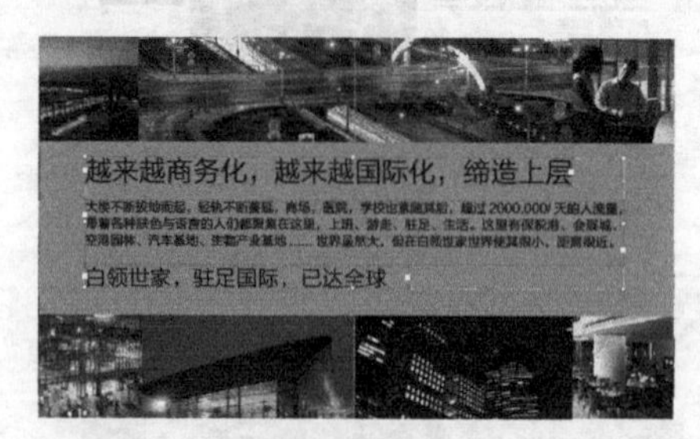

图 9-193

（7）选择“文件 > 置入”命令，弹出“置入”对话框，选择光盘中的“Ch09 > 素材 >制作房地产宣传册 > 19”文件，单击“打开”按钮，在页面空白处单击鼠标左键置入图片。选择“选择”工具，将置入的图片拖曳到适当的位置，效果如图 9-194 所示。

（8）单击“控制面板”中的“向选定的目标添加对象效果”按钮，在弹出的菜单中选择“投影”命令，弹出“效果”对话框，单击“设置阴影颜色”图标，弹出“效果颜色”对话框，在对话框中选择需要的颜色，如图 9-195 所示，单击“确定”按钮，回到“效果”对话框中，选项的设置如图 9-196 所示，单击“确定”按钮，效果如图 9-197 所示。

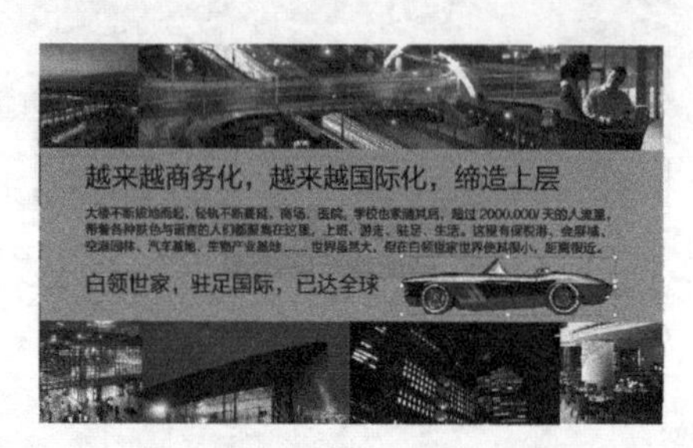

图 9-194

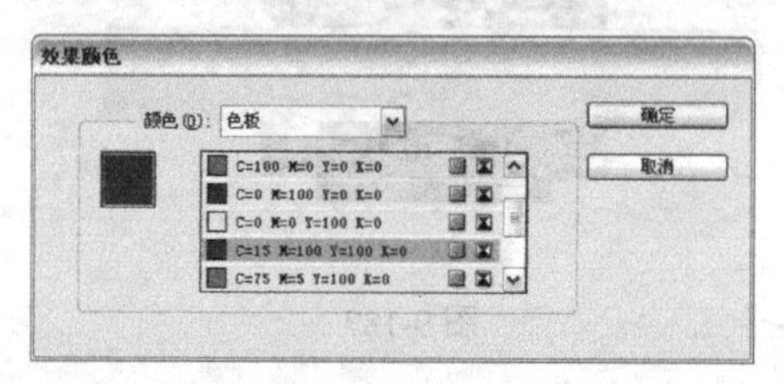

图 9-195

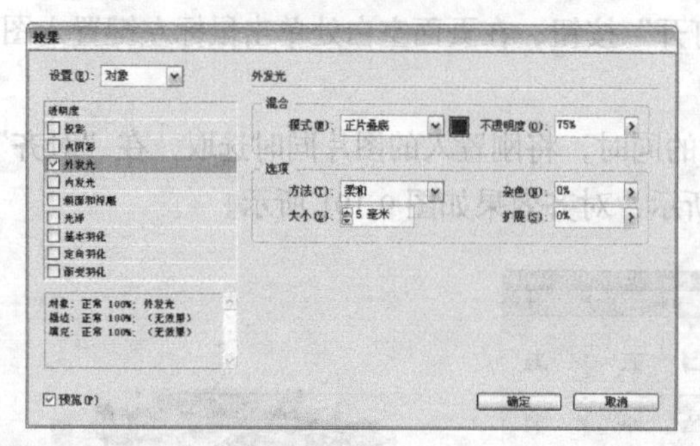

图 9-196

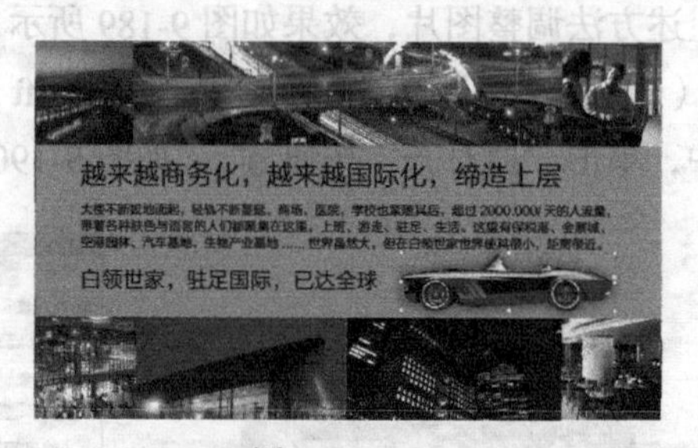

图 9-197

（9）选择“直线”工具，在页面中拖曳鼠标绘制一条斜线，如图 9-198 所示。选择“椭圆”工具，按住 Shift 键的同时，在页面中绘制一个圆形，在“控制面板”中的“描边粗细”选项 0.283 选项设置为 0.5，效果如图 9-199 所示。

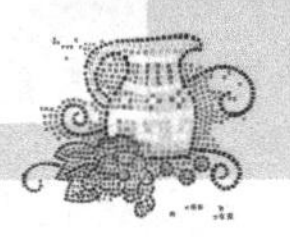

图 9-198

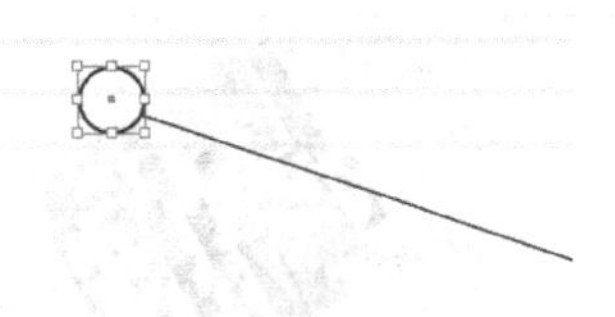

图 9-199

（10）双击“缩放”工具，弹出“缩放”对话框，选项的设置如图 9-200 所示，单击“复制”按钮，复制一个圆形，效果如图 9-201 所示。填充图形为黑色并设置描边颜色为无，效果如图 9-202 所示。

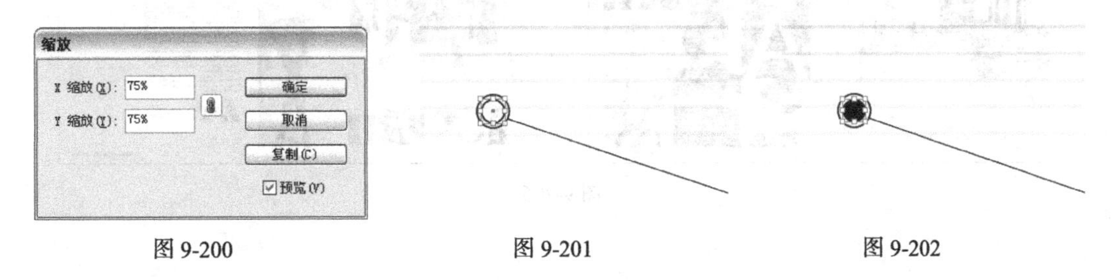

图 9-200　　图 9-201　　图 9-202

（11）选择“文字”工具，在页面中拖曳一个文本框，输入需要的文字并将其选取，在“控制面板”中选择合适的字体和文字大小，效果如图 9-203 所示。选择“选择”工具，在“控制面板”中将“旋转角度”选项设为 18°，按 Enter 键，效果如图 9-204 所示。用相同的方法添加其他图形和文字，效果如图 9-205 所示。房地产宣传册内页制作完成。按 Ctrl+S 组合键，弹出“存储为”对话框，将其命名为“房地产宣传册内页”，单击“保存”按钮，将文件保存。

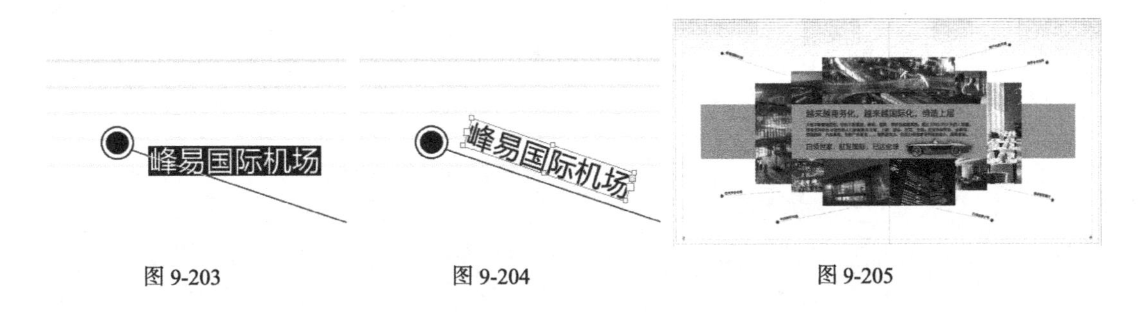

图 9-203　　图 9-204　　图 9-205

9.2 课后习题——制作美发画册

习题知识要点：在 Illustrator 中，使用矩形工具、填充工具和旋转工具制作美发画册封面底图，使用置入命令置入素材图片，使用矩形工具和创建剪切蒙版命令制作图片的剪切蒙版效果，使用钢笔工具、路径查找器命令制作标志图形，使用文字工具添加标志文字；在 InDesign 中，使用页码和章节选项命令更改起始页码，使用置入命令、选择工具置入并裁切图片，使用边距和分栏命令调整边距和分栏，使用不透明度选项制作图片半透明效果，使用文字工具和填充工具添加标题

及相关信息，使用矩形选框工具、贴入内部命令制作图片剪切效果，使用渐变羽化命令制作图片的渐隐效果，使用直线工具绘制直线。美发画册封面、内页效果如图 9-206 所示。

效果所在位置：光盘/Ch09/效果/制作美发画册/美发画册封面.ai、美发画册内页.indd。

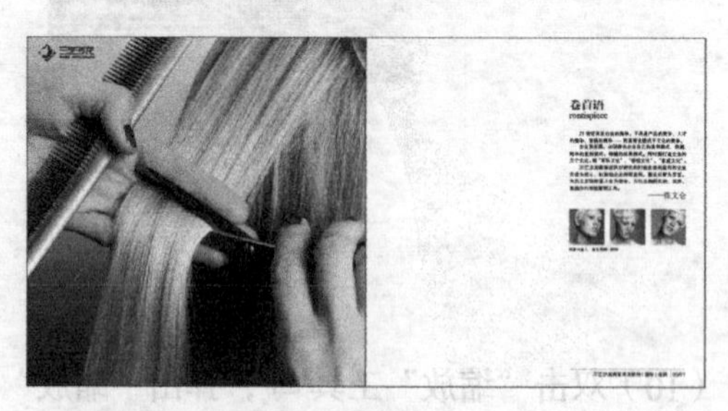

图 9-206

第10章 杂志设计

杂志是比较专项的宣传媒介之一，它具有目标受众准确、实效性强、宣传力度大，效果明显等特点。尤其生活类杂志的设计可以轻松、活泼、色彩丰富，版式的图文编排可以在把握风格整体性的前提下，灵活多变。本章以美食杂志为例，讲解杂志的设计方法和制作技巧。

课堂学习目标

- 在 Photoshop 软件中制作底图
- 在 Illustrator 软件中制作杂志封面
- 在 CorelDRAW 软件中制作条形码
- 在 InDesign 软件中制作杂志内页及目录

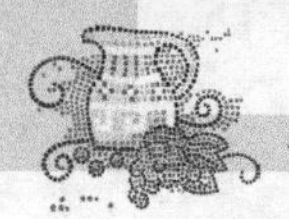

10.1 制作美食杂志

案例学习目标：学习在 Photoshop 中使用绘图工具、图层面板和滤镜命令制作杂志背景；在 Illustrator 中使用文字工具和绘图工具添加封面内容；在 CorelDRAW 中制作条形码；在 InDesign 中使用页面面板调整页面，使用版面命令调整页码并添加目录，使用段落样式面板添加样式。

案例知识要点：在 Photoshop 中，使用画笔工具、图层蒙版和高斯模糊命令制作杂志背景效果；在 Illustrator 中，使用文字工具添加需要的文字，使用高斯模糊命令制作文字阴影效果，使用剪贴蒙版命令编辑图片，使用对齐命令对齐文字，使用路径查找器制作图形分割效果；在 CorelDRAW 中制作条形码；在 InDesign 中使用页面面板调整页面，使用段落样式面板添加标题和段落样式，使用参考线分割页面，使用路径文字工具和文字工具杂志的相关内容，使用渐变羽化命令制作图片的渐隐效果，使用表格工具添加推荐项目参数，使用项目符号列表添加段落文字的项目符号，使用版面命令调整页码并添加目录。美食杂志效果如图 10-1 所示。

效果所在位置：光盘/Ch10/效果/制作美食杂志/美食杂志封面.ai、美食杂志内页.indd。

图 10-1

Photoshop 应用

10.1.1　制作背景效果

（1）按 Ctrl+N 组合键，新建一个文件：宽度为 18.8cm、高度为 26.8cm，分辨率为 150 像素/英寸，颜色模式为 RGB，背景内容为白色。

（2）按 Ctrl + O 组合键，打开光盘中的“Ch10 > 素材 > 制作美食杂志 > 01”文件，选择“移动”工具，将图片拖曳到图像窗口中的适当位置，在“图层”控制面板中生成新的图层并将其命名为“图片”，如图 10-2 所示。按 Ctrl+T 组合键，图像周围出现控制手柄，拖曳鼠标调整图像的大小，按 Enter 键确认操作，效果如图 10-3 所示。

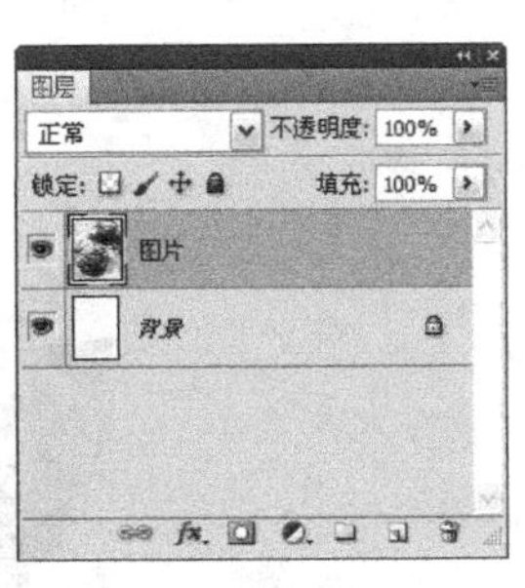

图 10-2

图 10-3

（3）将“图片”图层拖曳到控制面板下方的“创建新图层”按钮上进行复制，生成新的图层并将其命名为“图片 副本”，如图 10-4 所示。选择“滤镜 > 模糊 > 高斯模糊”命令，在弹出的对话框中进行设置，如图 10-5 所示，单击“确定”按钮，效果如图 10-6 所示。

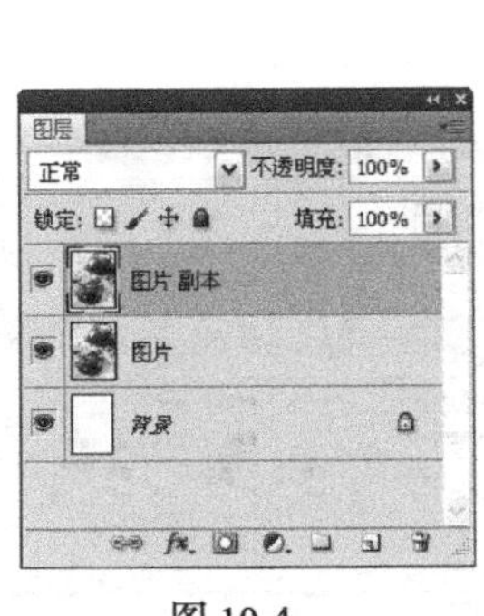

图 10-4

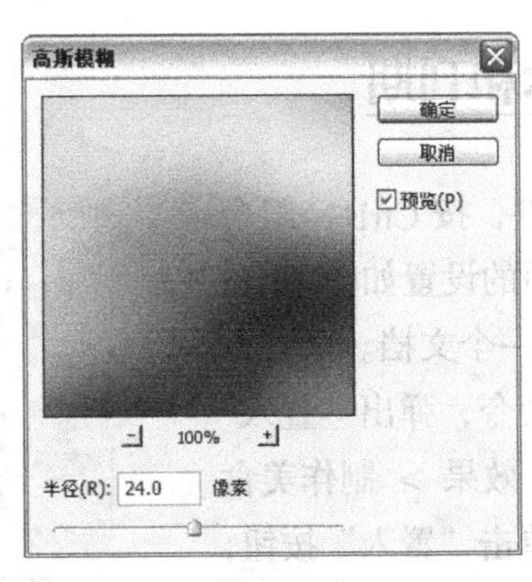

图 10-5

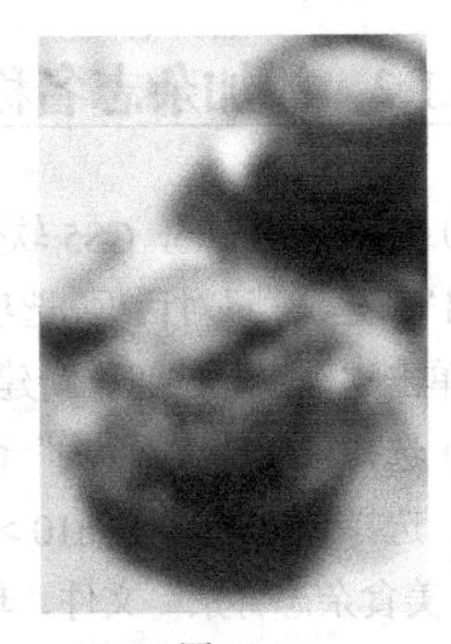

图 10-6

（4）单击“图层”控制面板下方的“添加图层蒙版”按钮，为“图片 副本”图层添加蒙版，如图 10-7 所示。选择“画笔”工具，在属性栏中单击“画笔”选项右侧的按钮，弹出画笔选择面板，在面板中选择需要的画笔形状，如图 10-8 所示，在图像窗口中进行涂抹，擦除不需要的部分，效果如图 10-9 所示。

图 10-7

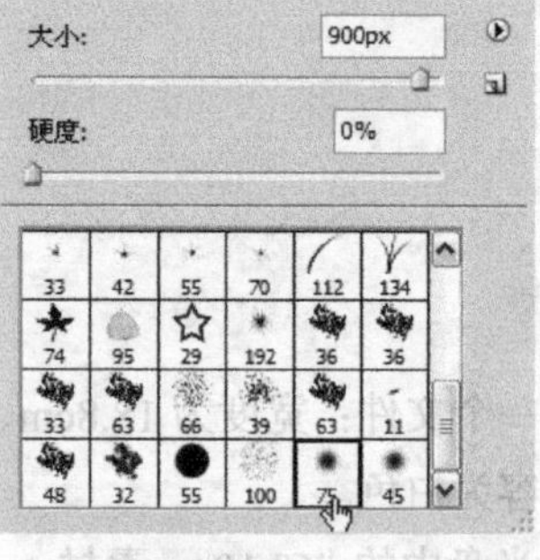

图 10-8

图 10-9

（5）在属性栏中将“不透明度”选项设为50%，如图10-10所示，在图像窗口右上方进行涂抹，擦除不需要的部分，效果如图10-11所示。按Ctrl+S组合键，弹出“存储为”对话框，将其命名为“美食杂志背景”，保存为TIFF格式，单击“保存”按钮，弹出“TIFF选项”对话框，单击“确定”按钮，将图像保存。

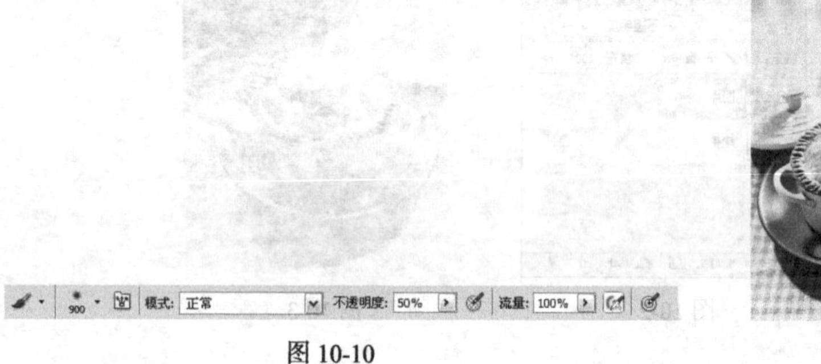

图 10-10　　图 10-11

Illustrator 应用

10.1.2　添加杂志名称和刊期

（1）打开Illustrator CS5软件，按Ctrl+N组合键，弹出“新建文档”对话框，选项的设置如图10-12所示，单击“确定”按钮，新建一个文档。

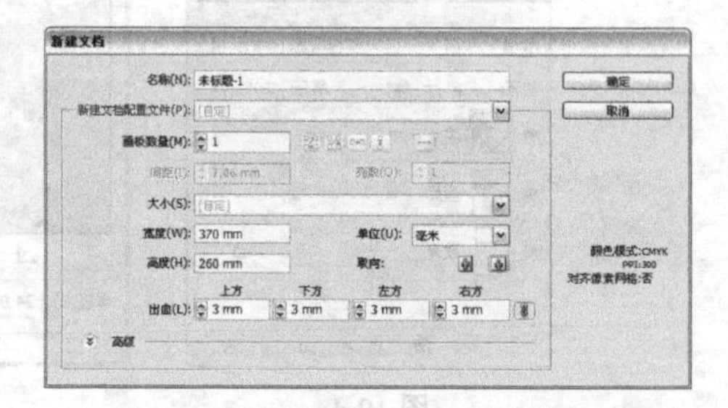

图 10-12

（2）选择“文件 > 置入”命令，弹出“置入”对话框，选择光盘中的“Ch10 > 效果 > 制作美食杂志 > 美食杂志背景”文件，单击“置入”按钮，将图片置入到页面中。在属性中单击“嵌入”按钮，弹出对话框，单击“确定”按钮，嵌入图片。选择“选择”工具，将图片拖曳到适当的位置，如图10-13所示。

（3）选择“文字”工具T，在页面中适当的位置输入需要的文字。选择“选择”工具，在属性栏中选择合适的字体并设置文字大小，设置填充色为橘黄色（其C、M、Y、K的值分别为50、100、20、0），填充文字，效果如图10-14所示。

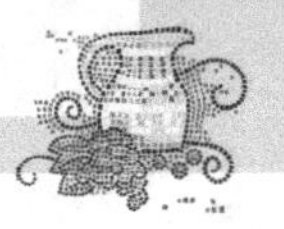

图 10-13

图 10-14

（4）按 Ctrl+C 组合键，复制图形。选择“编辑 > 就地粘贴”命令，就地粘贴图形，填充文字为黑色，效果如图 10-15 所示。

（5）选择“效果 > 模糊 > 高斯模糊”命令，在弹出的对话框中进行设置，如图 10-16 所示，单击“确定”按钮，效果如图 10-17 所示。按 Ctrl+[组合键，将文字后移一层，效果如图 10-18 所示。

图 10-15

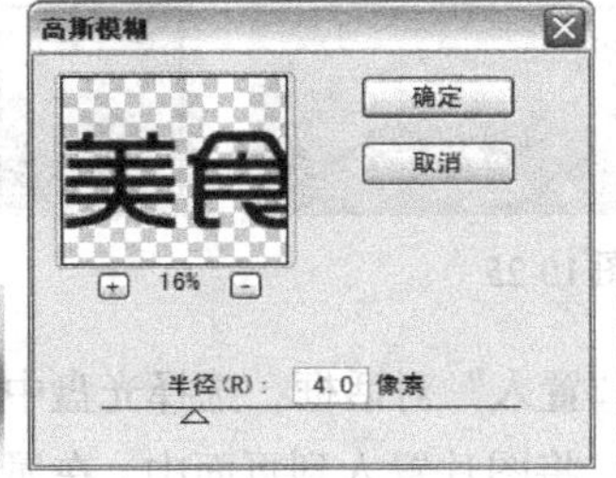

图 10-16

图 10-17

图 10-18

（6）选择“文字”工具T，在页面中适当的位置输入需要的文字。选择“选择”工具，在属性栏中选择合适的字体并设置文字大小，效果如图 10-19 所示。按 Ctrl+T 组合键，在弹出的“字符”控制面板中将“设置所选字符的字距调整”选项设置为 460，如图 10-20 所示，效果如图 10-21 所示。

图 10-19

图 10-20

图 10-21

（7）选择“文字”工具T，在适当的位置输入需要的文字。选择“选择”工具，在属性栏中选择合适的字体并设置文字大小，效果如图 10-22 所示。选择“文字”工具T，分别在适当的位置输入需要的文字。选择“选择”工具，在属性栏中选择合适的字体并设置文字大小，效果如图 10-23 所示。

图 10-22

图 10-23

10.1.3　添加并编辑图片

（1）选择“矩形”工具，按住 Shift 键的同时，在适当的位置绘制一个正方形，如图 10-24 所示。选择“选择”工具，按住 Shift+Alt 组合键的同时，将其水平向右拖曳到适当的位置，效果如图 10-25 所示。按 Ctrl+D 组合键，再复制出一个正方形，效果如图 10-26 所示。

图 10-24

图 10-25

图 10-26

（2）选择“文件 > 置入”命令，弹出“置入”对话框，选择光盘中的“Ch10 > 素材 > 制作美食杂志 > 02”文件，单击“置入”按钮，将图片置入到页面中。在属性中单击“嵌入”按钮，嵌入图片。选择“选择”工具，将其拖曳到适当的位置并调整其大小，效果如图 10-27 所示。按多次 Ctrl+[组合键，将图片后移到适当的位置，如图 10-28 所示。

图 10-27

图 10-28

（3）选择“选择”工具，按住 Shift 键的同时，将图片与上方的图形同时选取，如图 10-29 所示，选择“对象 > 剪贴蒙版 > 建立”命令，制作出蒙版效果，如图 10-30 所示。用相同的方法置入其他图片并制作剪贴蒙版，效果如图 10-31 所示。

图 10-29

图 10-30

图 10-31

10.1.4　添加栏目名称

（1）选择“矩形”工具，在适当的位置拖曳鼠标绘制一个矩形，设置填充色为橘黄色（其 C、M、Y、K 的值分别为 0、50、100、20），填充图形，并设置描边色为无，效果如图 10-32 所示。选择“选择”工具，按住 Shift+Alt 组合键的同时，将其水平向右拖曳到适当的位置，效果如图 10-33 所示。按住 Ctrl 键的同时，连续点按 D 键，按需要再制出多个正方形，效果如图 10-34 所示。

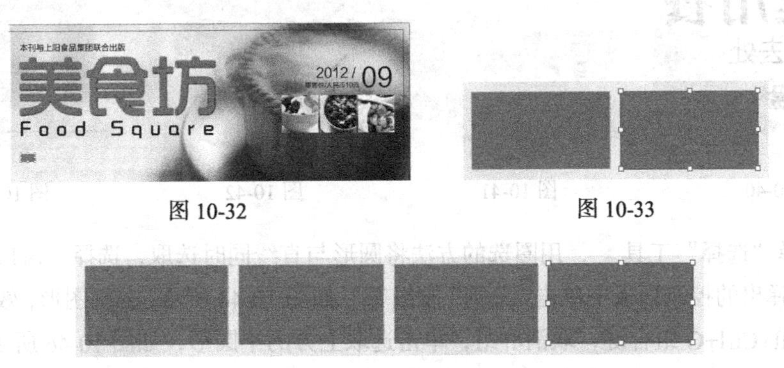

图 10-32　　图 10-33

图 10-34

（2）选择“文字”工具，在页面中适当的位置输入需要的文字。选择“选择”工具，在属性栏中选择合适的字体并设置文字大小，填充文字为白色，效果如图 10-35 所示。在“字符”控制面板中将“设置所选字符的字距调整”选项设置为-80，如图 10-36 所示，效果如图 10-37 所示。

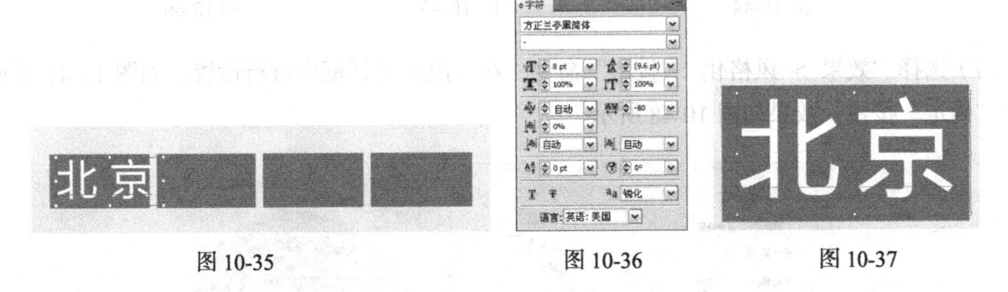

图 10-35　　图 10-36　　图 10-37

（3）用相同的方法添加其他文字，并分别调整字距，效果如图 10-38 所示。选择“文字”工具，分别在适当的位置输入需要的文字。选择“选择”工具，在属性栏中选择合适的字体并设置文字大小，效果如图 10-39 所示。

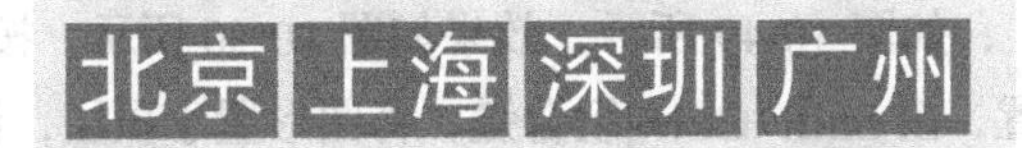

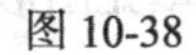

图 10-38　　图 10-39

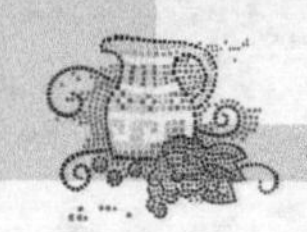

（4）选择“选择”工具，单击选取需要的文字，如图 10-40 所示，设置填充色为橘黄色（其 C、M、Y、K 的值分别为 0、50、100、20），填充文字，效果如图 10-41 所示。

（5）选择“椭圆”工具，按住 Shift 键的同时，在页面空白处绘制一个圆形，设置填充色为深黄色（其 C、M、Y、K 的值分别为 10、34、100、30），填充图形，并设置描边色为无，效果如图 10-42 所示。选择“直线段”工具，按住 Shift 键的同时，在适当的位置绘制一条直线，如图 10-43 所示。

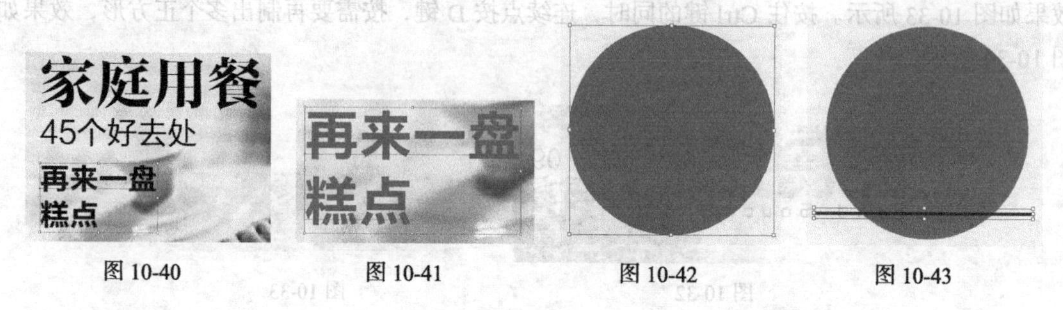

图 10-40　　图 10-41　　图 10-42　　图 10-43

（6）选择“选择”工具，用圈选的方法将圆形与直线同时选取，选择“窗口 > 路径查找器”命令，在弹出的控制面板中单击“分割”按钮，如图 10-44 所示，分割图形，效果如图 10-45 所示。按 Shift+Ctrl+G 组合键，取消群组，单击选取上方的半圆形，如图 10-46 所示。

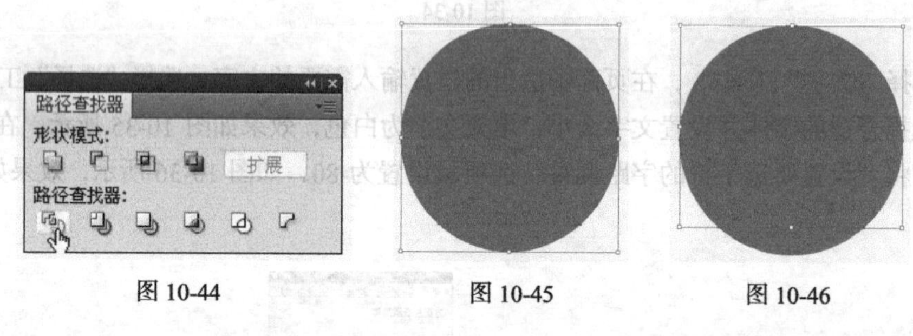

图 10-44　　图 10-45　　图 10-46

（7）选择“效果 > 风格化 > 投影”命令，在弹出的对话框中进行设置，如图 10-47 所示，单击“确定”按钮，效果如图 10-48 所示。

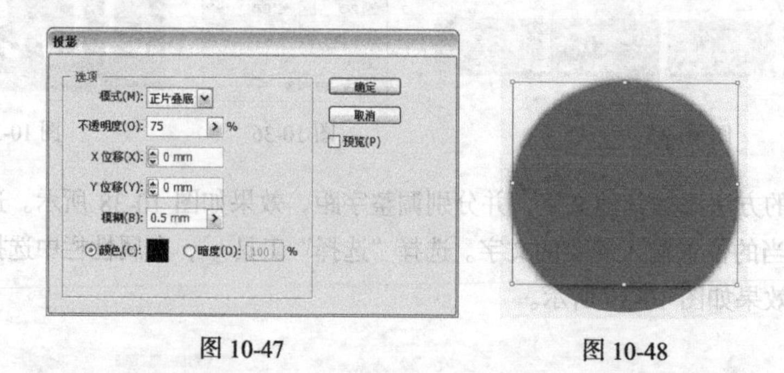

图 10-47　　图 10-48

（8）选择“选择”工具，单击选取下方的半圆形，选择“窗口 > 变形”命令，在弹出的控制面板中将“旋转”选项设置 180°，如图 10-49 所示，效果如图 10-50 所示。按住 Shift 键的同时，将其垂直向上拖曳到适当的位置，按 Shift+Ctrl+]组合键，将图形置于顶层，设置填充色为白色（其 C、M、Y、K 的值分别为 0、26、100、18），填充图形，效果如图 10-51 所示。

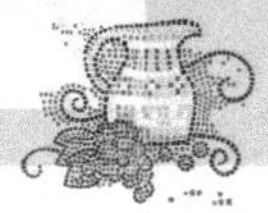

图 10-49

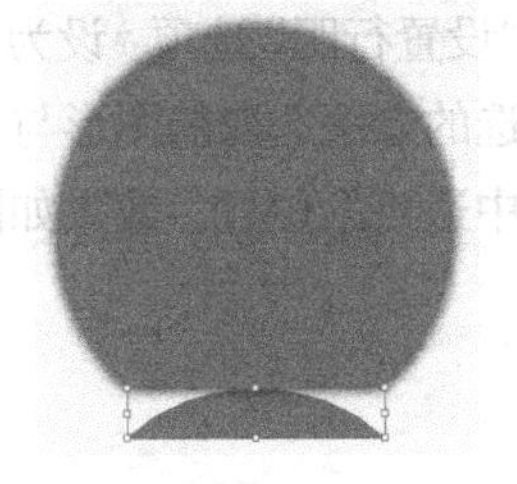

图 10-50

图 10-51

（9）按 Ctrl+C 组合键，复制图形，按 Shift+Ctrl+V 组合键，就地粘贴图形，填充图形为黑色，效果如图 10-52 所示。选择“效果 > 模糊 > 高斯模糊”命令，在弹出的对话框中进行设置，如图 10-53 所示，单击“确定”按钮，效果如图 10-54 所示。

图 10-52

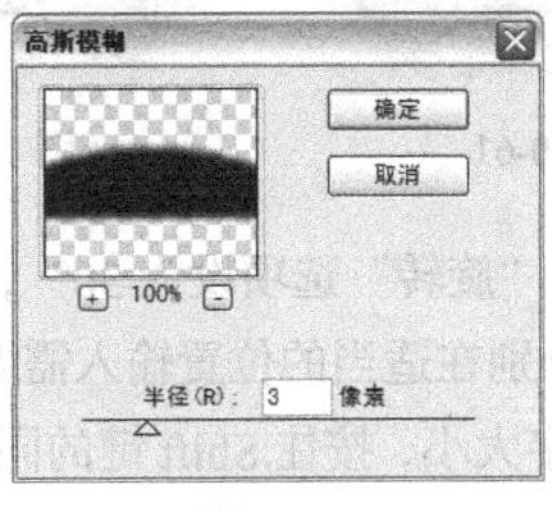

图 10-53

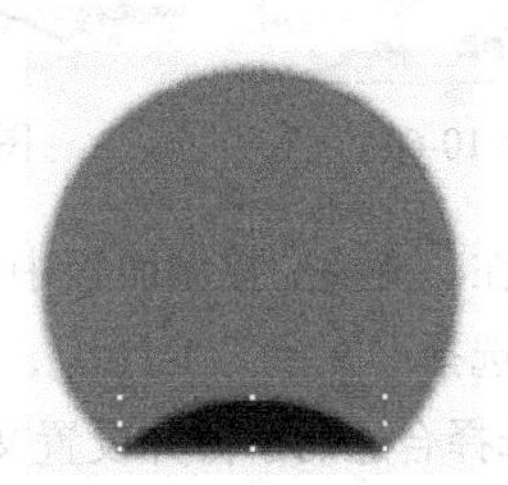

图 10-54

（10）按 Ctrl+[组合键，将图形后移一层，并移到适当的位置，效果如图 10-55 所示。选择“文字”工具 T，分别在适当的位置输入需要的文字。选择“选择”工具，在属性栏中选择合适的字体并设置文字大小，效果如图 10-56 所示。按住 Shift 键的同时，将输入的文字同时选取，填充文字为白色，效果如图 10-57 所示。

图 10-55

图 10-56

图 10-57

（11）选择“直线段”工具，在适当的位置绘制一条直线，填充直线为白色，效果如图 10-58 所示。选择“文字”工具 T，在页面中适当的位置输入需要的文字。选择“选择”工具，在属性栏中选择合适的字体并设置文字大小，填充文字为白色，效果如图 10-59 所示。

图 10-58

图 10-59

（12）在“字符”控制面板中将“设置行距”选项设为 10pt，如图 10-60 所示，效果如图 10-61 所示。选择“选择”工具，用圈选的方法选取的图形与文字，如图 10-62 所示。按 Ctrl+G 组合键，将其编组，并将其拖曳到页面中适当的位置，效果如图 10-63 所示。

图 10-60

图 10-61

图 10-62

图 10-63

（13）在“变换”控制面板中将“旋转”选项设为 30°，按 Enter 键，效果如图 10-64 所示。

（14）选择“文字”工具，分别在适当的位置输入需要的文字。选择“选择”工具，在属性栏中选择合适的字体并设置文字大小，按住 Shift 键的同时，将输入的文字同时选取，填充文字为白色，效果如图 10-65 所示。

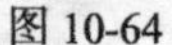
图 10-64　　图 10-65

（15）选择“选择”工具，单击选取需要的文字，如图 10-66 所示。在“字符”控制面板中将“设置行距”选项设为 16pt，效果如图 10-67 所示。

（16）选择“直线段”工具，按住 Shift 键的同时，分别在适当的位置绘制两条直线，并填充直线为白色，效果如图 10-68 所示。选择“选择”工具，按住 Shift 键的同时，将图形与文字同时选取，如图 10-69 所示。

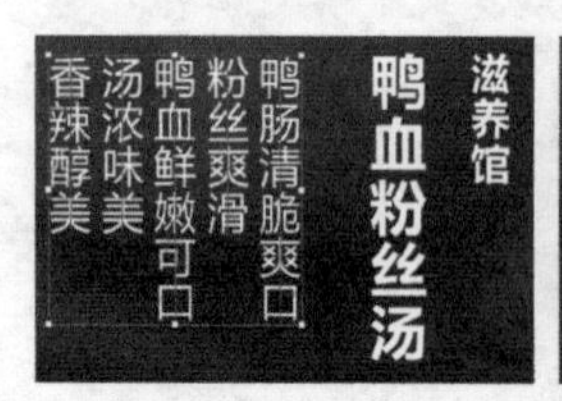

图 10-66

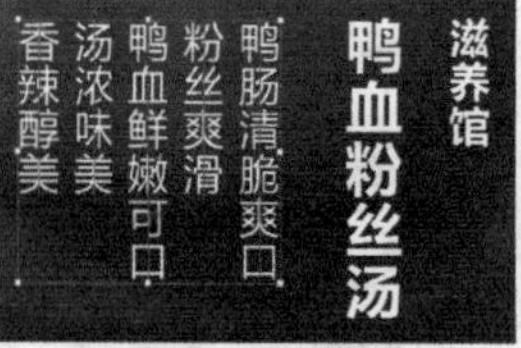

图 10-67

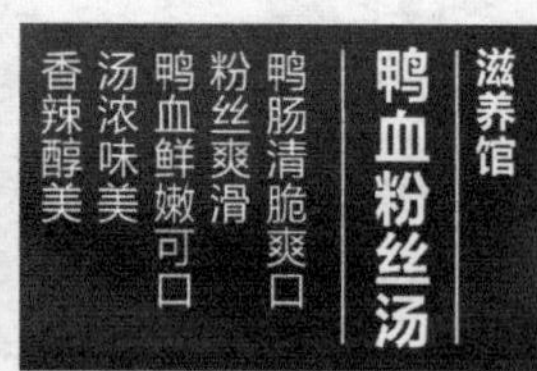

图 10-68

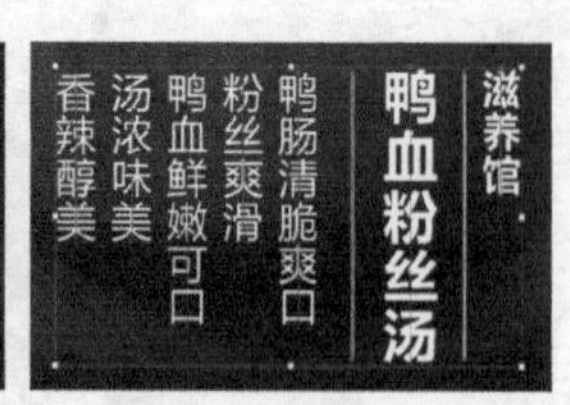

图 10-69

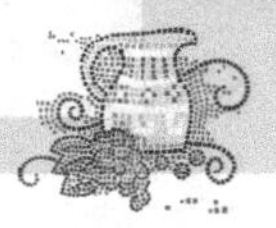

（17）选择“窗口 > 对齐”命令，在弹出的控制面板中单击“垂直顶对齐”按钮，如图 10-70 所示，效果如图 10-71 所示。

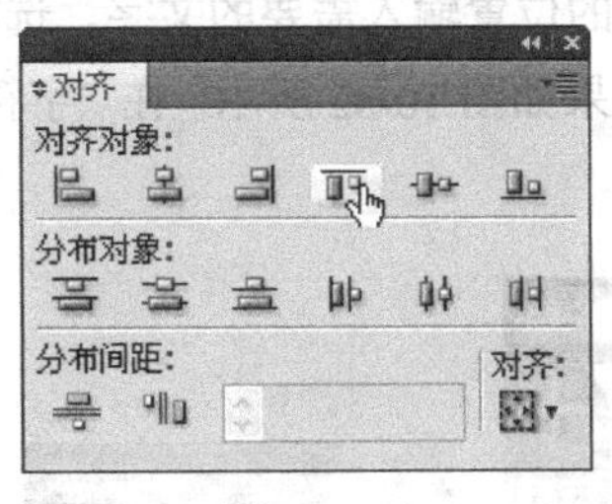

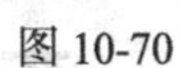
图 10-70

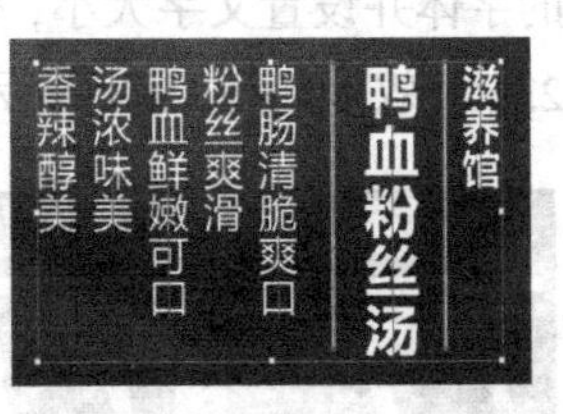

图 10-71

（18）选择“矩形”工具，在适当的位置拖曳鼠标绘制一个矩形，设置填充色为橘黄色（其 C、M、Y、K 的值分别为 0、50、100、20），填充图形，并设置描边色为无，效果如图 10-72 所示。选择“文字”工具，在页面中适当的位置输入需要的文字。选择“选择”工具，在属性栏中选择合适的字体并设置文字大小，填充文字为白色，效果如图 10-73 所示。在“字符”控制面板中将“设置所选字符的字距调整”选项设置为 540，效果如图 10-74 所示。

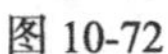
图 10-72

图 10-73

图 10-74

（19）选择“文字”工具，分别在适当的位置输入需要的文字。选择“选择”工具，在属性栏中选择合适的字体并设置文字大小，按住 Shift 键的同时，将输入的文字同时选取，填充文字为白色，效果如图 10-75 所示。选择“文字”工具，在适当的位置单击插入光标，如图 10-76 所示。

（20）选择“文字 > 字形”命令，在弹出的“字形”面板中选择需要的字形，如图 10-77 所示，双击鼠标插入字形，并在属性栏中设置字形大小，填充字形为白色，效果如图 10-78 所示。

图 10-75

图 10-76

图 10-77

图 10-78

（21）选择“选择”工具，单击选取需要的图形，如图 10-79 所示，按住 Shift+Alt 组合键，将图形垂直向下拖曳到适当的位置，效果如图 10-80 所示。

（22）选择“文字”工具T，在页面中适当的位置输入需要的文字。选择“选择”工具，在属性栏中选择合适的字体并设置文字大小，填充文字为白色，效果如图 10-81 所示。

（23）选择“文字”工具T，在页面中适当的位置输入需要的文字。选择“选择”工具，在属性栏中选择合适的字体并设置文字大小，效果如图 10-82 所示。在“字符”控制面板中将“设置行距”选项设为 23pt，效果如图 10-83 所示。

图 10-79

图 10-80

图 10-81

图 10-82

图 10-83

10.1.5 添加其他图形与文字

（1）选择“矩形”工具，在适当的位置分别拖曳鼠标绘制两个矩形，如图 10-84 所示。选择“选择”工具，按住 Shift 键的同时，将两个矩形同时选取，单击“路径查找器”控制面板中的“联集”按钮，如图 10-85 所示，生成一个新对象，效果如图 10-86 所示。设置填充色为橘黄色（其 C、M、Y、K 的值分别为 0、50、100、20），填充图形，并设置描边色为无，效果如图 10-87 所示。

图 10-84

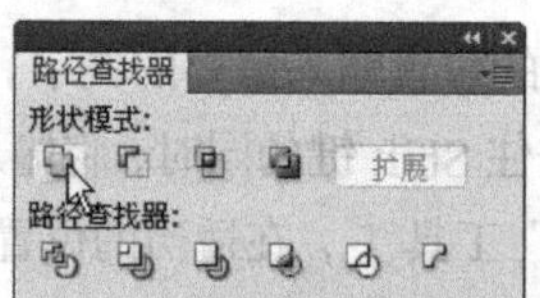

图 10-85

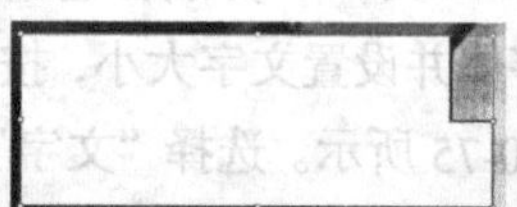
图 10-86

图 10-87

（2）选择“文字”工具T，在页面中适当的位置输入需要的文字。选择“选择”工具，在属性栏中选择合适的字体并设置文字大小，填充文字为白色，效果如图 10-88 所示。选择“文字”工具T，在适当的位置单击插入光标，如图 10-89 所示。

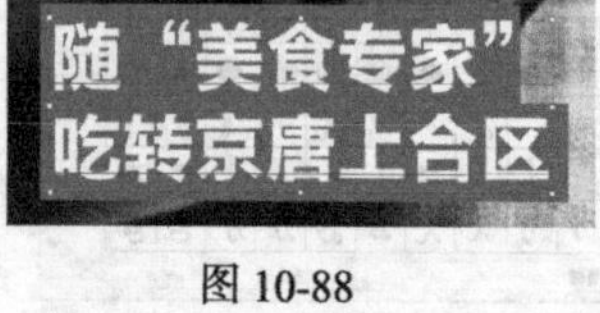

图 10-88

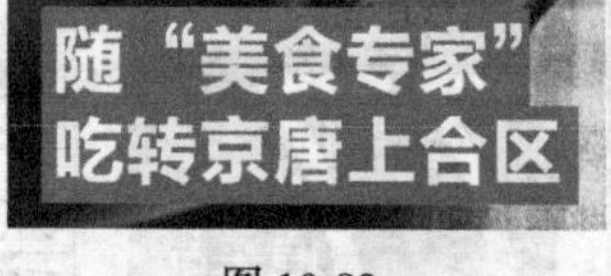

图 10-89

（3）在“字符”控制面板中将“设置两个字符间的字距微调”选项设置为-180，如图 10-90 所示，效果如图 10-91 所示。

（4）选择“文字”工具T，在页面中适当的位置输入需要的文字。选择“选择”工具，在

属性栏中选择合适的字体并设置文字大小，设置填充色为橘黄色（其 C、M、Y、K 的值分别为 0、50、100、20），填充文字，效果如图 10-92 所示。

图 10-90

图 10-91

图 10-92

（5）选择“选择”工具，按住 Shift 键的同时，将文字与图形同时选取，如图 10-93 所示，在“变换”控制面板中将“旋转”选项设为 15°，按 Enter 键，效果如图 10-94 所示。选择“文字”工具，在页面中适当的位置输入需要的文字。选择“选择”工具，在属性栏中选择合适的字体并设置文字大小，效果如图 10-95 所示。

图 10-93

图 10-94

图 10-95

CorelDRAW 应用

10.1.6　制作条形码

打开 CorelDRAW X5 软件，按 Ctrl+N 组合键，新建一个页面。选择“编辑 > 插入条码”命令，弹出“条码向导”对话框，在各选项中按需要进行设置，如图 10-96 所示。设置好后，单击“下一步”按钮，在设置区内按需要进行设置，如图 10-97 所示。设置好后，单击“下一步”按钮，在设置区内按需要进行各项设置，如图 10-98 所示。设置好后，单击“完成”按钮，效果如图 10-99 所示。按 Ctrl+C 组合键，复制条形码。

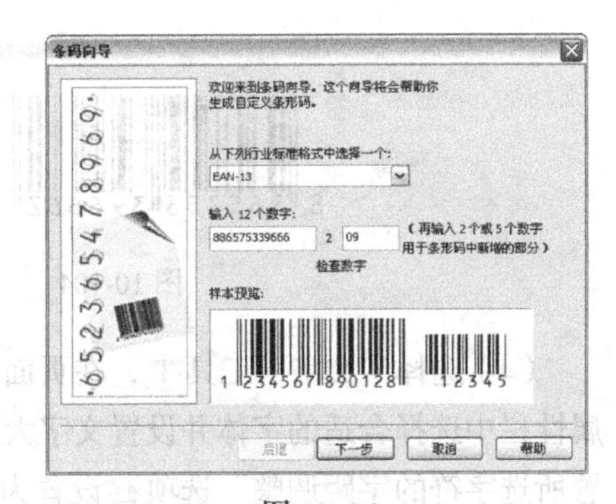

图 10-96

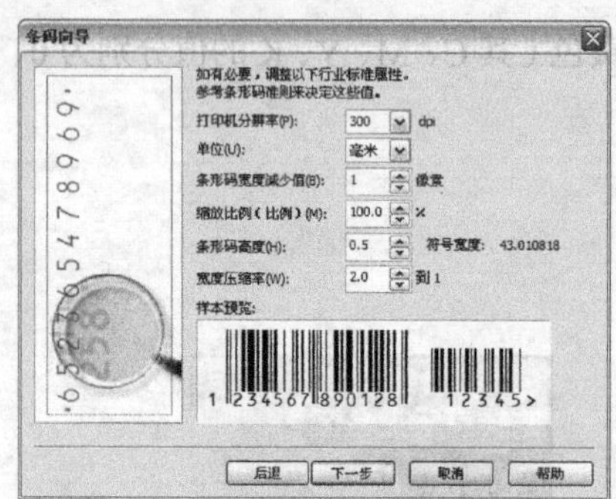
图 10-97

图 10-98

图 10-99

Illustrator 应用

（1）返回到 Illustrator CS5 软件，按 Ctrl+V 组合键，粘贴条形码。选择“选择”工具，将条码拖曳到页面中适当的位置，效果如图 10-100 所示。按 Shift+Ctrl+G 组合键，取消编组。

（2）选择“选择”工具，单击选取白色矩形，如图 10-101 所示。向上拖曳上方中间的控制手柄到适当的位置，如图 10-102 所示。用相同方法拖曳其他控制手柄到适当的位置，效果如图 10-103 所示。

图 10-100　图 10-101

图 10-102　图 10-103

（3）选择“选择”工具，按住 Shift 键的同时，选取条形码，如图 10-104 所示，按住 Shift 键的同时，将其水平向左拖曳到适当的位置，效果如图 10-105 所示。

图 10-104

图 10-105

（4）选择“文字”工具，在页面中适当的位置输入需要的文字。选择“选择”工具，在属性栏中选择合适的字体并设置文字大小，效果如图 10-106 所示。将“字符”控制面板中将“设置所选字符的字距调整”选项设置为 140，效果如图 10-107 所示。

（5）选择“文件 > 置入”命令，弹出“置入”对话框，选择光盘中的“Ch10 > 素材 > 制作美食杂志 > 05”文件，单击“置入”按钮，将图片置入到页面中。在属性栏中单击“嵌入”按钮，嵌入图片。选择“选择”工具，将其拖曳到适当的位置。美食杂志封面制作完成。效果如图 10-108 所示。按 Ctrl+S 组合键，弹出“存储为”对话框，将其命名为“美食杂志封面”，保存文件为 AI 格式，单击“保存”按钮，将文件保存。

图 10-106　　图 10-107　　图 10-108

InDesign 应用

10.1.7 制作主页内容

（1）打开 InDesign CS5 软件，选择“文件 > 新建 > 文档”命令，弹出“新建文档”对话框，如图 10-109 所示。单击“边距和分栏”按钮，弹出“新建边距和分栏”对话框，选项设置如图 10-110 所示，单击“确定”按钮，新建一个页面。选择“视图 > 其他 > 隐藏框架边缘”命令，将所绘制图形的框架边缘隐藏。

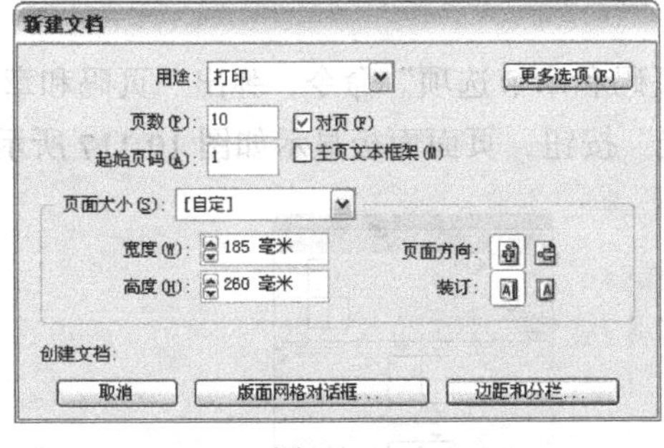

图 10-109

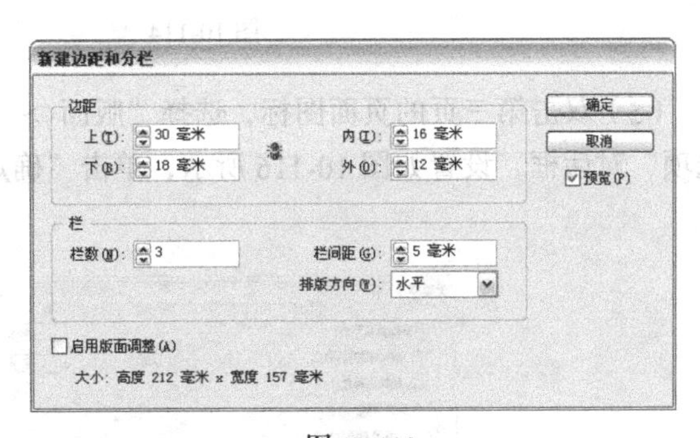

图 10-110

（2）选择“版面 > 页码和章节选项”命令，弹出“页码和章节选项”对话框，设置如图 10-111 所示，单击“确定”按钮，设置页码样式。

（3）选择“窗口 > 页面”命令，弹出“页面”面板，按住 Shift 键的同时，单击所有页面的图标，将其全部选取，如图 10-112 所示。单击面板右上方的图标，在弹出的菜单中取消选择“允许选定的跨页随机排布”命令，如图 10-113 所示。

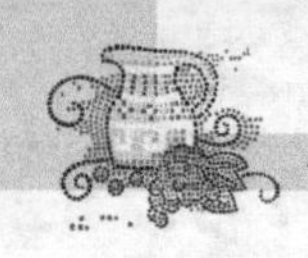

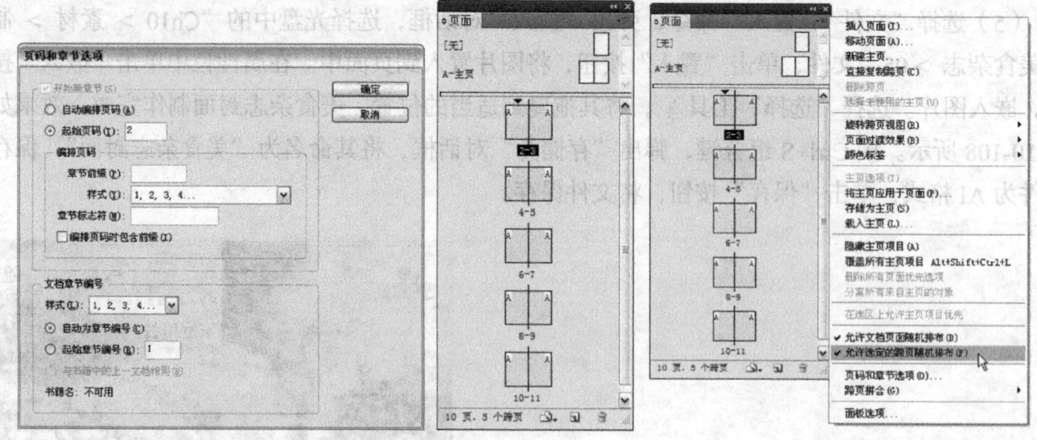

图 10-111　　　　图 10-112　　　　图 10-113

（4）双击第二页的页面图标，选择“版面 > 页码和章节选项”命令，弹出“页码和章节选项”对话框，设置如图 10-114 所示，单击“确定”按钮，页面面板显示如图 10-115 所示。

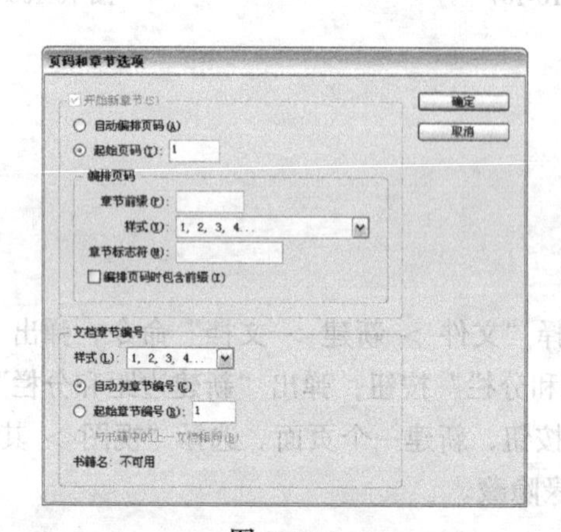

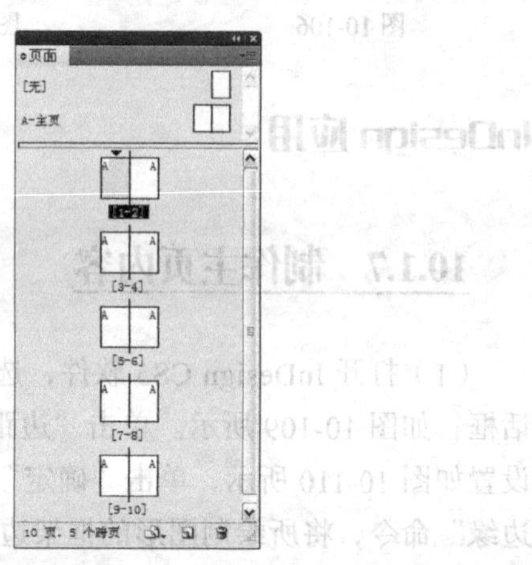

图 10-114　　　　图 10-115

（5）双击第三页的页面图标，选择“版面 > 页码和章节选项”命令，弹出“页码和章节选项”对话框，设置如图 10-116 所示，单击“确定”按钮，页面面板显示如图 10-117 所示。

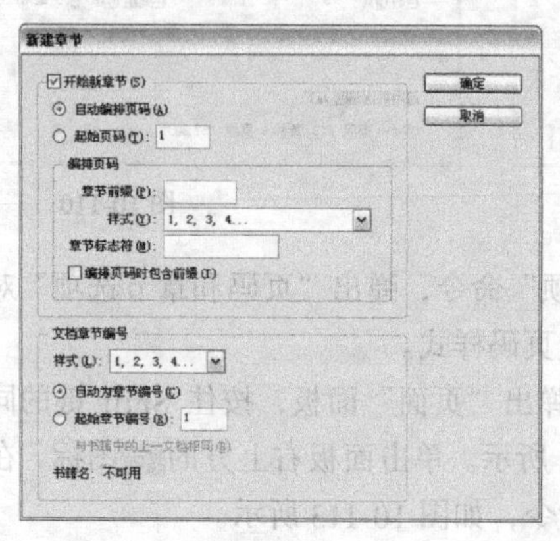

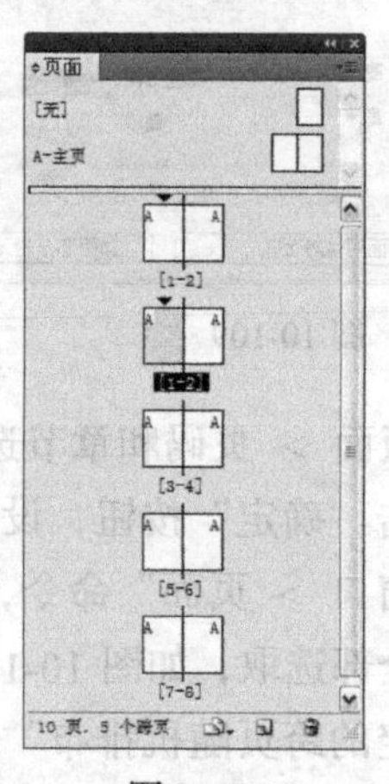

图 10-116　　　　图 10-117

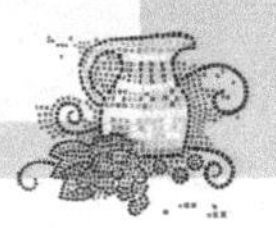

（6）单击“页面”面板右上方的图标，在弹出的菜单中选择“新建主页”命令，在弹出的对话框中进行设置，如图 10-118 所示，单击“确定”按钮，如图 10-119 所示。

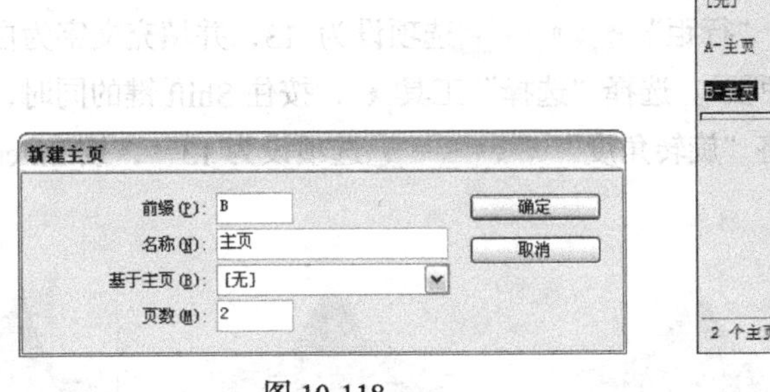

图 10-118

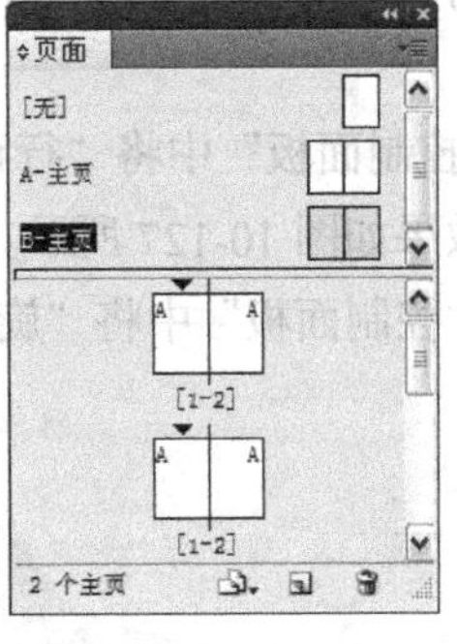

图 10-119

（7）按 Ctrl+R 组合键，显示标尺。从垂直标尺中拖曳出需要的参考线，在“控制面板”中将“X 位置”选项设为 8mm，按 Enter 键，如图 10-120 所示。再从垂直标尺中拖曳出需要的参考线，在“控制面板”中将“X 位置”选项设为 362 mm，按 Enter 键，如图 10-121 所示。

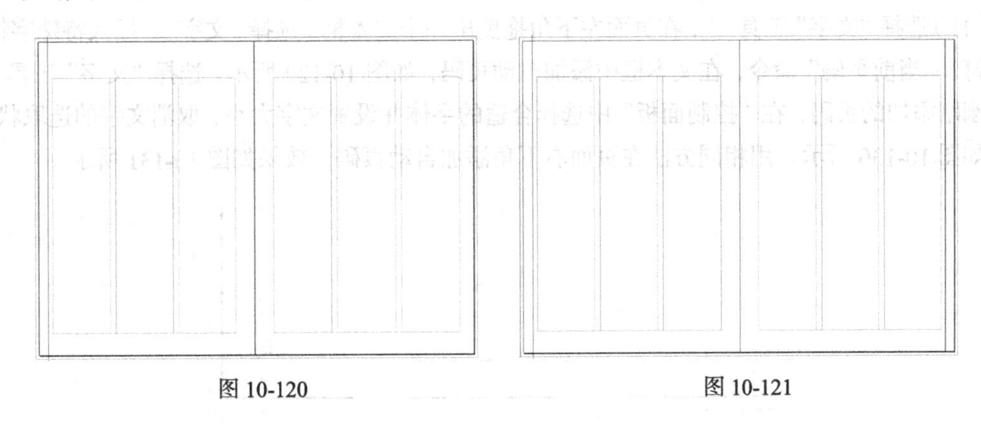

图 10-120　　　图 10-121

（8）从水平标尺中拖曳出需要的参考线，在“控制面板”中将“X 位置”选项设为 362 mm，按 Enter 键，如图 10-122 所示。选择“多边形”工具，在页面中单击鼠标左键，弹出“多边形”对话框，设置如图 10-123 所示，单击“确定”按钮，得到一个星形。选择“选择”工具，将其拖曳到页面中的左上角，效果如图 10-124 所示。

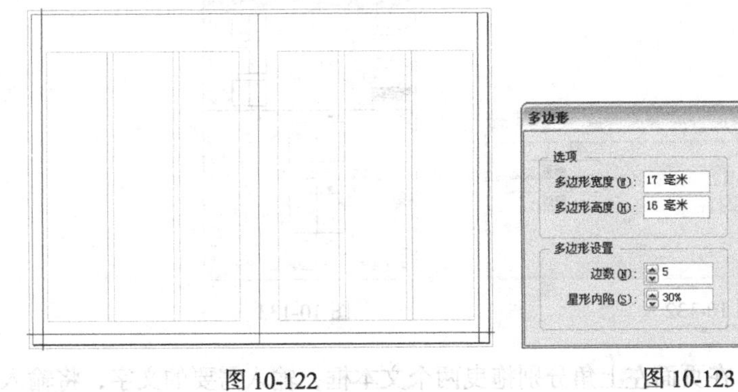

图 10-122

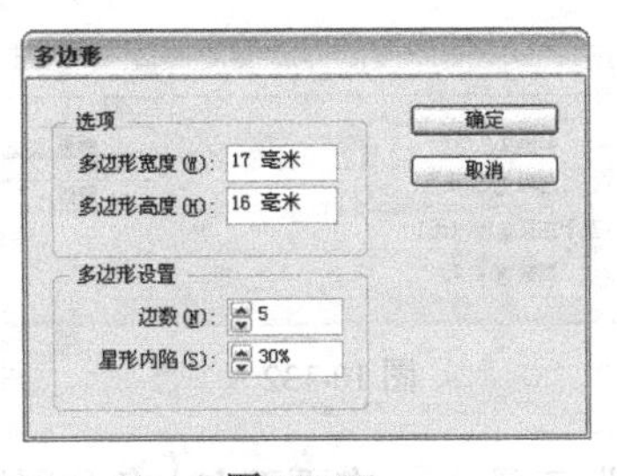

图 10-123

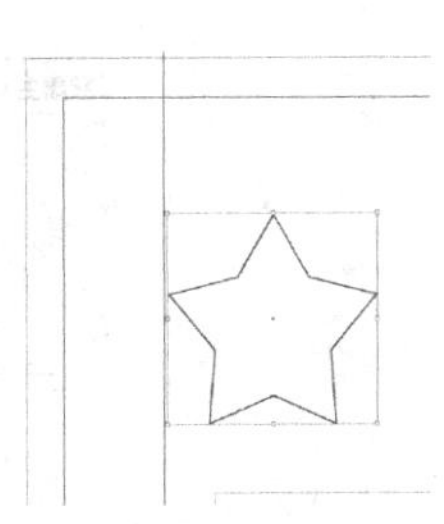

图 10-124

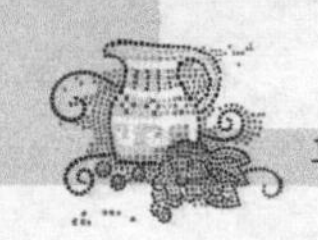

（9）保持图形选取状态。设置图形填充色的 CMYK 值为 64、18、100、0，填充图形，并设置描边色为无，效果如图 10-125 所示。选择“文字”工具 T，在页面中拖曳一个文本框，输入需要的文字，将输入的文字选取，在“控制面板”中选择合适的字体并设置文字大小，效果如图 10-126 所示。

（10）在“控制面板”中将“行距” 选项设为 13，并填充文字为白色，取消文字的选取状态，效果如图 10-127 所示。选择“选择”工具，按住 Shift 键的同时，将文字与星形同时选取，在“控制面板”中将“旋转角度” 选项设为 13°，按 Enter 键，效果如图 10-128 所示。

图 10-125　图 10-126　图 10-127　图 10-128

（11）选择“文字”工具 T，在页面左下角拖曳出一个文本框。选择“文字 > 插入特殊字符 > 标识符 > 当前页码”命令，在文本框中添加自动页码，如图 10-129 所示。选择“文字”工具 T，选取刚刚添加的页码，在“控制面板”中选择合适的字体并设置文字大小，取消文字的选取状态，效果如图 10-130 所示。用相同方法在页面右下角添加自动页码，效果如图 10-131 所示。

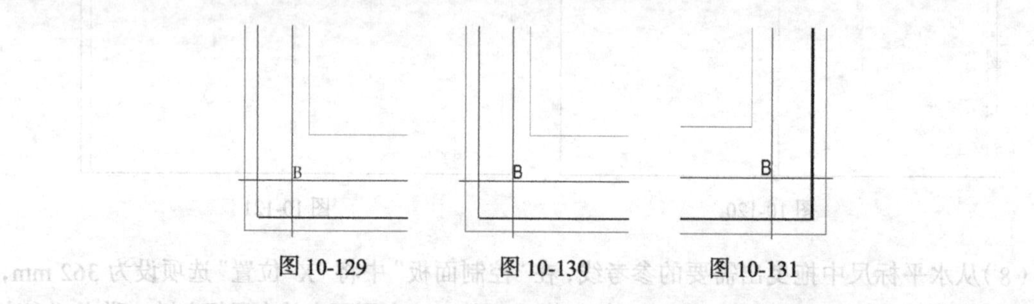

图 10-129　图 10-130　图 10-131

（12）单击“页面”面板右上方的图标，在弹出的菜单中选择“新建主页”命令，在弹出的对话框中进行设置，如图 10-132 所示，单击“确定”按钮，如图 10-133 所示。

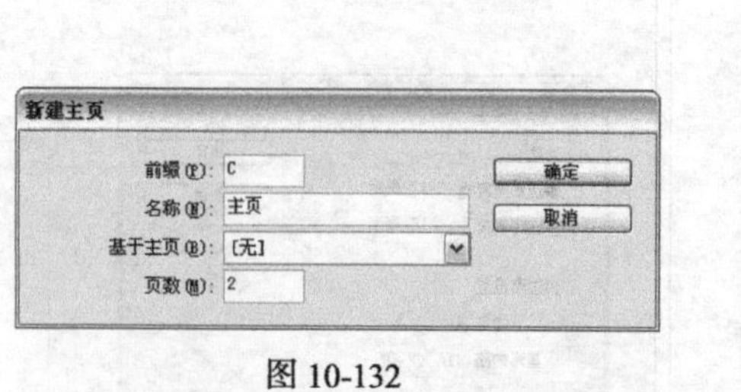

图 10-132

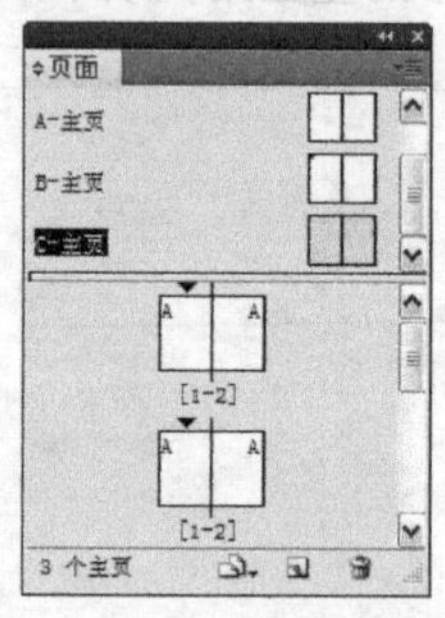

图 10-133

（13）选择“文字”工具 T，在页面左上角分别拖曳两个文本框，输入需要的文字，将输入的文字选取，在“控制面板”中选择合适的字体并设置文字大小，取消文字的选取状态，效果如

图 10-134 所示。

（14）选择“选择”工具，单击文字“Da Chu”，按 F11 键，弹出“段落样式”面板，单击面板下方的“创建新样式”按钮，生成新的段落样式并将其命名为“栏目名称英文”，如图 10-135 所示。单击文字“大厨”，单击面板下方的“创建新样式”按钮，生成新的段落样式并将其命名为“栏目名称中文”，如图 10-136 所示。

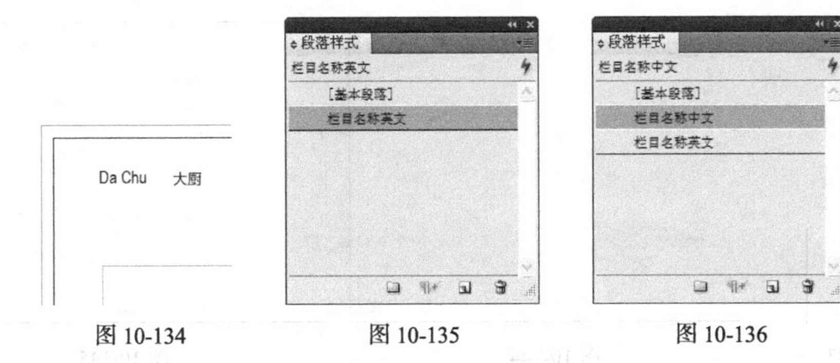

图 10-134　图 10-135　图 10-136

（15）选择“多边形”工具，在页面中单击鼠标左键，弹出“多边形”对话框，设置如图 10-137 所示，单击“确定”按钮，得到一个星形。选择“选择”工具，将其拖曳到页面中适当的位置，效果如图 10-138 所示。设置图形填充色的 CMYK 值为 0、100、100、30，填充图形，并设置描边色为无，效果如图 10-139 所示。

图 10-137　图 10-138　图 10-139

（16）选择“选择”工具，用圈选的方法选取需要的图形与文字，如图 10-140 所示。按 Shift+F7 组合键，在弹出的“对齐”面板中，单击“垂直居中对齐”按钮，如图 10-141 所示，效果如图 10-142 所示。

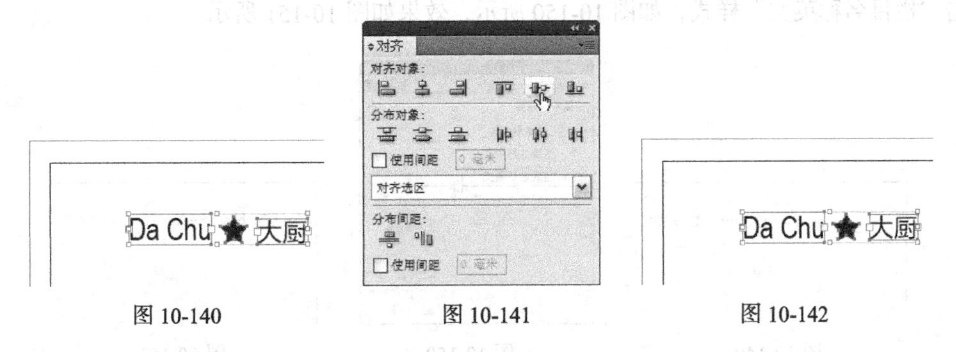

图 10-140　图 10-141　图 10-142

（17）选择“文字”工具，在页面右上角拖曳一个文本框，输入需要的文字，将输入的文字选取，在“控制面板”中选择合适的字体并设置文字大小，取消文字的选取状态，效果如图 10-143

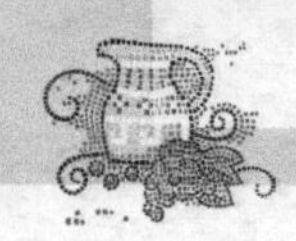

所示。

（18）选择“选择”工具，在“页面”面板中双击“B 主页”，用圈选的方法选取页面下方的页码，如图 10-144 所示，按 Ctrl+C 组合键，复制选取的页码。在“页面”面板中双击“C 主页”，选择“编辑 > 原位粘贴”命令，原位粘贴页码，取消页码的选取状态，效果如图 10-145 所示。

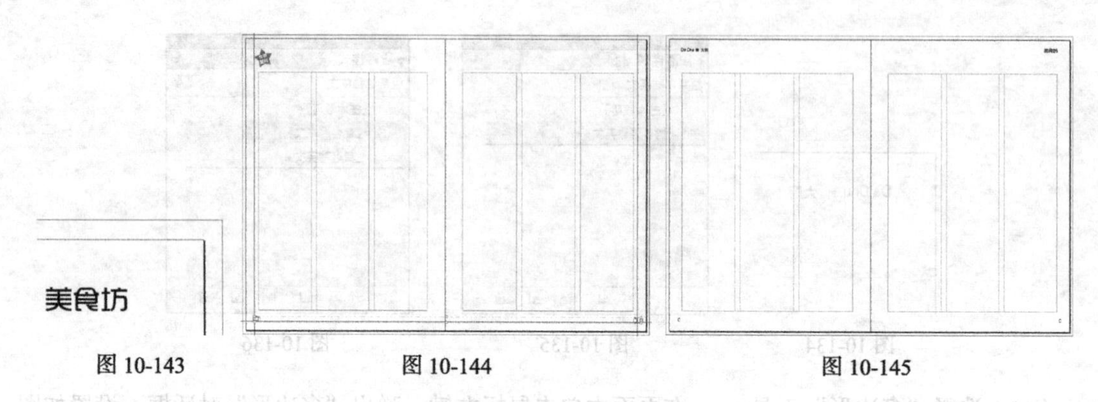

图 10-143　　图 10-144　　图 10-145

（19）单击“页面”面板右上方的图标，在弹出的菜单中选择“新建主页”命令，在弹出的对话框中进行设置，如图 10-146 所示，单击“确定”按钮，如图 10-147 所示。

（20）选择“文字”工具 T，在页面中左上角分别拖曳两个文本框，输入需要的文字，取消文字的选取状态，效果如图 10-148 所示。

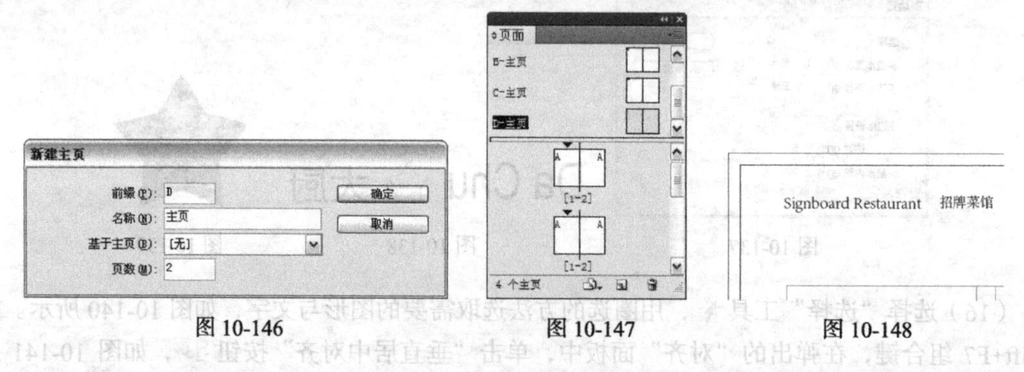

图 10-146　　图 10-147　　图 10-148

（21）选择“选择”工具，单击选取需要的文字，如图 10-149 所示，在“段落样式”面板中单击“栏目名称英文”样式，如图 10-150 所示，效果如图 10-151 所示。

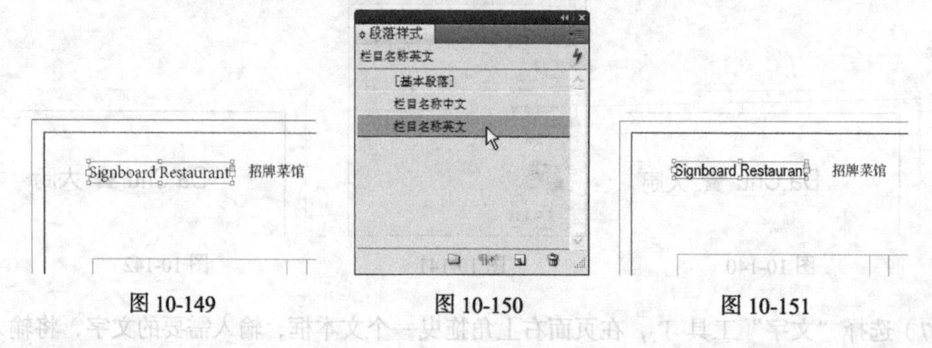

图 10-149　　图 10-150　　图 10-151

（22）选择“选择”工具，单击选取文字“招牌菜馆”，在“段落样式”面板中单击“栏目

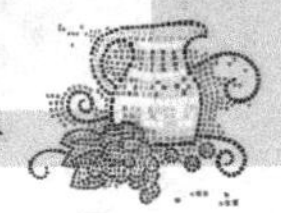

名称中文”样式，如图 10-152 所示，效果如图 10-153 所示。

图 10-152　　图 10-153

（23）选择“选择”工具，在“页面”面板中双击“C 主页”，按住 Shift 键的同时，选取需要的图形与文字，如图 10-154 所示，按 Ctrl+C 组合键，复制选取的图形与文字。在“页面”面板中双击“D 主页”，选择“编辑 > 原位粘贴”命令，原位粘贴图形与文字，取消选取状态，并将星形拖曳到适当的位置，效果如图 10-155 所示。

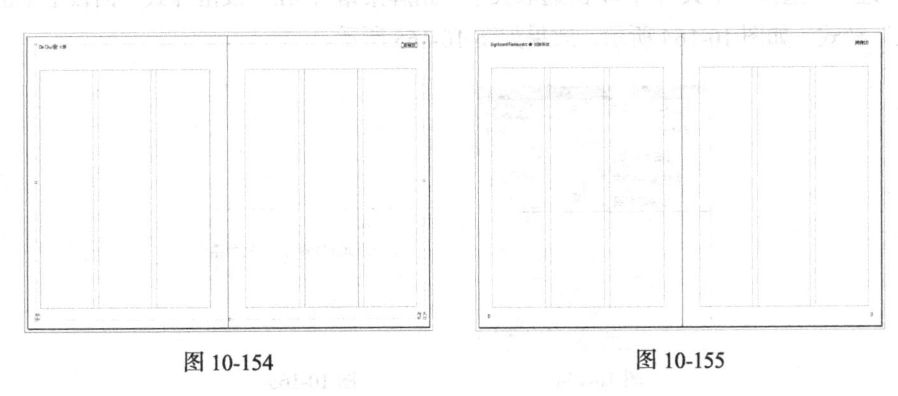

图 10-154　　图 10-155

（24）选择“选择”工具，用圈选的方法选取需要的图形与文字，如图 10-156 所示。单击“控制面板”中的“垂直居中对齐”按钮，效果如图 10-157 所示。

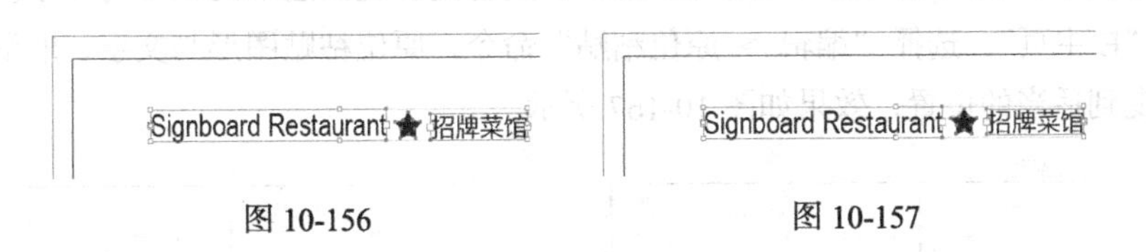

图 10-156　　图 10-157

（25）单击“页面”面板右上方的图标，在弹出的菜单中选择“新建主页”命令，在弹出的对话框中进行设置，如图 10-158 所示，单击“确定”按钮，如图 10-159 所示。

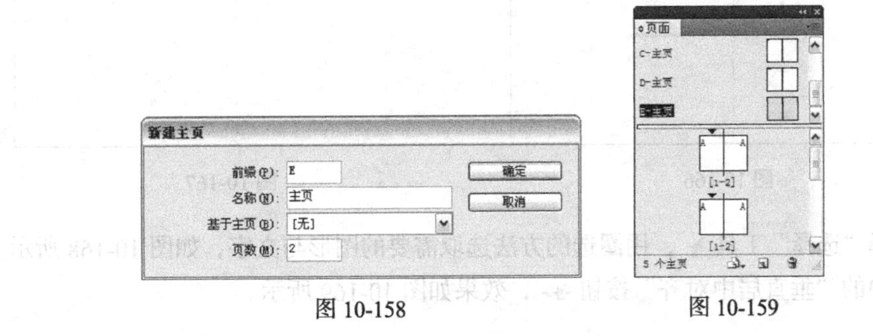

图 10-158　　图 10-159

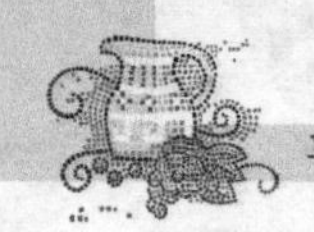

（26）选择“文字”工具T，在页面左上角分别拖曳两个文本框，输入需要的文字，取消文字的选取状态，效果如图 10-160 所示。

（27）选择“选择”工具，单击选取需要的文字，如图 10-161 所示，在“段落样式”面板中单击“栏目名称英文”样式，如图 10-162 所示，效果如图 10-163 所示。

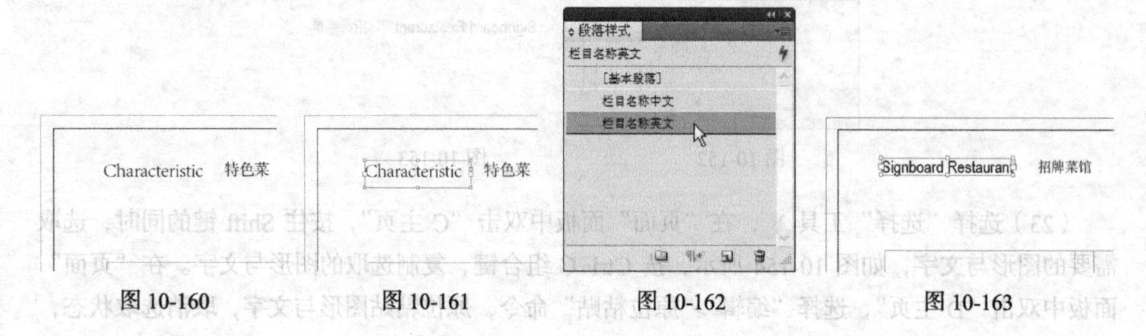

图 10-160　图 10-161　图 10-162　图 10-163

（28）选择“选择”工具，单击选取文字“招牌菜馆”，在“段落样式”面板中单击“栏目名称中文”样式，如图 10-164 所示，效果如图 10-165 所示。

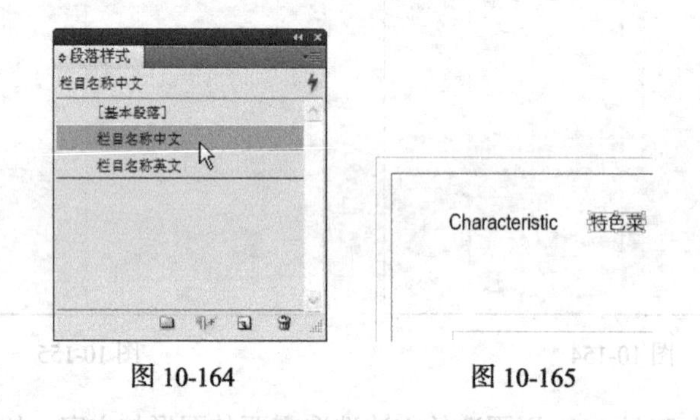

图 10-164　图 10-165

（29）选择“选择”工具，在“页面”面板中双击“D 主页”，按住 Shift 键的同时，选取需要的图形与文字，如图 10-166 所示，按 Ctrl+C 组合键，复制选取的图形与文字。在“页面”面板中双击“E 主页”，选择“编辑 > 原位粘贴”命令，原位粘贴图形与文字，取消选取状态，并将星形拖曳到适当的位置，效果如图 10-167 所示。

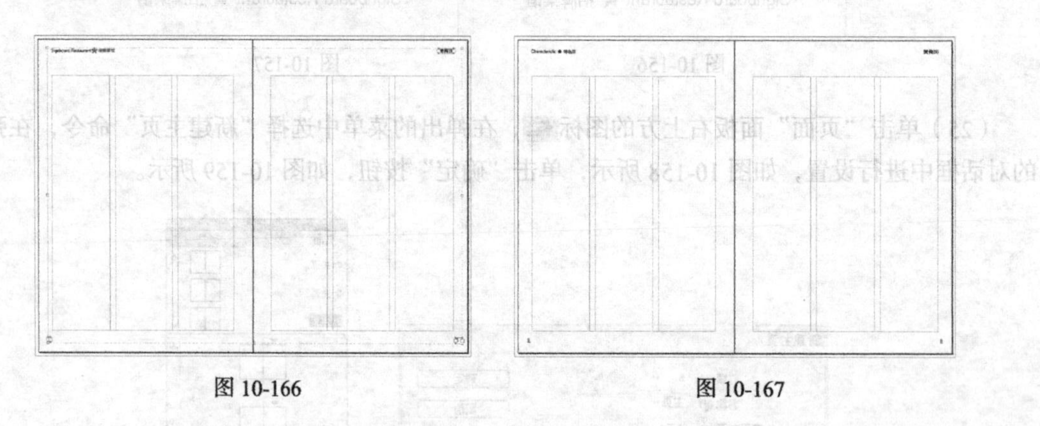

图 10-166　图 10-167

（30）选择“选择”工具，用圈选的方法选取需要的图形与文字，如图 10-168 所示。单击“控制面板”中的“垂直居中对齐”按钮，效果如图 10-169 所示。

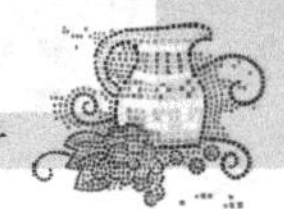

图 10-168　　　　图 10-169

（31）单击选取“页面”面板中 B 主页的左侧页面图标，如图 10-170 所示，将其拖曳到适当的位置，如图 10-171 所示，松开鼠标左键，页面应用于 B 主页，如图 10-172 所示。用相同方法为右侧页面添加 B 主页，如图 10-173 所示。

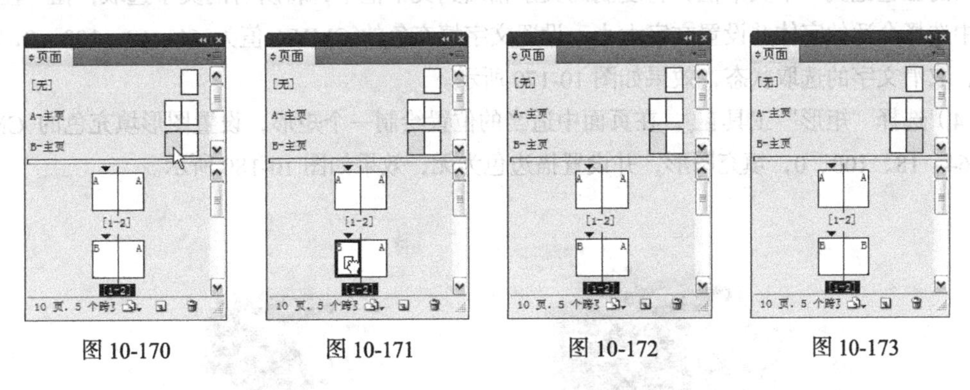

图 10-170　　　　图 10-171　　　　图 10-172　　　　图 10-173

10.1.8　制作内页 01、02

（1）在“页面”面板中双击需要的页面图标，如图 10-174 所示，进入到相应的页面。选择“文件 > 置入”命令，弹出“置入”对话框，选择光盘中的“Ch10 > 素材 > 制作美食杂志 > 08”文件，单击“打开”按钮，在页面空白处单击鼠标置入图片。选择“自由变换”工具，将其拖曳到适当的位置，并调整大小，效果如图 10-175 所示。

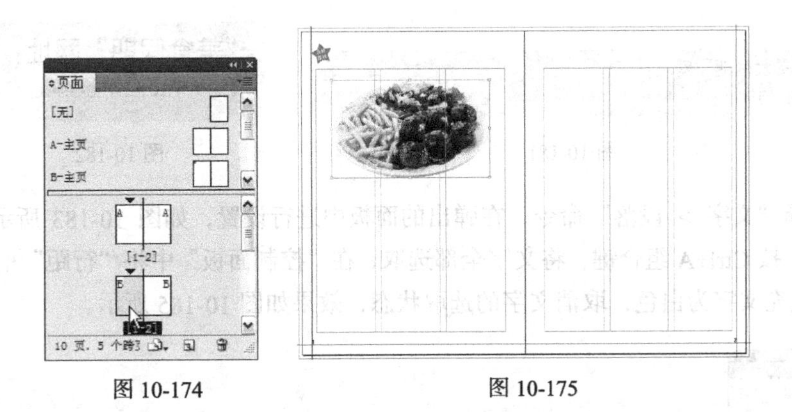

图 10-174　　　　图 10-175

（2）选择“钢笔”工具，在适当的位置绘制一条曲线，如图 10-176 所示。选择“路径文字”工具，将光标定位于路径上方，光标变为图标，在路径上单击插入光标，输入需要的文字，将输入的文字选取，在“控制面板”中选择合适的字体并设置文字大小，如图 10-177 所示。设置文字填充色的 CMYK 值为 64、18、100、0，填充文字，取消文字的选取状态，并设置曲线描边色为无，效果如图 10-178 所示。

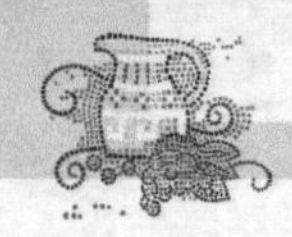

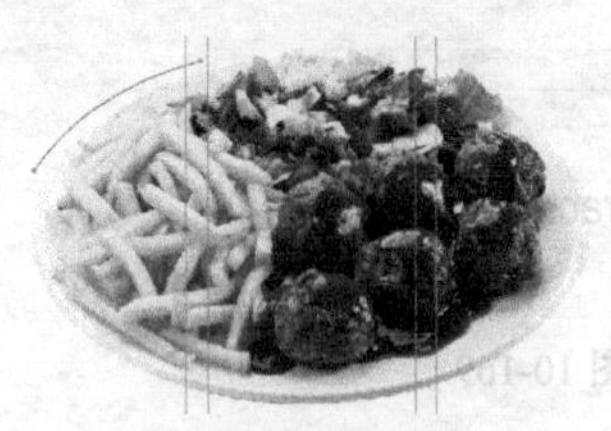

图 10-176

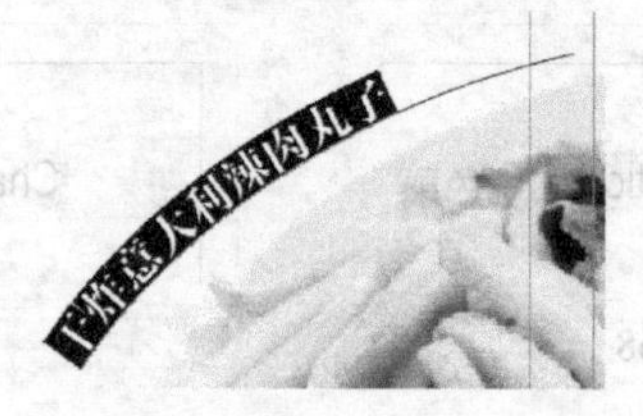

干炸意大利辣肉丸子

图 10-177

干炸意大利辣肉丸子

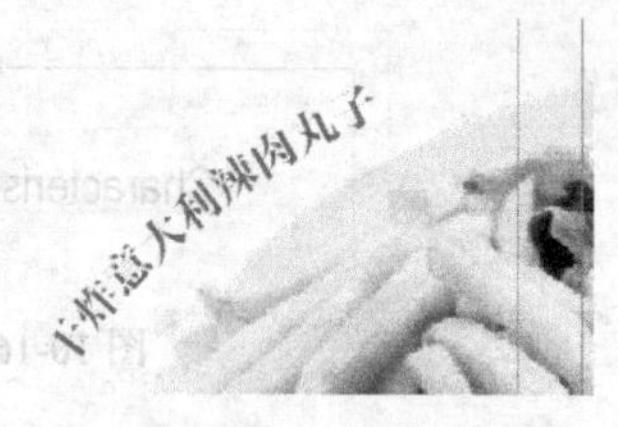

图 10-178

（3）选取并复制记事本文档中需要的文字。返回到 InDesign 页面中，选择“文字”工具 T，在适当的位置拖曳一个文本框，将复制的文字粘贴到文本框中，将所有的文字选取，在“控制面板”中选择合适的字体并设置文字大小，设置文字填充色的 CMYK 值为 64、18、100、0，填充文字，取消文字的选取状态，效果如图 10-179 所示。

（4）选择“矩形”工具，在页面中适当的位置绘制一个矩形，设置图形填充色的 CMYK 值为 64、18、100、0，填充图形，并设置描边色为无，效果如图 10-180 所示。

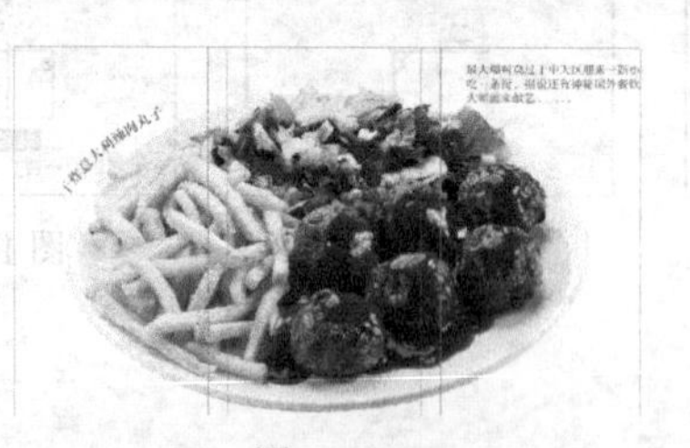

图 10-179

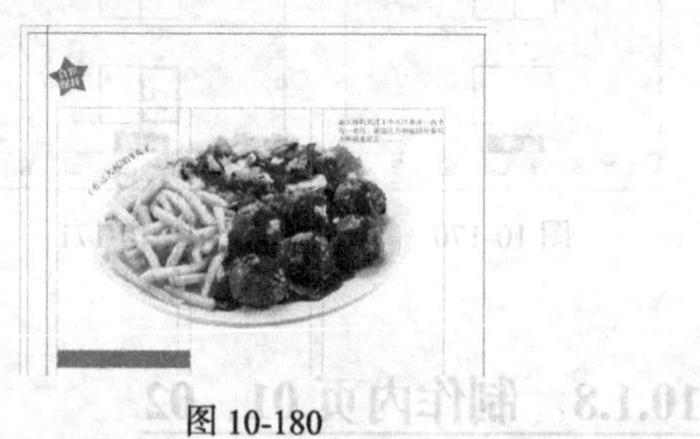

图 10-180

（5）选取并复制记事本文档中需要的文字。返回到 InDesign 页面中，选择“文字”工具 T，在适当的位置拖曳一个文本框，将复制的文字粘贴到文本框中，将文字分别选取，在“控制面板”中分别选择合适的字体并设置文字大小，取消文字的选取状态，效果如图 10-181 所示。选择“文字”工具 T，在适当的位置插入光标，如图 10-182 所示。

“美食假期”网址：
http://meishijiaqi.com.cn

图 10-181

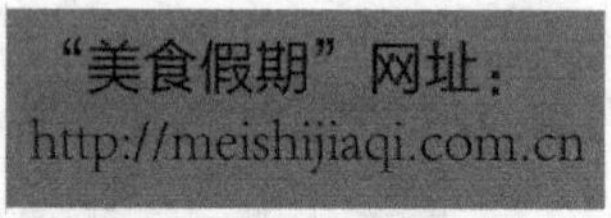

“美食假期”网址：
http://meishijiaqi.com.cn

图 10-182

（6）选择“文字 > 段落”命令，在弹出的面板中进行设置，如图 10-183 所示，效果如图 10-184 所示。按 Ctrl+A 组合键，将文字全部选取，在“控制面板”中将“行距”选项设为 8，并填充文字为白色，取消文字的选取状态，效果如图 10-185 所示。

段落
1 毫米
0 毫米
0 毫米
0 毫米
自动
行
0 毫米
0 毫米
0
0
避头尾设置：
简体中文避头尾
标点挤压设置：
简体中文默认值

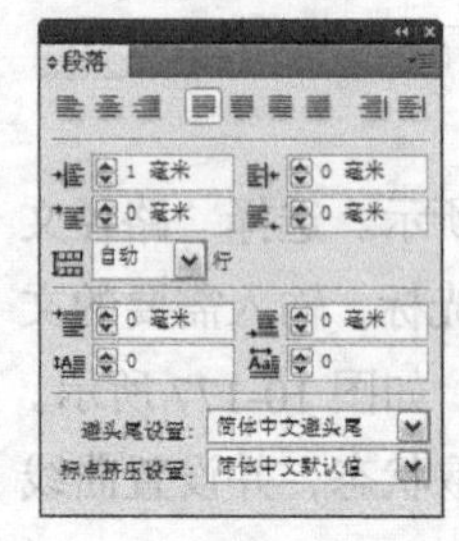

图 10-183

“美食假期”网址：
http://meishijiaqi.com.cn

图 10-184

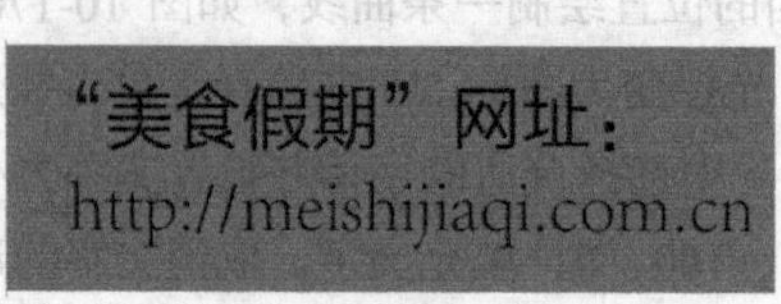

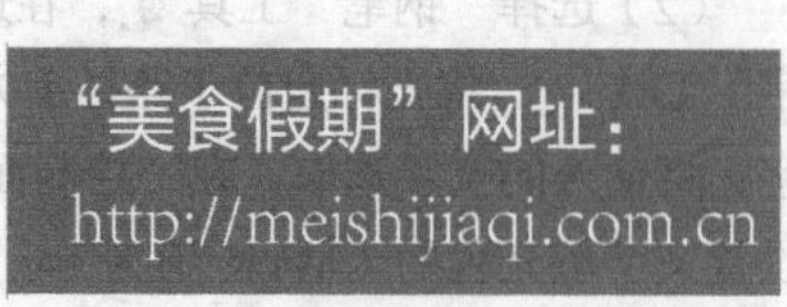

“美食假期”网址：
http://meishijiaqi.com.cn

图 10-185

（7）选择“钢笔”工具，在页面中绘制一条弧线，如图 10-186 所示。按 F10 键，弹出“描边”面板，在面板中将“终点”选项设为带箭头的曲线，其他选项的设置如图 10-187 所示，效果如图 10-188 所示。

图 10-186

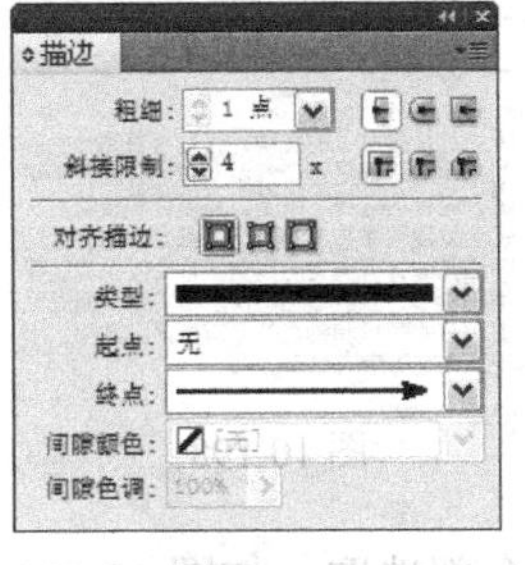

图 10-187

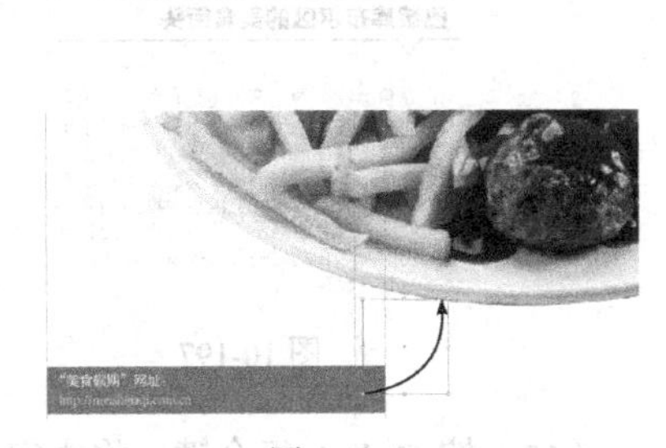

图 10-188

（8）选择“直线”工具，按住 Shift 键的同时，在页面中绘制一条直线，在“控制面板”中将“描边粗细” 选项设为 1 点，按 Enter 键，效果如图 10-189 所示。选择“选择”工具，按住 Shift+Alt 组合键的同时，将其垂直向下拖曳，效果如图 10-190 所示。

（9）选择“添加锚点”工具，在适当的位置单击鼠标，添加锚点，如图 10-191 所示。用相同的方法再添加两个锚点，效果如图 10-192 所示。

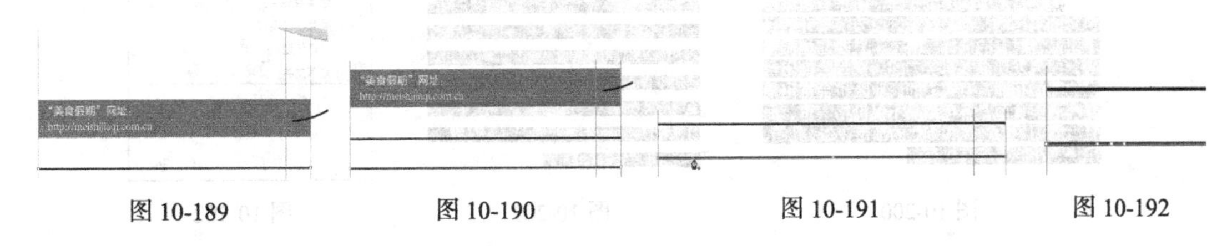

图 10-189　图 10-190　图 10-191　图 10-192

（10）选择“直接选择”工具，单击选取需要的节点，如图 10-193 所示，向下拖曳到适当的位置，如图 10-194 所示。

（11）选取并复制记事本文档中需要的文字。返回到 InDesign 页面中，选择“文字”工具，在适当的位置拖曳一个文本框，将复制的文字粘贴到文本框中，将所有的文字选取，在“控制面板”中选择合适的字体并设置文字大小，效果如图 10-195 所示。按 F11 键，弹出“段落样式”面板，单击面板下方的“创建新样式”按钮，生成新的段落样式并将其命名为“一级标题 1”，如图 10-196 所示。

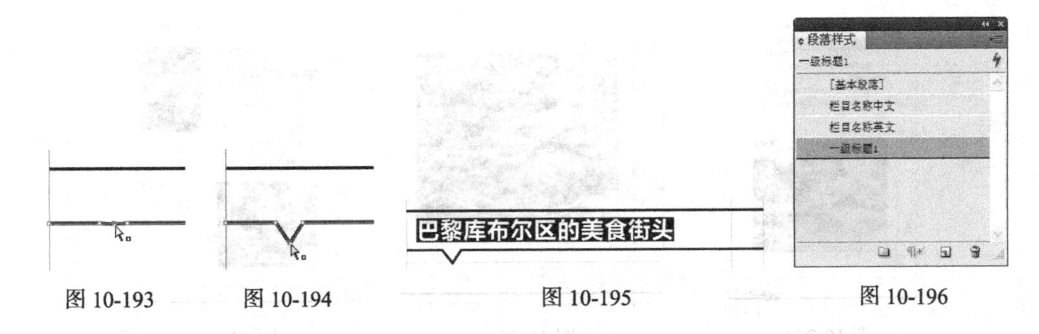

图 10-193　图 10-194　图 10-195　图 10-196

（12）选取并复制记事本文档中需要的文字。返回到 InDesign 页面中，选择“文字”工具，在适当的位置拖曳一个文本框，将复制的文字粘贴到文本框中，将所有的文字选取，在“控制面板”中选择合适的字体并设置文字大小，取消文字选取状态，效果如图 10-197 所示。在适当的位置插入光标，如图 10-198 所示。在“控制面板”中将“首行左缩进”选项设为 5.6 毫米，按 Enter 键，效果如图 10-199 所示。

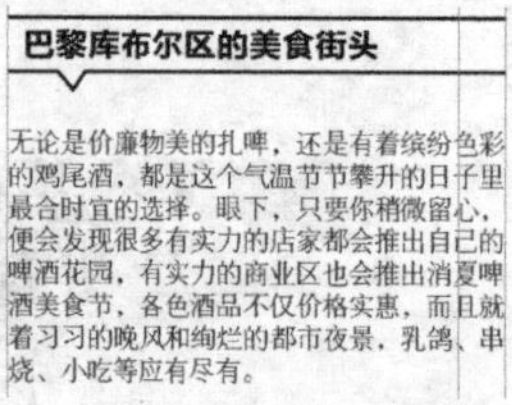

图 10-197 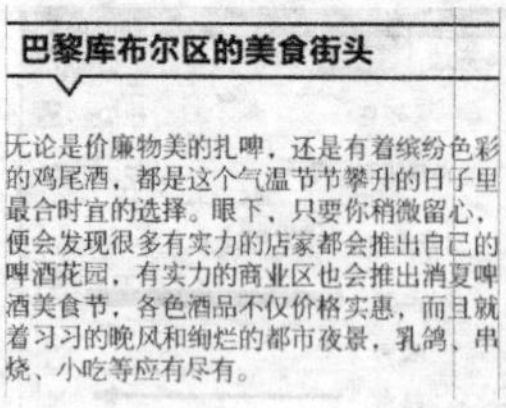　　图 10-198 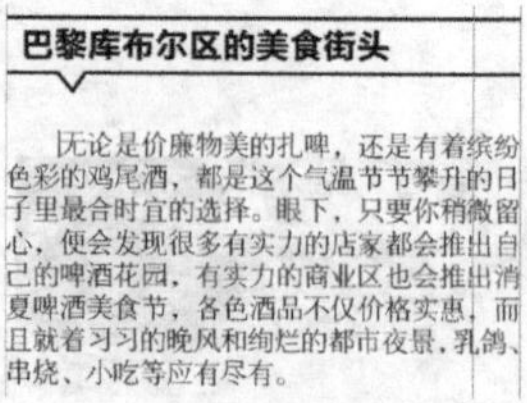　　图 10-199

（13）按 Ctrl+A 组合键，将文字全部选取，如图 10-200 所示。在“控制面板”中将“行距”选项设为 14，按 Enter 键，效果如图 10-201 所示。按 F11 键，弹出“段落样式”面板，单击面板下方的“创建新样式”按钮，生成新的段落样式并将其命名为“段落文字”，如图 10-202 所示。

图 10-200

图 10-201

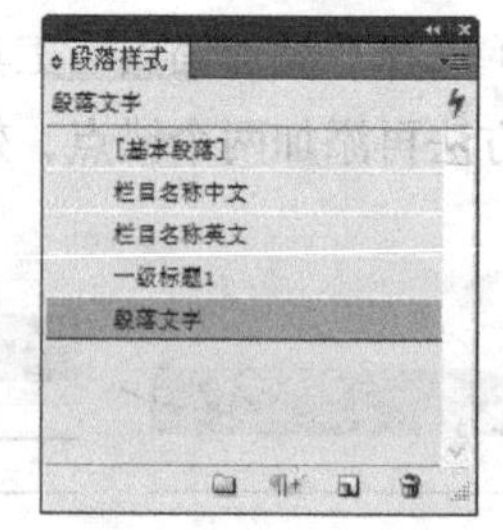

图 10-202

（14）选择“文件 > 置入”命令，弹出“置入”对话框，选择光盘中的“Ch10 > 素材 > 制作美食杂志 > 09”文件，单击“打开”按钮，在页面中空白处单击鼠标置入图片。选择“自由变换”工具，将其拖曳到适当的位置，并调整大小，效果如图 10-203 所示。选择“选择”工具，向左拖曳右侧中间的控制手柄到适当的位置，裁剪图片，效果如图 10-204 所示。

（15）选择“文件 > 置入”命令，弹出“置入”对话框，选择光盘中的“Ch10 > 素材 > 制作美食杂志 > 10”文件，单击“打开”按钮，在页面中空白处单击鼠标置入图片。选择“自由变换”工具，将其拖曳到适当的位置，并调整大小，效果如图 10-205 所示。

图 10-203

图 10-204

图 10-205

（16）单击“控制面板”中的“向选定的目标添加对象效果”按钮，在弹出的菜单中选择

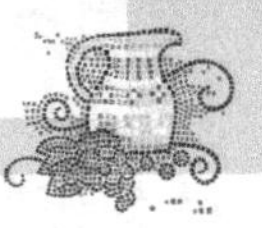

“渐变羽化”命令，在弹出的“效果”对话框中进行设置，如图 10-206 所示，单击“确定”按钮，效果如图 10-207 所示。

（17）选取并复制记事本文档中需要的文字。返回到 InDesign 页面中，选择“文字”工具 T，在适当的位置拖曳一个文本框，将复制的文字粘贴到文本框中，将所有的文字选取，在“控制面板”中选择合适的字体并设置文字大小，设置文字填充色的 CMYK 值为 64、18、100、0，填充文字，取消文字选取状态，效果如图 10-208 所示。

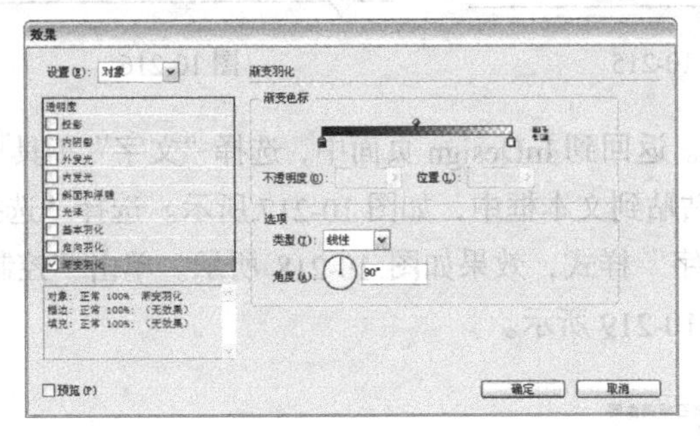

图 10-206

图 10-207

图 10-208

（18）选取并复制记事本文档中需要的文字。返回到 InDesign 页面中，选择“文字”工具 T，在适当的位置拖曳一个文本框，将复制的文字粘贴到文本框中，将所有的文字选取，在“控制面板”中选择合适的字体并设置文字大小，效果如图 10-209 所示。在“控制面板”中将“行距”选项设为 8，按 Enter 键，效果如图 10-210 所示。

（19）按 F11 键，弹出“段落样式”面板，单击面板下方的“创建新样式”按钮，生成新的段落样式并将其命名为“段落文字 2”，如图 10-211 所示。

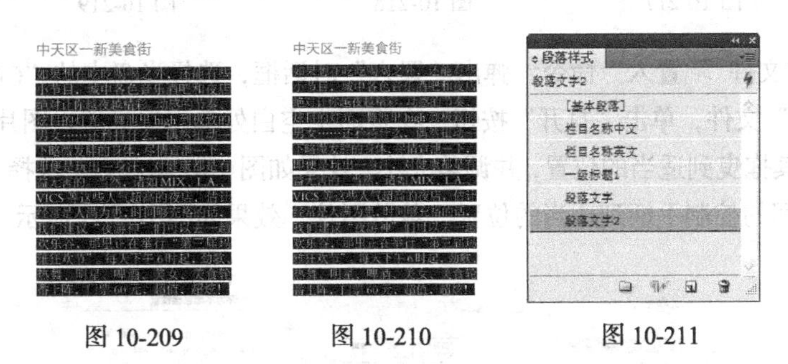

图 10-209　图 10-210　图 10-211

（20）选择“选择”工具，按住 Shift 键的同时，将需要的图形同时选取，如图 10-212 所示，按 Ctrl+C 组合键，复制图形，按 Ctrl+V 组合键，粘贴图形，并拖曳到适当的位置，效果如图 10-213 所示。

图 10-212

图 10-213

（21）选取并复制记事本文档中需要的文字。返回到 InDesign 页面中，选择“文字”工具 T，在适当的位置拖曳一个文本框，将复制的文字粘贴到文本框中，如图 10-214 所示。选择“选择”工具 ，在“段落样式”面板中单击“一级标题 1”样式，效果如图 10-215 所示。拖曳右下方的控制手柄到适当的位置，效果如图 10-216 所示。

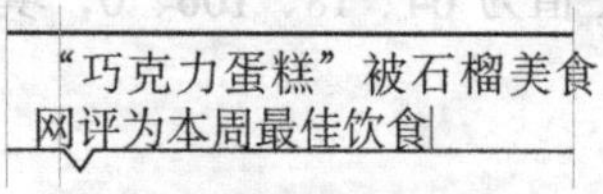

图 10-214

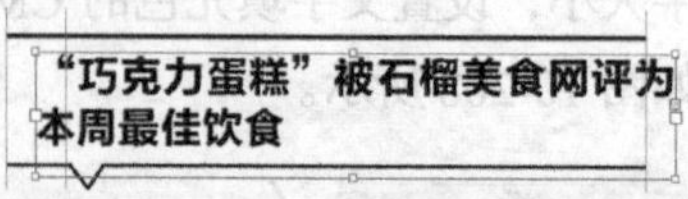

图 10-215

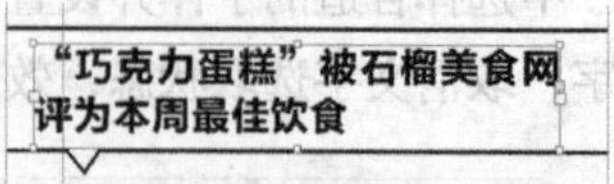

图 10-216

（22）选取并复制记事本文档中需要的文字。返回到 InDesign 页面中，选择“文字”工具 T，在适当的位置拖曳一个文本框，将复制的文字粘贴到文本框中，如图 10-217 所示。选择“选择”工具 ，在“段落样式”面板中单击“段落文字”样式，效果如图 10-218 所示。单击“控制面板”中的“框架适合内容”按钮 ，效果如图 10-219 所示。

图 10-217

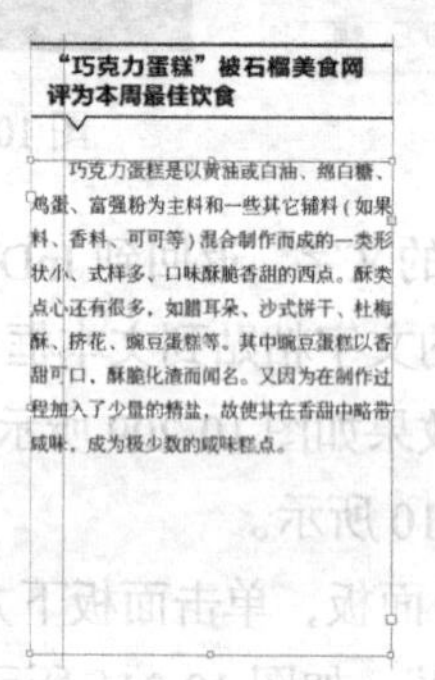

图 10-218

图 10-219

（23）选择“文件 > 置入”命令，弹出“置入”对话框，选择光盘中的“Ch10 > 素材 > 制作美食杂志 > 11”文件，单击“打开”按钮，在页面中空白处单击鼠标置入图片。选择“自由变换”工具 ，将其拖曳到适当的位置，并调整大小，效果如图 10-220 所示。选择“选择”工具 ，向下拖曳上方中间的控制手柄到适当的位置，裁剪图片，效果如图 10-221 所示。

图 10-220

图 10-221

（24）选择“矩形”工具 ，在页面适当的位置绘制一个矩形，设置图形填充色的 CMYK 值为 64、18、100、0，填充图形，并设置描边色为无，效果如图 10-222 所示。选取并复制记事本

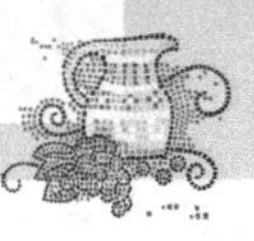

文档中需要的文字。返回到 InDesign 页面中，选择“文字”工具 T，在适当的位置拖曳一个文本框，将复制的文字粘贴到文本框中，将所有的文字选取，在“控制面板”中选择合适的字体并设置文字大小，效果如图 10-223 所示。

图 10-222

图 10-223

（25）保持文字的选取状态，在“控制面板”中将“字符间距” 选项设置为 75，将“行距” 选项设为 8.5，填充文字为白色，并取消文字的选取状态，效果如图 10-224 所示。用相同方法制作内页 02，效果如图 10-225 所示。

图 10-224

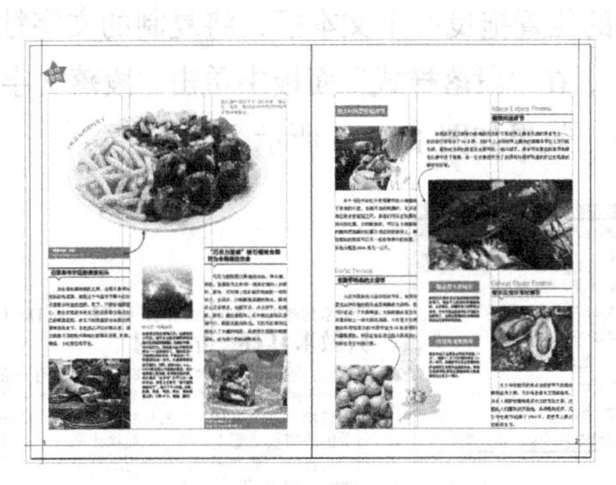

图 10-225

10.1.9　制作内页 03、04

（1）在“页面”面板中双击需要的页面图标，如图 10-226 所示。单击鼠标右键，在弹出的菜单中选择“将主页应用于页面”命令，在弹出的“应用主页”对话框中进行设置，如图 10-227 所示，单击“确定”按钮，如图 10-228 所示。

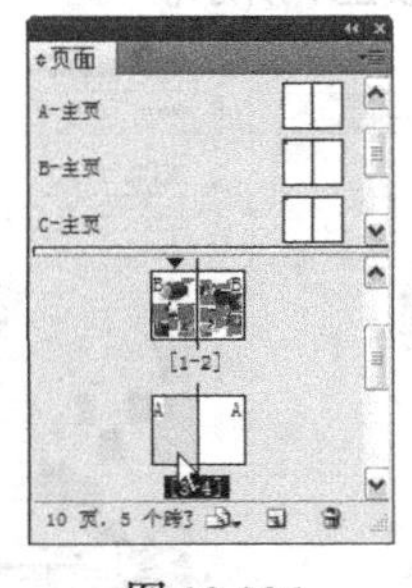

图 10-226

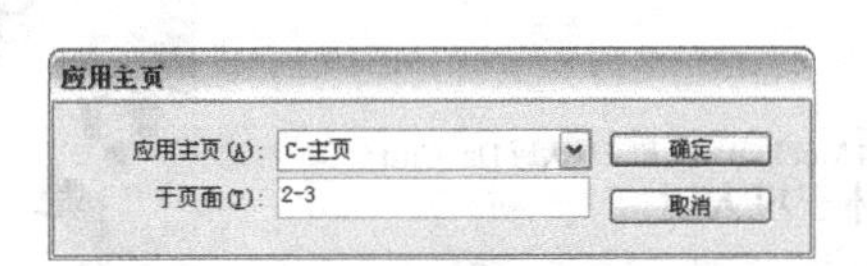

图 10-227

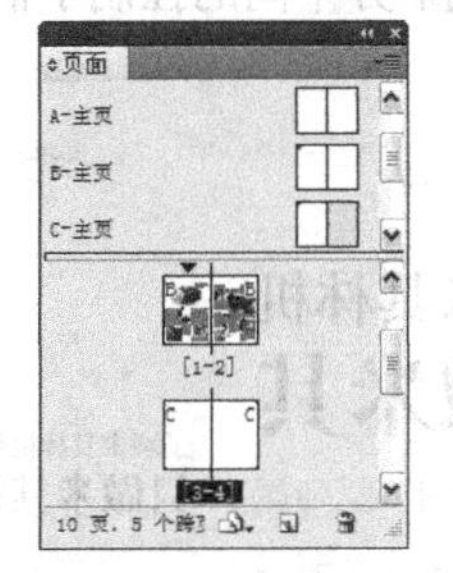

图 10-228

（2）选取并复制记事本文档中需要的文字。返回到 InDesign 页面中，选择“文字”工具 T，

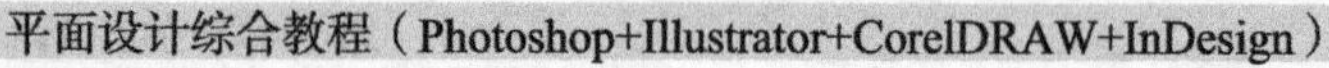

在适当的位置拖曳一个文本框，将复制的文字粘贴到文本框中，将所有的文字选取，在“控制面板”中选择合适的字体并设置文字大小，取消文字的选取状态，效果如图 10-229 所示。

（3）选取并复制记事本文档中需要的文字。返回到 InDesign 页面中，选择“文字”工具 T，在适当的位置拖曳一个文本框，将复制的文字粘贴到文本框中，将所有的文字选取，在“控制面板”中选择合适的字体并设置文字大小，效果如图 10-230 所示。

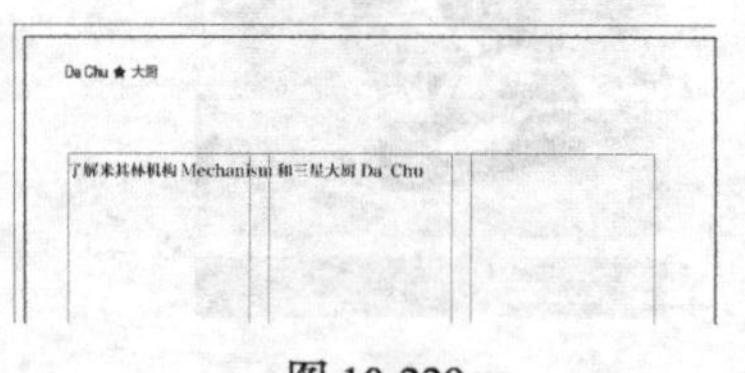

图 10-229

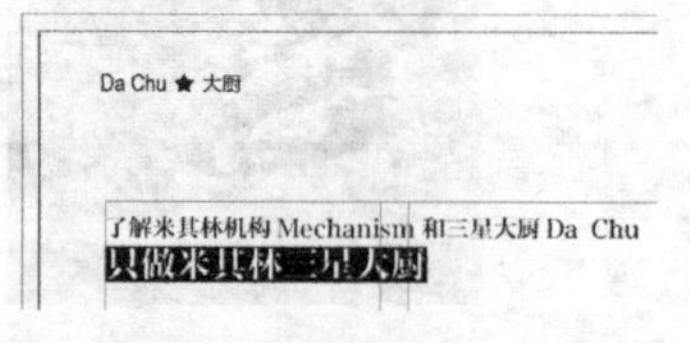

图 10-230

（4）按 F11 键，弹出“段落样式”面板，单击面板下方的“创建新样式”按钮 ，生成新的段落样式并将其命名为“一级标题 2”，如图 10-231 所示。

（5）选取并复制记事本文档中需要的文字。返回到 InDesign 页面中，选择“文字”工具 T，在适当的位置拖曳一个文本框，将复制的文字粘贴到文本框中，如图 10-232 所示。选择“选择”工具 ，在“段落样式”面板中单击“段落文字”样式，并单击“控制面板”中的框架适合内容”按钮 ，效果如图 10-233 所示。

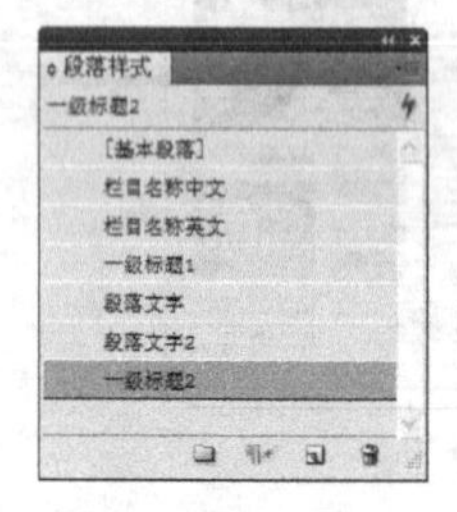

图 10-231

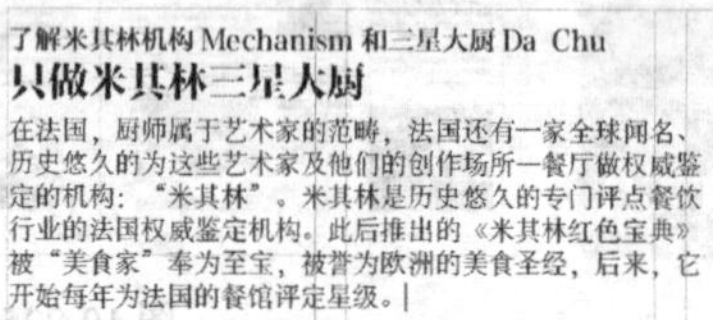

图 10-232

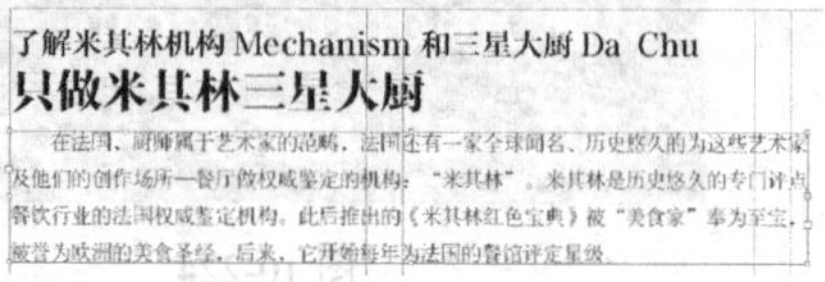

图 10-233

（6）选择“文字”工具 T，在适当的位置插入光标，如图 10-234 所示，在“控制面板”中将“首行左缩进”选项 设为 0 毫米，按 Enter 键，效果如图 10-235 所示。

（7）选择“文件 > 置入”命令，弹出“置入”对话框，选择光盘中的“Ch10 > 素材 > 制作美食杂志 > 18”文件，单击“打开”按钮，在页面中空白处单击鼠标置入图片。选择“自由变换”工具 ，将其拖曳到适当的位置，并调整大小，效果如图 10-236 所示。选择“选择”工具 ，向上拖曳下方中间的控制手柄到适当的位置，裁剪图片，效果如图 10-237 所示。

图 10-234

图 10-235

图 10-236

图 10-237

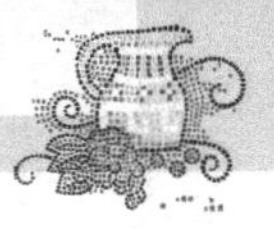

（8）选择“矩形”工具▭，在页面中拖曳鼠标绘制一个矩形，填充图形为白色，并设置描边色为无，效果如图 10-238 所示。在“控制面板”中将“不透明度”▭100%▸选项设为 50%，效果如图 10-239 所示。

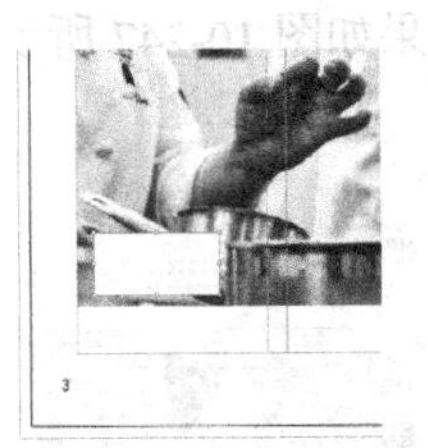

图 10-238

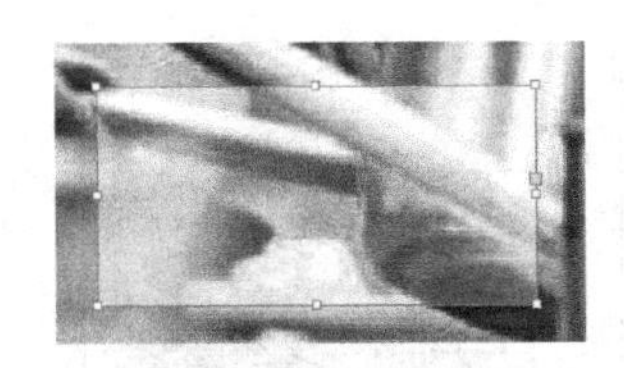

图 10-239

（9）选择“文字”工具T，在页面中分别拖曳两个文本框，输入需要的文字，将输入的文字选取，在“控制面板”中选择合适的字体并设置文字大小，取消文字的选取状态，效果如图 10-240 所示。

（10）选择“文件 > 置入”命令，弹出“置入”对话框，选择光盘中的“Ch10 > 素材 > 制作美食杂志 > 19”文件，单击“打开”按钮，在页面空白处单击鼠标置入图片。选择“自由变换”工具▭，将其拖曳到适当的位置，并调整大小，如图 10-241 所示。选择“选择”工具▸，向上拖曳下方中间的控制手柄到适当的位置，裁剪图片，效果如图 10-242 所示。

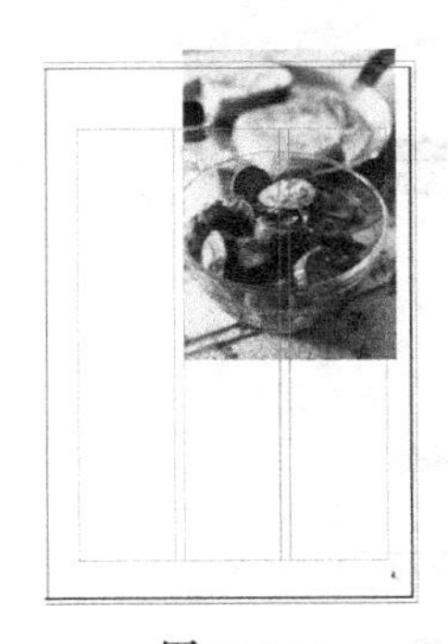

图 10-240

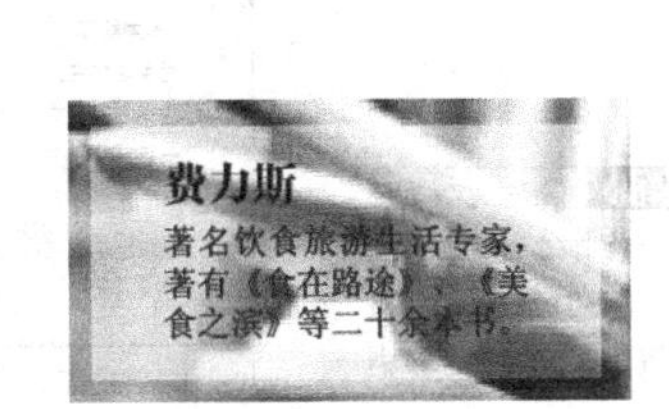

图 10-241

图 10-242

（11）从垂直标尺中分别拖曳出需要的参考线，在“控制面板”中将“X 位置”选项分别设为 51.25mm、75mm、140.4mm 和 202.95mm，如图 10-243 所示。

（12）选取并复制记事本文档中需要的文字。返回到 InDesign 页面中，选择“文字”工具T，在适当的位置拖曳一个文本框，将复制的文字粘贴到文本框中，如图 10-244 所示。

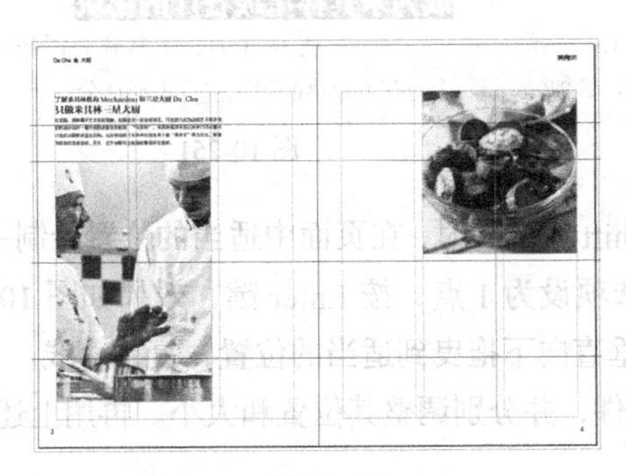

图 10-243

图 10-244

（13）选择“选择”工具，单击文本框的出口，光标会变为载入文本图符，到页面中适当的位置拖曳鼠标，文本自动排入框中，效果如图 10-245 所示。用相同方法将其他文本排入到框中，效果如图 10-246 所示。选择“文字”工具T，将链接文本全部选取，在“段落样式”面板中单击“段落文字”样式，取消文字的选取状态，效果如图 10-247 所示。

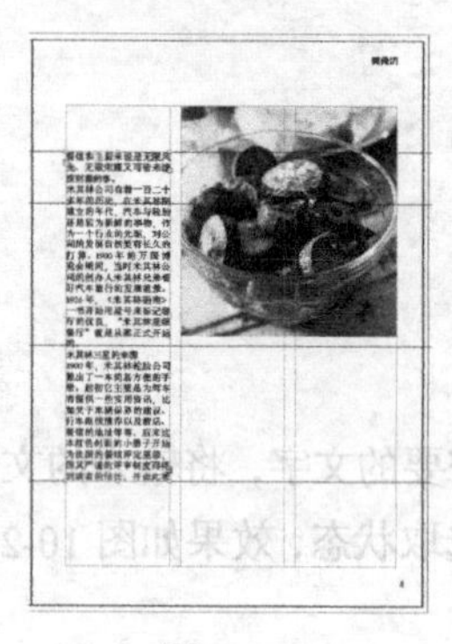

图 10-245

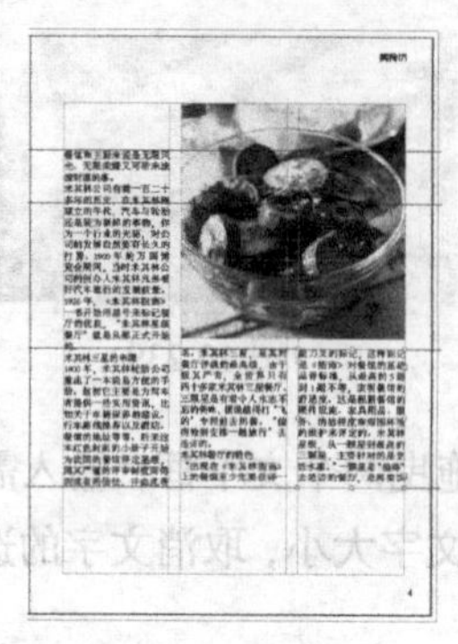

图 10-246

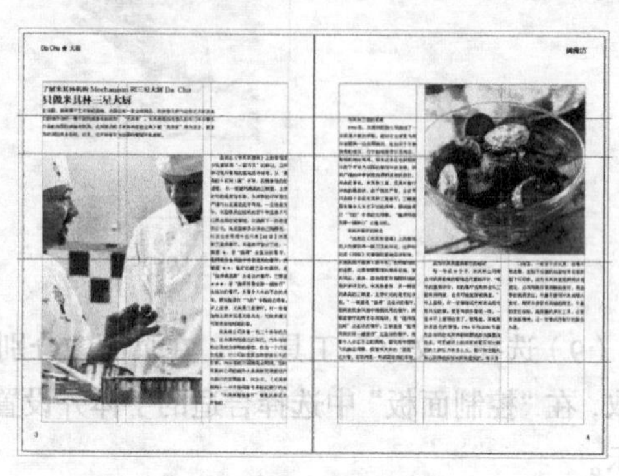

图 10-247

（14）选择“文字”工具T，选取文字“米其林三星的来源”，在“控制面板”中选择合适的字体并设置文字大小，将“首行左缩进”选项选项设为 0 毫米，效果如图 10-248 所示。按 F11 键，弹出“段落样式”面板，单击面板下方的“创建新样式”按钮，生成新的段落样式并将其命名为“二级标题 1”，如图 10-249 所示。

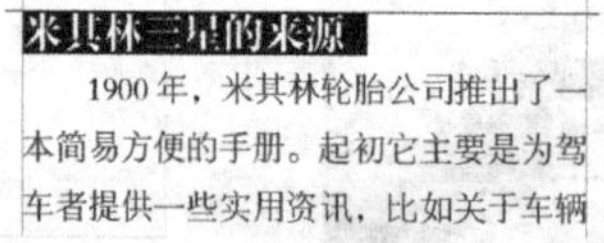

米其林三星的来源
1900 年，米其林轮胎公司推出了一
本简易方便的手册。起初它主要是为驾
车者提供一些实用资讯，比如关于车辆

图 10-248

段落样式
二级标题1
[基本段落]
栏目名称中文
栏目名称英文
一级标题1
段落文字
二级标题1
段落文字2
一级标题2

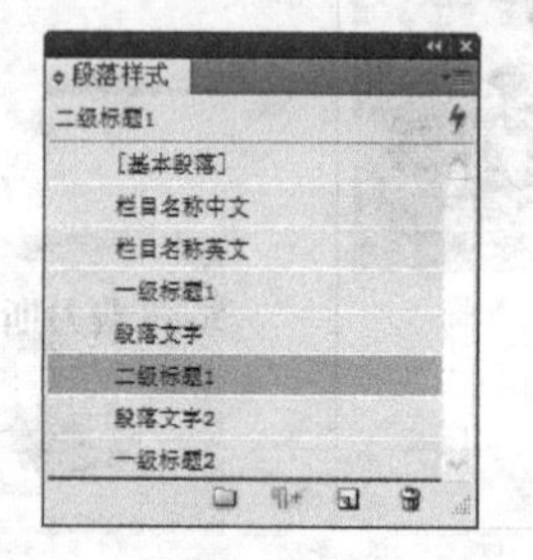

图 10-249

（15）选择“文字”工具T，选取文字“米其林餐厅的特色”，在“段落样式”面板中单击“二级标题 1”样式，效果如图 10-250 所示。选取文字“成为米其林星级餐厅的秘诀”，在“段落样式”面板中单击“二级标题 1”样式，效果如图 10-251 所示。

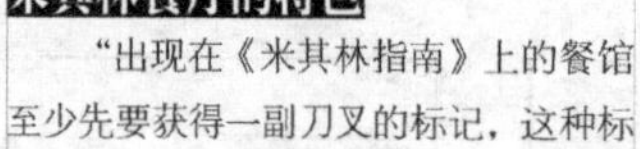

米其林餐厅的特色
“出现在《米其林指南》上的餐馆
至少先要获得一副刀叉的标记，这种标

图 10-250

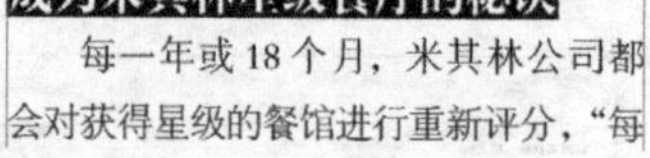

成为米其林星级餐厅的秘诀
每一年或 18 个月，米其林公司都
会对获得星级的餐馆进行重新评分，“每

图 10-251

（16）选择“直线”工具，按住 Shift 键的同时，在页面中适当的位置绘制一条直线，在“控制面板”中将“描边粗细”0.283 选项设为 1 点，按 Enter 键，效果如图 10-252 所示。选择“选择”工具，按住 Alt 键的同时，垂直向下拖曳到适当的位置，复制直线。

（17）置入光盘中的 20、21、22 文件，并分别调整其位置和大小。再用上述方法添加需要的文字和图形，效果如图 10-253 所示。

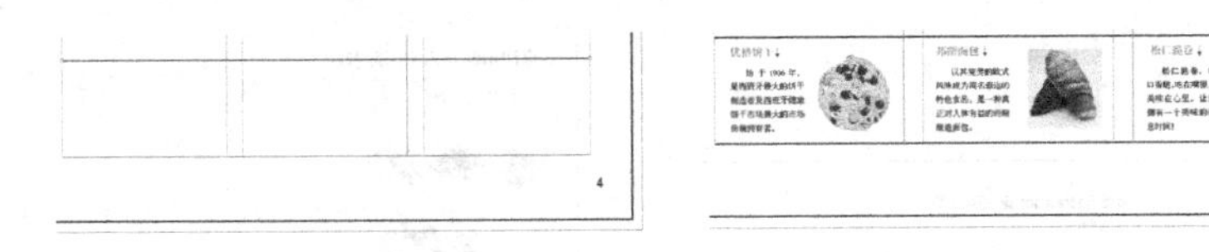

图 10-252　　　　图 10-253

10.1.10　制作内页 05、06

（1）在“页面”面板中双击需要的页面图标，如图 10-254 所示。单击鼠标右键，在弹出的菜单中选择“将主页应用于页面”命令，在弹出的“应用主页”对话框中进行设置，如图 10-255 所示，单击“确定”按钮，如图 10-256 所示。

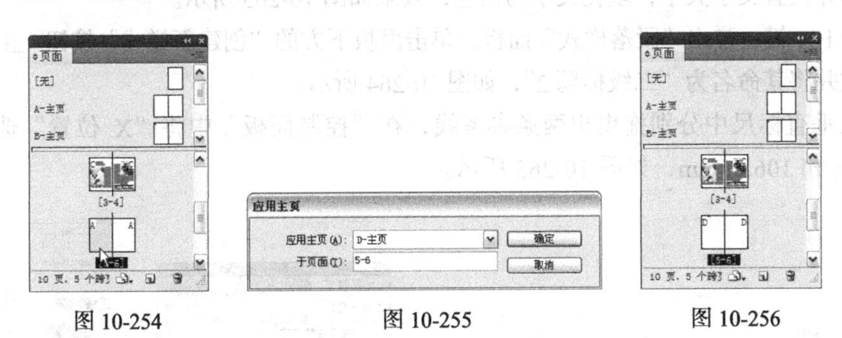

图 10-254　　　　图 10-255　　　　图 10-256

（2）选取并复制记事本文档中需要的文字。返回到 InDesign 页面中，选择“文字”工具T，在适当的位置拖曳一个文本框，将复制的文字粘贴到文本框中，在“段落样式”面板中单击“一级标题 2”样式，如图 10-257 所示，取消文字的选取状态，效果如图 10-258 所示。

（3）选取并复制记事本文档中需要的文字。返回到 InDesign 页面中，选择“文字”工具T，在适当的位置拖曳一个文本框，将复制的文字粘贴到文本框中，将所有的文字选取，在“控制面板”中选择合适的字体并设置文字大小，将“行距”选项设为 14 点，取消文字的选取状态，效果如图 10-259 所示。

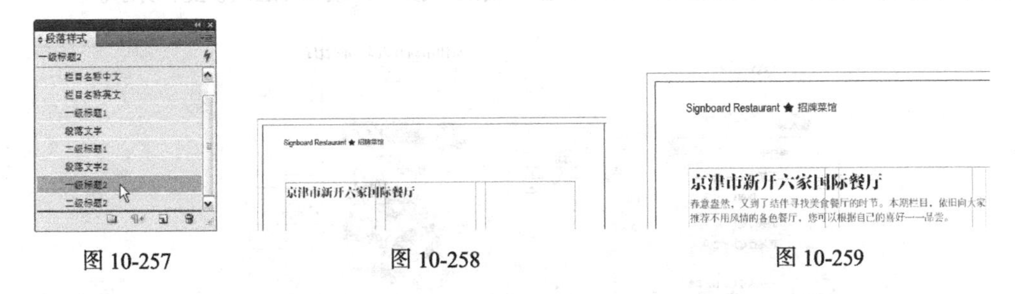

图 10-257　　　　图 10-258　　　　图 10-259

（4）选择“文字”工具T，在适当的位置插入光标，将“控制面板”中的“首行左缩进”选项设为 5.6，按 Enrer 键，效果如图 10-260 所示。

（5）选择“文件 > 置入”命令，弹出“置入”对话框，选择光盘中的“Ch10 > 素材 > 制作美食杂志 > 23”文件，单击“打开”按钮，在页面中空白处单击鼠标置入图片。选择“自由变换”工具，将其拖曳到适当的位置，并调整大小。选择“选择”工具，分别拖曳控制手柄到适当的位置，裁剪图片，效果如图 10-261 所示。

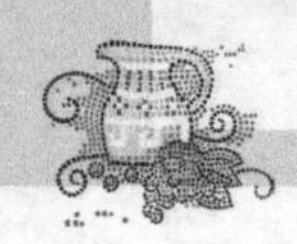

图 10-260

图 10-261

（6）选择“矩形”工具▭，在页面中适当的位置绘制一个矩形，设置图形填充色的 CMYK 值为 64、18、100、0，填充图形，并设置描边色为无，效果如图 10-262 所示。选择“文字”工具T，在页面中拖曳一个文本框，输入需要的文字，将输入的文字选取，在“控制面板”中选择合适的字体并设置文字大小，填充文字为白色，效果如图 10-263 所示。

（7）按 F11 键，弹出“段落样式”面板，单击面板下方的“创建新样式”按钮，生成新的段落样式并将其命名为“二级标题 2”，如图 10-264 所示。

（8）从垂直标尺中分别拖曳出两条参考线，在“控制面板”中将“X 位置”选项分别设为 74.25mm 和 106.25mm，如图 10-265 所示。

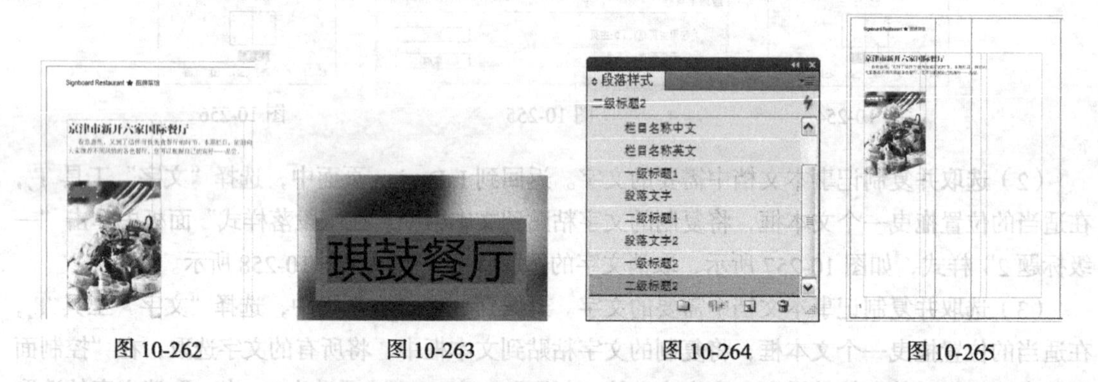

图 10-262　图 10-263　图 10-264　图 10-265

（9）选择“文字”工具T，在页面中拖曳一个文本框。选择“表 > 插入表”命令，在弹出的对话框中进行设置，如图 10-266 所示，单击“确定”按钮，效果如图 10-267 所示。

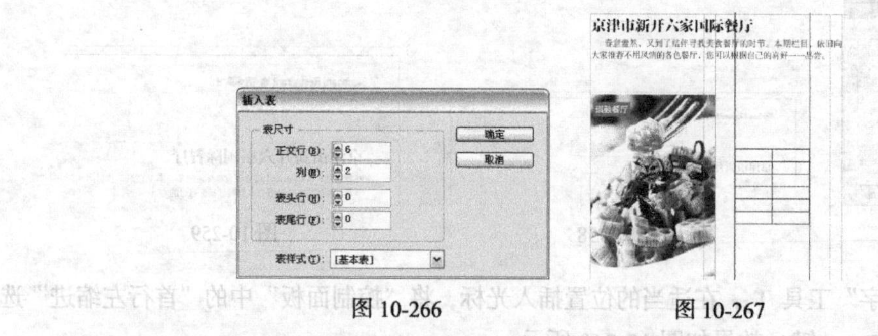

图 10-266　图 10-267

（10）将鼠标放置到表格的边缘，当鼠标变为图标↘时，拖曳鼠标将表格全部选取，如图 10-268 所示。在“控制面板”中单击图标的中心交叉线，单击“居中对齐”按钮。将“描边粗细”0.283 点选项设为 0.5 点，设置描边色的 CMYK 值为 0、0、0、60，填充表格，取消表格的选取状态，效果如图 10-269 所示。

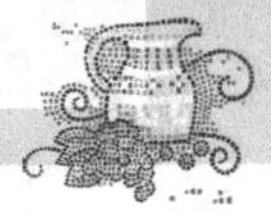

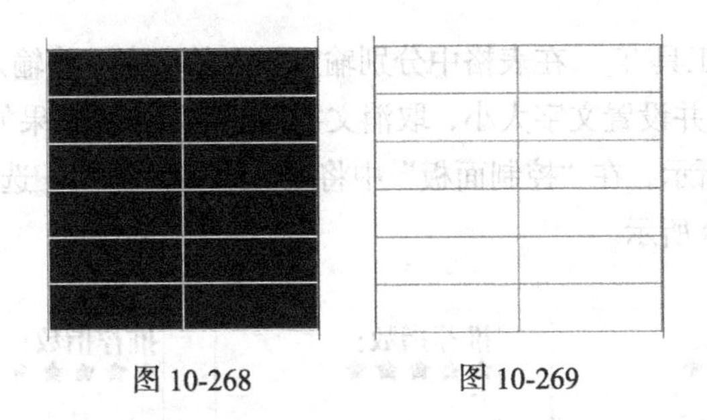

图 10-268　　图 10-269

（11）将鼠标放置到第一行的左边缘，当鼠标变为图标➜时，单击鼠标左键，选中第一行，如图 10-270 所示。选择“表 > 合并单元格”命令，将选取的单元格合并，效果如图 10-271 所示。

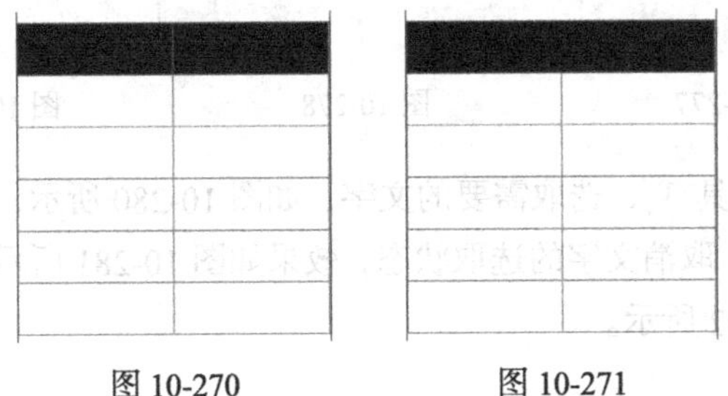

图 10-270　　图 10-271

（12）选择“文字”工具T，在表格中第一行插入光标，输入需要的文字，将输入的文字选取，在“控制面板”中选择合适的字体并设置文字大小，取消文字的选取状态，效果如图 10-272 所示。

（13）选择“多边形”工具，在页面中单击鼠标左键，弹出“多边形”对话框，设置如图 10-273 所示，单击“确定”按钮，得到一个星形。设置图形填充色的 CMYK 值为 0、100、100、25，填充图形，并设置描边色为无，效果如图 10-274 所示。

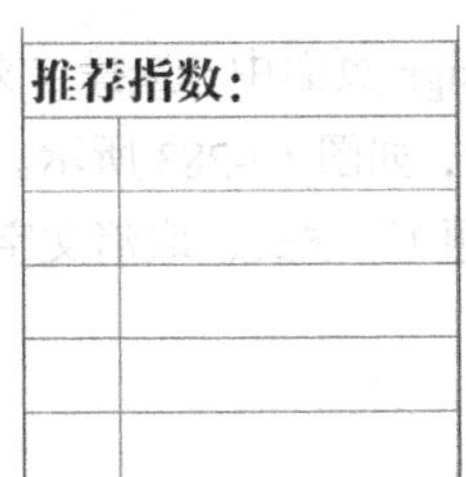

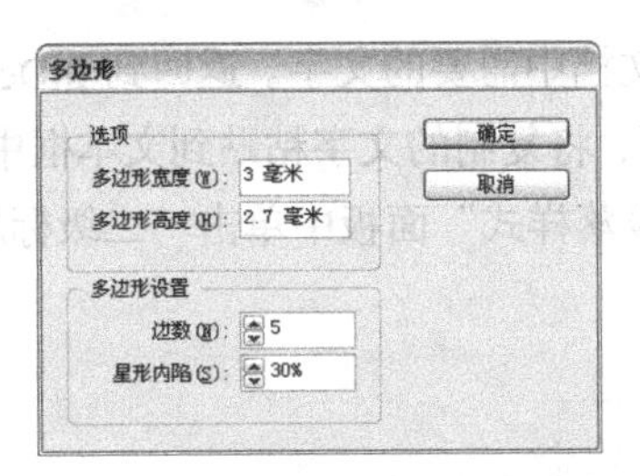

图 10-272　　图 10-273　　图 10-274

（14）保持图形的选取状态。按 Ctrl+X 组合键，剪切图形，选择“文字”工具T，在文字“推荐指数：”后方插入光标，按 Enter 键，进行换行，按多次 Ctrl+V 组合键，粘贴出五个星形，效果如图 10-275 所示。将星形全部选取，在“控制面板”中将“字符间距”AV 0 选项设为 200，按 Enter 键，取消图形的选取状态，效果如图 10-276 所示。

图 10-275　　图 10-276

（15）选择“文字”工具T，在表格中分别输入需要的文字，将输入的文字选取，在“控制面板”中选择合适的字体并设置文字大小，取消文字的选取状态，效果如图 10-277 所示。选取需要的文字，如图 10-278 所示，在“控制面板”中将“行距”选项设为 8，取消文字的选取状态，效果如图 10-279 所示。

推荐指数：★★★★★	
菜系	西餐为主
地址	京津市五塘区万芳路 1255 号西峰拉雅中心 A1-2302
电话	0112-3365856666
人均	380 元
推荐	鸡丁沙拉、烤大虾苏夫力、薯烩羊肉、烤羊马鞍、冬至布丁、明治排

图 10-277

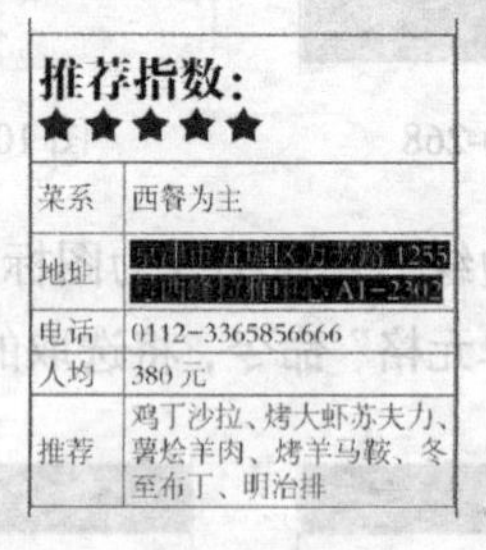

推荐指数：★★★★★	
菜系	西餐为主
地址	京津市五塘区万芳路 1255 号西峰拉雅中心 A1-2302
电话	0112-3365856666
人均	380 元
推荐	鸡丁沙拉、烤大虾苏夫力、薯烩羊肉、烤羊马鞍、冬至布丁、明治排

图 10-278

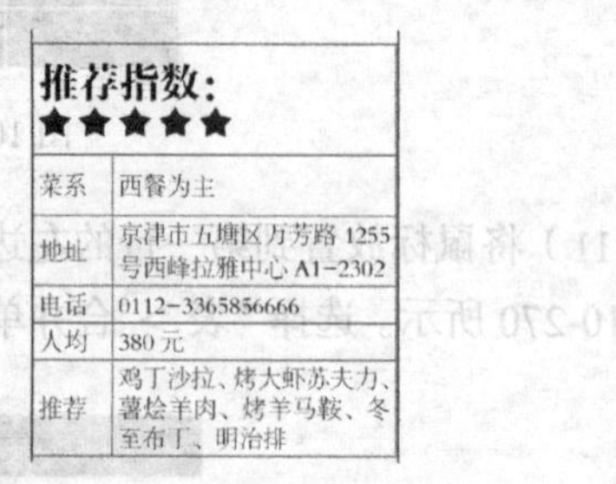

推荐指数：★★★★★	
菜系	西餐为主
地址	京津市五塘区万芳路 1255 号西峰拉雅中心 A1-2302
电话	0112-3365856666
人均	380 元
推荐	鸡丁沙拉、烤大虾苏夫力、薯烩羊肉、烤羊马鞍、冬至布丁、明治排

图 10-279

（16）选择“文字”工具T，选取需要的文字，如图 10-280 所示，在“控制面板”中将“行距”选项设为 8，取消文字的选取状态，效果如图 10-281 所示。分别将表格线拖曳到适当的位置，效果如图 10-282 所示。

推荐指数：★★★★★	
菜系	西餐为主
地址	京津市五塘区万芳路 1255 号西峰拉雅中心 A1-2302
电话	0112-3365856666
人均	380 元
推荐	鸡丁沙拉、烤大虾苏夫力、薯烩羊肉、烤羊马鞍、冬至布丁、明治排

图 10-280

推荐指数：★★★★★	
菜系	西餐为主
地址	京津市五塘区万芳路 1255 号西峰拉雅中心 A1-2302
电话	0112-3365856666
人均	380 元
推荐	鸡丁沙拉、烤大虾苏夫力、薯烩羊肉、烤羊马鞍、冬至布丁、明治排

图 10-281

推荐指数：★★★★★	
菜系	西餐为主
地址	京津市五塘区万芳路 1255 号西峰拉雅中心 A1-2302
电话	0112-3365856666
人均	380 元
推荐	鸡丁沙拉、烤大虾苏夫力、薯烩羊肉、烤羊马鞍、冬至布丁、明治排

图 10-282

（17）选取并复制记事本文档中需要的文字。返回到 InDesign 页面中，选择“文字”工具T，在适当的位置拖曳一个文本框，将复制的文字粘贴到文本框中，如图 10-283 所示。选取需要的文字，如图 10-284 所示，在“段落样式”面板中单击“二级标题 1”样式，取消文字的选取状态，效果如图 10-285 所示。

图 10-283

琪鼓餐厅 (The FlowerDrum)
这家餐厅的外表并不起眼。不过，在你坐下来品味餐厅的中国美食时，也许能碰上英国安德鲁王子和他的随从在此用餐。

图 10-284

琪鼓餐厅 (The FlowerDrum)
这家餐厅的外表并不起眼。不过，在你坐下来品味餐厅的中国美食时，也许能碰上英国安德鲁王子和他的随从在此用餐。

图 10-285

（18）选择“文字”工具T，选取需要的文字，如图 10-286 所示，在“段落样式”面板中单击“段落文字”样式，效果如图 10-287 所示。在“控制面板”中将“首行左缩进”选项设为 0 毫米，效果如图 10-288 所示。

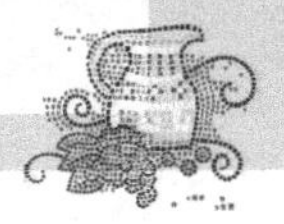

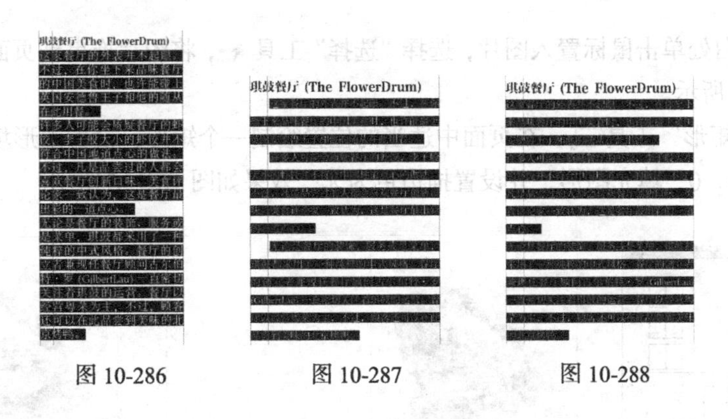

图 10-286　　　　图 10-287　　　　图 10-288

（19）保持文字的选取状态。按住 Alt 键的同时，单击“控制面板”中的“项目符号列表”，在弹出的对话框中将“列表选项”设为项目符号，单击“添加”按钮，在弹出的“添加项目符号”对话框中选择需要的符号，如图 10-289 所示，单击“确定”按钮，回到“项目符号和编号”对话框中，设置如图 10-290 所示，单击“确定”按钮，取消文字的选取状态，效果如图 10-291 所示。用相同的方法制作其他页面，效果如图 10-292、图 10-293 所示。

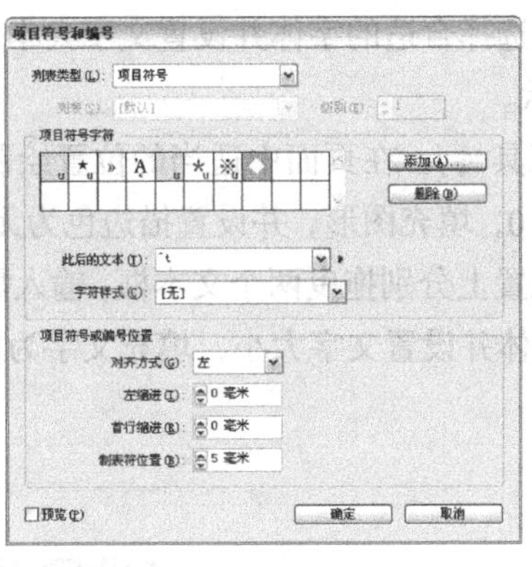

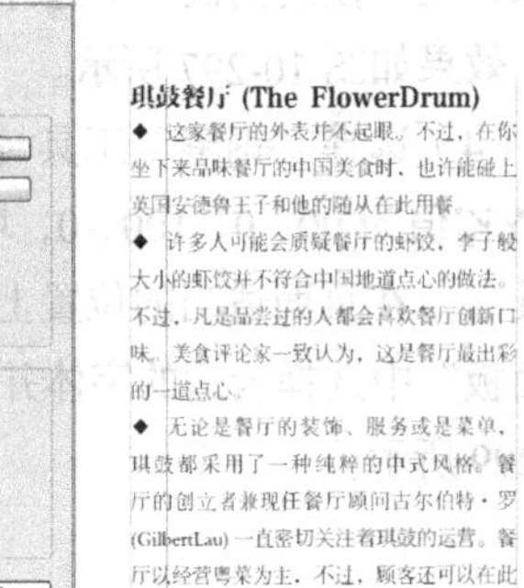

图 10-289　　　　图 10-290　　　　图 10-291

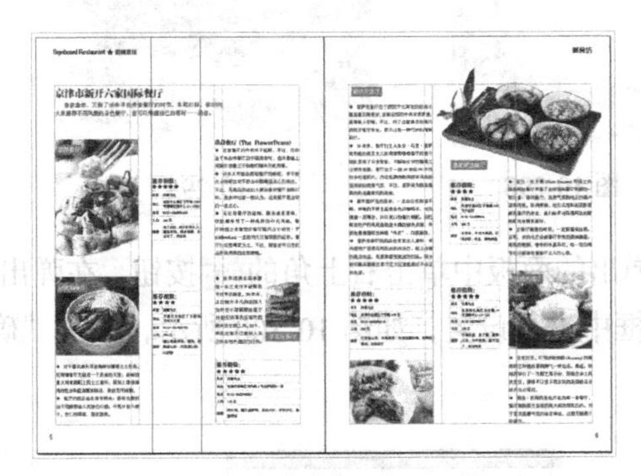

图 10-292　　　　图 10-293

10.1.11　制作杂志目录

（1）在“页面”面板中双击需要的页面图标，如图 10-294 所示。选择“文件 > 置入”命令，弹出“置入”对话框，选择光盘中的“Ch10 > 素材 > 制作美食杂志 > 06”文件，单击“打开”

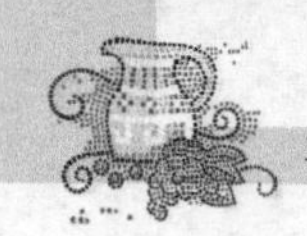

按钮，在页面空白处单击鼠标置入图片，选择“选择”工具，将图片拖曳到页面中适当的位置，效果如图 10-295 所示。

（2）选择“矩形”工具，在页面中适当的位置绘制一个矩形，设置图形填充色的 CMYK 值为 90、0、100、0，填充图形，并设置描边色为无，效果如图 10-296 所示。

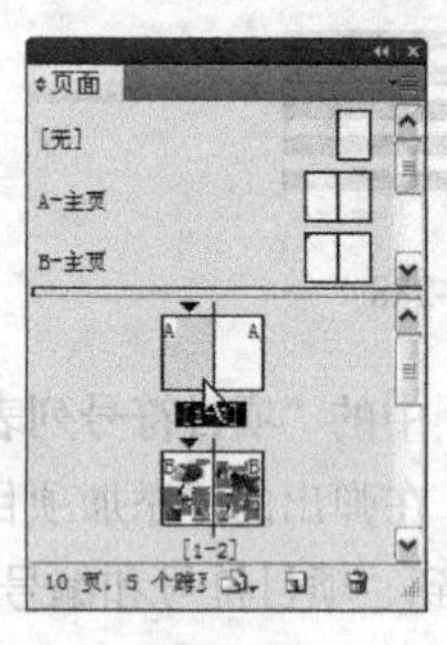

图 10-294

图 10-295

图 10-296

（3）选择“文字”工具，在页面中分别拖曳多个文本框，输入需要的文字，将输入的文字选取，在“控制面板”中选择合适的字体并设置文字大小，填充文字为白色，取消文字的选取状态，效果如图 10-297 所示。

（4）选择“钢笔”工具，在页面中适当的位置绘制一个不规则图形，设置图形填充色的 CMYK 值为 90、0、100、0，填充图形，并设置描边色为无，效果如图 10-298 所示。选择“文字”工具，在页面适当的位置上分别拖曳两个文本框，输入需要的文字，将输入的文字选取，在“控制面板”中选择合适的字体并设置文字大小，填充文字为白色，取消文字的选取状态，效果如图 10-299 所示。

图 10-297

图 10-298

图 10-299

（5）选择“窗口 > 颜色 > 色板”命令，在弹出的面板中单击右上角的按钮，在弹出的菜单中选择“新建颜色色板”命令，在弹出的对话框中进行设置，如图 10-300 所示，单击“确定”按钮，如图 10-301 所示。

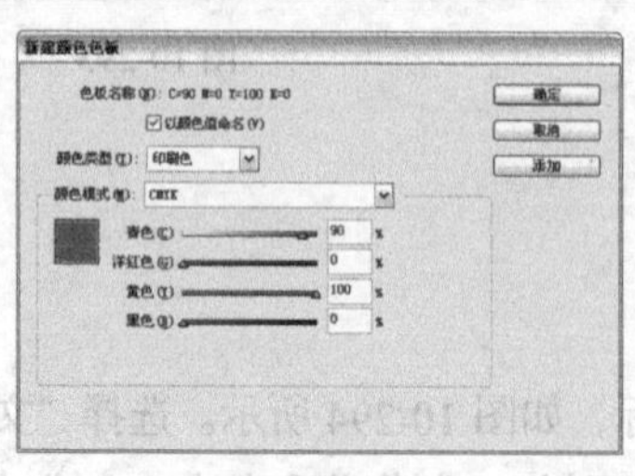

图 10-300

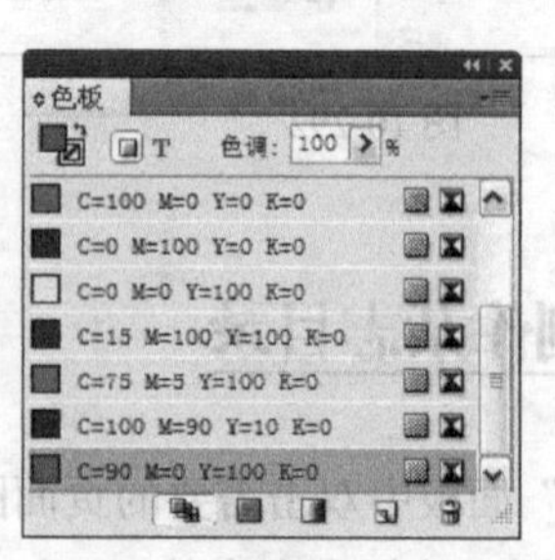

图 10-301

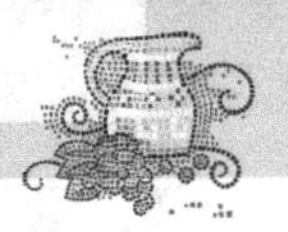

（6）在“段落样式”面板中，单击面板下方的“创建新样式”按钮，生成新的段落样式并将其命名为“目录 1”。双击“目录 1”样式，弹出“段落样式选项”对话框，单击“基本字符格式”选项，弹出相应的对话框，设置如图 10-302 所示；单击左侧的“字符颜色”选项，弹出相应的对话框，设置如图 10-303 所示，单击“确定”按钮。

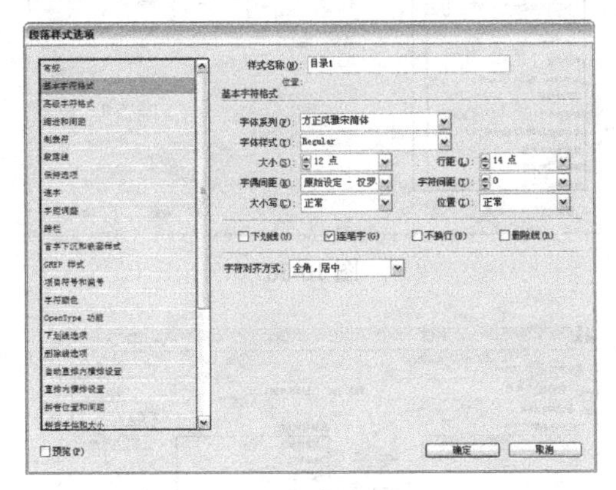

图 10-302

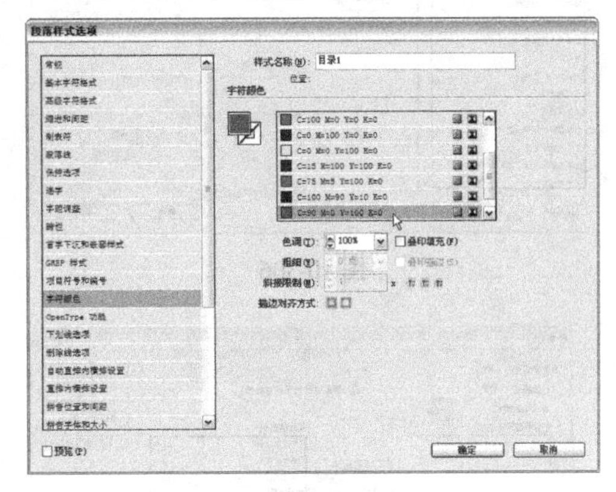

图 10-303

（7）在“段落样式”面板中，单击面板下方的“创建新样式”按钮，生成新的段落样式并将其命名为“目录 2”。双击“目录 2”样式，弹出“段落样式选项”对话框，单击“基本字符格式”选项，弹出相应的对话框，设置如图 10-304 所示；单击左侧的“制表符”选项，弹出相应的对话框，设置如图 10-305 所示，单击“确定”按钮。

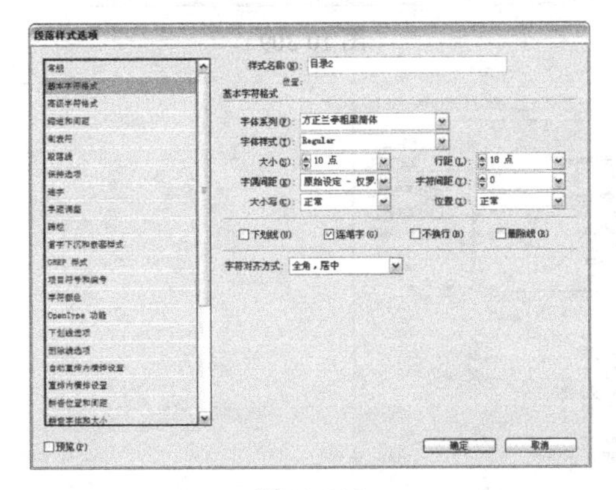

图 10-304

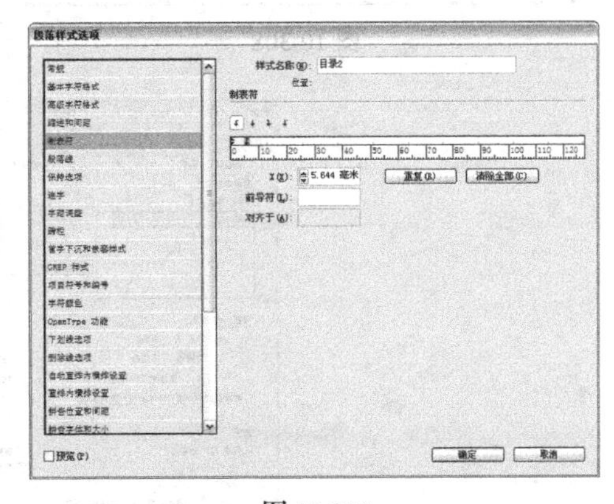

图 10-305

（8）在“段落样式”面板中，单击面板下方的“创建新样式”按钮，生成新的段落样式并将其命名为“目录 3”。双击“目录 3”样式，弹出“段落样式选项”对话框，单击“基本字符格式”选项，弹出相应的对话框，设置如图 10-306 所示；单击左侧的“制表符”选项，弹出相应的对话框，设置如图 10-307 所示，单击“确定”按钮。

（9）选择“版面 > 目录”命令，弹出“目录”对话框，在“其他样式”列表中选择“一级标题 1”，如图 10-308 所示，单击“添加”按钮 << 添加(A) ，将“一级标题 1”添加到“包含段落样式”列表中，如图 10-309 所示。在“样式：一级标题 1”选项组中，单击“条目样式”选项右侧的按钮，在弹出的菜单中选择“目录 2”，单击“页码”选项右侧的按钮，在弹出的菜单中选择“条码前”，如图 10-310 所示。

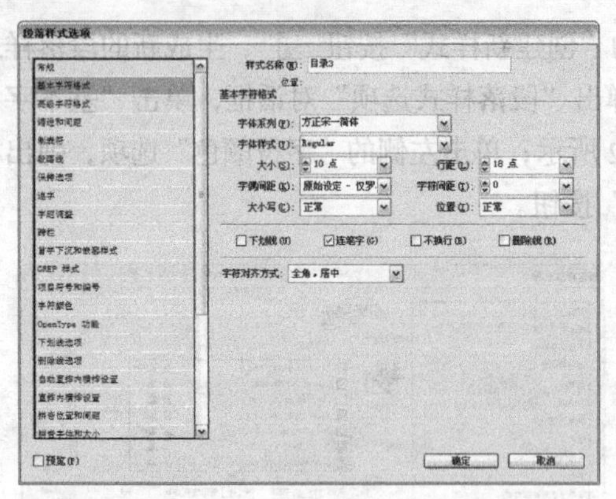

图 10-306

图 10-307

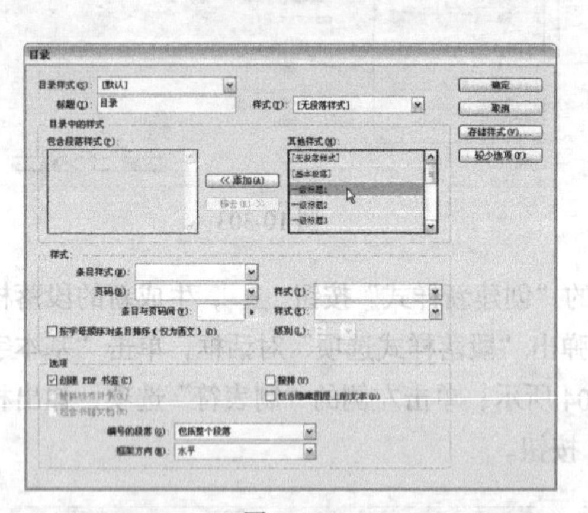

图 10-308

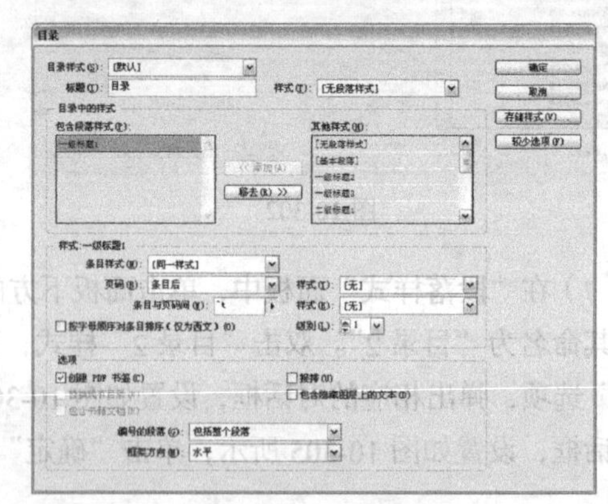

图 10-309

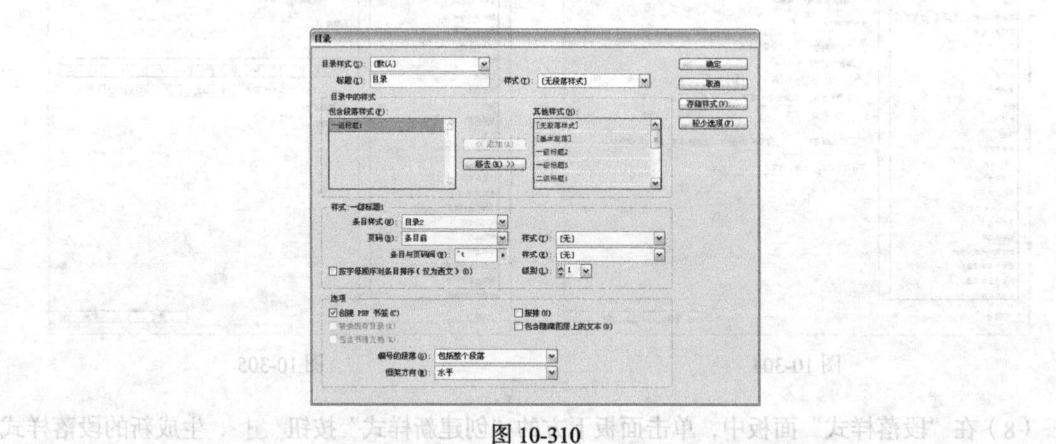

图 10-310

（10）在“其他样式”列表中选择“一级标题 2”，单击“添加”按钮 << 添加(A) ，将“一级标题 2”添加到“包含段落样式”列表中，其他选项设置如图 10-311 所示。在“其他样式”列表中选择“一级标题 3”，单击“添加”按钮 << 添加(A) ，将“一级标题 3”添加到“包含段落样式”列表中，其他选项设置如图 10-312 所示。

（11）在“其他样式”列表中选择“二级标题 1”，单击“添加”按钮 << 添加(A) ，将“二级标题 1”添加到“包含段落样式”列表中，其他选项设置如图 10-313 所示。在“其他样式”列表中选择“二级标题 2”，单击“添加”按钮 << 添加(A) ，将“二级标题 2”添加到“包含段落

样式”列表中，其他选项设置如图 10-314 所示。

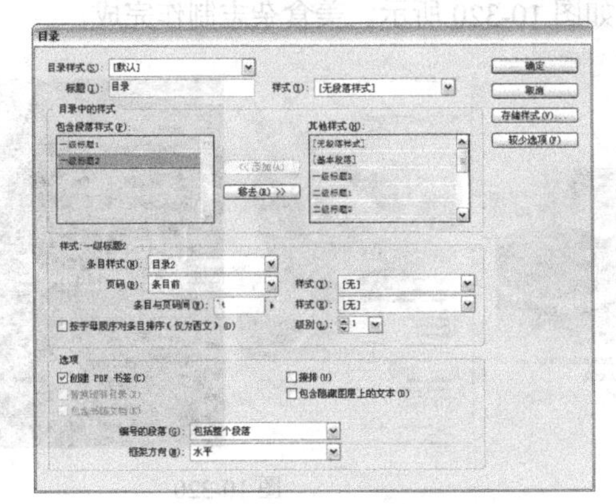

图 10-311

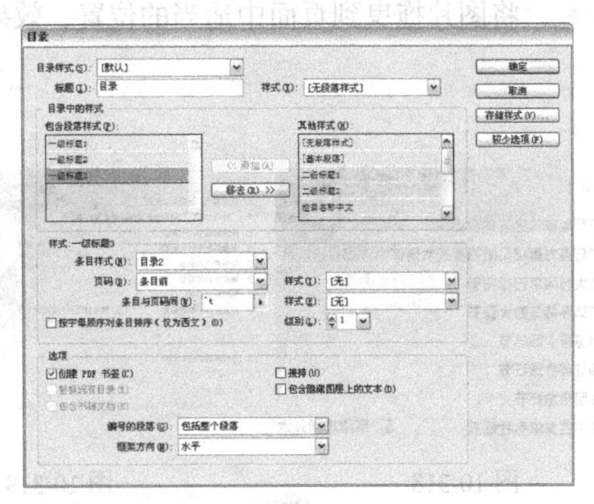

图 10-312

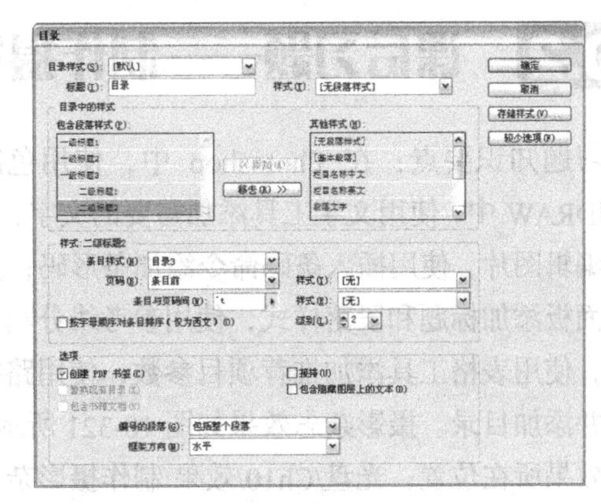

图 10-313

图 10-314

（12）删除“标题”选项，单击“确定”按钮，在页面中拖曳鼠标，提取目录，效果如图 10-315 所示。选择“选择”工具，单击文本框的出口，光标会变为载入文本图符，到页面中适当的位置拖曳鼠标，文本自动排入框中，效果如图 10-316 所示。用相同方法将文本排入到框中，效果如图 10-317 所示。

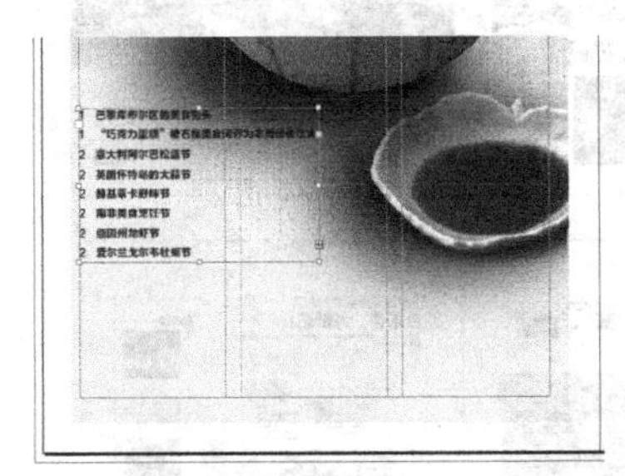

图 10-315

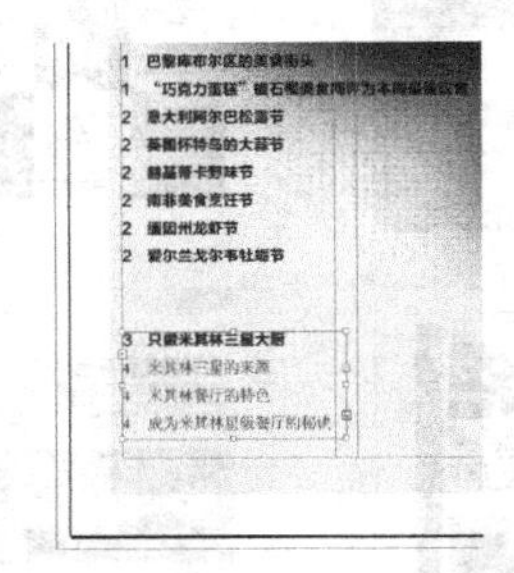

图 10-316

图 10-317

（13）选择“文字”工具 T，在页面中拖曳一个文本框，输入需要的文字，将输入的文字选取，在“段落样式”面板中单击“目录 1”样式，效果如图 10-318 所示。用相同的方法添加其他文字并应用样式，效果如图 10-319 所示。

（14）选择“文件 > 置入”命令，弹出“置入”对话框，选择光盘中的“Ch10 > 素材 > 制

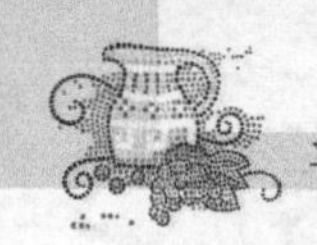

作美食杂志 > 07”文件，单击“打开”按钮，在页面中空白处单击鼠标置入图片，选择“选择”工具，将图片拖曳到页面中适当的位置，效果如图 10-320 所示。美食杂志制作完成。

图 10-318　　图 10-319　　图 10-320

10.2 课后习题——制作摄影杂志

习题知识要点：在 Photoshop 中，使用色阶命令和镜头光晕命令制作杂志封面底图；在 CorelDRAW 中，使用文字工具添加需要的文字，使用阴影工具制作文字阴影效果，使用剪贴蒙版命令编辑图片，使用插入条码命令添加条形码；在 InDesign 中使用页面面板调整页面，使用段落样式面板添加标题和段落样式，使用参考线分割页面，使用路径文字工具和文字工具杂志的相关内容，使用表格工具添加推荐项目参数，使用路径查找器面板制作图形效果，使用版面命令调整页码并添加目录。摄影杂志效果如图 10-321 所示。

效果所在位置：光盘/Ch10/效果/制作摄影杂志/摄影杂志封面.cdr、摄影杂志内页.indd。

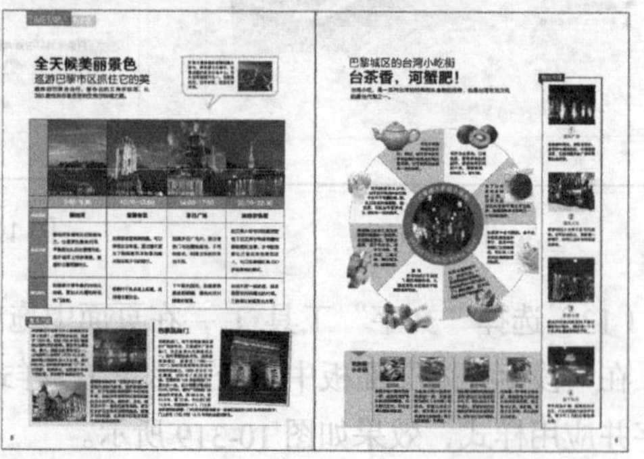

图 10-321

第11章 书籍装帧设计

精美的书籍装帧设计可以带给读者更多的阅读乐趣。一本好书是好的内容和书籍装帧的完美结合。本章主要讲解的是书籍的封面与内页设计。封面设计是书籍的外表和标志，是书籍装帧的重要组成部分。正文则是书籍的核心和最基本的部分，它是书籍设计的基础。本章以制作旅游书籍为例，讲解书籍封面与内页的设计方法和制作技巧。

课堂学习目标

- 在 CorelDRAW 软件中制作旅游书籍封面
- 在 InDesign 软件中制作旅游书籍的内页及目录

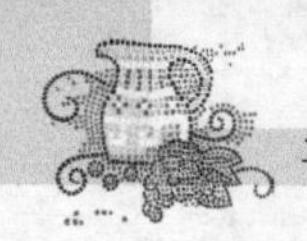

11.1 制作旅游书籍

案例学习目标：在 CorelDRAW 中，使用辅助线分割页面，使用绘制图形工具绘制图形，使用文本工具、交互式工具和路径查找器面板添加封面信息；在 InDesign 中，使用页面面板调整页面，使用版面命令调整页码并添加目录，使用绘制图形工具和文字工具制作书籍内页。

案例知识要点：在 CorelDRAW 中，使用选项命令添加辅助线，使用文本工具添加封面信息，使用精确剪裁命令将图片置入到矩形中，使用椭圆工具和合并命令制作图形效果，使用阴影工具为图形添加阴影效果，使用透明度工具为图形添加透明效果，使用插入条形码命令在封面中插入条码；在 InDesign 中，使用页面面板调整页面，使用段落样式面板添加段落样式，使用参考线分割页面，使用贴入内部命令将图片置入到矩形中，使用文字工具添加文字，使用文本绕排面板制作文本绕排效果，使用版面命令调整页码并添加目录。旅游书籍封面、内页效果如图 11-1 所示。

效果所在位置：光盘/Ch11/效果/制作旅游书籍/旅游书籍封面.cdr、旅游书籍内页.indd。

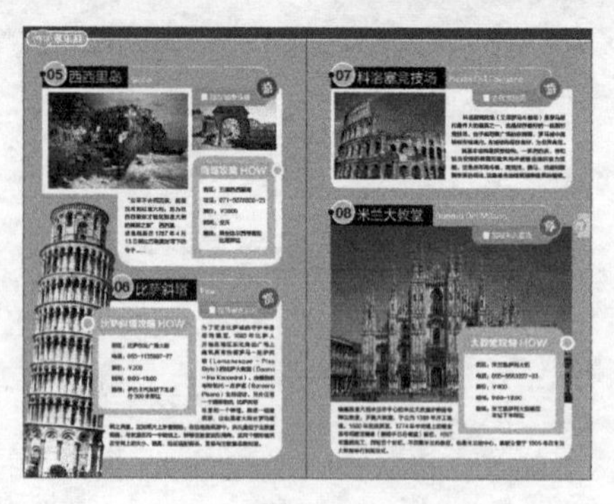

图 11-1

CorelDRAW 应用

11.1.1　制作书籍封面

（1）打开 CorelDRAW X5 软件，按 Ctrl+N 组合键，新建一个页面。在属性栏的“页面度量”选项中分别设置宽度为 315mm，高度为 230mm，如图 11-2 所示。按 Enter 键，页面尺寸显示为设置的大小，如图 11-3 所示。

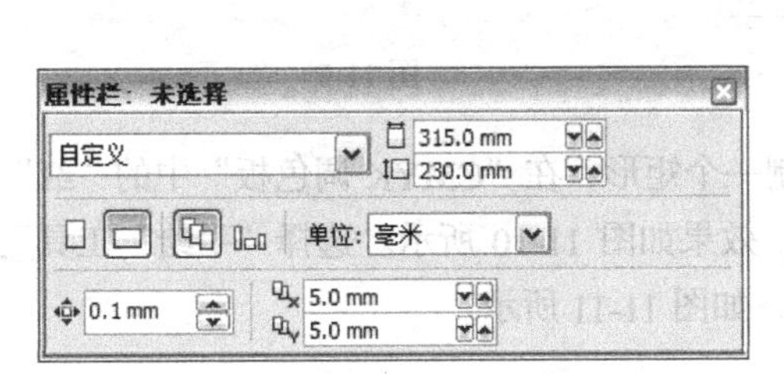

图 11-2

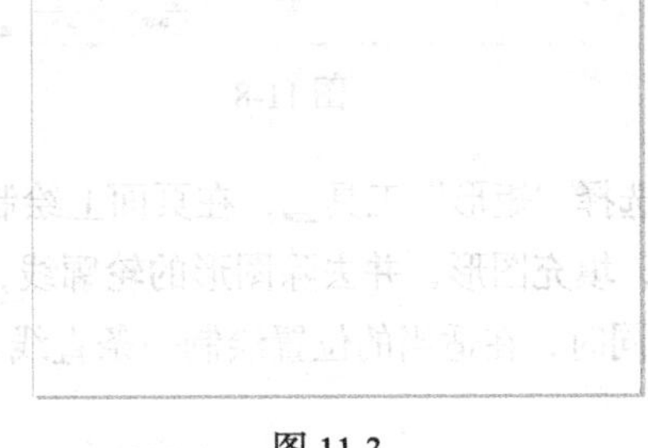

图 11-3

（2）选择“矩形”工具，在页面中绘制一个矩形，属性栏中的设置如图 11-4 所示，效果如图 11-5 所示。按 P 键，将图形与页面对齐，在“CMYK 调色板”中的“黄”色块上单击鼠标，填充图形，并去除图形的轮廓线，效果如图 11-6 所示。选择“视图 > 显示 > 出血”命令，页面显示出血，如图 11-7 所示。

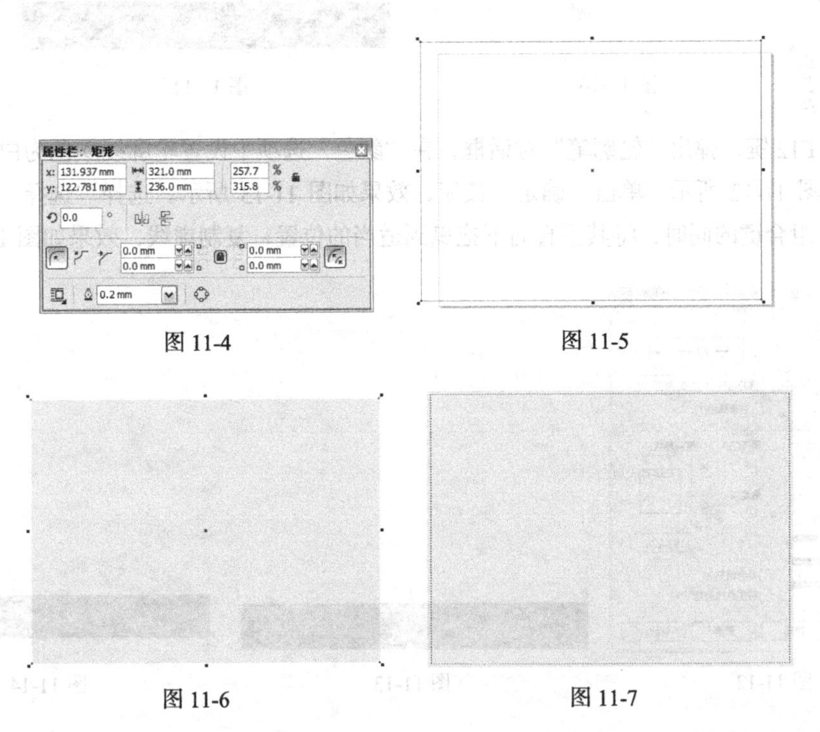

图 11-4　　图 11-5

图 11-6　　图 11-7

（3）按 Ctrl+J 组合键，弹出“选项”对话框，选择“辅助线/垂直”选项，在文字框中设置数

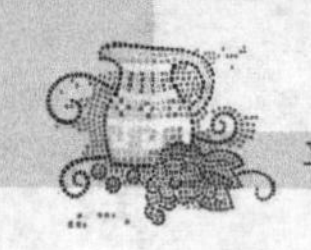

值为 150，如图 11-8 所示，单击“添加”按钮，在页面中添加一条垂直辅助线。用相同方法再添加 165mm 的垂直辅助线，单击“确定”按钮，效果如图 11-9 所示。

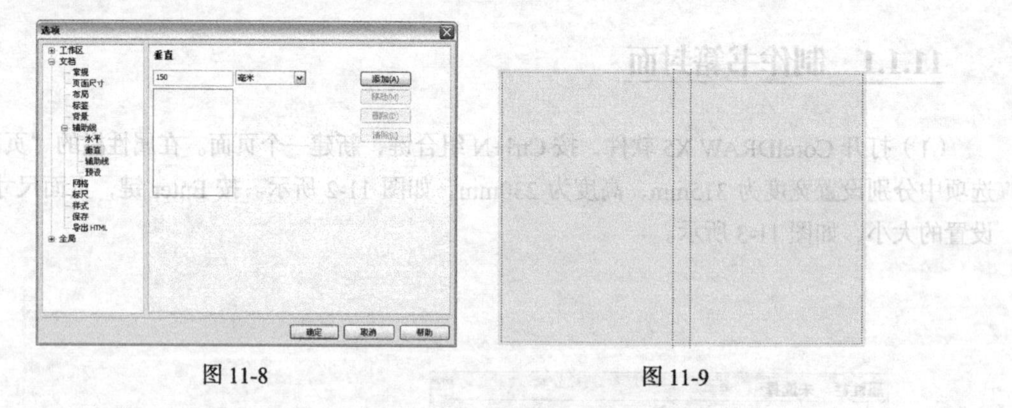

图 11-8　　图 11-9

（4）选择“矩形”工具，在页面上绘制一个矩形，在“CMYK 调色板”中的“红”色块上单击鼠标，填充图形，并去除图形的轮廓线，效果如图 11-10 所示。选择“手绘”工具，按住 Shift 键的同时，在适当的位置绘制一条直线，如图 11-11 所示。

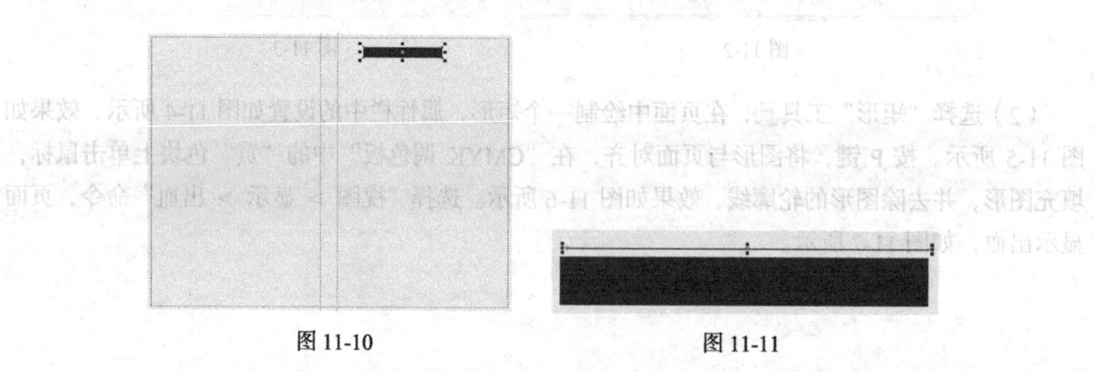

图 11-10　　图 11-11

（5）按 F12 键，弹出“轮廓笔”对话框，在“颜色”选项中设置轮廓线颜色为白色，其他选项的设置如图 11-12 所示，单击“确定”按钮，效果如图 11-13 所示。选择“选择”工具，按住 Shift+Alt 组合键的同时，将其垂直向下拖曳到适当的位置，复制虚线，效果如图 11-14 所示。

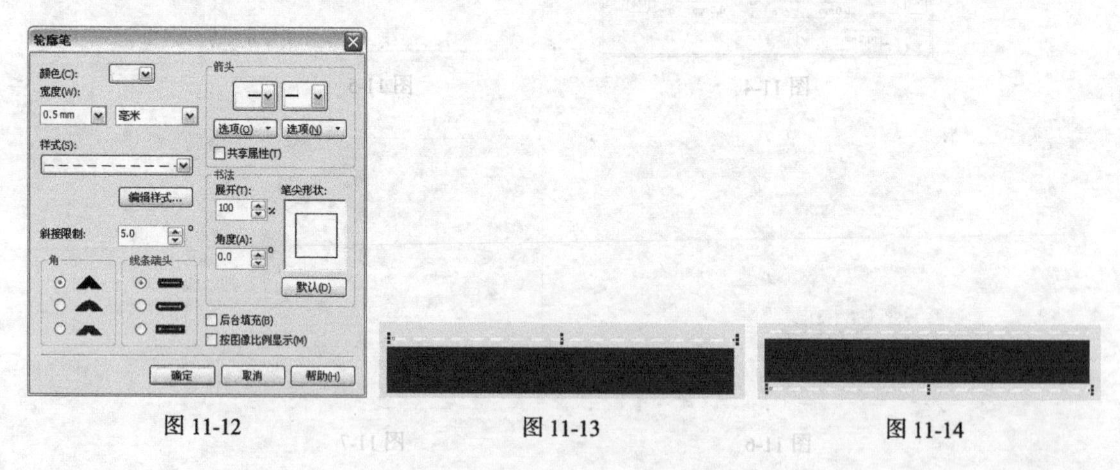

图 11-12　　图 11-13　　图 11-14

（6）选择“椭圆形”工具，按住 Shift 键的同时，在页面中绘制一个圆形，如图 11-15 所示。

在属性栏中将“轮廓宽度”选项设为 0.75mm，在“CMYK 调色板”中的“红”色块上单击鼠标，填充图形，并填充轮廓线为白色，效果如图 11-16 所示。

图 11-15　　图 11-16

（7）选择“椭圆形”工具，按住 Shift 键的同时，在页面中绘制一个圆形，填充图形为白色，并去除图形的轮廓线，如图 11-17 所示。选择“文本”工具，在页面中分别输入需要的文字。选择“选择”工具，在属性栏中选择合适的字体并设置文字大小，填充文字为白色，效果如图 11-18 所示。

（8）选择“文本”工具，在页面中输入需要的文字。选择“选择”工具，在属性栏中选择合适的字体并设置文字大小，单击属性栏中的“将文本更改为垂直方向”按钮，更改文字方向，设置文字填充颜色的 CMYK 值为 100、80、50、30，填充文字，效果如图 11-19 所示。

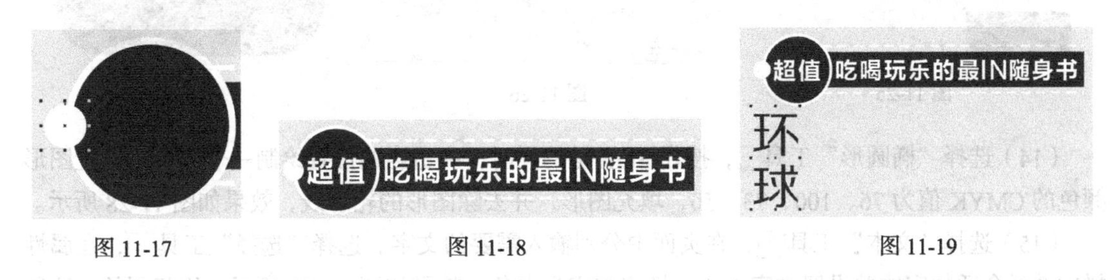

图 11-17　　图 11-18　　图 11-19

（9）选择“形状”工具，向上拖曳文字下方的图标，适当调整字间距，效果如图 11-20 所示。

（10）选择“文本”工具，在页面中输入需要的文字。选择“选择”工具，在属性栏中选择合适的字体并设置文字大小，设置文字颜色的 CMYK 值为 100、80、50、30，并填充文字，效果如图 11-21 所示。选择“形状”工具，向左拖曳文字下方的图标，适当调整字间距，效果如图 11-22 所示。

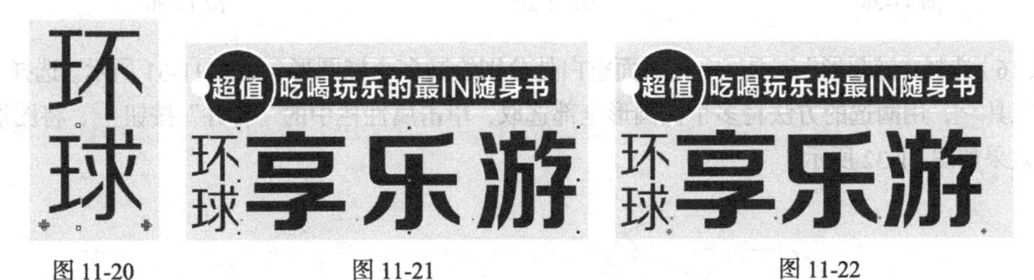

图 11-20　　图 11-21　　图 11-22

（11）选择“文本”工具，在页面中输入需要的文字。选择“选择”工具，在属性栏中选择合适的字体并设置文字大小，在“CMYK 调色板”中的“红”色块上单击鼠标，填充文字，效果如图 11-23 所示。

（12）选择“文件 > 导入”命令，弹出“导入”对话框。选择光盘中的“Ch11 > 素材 > 制作旅游书籍 > 01”文件，单击“导入”按钮，在页面中单击导入图片，将其拖曳到适当的位置，并适当调整其大小，效果如图 11-24 所示。

环球享乐游
2012最新升级路线

图 11-23

图 11-24

（13）选择“矩形”工具，在适当的位置绘制一个矩形，在“CMYK 调色板”中的“洋红”色块上单击鼠标，填充图形，并去除图形的轮廓线，效果如图 11-25 所示。在属性栏中的“圆角半径”框中进行设置，如图 11-26 所示，按 Enter 键，效果如图 11-27 所示。

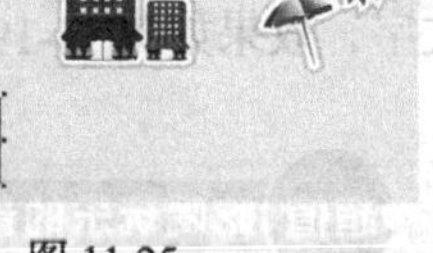

图 11-25

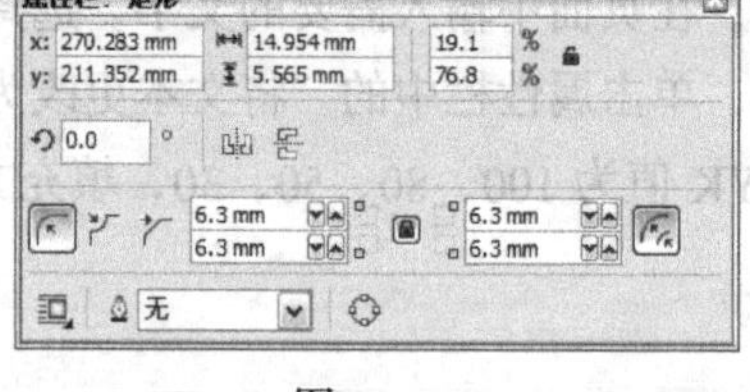

图 11-26

图 11-27

（14）选择“椭圆形”工具，按住 Shift 键的同时，在适当的位置绘制一个圆形，设置图形颜色的 CMYK 值为 76、100、73、50，填充图形，并去除图形的轮廓线，效果如图 11-28 所示。

（15）选择“文本”工具，在页面中分别输入需要的文字。选择“选择”工具，在属性栏中选择合适的字体并设置文字大小，填充文字为白色，效果如图 11-29 所示。用相同的方法制作其他图形与文字，并分别填充适当的颜色，效果如图 11-30 所示。

图 11-28

超 便捷!

图 11-29

图 11-30

（16）选择“椭圆形”工具，在页面空白处分别绘制多个椭圆形，如图 11-31 所示。选择“选择”工具，用圈选的方法将多个椭圆形全部选取，单击属性栏中的“合并”按钮，将图形合并，效果如图 11-32 所示。

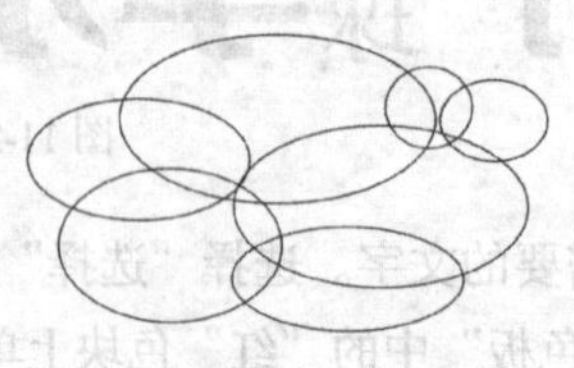

图 11-31

图 11-32

（17）选择“选择”工具，将图形拖曳到页面中适当的位置，设置图形颜色的 CMYK 值为 100、80、50、30，填充图形，并去除图形的轮廓线，效果如图 11-33 所示。

（18）选择“箭头形状”工具，在属性栏中单击“完美形状”按钮，在弹出的下拉图形列表中选择需要的图标，如图 11-34 所示，在页面中的适当位置拖曳鼠标绘制一个箭头图形，如图 11-35 所示，在“CMYK 调色板”中的“黄”色块上单击鼠标左键，填充箭头图形，并去除箭头图形的轮廓线，效果如图 11-36 所示。

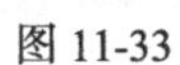

图 11-33

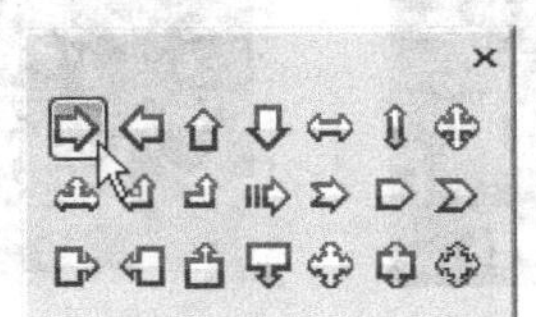

图 11-34

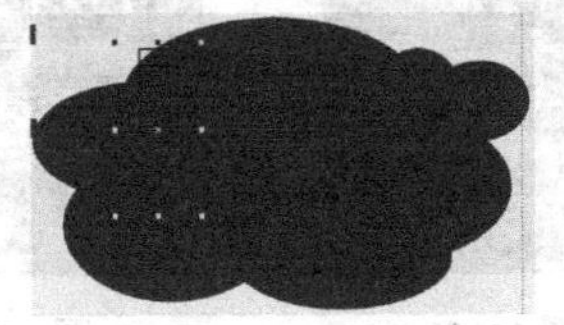

图 11-35

图 11-36

（19）选择“文本”工具，在页面中输入需要的文字。选择“选择”工具，在属性栏中选择合适的字体并设置文字大小，在“CMYK 调色板”中的“黄”色块上单击鼠标，填充文字，效果如图 11-37 所示。

（20）选择“文件 > 导入”命令，弹出“导入”对话框。选择光盘中的“Ch11 > 素材 > 制作旅游书籍 > 02”文件，单击“导入”按钮，在页面中单击导入图片，将其拖曳到适当的位置，并适当调整其大小，效果如图 11-38 所示。

图 11-37

图 11-38

（21）选择“文件 > 导入”命令，弹出“导入”对话框。选择光盘中的“Ch11 > 素材 > 制作旅游书籍> 03”文件，单击“导入”按钮，在页面中单击导入图片，适当调整其位置和大小，效果如图 11-39 所示。单击属性栏中的“垂直镜像”按钮，将图形垂直翻转，效果如图 11-40 所示。

图 11-39

图 11-40

（22）选择“矩形”工具，在页面中绘制一个矩形，如图 11-41 所示。选择“选择”工具，单击选取矩形后面的图片。选择“效果 > 图框精确剪裁 > 放置在容器中”命令，鼠标光标变成黑色箭头，在矩形上单击鼠标，如图 11-42 所示，将选取的图形置入到矩形中，去除图形的轮廓线，效果如图 11-43 所示。

图 11-41

图 11-42

图 11-43

11.1.2 添加装饰图形及内容文字

（1）选择“星形”工具，在属性栏中的设置如图 11-44 所示，按住 Shift 键的同时，在页面中适当的位置绘制一个图形，在“CMYK 调色板”中的“黄”色块上单击鼠标，填充图形，并去除图形的轮廓线，效果如图 11-45 所示。

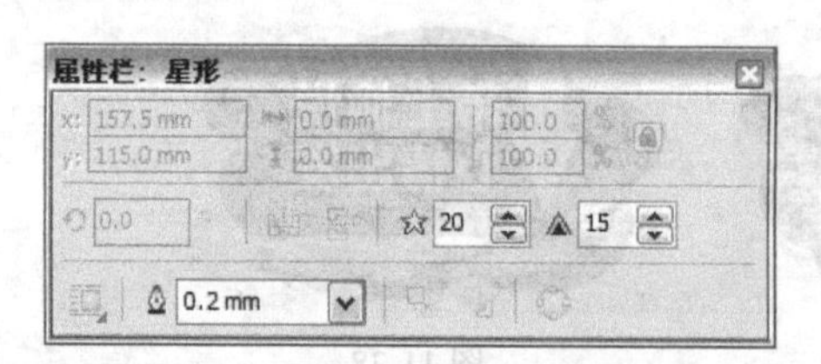

图 11-44

图 11-45

（2）选择“阴影”工具，从星形上从上至下拖曳光标，为图片添加阴影效果，属性栏中的设置如图 11-46 所示。按 Enter 键，效果如图 11-47 所示。

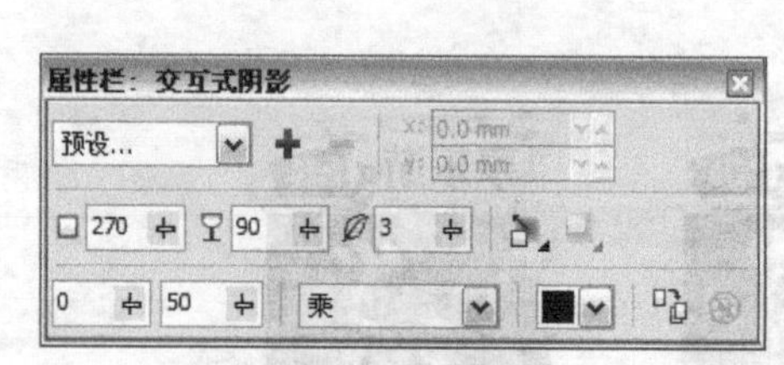

图 11-46

图 11-47

（3）选择“手绘”工具，按住 Shift 键的同时，在适当的位置绘制一条直线，如图 11-48 所示。按 F12 键，弹出“轮廓笔”对话框，选项的设置如图 11-49 所示，单击“确定”按钮，效果如图 11-50 所示。选择“选择”工具，按住 Shift+Alt 组合键的同时，将其垂直向下拖曳到适当的位置，复制虚线，效果如图 11-51 所示。

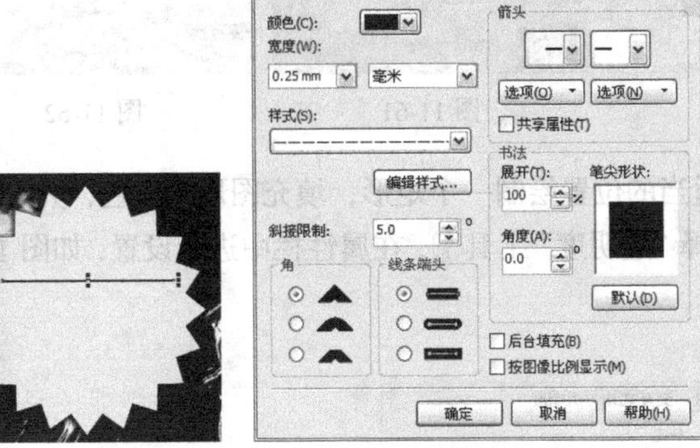

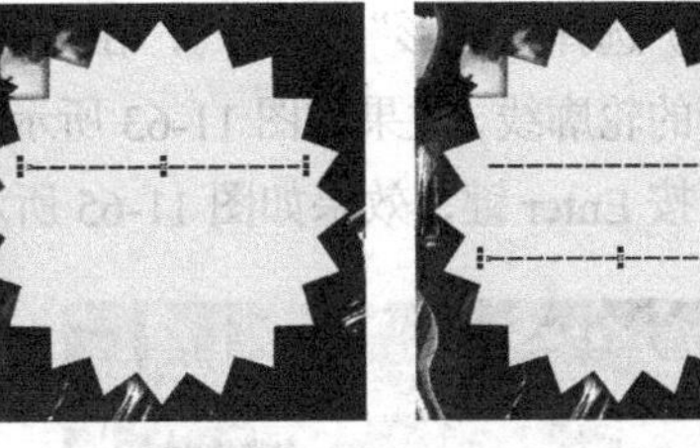

图 11-49　　图 11-49　　图 11-50　　图 11-51

（4）选择“文本”工具字，在页面中分别输入需要的文字。选择“选择”工具，在属性栏中选择合适的字体并设置文字大小，在“CMYK 调色板”中的“红”色块上单击鼠标，填充文字，效果如图 11-52 所示。

（5）选择“文本”工具字，在页面中分别输入需要的文字。选择“选择”工具，在属性栏中选择合适的字体并设置文字大小，效果如图 11-53 所示。按住 Shift 键的同时，将需要的文字同时选取，如图 11-54 所示，填充文字为白色，效果如图 11-55 所示。

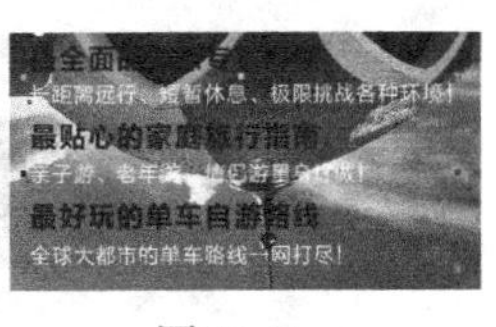

图 11-52　　图 11-53　　图 11-54　　图 11-55

（6）选择“文本”工具字，选取文字“最全面”，设置填充颜色的 CMYK 值为 0、100、100、30，填充文字，并取消文字的选取状态，效果如图 11-56 所示。选取文字“的资深专家解读”，设置填充颜色的 CMYK 值为 0、10、100、0，填充文字，并取消文字的选取状态，效果如图 11-57 所示。用相同方法为其他文字分别填充适当的颜色，效果如图 11-58 所示。

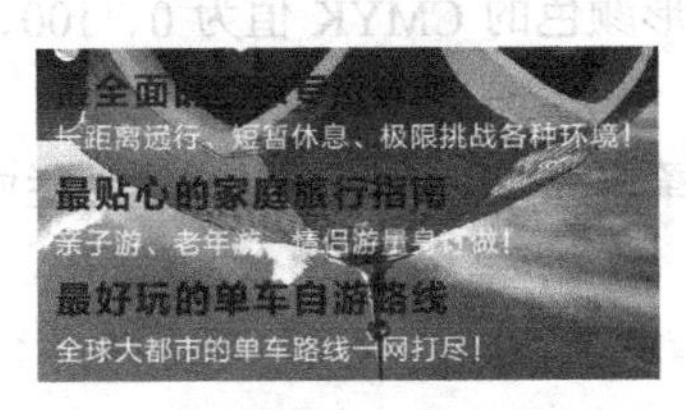

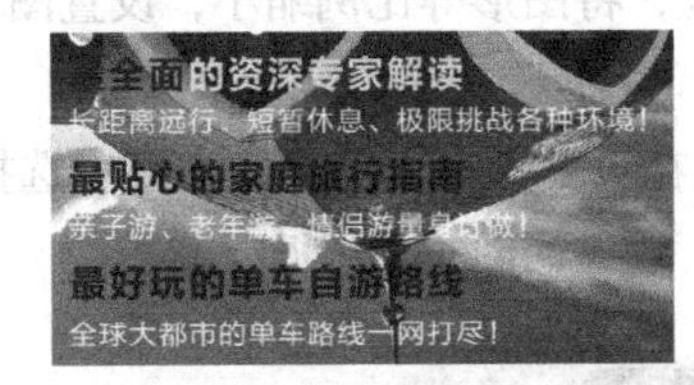

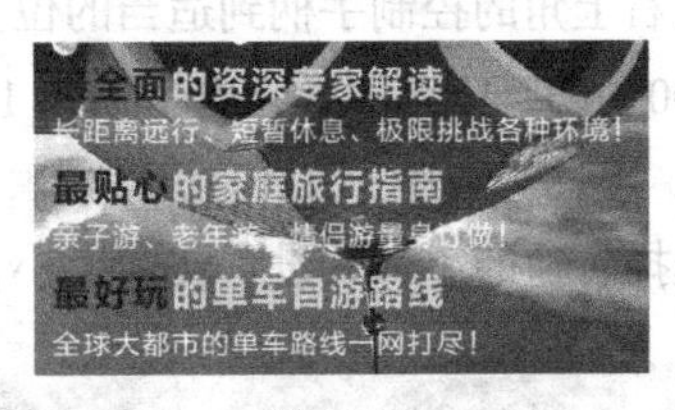

图 11-56　　图 11-57　　图 11-58

（7）选择“选择”工具，单击选取需要的文字，如图 11-59 所示。选择“阴影”工具，在文字上从上至下拖曳光标，为文字添加透明效果，属性栏中的设置如图 11-60 所示。按 Enter 键，效果如图 11-61 所示。用相同方法为其他文字添加阴影效果，如图 11-62 所示。

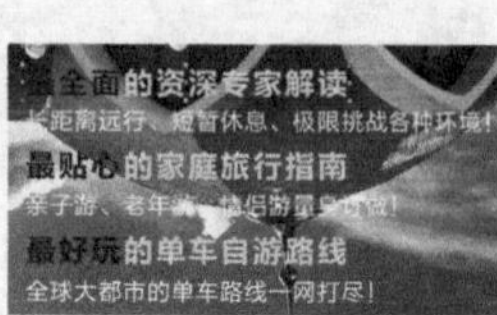
图 11-59

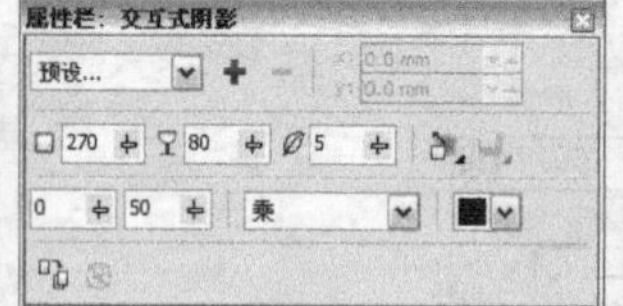
图 11-60

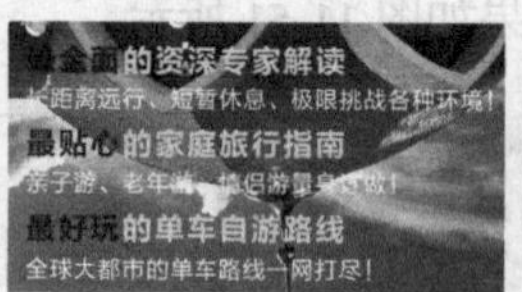
图 11-61

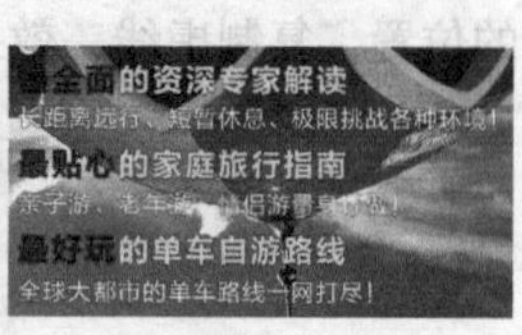
图 11-62

（8）选择“矩形”工具，在页面中适当的位置绘制一个矩形，填充图形为白色，并设置去除图形的轮廓线，效果如图 11-63 所示。选择“透明度”工具，在属性栏中进行设置，如图 11-64 所示，按 Enter 键，效果如图 11-65 所示。

图 11-63

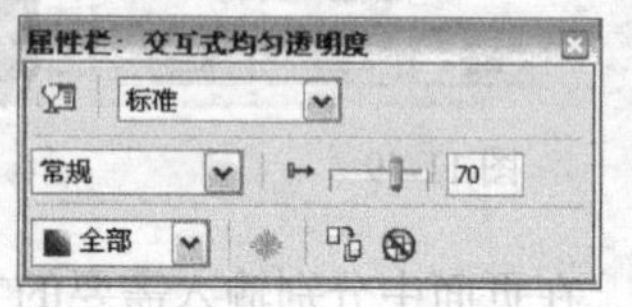
图 11-64

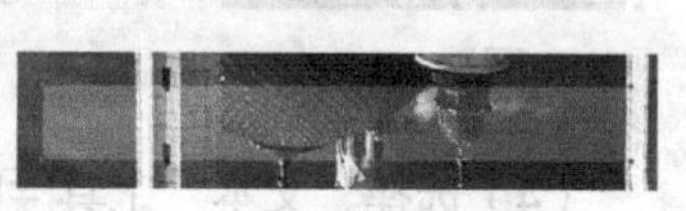
图 11-65

（9）选择“矩形”工具，在页面中适当的位置绘制一个矩形，设置图形颜色的 CMYK 值为 0、100、100、30，填充图形，并去除图形的轮廓线，效果如图 11-66 所示。选择“形状”工具，单击属性栏中的“倒棱角”按钮，改变角效果，并拖曳矩形左上角的节点到适当的位置，效果如图 11-67 所示。

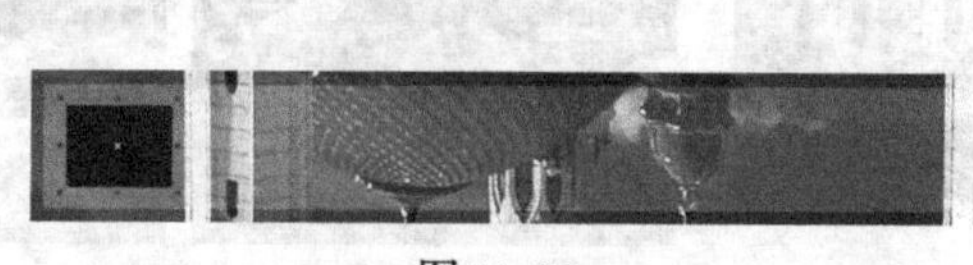
图 11-66

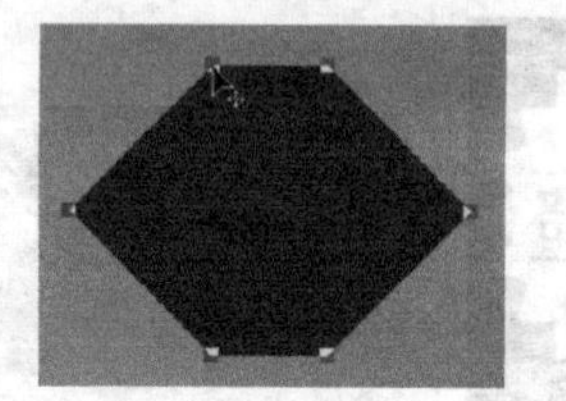
图 11-67

（10）选择“选择”工具，按数字键盘上的+键，复制图形，按住 Shift 键的同时，向内拖曳右上角的控制手柄到适当的位置，将图形等比例缩小，设置图形颜色的 CMYK 值为 0、90、100、0，填充图形，效果如图 11-68 所示。

（11）选择“选择”工具，按数字键盘上的+键，复制图形，按住 Shift 键的同时，向内拖曳右上角的控制手柄到适当的位置，将图形等比例缩小，设置图形颜色的 CMYK 值为 0、100、100、60，填充图形，效果如图 11-69 所示。

（12）选择“文本”工具，在页面中输入需要的文字。选择“选择”工具，在属性栏中选择合适的字体并设置文字大小，效果如图 11-70 所示。

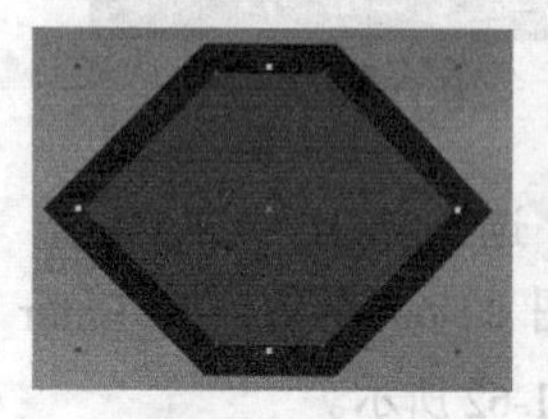
图 11-68

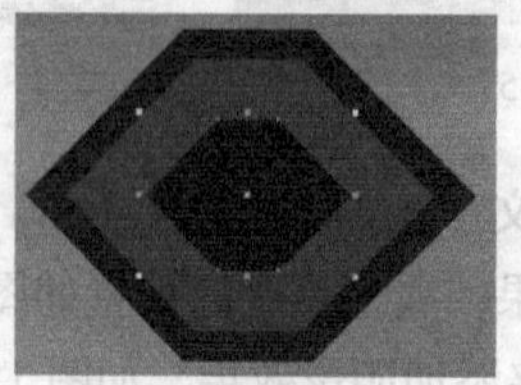
图 11-69

图 11-70

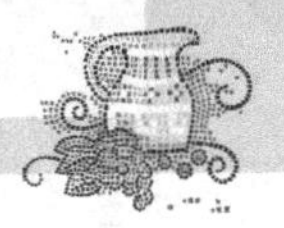

11.1.3 制作封底与书脊

（1）选择“文本”工具字，在页面中输入需要的文字。选择“选择”工具，在属性栏中选择合适的字体并设置文字大小，效果如图 11-71 所示。选择“文件 > 导入”命令，弹出“导入”对话框。选择光盘中的“Ch11 > 素材 > 制作旅游书籍 > 04”文件，单击“导入”按钮，在页面中单击导入图片，适当调整其大小和位置，效果如图 11-72 所示。

图 11-71

图 11-72

（2）选择“矩形”工具，在页面中适当的位置绘制一个矩形，如图 11-73 所示。选择“选择”工具，单击选取矩形后面的图片，选择“效果 > 图框精确剪裁 > 放置在容器中”命令，鼠标光标变成黑色箭头，在矩形上单击鼠标，如图 11-74 所示，将选取的图片置入到矩形中，去除图形的轮廓线，效果如图 11-75 所示。

图 11-73

图 11-74

图 11-75

（3）用上述方法导入光盘中的“Ch11 > 素材 > 制作旅游书籍 > 05”文件，并制作剪裁效果，如图 11-76 所示。选择“文件 > 导入”命令，弹出“导入”对话框。选择光盘中的“Ch11 > 素材 > 制作旅游书籍 > 06”文件，单击“导入”按钮，在页面中单击导入图片，将其拖曳到适当的位置，并适当调整其大小，效果如图 11-77 所示。

图 11-76

图 11-77

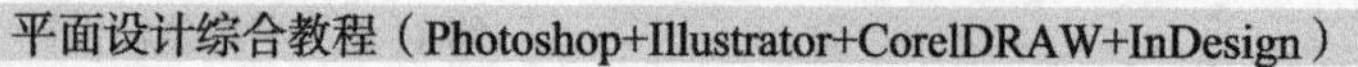

（4）选择“透明度”工具▣，在属性栏中进行设置，如图 11-78 所示，按 Enter 键，效果如图 11-79 所示。选择“文本”工具字，在页面中输入需要的文字。选择“选择”工具▣，在属性栏中选择合适的字体并设置文字大小，效果如图 11-80 所示。

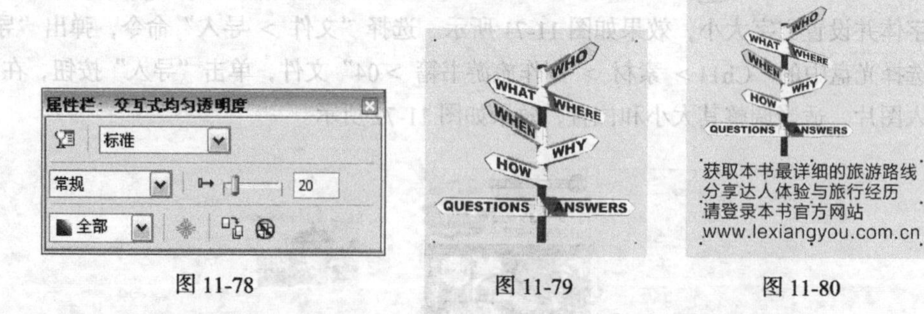

图 11-78　图 11-79　图 11-80

（5）选择“文本 > 段落格式化”命令，在弹出的面板中进行设置，如图 11-81 所示，按 Enter 键，效果如图 11-82 所示。选择“文本”工具字，选取需要的文字，如图 11-83 所示，在属性栏中设置适当的文字大小，取消文字的选取状态，效果如图 11-84 所示。

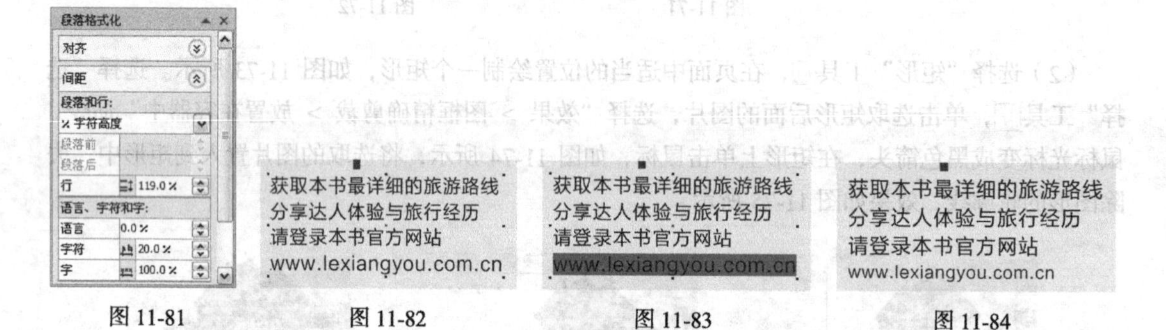

图 11-81　图 11-82　图 11-83　图 11-84

（6）选择“矩形”工具□，在页面中适当的位置绘制一个矩形，填充为白色，并去除图形的轮廓线，效果如图 11-85 所示。

（7）选择“编辑 > 插入条码”命令，弹出“条码向导”对话框，在各选项中按需要进行设置，如图 11-86 所示。设置好后，单击“下一步”按钮，在设置区内按需要进行设置，如图 11-87 所示。设置好后，单击“下一步”按钮，在设置区内按需要进行各项设置，如图 11-88 所示。设置好后，单击“完成”按钮，效果如图 11-89 所示。

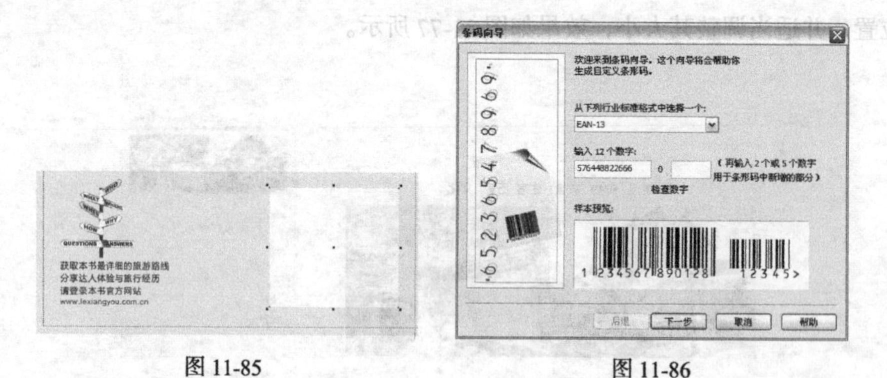

图 11-85　图 11-86

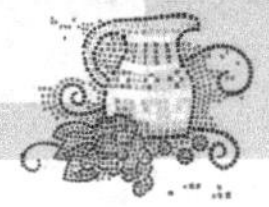

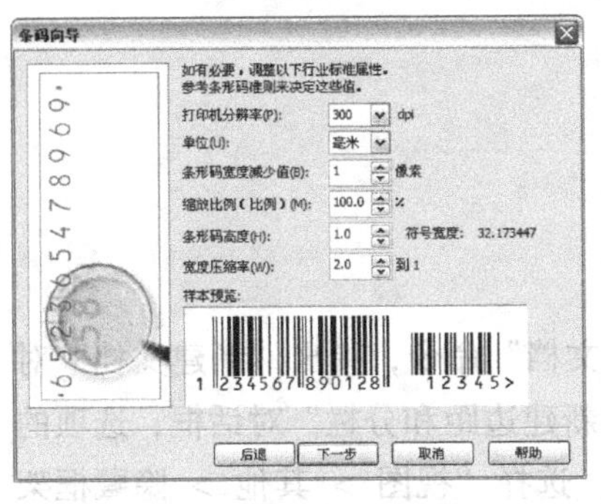

图 11-87

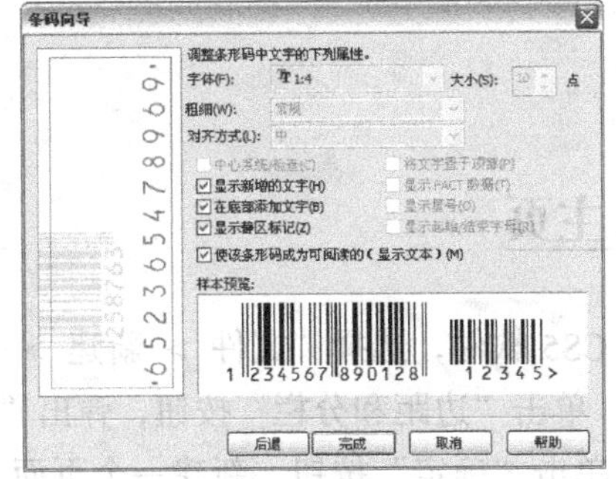

图 11-88

图 11-89

（8）选择“选择”工具，将条形码拖曳到页面中适当的位置，并调整其大小，效果如图 11-90 所示。

（9）选择“文本”工具，在页面中分别输入需要的文字。选择“选择”工具，在属性栏中选择合适的字体并设置文字大小，效果如图 11-91 所示。选择“选择”工具，单击选取需要的文字，如图 11-92 所示。

图 11-90

图 11-91

图 11-92

（10）按数字键盘上的+键，复制文字，单击属性栏中的“将文本更改为垂直方向”按钮，更改文字方向，并将其拖曳到适当的位置，调整其大小，效果如图 11-93 所示。

（11）用相同方法复制其他文字与图形，并分别对其进行调整，效果如图 11-94 所示。旅游书籍封面制作完成，效果如图 11-95 所示。按 Ctrl+S 组合键，弹出“保存绘图”对话框，将制作好的图像命名为“旅游书籍封面”，保存为.cdr 格式，单击“保存”按钮，将图像保存。

图 11-93

图 11-94

图 11-95

11.1.4 制作A主页

（1）打开InDesign CS5软件，选择“文件 > 新建 > 文档”命令，弹出“新建文档”对话框，如图11-96所示。单击“边距和分栏”按钮，弹出“新建边距和分栏”对话框，选项的设置如图11-97所示，单击“确定”按钮，新建一个页面。选择“视图 > 其他 > 隐藏框架边缘”命令，将所绘制图形的框架边缘隐藏。

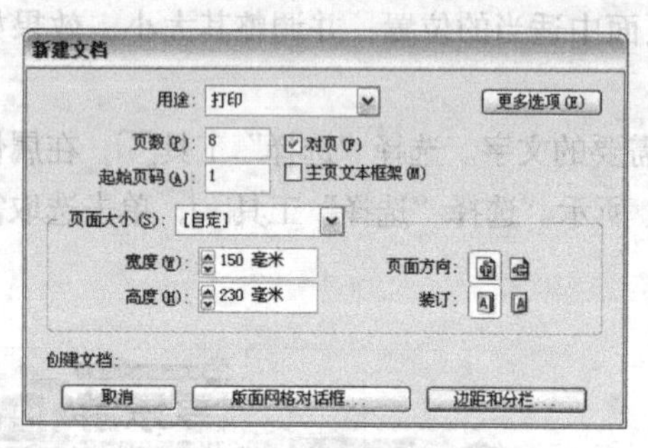

图11-96

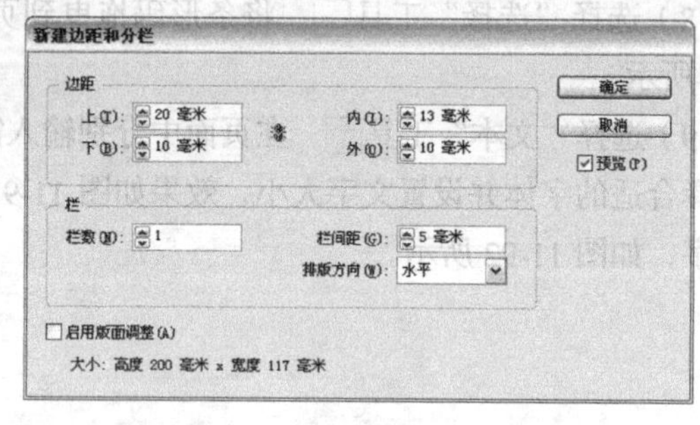

图11-97

（2）选择“版面 > 页码和章节选项”命令，弹出“页码和章节选项”对话框，设置如图11-98所示，单击“确定”按钮，设置页码样式。

（3）选择“窗口 > 页面”命令，弹出“页面”面板，按住Shift键的同时，单击所有页面的图标，将其全部选取，如图11-99所示。单击面板右上方的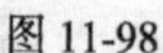图标，在弹出的菜单中取消勾选“允许选定的跨页随机排布”命令，如图11-100所示。

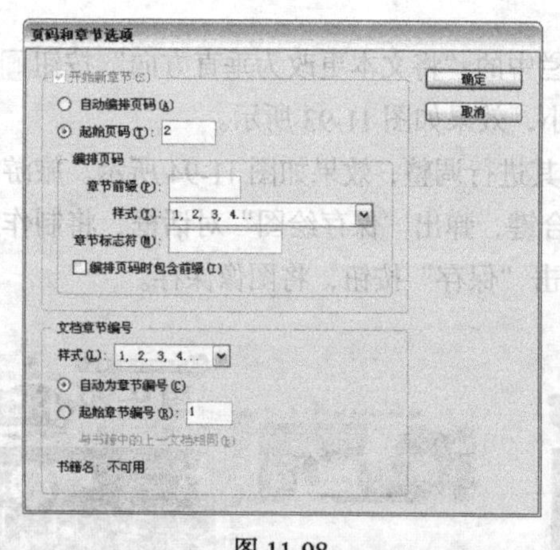

图11-98

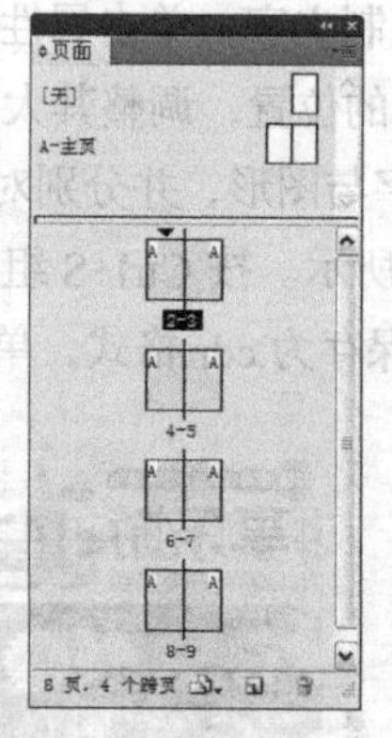

图11-99

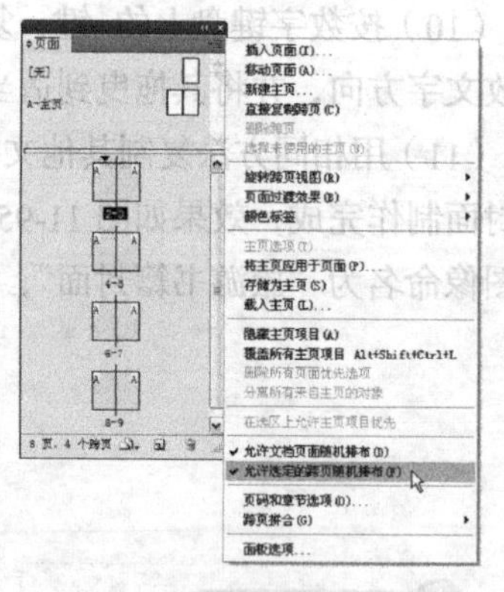

图11-100

（4）双击第二页的页面图标，选择“版面 > 页码和章节选项”命令，弹出“页码和章节选项”对话框，设置如图11-101所示，单击“确定”按钮，页面面板显示如图11-102所示。

（5）在“状态栏”中单击“文档所属页面”选项右侧的按钮，在弹出的页码中选择“A-主页”，页面效果如图11-103所示。

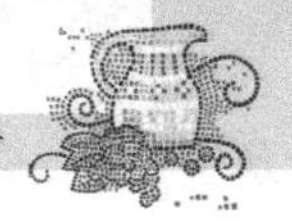

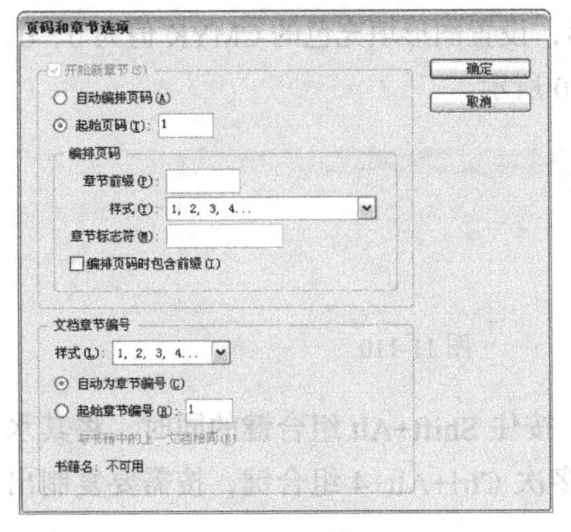

图 11-101

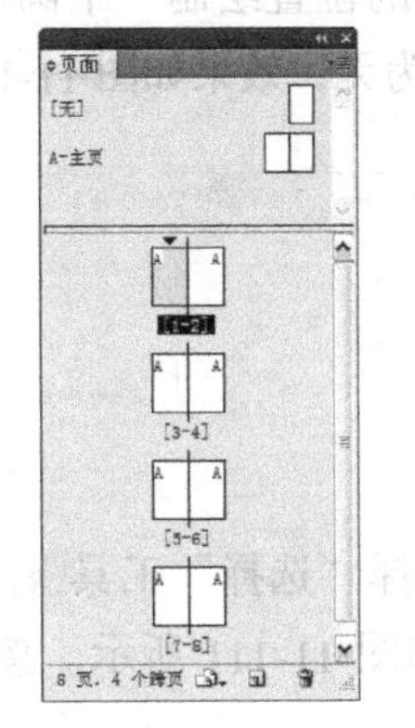

图 11-102

图 11-103

（6）按 Ctrl+R 组合键，显示标尺。从垂直标尺中拖曳出需要的参考线，在“控制面板”中将“X 位置”选项设为 3mm，按 Enter 键，如图 11-104 所示。再从垂直标尺中拖曳出需要的参考线，在“控制面板”中将“X 位置”选项设为 297mm，按 Enter 键，如图 11-105 所示。

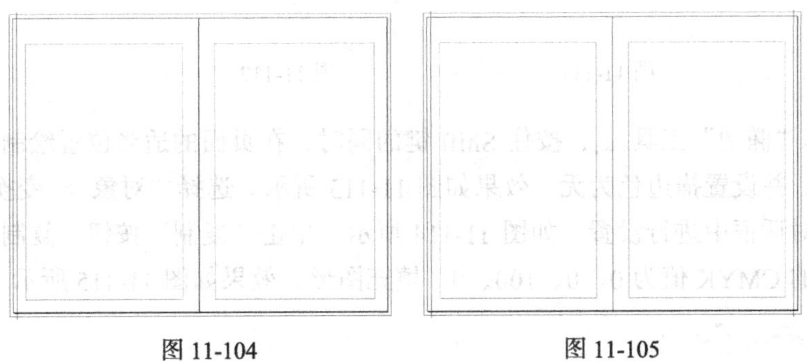

图 11-104　　图 11-105

（7）从水平标尺中拖曳出需要的参考线，在“控制面板”中将“X 位置”选项设为 227mm，按 Enter 键，如图 11-106 所示。选择“矩形”工具，在页面中适当的位置绘制一个矩形，设置图形填充色的 CMYK 值为 0、0、100、0，填充图形，并设置描边色为无，效果如图 11-107 所示。再绘制一个矩形，设置图形填充色的 CMYK 值为 0、30、100、0，填充图形，并设置描边色为无，效果如图 11-108 所示。

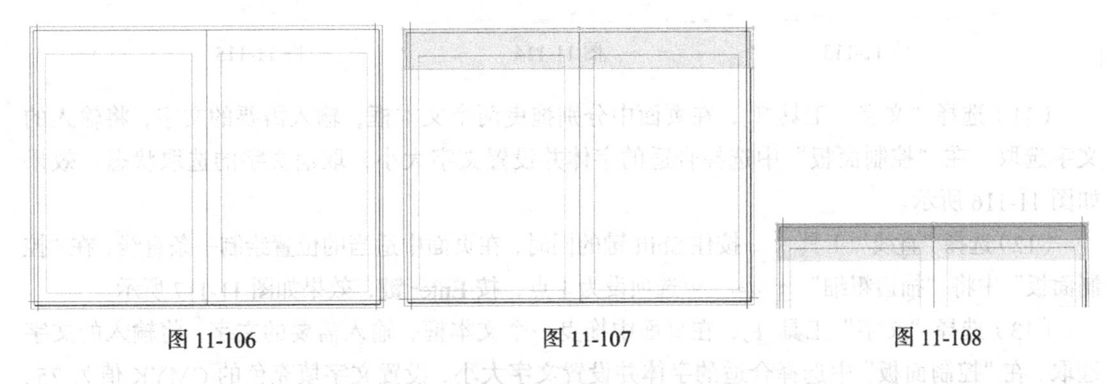

图 11-106　　图 11-107　　图 11-108

（8）选择“矩形”工具，在页面中适当的位置绘制一个矩形，设置图形填充色的 CMYK 值为 0、20、100、0，填充图形，并设置描边色为无，效果如图 11-109 所示。选择“椭圆”工具

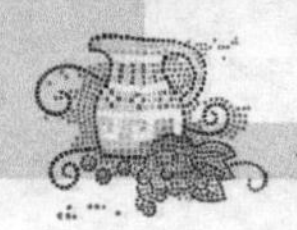

，按住 Shift 键的同时，在适当的位置绘制一个圆形，设置图形填充色的 CMYK 值为 0、0、100、0，填充图形，并设置描边色为无，效果如图 11-110 所示。

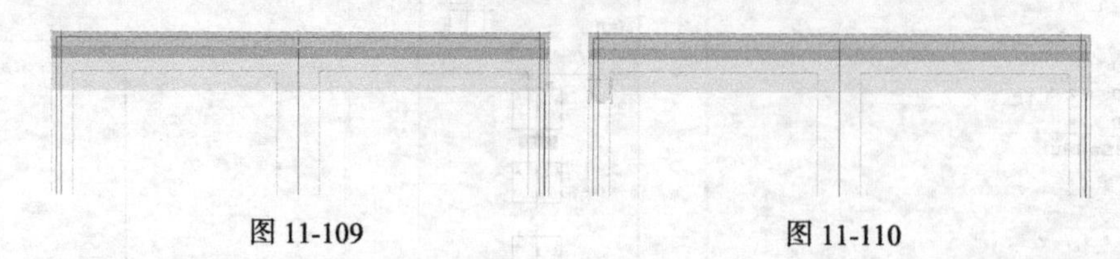

图 11-109　　　　图 11-110

（9）保持图形的选取状态。选择“选择”工具，按住 Shift+Alt 组合键的同时，将其水平向右拖曳到适当的位置，效果如图 11-111 所示。按多次 Ctrl+Alt+4 组合键，按需要复制出多个圆形，效果如图 11-112 所示。

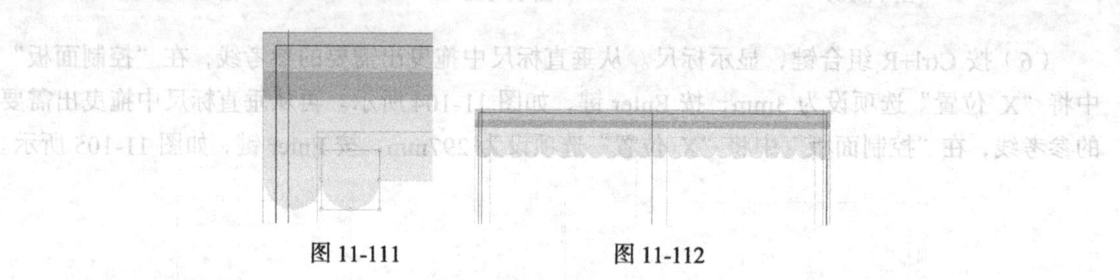

图 11-111　　　　图 11-112

（10）选择“椭圆”工具，按住 Shift 键的同时，在页面的适当位置绘制一个圆形，填充图形为白色，并设置描边色为无，效果如图 11-113 所示。选择“对象 > 变换 > 缩放”命令，在弹出的对话框中进行设置，如图 11-114 所示，单击“复制”按钮，复制一个图形，设置图形填充色的 CMYK 值为 0、0、100、0，填充图形，效果如图 11-115 所示。

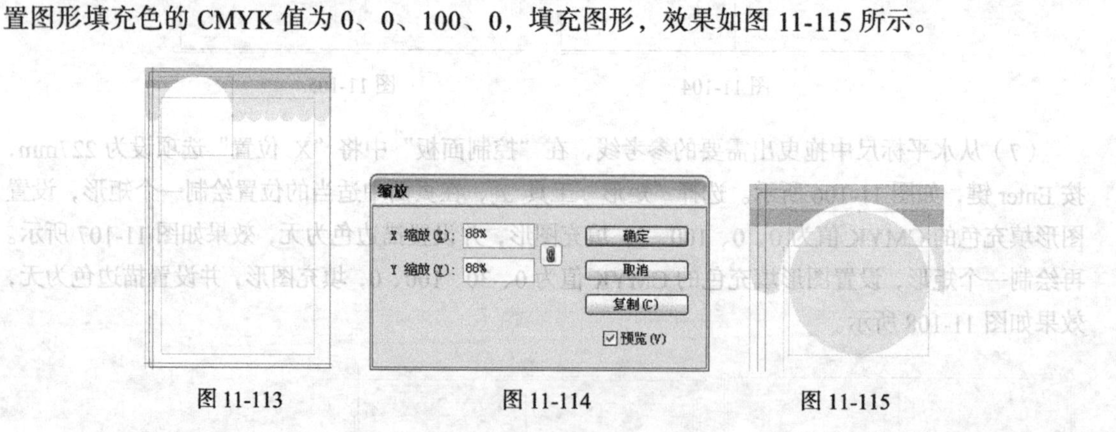

图 11-113　　　　图 11-114　　　　图 11-115

（11）选择“文字”工具，在页面中分别拖曳两个文本框，输入需要的文字，将输入的文字选取，在“控制面板”中选择合适的字体并设置文字大小，取消文字的选取状态，效果如图 11-116 所示。

（12）选择“直线”工具，按住 Shift 键的同时，在页面中适当的位置绘制一条直线，在“控制面板”中将“描边粗细” 0.283 选项设为 1 点，按 Enter 键，效果如图 11-117 所示。

（13）选择“文字”工具，在页面中拖曳一个文本框，输入需要的文字，将输入的文字选取，在“控制面板”中选择合适的字体并设置文字大小，设置文字填充色的 CMYK 值为 75、22、0、0，填充文字，取消文字的选取状态，效果如图 11-118 所示。

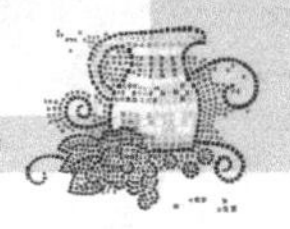

图 11-116

图 11-117

图 11-118

（14）选择“矩形”工具，在页面中适当的位置绘制一个矩形，如图 11-119 所示。选择“选择”工具，按住 Shift+Alt 组合键的同时，将其垂直向下拖曳到适当的位置，复制图形，如图 11-120 所示。按 Ctrl+Alt+4 组合键，再复制出一个图形，效果如图 11-121 所示。

（15）选择“文件 > 置入”命令，弹出“置入”对话框，选择光盘中的“Ch11 > 素材 > 制作旅游书籍 > 07”文件，单击“打开”按钮，在页面空白处单击鼠标置入图片。选择“自由变换”工具，将其拖曳到适当的位置，并调整大小，效果如图 11-122 所示。

图 11-119

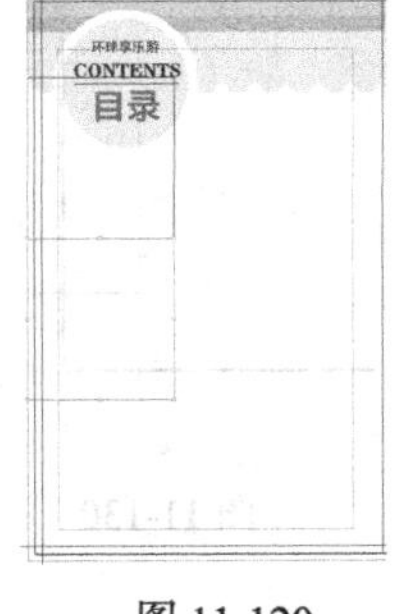

图 11-120

图 11-121

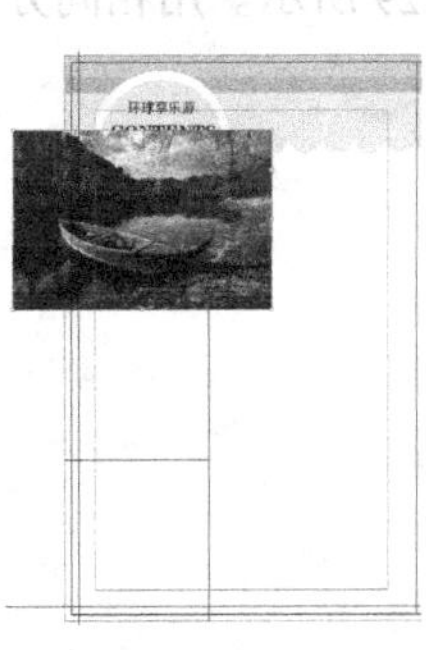

图 11-122

（16）保持图片选取状态。按 Ctrl+X 组合键，将图片剪切到剪贴板上。选择“选择”工具，单击下方的矩形，选择“编辑 > 贴入内部”命令，将图片贴入矩形图形的内部，并将描边色设为无，如图 11-123 所示。按多次 Ctrl+[组合键，将图片后移到适当的位置，效果如图 11-124 所示。

（17）分别置入光盘中的“08”和“09”文件，并分别将其粘贴到矩形内部，效果图 11-125 所示。使用相同的方法制作页面右侧的图片效果，如图 11-126 所示。

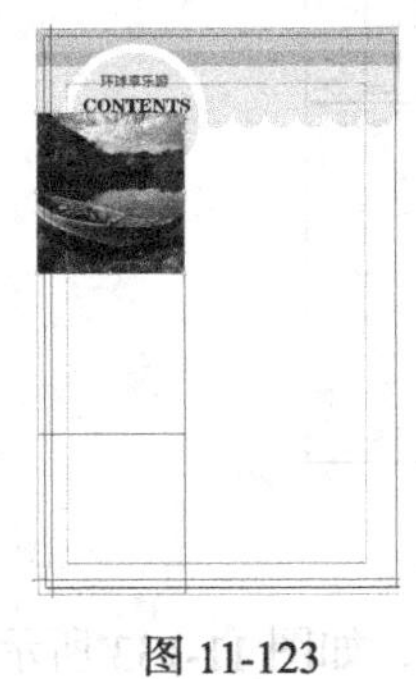

图 11-123

图 11-124

图 11-125

图 11-126

（18）选择“椭圆”工具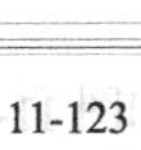，按住 Shift 键的同时，在页面的左下角绘制一个圆形，设置图形填充色的 CMYK 值为 0、50、100、0，填充图形，并设置描边色为无，效果如图 11-127 所示。

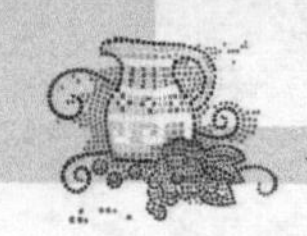

（19）选择“文字”工具 T，在页面中空白处拖曳出一个文本框。选择“文字 > 插入特殊字符 > 标识符 > 当前页码”命令，在文本框中添加自动页码，如图 11-128 所示。

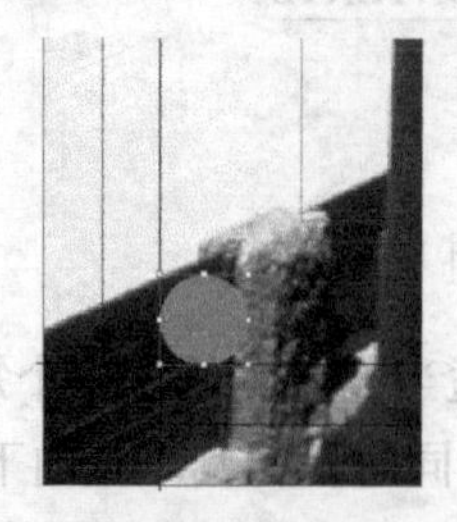

图 11-127　　图 11-128

（20）选择“文字”工具 T，选取刚添加的页码，在“控制面板”中选择合适的字体并设置文字大小，填充页码为白色，选择“选择”工具，将页码拖曳到页面中适当的位置，效果如图 11-129 所示。用相同方法在页面右下方添加图形与自动页码，效果如图 11-130 所示。

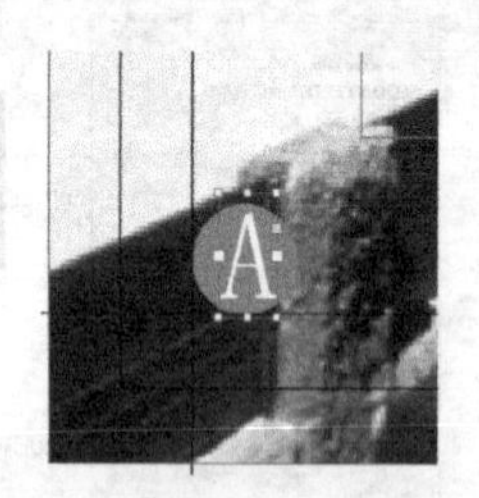

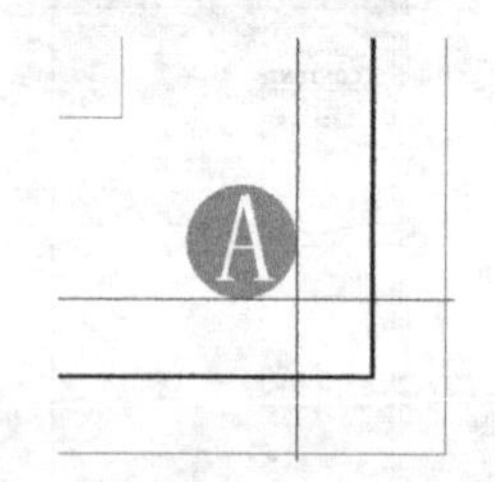

图 11-129　　图 11-130

11.1.5 制作 B 主页

（1）单击“页面”面板右上方的图标，在弹出的菜单中选择“新建主页”命令，在弹出的对话框中进行设置，如图 11-131 所示，单击“确定”按钮，得到 B 主页，如图 11-132 所示。

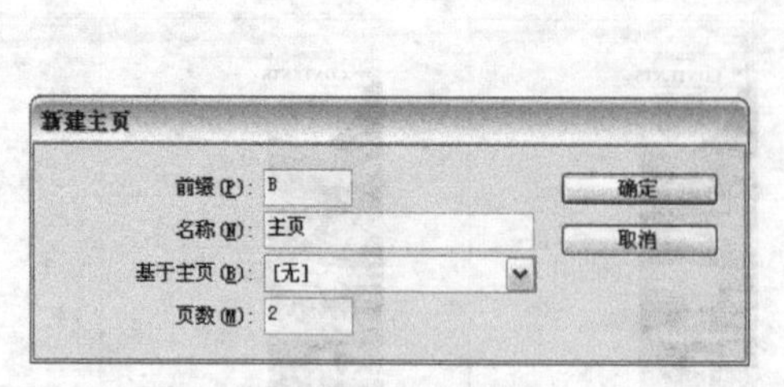

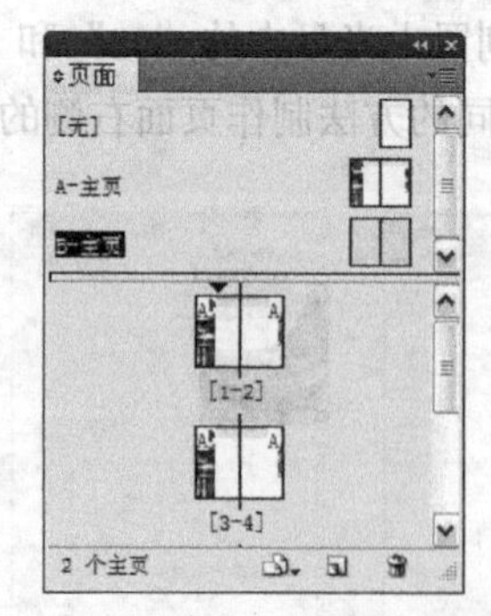

图 11-131　　图 11-132

（2）单击“图层”面板下方的“创建新图层”按钮，新建一个图层，如图 11-133 所示。选择“选择”工具，在“页面”面板中双击“A 主页”，按住 Shift 键的同时，选取页面下方的页码，如图 11-134 所示，按 Ctrl+C 组合键，复制选取的页码，在“页面”面板中双击“B 主页”，选择“编辑 > 原位粘贴”命令，原位粘贴页码，取消页码的选取状态，效果如图 11-135 所示。

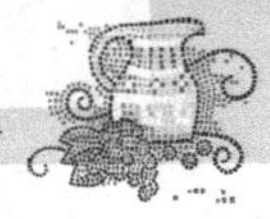

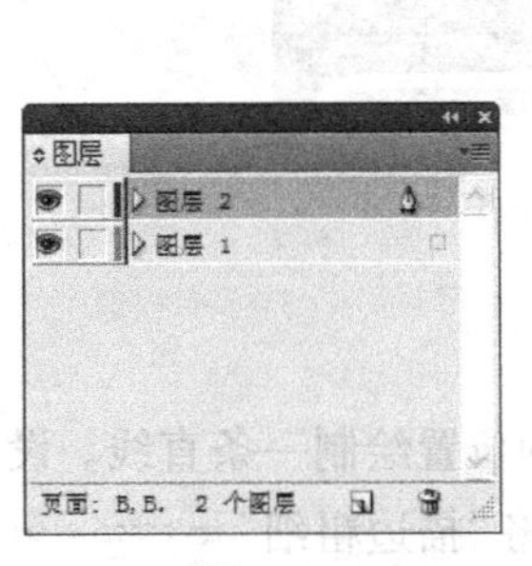

图 11-133

图 11-134

图 11-135

（3）选择“矩形”工具，在页面中适当的位置绘制一个矩形，设置图形填充色的 CMYK 值为 0、0、0、80，填充图形，并设置描边色为无，效果如图 11-136 所示。在页面左上角再绘制一个矩形，设置图形填充色的 CMYK 值为 0、39、100、0，填充图形，设置描边色的 CMYK 值为 0、0、10、0，填充图形描边，在“控制面板”中将“描边粗细”选项设为 2，按 Enter 键，效果如图 11-137 所示。

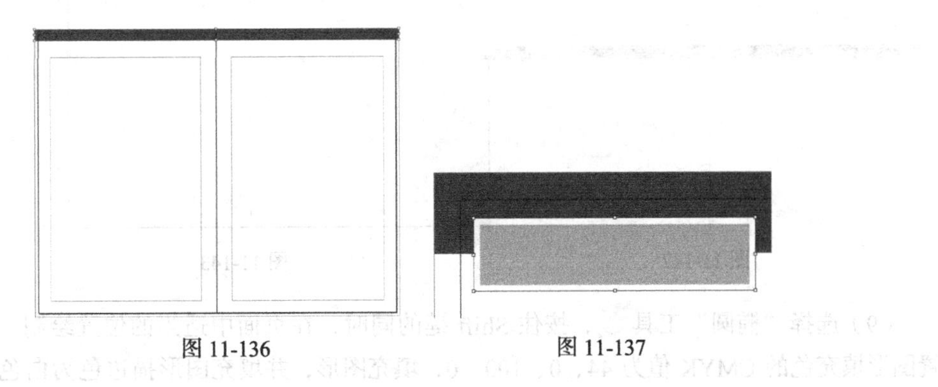
图 11-136　　图 11-137

（4）选择“对象 > 角选项”命令，在弹出的对话框中进行设置，如图 11-138 所示，单击“确定”按钮，效果如图 11-139 所示。

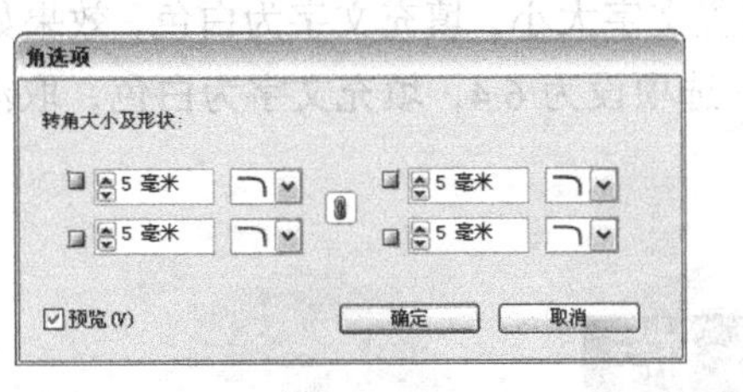

图 11-138

图 11-139

（5）选择“椭圆”工具，按住 Shift 键的同时，在页面中适当的位置绘制一个圆形，设置图形填充色的 CMYK 值为 0、39、100、0，填充图形，设置描边色的 CMYK 值为 0、0、10、0，填充图形描边，在“控制面板”中将“描边粗细”选项设为 1，按 Enter 键，效果如图 11-140 所示。

（6）选择“文字”工具，在页面中拖曳一个文本框，输入需要的文字，将输入的文字选取，在“控制面板”中选择合适的字体并设置文字大小，填充文字为白色，取消文字的选取状态，效果如图 11-141 所示。

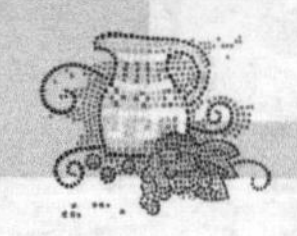

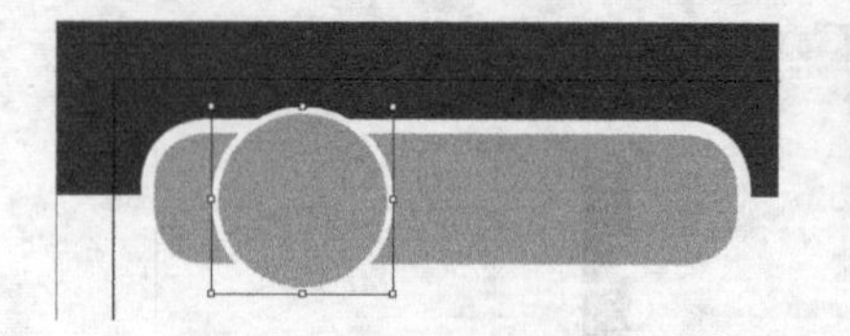

图 11-140

图 11-141

（7）选择“直线”工具，按住 Shift 键的同时，在页面中适当的位置绘制一条直线。设置描边色的 CMYK 值为 0、0、10、0，填充图形描边，在“控制面板”中将“描边粗细”选项设为 1，按 Enter 键，效果如图 11-142 所示。

（8）选择“矩形”工具，在页面中适当的位置绘制一个矩形，设置图形填充色的 CMYK 值为 0、0、100、0，填充图形，并设置描边色为无，效果如图 11-143 所示。在“控制面板”中将“不透明度”选项设为 50%，效果如图 11-144 所示。

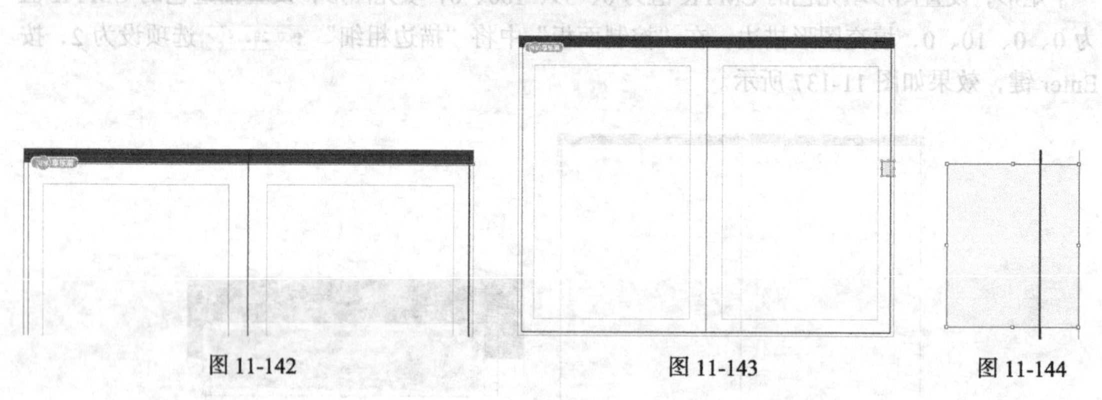

图 11-142　　图 11-143　　图 11-144

（9）选择“椭圆”工具，按住 Shift 键的同时，在页面中适当的位置绘制一个圆形，设置图形填充色的 CMYK 值为 44、0、100、0，填充图形，并填充图形描边色为白色，在“控制面板”中将“描边粗细”选项设为 0.8，按 Enter 键，效果如图 11-145 所示。

（10）选择“文字”工具，在页面中拖曳一个文本框，输入需要的文字。将输入的文字选取，在“控制面板”中选择合适的字体并设置文字大小，填充文字为白色，效果如图 11-146 所示。在“控制面板”中将“行距”选项设为 6.4，填充文字为白色，取消文字的选取状态，效果如图 11-147 所示。

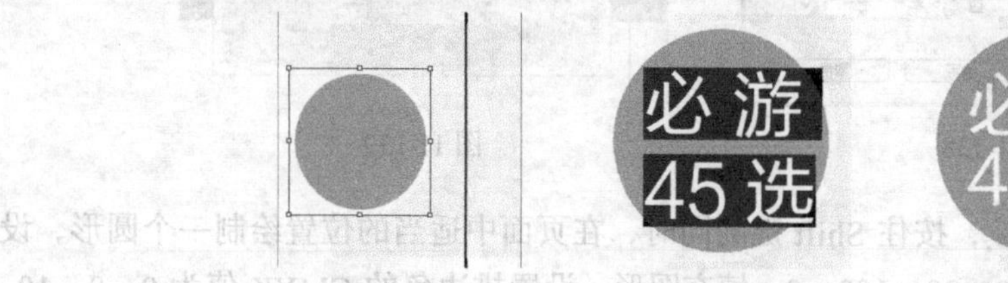

图 11-145　　图 11-146　　图 11-147

（11）选择“文字”工具，选取文字“必游”，在“控制面板”中将“字符间距”选项设为-120，按 Enter 键，取消文字的选取状态，效果如图 11-148 所示。选取文字“45 选”，在“控制面板”中将“字符间距”选项设为-160，按 Enter 键，取消文字的选取状态，效果如图 11-149 所示。

图 11-148　　图 11-149

11.1.6　制作章首页

（1）在“状态栏”中单击“文档所属页面”选项右侧的按钮，在弹出的页码中选择“03”，页面效果如图 11-150 所示。

（2）单击“图层”面板中的“图层 1”图层。选择“矩形”工具，在页面中适当的位置绘制一个矩形，设置图形填充色的 CMYK 值为 2、30、50、0，填充图形，并设置描边色为无，效果如图 11-151 所示。

图 11-150

图 11-151

（3）选择“矩形”工具，在页面中适当的位置绘制一个矩形，如图 11-152 所示。选择“文件 > 置入”命令，弹出“置入”对话框，选择光盘中的“Ch11 > 素材 > 制作旅游书籍 > 08”文件，单击“打开”按钮，在页面空白处单击鼠标置入图片。选择“自由变换”工具，将其拖曳到适当的位置，并调整其大小，效果如图 11-153 所示。

（4）保持图片选取状态。按 Ctrl+X 组合键，将图片剪切到剪贴板上。选择“选择”工具，单击下方的矩形，选择“编辑 > 贴入内部”命令，将图片贴入矩形的内部，并设置描边色为无，效果如图 11-154 所示。

图 11-152

图 11-153

图 11-154

（5）选择“矩形”工具，在页面中适当的位置绘制一个矩形，如图 11-155 所示。选择“文件 > 置入”命令，弹出“置入”对话框，选择光盘中的“Ch11 > 素材 > 制作旅游书籍 > 12”文件，单击“打开”按钮，在页面空白处单击鼠标置入图片。选择“自由变换”工具，将其拖曳到适当的位置，并调整大小，效果如图 11-156 所示。

图 11-155

图 11-156

（6）保持图片选取状态。按 Ctrl+X 组合键，将图片剪切到剪贴板上。选择“选择”工具，单击下方的矩形，选择“编辑 > 贴入内部”命令，将图片贴入矩形的内部，并设置描边色为无，效果如图 11-157 所示。

（7）选择“矩形”工具，在页面中适当的位置绘制一个矩形，设置图形填充色的 CMYK 值为 20、0、100、0，填充图形，并设置描边色为无，效果如图 11-158 所示。选择“椭圆”工具，按住 Shift 键的同时，在页面中适当的位置绘制一个圆形，设置图形填充色的 CMYK 值为 44、0、100、0，填充图形，并设置描边色为无，效果如图 11-159 所示。

图 11-157

图 11-158

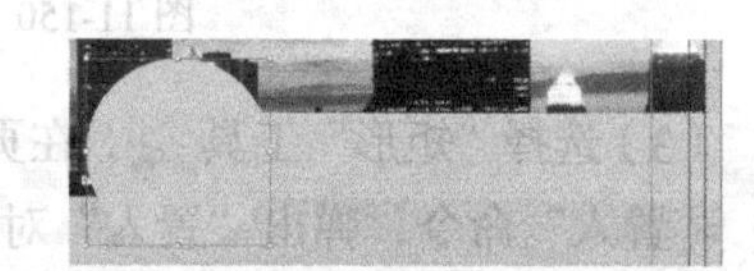
图 11-159

（8）选择“椭圆”工具，按住 Shift 键的同时，在页面中适当的位置绘制一个圆形，设置图形填充色的 CMYK 值为 0、30、40、0，填充图形，并填充描边色为白色，在“控制面板”中将“描边粗细” 0.283 选项设为 3，按 Enter 键，效果如图 11-160 所示。

（9）选择“椭圆”工具，按住 Shift 键的同时，在页面中适当的位置绘制一个圆形，填充为黑色，并设置描边色为无，效果如图 11-161 所示。

图 11-160

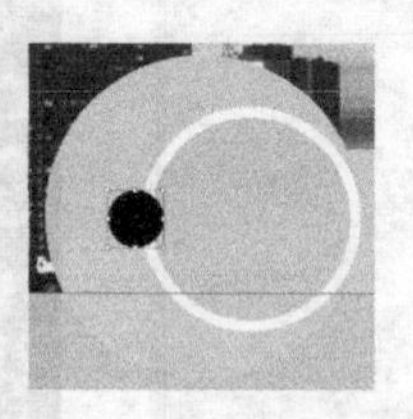
图 11-161

（10）选择“文字”工具，在页面中拖曳一个文本框，输入需要的文字，将输入的文字选

取，在“控制面板”中选择合适的字体并设置文字大小，取消文字的选取状态，效果如图 11-162 所示。

（11）选择“文字”工具 T，在页面中分别拖曳两个文本框，输入需要的文字，将输入的文字选取，在“控制面板”中选择合适的字体并设置文字大小，填充文字为白色，取消文字的选取状态，效果如图 11-163 所示。

图 11-162

图 11-163

（12）选择“选择”工具 ，单击选取需要的文字，如图 11-164 所示。按 F11 键，弹出“段落样式”面板，单击面板下方的“创建新样式”按钮 ，生成新的段落样式并将其命名为“大标题”，如图 11-165 所示。

图 11-164

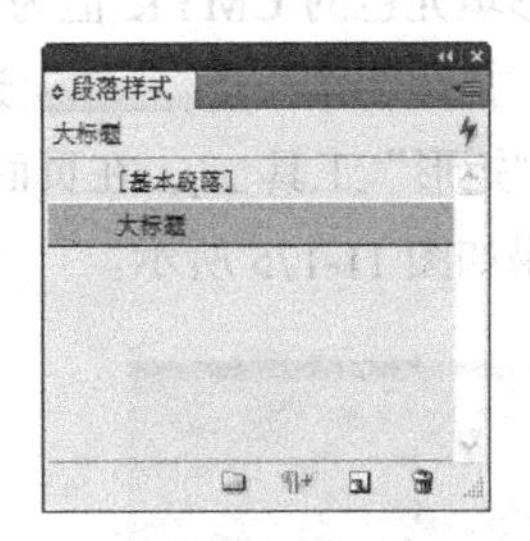

图 11-165

（13）选择“矩形”工具 ，在页面中适当的位置绘制一个矩形，如图 11-166 所示。选择“文件 > 置入”命令，弹出“置入”对话框，选择光盘中的“Ch11 > 素材 > 制作旅游书籍 > 13”文件，单击“打开”按钮，在页面空白处单击鼠标置入图片。选择“自由变换”工具 ，将其拖曳到适当的位置，并调整大小，效果如图 11-167 所示。

（14）保持图片选取状态。按 Ctrl+X 组合键，将图片剪切到剪贴板上。选择“选择”工具 ，单击下方的矩形，选择“编辑 > 贴入内部”命令，将图片贴入矩形内部，并设置描边色为无，效果如图 11-168 所示。

图 11-166

图 11-167

图 11-168

11.1.7　制作页面的栏目标题

（1）在“页面”面板中双击需要的页面图标，如图 11-169 所示。单击鼠标右键，在弹出的菜

单中选择“将主页应用于页面”命令，在弹出的“应用主页”对话框中进行设置，如图 11-170 所示，单击“确定”按钮，如图 11-171 所示。

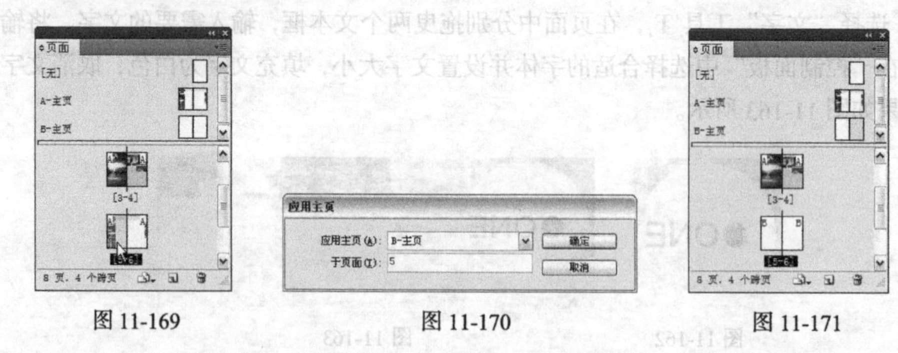

图 11-169　　图 11-170　　图 11-171

（2）选择“矩形”工具，在页面适当的位置绘制一个矩形，设置图形填充色的 CMYK 值为 44、0、100、0，填充图形，并设置描边色为无，效果如图 11-172 所示。

（3）选择“椭圆”工具，按住 Shift 键的同时，在页面左上角绘制一个圆形，如图 11-173 所示，设置图形填充色的 CMYK 值为 0、30、40、0，填充图形，并填充描边色为白色，在“控制面板”中将“描边粗细” 0.283 选项设为 2，按 Enter 键，效果如图 11-174 所示。

（4）选择“矩形”工具，在页面中适当的位置绘制一个矩形，填充图形为黑色，并设置描边色为无，效果如图 11-175 所示。

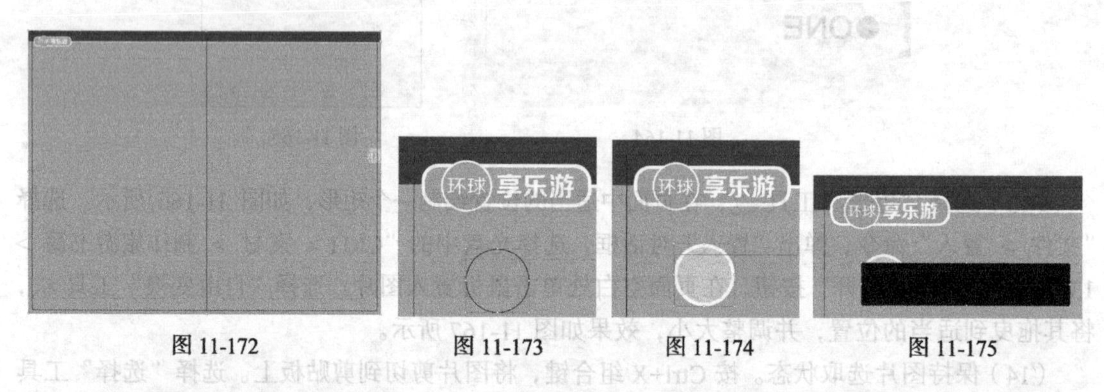

图 11-172　　图 11-173　　图 11-174　　图 11-175

（5）选择“添加锚点”工具，在适当的位置单击鼠标添加锚点，如图 11-176 所示。用相同的方法再添加一个锚点，如图 11-177 所示。选择“删除锚点”工具，单击矩形左上角的锚点，将其删除，效果如图 11-178 所示。

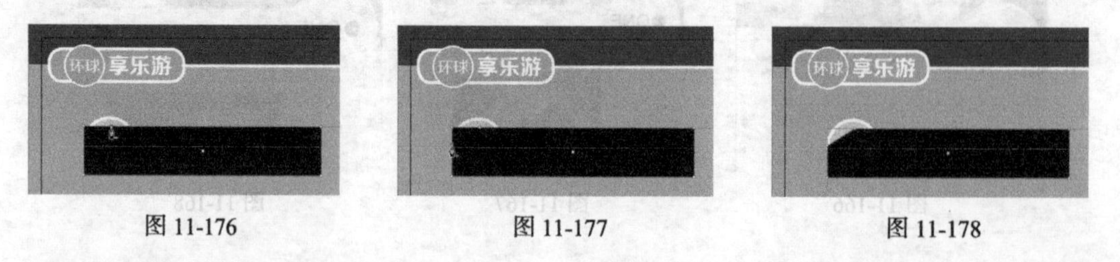

图 11-176　　图 11-177　　图 11-178

（6）保持图形的选取状态。按 Ctrl+[组合键，将图形后移一层，效果如图 11-179 所示。选择“椭圆”工具，按住 Shift 键的同时，在页面中绘制一个圆形，填充图形为黑色，并设置描边色为无，效果如图 11-180 所示。

（7）选择“文字”工具T，在页面中拖曳一个文本框，输入需要的文字，将输入的文字选取，在“控制面板”中选择合适的字体并设置文字大小，取消文字的选取状态，效果如图 11-181 所示。

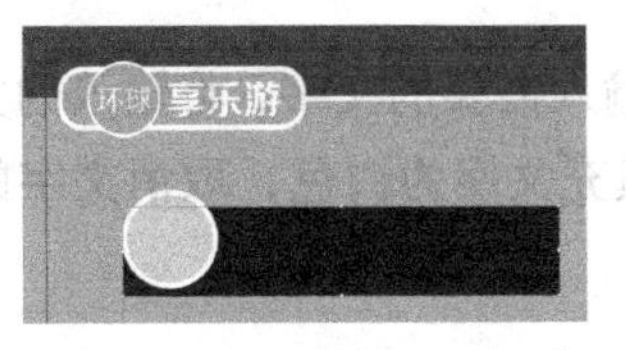

图 11-179

图 11-180

图 11-181

（8）选取并复制记事本文档中需要的文字。返回到 InDesign 页面中，选择“文字”工具T，在适当的位置拖曳一个文本框，将复制的文字粘贴到文本框中，将所有的文字选取，在“控制面板”中选择合适的字体并设置文字大小，填充文字为白色，效果如图 11-182 所示。按 F11 键，弹出“段落样式”面板，单击面板下方的“创建新样式”按钮，生成新的段落样式并将其命名为“一级标题”，如图 11-183 所示，取消文字的选取状态。

图 11-182

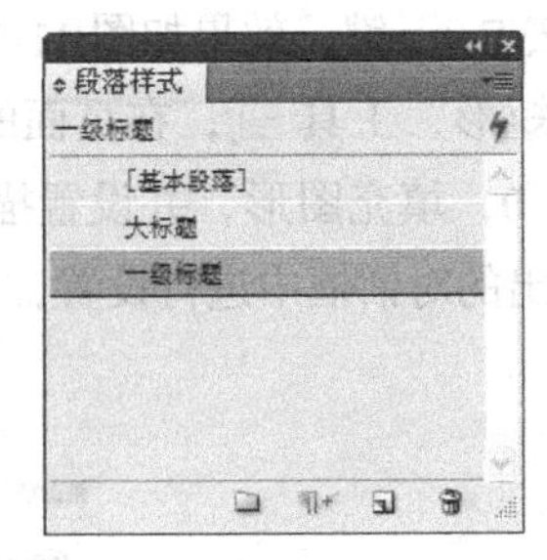

图 11-183

（9）选择“文字”工具T，选取文字“榭”，设置文字填充色的 CMYK 值为 0、30、40、0，填充文字，取消文字的选取状态，效果如图 11-184 所示。用相同方法为其他文字填充适当的颜色，效果如图 11-185 所示。

图 11-184

图 11-185

（10）选择“钢笔”工具，在页面中适当的位置绘制一条曲线，填充曲线为白色，在“控制面板”中将“描边粗细”  选项设为 2，按 Enter 键，效果如图 11-186 所示。

（11）选取并复制记事本文档中需要的文字。返回到 InDesign 页面中，选择“文字”工具T，在适当的位置拖曳一个文本框，将复制的文字粘贴到文本框中，将所有的文字选取，在“控制面板”中选择合适的字体并设置文字大小，取消文字的选取状态，效果如图 11-187 所示。

图 11-186

图 11-187

（12）选择“椭圆”工具，按住 Shift 键的同时，在页面中适当的位置绘制一个圆形，设置图形填充色的 CMYK 值为 0、100、0、13，填充图形，设置描边色的 CMYK 值为 44、0、100、0，填充图形描边，在“控制面板”中将“描边粗细”选项设为 3.2，按 Enter 键，效果如图 11-188 所示。

（13）选择“文字”工具，在页面中拖曳一个文本框，输入需要的文字，将输入的文字选取，在“控制面板”中选择合适的字体并设置文字大小，填充文字为白色，取消文字的选取状态，效果如图 11-189 所示。

图 11-188

图 11-189

（14）选择“选择”工具，单击选取文字“赏”，在“控制面板”中将“旋转角度”选项设为 18°，按 Enter 键，效果如图 11-190 所示。

（15）选择“矩形”工具，在页面的适当位置绘制一个矩形，设置图形填充色的 CMYK 值为 0、0、100、0，填充图形，并设置描边色为无，效果如图 11-191 所示。选择“对象 > 角选项”命令，在弹出的对话框中进行设置，如图 11-192 所示，单击“确定”按钮，效果如图 11-193 所示。

图 11-190

图 11-191

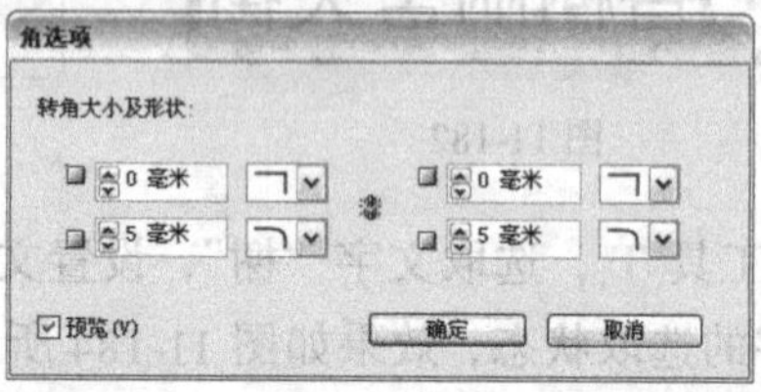

角选项
转角大小及形状:
0 毫米
0 毫米
5 毫米
5 毫米
预览(V)
确定
取消
图 11-192

图 11-193

（16）保持图形的选取状态。按两次 Ctrl+[组合键，将图形后移到适当的位置，效果如图 11-194 所示。选择“矩形”工具，在页面中适当的位置绘制一个矩形，填充图形为黑色，并设置描边色为无，效果如图 11-195 所示。

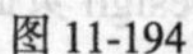
图 11-194

图 11-195

（17）选取并复制记事本文档中需要的文字。返回到 InDesign 页面中，选择“文字”工具，在适当的位置拖曳一个文本框，将复制的文字粘贴到文本框中，将所有的文字选取，在“控制面板”中选择合适的字体并设置文字大小，效果如图 11-196 所示。按 F11 键，弹出“段落样式”面板，单击面板下方的“创建新样式”按钮，生成新的段落样式并将其命名为“三级标题”，如图 11-197 所示。

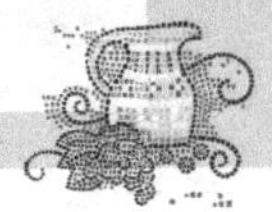

图 11-196

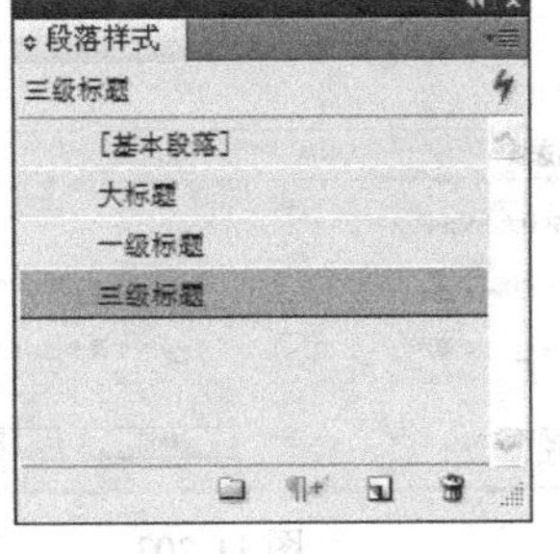

图 11-197

11.1.8　添加图片及介绍文字

（1）选择“矩形”工具▭，在页面中适当的位置绘制一个矩形，设置图形填充色的 CMYK 值为 0、0、10、0，填充图形，并设置描边色为无，效果如图 11-198 所示。选择“对象 > 角选项”命令，在弹出的对话框中进行设置，如图 11-199 所示，单击“确定”按钮，效果如图 11-200 所示。

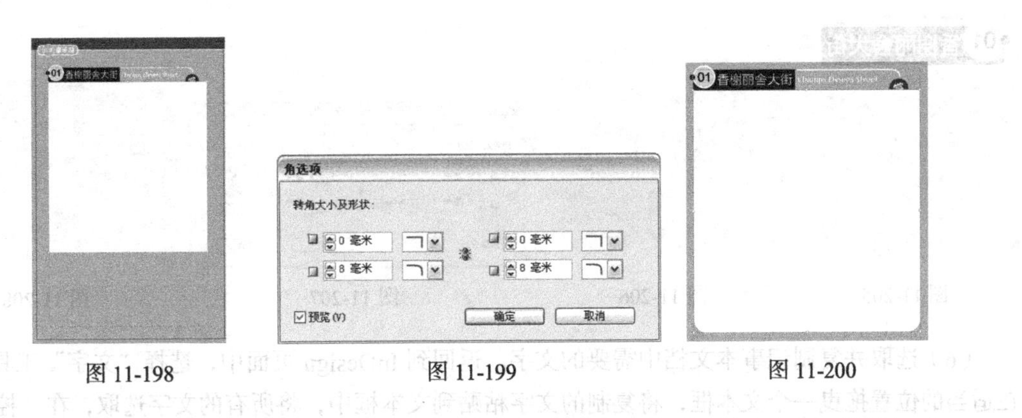

图 11-198　　图 11-199　　图 11-200

（2）保持图形选取的状态。按多次 Ctrl+[组合键，将图形后移到适当的位置，效果如图 11-201 所示。选择“矩形”工具▭，在页面中适当的位置绘制一个矩形，设置图形填充色的 CMYK 值为 0、30、40、0，填充图形，并设置描边色为无，效果如图 11-202 所示。

图 11-201　　图 11-202

（3）选择“对象 > 角选项”命令，在弹出的对话框中进行设置，如图 11-203 所示，单击“确定”按钮，效果如图 11-204 所示。

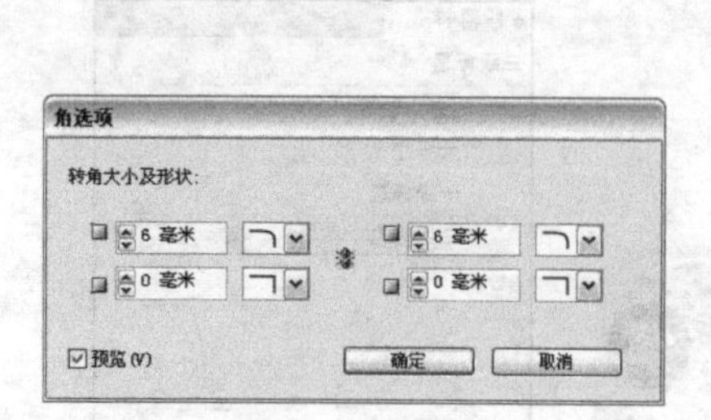

图 11-203

图 11-204

（4）选择“椭圆”工具，按住 Shift 键的同时，在页面中适当的位置绘制一个圆形，设置图形填充色的 CMYK 值为 0、30、40、0，填充图形，并填充描边色为白色，在“控制面板”中将“描边粗细” 0.283 选项设为 4，按 Enter 键，效果如图 11-205 所示。

（5）选择“矩形”工具，在页面中适当的位置绘制一个矩形，设置图形填充色的 CMYK 值为 0、0、0、40，填充图形，并设置描边色为无，效果如图 11-206 所示。选择“对象 > 角选项”命令，在弹出的对话框中进行设置，如图 11-207 所示，单击“确定”按钮，效果如图 11-208 所示。

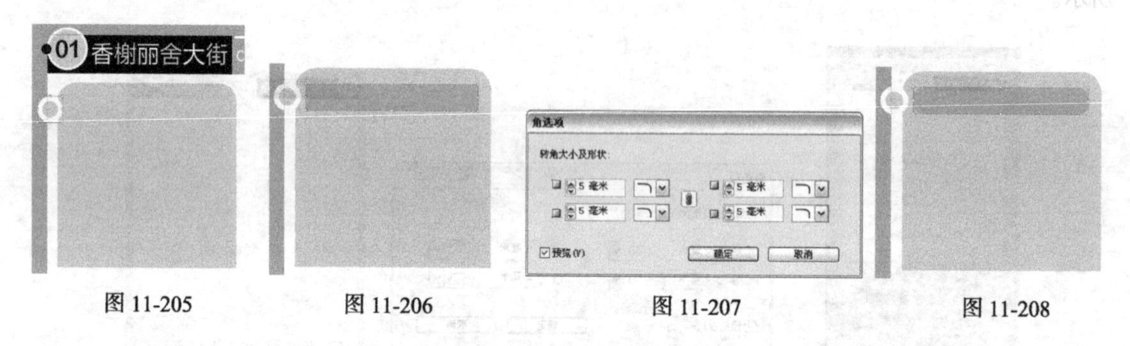

图 11-205　　图 11-206　　图 11-207　　图 11-208

（6）选取并复制记事本文档中需要的文字。返回到 InDesign 页面中，选择“文字”工具 T，在适当的位置拖曳一个文本框，将复制的文字粘贴到文本框中，将所有的文字选取，在“控制面板”中选择合适的字体并设置文字大小，填充文字为白色，效果如图 11-209 所示。按 F11 键，弹出“段落样式”面板，单击面板下方的“创建新样式”按钮，生成新的段落样式并将其命名为“二级标题”，如图 11-210 所示。

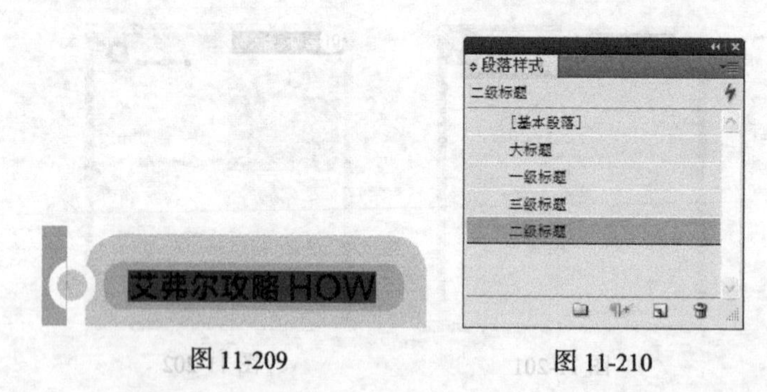

图 11-209　　图 11-210

（7）选择“矩形”工具，在页面中适当的位置绘制一个矩形，设置图形填充色的 CMYK 值为 0、0、10、0，填充图形，并设置描边色为无，效果如图 11-211 所示。选择“对象 > 角选项”命令，在弹出的对话框中进行设置，如图 11-212 所示，单击“确定”按钮，效果如图 11-213 所示。

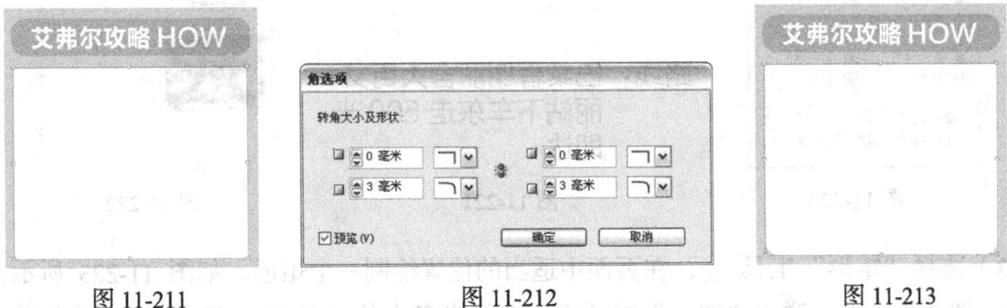

艾弗尔攻略 HOW

图 11-211

角选项
转角大小及形状:
0 毫米
0 毫米
3 毫米
3 毫米
预览(V)
确定
取消

图 11-212

艾弗尔攻略 HOW

图 11-213

（8）选取并复制记事本文档中需要的文字。返回到 InDesign 页面中，选择“文字”工具 T，在适当的位置拖曳一个文本框，将复制的文字粘贴到文本框中，将所有的文字选取，在“控制面板”中选择合适的字体并设置文字大小，取消文字的选取状态，效果如图 11-214 所示。

（9）选择“文字”工具 T，选取需要的文字，如图 11-215 所示。在“控制面板”中将“行距” 选项设为 15，按 Enter 键，取消文字的选取状态，效果如图 11-216 所示。

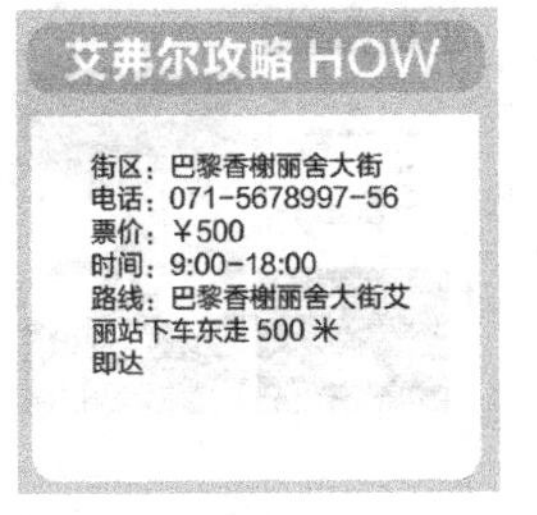

艾弗尔攻略 HOW
街区：巴黎香榭丽舍大街
电话：071-5678997-56
票价：￥500
时间：9:00-18:00
路线：巴黎香榭丽舍大街艾
丽站下车东走 500 米
即达

图 11-214

艾弗尔攻略 HOW
街区：巴黎香榭丽舍大街
电话：071-5678997-56
票价：￥500
时间：9:00-18:00
路线：巴黎香榭丽舍大街艾
丽站下车东走 500 米
即达

图 11-215

艾弗尔攻略 HOW
街区：巴黎香榭丽舍大街
电话：071-5678997-56
票价：￥500
时间：9:00-18:00
路线：巴黎香榭丽舍大街艾
丽站下车东走 500 米
即达

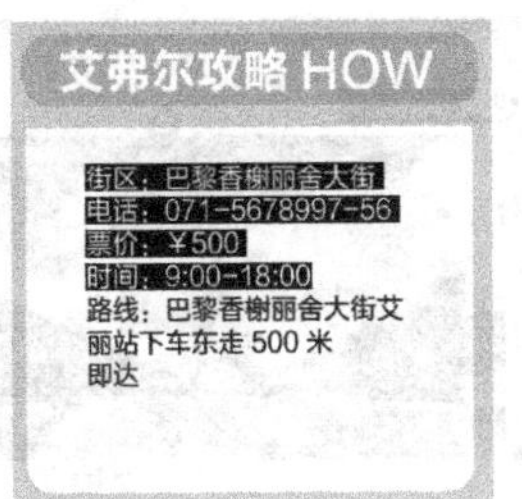

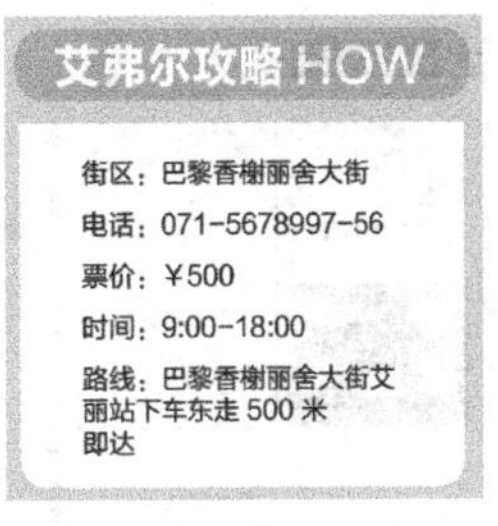

图 11-216

（10）选择“文字”工具 T，在适当的位置插入光标，如图 11-217 所示。选择“文字 > 段落”命令，在弹出的面板中进行设置，如图 11-218 所示，按 Enter 键，效果如图 11-219 所示。

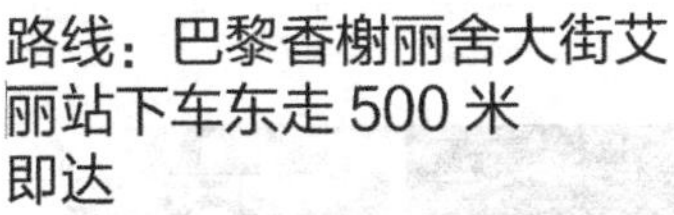

路线：巴黎香榭丽舍大街艾
丽站下车东走 500 米
即达

图 11-217

段落
8.5 毫米
0 毫米
0 毫米
0 毫米
自动
行
0 毫米
0 毫米
0
0
避头尾设置：简体中文避头尾
标点挤压设置：简体中文默认值

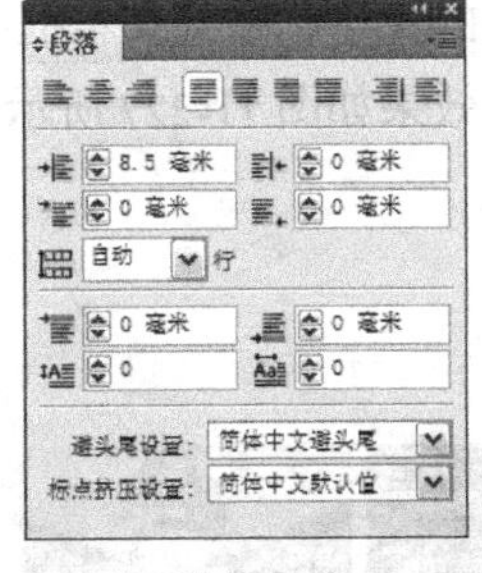

图 11-218

路线：巴黎香榭丽舍大街艾
丽站下车东走 500 米
即达

图 11-219

（11）选择“文字”工具 T，在文字“即达”前方插入光标，在段落面板中进行设置，如图 11-220 所示，按 Enter 键，效果如图 11-221 所示。

（12）选择“文件 > 置入”命令，弹出“置入”对话框，选择光盘中的“Ch11 > 素材 > 制作旅游书籍 > 14”文件，单击“打开”按钮，在页面空白处单击鼠标置入图片。选择“自由变换”工具，将其拖曳到适当的位置，并调整大小，效果如图 11-222 所示。

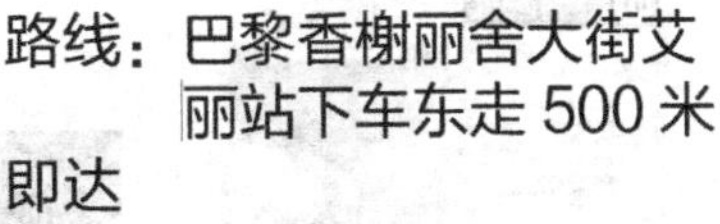

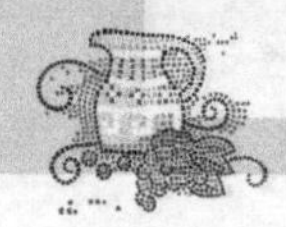

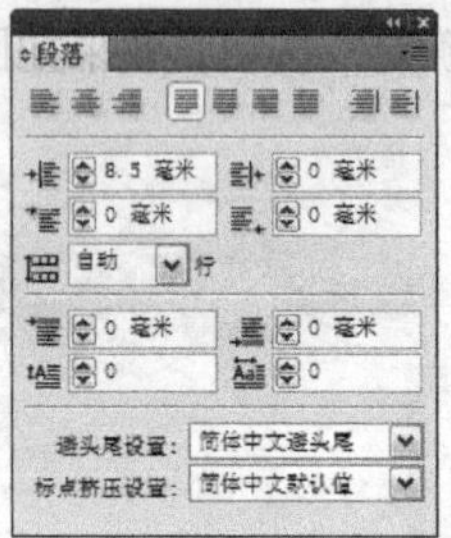

图 11-220

路线：巴黎香榭丽舍大街艾
丽站下车东走 500 米
即达

图 11-221

图 11-222

（13）选择“矩形”工具，在页面中适当的位置绘制一个矩形，如图 11-223 所示。选择“文件 > 置入”命令，弹出“置入”对话框，选择光盘中的“Ch11 > 素材 > 制作旅游书籍 > 15”文件，单击“打开”按钮，在页面空白处单击鼠标置入图片。选择“自由变换”工具，将其拖曳到适当的位置，并调整大小，效果如图 11-224 所示。

（14）保持图片选取状态。按 Ctrl+X 组合键，将图片剪切到剪贴板上。选择“选择”工具，单击下方的矩形，选择“编辑 > 贴入内部”命令，将图片贴入矩形图形的内部，并设置描边色为无，效果如图 11-225 所示。

图 11-223

图 11-224

图 11-225

（15）保持图片选取状态。按多次 Ctrl+[组合键，将图形后移到适当的位置，效果如图 11-226 所示。选取并复制记事本文档中需要的文字。返回到 InDesign 页面中，选择“文字”工具，在适当的位置拖曳一个文本框，将复制的文字粘贴到文本框中，将所有的文字选取，在“控制面板”中选择合适的字体并设置文字大小，效果如图 11-227 所示。在“控制面板”中将“行距”选项设为 12，效果如图 11-228 所示。

图 11-226

图 11-227

图 11-228

（16）按 F11 键，弹出“段落”面板，单击面板下方的“创建新样式”按钮，生成新的段落样式并将其命名为“文本段落”，如图 11-229 所示。用上述方法添加内页 01 的其他图形与文

字，并置入图片进行编辑，效果如图 11-230 所示。

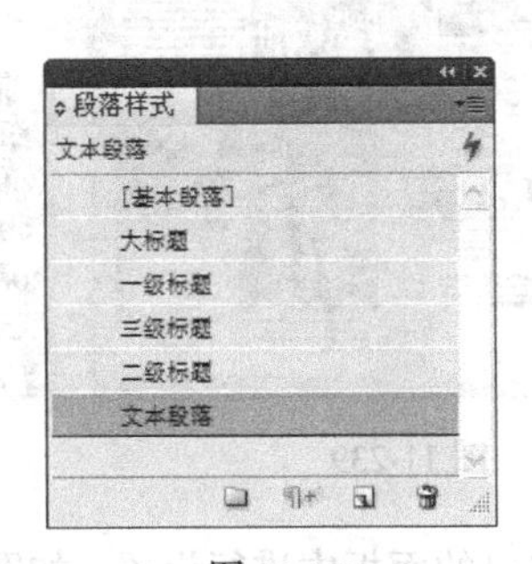

图 11-229

图 11-230

（17）选择“文字”工具 T，选取需要的文字，如图 11-231 所示。在“段落样式”面板中单击“一级标题”样式，如图 11-232 所示，取消文字的选取状态，效果如图 11-233 所示。

（18）选择“文字”工具 T，分别选取文字“尔”和“业”，设置文字填充色的 CMYK 值为 0、30、40、0，填充文字，取消文字的选取状态，效果如图 11-234 所示。

图 11-231

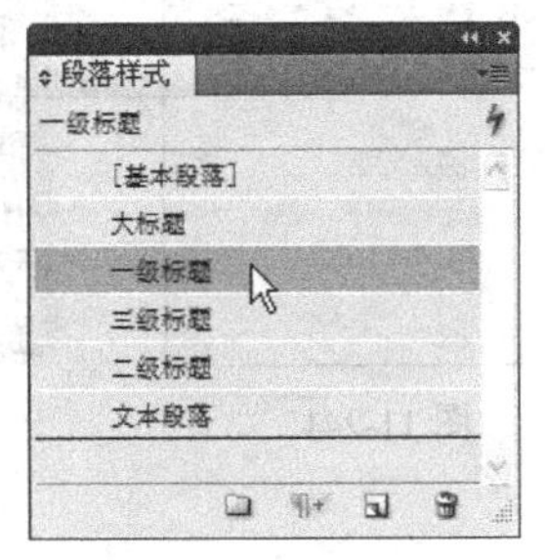

图 11-232

图 11-233

图 11-234

（19）选择“文字”工具 T，选取需要的文字，如图 11-235 所示。在“段落样式”面板中单击“三级标题”样式，如图 11-236 所示，取消文字的选取状态，效果如图 11-237 所示。

图 11-235

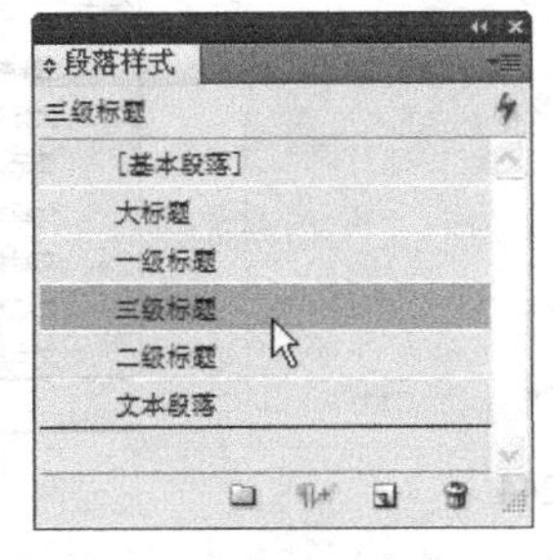

图 11-236

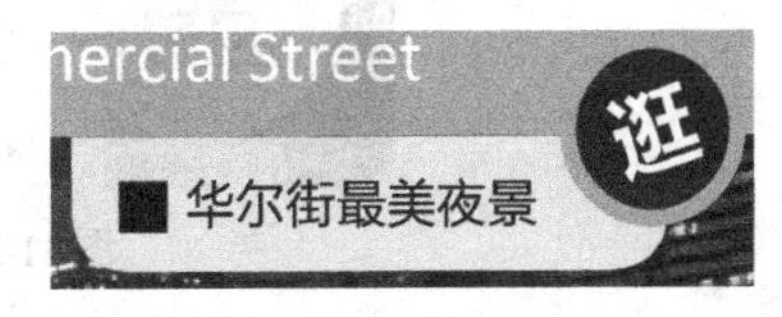

图 11-237

（20）用上述方法制作其他书籍内页，效果如图 11-238、图 11-239 所示。选择“选择”工具，单击选取需要的编组图形，如图 11-240 所示。

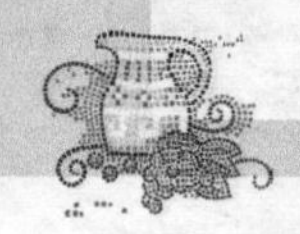

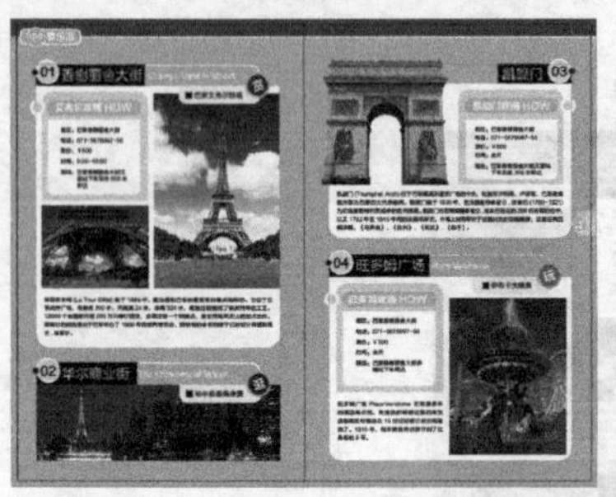
图 11-238

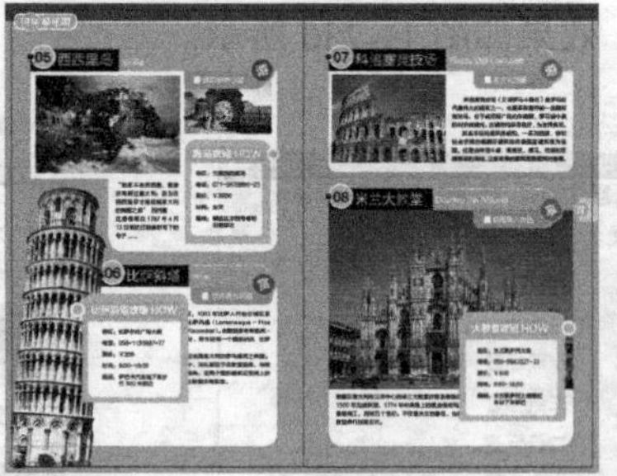
图 11-239

图 11-240

（21）选择“窗口 > 文本绕排”命令，在弹出的面板中进行设置，如图 11-241 所示，按 Enter 键，效果如图 11-242 所示。用相同方法为页面右侧的编组图形添加文本绕排效果，如图 11-243 所示。

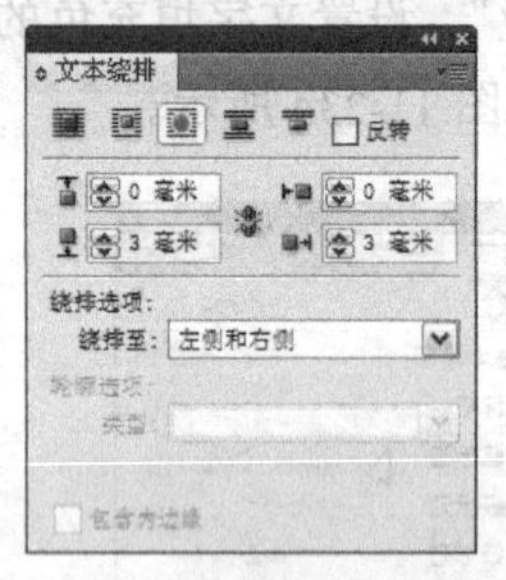

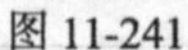
图 11-241

图 11-242

图 11-243

11.1.9 制作书籍目录

（1）在“状态栏”中单击“文档所属页面”选项右侧的按钮，在弹出的页码中选择“01”。用上述方法绘制标题图形与文字，并分别填充适当的颜色，效果如图 11-244 所示。

（2）在“段落样式”面板中，单击面板下方的“创建新样式”按钮，生成新的段落样式并将其命名为“目录”，如图 11-245 所示。

图 11-244

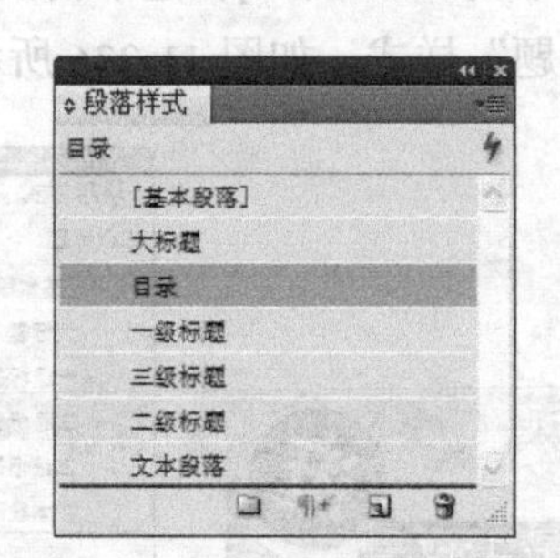

图 11-245

（3）双击“目录”样式，弹出“段落样式选项”对话框，单击“基本字符格式”选项，弹出相应的对话框，设置如图 11-246 所示；单击左侧的“制表符”选项，弹出相应的对话框，设置如图 11-247 所示，单击“确定”按钮。

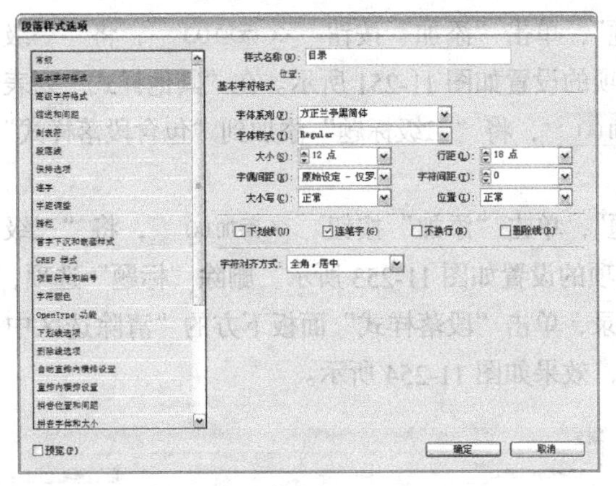

图 11-246

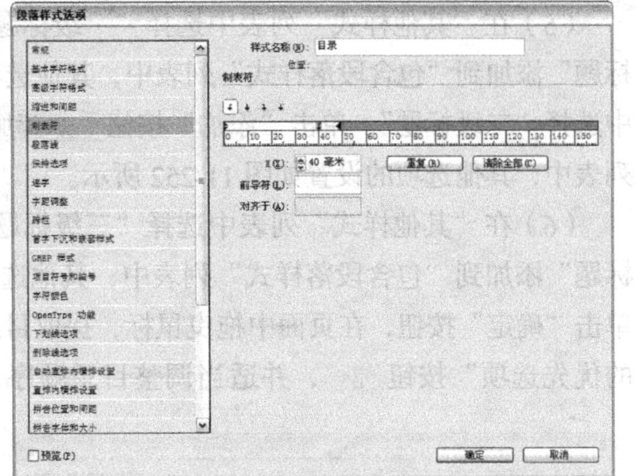

图 11-247

（4）选择“版面 > 目录”命令，弹出“目录”对话框，在“其他样式”列表中选择“大标题”，如图 11-248 所示，单击“添加”按钮 << 添加(A) ，将“大标题”添加到“包含段落样式”列表中，如图 11-249 所示。在“样式：大标题”选项组中，单击“条目样式”选项右侧的按钮，在弹出的菜单中选择“目录”，单击“页码”选项右侧的按钮，在弹出的菜单中选择“无页码”，如图 11-250 所示。

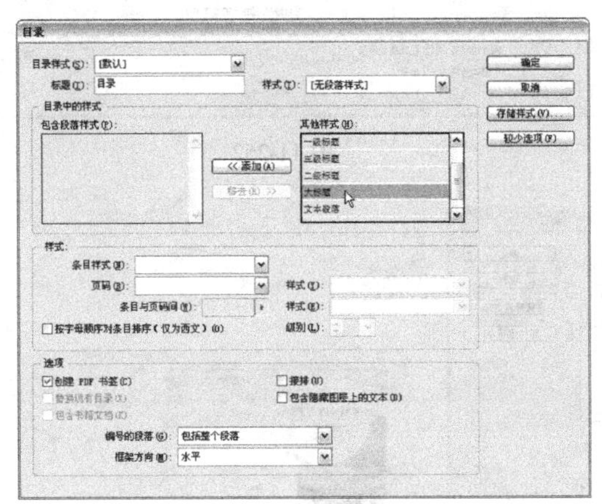

图 11-248

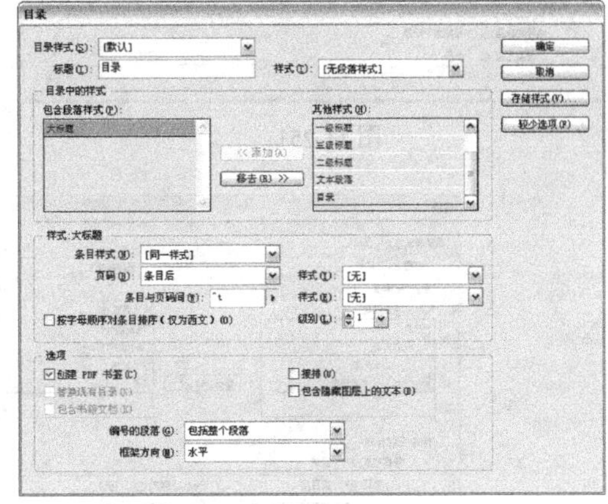

图 11-249

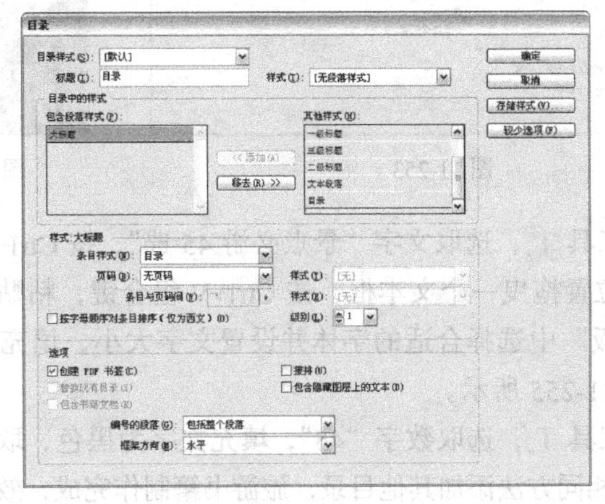

图 11-250

（5）在“其他样式”列表中选择“一级标题”，单击“添加”按钮 << 添加(A) ，将“一级标题”添加到“包含段落样式”列表中，其他选项的设置如图 11-251 所示。在“其他样式”列表中选择“二级标题”，单击“添加”按钮 << 添加(A) ，将“二级标题”添加到“包含段落样式”列表中，其他选项的设置如图 11-252 所示。

（6）在“其他样式”列表中选择“三级标题”，单击“添加”按钮 << 添加(A) ，将“三级标题”添加到“包含段落样式”列表中，其他选项的设置如图 11-253 所示。删除“标题”选项，单击“确定”按钮，在页面中拖曳鼠标，提取目录，单击“段落样式”面板下方的“清除选区中的优先选项”按钮 ，并适当调整目录顺序，效果如图 11-254 所示。

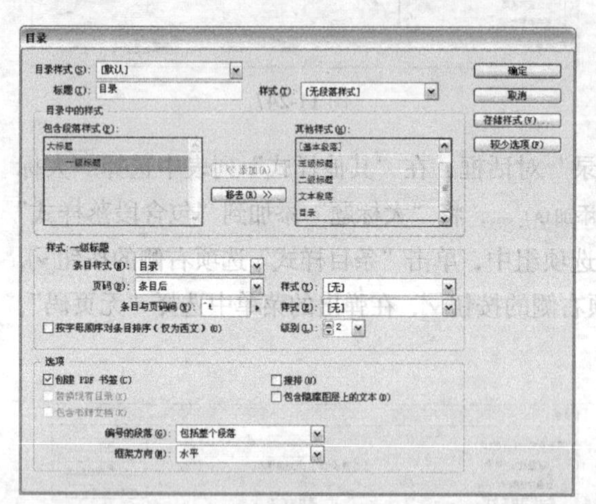
图 11-251

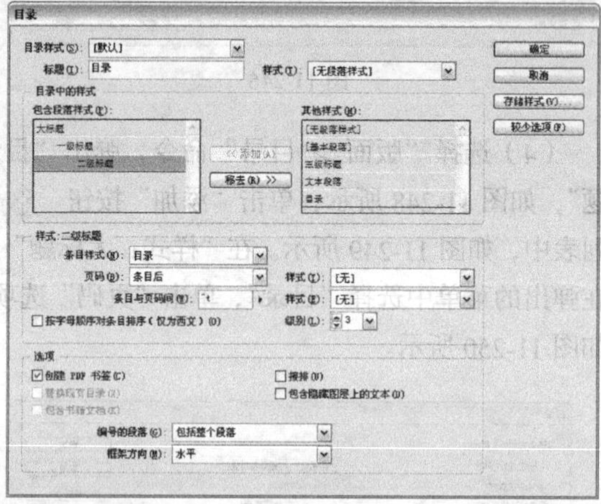
图 11-252

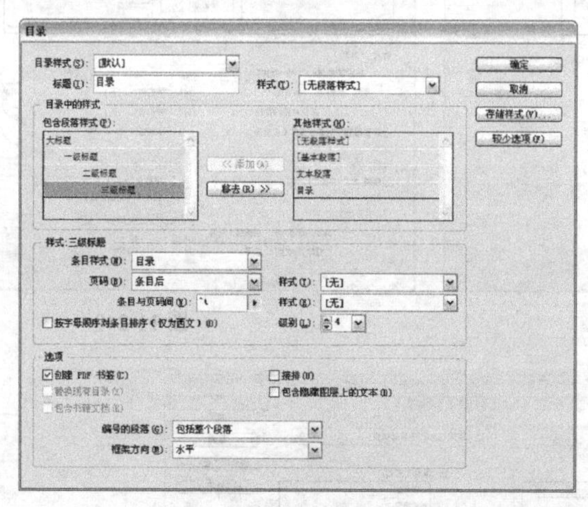
图 11-253

图 11-254

（7）选择“文字”工具 T，选取文字“景点必游 45 选”，按 Ctrl+X 组合键，将文字剪切到剪贴板上。在适当的位置拖曳一个文本框，按 Ctrl+V 组合键，粘贴复制的文字，将所有的文字选取，在“控制面板”中选择合适的字体并设置文字大小，填充文字为白色，取消文字的选取状态，效果如图 11-255 所示。

（8）选择“文字”工具 T，选取数字“45”，填充文字为黑色，取消文字的选取状态，效果如图 11-256 所示。用相同方法添加其他目录，旅游书籍制作完成，效果如图 11-257 所示。

香榭丽舍大街 5
艾弗尔攻略 HOW ...5

图 11-255

香榭丽舍大街 5
艾弗尔攻略 HOW ...5

图 11-256

图 11-257

11.2 课后习题——制作古董书籍

习题知识要点：在 Illustrator 中，使用选项命令添加辅助线，使用文本工具添加封面信息，使用椭圆工具和路径查找器面板制作图形效果，使用精确剪裁命令将图片置入到矩形中，使用透明度面板为图片添加编辑效果；在 CorelDRAW 中使用插入条形命令制作条形码；在 InDesign 中，使用页面面板调整页面，使用段落样式面板添加段落样式，使用参考线分割页面，使用文字工具添加文字，使用文本绕排面板制作文本绕排效果，使用版面命令调整页码并添加目录。古董书籍封面、内页效果如图 11-258 所示。

效果所在位置：光盘/Ch11/效果/制作旅游书籍/古董书籍封面.ai、古董书籍内页.indd。

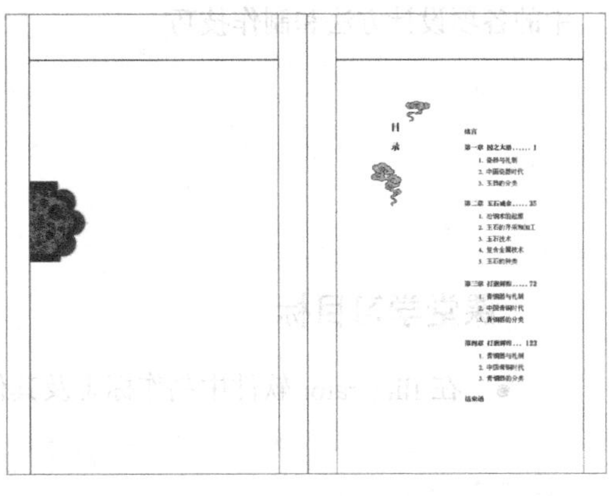

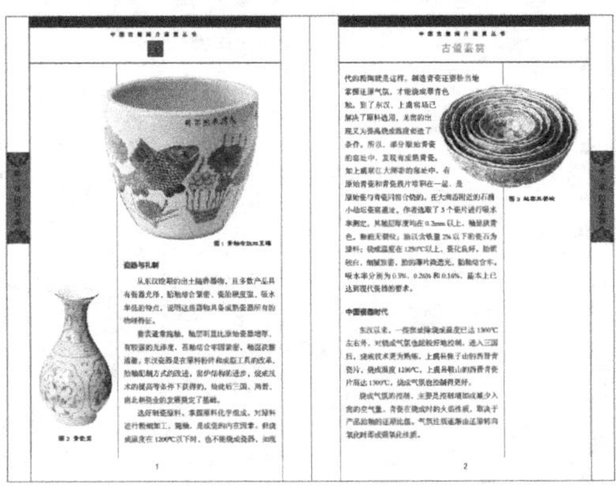

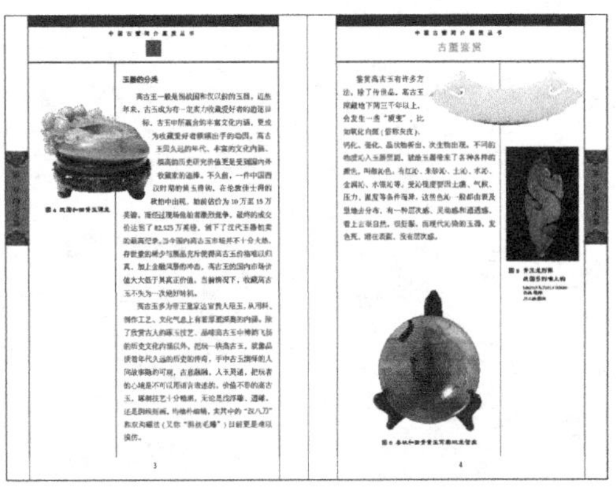

图 11-258

第12章 VI设计

VI是企业形象设计的整合。它通过具体的符号将企业理念、文化素质、企业规范等抽象概念进行充分的表达，以标准化、系统化、统一化的方式塑造良好的企业形象，传播企业文化。本章以标志设计、标准制图、标志组合规范等为例，讲解 VI 设计基础应用中的各项设计方法和制作技巧。以公司名片、信纸、信封、传真为例，讲解应用系统中的各项设计方法和制作技巧。

课堂学习目标

- 在 Illustrator 软件中制作标志及其他相关元素

12.1 制作天鸿达 VI 手册

案例学习目标：学习在 Illustrator 中使用路径查找器命令、缩放命令、旋转工具、文字工具和绘图工具制作标志图形，使用直线段工具、文字工具制作模板，使用矩形网格工具绘制网格，使用描边控制面板为矩形添加虚线效果。

案例知识要点：在 Illustrator 中，使用减去顶层命令将图形相减，使用缩放工具、旋转工具调整图形大小和角度，使用直接选择工具为文字调整节点，使用直线段工具、文字工具、填充工具制作模板，使用矩形网格工具绘制需要的网格，使用直线段工具和文字工具对图形进行标注，使用建立剪切蒙版命令制作信纸底图，使用绘图工具、镜像命令制作信封，使用描边控制面板制作虚线效果。天鸿达 VI 手册如图 12-1 所示。

效果所在位置：光盘/Ch12/效果/制作天鸿达 VI 手册/标志设计.ai、模板 A.ai、模板 B.ai、标志制图.ai、标志组合规范.ai、标志墨稿与反白应用规范.ai、标准色.ai、公司名片.ai、信纸.ai、信封.ai、传真.ai。

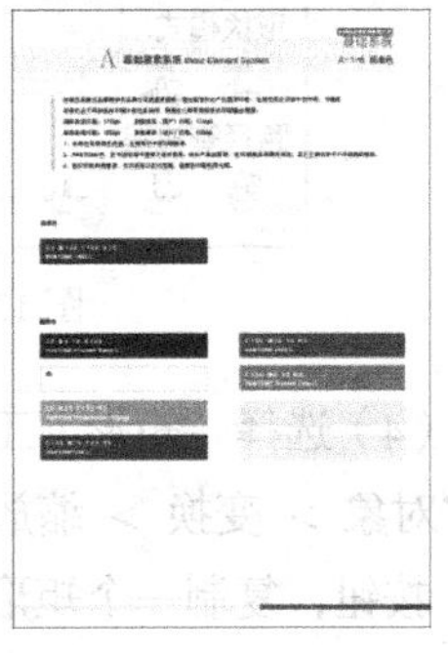

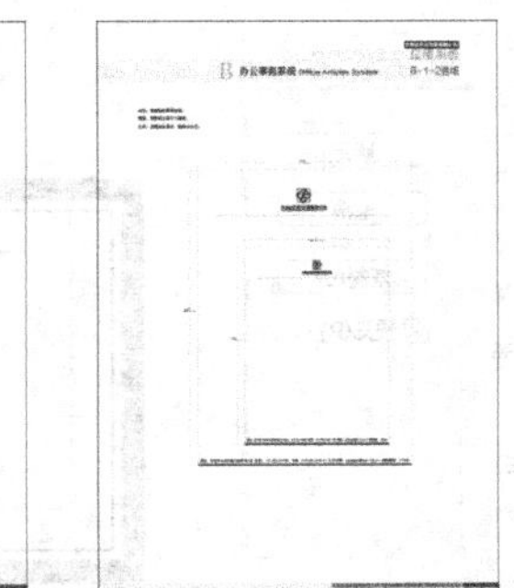

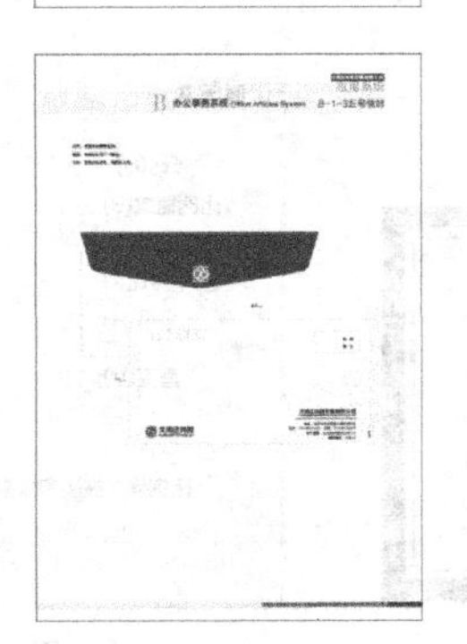

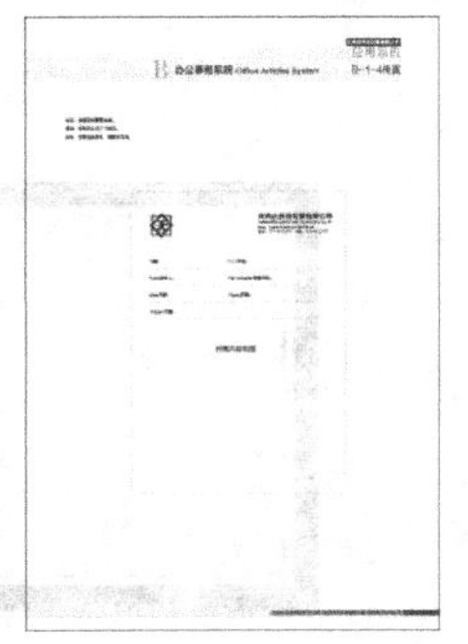

图 12-1

12.1.1 标志设计

（1）打开 Illustrator CS5 软件，按 Ctrl+N 组合键，新建一个文档，宽度为 210mm，高度为 297mm，取向为竖向，颜色模式为 CMYK，单击“确定”按钮，新建一个文档。

（2）选择“矩形”工具，在页面中拖曳鼠标绘制一个矩形，如图 12-2 所示。选择“选择”工具，按 Ctrl+C 组合键，复制矩形，按 Ctrl+F 组合键，将复制的矩形粘贴在前面，按住 Shift+Alt 组合键，等比例缩小图形，效果如图 12-3 所示。

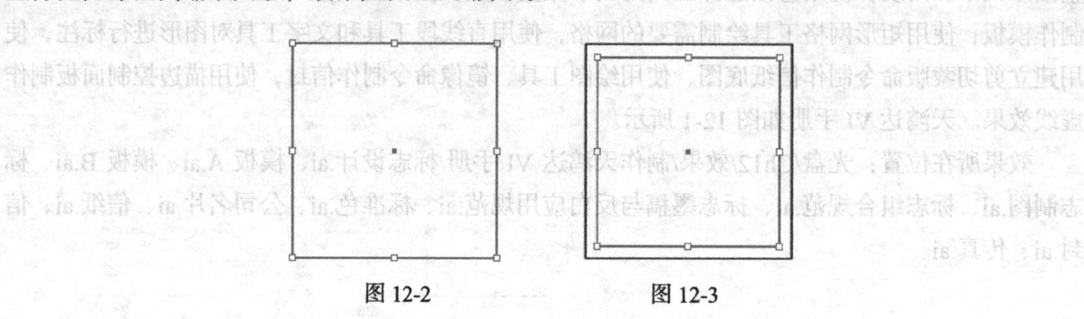

图 12-2　　图 12-3

（3）选择“选择”工具，用圈选的方法将刚绘制的图形同时选取，选择“窗口 > 路径查找器”命令，弹出“路径查找器”控制面板，单击“减去顶层”按钮，如图 12-4 所示，生成新的对象，效果如图 12-5 所示。设置图形填充色为红色（其 C、M、Y、K 值分别为 0、100、100、15），填充图形，并设置描边色为无，效果如图 12-6 所示。

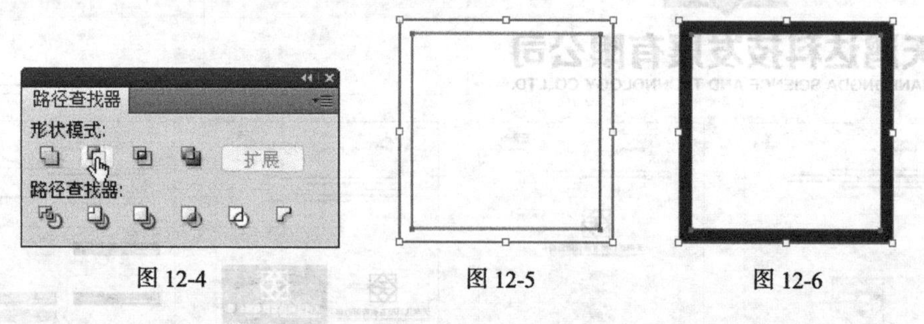

图 12-4　　图 12-5　　图 12-6

（4）选择“矩形”工具，以现在图形的中心点为中心绘制一个矩形，如图 12-7 所示。选择“对象 > 变换 > 缩放”命令，弹出“比例缩放”对话框，选项的设置如图 12-8 所示，单击“复制”按钮，复制一个矩形，效果如图 12-9 所示。

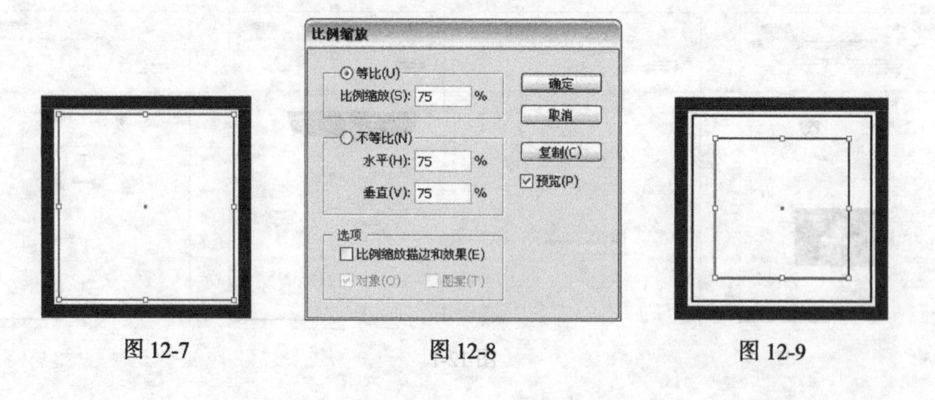

图 12-7　　图 12-8　　图 12-9

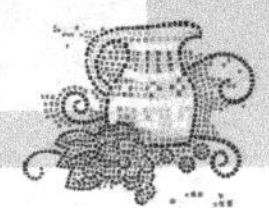

（5）选择“选择”工具，按住 Shift 键的同时，单击原矩形将其同时选取，如图 12-10 所示。双击“旋转”工具，弹出“旋转”对话框，选项的设置如图 12-11 所示，单击“确定”按钮，旋转图形，效果如图 12-12 所示。

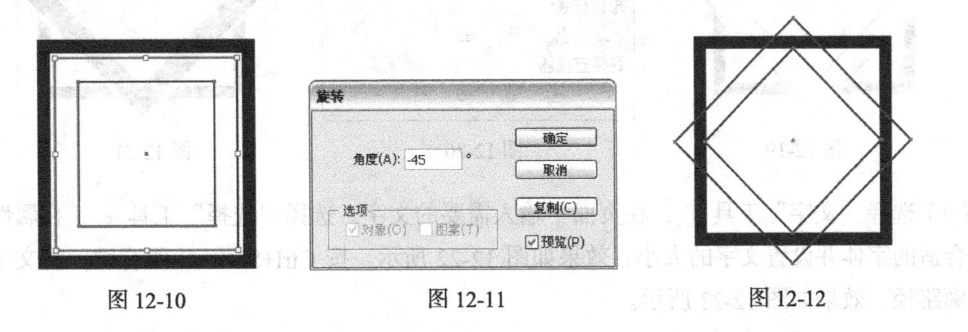

图 12-10　　图 12-11　　图 12-12

（6）选择“选择”工具，选择需要的矩形，如图 12-13 所示，选择“对象 > 变换 > 缩放”命令，弹出“比例缩放”对话框，选项的设置如图 12-14 所示，单击“复制”按钮，复制一个矩形，效果如图 12-15 所示。

图 12-13　　图 12-14　　图 12-15

（7）选择“选择”工具，按住 Shift 键的同时，单击红色图形将其同时选取，如图 12-16 所示。在“路径查找器”控制面板中，单击“减去顶层”按钮，如图 12-17 所示，生成新的对象，效果如图 12-18 所示。

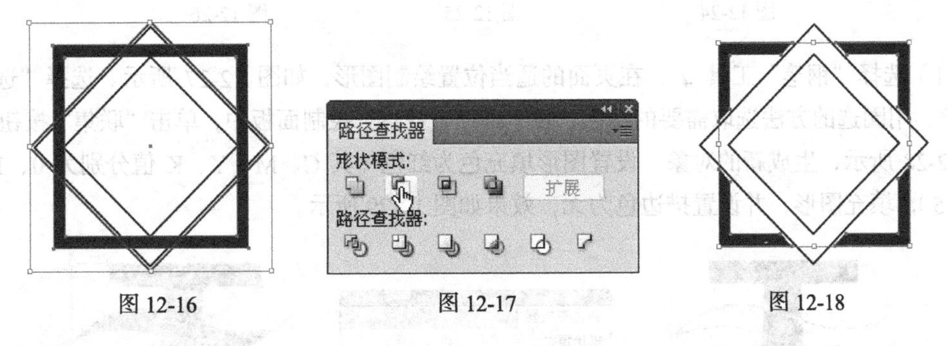

图 12-16　　图 12-17　　图 12-18

（8）选择“选择”工具，按住 Shift 键的同时，依次单击选取需要的图形，如图 12-19 所示。在“路径查找器”控制面板中，单击“减去顶层”按钮，如图 12-20 所示，生成新的对象。设置图形填充色为红色（其 C、M、Y、K 值分别为 0、100、100、15），填充图形，并设置描边色为无，效果如图 12-21 所示。

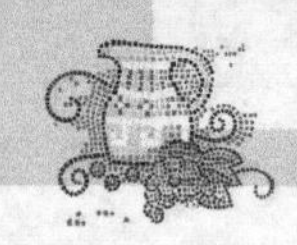

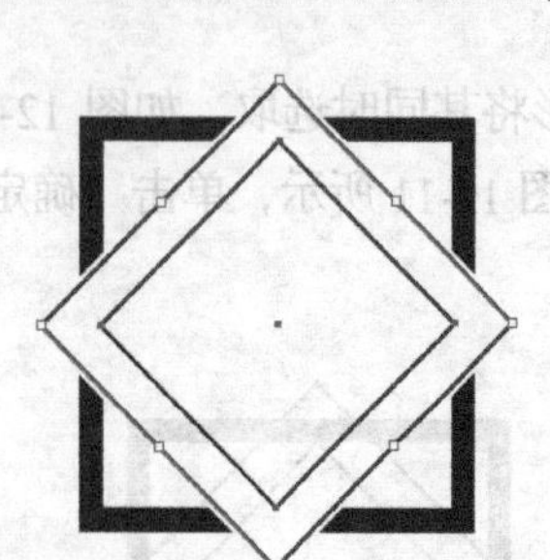

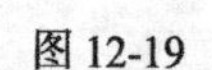

图 12-19

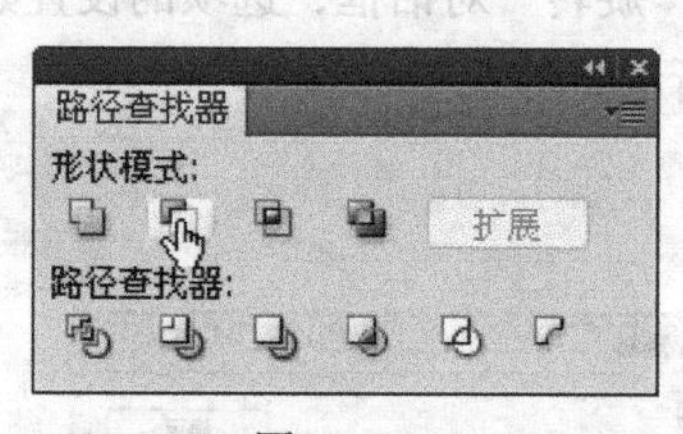

图 12-20

图 12-21

（9）选择“文字”工具 T，在页面中输入需要的文字。选择“选择”工具，在属性栏中选择合适的字体并设置文字的大小，效果如图 12-22 所示。按 Ctrl+Shift+O 组合键，将文字转换为轮廓路径，效果如图 12-23 所示。

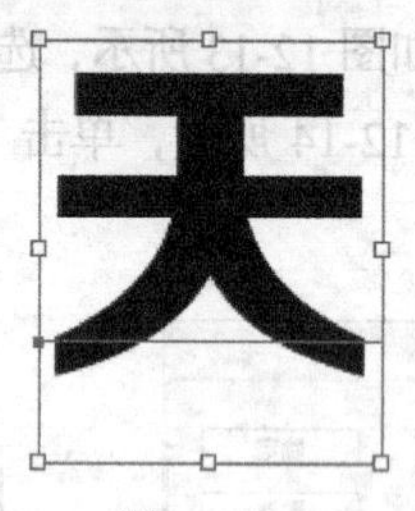

图 12-22

图 12-23

（10）选择“删除锚点”工具，将光标移动到需要删除的锚点上，如图 12-24 所示，单击鼠标左键，删除锚点，效果如图 12-25 所示。使用相同的方法删除其他不需要的锚点，效果如图 12-26 所示。

图 12-24

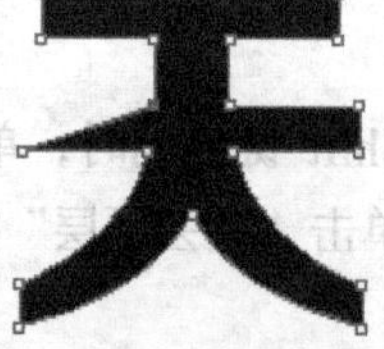

图 12-25

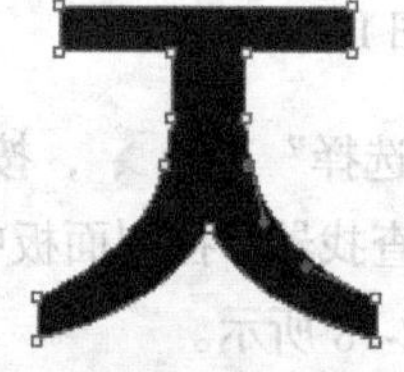

图 12-26

（11）选择“钢笔”工具，在页面的适当位置绘制图形，如图 12-27 所示。选择“选择”工具，用圈选的方法选取需要的图形，在“路径查找器”控制面板中，单击“联集”按钮，如图 12-28 所示，生成新的对象。设置图形填充色为红色（其 C、M、Y、K 值分别为 0、100、100、15），填充图形，并设置描边色为无，效果如图 12-29 所示。

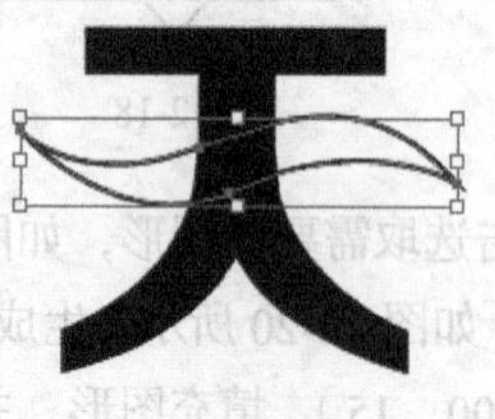

图 12-27

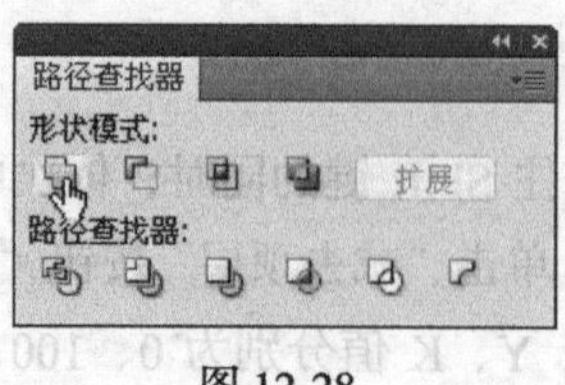

图 12-28

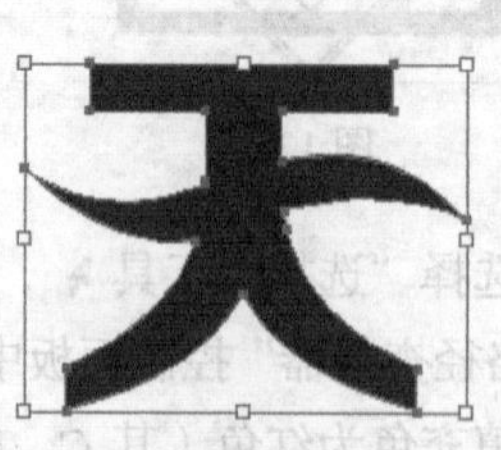

图 12-29

（12）选择“选择”工具，选取文字图形，将其拖曳到页面中适当的位置并调整其大小，效果如图 12-30 所示。选择“直接选择”工具，选取需要的节点，如图 12-31 所示，拖曳节点到适当的位置，效果如图 12-32 所示。使用相同的方法分别选取并调整“天”字右侧 2 个节点的位置，效果如图 12-33 所示。

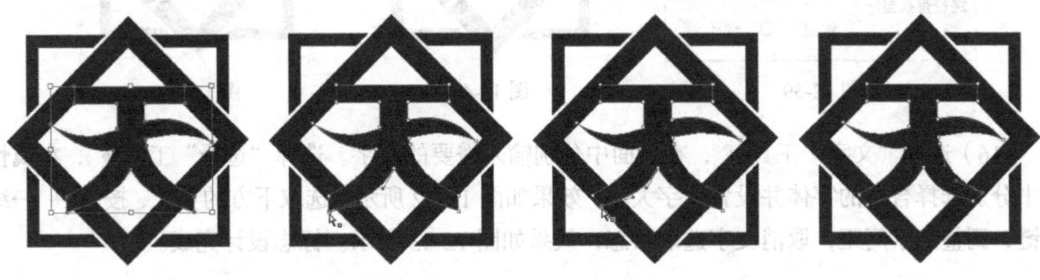

图 12-30　　图 12-31　　图 12-32　　图 12-33

（13）选择“选择”工具，按住 Shift 键的同时，单击红色图形将其同时选取，如图 12-34 所示。在“路径查找器”控制面板中，单击“联集”按钮，如图 12-35 所示，生成新的对象，并调整其大小，效果如图 12-36 所示。

图 12-34

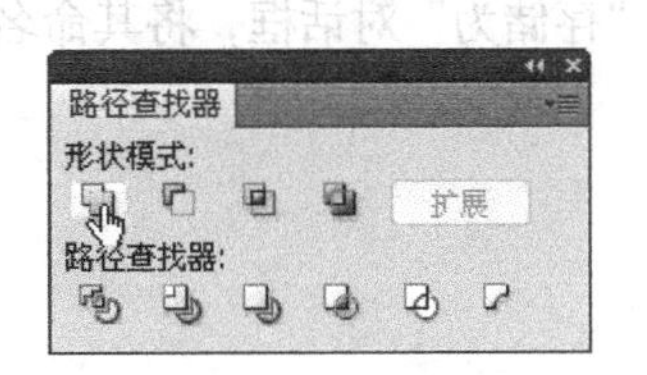

图 12-35

图 12-36

（14）选择“矩形”工具，在页面中适当的位置分别绘制 4 个矩形，将部分矩形旋转到适当的角度，填充图形为黑色，效果如图 12-37 所示。选择“选择”工具，按住 Shift 键的同时，依次单击选取需要的图形，如图 12-38 所示。

图 12-37

图 12-38

（15）在“路径查找器”控制面板中，单击“减去顶层”按钮，如图 12-39 所示，生成新的对象，效果如图 12-40 所示。选择“选择”工具，用圈选的方法选取需要的图形，按 Ctrl+G 组合键，将其编组，效果如图 12-41 所示。

路径查找器
形状模式:
扩展
路径查找器:

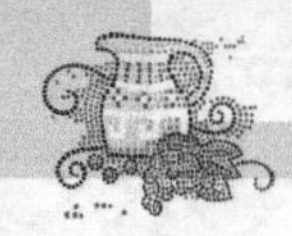

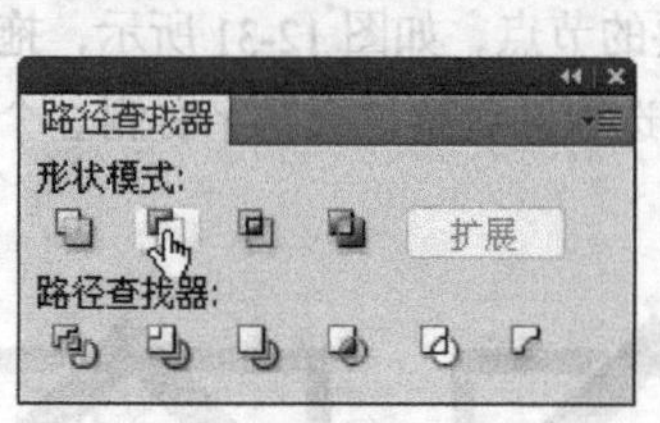

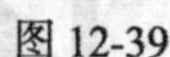

图 12-39

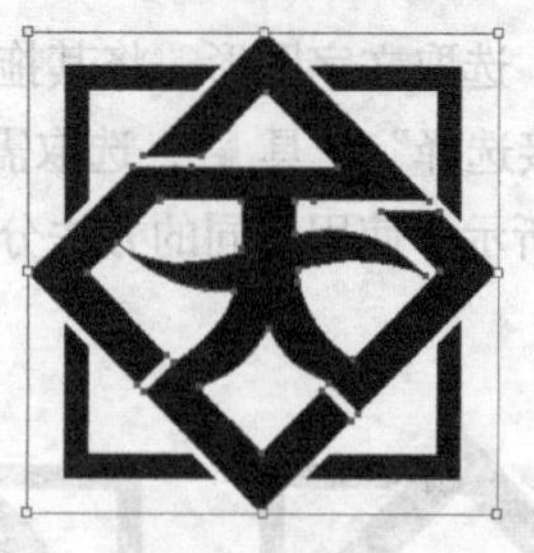

图 12-40

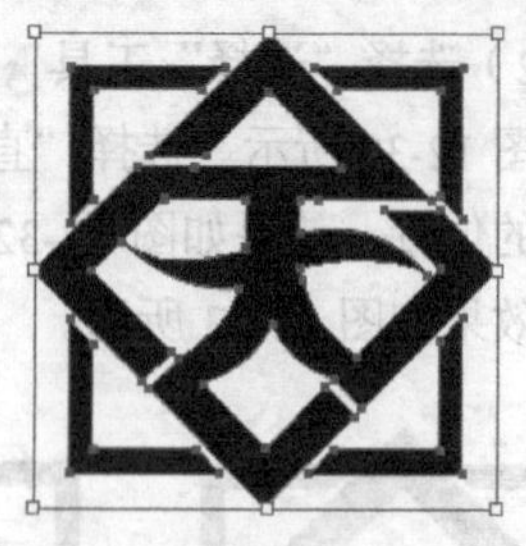

图 12-41

（16）选择“文字”工具 T，在页面中分别输入需要的文字。选择“选择”工具，在属性栏中分别选择合适的字体并设置文字大小，效果如图 12-42 所示。选取下方的英文，按 Alt+→组合键，调整文字间距，取消文字选取状态，效果如图 12-43 所示。标志设计完成。

天鸿达科技发展有限公司
TIANHONGDA SCIENCE AND TECHNOLOGY CO.,LTD.

图 12-42

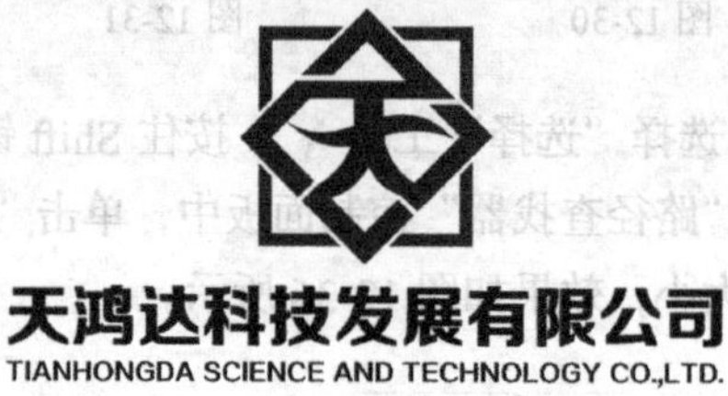

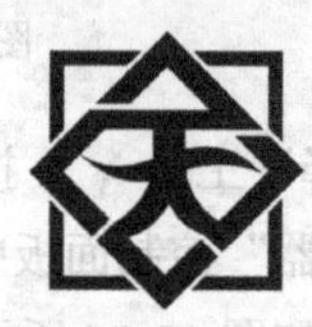

天鸿达科技发展有限公司
TIANHONGDA SCIENCE AND TECHNOLOGY CO.,LTD.

图 12-43

（17）按 Ctrl+S 组合键，弹出“存储为”对话框，将其命名为“标志设计”，保存为.AI 格式，单击“保存”按钮，将文件保存。

12.1.2 制作模板 A

（1）按 Ctrl+N 组合键，新建一个文档，宽度为 210mm，高度为 297mm，取向为竖向，颜色模式为 CMYK，单击“确定”按钮，新建一个文档。选择“矩形”工具，在页面中单击鼠标左键，弹出“矩形”对话框，选项的设置如图 12-44 所示，单击“确定”按钮，得到一个矩形。选择“选择”工具，拖曳矩形到页面中适当的位置，如图 12-45 所示。

矩形
选项
宽度(W): 210 mm
高度(H): 297 mm
确定
取消

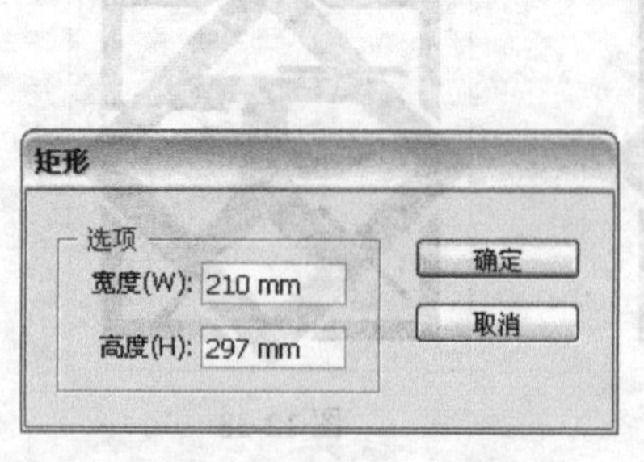

图 12-44

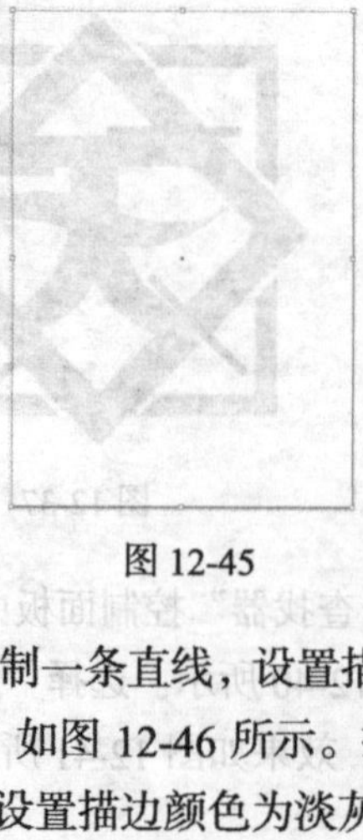

图 12-45

（2）选择“直线段”工具，按住 Shift 键的同时，绘制一条直线，设置描边颜色为灰色（其 C、M、Y、K 的值分别为 0、0、0、20），填充图形描边，如图 12-46 所示。按 Ctrl+C 组合键，复制直线，按 Ctrl+F 组合键，将复制的直线粘贴在前面，设置描边颜色为淡灰色（其 C、M、Y、

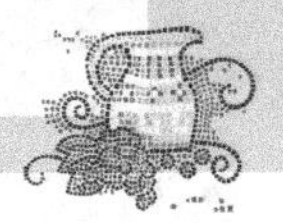

K 的值分别为 0、0、0、10），填充图形描边，调整图形到适当的位置，如图 12-47 所示。

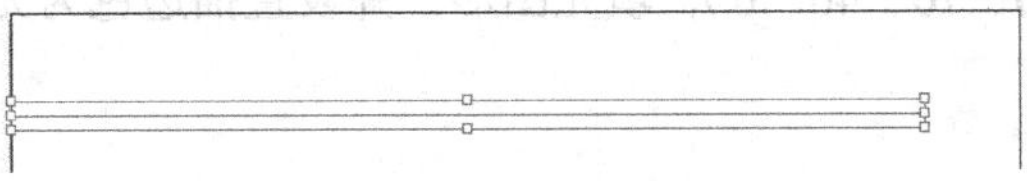

图 12-46

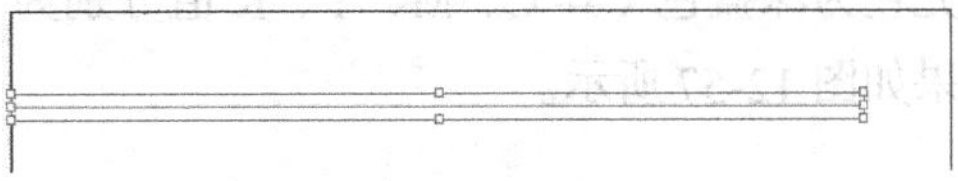

图 12-47

（3）选择“选择”工具，按住 Shift 键的同时，单击第一条直线，将其同时选取，按 Ctrl+G 组合键，将其编组。按住 Alt+Shift 组合键的同时，垂直向下拖曳图形到适当的位置，复制直线，如图 12-48 所示。连续按 Ctrl+D 组合键，按需要再复制出多条直线，效果如图 12-49 所示。

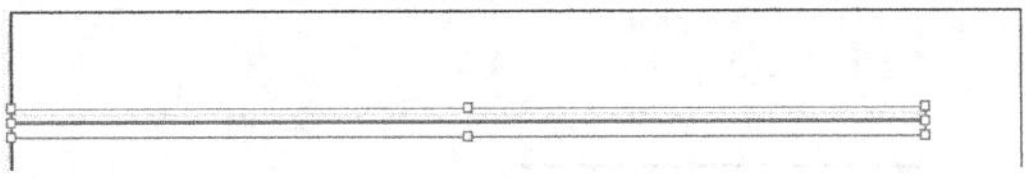

图 12-48

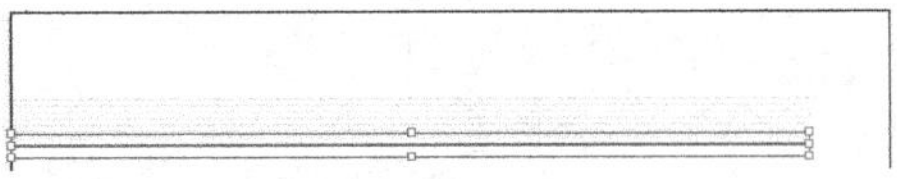

图 12-49

（4）选择“文字”工具，在页面中输入需要的文字。选择“选择”工具，在属性栏中选择合适的字体并设置文字的大小，效果如图 12-50 所示。选择“文字”工具，选取英文，设置填充色为无并设置文字描边颜色为灰色（其 C、M、Y、K 的值分别为 0、0、0、30），填充文字描边，效果如图 12-51 所示。

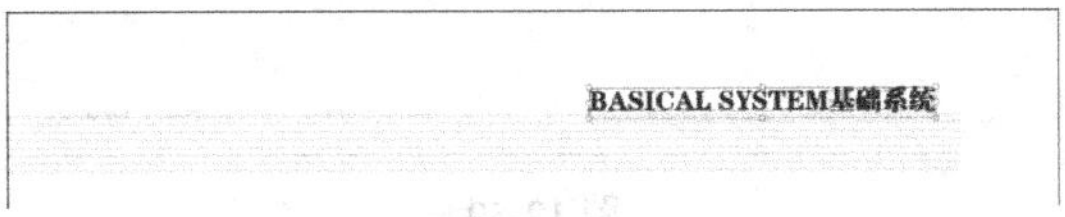

BASICAL SYSTEM基础系统

图 12-50

基础系统

图 12-51

（5）选择“文字”工具，选取文字“基础系统”，在属性栏中选择合适的字体并设置文字的大小，效果如图 12-52 所示。设置文字填充色为青色（其 C、M、Y、K 的值分别为 100、0、0、0），填充文字，取消文字选取状态，效果如图 12-53 所示。

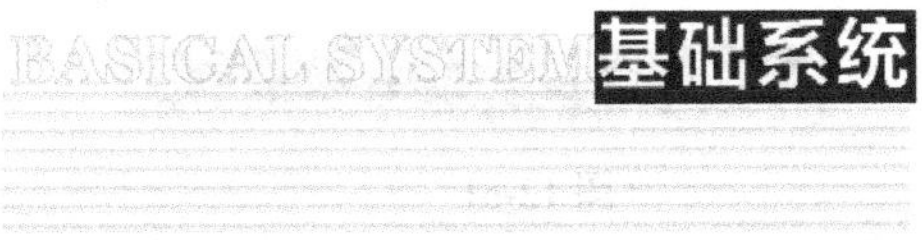

BASICAL SYSTEM基础系统

图 12-52

BASICAL SYSTEM基础系统

图 12-53

（6）选择“矩形”工具，在页面适当的位置绘制矩形，设置图形填充色为海蓝色（其 C、M、Y、K 值分别为 95、67、21、9），填充图形，并设置描边色为无，效果如图 12-54 所示。

（7）选择“文字”工具，在矩形上输入需要的文字。选择“选择”工具，在属性栏中选择合适的字体并设置文字的大小，填充文字为白色，取消文字选取状态，效果如图 12-55 所示。

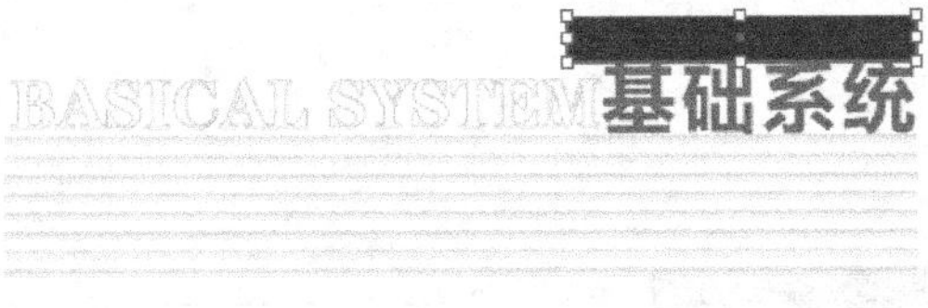

BASICAL SYSTEM基础系统

图 12-54

天鸿达科技发展有限公司

BASICAL SYSTEM基础系统

图 12-55

（8）选择“矩形”工具，在页面中适当的位置绘制一个矩形，如图 12-56 所示。设置图形填充色为深蓝色（其 C、M、Y、K 值分别为 100、70、40、0），填充图形，并设置描边色为无，效果如图 12-57 所示。

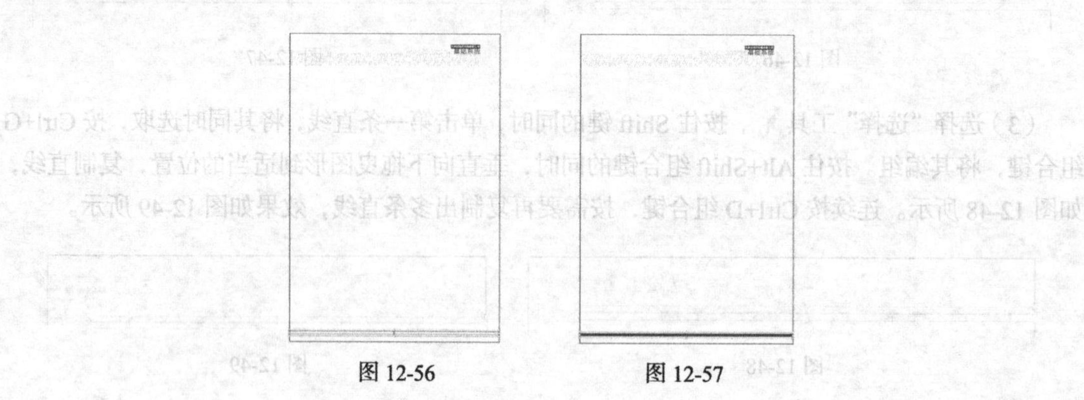

图 12-56　　图 12-57

（9）选择“选择”工具，按 Ctrl+C 组合键，复制图形，按 Ctrl+F 组合键，将复制的图形粘贴在前面，拖曳右边中间的控制手柄到适当的位置，调整图形的大小，设置图形填充色为青色（其 C、M、Y、K 的值分别为 100、0、0、0），填充图形，效果如图 12-58 所示。使用相同的方法再复制一组图形，调整图形的大小并设置图形填充色为淡灰色（其 C、M、Y、K 的值分别为 0、0、0、10），填充图形，效果如图 12-59 所示。

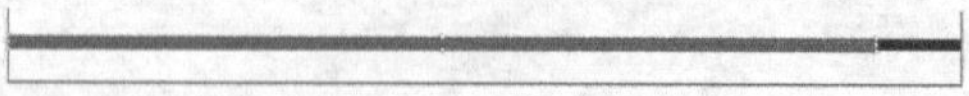

图 12-58 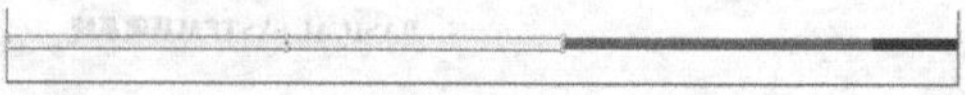　　图 12-59

（10）选择“文字”工具，在页面中输入需要的文字。选择“选择”工具，在属性栏中选择合适的字体并设置文字的大小，按 Alt+ →组合键，调整文字间距，效果如图 12-60 所示。设置文字填充色为深蓝色（其 C、M、Y、K 值分别为 100、70、40、0），填充文字，效果如图 12-61 所示。

天鸿达科技发展有限公司　　天鸿达科技发展有限公司

图 12-60　　图 12-61

（11）使用相同的方法再次输入需要的深蓝色文字，调整文字适当的间距，效果如图 12-62 所示。模板 A 制作完成，效果如图 12-63 所示。模板 A 部分表示 VI 手册中的基础部分。

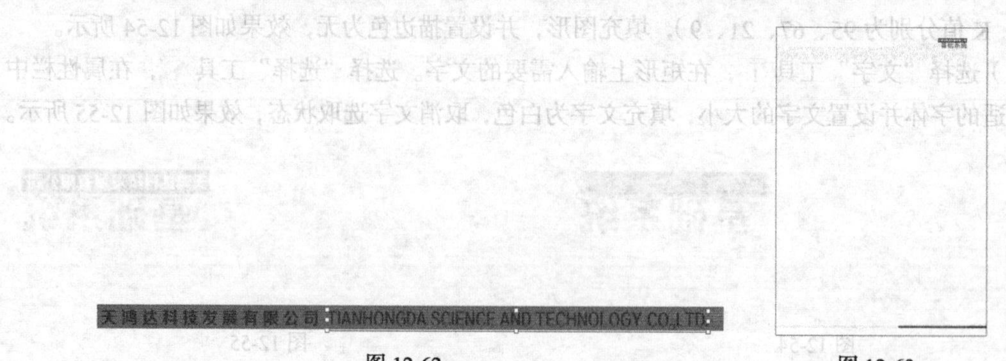

图 12-62　　图 12-63

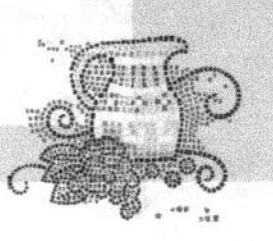

（12）按 Ctrl+S 组合键，弹出“存储为”对话框，将其命名为“模板 A”，保存为 AI 格式，单击“保存”按钮，将文件保存。

12.1.3 制作模板 B

（1）按 Ctrl+O 组合键，打开光盘中的“Ch12 > 效果 > 制作天鸿达 VI 手册 > 模板 A”文件，如图 12-64 所示，选择“文字”工具T，选取需要的文字，如图 12-65 所示，输入需要的文字，效果如图 12-66 所示。

（2）选择“文字”工具T，选取文字“应用系统”，在属性栏中选择合适的字体并设置文字的大小，设置文字填充色为黄色（其 C、M、Y、K 的值分别为 0、45、100、0），填充文字，并设置描边色为无，取消文字选取状态，效果如图 12-67 所示。

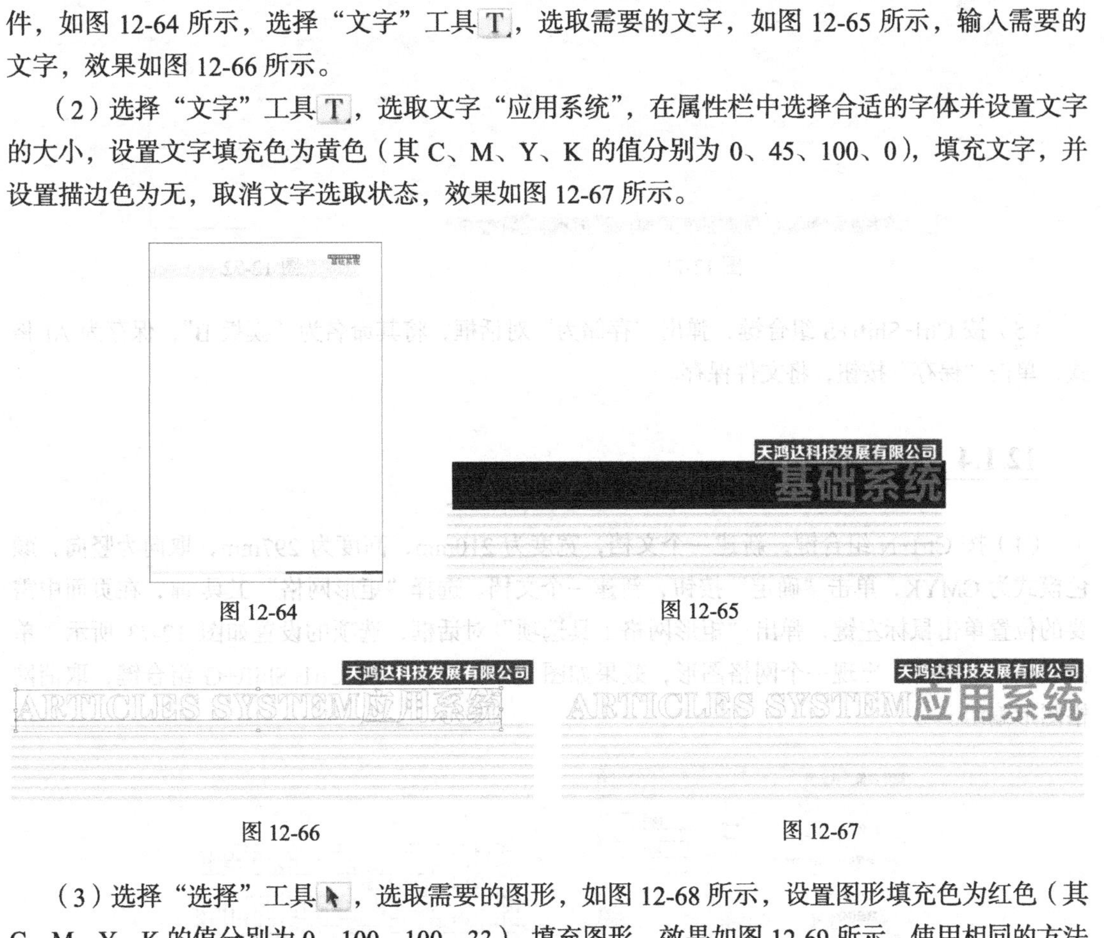

图 12-64

图 12-65

图 12-66

图 12-67

（3）选择“选择”工具，选取需要的图形，如图 12-68 所示，设置图形填充色为红色（其 C、M、Y、K 的值分别为 0、100、100、33），填充图形，效果如图 12-69 所示。使用相同的方法分别为“模板”下方的矩形填充适当的颜色，效果如图 12-70 所示。

天鸿达科技发展有限公司
ARTICLES SYSTEM应用系统

图 12-68

天鸿达科技发展有限公司
ARTICLES SYSTEM应用系统

图 12-69

天鸿达科技发展有限公司 TIANHONGDA SCIENCE AND TECHNOLOGY CO.LTD.

图 12-70

（4）选择“选择”工具，选取矩形上面的文字，设置文字填充色为橘红色（其 C、M、Y、K 的值分别为 30、100、100、0），填充文字，效果如图 12-71 所示。模板 B 制作完成，效果如图 12-72 所示。模板 B 部分表示 VI 手册中的应用部分。

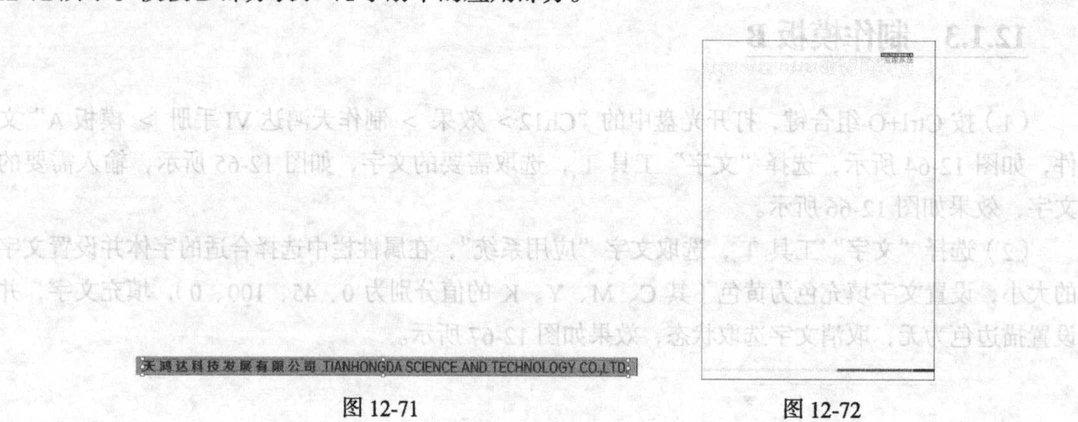

图 12-71　　图 12-72

（5）按 Ctrl+Shift+S 组合键，弹出“存储为”对话框，将其命名为“模板 B”，保存为 AI 格式，单击“保存”按钮，将文件保存。

12.1.4 标志制图

（1）按 Ctrl+N 组合键，新建一个文档，宽度为 210mm，高度为 297mm，取向为竖向，颜色模式为 CMYK，单击“确定”按钮，新建一个文档。选择“矩形网格”工具，在页面中需要的位置单击鼠标左键，弹出“矩形网格工具选项”对话框，选项的设置如图 12-73 所示，单击“确定”按钮，出现一个网格图形，效果如图 12-74 所示。按 Ctrl+Shift+G 组合键，取消网格图形编组。

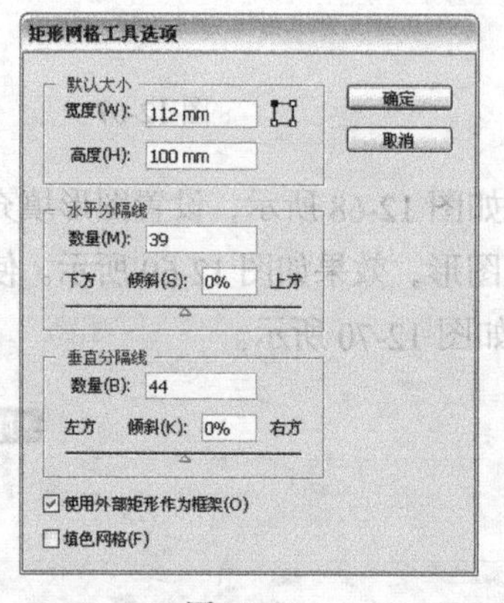

图 12-73

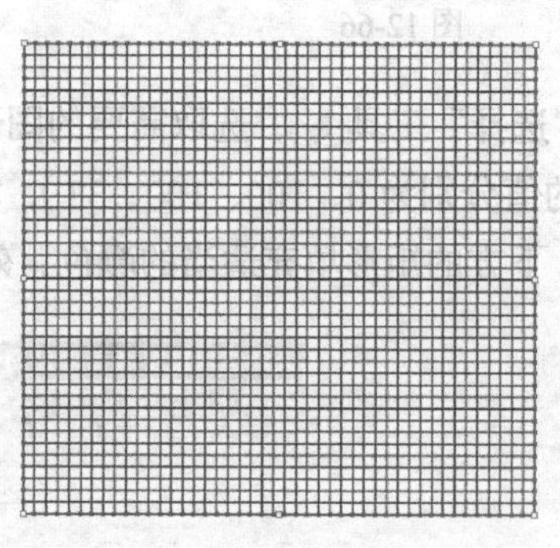

图 12-74

（2）选择“选择”工具，按住 Shift 键的同时，在网格图形上选取不需要的直线，如图 12-75 所示，按 Delete 键将其删除，效果如图 12-76 所示。使用相同的方法选取不需要的直线将其删除，效果如图 12-77 所示。

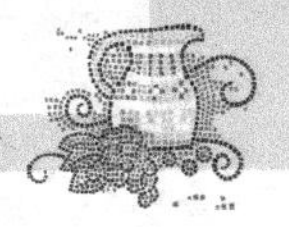

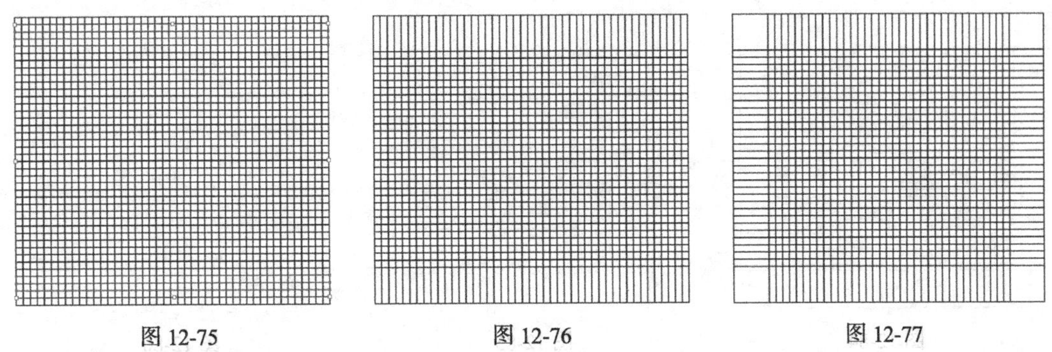

图 12-75　　图 12-76　　图 12-77

（3）选择“选择”工具，使用圈选的方法将需要的直线同时选取，如图 12-78 所示，拖曳左边中间的控制手柄到适当的位置，效果如图 12-79 所示。保持图形选取状态，拖曳直线右边中间的控制手柄到适当的位置，效果如图 12-80 所示。

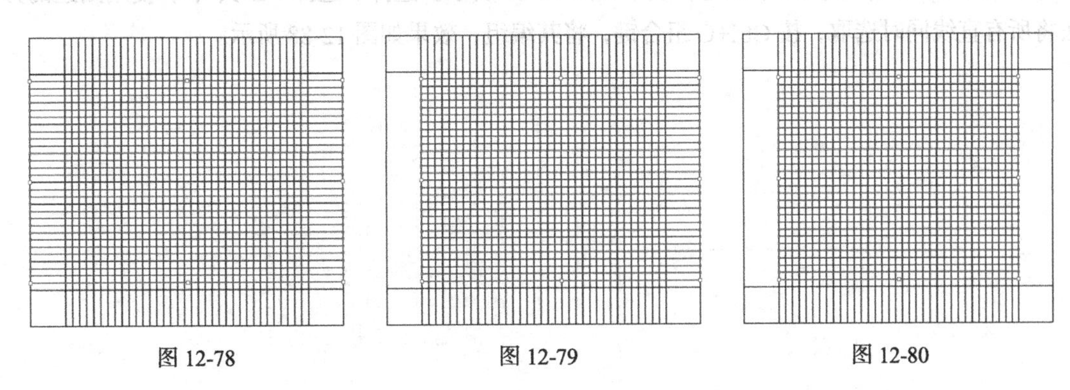

图 12-78　　图 12-79　　图 12-80

（4）选择“选择”工具，按住 Shift 键的同时，选取需要的直线，如图 12-81 所示，向下拖曳上边中间的控制手柄到适当的位置，效果如图 12-82 所示。保持图形选取状态，向上拖曳直线下边中间的控制手柄到适当的位置，效果如图 12-83 所示。

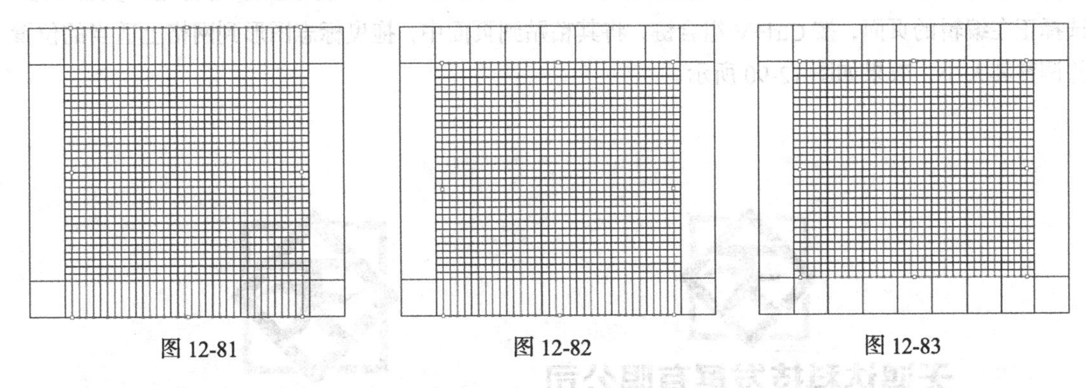

图 12-81　　图 12-82　　图 12-83

（5）选择“选择”工具，使用圈选的方法将所有直线同时选取，在属性栏中将“描边粗细”选项设置为 0.25pt，设置描边颜色为灰色（其 C、M、Y、K 的值分别为 0、0、0、80），填充直线描边，效果如图 12-84 所示。

（6）选择“选择”工具，按住 Shift 键的同时，依次单击需要的直线将其同时选取，如图 12-85 所示。设置描边颜色为淡灰色（其 C、M、Y、K 的值分别为 0、0、0、30），填充直线描边，取消选取状态，效果如图 12-86 所示。

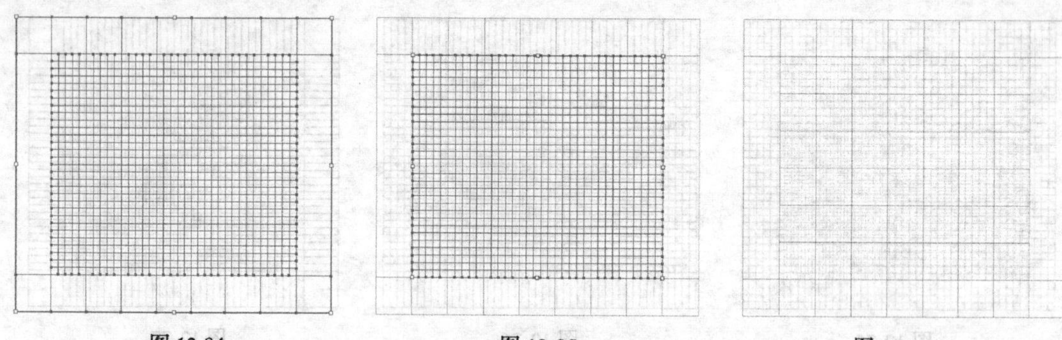

图 12-84　　图 12-85　　图 12-86

（7）选择“矩形”工具，在图形左下方绘制一个矩形，设置图形填充色为浅灰色（其 C、M、Y、K 值分别为 0、0、0、10），填充图形，并设置描边颜色为灰色（其 C、M、Y、K 的值分别为 0、0、0、80），填充图形描边，效果如图 12-87 所示。选择“选择”工具，使用圈选的方法将所有直线同时选取，按 Ctrl+G 组合键，将其编组，效果如图 12-88 所示。

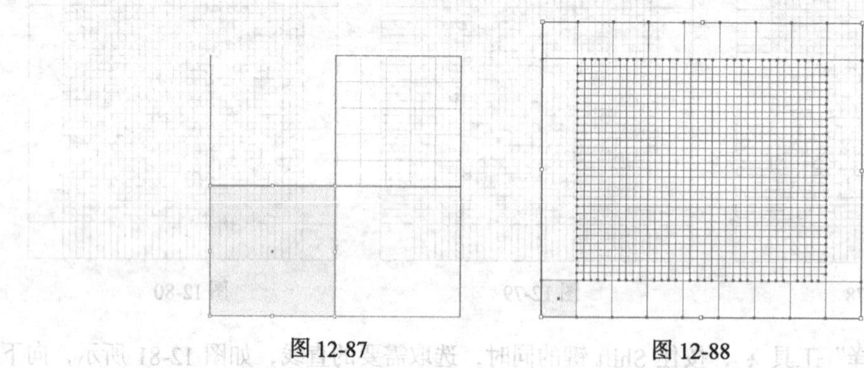

图 12-87　　图 12-88

（8）按 Ctrl+O 组合键，打开光盘中的“Ch12 > 效果 > 制作天鸿达 VI 手册 > 标志设计”文件，选择“选择”工具，选取需要的图形，如图 12-89 所示，按 Ctrl+C 组合键，复制图形。选择正在编辑的页面，按 Ctrl+V 组合键，将其粘贴到页面中，拖曳标志图形到网格上适当的位置并调整其大小，效果如图 12-90 所示。

图 12-89　　图 12-90

（9）设置图形填充色为灰色（其 C、M、Y、K 值分别为 0、0、0、50），填充图形，效果如图 12-91 所示。按 Ctrl+Shift+[组合键，将标志图形置于最底层，取消选取状态，效果如图 12-92 所示。

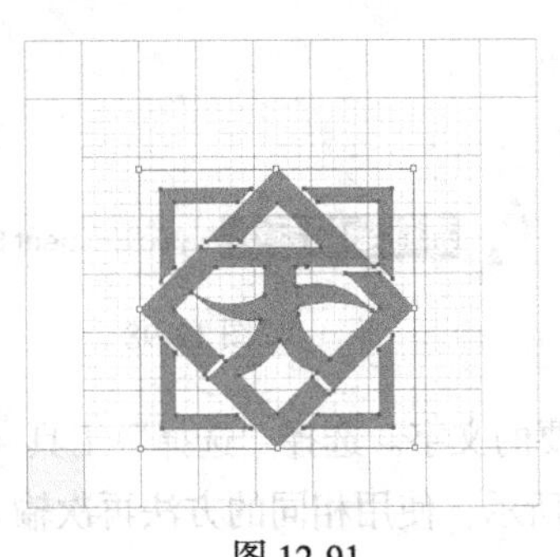

图 12-91

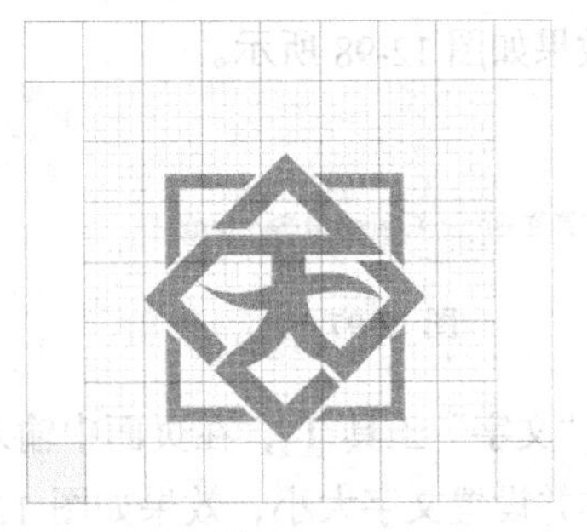

图 12-92

（10）选择“直线段”工具和“文字”工具，对图形进行标注，效果如图 12-93 所示。选择“选择”工具，使用圈选的方法将图形和标注同时选取，按 Ctrl+G 组合键，将其编组，效果如图 12-94 所示。

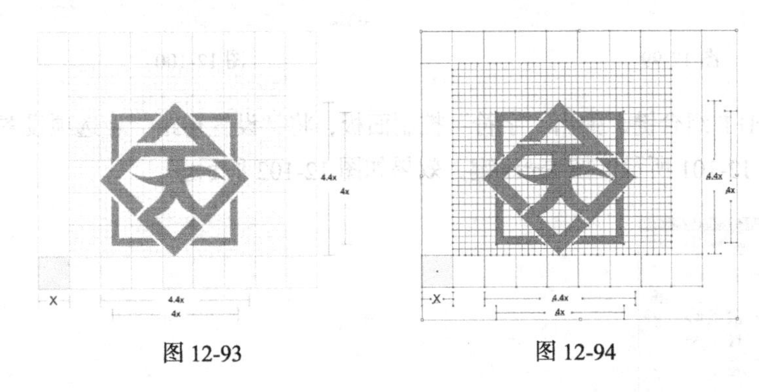

图 12-93　　图 12-94

（11）选择“选择”工具，选取编组图形，按 Ctrl+C 组合键，复制图形。按 Ctrl+O 组合键，打开光盘中的“Ch12 > 效果 > 制作天鸿达 VI 手册 > 模板 A”文件，按 Ctrl+V 组合键，将其粘贴到“模板 A”页面中，拖曳图形到适当的位置，效果如图 12-95 所示。

（12）选择“文字”工具，在页面中输入需要的文字。选择“选择”工具，在属性栏中选择合适的字体并设置文字的大小，设置文字填充色为青色（其 C、M、Y、K 的值分别为 100、0、0、0），填充文字，效果如图 12-96 所示。

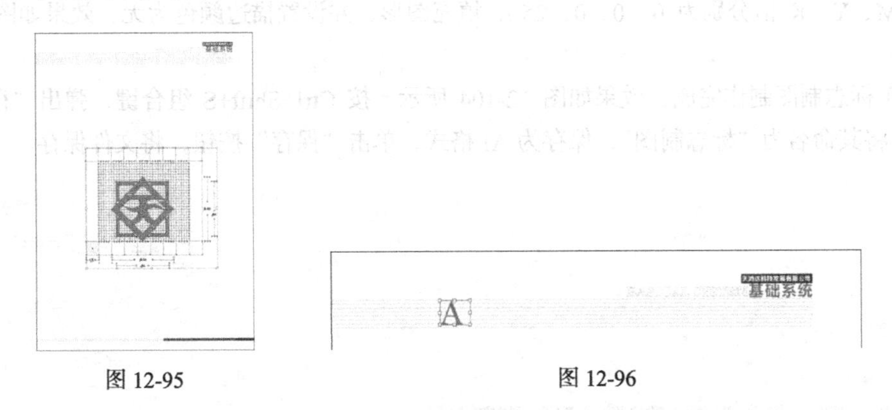

图 12-95　　图 12-96

（13）选择“文字”工具，在页面中输入需要的文字。选择“选择”工具，在属性栏中选择合适的字体并设置文字的大小，设置文字填充色为深蓝色（其 C、M、Y、K 的值分别为 100、70、40、0），填充文字，效果如图 12-97 所示。选取文字“基础要素系统”，在属性栏中设置适当的文字大小，效果如图 12-98 所示。

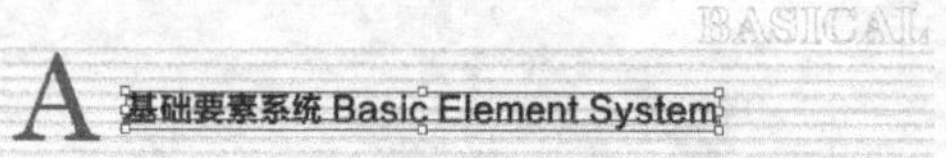

图 12-97 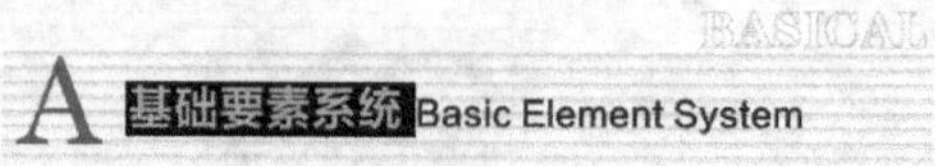　　　　图 12-98

（14）选择“文字”工具T，在页面中输入需要的文字。选择“选择”工具，在属性栏中选择合适的字体并设置文字大小，效果如图 12-99 所示。使用相同的方法再次输入需要的文字，效果如图 12-100 所示。

图 12-99

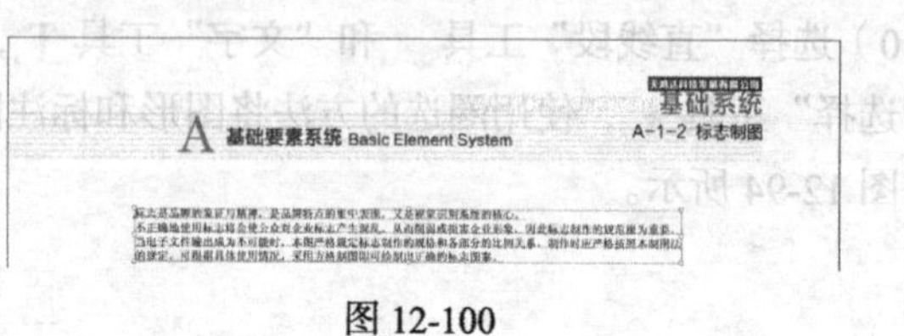

图 12-100

（15）按 Ctrl+T 组合键，弹出“字符”控制面板，将“设置行距”选项设置为 15pt，其他选项的设置如图 12-101 所示，按 Enter 键，效果如图 12-102 所示。

图 12-101

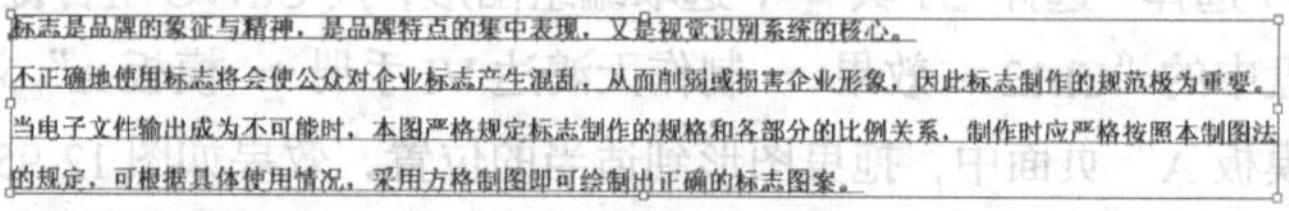

标志是品牌的象征与精神，是品牌特点的集中表现，又是视觉识别系统的核心。
不正确地使用标志将会使公众对企业标志产生混乱，从而削弱或损害企业形象，因此标志制作的规范极为重要。
当电子文件输出成为不可能时，本图严格规定标志制作的规格和各部分的比例关系，制作时应严格按照本制图法的规定，可根据具体使用情况，采用方格制图即可绘制出正确的标志图案。

图 12-102

（16）选择“矩形”工具，在页面中适当的位置绘制一个矩形，设置图形填充色为浅灰色（其 C、M、Y、K 值分别为 0、0、0、25），填充图形，并设置描边颜色为无，效果如图 12-103 所示。

（17）标志制图制作完成，效果如图 12-104 所示。按 Ctrl+Shift+S 组合键，弹出“存储为”对话框，将其命名为“标志制图”，保存为 AI 格式，单击“保存”按钮，将文件保存。

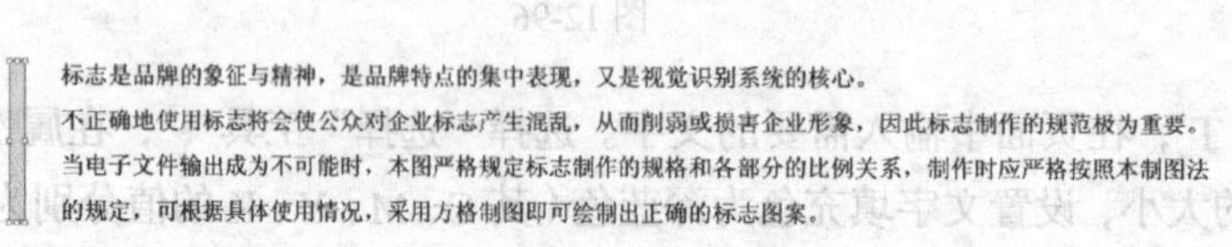

图 12-103

图 12-104

12.1.5 标志组合规范

（1）按Ctrl+O组合键，打开光盘中的“Ch12 > 效果 > 制作天鸿达VI手册 > 标志制图”文件，选择“选择”工具，选取不需要的图形，如图12-105所示，按Delete键将其删除，效果如图12-106所示。选取网格图形，调整到适当的位置，效果如图12-107所示。

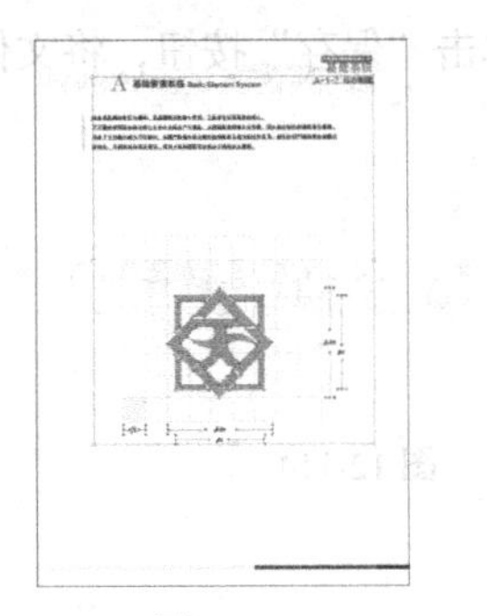

图12-105

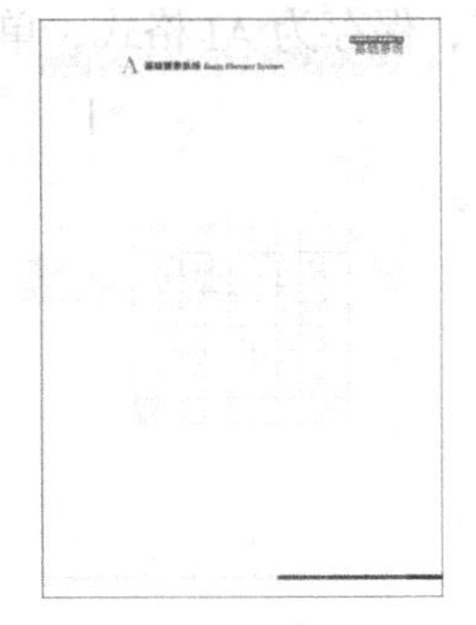

图12-106

图12-107

（2）按Ctrl+O组合键，打开光盘中的“Ch12 > 效果 > 制作天鸿达VI手册 > 标志设计”文件，选择“选择”工具，选取标志图形，如图12-108所示，按Ctrl+C组合键，复制图形。选择正在编辑的页面，按Ctrl+V组合键，将其粘贴到页面中，调整其大小和位置，效果如图12-109所示。按住Alt键的同时，向下拖曳标志图形到网格图形上适当的位置，效果如图12-110所示。

图12-108

图12-109

图12-110

（3）设置图形填充色为灰色（其C、M、Y、K值分别为0、0、0、50），填充图形，连续按Ctrl+[组合键，将标志图形向后移动到适当的位置，取消选取状态，效果如图12-111所示。根据“12.1.4 标志制图”中所讲的方法，对图形进行标注，效果如图12-112所示。

图12-111

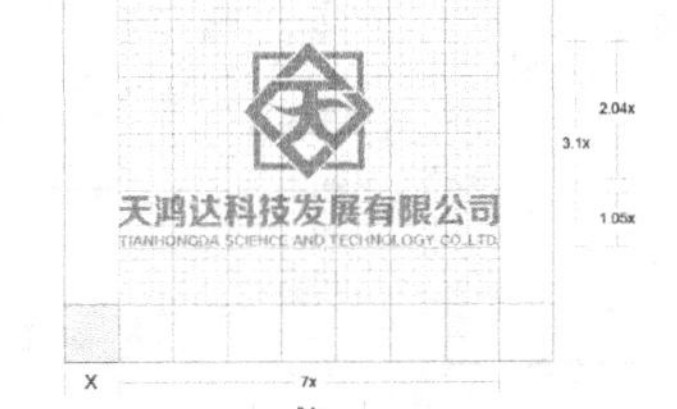

图12-112

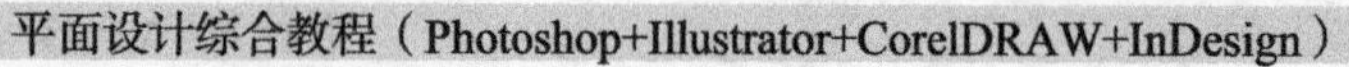

（4）选择“文字”工具T，在页面右上方输入需要的文字。选择“选择”工具，在属性栏中选择合适的字体并设置文字的大小，效果如图 12-113 所示。使用相同的方法再次输入需要的文字，在属性栏中选择合适的字体并设置文字的大小，效果如图 12-114 所示。在“字符”控制面板中，将“设置行距”选项设置为 15pt，其他选项的设置如图 12-115 所示，按 Enter 键，效果如图 12-116 所示。

（5）标志组合规范制作完成，效果如图 12-117 所示。按 Ctrl+Shift+S 组合键，弹出“存储为”对话框，将其命名为“标志组合规范”，保存为 AI 格式，单击“保存”按钮，将文件保存。

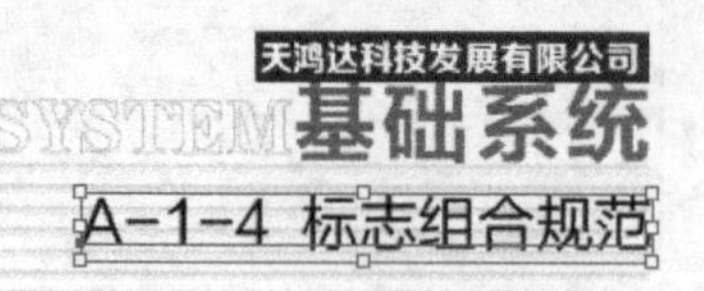

图 12-113

图 12-114

图 12-115

图 12-116

图 12-117

12.1.6 标志墨稿与反白应用规范

（1）按 Ctrl+O 组合键，打开光盘中的“Ch12 > 效果 > 制作天鸿达 VI 手册 > 模板 A”文件，如图 12-118 所示。选择“文字”工具T，在页面中分别输入需要的文字，并设置适当的字体和文字的大小，填充适当的颜色，效果如图 12-119 所示。

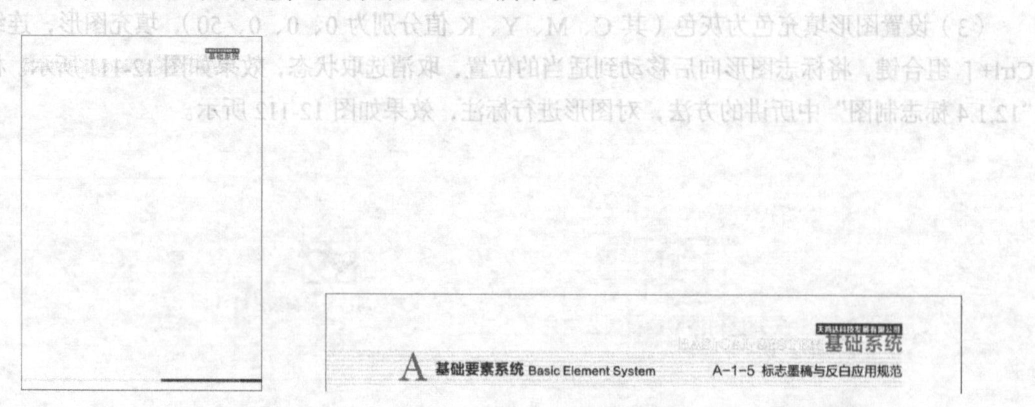
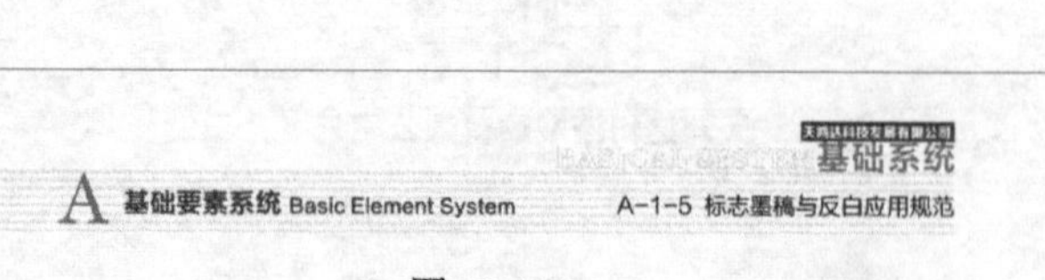

图 12-118

图 12-119

（2）选择“文字”工具 T，在页面中输入需要的文字。选择“选择”工具，在属性栏中选择合适的字体并设置文字大小，效果如图 12-120 所示。在“字符”控制面板中，将“设置行距”选项设为 15 pt，其他选项的设置如图 12-121 所示，按 Enter 键，效果如图 12-122 所示。

（3）选择“矩形”工具，在文字左侧绘制一个矩形，设置图形填充色为浅灰色（其 C、M、Y、K 值分别为 0、0、0、25），填充图形，并设置描边颜色为无，效果如图 12-123 所示。

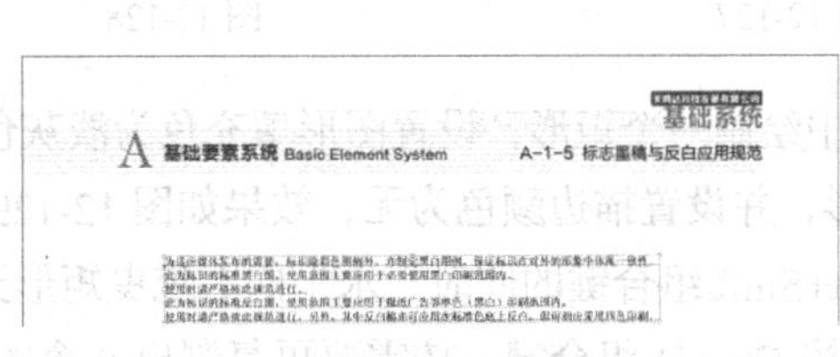

基础系统
A 基础要素系统 Basic Element System
A-1-5 标志墨稿与反白应用规范

图 12-120

字符
宋体
8 pt
15 pt
100%
100%
自动
0
0%
自动
自动
0 pt
0°
锐化
语言: 英语: 美国

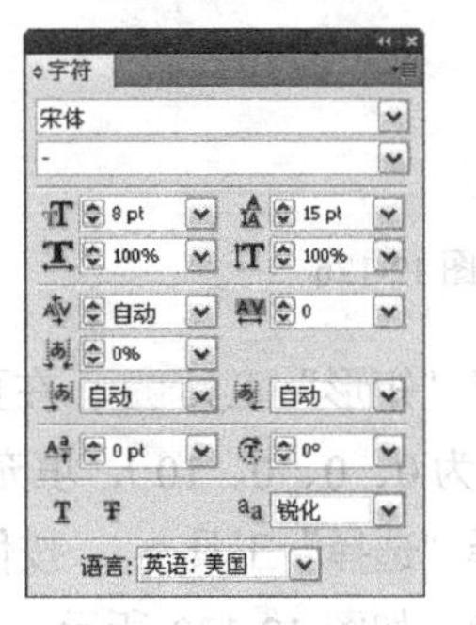

图 12-121

为适应媒体发布的需要，标识除彩色图例外，亦制定黑白图例，保证标识在对外的形象中体现一致性。
此为标识的标准黑白图，使用范围主要应用于必须使用黑白印刷范围内。
使用时请严格按此规范进行。
此为标识的标准反白图，使用范围主要应用于报纸广告等单色（黑白）印刷范围内。
使用时请严格按此规范进行。另外，其中反白稿亦可应用在标准色底上反白，即可相应采用四色印刷。

图 12-122

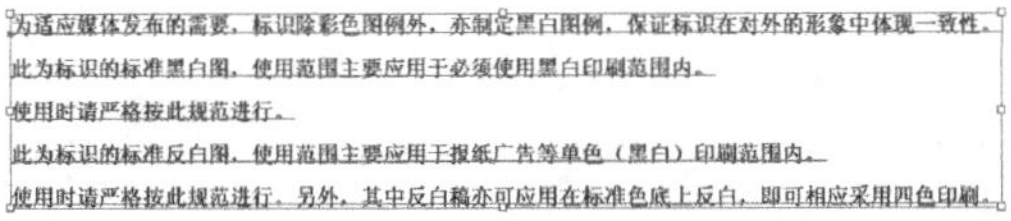

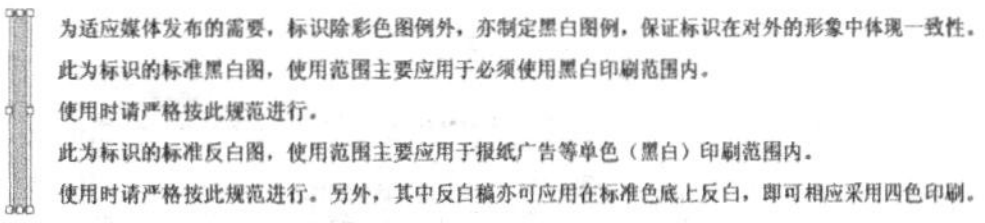

为适应媒体发布的需要，标识除彩色图例外，亦制定黑白图例，保证标识在对外的形象中体现一致性。
此为标识的标准黑白图，使用范围主要应用于必须使用黑白印刷范围内。
使用时请严格按此规范进行。
此为标识的标准反白图，使用范围主要应用于报纸广告等单色（黑白）印刷范围内。
使用时请严格按此规范进行。另外，其中反白稿亦可应用在标准色底上反白，即可相应采用四色印刷。

图 12-123

（4）按 Ctrl+O 组合键，打开光盘中的“Ch12 > 效果 > 制作天鸿达 VI 手册 > 标志设计”文件，选择“选择”工具，选取标志图形，如图 12-124 所示，按 Ctrl+C 组合键，复制图形。选择正在编辑的页面，按 Ctrl+V 组合键，将其粘贴到页面中，调整大小和位置，并填充图形为黑色，效果如图 12-125 所示。

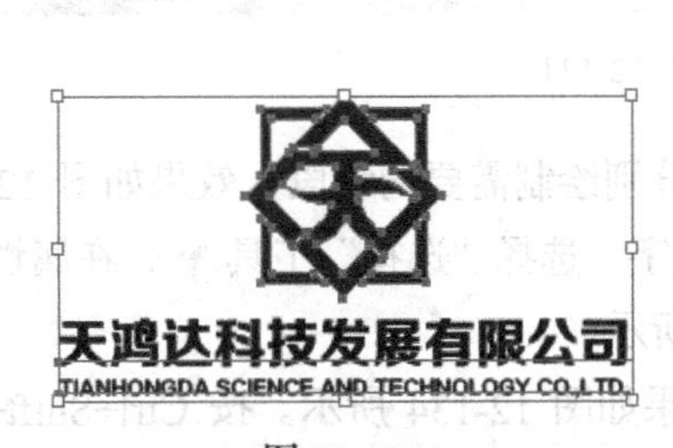

天鸿达科技发展有限公司
TIANHONGDA SCIENCE AND TECHNOLOGY CO.,LTD.

图 12-124

天鸿达科技发展有限公司

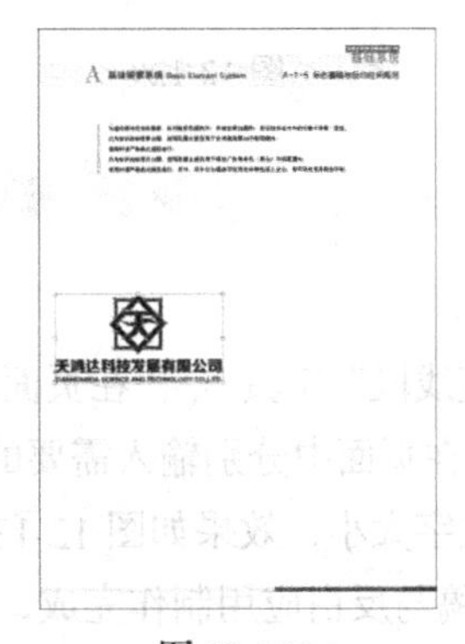

图 12-125

（5）选择“矩形”工具，在页面中适当的位置绘制一个矩形，填充图形为黑色，并设置描边颜色为无，效果如图 12-126 所示。选择“选择”工具，选取标志图形，按住 Alt 键的同时，向右拖曳图形到矩形上，填充图形为白色，效果如图 12-127 所示。

（6）选择“文字”工具 T，在页面中输入需要的文字。选择“选择”工具，在属性栏中选择合适的字体并设置文字的大小，填充文字为白色。按 Alt+ →组合键，适当调整文字间距，效果如图 12-128 所示。

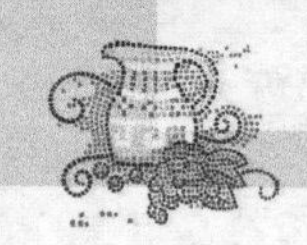

图 12-126

图 12-127

图 12-128

（7）选择“矩形”工具▭，在页面中绘制一个矩形，设置图形填充色为淡灰色（其 C、M、Y、K 值分别为 0、0、0、10），填充图形，并设置描边颜色为无，效果如图 12-129 所示。

（8）选择“选择”工具↖，按住 Alt+Shift 组合键的同时，水平向右拖曳矩形到适当的位置，复制一个矩形，如图 12-130 所示。连续按 Ctrl+D 组合键，按需要再复制出 8 个图形，分别将其选取并填充适当的颜色，效果如图 12-131 所示。

图 12-129

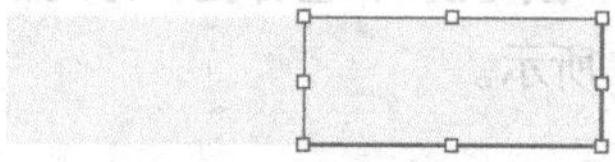

图 12-130

图 12-131

（9）选择“直线段”工具╲，在页面中分别绘制需要的线段，效果如图 12-132 所示。选择“文字”工具T，在页面中分别输入需要的文字。选择“选择”工具↖，在属性栏中分别选择合适的字体并设置文字大小，效果如图 12-133 所示。

（10）标志墨稿与反白应用制作完成，效果如图 12-134 所示。按 Ctrl+Shift+S 组合键，弹出“存储为”对话框，将其命名为“标志墨稿与反白应用”，保存为.AI 格式，单击“保存”按钮，将文件保存。

图 12-132

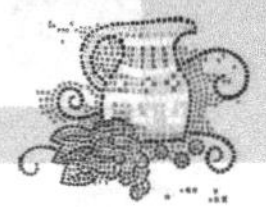

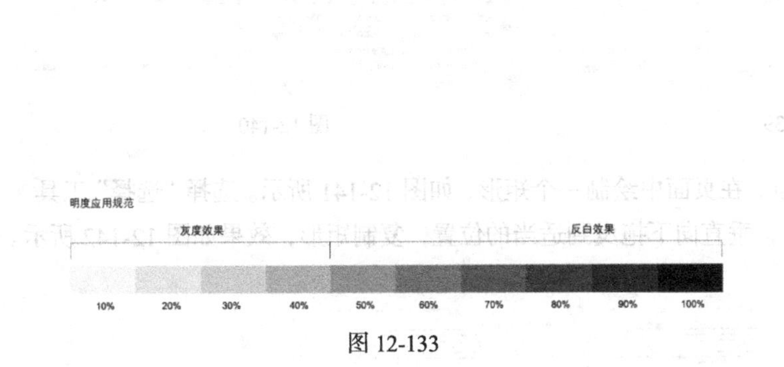

图 12-133

图 12-134

12.1.7　标准色

（1）按 Ctrl+O 组合键，打开光盘中的“Ch12 > 效果 > 制作天鸿达 VI 手册 > 模板 A”文件，如图 12-135 所示。选择“文字”工具 T，在页面中分别输入需要的文字，并设置适当的字体和文字的大小，分别填充适当的颜色，效果如图 12-136 所示。

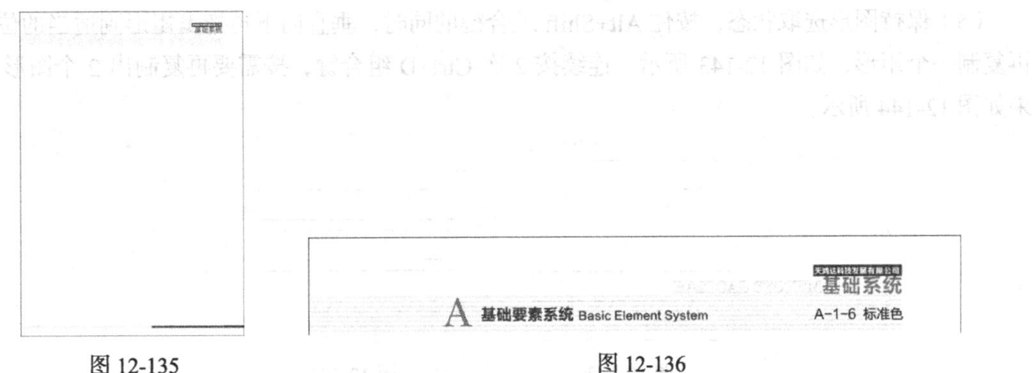

图 12-135　　图 12-136

（2）选择“文字”工具 T，在页面中输入需要的文字。选择“选择”工具，在属性栏中选择合适的字体并设置文字大小，效果如图 12-137 所示。在“字符”控制面板中，将“设置行距”选项设置为 15pt，其他选项的设置如图 12-138 所示，按 Enter 键，效果如图 12-139 所示。

（3）选择“矩形”工具，在文字左侧绘制一个矩形，设置图形填充色为浅灰色（其 C、M、Y、K 值分别为 0、0、0、25），填充图形，并设置描边颜色为无，效果如图 12-140 所示。

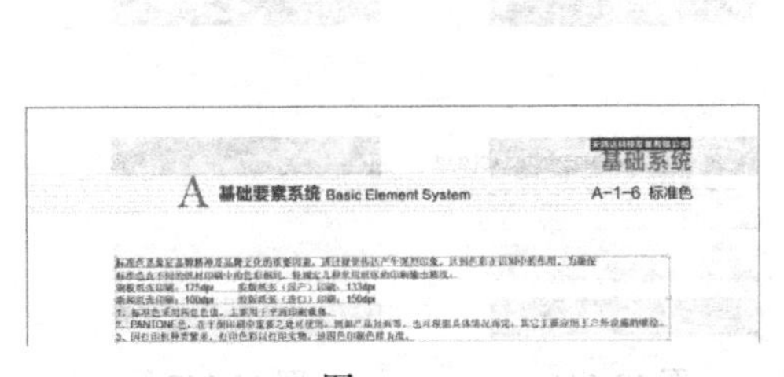

图 12-137

图 12-138

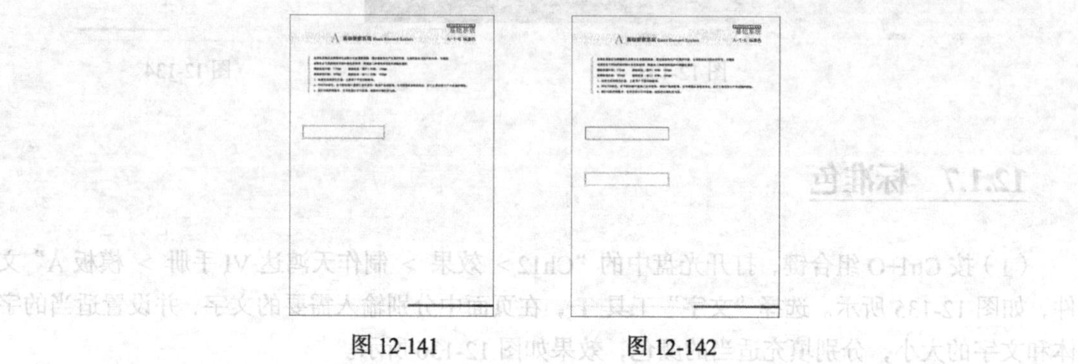

图 12-139　　图 12-140

（4）选择“矩形”工具，在页面中绘制一个矩形，如图 12-141 所示。选择“选择”工具，按住 Alt+Shift 组合键的同时，垂直向下拖曳到适当的位置，复制矩形，效果如图 12-142 所示。

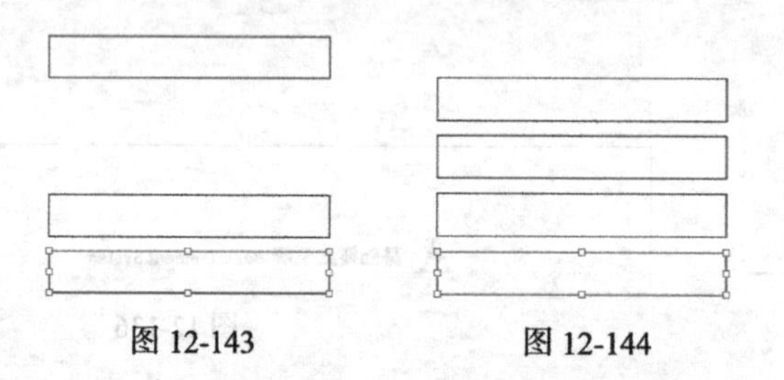

图 12-141　　图 12-142

（5）保持图形选取状态，按住 Alt+Shift 组合键的同时，垂直向下再拖曳矩形到适当的位置，再复制一个矩形，如图 12-143 所示。连续按 2 次 Ctrl+D 组合键，按需要再复制出 2 个图形，效果如图 12-144 所示。

图 12-143　　图 12-144

（6）选择“选择”工具，选取第一个矩形，设置图形填充色为红色（其 C、M、Y、K 值分别为 0、100、100、15），填充图形，并设置描边颜色为无，如图 12-145 所示。分别选取下方的矩形，并依次填充为黑色、白色、橙黄色（其 C、M、Y、K 值分别为 0、50、100、0）、深蓝色（其 C、M、Y、K 值分别为 100、70、40、0），并设置描边颜色为无，效果如图 12-146 所示。

（7）选择“文字”工具，在页面中分别输入需要的文字。选择“选择”工具，在属性栏中选择合适的字体并设置文字的大小，效果如图 12-147 所示。

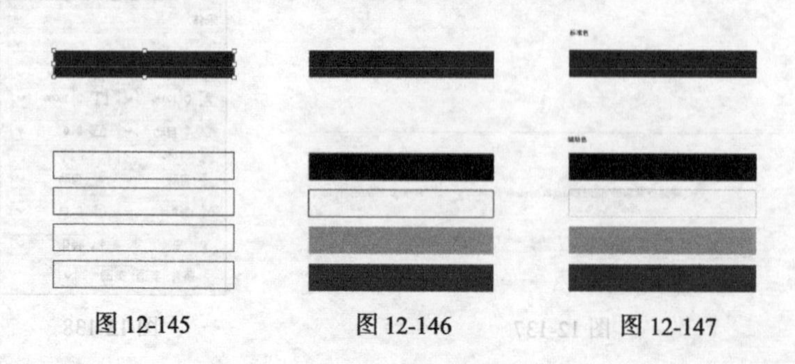

图 12-145　　图 12-146　　图 12-147

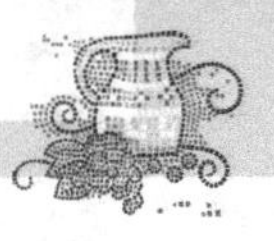

（8）选择“文字”工具T，在最上方的矩形上输入矩形的CMYK颜色值和PANTONE颜色值，选择“选择”工具，在属性栏中选择合适的字体并设置文字大小，填充文字为白色，效果如图12-148所示。使用相同的方法为下方矩形进行数值标注，效果如图12-149所示。

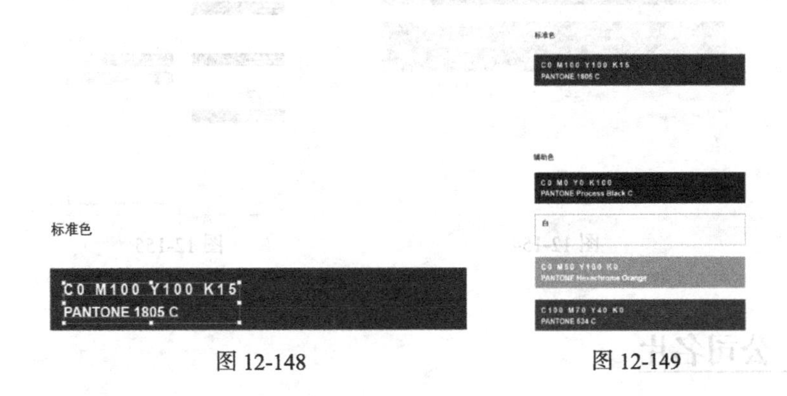

图12-148　　图12-149

（9）选择“选择”工具，用圈选的方法选取需要的图形，如图12-150所示，按住Alt+Shift组合键的同时，水平向右拖曳图形到适当的位置，复制一组图形，效果如图12-151所示。

图12-150　　图12-151

（10）选择“选择”工具，选取需要的矩形，设置图形填充色为蓝色（其C、M、Y、K值分别为100、50、0、0），填充图形，效果如图12-152所示。选择“文字”工具T，在矩形上输入矩形的CMYK颜色值和PANTONE颜色值，选择“选择”工具，在属性栏中选择合适的字体并设置文字大小，填充文字为白色，效果如图12-153所示。

图12-152　　图12-153

（11）使用上述的方法为下方矩形填充适当的颜色并进行数值标注，效果如图12-154所示。标准色制作完成，效果如图12-155所示。按Ctrl+Shift+S组合键，弹出“存储为”对话框，将其命名为“标准色”，保存为.AI格式，单击“保存”按钮，将文件保存。

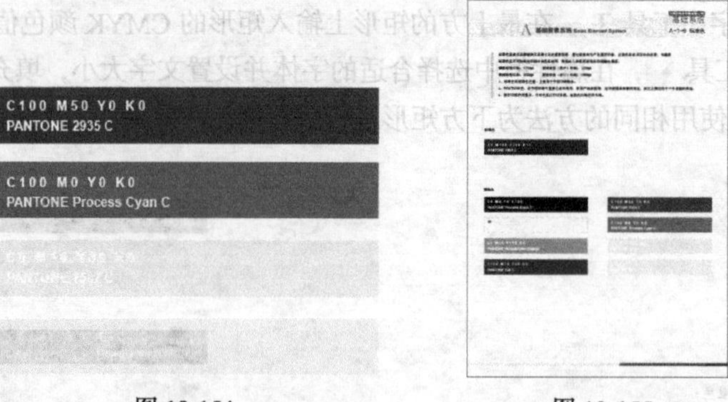

图 12-154　　　　图 12-155

12.1.8　公司名片

（1）按 Ctrl+O 组合键，打开光盘中的“Ch12 > 效果 > 制作天鸿达 VI 手册 > 模板 B”文件，如图 12-156 所示。选择“文字”工具T，在页面的适当位置输入需要的文字。选择“选择”工具，在属性栏中选择合适的字体并设置文字的大小，设置文字填充色为橙黄色（其 C、M、Y、K 的值分别为 0、45、100、0），填充文字，效果如图 12-157 所示。

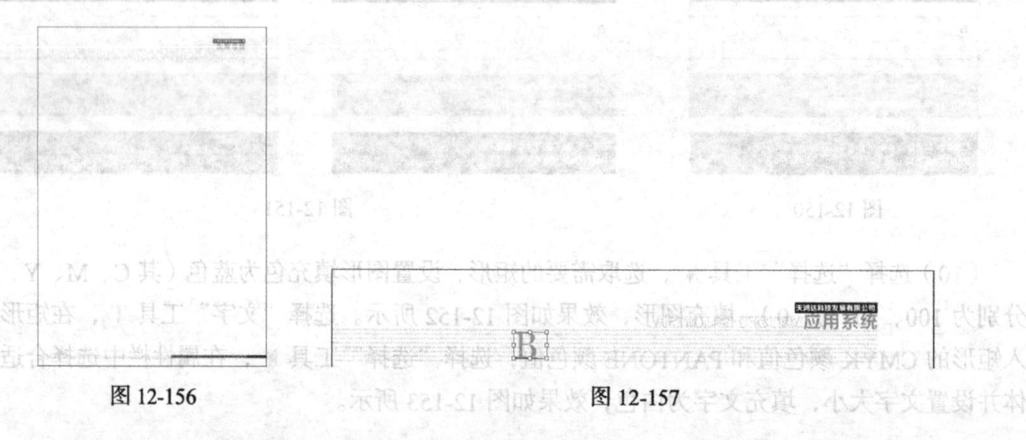

图 12-156　　　　图 12-157

（2）选择“文字”工具T，在页面中输入需要的文字。选择“选择”工具，在属性栏中选择合适的字体并设置文字大小，设置文字填充色为红色（其 C、M、Y、K 的值分别为 30、100、100、0），填充文字，效果如图 12-158 所示。选取文字“办公事务系统”，在属性栏中设置文字大小，效果如图 12-159 所示。

图 12-158　　　　图 12-159

（3）选择“文字”工具T，在页面中输入需要的文字。选择“选择”工具，在属性栏中选择合适的字体并设置文字大小，效果如图 12-160 所示。使用相同的方法再次输入需要的文字，在属性栏中选择合适的字体并设置文字的大小，效果如图 12-161 所示，在“字符”控制面板中，

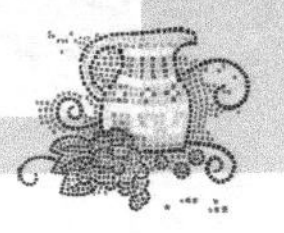

将“设置行距”选项设置为 12pt，其他选项的设置如图 12-162 所示，按 Enter 键，效果如图 12-163 所示。

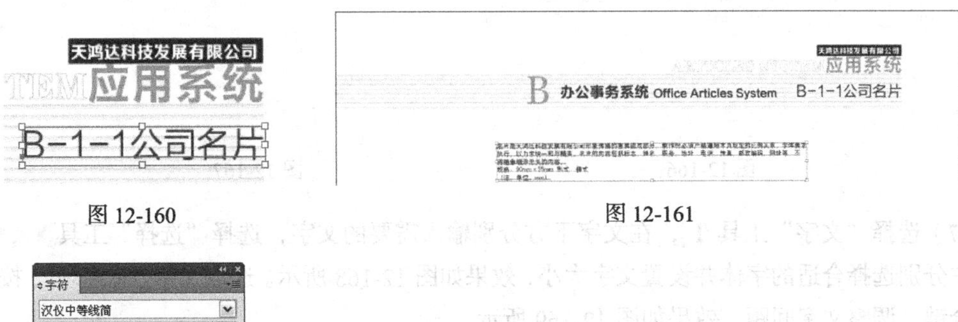

图 12-160　　图 12-161

图 12-162

名片是天鸿达科技发展有限公司形象传播的重要组成部分，制作时必须严格遵照本页规定的比例关系，字体要求执行，以力求统一和与精美。名片的内容包括标志、姓名、职务、地址、电话、传真、邮政编码、网址等，不得随意增添无关的内容。

规格：90mm×55mm 形式：横式

（注：单位：mm）

图 12-163

（4）选择“矩形”工具，在页面中单击鼠标左键，弹出“矩形”对话框，选项的设置如图 12-164 所示，单击“确定”按钮，得到一个矩形。选择“选择”工具，拖曳矩形到页面中适当的位置，在属性栏中将“描边粗细”选项设置为 0.25pt，填充图形为白色并设置描边色为灰色（其 C、M、Y、K 值分别为 0、0、0、50），填充描边，效果如图 12-165 所示。

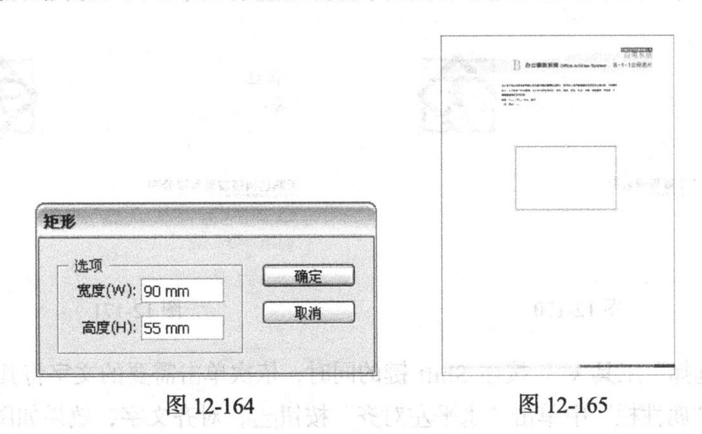

图 12-164　　图 12-165

（5）按 Ctrl+O 组合键，打开光盘中的“Ch12 > 效果 > 制作天鸿达 VI 手册 > 标志设计”文件，选取并复制标志图形，将其粘贴到页面中，按 Ctrl+Shift+G 组合键，取消图形编组。选择“选择”工具，将标志文字拖曳到页面空白处，再将标志图形拖曳到矩形右上角适当的位置并调整其大小，效果如图 12-166 所示。

（6）选择“文字”工具，在矩形中输入需要的文字。选择“选择”工具，在属性栏中选择合适的字体并设置文字大小，按 Alt+ →组合键，调整文字间距，效果如图 12-167 所示。

图 12-166

图 12-167

（7）选择“文字”工具T，在文字下方分别输入需要的文字，选择“选择”工具，在属性栏中分别选择合适的字体并设置文字大小，效果如图 12-168 所示。选取文字“总经理”，按 Alt+→组合键，调整文字间距，效果如图 12-169 所示。

图 12-168

图 12-169

（8）选择“选择”工具，选取空白处的标志文字，将其拖曳到页面中适当的位置，并适当的调整文字大小，效果如图 12-170 所示。选择“文字”工具T，在标志文字下方输入需要的文字，选择“选择”工具，在属性栏中选择合适的字体并设置文字的大小，效果如图 12-171 所示。

图 12-170

图 12-171

（9）选择“选择”工具，按住 Shift 键的同时，依次单击需要的文字将其同时选取，如图 12-172 所示，在“属性栏”中单击“水平左对齐”按钮，对齐文字，效果如图 12-173 所示。

图 12-172

图 12-173

（10）选择“选择”工具，选取白色矩形，按 Ctrl+C 组合键，复制图形，按 Ctrl+B 组合键，将复制的图形粘贴在后面，拖曳图形到适当的位置，效果如图 12-174 所示。设置图形填充色为淡灰色（其 C、M、Y、K 的值分别为 0、0、0、10），填充图形，并设置描边颜色为无，效果如图 12-175 所示。

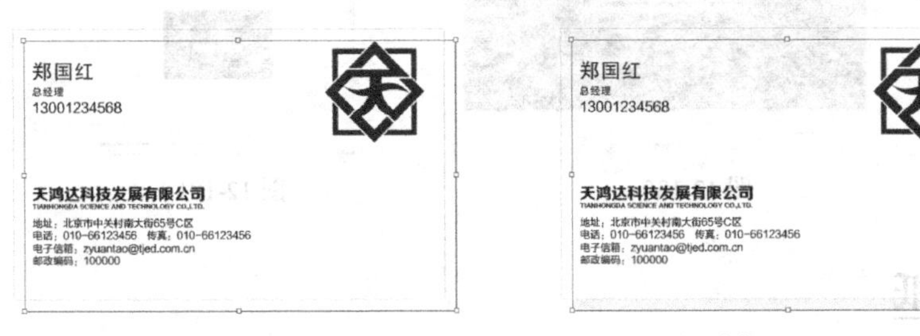

图 12-174　　图 12-175

（11）选择“直线段”工具和“文字”工具，对图形进行标注，效果如图 12-176 所示。选择“选择”工具，按住 Shift 键的同时，单击需要的文字和图形，将其同时选取，如图 12-177 所示。

图 12-176　　图 12-177

（12）按住 Alt+Shift 组合键的同时，垂直向下拖曳图形到适当的位置，复制一组图形，取消选取状态，效果如图 12-178 所示。选择“选择”工具，选取需要的图形，设置图形填充色为红色（其 C、M、Y、K 值分别为 0、100、100、15），填充图形，效果如图 12-179 所示。

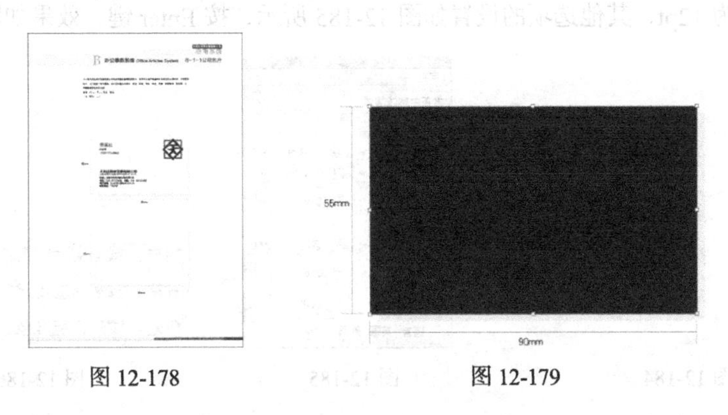

图 12-178　　图 12-179

（13）选择“标志设计”页面，选择“选择”工具，选取并复制标志图形，将其粘贴到页面中适当的位置并调整其大小，填充图形为白色，效果如图 12-180 所示。公司名片制作完成，效果如图 12-181 所示。按 Ctrl+Shift+S 组合键，弹出“存储为”对话框，将其命名为“公司名片”，保存为 AI 格式，单击“保存”按钮，将文件保存。

图 12-180　　图 12-181

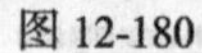

12.1.9　信纸

（1）按 Ctrl+O 组合键，打开光盘中的“Ch12 > 效果 > 制作天鸿达 VI 手册 > 模板 B”文件，如图 12-182 所示。选择“文字”工具 T，在页面中分别输入需要的文字，并设置适当的字体和文字大小，分别填充适当的颜色，效果如图 12-183 所示。

图 12-182　　图 12-183

（2）选择“文字”工具 T，在页面中输入需要的文字，选择“选择”工具，在属性栏中选择合适的字体并设置文字的大小，效果如图 12-184 所示。在“字符”控制面板中，将“设置行距”选项设置为 12pt，其他选项的设置如图 12-185 所示，按 Enter 键，效果如图 12-186 所示。

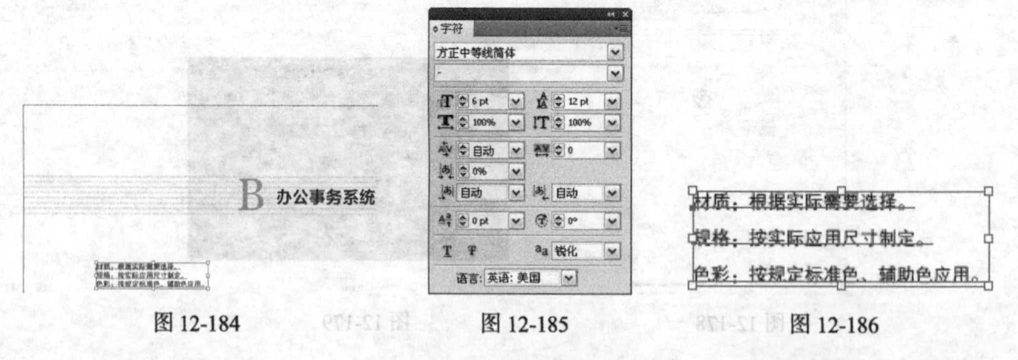

图 12-184　　图 12-185　　图 12-186

（3）选择“矩形”工具，在页面中单击鼠标左键，弹出“矩形”对话框，选项的设置如图 12-187 所示，单击“确定”按钮，得到一个矩形。选择“选择”工具，拖曳矩形到页面中适当的位置，在属性栏中将“描边粗细”选项设置为 0.25pt，填充图形为白色并设置描边色为灰色（其 C、M、Y、K 值分别为 0、0、0、90），填充描边，效果如图 12-188 所示。

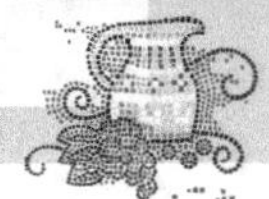

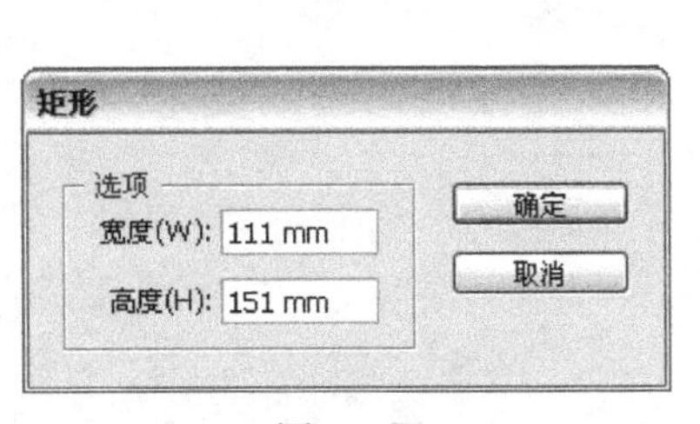

图 12-187

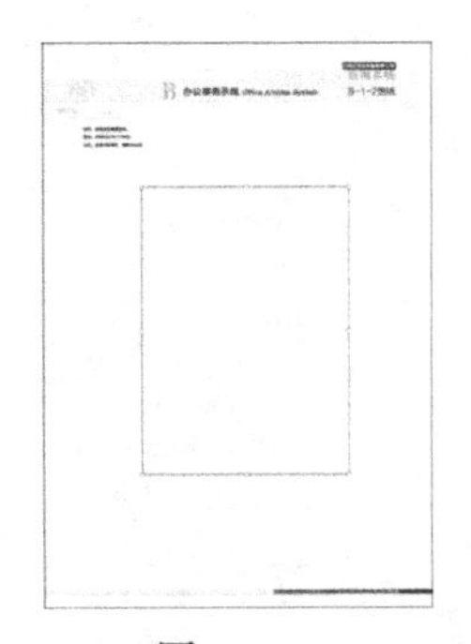

图 12-188

（4）按 Ctrl+O 组合键，打开光盘中的“Ch12 > 效果 > 制作天鸿达 VI 手册 > 标志设计”文件，选取并复制标志图形，将其粘贴到页面中。选择“选择”工具，将标志图形拖曳到页面中适当的位置并调整其大小，效果如图 12-189 所示。

（5）选择“直线段”工具，按住 Shift 键的同时，在适当的位置绘制一条直线，设置描边颜色为灰色（其 C、M、Y、K 的值分别为 0、0、0、70），填充直线，效果如图 12-190 所示。

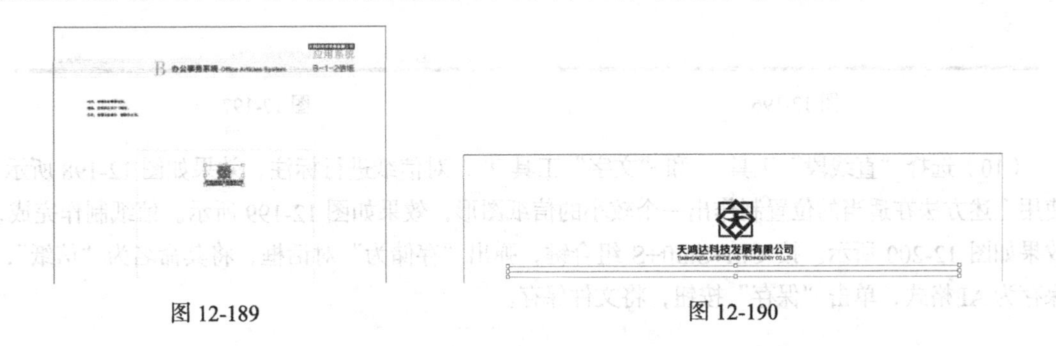

图 12-189　　图 12-190

（6）选择“标志设计”页面。选择“选择”工具，选取并复制标志，将其粘贴到页面中适当的位置，调整其大小并旋转到适当的角度，效果如图 12-191 所示。

（7）选择“选择”工具，设置图形填充色为淡灰色（其 C、M、Y、K 的值分别为 0、0、0、10），填充图形，在属性栏中将“不透明度”选项设置为 40%，按 Enter 键，效果如图 12-192 所示。连续按 Ctrl+ [组合键，将图形向后移动到白色矩形的后面，效果如图 12-193 所示。

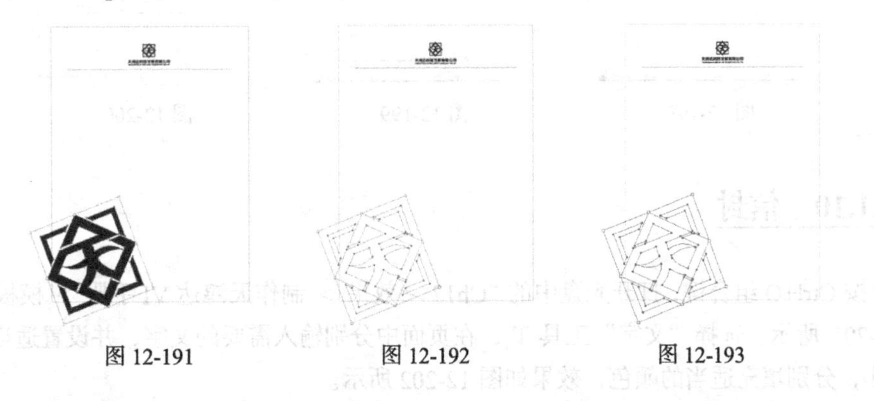

图 12-191　　图 12-192　　图 12-193

（8）选择“选择”工具，选取背景矩形，按 Ctrl+C 组合键，复制图形，按 Ctrl+F 组合键，将复制的图形粘贴在前面，按住 Shift 键的同时，单击标志图形，将其同时选取，如图 12-194 所示。按 Ctrl+7 组合键，建立剪切蒙版，取消选取状态，效果如图 12-195 所示。

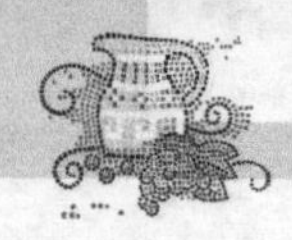

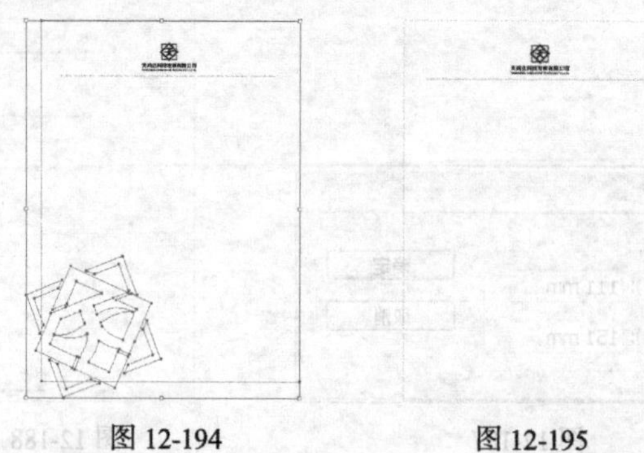

图 12-194　　　　图 12-195

（9）选择“矩形”工具，绘制一个矩形，设置图形填充色为红色（其 C、M、Y、K 的值分别为 0、100、100、15），填充图形，并设置描边颜色为无，效果如图 12-196 所示。选择“文字”工具，在适当的位置输入需要的文字，选择“选择”工具，在属性栏中选择合适的字体并设置文字的大小，效果如图 12-197 所示。

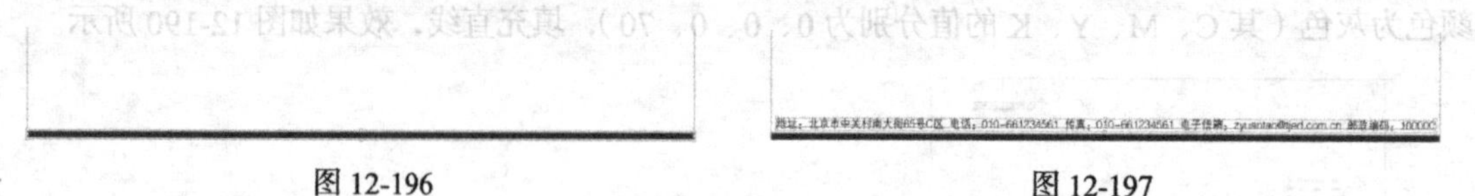

图 12-196　　　　图 12-197

（10）选择“直线段”工具和“文字”工具，对信纸进行标注，效果如图 12-198 所示。使用上述方法在适当的位置制作出一个较小的信纸图形，效果如图 12-199 所示。信纸制作完成，效果如图 12-200 所示。按 Ctrl+Shift+S 组合键，弹出“存储为”对话框，将其命名为“信纸”，保存为 AI 格式，单击“保存”按钮，将文件保存。

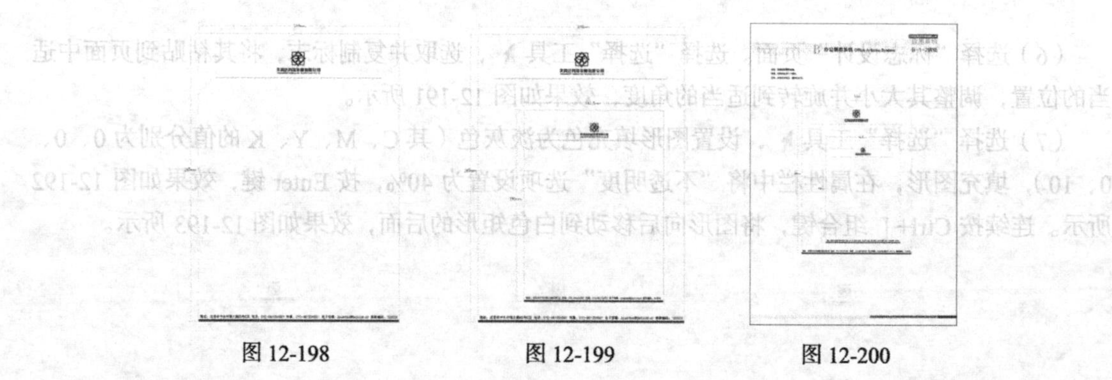

图 12-198　　　　图 12-199　　　　图 12-200

12.1.10　信封

（1）按 Ctrl+O 组合键，打开光盘中的“Ch12 > 效果 > 制作天鸿达 VI 手册 > 模板 B”文件，如图 12-201 所示。选择“文字”工具，在页面中分别输入需要的文字，并设置适当的字体和文字大小，分别填充适当的颜色，效果如图 12-202 所示。

（2）选择“文字”工具，在页面中输入需要的文字，选择“选择”工具，在属性栏中选择合适的字体并设置文字大小，效果如图 12-203 所示。在“字符”控制面板中，将“设置行距”选项设置为 12pt，其他选项的设置如图 12-204 所示，按 Enter 键，效果如图 12-205 所示。

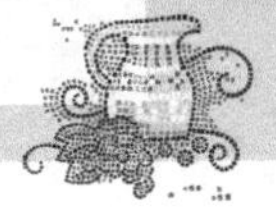

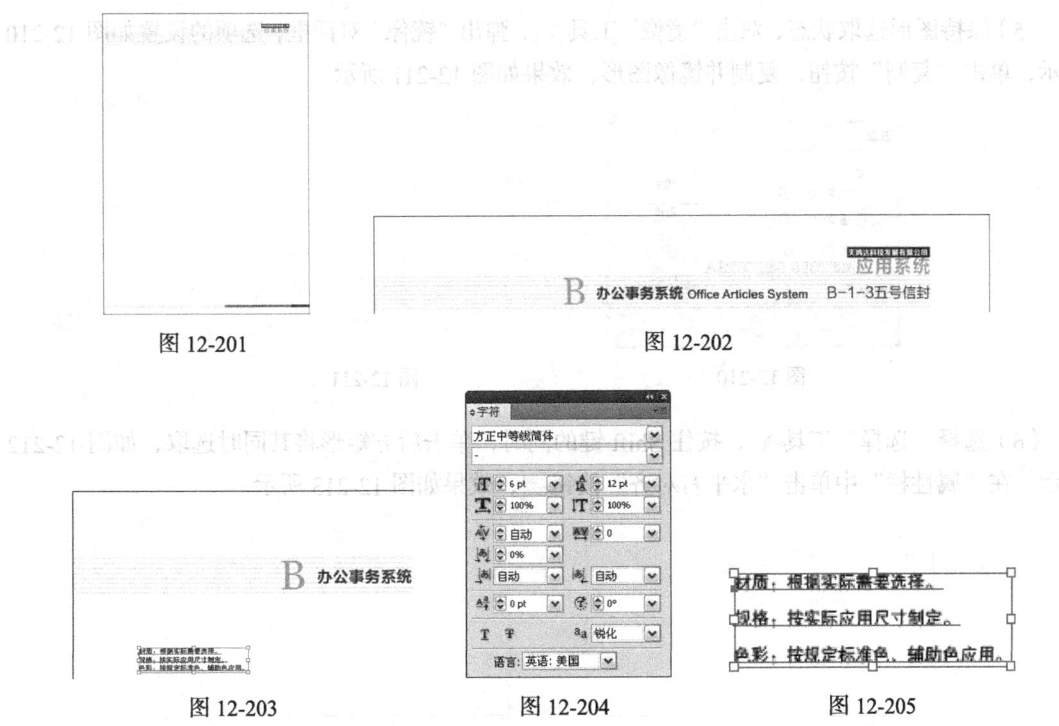

图 12-201　　图 12-202

图 12-203　　图 12-204　　图 12-205

（3）选择“矩形”工具，在页面中单击鼠标左键，弹出“矩形”对话框，选项的设置如图12-206所示，单击“确定”按钮，得到一个矩形。选择“选择”工具，拖曳矩形到页面中适当的位置，在属性栏中将“描边粗细”选项设置为0.25 pt，填充图形为白色并设置描边色为灰色（其C、M、Y、K值分别为0、0、0、80），填充描边，效果如图12-207所示。

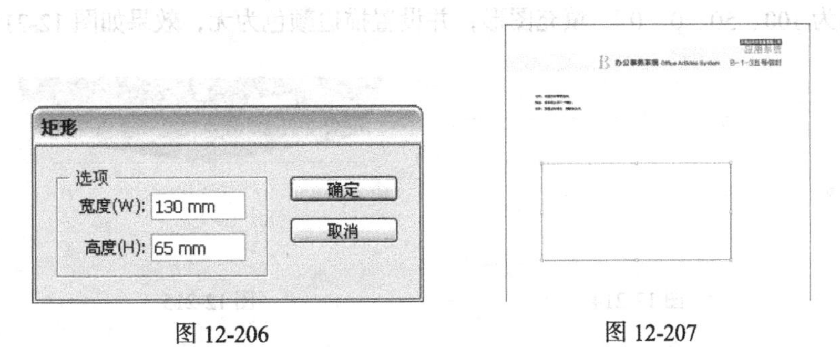

图 12-206　　图 12-207

（4）选择“钢笔”工具，在页面中绘制一个不规则图形，如图12-208所示。选择“选择”工具，在属性栏中将“描边粗细”选项设置为0.25pt，填充图形为白色并设置描边色为灰色（其C、M、Y、K值分别为0、0、0、50），填充描边，效果如图12-209所示。

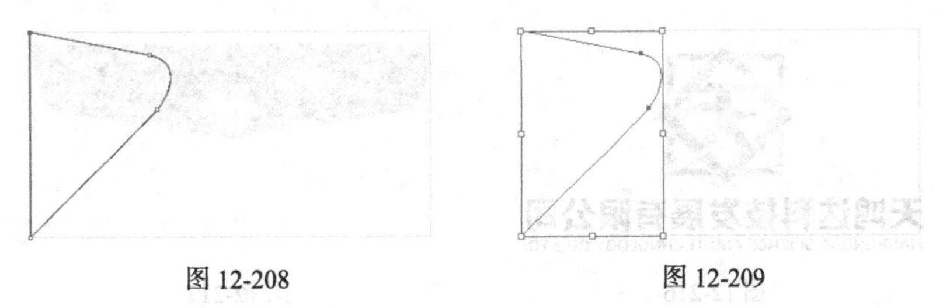

图 12-208　　图 12-209

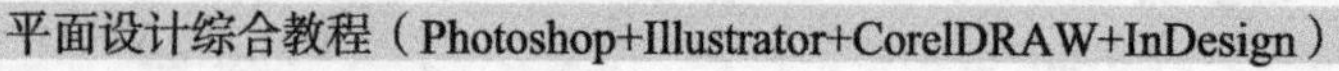

（5）保持图形选取状态，双击“镜像”工具，弹出“镜像”对话框，选项的设置如图 12-210 所示，单击“复制”按钮，复制并镜像图形，效果如图 12-211 所示。

图 12-210

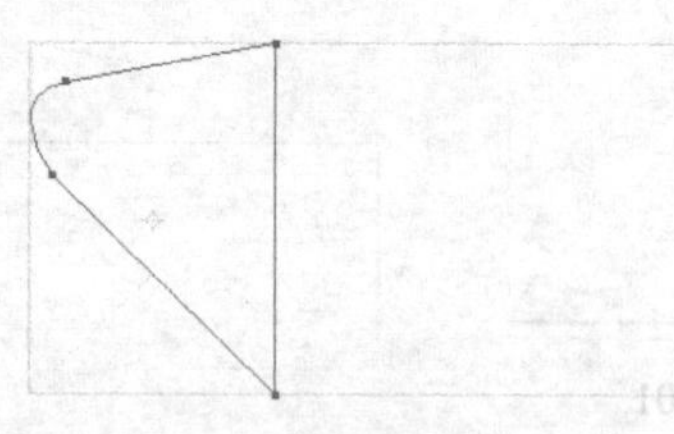

图 12-211

（6）选择“选择”工具，按住 Shift 键的同时，单击后方矩形将其同时选取，如图 12-212 所示，在“属性栏”中单击“水平右对齐”按钮，效果如图 12-213 所示。

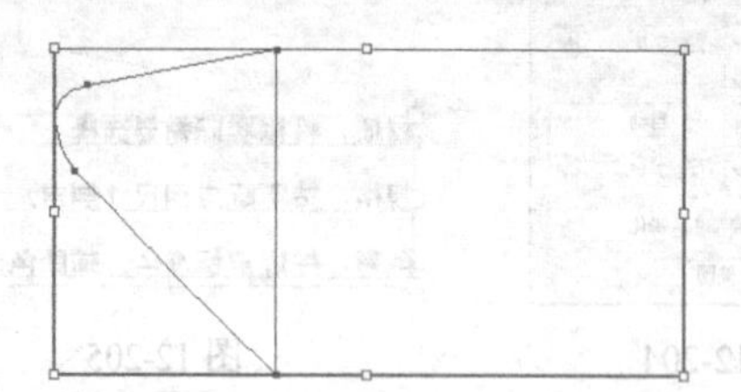

图 12-212

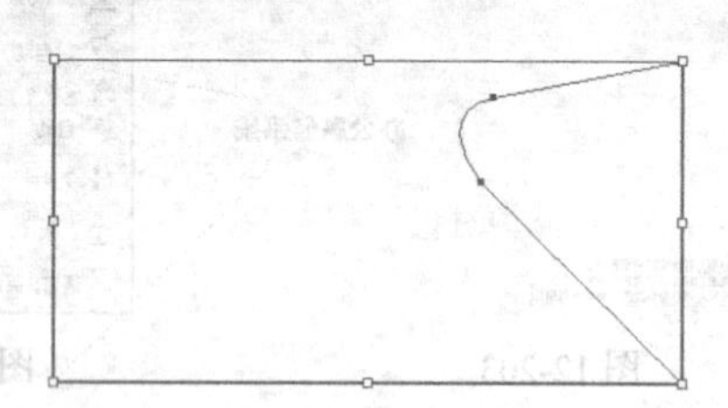

图 12-213

（7）选择“钢笔”工具，在页面中绘制一个不规则图形，在属性栏中将“描边粗细”选项设置为 0.25pt，设置描边色为灰色（其 C、M、Y、K 值分别为 0、0、0、50），填充描边，效果如图 12-214 所示。使用相同的方法再绘制一个不规则图形，设置图形填充色为蓝色（其 C、M、Y、K 值分别为 100、50、0、0），填充图形，并设置描边颜色为无，效果如图 12-215 所示。

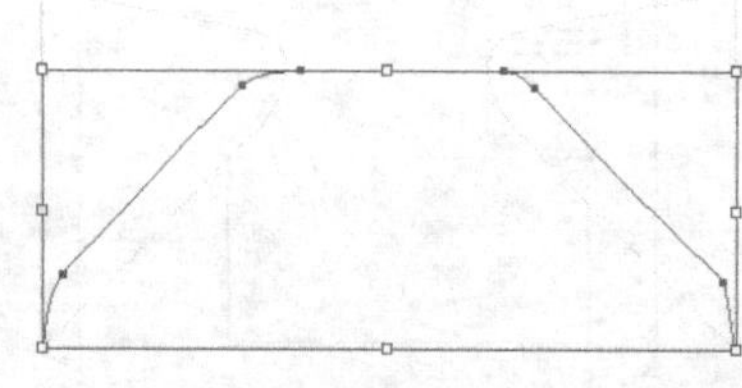

图 12-214

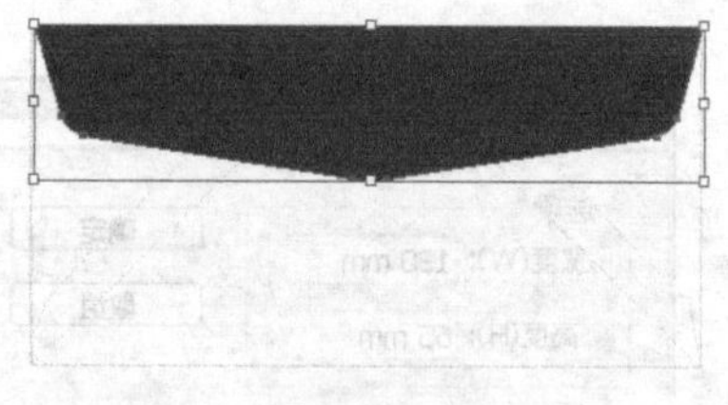

图 12-215

（8）按 Ctrl+O 组合键，打开光盘中的“Ch12 > 效果 > 制作天鸿达 VI 手册 > 标志设计”文件，选择“选择”工具，选取需要的图形，如图 12-216 所示，按 Ctrl+C 组合键，复制图形。选择正在编辑的页面，按 Ctrl+V 组合键，将其粘贴到页面中，拖曳标志到页面中适当的位置并调整其大小，填充图形为白色，取消选取状态，效果如图 12-217 所示。

图 12-216

图 12-217

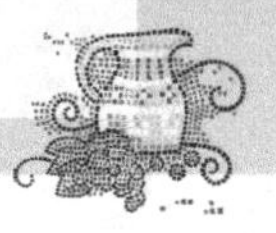

（9）选择“选择”工具，选取需要的图形，如图 12-218 所示。按 Ctrl+C 组合键，复制图形，按 Ctrl+F 组合键，将复制的图形粘贴在前面，并拖曳图形到适当的位置，效果如图 12-219 所示。

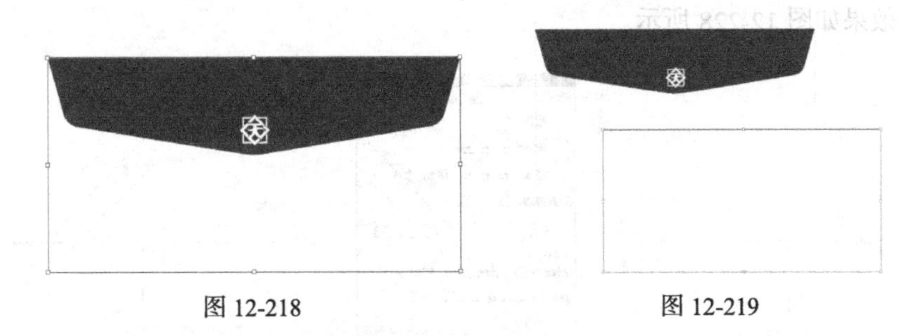

图 12-218　　　　图 12-219

（10）选择“矩形”工具，在页面中单击鼠标左键，弹出“矩形”对话框，选项的设置如图 12-220 所示，单击“确定”按钮，得到一个矩形。选择“选择”工具，拖曳矩形到页面中适当的位置，在属性栏中将“描边粗细”选项设置为 0.25pt，设置描边色为红色（其 C、M、Y、K 值分别为 0、100、100、0），填充描边，效果如图 12-221 所示。

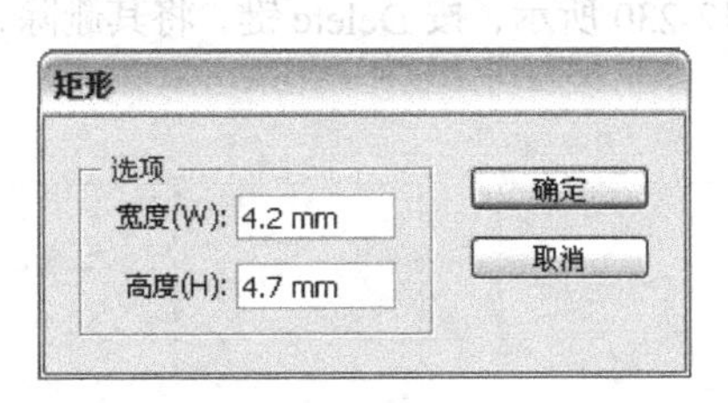

图 12-220　　　　图 12-221

（11）选择“选择”工具，按住 Alt+Shift 组合键的同时，水平向右拖曳矩形到适当的位置，复制一个矩形，如图 12-222 所示。连续按 Ctrl+D 组合键，按需要再复制出多个矩形，效果如图 12-223 所示。

图 12-222　　　　图 12-223

（12）选择“矩形”工具，按住 Shift 键的同时，在页面的适当位置绘制一个正方形，在属性栏中将“描边粗细”选项设置为 0.2 pt，如图 12-224 所示，按住 Alt+Shift 组合键的同时，水平向右拖曳图形到适当的位置，复制一个正方形，如图 12-225 所示。

图 12-224　　　　图 12-225

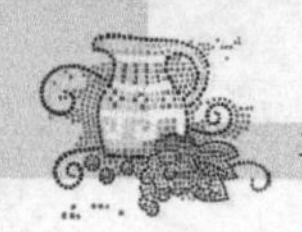

（13）选择“选择”工具，选取第一个正方形，如图 12-226 所示。选择“窗口 > 描边”命令，弹出“描边”控制面板，勾选“虚线”选项，数值被激活，各选项的设置如图 12-227 所示，按 Enter 键，效果如图 12-228 所示。

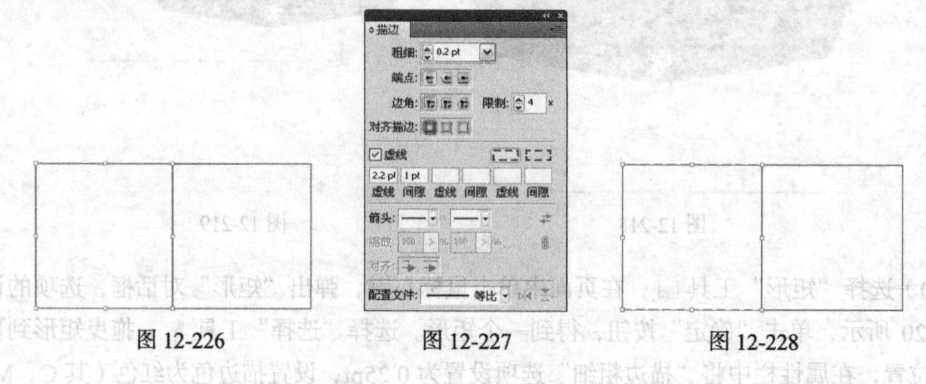

图 12-226　　图 12-227　　图 12-228

（14）选择“选择”工具，选取第二个正方形，如图 12-229 所示。选择“剪刀”工具，在需要的节点上单击，选取不需要的直线，如图 12-230 所示，按 Delete 键，将其删除，效果如图 12-231 所示。

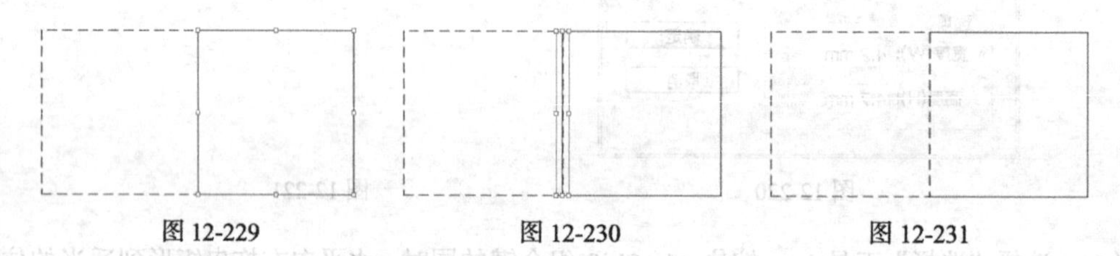

图 12-229　　图 12-230　　图 12-231

（15）选择“文字”工具，在页面中输入需要的文字。选择“选择”工具，在属性栏中选择合适的字体并设置文字的大小，效果如图 12-232 所示。在“字符”控制面板中，将“设置所选字符的字距调整”选项设置为 660，其他选项的设置如图 12-233 所示，按 Enter 键，效果如图 12-234 所示。

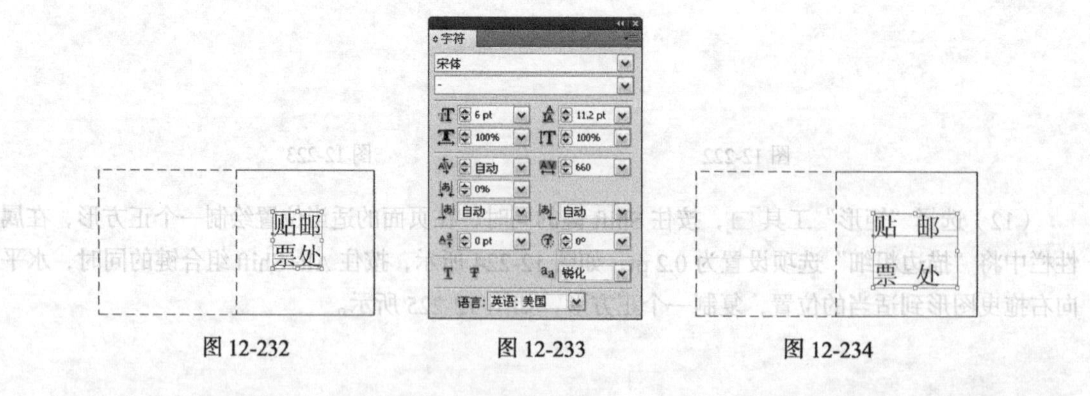

图 12-232　　图 12-233　　图 12-234

（16）选择“标志设计”页面，选择“选择”工具，选取并复制标志图形，将其粘贴到页面中，分别将标志和标志文字拖曳到适当的位置并调整其大小，效果如图 12-235 所示。选取“标志”，按住 Alt 键的同时，拖曳到适当的位置，复制图形，调整其大小并旋转到适当的角度，效果如图 12-236 所示。

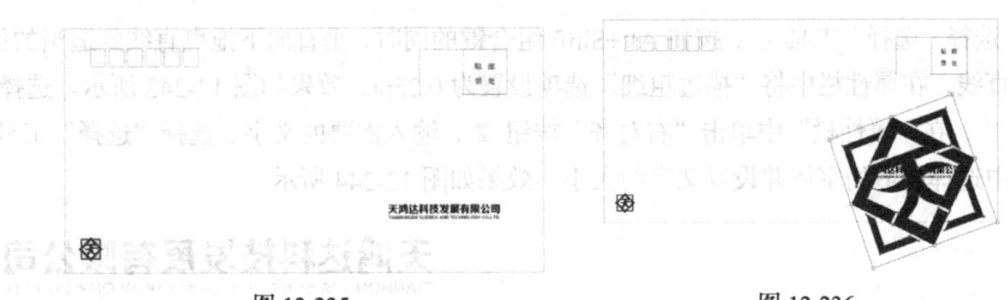

图 12-235　　　　图 12-236

（17）选择“选择”工具，设置图形填充色为淡灰色（其 C、M、Y、K 的值分别为 0、0、0、5），填充图形，如图 12-237 所示。连续按 Ctrl+[组合键，将图形向后移动到矩形的后面，效果如图 12-238 所示。

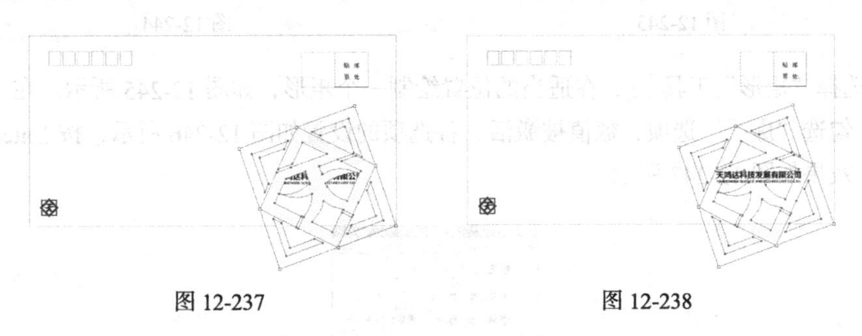

图 12-237　　　　图 12-238

（18）选择“选择”工具，选取背景矩形，按 Ctrl+C 组合键，复制图形，按 Ctrl+F 组合键，将复制的图形粘贴在前面，按住 Shift 键的同时，单击标志图形，将其同时选取，如图 12-239 所示。按 Ctrl+7 组合键，建立剪切蒙版，效果如图 12-240 所示。

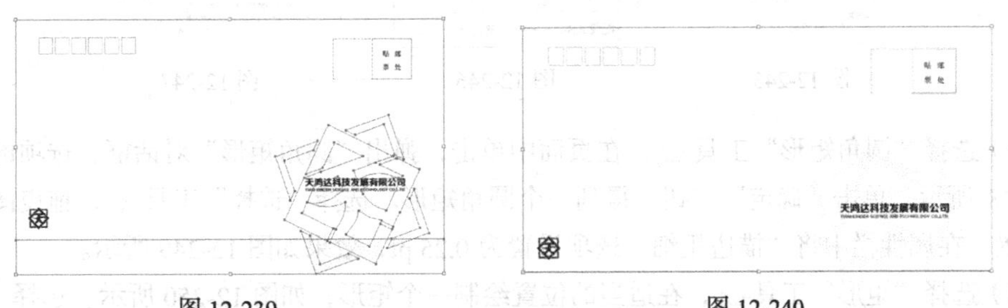

图 12-239　　　　图 12-240

（19）选择“文字”工具，在页面中分别输入需要的文字。选择“选择”工具，在属性栏中分别选择合适的字体并设置文字大小，效果如图 12-241 所示。选择“直线段”工具，按住 Shift 键的同时，在适当的位置绘制一条直线，效果如图 12-242 所示。

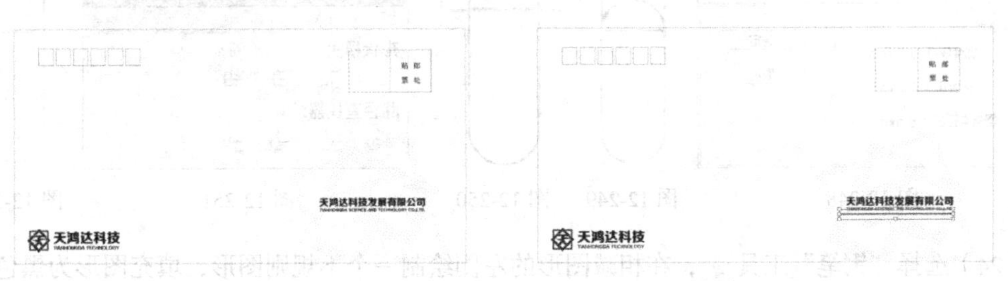

图 12-241　　　　图 12-242

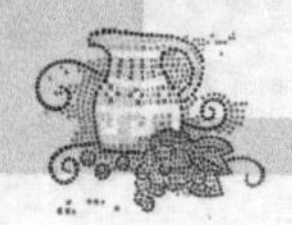

（20）选择“选择”工具，按住 Alt+Shift 组合键的同时，垂直向下拖曳直线到适当的位置，复制一条直线，在属性栏中将“描边粗细”选项设置为 0.25pt，效果如图 12-243 所示。选择“文字”工具T，在“属性栏”中单击“右对齐”按钮，输入需要的文字。选择“选择”工具，在属性栏中选择合适的字体并设置文字的大小，效果如图 12-244 所示。

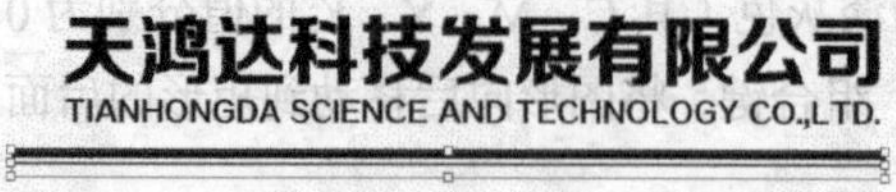

天鸿达科技发展有限公司
TIANHONGDA SCIENCE AND TECHNOLOGY CO.,LTD.

图 12-243

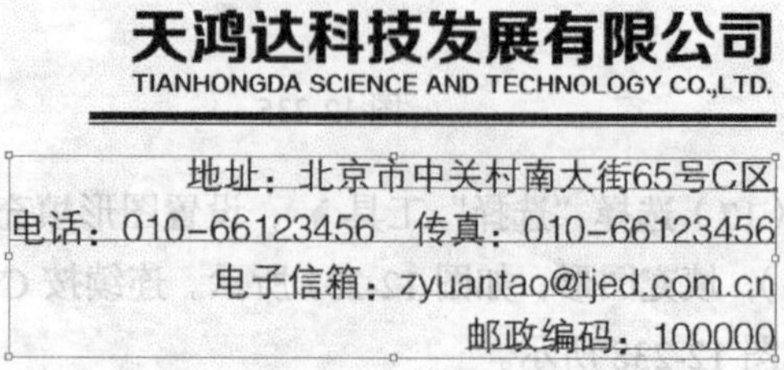

天鸿达科技发展有限公司
TIANHONGDA SCIENCE AND TECHNOLOGY CO.,LTD.
地址：北京市中关村南大街65号C区
电话：010-66123456 传真：010-66123456
电子信箱：zyuantao@tjed.com.cn
邮政编码：100000

图 12-244

（21）选择“矩形”工具，在适当的位置绘制一个矩形，如图 12-245 所示。在“描边”控制面板中，勾选“虚线”选项，数值被激活，各选项的设置如图 12-246 所示，按 Enter 键，取消选取状态，效果如图 12-247 所示。

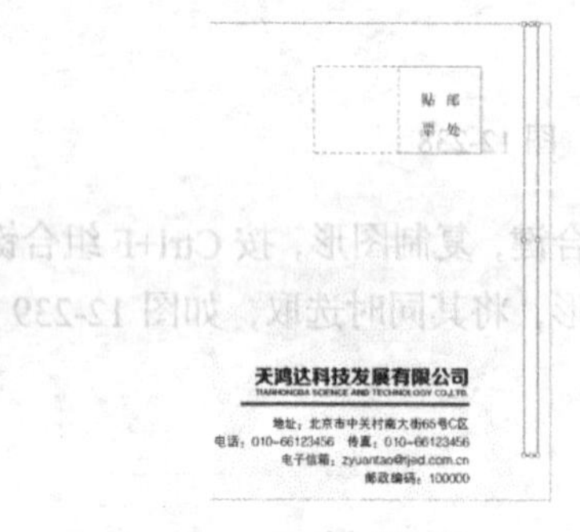

图 12-245

描边
粗细: 0.2 pt
端点:
边角:
限制: 4
对齐描边:
虚线
2.2 pt
1 pt
虚线 间隙 虚线 间隙 虚线 间隙
箭头:
配置文件:
等比

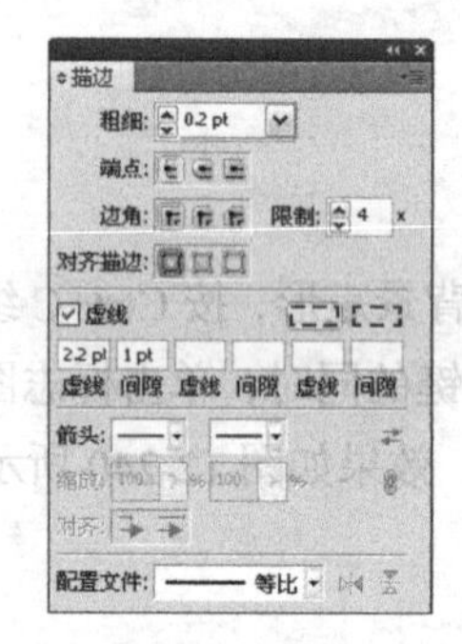

图 12-246

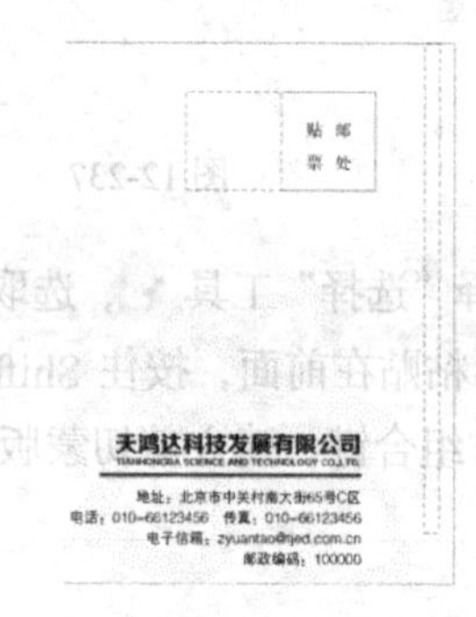

图 12-247

（22）选择“圆角矩形”工具，在页面中单击，弹出“圆角矩形”对话框，选项的设置如图 12-248 所示，单击“确定”按钮，得到一个圆角矩形。选择“选择”工具，拖曳图形到适当的位置，在属性栏中将“描边粗细”选项设置为 0.25 pt，效果如图 12-249 所示。

（23）选择“矩形”工具，在适当的位置绘制一个矩形，如图 12-250 所示。选择“选择”工具，按住 Shift 键的同时，单击圆角矩形，将其同时选取，在“路径查找器”控制面板中，单击“减去顶层”按钮，如图 12-251 所示，生成新的对象，效果如图 12-252 所示。

圆角矩形
选项
宽度(W): 1.8 mm
高度(H): 5 mm
圆角半径(R): 6 mm
确定
取消

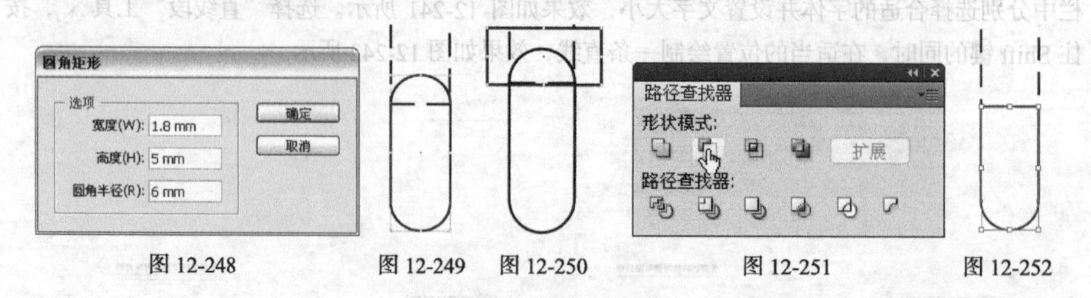

图 12-248

图 12-249

图 12-250

路径查找器
形状模式:
扩展
路径查找器:

图 12-251

图 12-252

（24）选择“钢笔”工具，在相减图形的左侧绘制一个不规则图形，填充图形为黑色并设置描边颜色为无，效果如图 12-253 所示。选择“文字”工具T，在“属性栏”中单击“左对齐”

按钮≡，输入需要的文字。选择“选择”工具，在属性栏中选择合适的字体并设置文字的大小，效果如图 12-254 所示。

（25）双击“旋转”工具，弹出“旋转”对话框，选项的设置如图 12-255 所示，单击“确定”按钮，旋转文字，效果如图 12-256 所示。

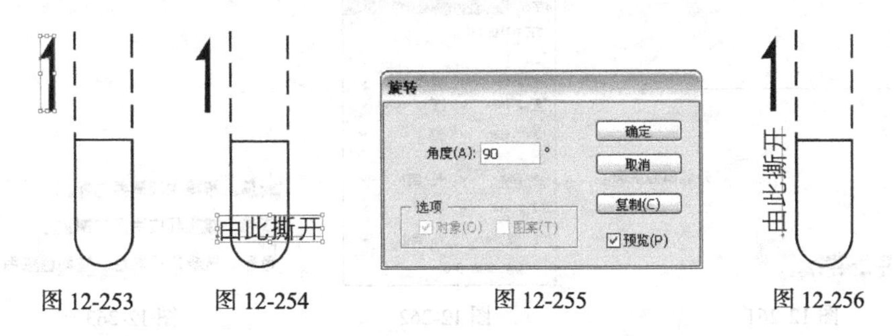

图 12-253　图 12-254　图 12-255　图 12-256

（26）选择“直线段”工具和“文字”工具T，对图形进行标注，效果如图 12-257 所示。信封制作完成，效果如图 12-258 所示。按 Ctrl+Shift+S 组合键，弹出“存储为”对话框，将其命名为“信纸”，保存为 AI 格式，单击“保存”按钮，将文件保存。

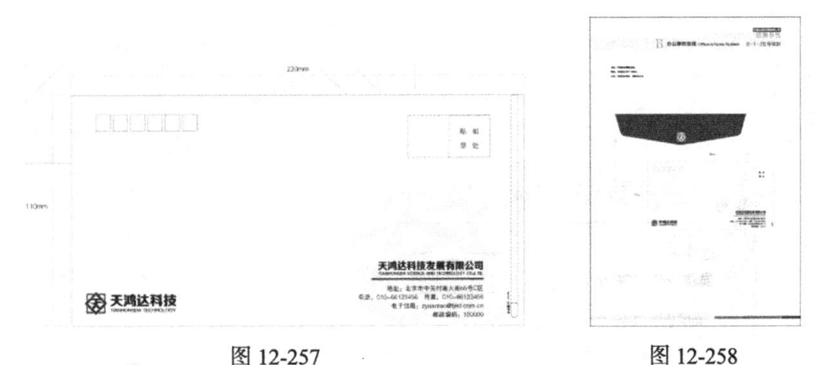

图 12-257　图 12-258

12.1.11 传真

（1）按 Ctrl+O 组合键，打开光盘中的“Ch12 > 效果 > 制作天鸿达 VI 手册 > 模板 B”文件，如图 12-259 所示。选择“文字”工具T，在页面中分别输入需要的文字，并设置适当的字体和文字的大小，分别填充适当的颜色，效果如图 12-260 所示。

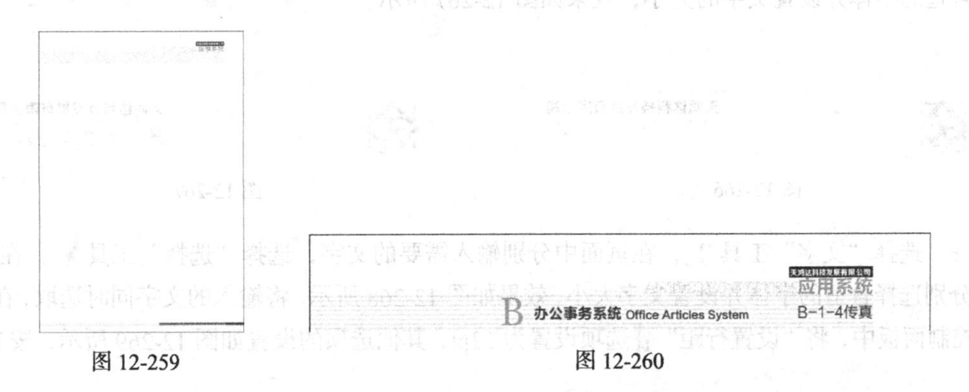

图 12-259　图 12-260

（2）选择“文字”工具 T，在页面中输入需要的文字，选择“选择”工具，在属性栏中选择合适的字体并设置文字的大小，效果如图 12-261 所示。在“字符”控制面板中，将“设置行距”选项设置为 12pt，其他选项的设置如图 12-262 所示，按 Enter 键，效果如图 12-263 所示。

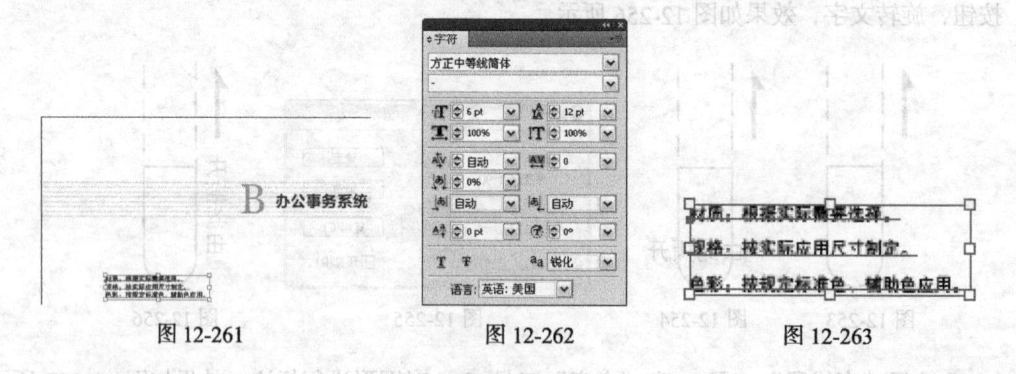

图 12-261　　图 12-262　　图 12-263

（3）选择“矩形”工具，在页面中单击鼠标左键，弹出“矩形”对话框，选项的设置如图 12-264 所示，单击“确定”按钮，得到一个矩形。选择“选择”工具，拖曳矩形到页面中适当的位置，在属性栏中将“描边粗细”选项设置为 0.25 pt，填充图形为白色，效果如图 12-265 所示。

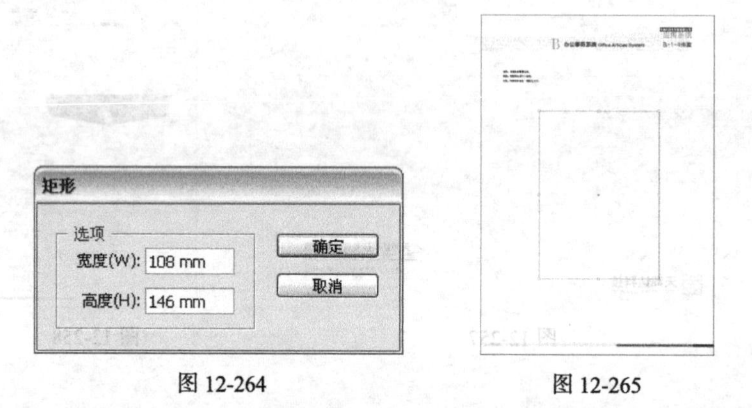

图 12-264　　图 12-265

（4）按 Ctrl+O 组合键，打开光盘中的“Ch12 > 效果 > 制作天鸿达 VI 手册 > 标志设计”文件，选择“选择”工具，选取并复制标志图形，将其粘贴到页面中，分别将标志和标志文字拖曳到适当的位置并调整其大小，效果如图 12-266 所示。

（5）选择“文字”工具 T，在页面中输入需要的文字，选择“选择”工具，在属性栏中选择合适的字体并设置文字的大小，效果如图 12-267 所示。

图 12-266　　图 12-267

（6）选择“文字”工具 T，在页面中分别输入需要的文字，选择“选择”工具，在属性栏中分别选择合适的字体并设置文字大小，效果如图 12-268 所示。将输入的文字同时选取，在“字符”控制面板中，将“设置行距”选项设置为 23pt，其他选项的设置如图 12-269 所示，按 Enter

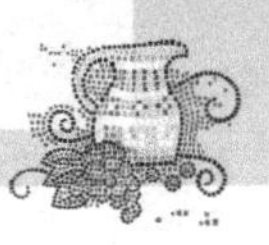

键，效果如图 12-270 所示。

图 12-268　　图 12-269　　图 12-270

（7）选择“直线段”工具，按住 Shift 键的同时，在适当的位置绘制一条直线，在属性栏中将“描边粗细”选项设置为 0.2 pt，效果如图 12-271 所示。选择“选择”工具，按住 Alt+Shift 组合键的同时，垂直向下拖曳直线到适当的位置，复制一条直线，如图 12-272 所示。连续按 Ctrl+D 组合键，按需要再复制出多条直线，效果如图 12-273 所示。

图 12-271　　图 12-272　　图 12-273

（8）选择“文字”工具，在页面中输入需要的文字，选择“选择”工具，在属性栏中选择合适的字体并设置文字大小，效果如图 12-274 所示。传真制作完成，效果如图 12-275 所示。按 Ctrl+Shift+S 组合键，弹出“存储为”对话框，将其命名为“传真”，保存为 AI 格式，单击“保存”按钮，将文件保存。

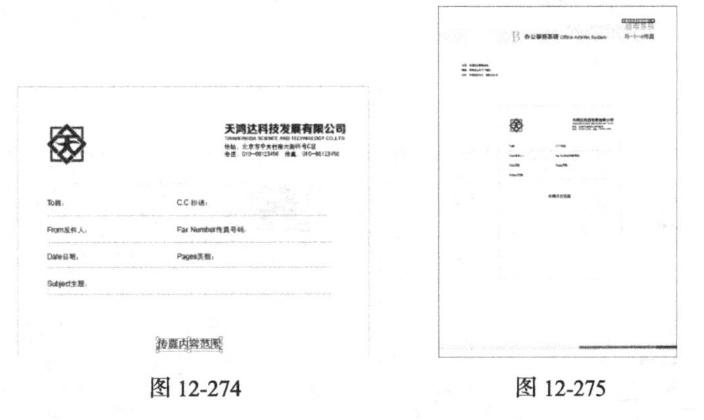

图 12-274　　图 12-275

12.2 课后习题——制作晨东百货 VI 手册

习题知识要点：在 CorlDRAW 中，使用选项对话框添加参考线，使用椭圆形工具和形状工具制作标志花瓣图形，使用轮廓线工具添加花蕊，使用文字工具、矩形工具和移除前面对象命令制

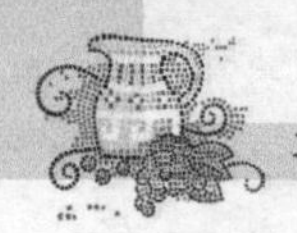

作标准字效果，使用椭圆工具和轮廓笔工具给标准字添加装饰圆形，使用手绘工具和调和工具制作制图网格，使用水平或垂直度量工具对图形进行标注，使用文字工具添加标题及相关信息。晨东百货 VI 手册如图 12-276 所示。

效果所在位置：光盘/Ch12/效果/制作晨东百货 VI 手册/标志设计.cdr、标准字体.cdr、模板 A、B.cdr、标志制图.cdr、中英文标准字制图.cdr、公司名片.cdr、信纸.cdr。

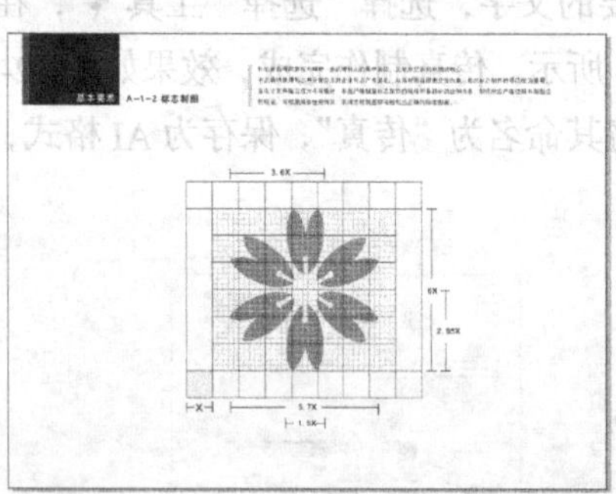
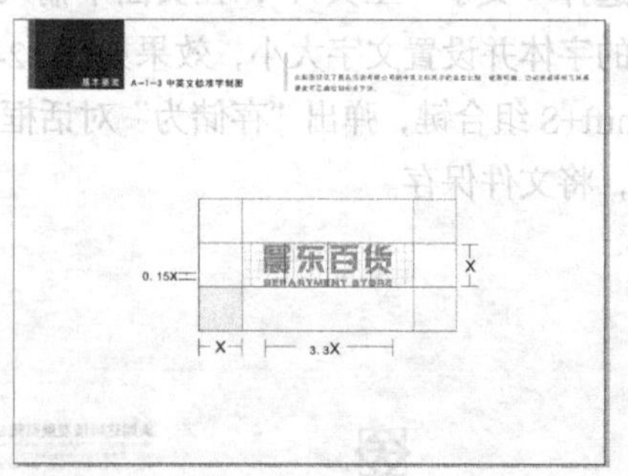
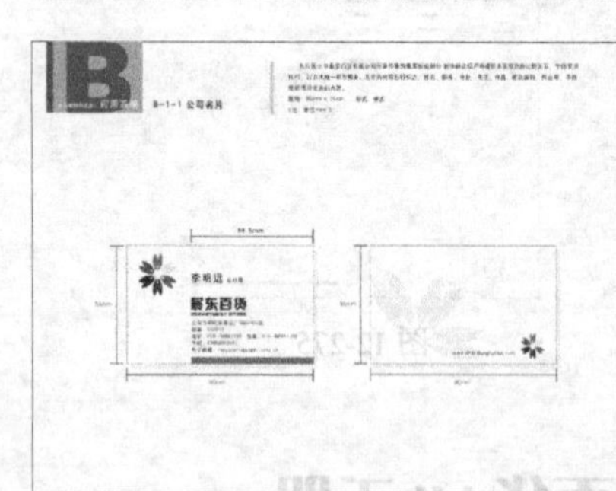
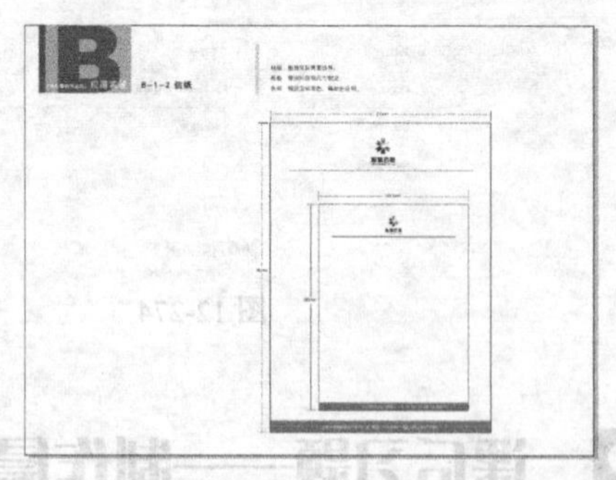

图 12-276